InDesign CS4中文版从入门到精通

郭圣路　张新军　刘　芸　等编著

電子工業出版社
Publishing House of Electronics Industry
北京・BEIJING

内 容 简 介

随着人类步入以数字化为标志的21世纪，大多数媒体都以现代的计算机技术及网络技术为基础，而且已纷纷从传统作业方式向全新的数字化作业方式转变。使用InDesign就能够处理和解决页面元素配置与图文合一的各种问题，可以为各类出版物排版。本书内容既有基础知识的介绍，也有高级专业知识的讲解，内容浅显易懂，实例实用丰富，可操作性强。使用本书可以使读者从入门水平提高到高级应用的水平，并能掌握使用InDesign设计各种各样的出版物版面。

本书适合初级和中级读者阅读，既可作为大、中专院校及培训机构的培训用书，也可以作为各类电脑美术设计人员和排版人员的参考用书。

图书在版编目（CIP）数据

InDesign CS4中文版从入门到精通/郭圣路，张新军，刘芸等编著.—北京：电子工业出版社，2009.10
ISBN 978-7-121-09392-0

Ⅰ. I… Ⅱ. ①郭… ②张… ③刘… Ⅲ. 排版—应用软件，InDesign CS4 Ⅳ. TP803.23

中国版本图书馆CIP数据核字（2009）第135220号

责任编辑：李红玉　　wuyuan@phei.com.cn
文字编辑：李　荣
印　　刷：北京天竺颖华印刷厂
装　　订：三河市鑫金马印装有限公司
出版发行：电子工业出版社
北京市海淀区万寿路173信箱　邮编：100036
北京市海淀区翠微东里甲2号　邮编：100036
开　　本：787×1092 1/16　印张：20.75　字数：530千字
印　　次：2009年10月第1次印刷
定　　价：38.00元

凡所购买电子工业出版社图书有缺损问题，请向购买书店调换。若书店售缺，请与本社发行部联系，联系及邮购电话：（010）88254888。

质量投诉请发邮件至zlts@phei.com.cn，盗版侵权举报请发邮件至dbqq@phei.com.cn。
服务热线：（010）88258888。

前　言

InDesign中文版是全球最著名的桌面排版软件之一。凭借其强大的功能和容易使用的特性，已经博得了全球很多用户的青睐。据报道，全球大多数的排版设计师都在使用InDesign进行排版创作。使用它不仅能够进行传统意义上的排版，还能进行艺术创作，它自带的工具不亚于专业的绘图软件。

随着网络的发展和普及，很多制作网页和在线内容的工作人员也在使用InDesign进行排版设计，因为它的功能是其他软件所不能比拟的。与时俱进，Adobe公司非常重视InDesign在网络中的应用，增加了InDesign在网页上发布图像的功能。后来还增加了与其他软件的整合功能。这使得InDesign的功能愈加强大，用户群也在不断地增加。

InDesign中文版是一款具有创造性的应用程序，不仅是版面设计师的得力助手，还是图形设计师、产品包装师和印前专家的“左膀右臂”。尤其是CS4这一版本，其功能极其强大，对版面设计具有极高的精度控制，从而使版面设计变得非常简便。其内置的各种工具可以帮助用户在很大程度上提高工作效率。

本书共分14章。首先介绍InDesign的基本操作和工具。其次介绍一些基本的应用。接下来介绍的是稍微高级一些的内容。在内容介绍上，从初级读者的角度出发，概念介绍非常清楚，选择的实例都比较简单而且实用，这样可以使读者很容易地进行操作。有的直接就是以实例为基础进行介绍的，这样可以更好地帮助读者掌握所学的知识。

本书在内容介绍上由浅入深，结构清晰，配有相应的实用案例介绍，适合初级和中级读者阅读和使用。同时重点突出，脉络清楚。希望本书能为读者指明学习InDesign的方向。如果能达到这样的目的，那么我们将不胜欣慰。

系统要求

下面介绍一下使用InDesign中文版的系统要求：

- 操作系统：Windows XP/XP2/XP3或者Windows Vista。
- 处理器：英特尔奔腾3处理器及更快的处理器。
- 内存：1GB内存，建议使用2GB内存。
- 硬盘：安装需要1GB可用硬盘空间。
- 声卡：Microsoft DirectX兼容声卡。
- 光驱：DVD-ROM驱动器。
- 显卡：1280×1024，32位彩色视频显示适配器。

给读者的一点建议

根据很多人的经验，学习好InDesign必须要掌握有关它的基本操作，好比在上学时学习数学一样，先要从加减乘除开始学起。如果基础知识掌握得不好，那么就很难制作出非常精美的作品。因此，本书介绍的基础知识比较多，为的是让读者掌握好这些基本功，为以后的制作打下良好的基础。InDesign涉及的领域比较多，本书的内容介绍比较全面，而且也比较多。希望读者耐心地阅读和学习，多操作，多练习，不要怕出错，出现错误是很正常的，更不要因为出现一些问题就气馁。俗话讲得好，“只要功夫深，铁杵磨成针”，只要认真学习，就一定能够学好InDesign。

学习InDesign的必要条件

在开始学习和使用InDesign中文版之前，读者应该掌握计算机的基本操作，比如，怎样开机和关机，怎样使用鼠标和键盘，怎样保存和关闭文件等。

特别说明

在本书中使用到的一些公司名称、企业名称或者数字，都是作者虚构的，并非刻意使用，如有雷同，纯属巧合。

关于作者

参加编写本书的都是对InDesign非常精通，有着丰富的使用经验和教学经验的人。本书由郭圣路统筹，参加编写本书的人员有：张新军、王广兴、张荣圣、仝红新、张秀凤、杨凯芳、杨红霞、韩德成、苗玉敏、刘国力、白慧双、宋怀营、芮红、孙静静和尚恒勇等。

由于作者水平有限，加之时间仓促，书中难免有不妥之处，还望广大读者朋友和同行批评和指正。

为方便读者阅读，若需要本书配套资料，请登录“华信教育资源网”（http://www.hxedu.com.cn），在“下载”频道的“图书资料”栏目下载。

目　录

第1章　初识排版 1
1.1　出版物简介 1
1.2　书籍的构成 1
1.3　版面的构成 3
1.4　版面设计要素 4
1.4.1　文字排版 4
1.4.2　插图排版 5
1.4.3　表格排版 5
1.4.4　色彩与排版 6
1.5　排版软件简介 6
1.6　出版流程 7
1.7　对排版人员的基本要求 8
1.8　InDesign的新增功能 8
1.9　InDesign的安装及卸载 10
1.9.1　InDesign的安装 10
1.9.2　InDesign的卸载 12
1.10　InDesign的启动与关闭 13
1.11　InDesign可支持的文件格式简介 15

第2章　工作界面、命令、面板和工具 17
2.1　InDesign中文版的工作界面 17
2.2　菜单命令简介 18
2.2.1　“文件”菜单 18
2.2.2　“编辑”菜单 18
2.2.3　“版面”菜单 18
2.2.4　“文字”菜单 19
2.2.5　“对象”菜单 19
2.2.6　“表”菜单 19
2.2.7　“视图”菜单 19
2.2.8　“窗口”菜单 19
2.2.9　“帮助”菜单 20
2.3　工具箱简介 20
2.3.1　“选择工具” 21
2.3.2　“直接选择工具” 22
2.3.3　“钢笔工具”组 23
2.3.4　“文字工具”组 T. 27
2.3.5　“铅笔工具”组 28
2.3.6　“直线工具” 28
2.3.7　“框架工具”组 28
2.3.8　“图形工具”组 29
2.3.9　“网格工具” 30
2.3.10　“旋转工具” 30
2.3.11　“缩放工具”组 31
2.3.12　“剪刀工具” 31
2.3.13　“自由变换工具” 31
2.3.14　“渐变色板工具” 32
2.3.15　“渐变羽化工具” 32
2.3.16　其他工具简介 32
2.4　面板简介 33
2.4.1　“控制”面板 33
2.4.2　“页面”面板 34
2.4.3　“颜色”面板 35
2.4.4　“渐变”面板 36
2.4.5　“描边”面板 37
2.4.6　“效果”面板 38
2.4.7　“字符”面板 38
2.4.8　“段落”面板 38
2.4.9　“样式”面板 39
2.4.10　“图层”面板 39
2.4.11　“链接”面板 40
2.4.12　“超链接”面板 40

第3章　基本操作 41
3.1　基本文件操作 41
3.1.1　新建文件 41
3.1.2　打开文件 43
3.1.3　保存文件 44
3.1.4　删除文件 45
3.1.5　置入和导入文件 45
3.1.6　导出文件 46
3.1.7　转换文件 46
3.2　基本对象操作 47

3.2.1 选择和移动对象 47
3.2.2 缩放对象 47
3.2.3 旋转对象 47
3.2.4 变形对象 48
3.2.5 编组对象 48
3.2.6 复制对象 48
3.2.7 镜像对象 48
3.3 恢复和还原 49
3.3.1 查找恢复的文档 49
3.3.2 更改恢复文档的位置 49
3.3.3 还原错误 50
3.4 首选项设置 50
3.4.1 “常规”首选项 51
3.4.2 “界面”首选项 51
3.4.3 “文字”首选项 52
3.4.4 “高级文字”首选项 52
3.4.5 “排版”首选项 53
3.4.6 “单位和增量”首选项 53
3.4.7 “网格”首选项 54
3.4.8 “参考线和粘贴板”首选项 55
3.4.9 “字符网格”首选项 55
3.4.10 “词典”首选项 55
3.4.11 “拼写检查”首选项 56
3.4.12 “自动更正”首选项 57
3.4.13 “附注”首选项 57
3.4.14 “文章编辑器显示”首选项 58
3.4.15 “显示性能”首选项 59
3.4.16 “黑色外观”首选项 59
3.4.17 “文件处理”首选项 59
3.4.18 “剪贴板处理”首选项 60
3.4.19 “标点挤压选项”首选项 61

第4章 页面设计与布局 62
4.1 页面设计概述 62
4.2 页面基本操作 63
4.2.1 选取与定位页面 63
4.2.2 插入和移动页面 63
4.2.3 复制页面 63
4.2.4 删除页面 64
4.3 页面的基本设计 65
4.3.1 页面设置 65
4.3.2 边距和分栏 65
4.3.3 使用标尺 66
4.3.4 参考线 67
4.3.5 网格 68
4.4 跨页 70
4.5 使用页码 70
4.5.1 更新页码 70
4.5.2 为页码重新编号 71
4.6 设置主页 72
4.6.1 创建主页 72
4.6.2 应用主页 73
4.6.3 编辑主页 74
4.6.4 复制和删除主页 74
4.6.5 覆盖和分离主页 75
4.6.6 重新应用主页 77
4.7 使用框架设置版面 77
4.7.1 框架与路径 78
4.7.2 显示和隐藏框架边缘 78
4.7.3 使用占位符 78
4.7.4 版面自动调整 79
4.8 图层 80
4.8.1 创建和删除图层 80
4.8.2 在图层中创建对象 81
4.8.3 选择、移动和复制对象 81
4.8.4 复制图层 82
4.8.5 更改图层的顺序 82
4.8.6 显示和隐藏图层 82
4.8.7 锁定和解锁图层 83
4.8.8 合并图层 83
4.9 使用文档模板 84
4.9.1 制作新模板 84
4.9.2 打开模板 85

第5章 文字与文字块处理 86
5.1 文字概述 86
5.2 选择文字 88
5.3 编辑文字 89
5.3.1 更改字符属性 89
5.3.2 改变字体 90
5.3.3 改变字体大小 91
5.3.4 改变框架网格的大小 91

5.3.5 调整字间距 92
5.3.6 调整行距 93
5.3.7 调整文字基线 94
5.3.8 文字倾斜 95
5.3.9 文字旋转 95
5.3.10 使用上划线和下划线 96
5.3.11 文字的上标和下标 97
5.3.12 为文字添加拼音 98
5.3.13 改变文字和文本框的颜色 99
5.4 字符样式 99
5.4.1 创建字符样式 100
5.4.2 应用字符样式 101
5.5 段落样式 102
5.5.1 创建段落样式 102
5.5.2 应用段落样式 103
5.6 编辑文字块 103
5.6.1 文字块的调整 103
5.6.2 转换排版方向 104
5.7 文字块的其他操作 104
5.7.1 对文本框应用边角效果 104
5.7.2 文本框之间的对齐 105
5.7.3 文本框的编组和解组 106
5.7.4 段落强制行数 107
5.7.5 设置文字下沉 107
5.7.6 使用段落线 108
5.7.7 项目符号与编号 108
5.8 排版格式 109
5.8.1 对齐方式 109
5.8.2 段落缩进 110
5.9 设置避头尾与标点挤压 110
5.9.1 避头尾设置 110
5.9.2 标点挤压设置 111
5.10 使用文本框架 112
5.10.1 在文本框架中添加栏 112
5.10.2 更改文本框架的内边距 113
5.10.3 基线选项 113
5.10.4 串接文本框架 113
5.10.5 手动排文或自动排文 115
5.11 实例：古诗排版 116
第6章 图形对象的处理 118
6.1 图形概述 118
6.2 图形的创建 119
6.2.1 基本图形的创建 120
6.2.2 复合图形的创建 120
6.2.3 其他创建方式 122
6.2.4 使用图形库 122
6.3 图形对象的置入与显示 125
6.3.1 置入图形 126
6.3.2 通过其他方法导入图片 127
6.3.3 控制图形在InDesign中的显示 127
6.3.4 链接图形 127
6.4 编辑图形对象 129
6.4.1 图形对象的移动 129
6.4.2 图形对象的缩放 130
6.4.3 变形对象 131
6.4.4 图形对象的对齐 131
6.4.5 分布对象 133
6.4.6 剪切图形对象 134
6.5 使用图形效果 137
6.5.1 投影 137
6.5.2 羽化 138
6.5.3 其他效果 139
6.5.4 “效果”面板 139
6.6 实例：光盘封面设计 140
第7章 图文拓朴关系处理 144
7.1 图文拓朴关系处理概述 144
7.2 文压图 144
7.3 图压文 145
7.4 图文绕排 145
7.4.1 沿定界框绕排 146
7.4.2 沿对象形状绕排 147
7.4.3 上下型绕排 147
7.4.4 下型绕排 148
7.4.5 文本框绕排 148
7.4.6 取消文本绕排 149
7.4.7 内连图 149
7.5 实例：楼盘DM宣传单的设计 149
7.5.1 新建文件 149
7.5.2 设置主页 150

7.5.3 设计版式 150
7.5.4 置入图形 152
7.5.5 输入文本 155

第8章 表格处理 158
8.1 InDesign的表格功能简介 158
8.2 表格的类型 158
8.3 创建和删除表格 160
8.4 在表格中输入文字 160
8.5 编辑表格 161
8.5.1 选择表格中的行或列 161
8.5.2 表的设置 163
8.5.3 设置单元格 164
8.6 表格的置入 168
8.7 表格与文字的转换 169
8.7.1 将表格转换为文本 169
8.7.2 将文本转换为表格 169
8.8 表格的排版规则 170
8.9 实例：某公司业务报表设计 172

第9章 书籍的排版与管理 177
9.1 书籍排版概述 177
9.2 制作书籍模板 178
9.2.1 制作主页模板 178
9.2.2 插入自动页码 181
9.2.3 模板的段落样式设置 183
9.3 在模板中置入文件并应用样式 186
9.3.1 置入文件 186
9.3.2 将段落样式应用于文本 188
9.4 创建书籍文件 190
9.4.1 创建并添加书籍文件 190
9.4.2 创建目录文档 192
9.4.3 同步书籍 192
9.5 创建目录 193
9.6 创建索引 197
9.6.1 编制单词、短语或列表的索引 198
9.6.2 新建交叉引用 199
9.6.3 查看标志符 200
9.6.4 生成索引 200
9.7 将书籍导出为PDF文件 201
9.7.1 导出前检查文档 201
9.7.2 导出PDF文件 202

第10章 页面输出与管理 204
10.1 打印文件的预检 204
10.1.1 "印前检查"面板概述 204
10.1.2 定义印前检查配置文件 205
10.1.3 查看错误信息 205
10.1.4 处理错误 206
10.2 打印文件的打包 206
10.2.1 字体设置 207
10.2.2 链接和图形 208
10.2.3 颜色和油墨 209
10.2.4 打印设置 209
10.2.5 报告 210
10.2.6 存储打包文件 210
10.3 打印文件 212
10.3.1 打印设置 212
10.3.2 纸张大小和页面大小 213
10.3.3 标记和出血 216
10.3.4 输出设置 217
10.3.5 图形 217
10.3.6 颜色管理 218
10.3.7 高级 218
10.3.8 打印小结 219
10.4 打印小册子 220
10.4.1 将文档打印成小册子 220
10.4.2 预览 222
10.4.3 小结 223

第11章 颜色模式与色彩管理 224
11.1 颜色模式 224
11.1.1 RGB模式 224
11.1.2 CMYK模式 225
11.1.3 Lab模式 225
11.2 色彩空间和色域 226
11.3 印刷色与专色 226
11.3.1 印刷色 226
11.3.2 专色 227
11.4 应用颜色 227
11.4.1 "颜色"面板 228
11.4.2 "渐变"面板 228
11.4.3 拾色器 229

11.5 色板与色调......229
11.5.1 新建色板......230
11.5.2 色调......231
11.5.3 在“颜色”面板中添加色样......231
11.5.4 在“渐变”面板中新建渐变色样......233
11.6 混合油墨......234
11.6.1 新建混合油墨色板......234
11.6.2 新建混合油墨组......235
11.6.3 删除色样......236
11.7 色彩管理......236
11.7.1 设置颜色管理......237
11.7.2 颜色工作空间......238
11.7.3 颜色管理方案......238
11.7.4 颜色转换选项......239
11.8 灯箱广告的设计与颜色应用......240

第12章 陷印、分色和叠印......247
12.1 陷印......247
12.1.1 陷印文档和书籍......247
12.1.2 陷印预设......249
12.1.3 关于陷印黑色......253
12.1.4 调整陷印顺序......256
12.2 分色......256
12.2.1 创建分色......256
12.2.2 分色工作流程......257
12.2.3 预览分色......258
12.2.4 预览油墨覆盖区......258
12.3 叠印......259
12.3.1 更改黑色叠印设置......259
12.3.2 叠印描边或填色......260
12.3.3 使用“分色预览”面板预览颜色将如何叠印......262
12.3.4 模拟专色油墨的叠印......262
12.4 油墨、分色和半调网频......262
12.4.1 油墨管理器......263
12.4.2 将专色分色为印刷色......263
12.4.3 半调网频......264

第13章 电子与网络出版......266
13.1 超链接......266
13.1.1 创建超链接......266
13.1.2 编辑超链接......267
13.2 交互式按钮......269
13.2.1 从对象转换按钮......269
13.2.2 示例按钮......270
13.2.3 设置或更改按钮的属性......270
13.2.4 将按钮转换为对象......271
13.3 影片与声音文件......272
13.3.1 添加影片与声音文件......272
13.3.2 设置影片选项......272
13.3.3 设置声音选项......273
13.4 使用书签......274
13.4.1 创建书签......274
13.4.2 编辑书签......275
13.5 PDF简介......277
13.5.1 导出前检查文档......278
13.5.2 设置PDF选项......278
13.5.3 PDF预设......286
13.5.4 新建和删除PDF导出预设......287
13.5.5 编辑和存储PDF预设......288
13.6 使用XML......289
13.6.1 新建XML元素......289
13.6.2 为文本框中的文本添加标签......290
13.6.3 将样式映射到标签......290
13.6.4 标签在视图中的显示......291
13.6.5 导出为XML元素......291
13.6.6 导入并应用XML元素......293

第14章 综合实例......295
14.1 书籍装帧设计......295
14.2 展销会宣传彩页......301
14.3 “朝阳早报”头版......308
14.3.1 新建页面......308
14.3.2 主页设置......309
14.3.3 首页版式制作......310
14.3.4 划分版面......311
14.3.5 创建段落样式......314
14.3.6 置入文字......314
14.3.7 置入图形......315

附录A 常用键盘快捷键......317

第1章 初识排版

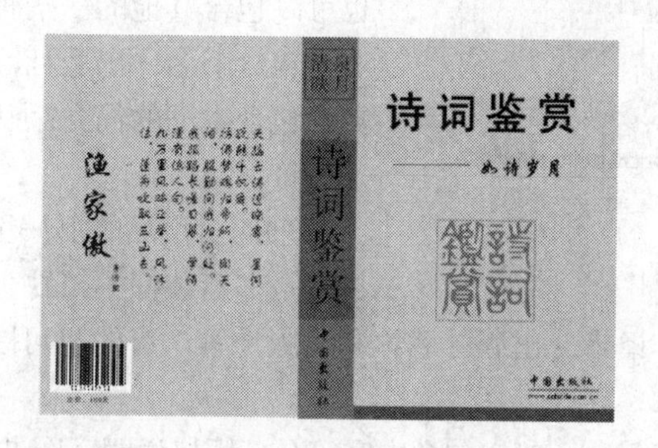

InDesign是目前市场上最优秀的矢量绘图与文档排版软件之一，使用它基本上可以为任何种类的出版物排版。在本章中，将介绍一些出版物与InDesign的基础知识。

在本章中主要介绍下列内容：

★出版物简介

★书籍的构成和版面的构成

★排版软件简介

★对排版设计人员的要求

★InDesign的安装与卸载

1.1 出版物简介

出版包括内容的采编、排版、印刷和发行，其中排版是非常重要的一个环节。随着科技的迅猛发展，如今的出版物不仅包括传统意义上的纸质出版物，还包括音像光盘和电子出版物。常见的报纸、期刊、杂志、图书、画册和内部资料等都属于纸质出版物，而在网络上看到的小说、新闻和视频等都属于电子出版物。不管是纸质出版物还是电子出版物都是按照一定的规范或者要求排版之后才能出版发行的。

关于采编、印刷和发行，不是本书所要介绍的内容，在本书中只介绍排版方面的内容。就像做平面设计需要使用Photoshop，做统计工作需要使用Excel一样，排版也需要使用专门的软件，其中最为流行的排版软件就是Adobe公司开发的InDesign，使用它不仅可以将文字、图形和表格进行混排，而且还可以创建及编辑图形和表格等。另外，在InDesign中还能创建HTML、PDF和XML等用于跨媒体出版的文档。

1.2 书籍的构成

通常，书籍或杂志都是由6部分构成的，分别是封面、扉页、版权页、前言、正文和附录，有部分图书还配有光盘。

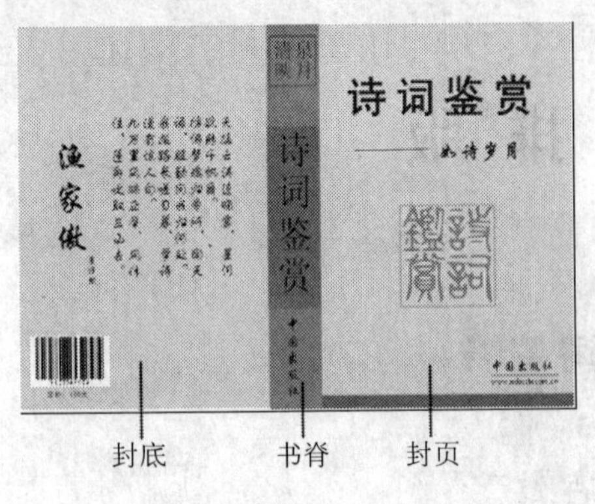

图1-1 书籍封面的构成

封面包括3部分，分别是封页、书脊和封底，如图1-1所示。封面就像是人的外表一样，它的好坏会影响读者的购买欲。通常，封页包含书名、副书名、作者（译者）、出版社名称和插图等，也可以包含其他的一些辅助标识和说明文字等。书脊包含书名、出版社，以及出版社的标识等。封底包含本书的简介、丛书名称、书价、编辑和条码等。

书的封页后的那一页就是扉页。扉页又称内封，是书籍装帧不可缺少的组成部分，其内容与封页相同，包含书名、作译者、出版社名称和出版地等，有的也可以包含图案或者插图，一般和正文一起排印。

版权页位于扉页的背面。一般它包含内容简介、版权说明、图书在版编目（CIP）数据、书号、出版社名称、开本、版次和定价等。

版权页的下一页就是前言页。一般，前言是对书籍内容的简介，包括本书内容的组成、章节的划分、作者给读者的建议、本书内容的特点等，也可以包括与本书有关的一些其他辅助说明。

前言之后就是书籍的目录。它是书籍的提纲挈领，一般包括篇、章、节和小节等，向读者展现本书的详细结构和章节页码。读者可以通过目录快速地找到相关的内容。在部分期刊中，目录也可以放在封底或者扉页上。

正文则是书籍的最主要的组成部分，也是内容最多的部分，当然这也是排版的重头戏。正文之后是附录，一般包含对书籍的辅助性说明或者附加内容，比如在一些计算机图书的附录中，一般介绍的是键盘快捷键或者相关的网站。

有的书籍还包含配套光盘，在光盘中包含的是本书的相关配套资料，比如演示视频文件或者图片等。光盘也可以丰富书籍的内容，另外，光盘的封面包括书名、出版社和条码等，使用InDesign就可以设计。下面是两个光盘的封面，如图1-2所示。

图1-2 光盘的封面

其他期刊杂志的构成与书籍的构成基本相同，不再一一介绍。

1.3 版面的构成

打开任意一本书或者杂志的正文，都可以很直观地看到它们的版面组成，有的全部是文字，有是既有插图又有文字，还有的带有表格、线条或者色块。实际上，排版就是按照内容的要求和一定的规范将文字、图形、表格、线条框和颜色块进行组合排列。当然需要从整体与视觉艺术角度来设计出版物的版面，并使其充分地表达版面与内容的信息。

通常，书籍正文的版面包括：开本、版心、页眉、页脚、页边距、天头、地脚、折口和切口，如图1-3所示。

图1-3 版面的基本构成

下面简单地介绍一下这些排版术语。

开本：图书页面的大小。将整张大纸平均切割成多张大小相同的小纸张即为开，通常分为3种类型，分别是大型开本、中型开本和小型开本。常见的16开纸属于中型开本，其大小是185mm×260mm，还有大16开，其大小是210mm×297mm。

版心：位于页面中间，排有正文文字和图表的区域。

页眉：在版心之上的文字、线条或者图形。一般，书名或者章节名排在页眉之上，用于检索章节。

页脚：在版心之下的文字、线条或者图形。

天头：页眉之上的空白区域。

地脚：页脚之下的空白区域。

折口：进行双页排版时需要折进的位置。

切口：排版时需要对印刷纸张进行剪切的位置，订口的另外一侧。有时，可以根据需要将书名或者章节名放在切口处。

订口：书刊需要订联的一边，靠近书籍装订处的空白。

页码：书籍页数的编号，一般在页脚的外侧，也可以根据需要将其放置在页眉或者切口处。

提示：报刊的版面结构与书籍的版面结构基本相同，如图1-4所示。不再赘述。

国家装修9项强制性标准

如何掌控家装造价？

图1-4 报纸样品

1.4 版面设计要素

在版面设计中，文字、插图和色彩是最基本、最重要的三大要素，当然还可以包括其他的内容，如表格、线框和线条等。

1.4.1 文字排版

文字不仅是人类文明开始的标志，而且是一种独特的艺术形式。实际上，任何出版物都是以文字为主要载体和主要内容的。要想设计出美观的版面，必须了解并掌握好与文字排版相关的内容。

Adobe 宋体 Std	字体样式
宋体-PUA	!"#
新宋体	字体样式
HanWangCMO3	字體樣式
Adobe Ming Std	字體樣式
MingLiU	字體樣式
PMingLiU	字體樣式
Arial	Sample
Arial Black	Sample
Bell Gothic Std	Sample
Birch Std	Sample
Blackoak Std	Sam...
Bookman Old Style	Sample
Bookshelf Symbol 7	[illegible]
Brush Script Std	Sample
Adobe Caslon Pro	Sample
Chaparral Pro	Sample
Charlemagne Std	SAMPLE
Comic Sans MS	Sample
Cooper Std	Sample
Courier New	Sample
Eccentric Std	SAMPLE
Franklin Gothic Medium	Sample
Garamond	Sample
Adobe Garamond Pro	Sample
Georgia	Sample
GF Matilda bold	Sample
GF Matilda normal	Sample

图1-5 InDesign中的部分字体

目前，出版物中常用的字体，从大的方面分为中文字体和外文字体两种。常用的中文字体有宋体、楷体和黑体等，常用的外文字体有Times New Roman和Arial等，还有多种其他类型的字体。InDesign中有很多可用的字体，如图1-5所示。但是，应该把握应用字体的原则，即在同一出版物中不要应用过多的字体。另外，在使用文字排版时，还可以设置文字的大小、颜色、字间距、行间距，以及是否带有基线等。

不论是长篇小说还是简短的散文，都是由多个段落构成的，而排版时也是以段落为基本单位的。在排版时，应该注意段落的缩进、对齐、项目符号、编号、脚注和尾注等。另外，需要按照一定的格式和层次进行排版。排版格式包括：标题、正文、项目符号、编号和分栏等，标题又可以分为一级标题、二级标题、三级标题等。一般，一级标题的字号要比二级和三级标题的字号大。下面是一个常见的文字排版图示，如图1-6所示。

提示：脚注和尾注是对正文文字的一种注释性说明，一般位于版面的地脚处。

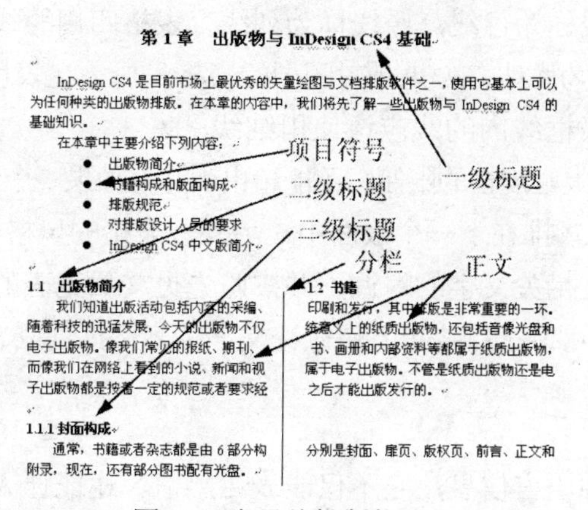

第 1 章 出版物与 InDesign CS4 基础

InDesign CS4 是目前市场上最优秀的矢量绘图与文档排版软件之一，使用它基本上可以为任何种类的出版物排版。在本章的内容中，我们将先了解一些出版物与 InDesign CS4 的基础知识。

在本章中主要介绍下列内容：

- 出版物简介
- 书籍构成和版面构成
- 排版规范
- 对排版设计人员的要求
- InDesign CS4 中文版简介

1.1 出版物简介

我们知道出版活动包括内容的采编、随着科技的迅猛发展，今天的出版物不仅电子出版物。像我们常见的报纸、期刊、而像我们在网络上看到的小说、新闻和视子出版物都是按着一定的规范或者要求经

1.1.1 封面构成

通常，书籍或者杂志都是由 6 部分构附录，现在，还有部分图书配有光盘。

1.2 书籍

印刷和发行，其中排版是非常重要的一环。统意义上的纸质出版物，还包括音像光盘和书、画册和内部资料等都属于纸质出版物，属于电子出版物。不管是纸质出版物还是电之后才能出版发行的。

分别是封面、扉页、版权页、前言、正文和

图1-6 常见的排版格式

1.4.2 插图排版

虽然出版物多以文字为主，但是只使用文字还是不够的，而使用插图（包括各种各样的图形）可以很直观、形象地说明问题，使读者更加准确地获取文字所要表达的信息，同时也会加深读者的印象，如图1-7所示。随着计算机技术和数码产品的普及，人们可以很容易地获取各种图形效果，既可以是使用电脑绘制的图形，也可以是使用相机拍摄或者捕捉的图片。

在使用插图排版时，应该考虑内容和艺术两方面的需要，尽量使版面美观。插图需要排在相关文字的附近，并按照先见文后见图的原则处理。如有困难，可在本节中略做调整，插图上下要避免有空行，如果两图或多图靠得非常近，那么也可以两图并排或者多图并排。另外，在处理插图和文字的位置关系时，还要考虑图文绕排。可以让文字沿插图的边界一侧绕排、四周绕排，还可以使文字衬于插图之上或者之下。下面是几种常见的绕排方式，如图1-8所示。

图1-7 带有插图的排版

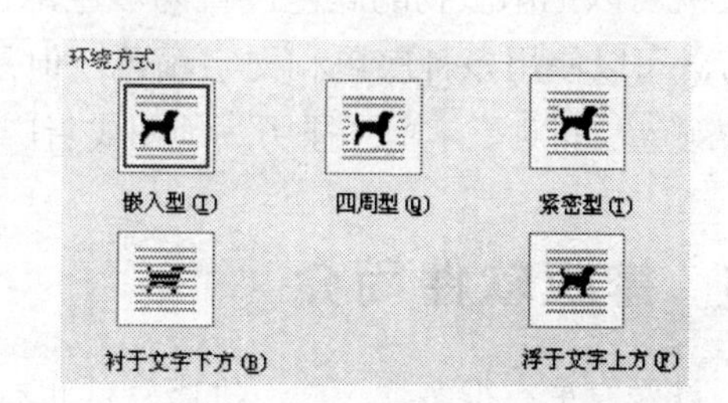

图1-8 常见的绕排方式

1.4.3 表格排版

对于有的书，只使用文字和插图还是不够的，尤其是那些包含对比性内容或者数据的书，而使用表格就可以弥补这一缺陷。使用表格可以有效地组织文字和数据，可以使读者很直观、明了地进行阅读并获取需要的信息。表格一般由行和列的单元格组成，从形式上看，它包含表注、表头和表体，如图1-9所示。

提示： 表注一般放置在表体的上面。

在一个表格中，横线称为行线，竖线称为列线。表格四周的线称为表框线，其中顶端的线称为顶线，底端的线称为底线。如果是封闭型的表格，那么在表格左右两端的线称为墙线。表框线应该使用粗线，表框线内的线应该使用细线。

表格的大小一般要受版心规格的限制，不能超出版心。如果一个表格在一个版面内排不下，那么可以将其以续表的形式排在下一个版面中。另外，表格的风格和大小要全书统一。

通常，表格应该排在相关文字的附近，并按照先见文后见表的原则进行排版。另外，与图文一样，表格和文字也可以进行绕排，可以让文字绕表格排列或者绕表格的边界进行排列。

1.4.4 色彩与排版

色彩实际上也是一种语言信息，它不仅能表达感情，还能让人产生联想，感觉到大小和轻重，所以它在排版中也有着非常重要的作用。大部分常见的出版物（书籍和报刊等）都是使用白底黑字，也就是常说的黑白印刷。但是，现在也出现了很多彩色印刷的出版物，如一些礼品书籍或宣传册。下面是一幅彩色的广告纸，其底色就是淡蓝色的，如图1-10所示。

表6-1　前4个月的销量对比

月 份	销 量
1月	2153 万元
2月	3113 万元
3月	2873 万元
4月	3656 万元

表注
表头
表体

图1-9　表格

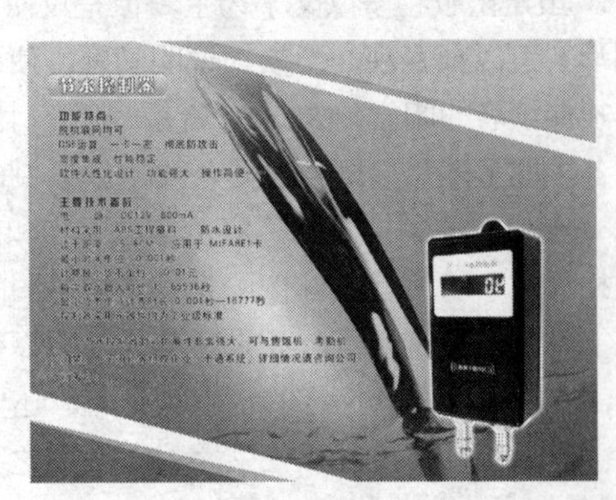

图1-10　彩色的广告纸

既可以把出版物的底色设置为彩色，也可以把文字设置为彩色。为了易于阅读和防止眼疲劳，可以使用多种底色和文字颜色，但是对于那些双色印刷的出版物，则只能使用其中的几种颜色。而对于年画、挂历、地图或者广告画，可以增加更多的色彩来吸引人们的注意力。

1.5 排版软件简介

就像汽车有很多款一样，排版软件也有多款，包括InDesign、PageMaker、微软公司开发的Word（包括Word 2000、Word 2003、Word 2007等各种版本）、FrameMaker、Publisher、QuarkXPress、方正飞腾、蒙泰电子出版系统和TeX（或者LaTeX）等。其中InDesign是PageMaker的升级版本，InDesign从1.0、2.0、CS1、CS2、CS3到CS4已经有了6个版本，其排版功能和兼容性也越来越强。从世界范围而言，InDesign的用户量是最大的，占据着桌面排版领域的龙头地位。

Adobe公司的InDesign，尤其是CS4这一版本，基于开放的对象系统，具有很高的可扩展性，它兼具PageMaker和FrameMaker的优点。使用它可以排版的出版物包括：报纸、书籍、期刊杂志和电子出版物等。它不仅支持OpenType格式，还支持Unicode字符编码标准，也就是说它不仅适用于拉丁语系，也适用于中、日、韩等非拉丁语系。另外，它的兼容性很强，不仅支持多种图形格式，还可以读入和使用通过Word、Publisher和QuarkXPress排版的文档。注意，在本书中，只介绍怎样使用InDesign排版。

PageMaker的功能也非常强大，尤其是PageMaker 7.0，它使用方便、配套完善，深受出版业人士的好评。但是其核心技术相对落后，存在很多缺陷，因此，在PageMaker 7.0后再也没有发布新的版本。

FrameMaker的文字处理、版面设计、图像处理、表格制作和文档编辑功能都非常强大，适合制作比较复杂的出版文档，但是其用户量很少，多数人只知道它可以用于制作PDF电子文档。

QuarkXPress也是当今世界上广泛应用的版面设计软件之一。它不仅有在Windows操作系统中使用的版本，还有在Mac OS（苹果）操作系统中使用的版本。它可以为多种出版物排版，如书籍、杂志、报纸、包装广告等。但是它对中文的支持不是很好，因此在国内知道它的人不多。

TeX处理数学、物理和化学公式的功能最为强大，一般在数学和科学领域的出版物中使用得比较广泛。它的指令系统比较强大，学习起来相对困难一些，所以在国内的用户也比较少。注意，现在的最新版本是LaTeX，通常也称为TeX。

Word是微软开发的办公套件之一，不仅可以处理文字，还能处理图像和表格，被国内的很多用户所接受。像一般的黑白印刷书籍、技术手册、简历、毕业论文等都可以使用Word进行排版。但是它不适合处理复杂的版面，比如报纸。在色彩处理上也不是很好，因此彩印书一般不使用它进行排版。

Publisher也是微软的办公套件之一，也是一款不错的排版软件。它对文字、图像和表格的处理功能也非常强大，而且与Word有着类似的操作界面。但是目前支持其输出的公司很少，知名度也不大，因此国内很少有人使用它。

方正飞腾是国内北大方正公司自主研发的排版软件，其文字处理功能非常强大，也具有处理图像和表格的功能。它主要用于图书的排版。但是它生成的PS文件不是标准的PS文件，所以很多激光PS打印机无法打印输出，这也是它得不到广泛应用的原因之一。

蒙泰彩色电子出版系统功能全面，可支持中文、日文和韩文的输入，但是其功能不够丰富，对于表格的处理也比较简单，所以用户很少。

1.6 出版流程

书籍或者报纸从最初的组稿到最后的发行一般至少需要5个环节，分别是组稿、排版、制版、印刷和发行。其基本流程图如图1-11所示。

图 1-11 出版的基本流程图

对于电子出版物而言，则需要将出版文档制作成PDF或者XML格式的文档，然后在网络上发布即可。

组稿是由出版单位的相关人员联系作者，编写好需要的稿件，下一步就是由专门的排版人员根据需要进行版面设计了。制版就是将排好的出版物用照排机输出到胶片上，再晒成PS版，然后使用印刷机印刷并进行装订。最后由发行部门进行发行。

1.7 对排版人员的基本要求

在出版行业中，排版是非常重要的一环，而作为一名排版人员也应该具备一定的素质。一名优秀的排版人员，应该能够运用各种排版要素，不仅向读者传达出准确的文字信息，而且还能带给人美感。优秀的排版人员应该具备下列素质：

1. 喜爱排版工作，准确地输入文字，熟悉出版流程。
2. 具有广泛的知识面，包括平面构成和设计、装帧及一定的美术功底。
3. 精通多款排版软件，并具有丰富的排版专业知识。
4. 有团队精神，责任心强，态度端正，还需要具备良好的沟通和协调能力。

1.8 InDesign的新增功能

自1999年InDesign问世以来，已经有了6个版本，其中InDesign CS4是最新版本，而且其排版功能也是最为强大的。下面，将针对前一版本简单地介绍一下InDesign CS4的部分新增功能。

1. 实时印前检查

在设计的同时可以进行印前检查以获得更好的效果、节省大量时间及降低生产成本。连续的印前检查可以对潜在的生产问题发出实时警告。通过新的“印前检查”面板，可以导航并选择触发印前检查错误的对象。通过查看上下文提示可以帮助用户直接在版面中更正错误。

2. 跨页视图旋转

临时旋转跨页视图，而无需实际转动显示器。在视图旋转90度和180度时仍能提供所有编辑功能，帮助用户处理非水平设计元素，如旋转的日历跨页和表等。如图1-12所示。

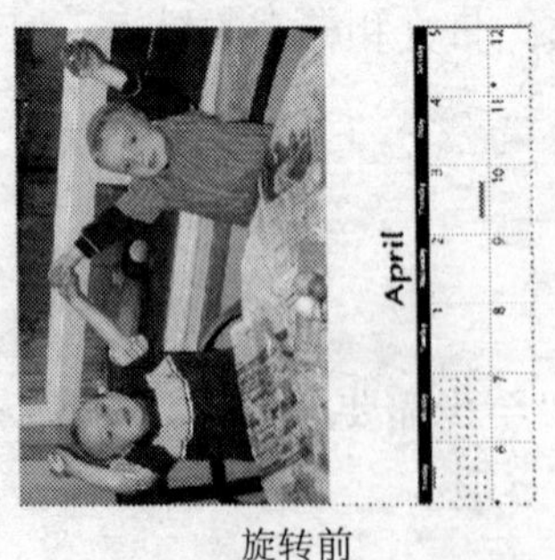

旋转前

旋转后

图1-12 跨页旋转效果

3. 智能参考线

只需一步操作即可完成多个对象的对齐、间距调整、旋转和大小调整，例如使对象与页面边缘水平、垂直或居中对齐。通过参考线、对象尺寸、旋转和*X*、*Y*坐标能够使对象相对于版面中的其他对象靠齐。

4. 智能尺寸

创建对象、调整对象大小或旋转对象时，智能尺寸会显示该对象的宽度、高度或旋转角度，如果尺寸或旋转角度与附近的对象匹配，将突出显示。

5. 智能间距

通过将对象靠齐到相应位置，使页面上的多个项目均匀分布，而无需使用“对齐”面板。

6. 智能光标

变换对象时，光标会显示*X*和*Y*位置、宽度和高度或旋转信息。使用界面首选项中的“显示变换值”选项可以打开和关闭智能光标。

7. 通用“链接”面板

利用重新设计的“链接”面板查找、排序和组织置入的内容。扫描链接属性，并单击查看缩放、旋转和分辨率等详细信息。可以根据工作偏好自定义“链接”面板。

8. 条件文本

使用条件文本可为不同的用户和通道传送同一文档的多个版本。创建条件，然后将其应用到供读者自定义的文本。如果隐藏条件，剩余的文本和定位对象将在版面中自动重排。如图1-13所示。

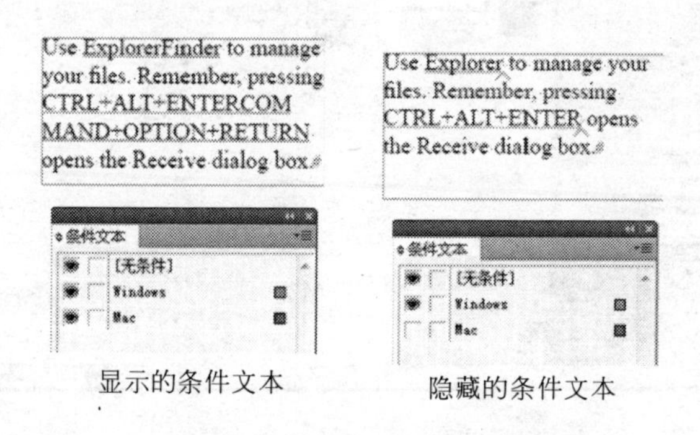

图1-13　条件文本的显示与隐藏

9. 智能文本重排

可以将InDesign用做文字处理程序。在键入文本、隐藏条件或更改文本排列时，让InDesign自动添加或删除页面。

10. 受约束的图形放置（绘图方面的改进）

绘制框架时，如果图像位于载入的光标中，会将该框架约束为图形的比例。之后，图形将按比例调整为适合框架的大小并居中，除非已对该框架应用框架适合选项。使用载入的光标向外拖动框架时，比例将显示为光标的一部分。按住Shift键可拖动非约束的框架。

11. PDF和SWF文件中的页面过渡效果（交互功能的改进）

只需一次单击，便可在InDesign中将页面过渡效果直接应用到各个页面或所有跨页上。查看可用过渡效果类型的预览，并控制过渡效果的方向和速度，以便输出到Flash（SWF文件）和PDF。

12. 导出到Flash（集成方面的改进）

创建动态内容，而无需使用Adobe Flash创作环境。直接从InDesign中导出SWF文件，包括页面过渡效果、交互式按钮、翻转和超链接。

另外，还有其他方面的改进，在本书中不再一一介绍。

1.9　InDesign的安装及卸载

和Word应用程序一样，在使用InDesign之前，需要把它安装到自己的计算机上。下面介绍一下安装过程。

1.9.1　InDesign的安装

（1）把安装盘放进电脑的光驱中，也可以把安装程序复制到电脑的磁盘上，然后打开InDesign的安装程序。如图1-14所示。

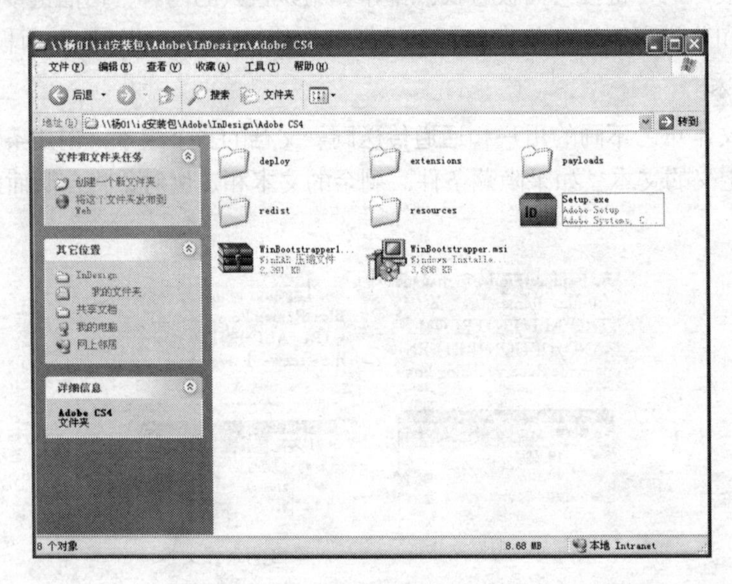

图1-14　安装程序

（2）双击Setup.exe安装图标，打开安装进度窗口，如图1-15所示。

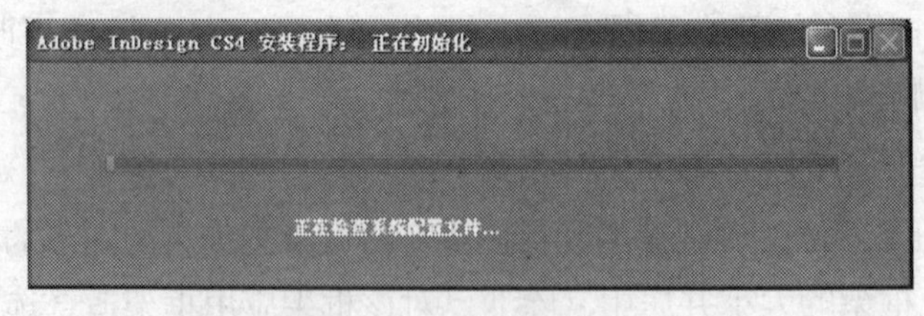

图1-15　安装进度窗口

（3）然后将会打开图1-16所示的对话框。在该对话框中需要输入安装序列号才能进行后面的安装。读者也可以选择对话框右侧的“我想安装并使用Adobe InDesign　CS4的试用版”选项来安装试用版本，这样就不必输入序列号了。

（4）单击“下一步”按钮后，打开如图1-17所示的安装程序对话框。在该对话框中需要选择许可协议。

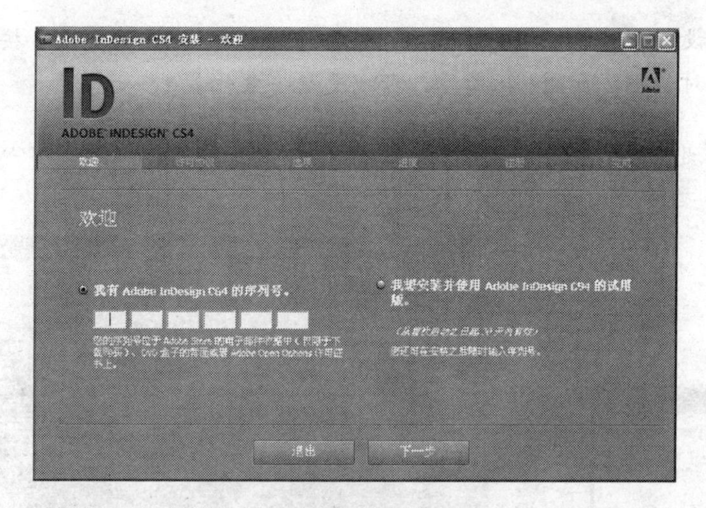

图1-16　安装对话框

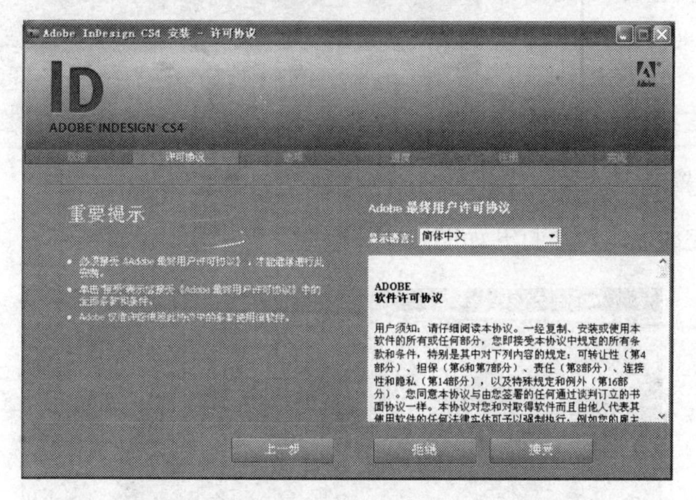

图1-17　安装对话框

（5）可以通过单击“显示语言”右侧的下拉按钮，从中选择“简体中文”选项，或者选择自己需要的语言类型。然后单击“接受”按钮，打开如图1-18所示的安装程序对话框。

图1-18　安装对话框

在默认设置下，该程序安装在计算机的磁盘C中。单击“更改”按钮，打开“选择位置”对话框，如图1-19所示，可以更改安装位置。

（6）设置好需要的选项之后，单击“安装”按钮，打开如图1-20所示的安装进度对话框。

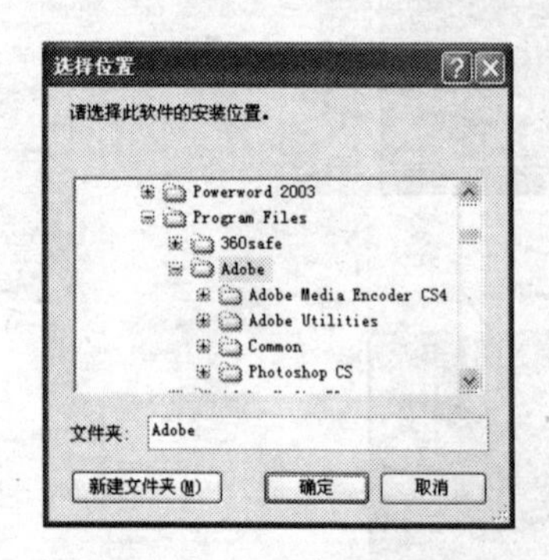

图1-19 “选择位置”对话框

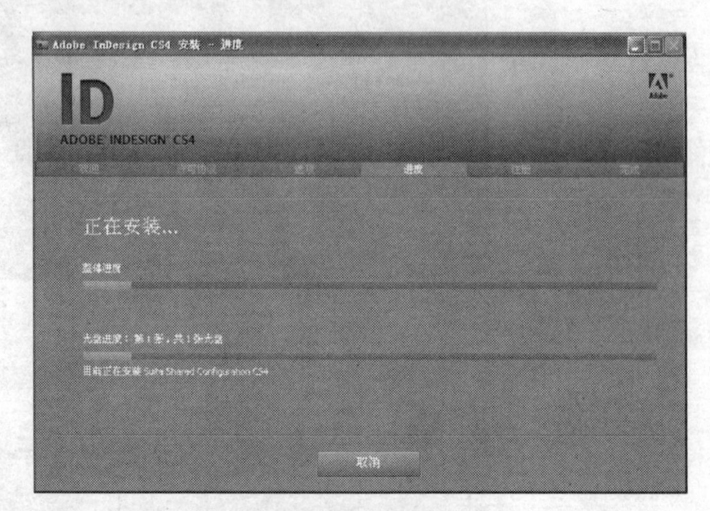

图1-20 安装对话框

（7）安装完成后，将会打开如图1-21所示的安装完成提示对话框。

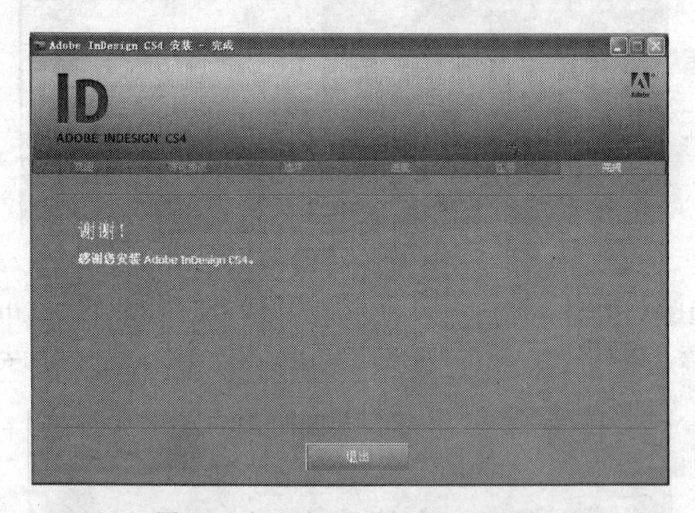

图1-21 打开的安装完成提示对话框

（8）如果不选择试用，那么需要进行注册。注册方法在安装程序中一般都有介绍，另外，读者也可以在因特网上查找注册方法，不再一一介绍。

1.9.2 InDesign的卸载

因为InDesign所占用的硬盘空间比较大，因此，在不需要使用它的时候，可以很轻松地把它从计算机上卸载。可以按照卸载其他软件的方法进行卸载。打开“控制面板”，如图1-22所示。

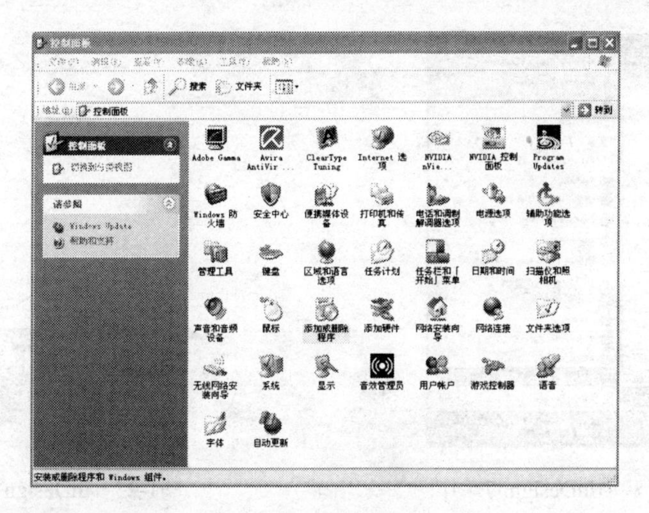

图1-22 控制面板

在“控制面板”中，通过单击“添加/删除程序”按钮，打开“添加/删除程序”对话框，选中“Adobe InDesign CS4”，如图1-23所示。然后单击“更改/删除”按钮即可卸载InDesign。

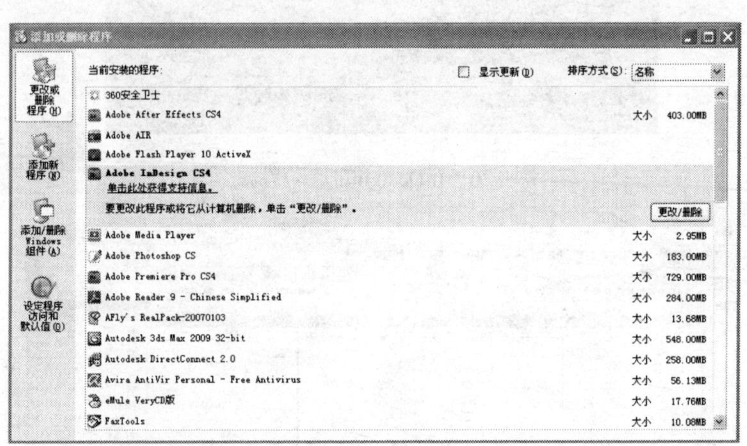

图1-23 “添加或删除程序”对话框

1.10 InDesign的启动与关闭

如果要启动InDesign，只需单击桌面左下方的“开始”按钮，然后选择“所有程序→Adobe InDesign CS4”命令即可，如图1-24所示。

也可以在桌面上创建一个图标，然后双击图标即可打开Adobe InDesign CS4，其图标如图1-25所示。

启动InDesign后，即可在屏幕上打开InDesign的启动界面，如图1-26所示。然后才能进入工作界面。

如图1-27所示是打开后的工作界面。如果使用过以前版本的InDesign，那么可以看到它的工作界面和以前的版本相比也有了一定的改变，在视觉上更加简洁了。

图1-24　启动InDesign的操作

图1-25　InDesign　CS4的图标

图1-26　InDesign的启动界面

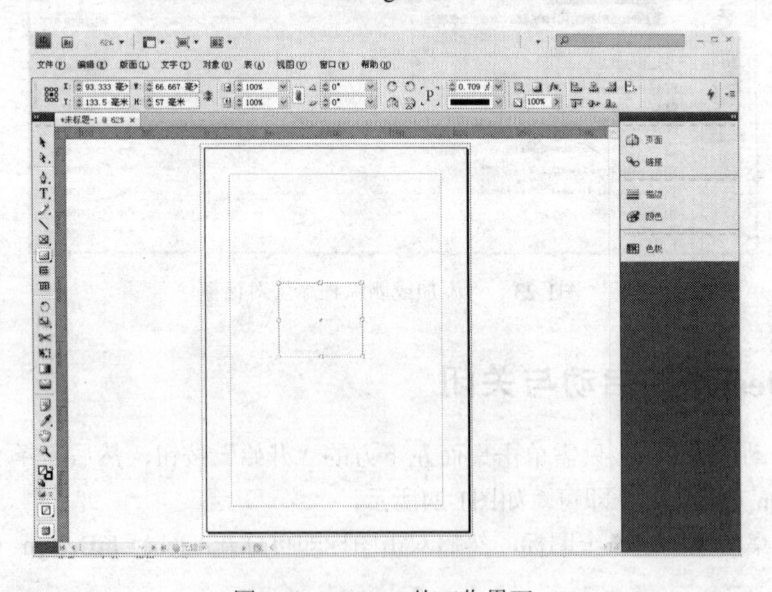

图1-27　InDesign的工作界面

如果想退出InDesign，只需要单击工作界面右上角的关闭图标☒即可。如果已经创建了新的项目，那么在关闭之前会打开一个对话框询问是否保存该项目，如图1-28所示。单击“是（Y）”按钮则进行保存，单击“否（N）”按钮则不进行保存，单击“取消”按钮则关闭该对话框。

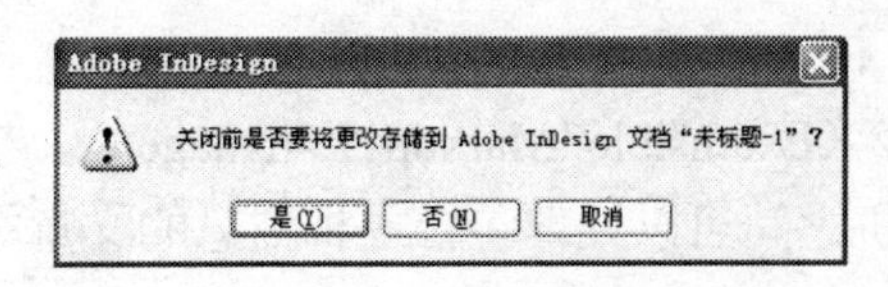

图1-28 打开的对话框

当创建完成一个文件后要退出InDesign时，一定要先保存文件，快捷方式是使用Ctrl+S组合键，然后单击关闭图标☒即可退出InDesign。

1.11 InDesign可支持的文件格式简介

InDesign支持很多图片、视频和音频文件，常用的文件格式共有以下几种，下面分别对它们简单地介绍一下。

1. JPEG格式

这是一种经常使用的文件格式，一般的数码相机都是使用的这种格式。它几乎不同于当前使用的任何一种数字压缩方法，它无法重建原始图像。JPEG利用RGB到YUV色彩的变换，主要存储颜色变化的信息，特别是亮度的变化，因为人眼对亮度的变化非常敏感。只要重建后的图像在亮度上类似原图，肉眼看上去将会非常类似于原图，因为它只是丢失了那些不会引人注目的部分。

2. XLF格式

这是在Adobe Flash中使用的一种文件格式，也就是说可以将在InDesign中制作的文件直接输出到Flash中使用。这也是在InDesign CS4中新增加的一种改进功能。

3. INX格式

这是一种中间格式，使用这种文件格式可以很好地与InDesign CS3兼容，也就是说使用这种格式可以使在InDesign CS4中制作的文件能在InDesign CS3中打开，而在InDesign CS4中制作的文件也能在InDesign CS3中打开。

4. PDF格式

在阅读一些公司的技术规范文件、白皮书、研究报告等文档资料时，经常要用到PDF格式的文件。PDF是Portable Document Format的缩写，译为可移植文件格式。一般使用PDF阅读器（Adobe Reader）来阅读这种格式的文件。

5. EPS格式

这是一种常用印刷文件格式。该格式的文件是目前桌面印前系统普遍使用的通用交换格式当中的一种综合格式。就目前的印刷行业来说，使用这种格式生成的文件，大部分专业软件都能兼容。

6. InDesign标记格式和InDesign片段格式

这两种文件格式是在Indesign中专用的文件格式。

7. SWF格式

这是常见的Flash动画所用的格式。

8. XML格式

XML即可扩展标记语言（Extensible Markup Language）。标记是指计算机所能理解的信息符号，通过标记，计算机之间可以处理包含各种信息的文章等。XML格式非常适合描述数据、传递数据和交换数据。

另外，借助XML可重新利用文件中的数据，或者自动使用某个文件中的数据替换另一个文件中的数据。XML使用标签来描述文件的各个部分，例如，标题或者文章。这些标签对数据进行标记，以便将其存储在XML文件中并在导出到其他文件时进行相应的处理。可以将XML视为一种数据翻译机制。XML标签对文件中的文本和其他内容添加了标签，以便应用程序识别和显示数据。

第2章　工作界面、命令、面板和工具

要使用InDesign中文版进行排版和创作，必须要熟悉它的工作界面和工具。

在本章中主要介绍下列内容：

★InDesign的工作界面

★InDesign中的菜单命令

★InDesign中的面板

★InDesign中的工具

2.1　InDesign中文版的工作界面

InDesign中文版的工作界面与Photoshop和Illustrator的工作界面基本相同。默认设置下InDesign工作区主要由属性栏、菜单栏、控制面板、工具箱、图文编辑区、浮动面板和状态栏构成，其中文版的界面设计非常人性化，如图2-1所示。

图2-1　InDesign中文版的工作界面

在下面的内容中，将简单地介绍一下InDesign的各个构成部分。

2.2 菜单命令简介

InDesign中文版的主菜单栏中共有9个下拉式菜单命令，分别是“文件”、“编辑”、“版面”、“文字”、“对象”、“表”、“视图”、“窗口”和“帮助”。

2.2.1 “文件”菜单

“文件”菜单中的命令主要用于出版物的“新建”、“打开”、“关闭”、“存储”、“置入…”、“导出”、“页面设置”、“打印”等操作。在有些菜单命令的右侧带有快捷键，可直接按快捷键执行相应的命令；如果在菜单命令右侧带有“…”省略号的命令项，执行该命令时，将打开对应的对话框；如果在菜单命令右侧带有黑色小三角符号，说明该命令还包含级联菜单；如果呈灰色显示，表示该命令项未被激活，当前不能使用该命令。“文件”菜单命令如图2-2所示。

2.2.2 “编辑”菜单

“编辑”菜单中的命令主要用于“还原”、“复制”、“粘贴”、“全选”等基本编辑操作，还能进行“查找/更改”、“拼音检查”、“颜色设置…”、“首选项”等操作。“编辑”菜单命令如图2-3所示。

图2-2 “文件”菜单

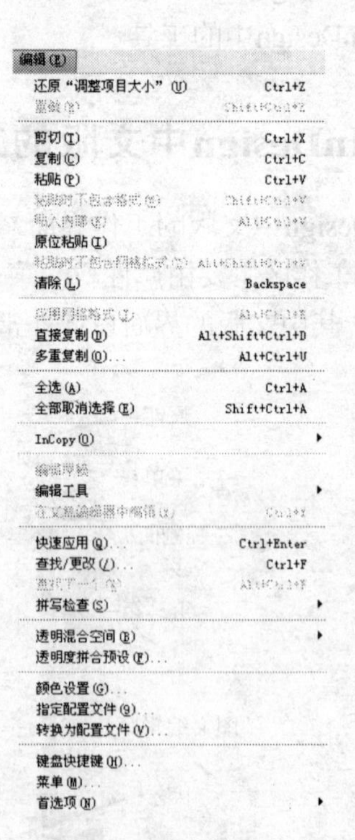

图2-3 “编辑”菜单

2.2.3 “版面”菜单

“版面”菜单中的命令主要用于“版面网格…”、“边距和分栏”、“创建参考线”、“转到页面”、“目录…”等操作。“版面”菜单如图2-4所示。

2.2.4 "文字"菜单

"文字"菜单中的命令主要用于设置"字体"、"字符"、"段落"等基本文字和段落的操作，还包含设置"制表符"、"字体样式"、"复合字体"、"路径文字"、"插入特殊字符"等命令。"文字"菜单如图2-5所示。

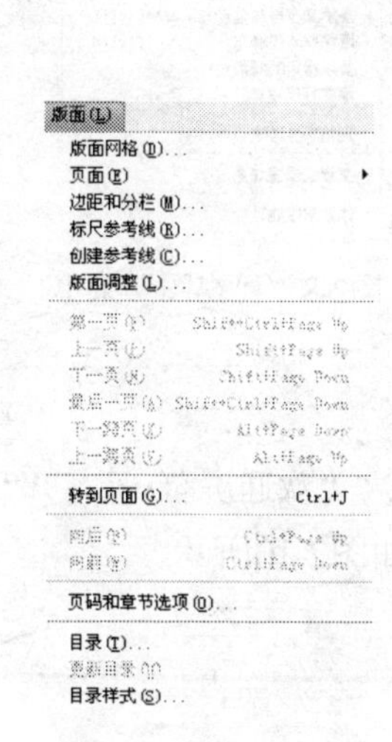

图2-4 "版面"菜单

图2-5 "文字"菜单

2.2.5 "对象"菜单

"对象"菜单中的命令主要用于设置对象的"变换"、"选择"、"编组"、"锁定位置"、"框架类型"等基本操作。"对象"菜单如图2-6所示。

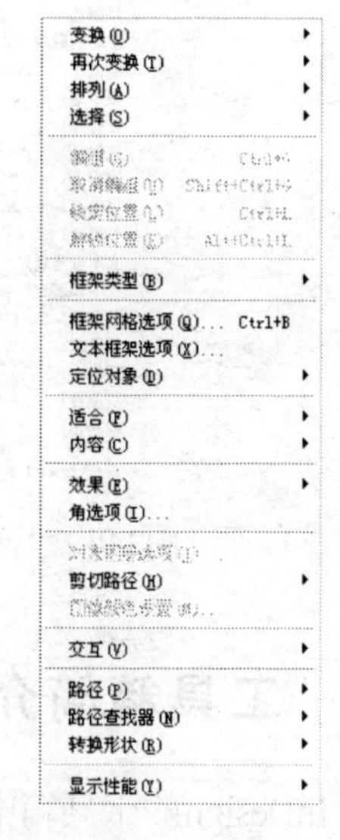

图2-6 "对象"菜单

2.2.6 "表"菜单

"表"菜单中的命令主要用于制作和设置"插入表"、"将文本转换为表…"、"表选项"、"单元格选项"、"插入"、"删除"等基本操作。"表"菜单如图2-7所示。

2.2.7 "视图"菜单

"视图"菜单中的命令主要用于设置视图的"叠印预览"、"校样颜色"、"放大"、"缩小"、"屏幕模式"等基本操作。"视图"菜单如图2-8所示。

2.2.8 "窗口"菜单

"窗口"菜单中的命令主要用于设置工作界面中的面板及其他对象的排列方式与显示方

式等基本操作。“窗口”菜单如图2-9所示。

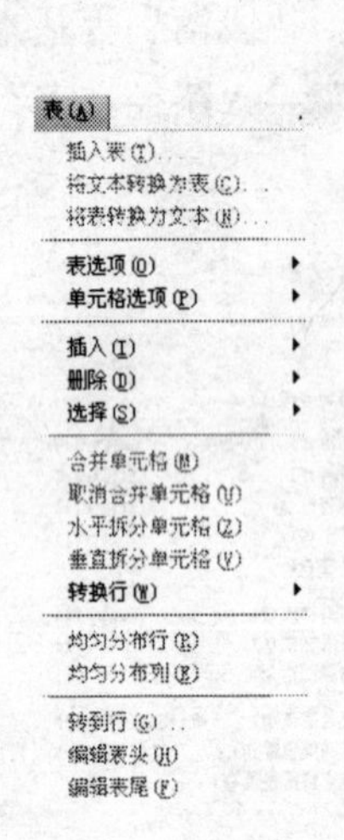

图2-7 “表”菜单

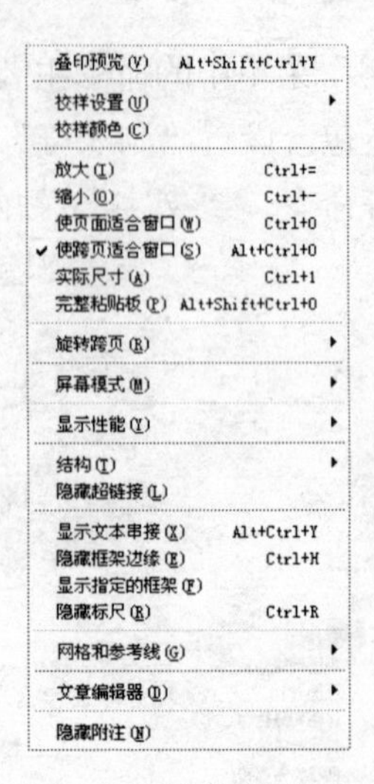

图2-8 “视图”菜单

2.2.9 “帮助”菜单

“帮助”菜单中的命令主要用于查看“InDesign帮助…”、“欢迎屏幕…”、“注册”、“更新”、“InDesign联机”等方面的信息。“帮助”菜单如图2-10所示。

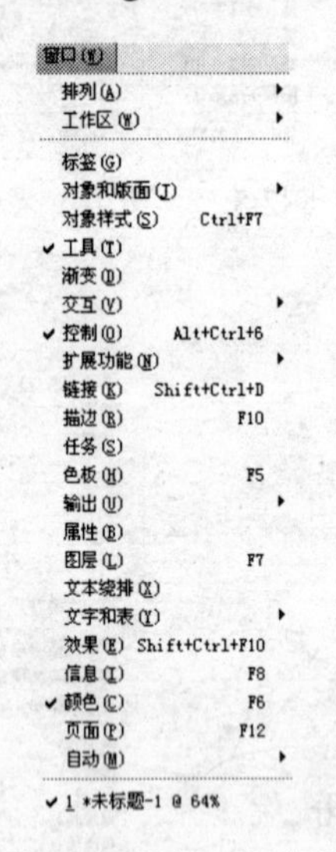

图2-9 “窗口”菜单

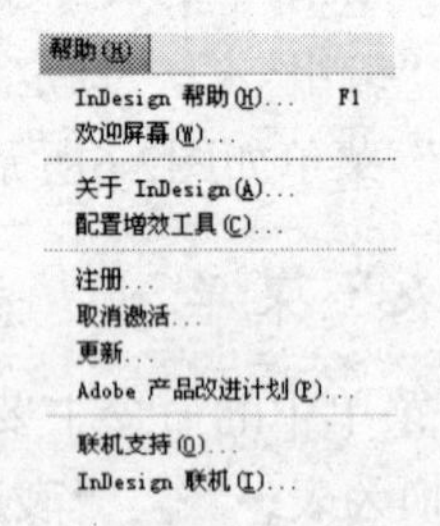

图2-10 “帮助”菜单

2.3 工具箱简介

InDesign的工具箱中的工具主要用于创建、选择和编辑版面中的图文对象及页面元素等。使用“选择工具”可以选择、移动和缩放图文对象，使用“文字工具”可以创建各种文字对象，使用“渐变工具”可以设置图形的渐变效果等。工具箱中的工具如图2-11所示。

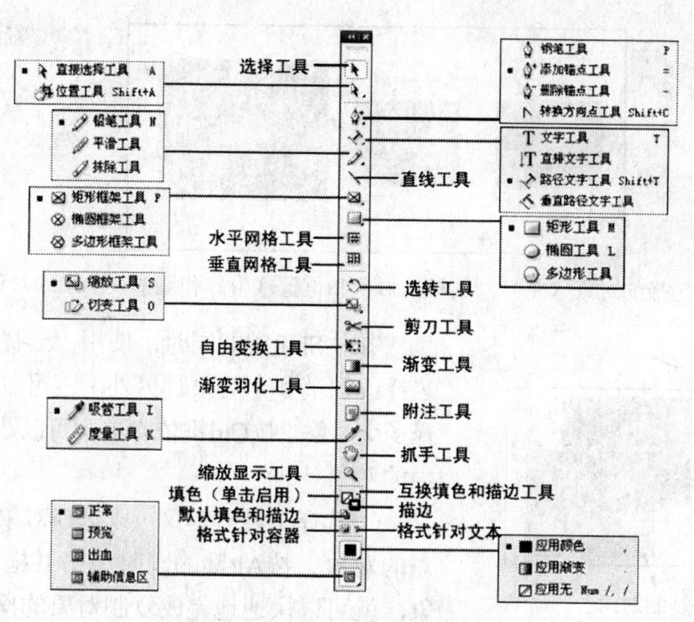

图2-11　InDesign工具箱中的所有工具

在默认设置下，工具箱显示为垂直排列的一列工具，也可以将其设置为垂直两列或水平一行排列，但是，不能重新排列工具箱中各个工具的位置。如果觉得工具箱的位置不适合自己的习惯，那么可以拖曳工具箱的顶端来移动工具箱。

在工具箱中单击某个工具即可将其选中。工具箱中还包含几个与可见工具相关的隐藏工具。工具图标右下侧的箭头表明此工具下有隐藏工具，如钢笔工具，单击钢笔工具并按住鼠标左键不放，即可显示或者打开钢笔工具下的隐藏工具，如图2-12所示。

当指针位于某工具上时，将出现其工具名称及其键盘快捷键——此文本称为工具提示，如图2-13所示。

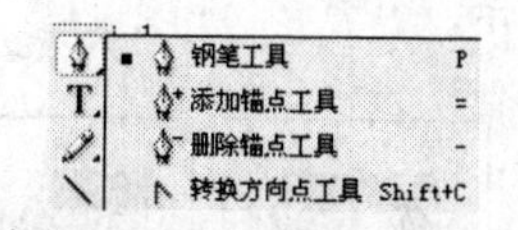

图2-12　显示出的其他工具

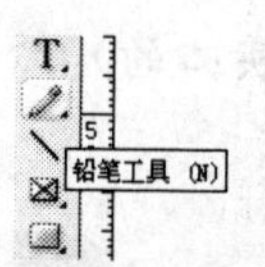

图2-13　铅笔工具的工具提示

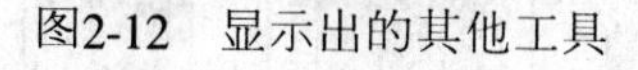

提示： 执行“编辑→首选项→界面”菜单命令，将“工具提示”选项设置为“无”，可以关闭工具提示。

2.3.1　“选择工具”

InDesign中有两种选择工具：“选择工具”和“直接选择工具”。“选择工具”主要用于选择和移动需要编辑的对象。在编辑对象之前，必须使用工具箱中的“选择工具”选取该对象，或直接按快捷键V激活该工具，在默认设置下该工具处于激活状态。

使用“选择工具”选择对象后，该对象四周将显示一个由8个白色选择手柄组成的边界框，如图2-14所示。另外，可以使用“选择工具”选择对象的外框来执行常规排版任务，例如调整对象的大小，如图2-14（右）所示。

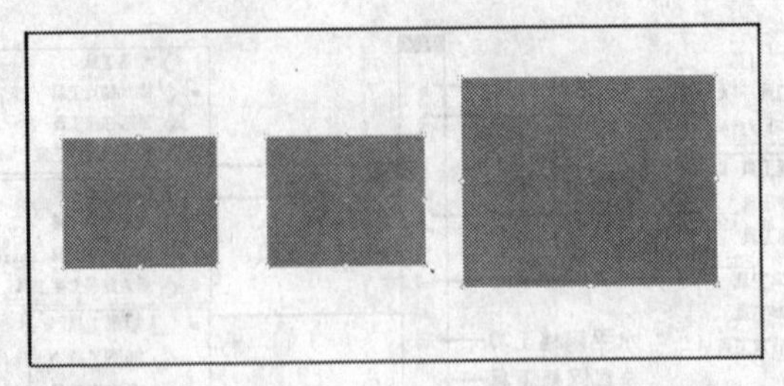

图2-14 被选择的对象（左）、鼠标的形状和位置（中）和调整大小后的对象（右）

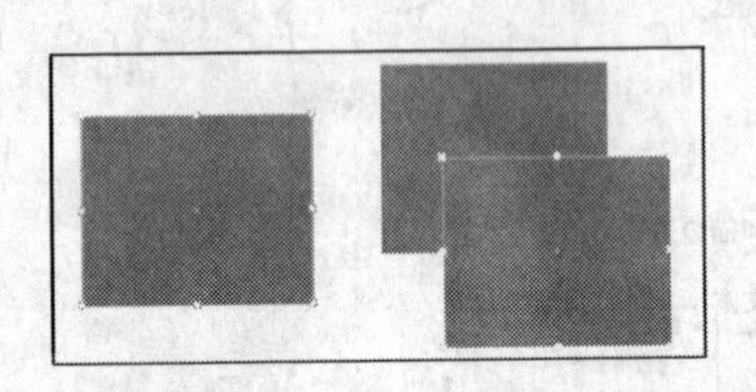

图2-15 复制对象

按住Shift键的同时，使用“选择工具”可以连续选择或取消多个对象。另外，还可以通过框选方式选择多个对象。按Ctrl键依次单击可以选择不同前后次序中的对象。

“选择工具”不仅可以选择对象，还可以复制所需的对象。按Alt键的同时单击并拖动需要复制的对象，就可以快速地完成复制对象的操作，如图2-15所示。

2.3.2 “直接选择工具”

“直接选择工具”主要用于调整导入图形的大小、绘制和编辑路径，以及编辑文本的操作。使用直接选择工具可以选择框架的内容（例如置入的图形）或路径上单独的锚点，也可以整体编辑对象和锚点，如图2-16所示。

对于矩形对象而言，很难区分对象的外框与对象自身路径之间的差异。使用“选择工具”选择矩形对象，矩形四周会显示八个大的空心锚点，即该矩形的外框；而使用“直接选择工具”选择矩形对象，矩形四周会显示四个小锚点（可以是空心的也可以是实心的），即该矩形的路径。如图2-17所示。

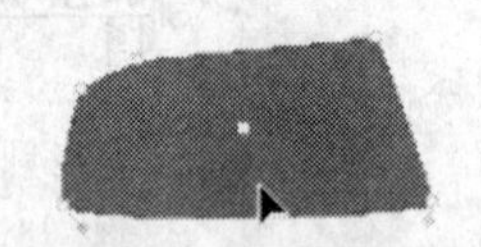

图2-16 整体编辑效果（左）和通过调整锚点编辑对象的形状（右）

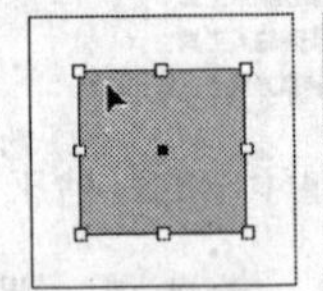

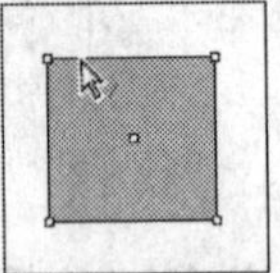

图2-17 选中的外框（左）与选中的矩形路径（右）

使用“直接选择工具”单击路径以将其选中，选中的路径的中心位置将显示一个中心点，用来标记形状或路径的中心。但它并不是实际路径的一部分，中心点始终是可见的，无法将它隐藏或删除。如果想一次选择路径的所有点，那么单击位于对象中心的点或按住Alt键单击该路径即可。如果想选择单独的锚点，直接单击该锚点即可。如果要选择路径上的多个锚点，按住Shift键连续单击每个需要编辑的锚点即可。

还可以使用“直接选择工具”复制对象。选中“直接选择工具”，按住Alt键单击并拖动需要复制的对象，就可以快速完成复制该对象的操作。按住Alt键的同时，单击并拖动复制对象的锚点，可以快速地复制该路径，如图2-18所示。

注意：如果按住Alt键的同时，使用“直接选择工具”拖曳操作对象的边缘线，那么复制的对象与该对象之间会有一定的距离。如果按住Alt键的同时，使用“直接选择工具”拖曳操作对象的锚点，那么复制的对象与该对象将部分重合。如图2-19所示。

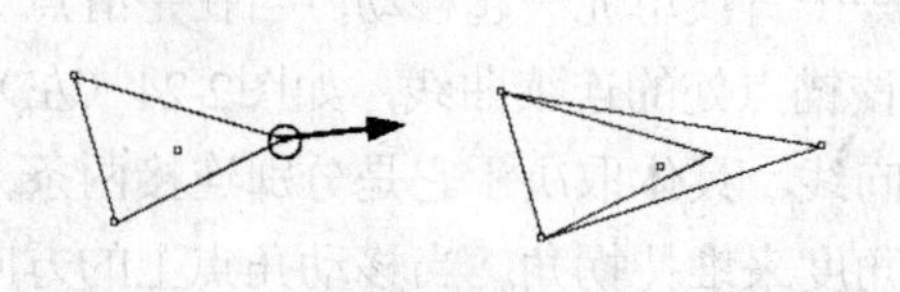

图2-18　复制路径

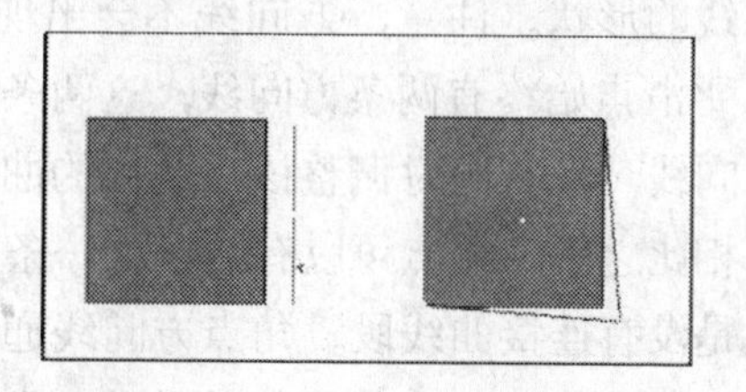

图2-19　拖曳边缘线与拖曳锚点复制的效果对比

2.3.3　“钢笔工具”组

InDesign的工具箱中的“钢笔工具”是一个功能十分强大的绘图类工具，使用它能够绘制直线、曲线路径及调整复杂的路径等。在创建和编辑路径之前，首先要了解路径、方向线（也称为切线），以及锚点的基本概念。

1. 路径

路径是由一条或多条直线或曲线线段组成的。在绘制图形时，可以创建称做路径的线段，每条线段都由起点和终点构成。路径可以是闭合路径，如圆圈，也可以是开放路径，如波浪线。可以通过拖曳路径的锚点、方向点（位于锚点处出现的方向线的末尾）或路径段本身来改变路径的形状。如图2-20所示。

路径上的锚点分为两类：角点和平滑点，如图2-21所示。

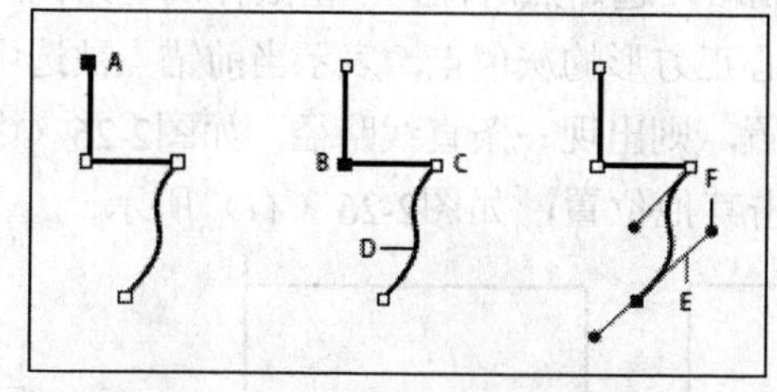

A. 选中的（实心）锚点 B. 选中的锚点 C. 未选中的锚点
D. 曲线路径段 E. 方向线 F. 方向点

图2-20　路径

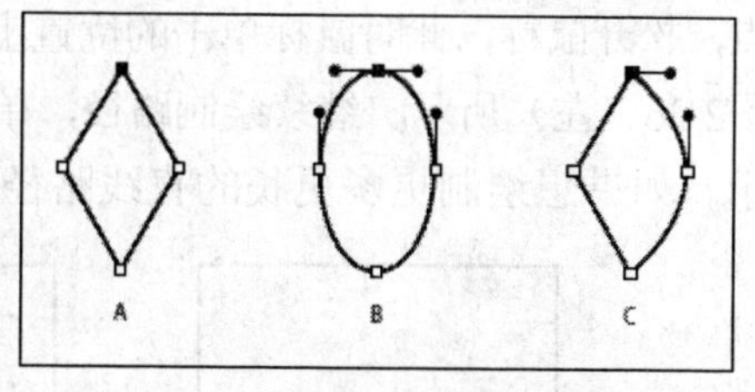

A. 四个角点　B. 四个平滑点
C. 角点和平滑点的组合

图2-21　路径上的点

角点会使连接的路径突然改变方向，它可以连接任意两条直线段、曲线段，以及同时连接直线段和曲线段，如图2-22（左）所示；而平滑点的特点则是连接的路径段为连续曲线，且它始终连接两条曲线段，如图2-22（右）所示。可以根据自己的需要使用角点、平滑点，以及两类锚点的任意组合绘制路径。如果绘制的点类型有误，那么可按Delete键将其删除。

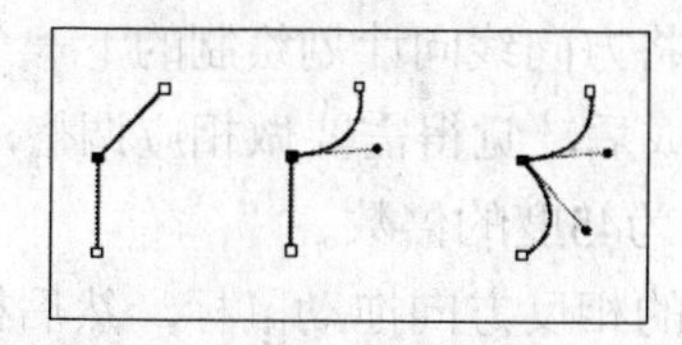

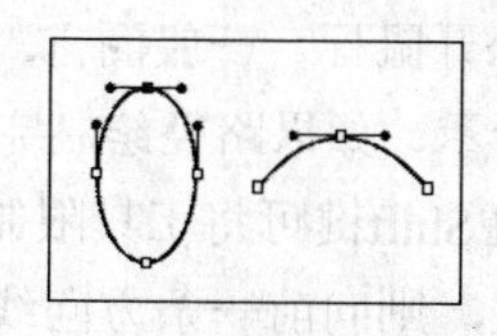

图2-22　角点连接的线段（左）和平滑点连接的线段（右）

2. 方向线和方向点

当选择连接曲线段的锚点或选择线段本身时，连接线段的锚点会显示由方向线构成的方向手柄，如图2-23所示。方向线的角度和长度决定曲线段的形状和大小，且移动方向点将改变曲线的形状。注意，方向线不会出现在最终完成的曲线中。

平滑点始终有两条方向线，这两条方向线作为一个直线单元一起移动。当在平滑点上移动方向线时，将同时调整该点两侧的曲线段以保持该锚点处的连续曲线，如图2-24（左）所示。相比之下，角点可以有两条、一条或者没有方向线，具体取决于它是分别连接两条、一条还是没有连接曲线段。角点方向线通过使用不同角度来维持拐角。当移动角点上的方向线时，只调整与该方向线同侧的曲线，如图2-24（右）所示。

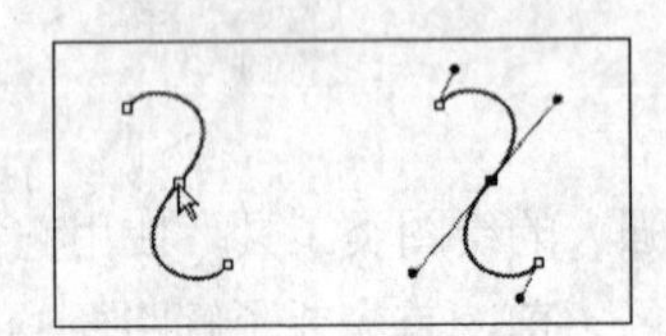

图2-23 选择的锚点（左）和曲线段上出现的方向线（右）

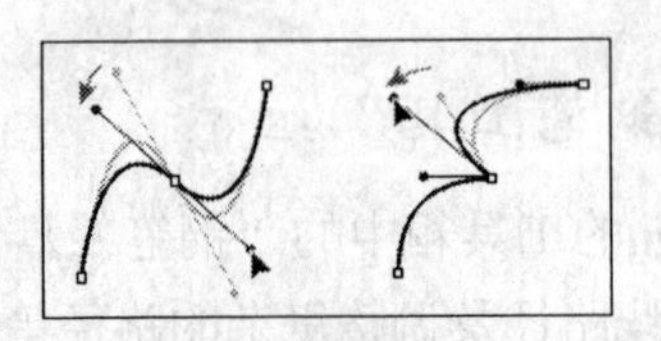

图2-24 调整平滑点上的方向线（左）和角点上的方向线（右）

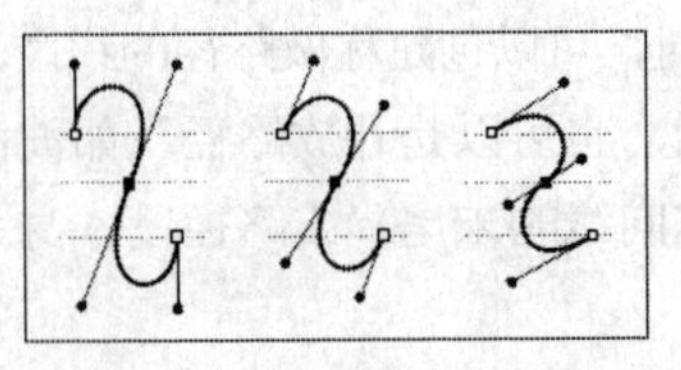

图2-25 更改的曲线斜度

方向线始终与锚点处的曲线相切（与半径垂直），因此也称为切线。每条方向线的角度决定曲线的斜度，每条方向线的长度决定曲线的高度或深度，如图2-25所示。

选择工具箱中的“钢笔工具”，将鼠标移动到工作页面上，当鼠标右下角显示“×”时表示可以绘制新的路径。在准备绘制路径起始点的位置单击鼠标确定路径的起始点，松开鼠标，此时鼠标单击的位置出现一个实心正方形的灰色点，表示当前锚点被选中，如图2-26（左）所示。继续绘制路径，单击其他位置，则出现一条直线路径，如图2-26（中）所示。如果想绘制更多更长的直线路径可继续单击其他位置，如图2-26（右）所示。

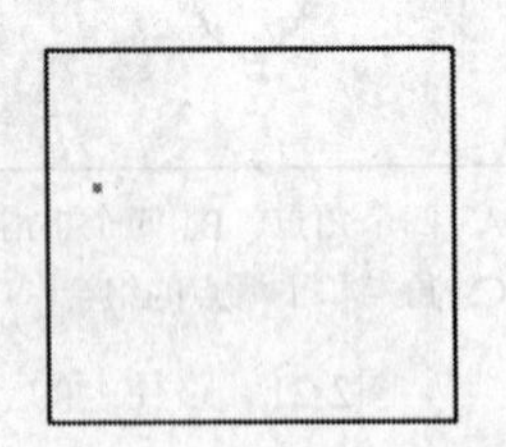
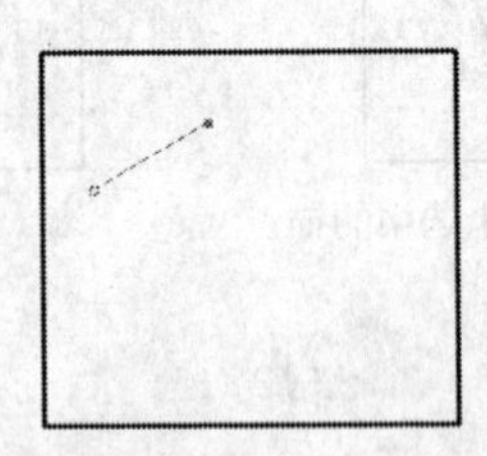
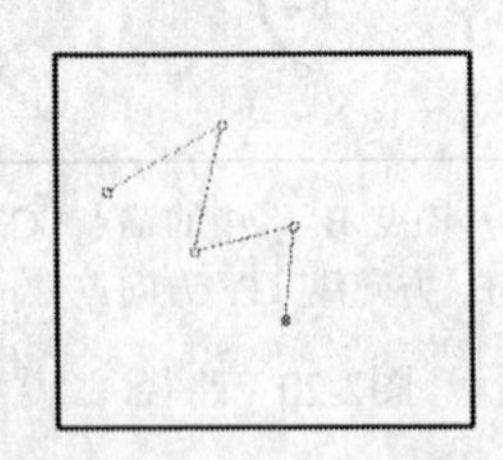

图2-26 绘制的起始点（左）、绘制的直线路径（中）和连续绘制的直线路径（右）

如何绘制曲线路径呢？首先选择工具箱中的“钢笔工具”，将鼠标移动到工作页面上，鼠标右下角显示“×”时表示可以绘制新的路径。将钢笔工具定位到曲线的起点，并按住鼠标。此时会出现第一个锚点，同时“钢笔工具”指针变为一个箭头。拖动鼠标以设置要创建的曲线段的斜度，然后松开鼠标。一般而言，将方向线向计划绘制的下一个锚点延长约三分之一的距离，如图2-27所示。如果路径绘制完成后，觉得需要做相应调整，那么可以调整方向线的一端或两端。按住Shift键可将工具限制为45度的倍数。

如果想创建C形曲线，则向前一条方向线的相反方向拖动鼠标，然后松开，如图2-28所示。

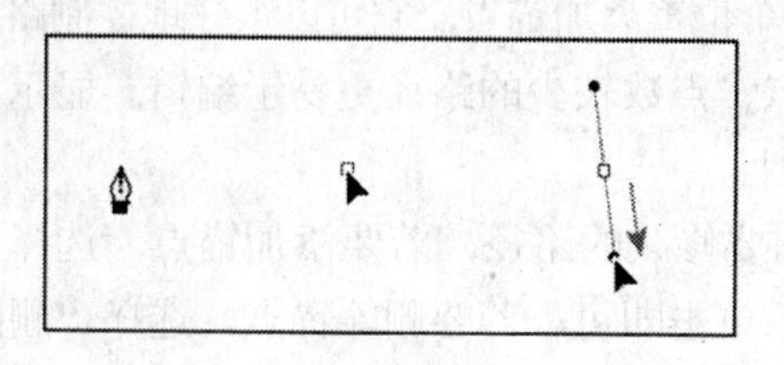

图2-27　曲线中的第一个点

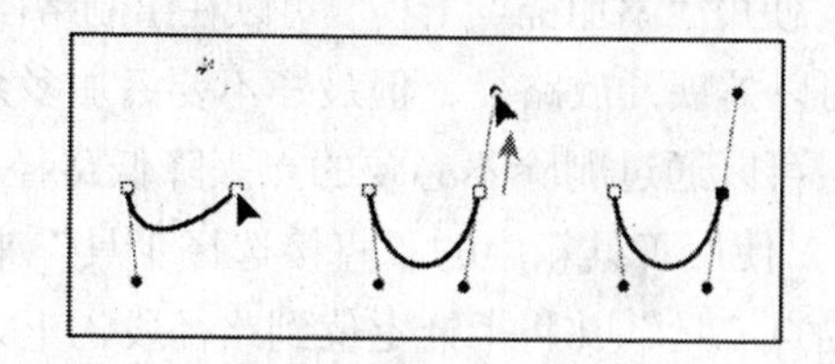

图2-28　绘制曲线中的第二个点

如果想创建S形曲线，则按照与前一条方向线相同的方向拖动鼠标，然后松开，如图2-29所示。

如果想要创建闭合路径，那么将“钢笔工具”定位在第一个（空心）锚点上。如果鼠标放置的位置正确，“钢笔工具”指针右上角将出现一个小圆圈，单击即可闭合路径。还可以选择该对象并执行“对象→路径→封闭路径”菜单命令。如果要保持路径开放，那么按住Ctrl键并单击远离所有对象的任何位置。若要保持路径开放，那么选择“对象→路径→开放路径”菜单命令即可。

在绘制路径时，可以运用锚点绘制出简单路径，还可以将简单路径或形状组合为复合路径或复合形状，如图2-30所示。简单路径是复合路径和形状的基本构造块，由一条开放或闭合路径组成。复合路径由两个或多个相互交叉或相互截断的简单路径组成。复合路径比复合形状更基础，所有符合PostScript标准的应用程序均能识别。组合到复合路径中的各个路径作为一个对象发挥作用并具有相同的属性，例如：颜色或描边样式。复合形状由两个或多个路径、复合路径、组、混合体、文本轮廓、文本框架或彼此相交和截断以创建新的可编辑形状的其他形状组成。有些复合形状虽然显示为复合路径，但它们的复合路径可以逐路径地进行编辑并且不需要共享属性。

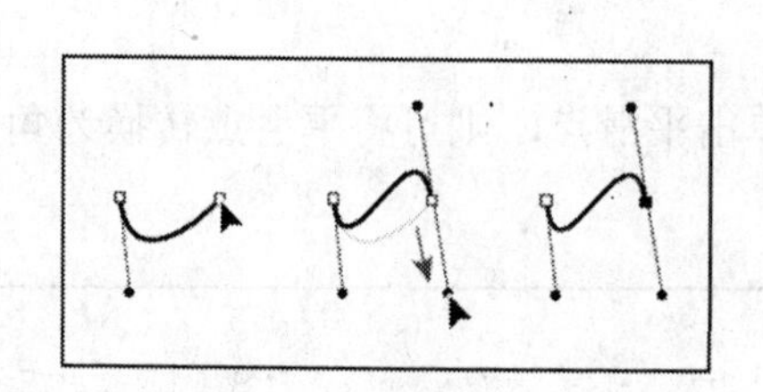

图2-29　绘制的S曲线

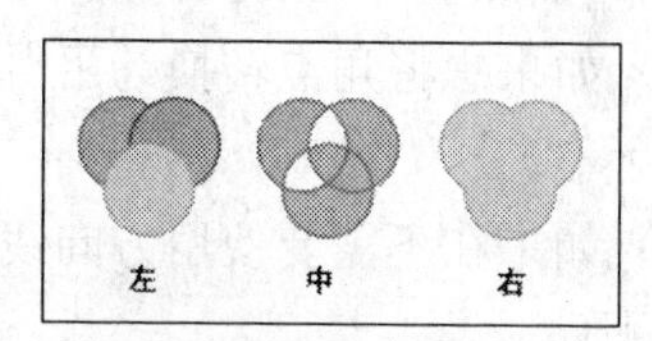

三个简单路径（左）、
复合路径（中）、
复合形状（右）

图2-30　路径和形状的类型

3. “添加锚点工具”和“删除锚点工具”

还可以添加更多的锚点或者删除不需要的锚点。工具箱中包含用于添加或删除锚点的三种工具：“钢笔工具”、“添加锚点工具”和“删除锚点工具”。在默认设置下，当把“钢笔工具”定位到所选路径上方时，它会变成“添加锚点工具”；当把“钢笔工具”定位到锚点上方时，它会变成“删除锚点工具”。在InDesign中，可以在添加锚点时调整路径的形状，在添加时单击或拖动鼠标即可添加方向线。

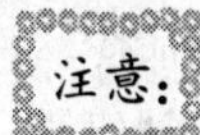

注意：不要使用Delete键、Backspace键、“编辑→剪切”或“编辑→清除”命令来删除锚点，这些按键和命令将删除点或连接到该点的线段。

使用“添加锚点工具”可以在绘制路径上的某个位置添加锚点，它可以很好地控制路径，也可以扩展开放路径。但最好不要添加多余的锚点。点数较少的路径更易于编辑、显示和打印。可以通过删除不必要的点来降低路径的复杂性。

使用工具箱中的“直接选择工具”来选择需要修改的路径，若要添加锚点，选择“添加锚点工具”并将指针定位到路径段的上方，然后单击即可；若要删除锚点，选择“删除锚点工具”并将指针定位到锚点上，然后单击即可。如图2-31所示。

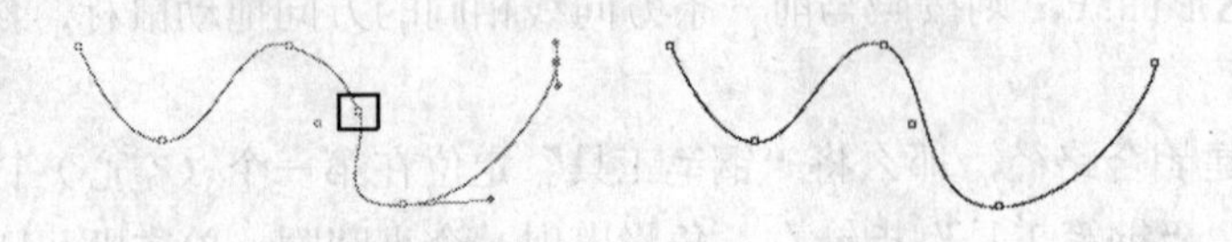

图2-31　原路径和删除1个锚点后的效果

在绘制路径的过程中，如果某个锚点位置绘制有误，可按Delete键撤销该操作；如果路径已绘制完成，某个锚点或某几个锚点不需要，可以选择锚点后，直接按Delete键删除它们。如果想移动一个或多个锚点，那么可选择需要移动的锚点，然后拖曳鼠标或按“↑、↓、←、→”箭头键进行移动。

4. “转换方向点工具”

转换方向点也就是在平滑点和角点之间进行转换。路径可以包含两种锚点：角点和平滑点。使用“转换方向点工具”可以将锚点从角点更改为平滑点，或者从平滑点更改为角点。

使用“直接选择工具”选择需要修改的路径，然后切换到“转换方向点工具”，必要时单击鼠标左键打开“钢笔工具”组并选择“转换方向点工具”，再将“转换方向点工具”置于要转换的锚点上，然后执行以下操作：

（1）如果想将角点转换为平滑点，则将方向线按箭头指示的方向单击并拖曳角点，如图2-32所示。

（2）如果在不需要使用方向线的情况下直接单击平滑点，则可将平滑点转换为角点，如图2-33所示。

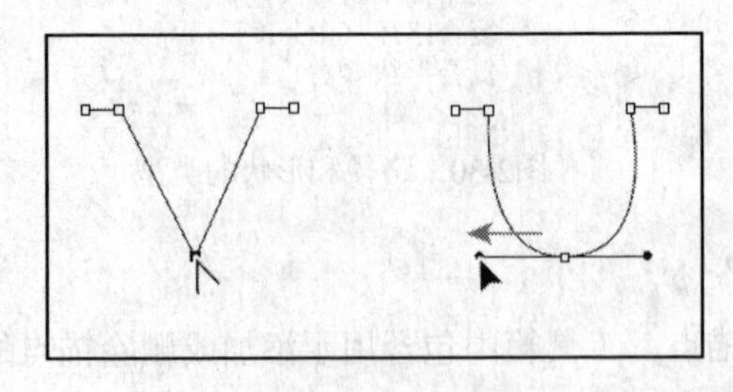

图2-32　创建平滑点

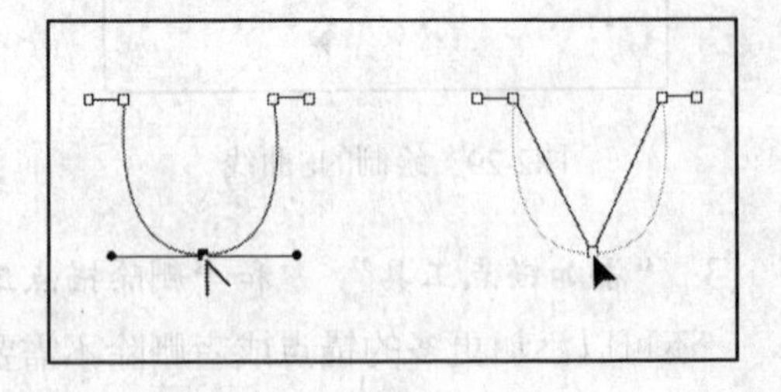

图2-33　单击平滑点以创建角点

（3）如果在不使用方向线的情况下，首先将角点转换为平滑点，松开鼠标键，然后拖动任一方向线，则可将角点转换为具有独立方向线的角点，如图2-34所示。

还可以使用“直接选择工具”选择一个点，然后执行“对象→路径→转换点”菜单命令。例如，可以选择“U”形底部的平滑点，然后选择“对象→路径→转换点→线条终点”命令。此操作将移除方向线，绘制一个“V”形，效果如图2-35所示。选择“角点”命令可创建带有可相对独立移动的方向线的点；选择“平滑对称”命令可创建具有等长手柄的点；选择“平滑”命令可创建具有不等长手柄的点。

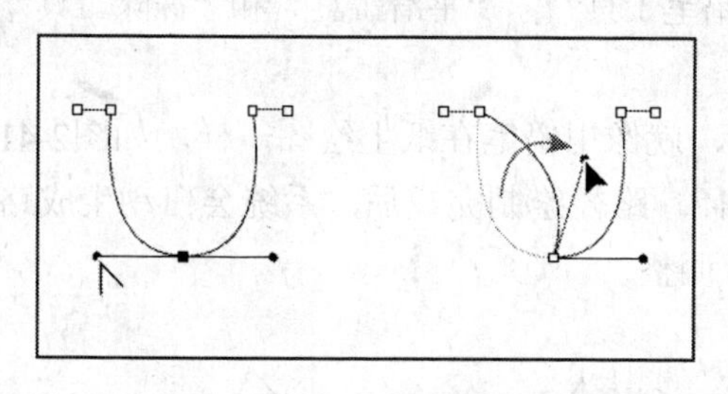

图2-34 将平滑点转换为角点

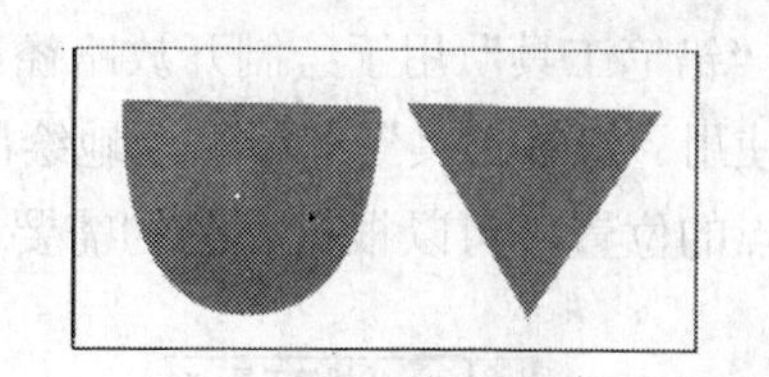

图2-35 U形路径和转换的V形路径

2.3.4 “文字工具”组T

这实际上是一个工具组，包含4种工具，分别是“文字工具”、“直排文字工具”、“路径文字工具”和“垂直路径文字工具”。如图2-36所示。

使用“文字工具”可以制作水平方向的文字，使用该工具时，先在绘图区单击并拖曳出一个虚拟矩形框，然后在矩形框内输入文字即可，注意中英文皆可。“直排文字工具”的使用与“文字工具”的使用相同。使用这两种工具制作的文字效果如图2-37所示。

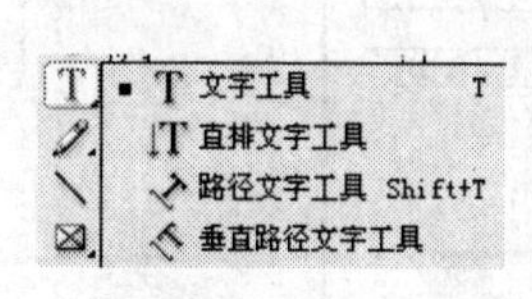

图2-36 文字工具

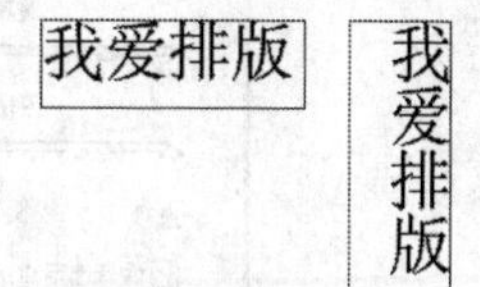

图2-37 文字效果

提示：文字的大小、字体和样式等要在顶部的控制面板中进行设置，如图2-38所示。

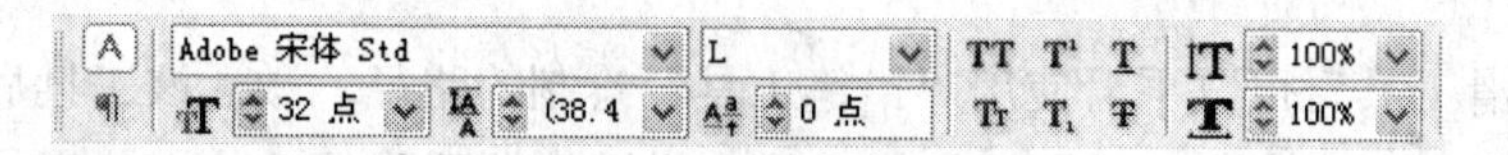

图2-38 控制面板

使用“路径文字工具”和“垂直路径文字工具”可以制作沿路径排列的文字效果。不过在使用这两种工具绘制文字之前，需要使用“钢笔工具”或者“铅笔工具”绘制一条路径，然后再使用这两种工具输入文字。路径文字效果如图2-39所示，右图是在封闭路径上输入文字的效果。

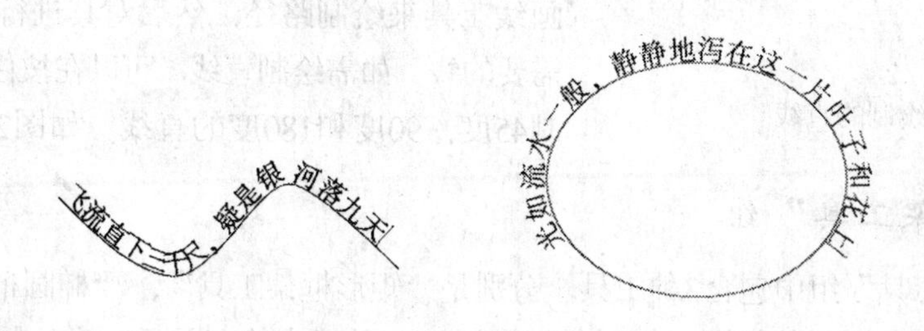

图2-39 路径文字效果

2.3.5 “铅笔工具”组

在“铅笔工具”组中包含3种工具，分别是“铅笔工具”、“平滑工具”和“抹除工具”，如图2-40所示。

“铅笔工具”用于绘制开放路径或闭合路径，就像用铅笔在纸上绘图一样，如图2-41所示。使用“铅笔工具”能够快速地绘制图像的路径，路径绘制完成后，系统会自动生成路径上锚点的位置，可以根据自己的需要对锚点进行调整。

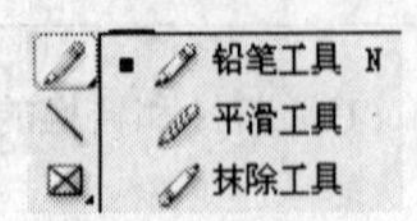

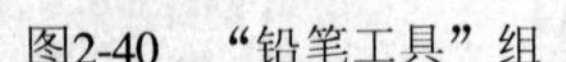

图2-40 “铅笔工具”组

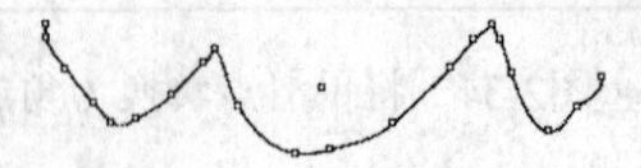

图2-41 使用“铅笔工具”绘制的图形

锚点的数量由路径的长度和复杂程度，以及“铅笔工具首选项”对话框中的容差设置决定。这些设置控制“铅笔工具”对鼠标或绘图板铁笔的敏感程度。通过在工具箱中双击“铅笔工具”图标即可打开“铅笔工具首选项”对话框，如图2-42所示。

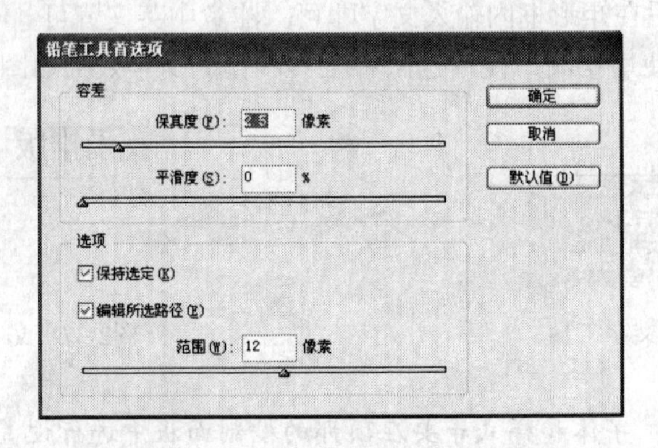

图2-42 “铅笔工具首选项”对话框

使用“平滑工具”可以平滑使用“铅笔工具”绘制的路径，激活该工具后，在路径上拖动即可平滑路径。而“抹除工具”就像橡皮擦一样用于擦除路径，使用该工具可以把不需要的路径段擦除掉。

2.3.6 “直线工具”

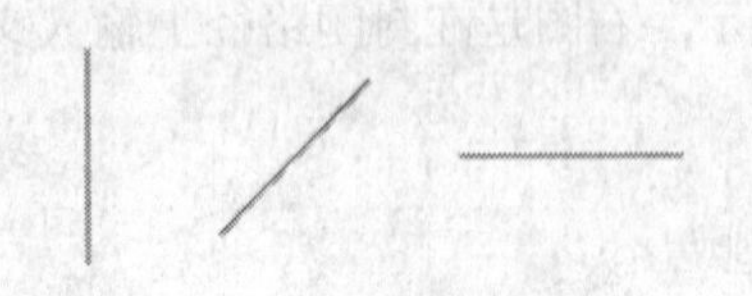

图2-43 绘制的直线

顾名思义，该工具是用来绘制直线的。在制作图片时，经常会用到直线和斜线，此时则需要使用画线工具来绘制路径，然后对其进行描边即可出现所需要的线。如需绘制直线，可以在按住Shift键的同时绘制45度、90度和180度的直线。如图2-43所示。

2.3.7 “框架工具”组

在“框架工具”组中包含3种工具，分别是“矩形框架工具”、“椭圆框架工具”和“多边形框架工具”，用于创建图文框对象。激活该工具组中的工具后，在绘图区单击并拖动即可绘制图文框，如图2-44所示。在图文框中可以添加图形和文字，也可以对图形进行描边或者填充，也可以像图形对象那样对图文框进行移动、旋转和缩放等操作。

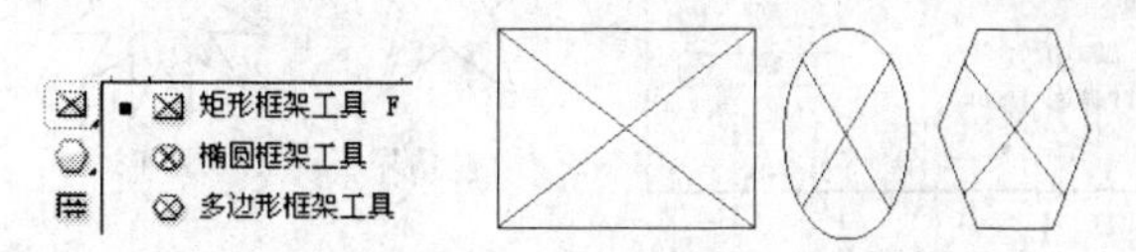

图2-44 “框架工具”和绘制的框架效果

2.3.8 “图形工具”组

在“图形工具”组中包含3种工具，分别是“矩形工具”、“椭圆工具”和“多边形工具”，用于创建图文框对象。激活该工具组中的工具后，在绘图区单击并拖动即可绘制图文框，如图2-45所示。还可以对图形对象进行移动、旋转、缩放和变形等操作。

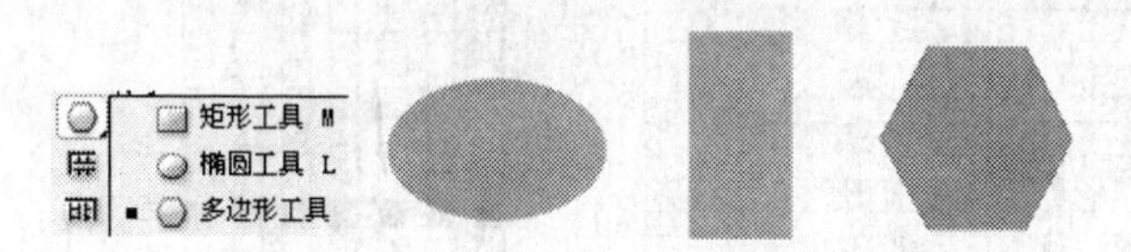

图2-45 “图形工具”和绘制的图形效果

在默认设置下，绘制的图形都没有填充颜色。如果要填充颜色，那么需要打开“颜色”面板或者“色板”面板，然后设置或单击需要的颜色即可。在浮动面板组中单击“颜色”或者“色板”名称，即可打开这两个面板，如图2-46所示。

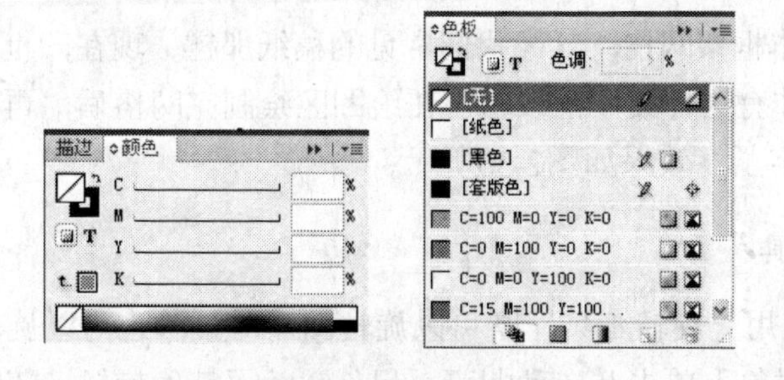

图2-46 “颜色”面板和“色板”面板

在使用图形工具绘制图形时，如果按住Shift键的同时进行绘制，那么可以绘制出正圆、正方形和正多边形。如图2-47所示。

图2-47 绘制的正圆、正方形和正多边形

另外，在激活“多边形工具”后，通过双击即可打开“多边形设置”对话框，通过设置“边数”和“星形内陷”选项则可以创建出不同边数和形状的多边形，下面是把“边数”分别设置为5和12，并把“星形内陷”的值设置为50%后绘制的多边形效果，如图2-48所示。

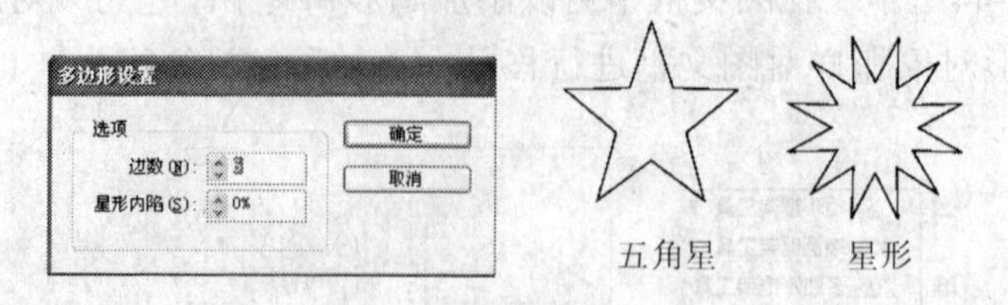

图2-48 “多边形设置”对话框

2.3.9 “网格工具”

在InDesign中，网格工具分为两种，分别是“水平网格工具”和“垂直网格工具”，激活该工具后，在绘图区单击并拖曳即可创建网格，如图2-49所示。

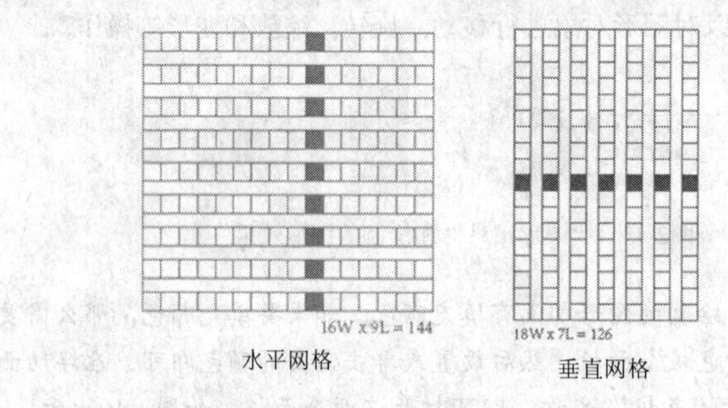

图2-49 绘制的网格效果

实际上它们是文本框架网格，就像我们常见的稿纸那样。现在，世界上只有中国、日本和韩国的版面设计中才有这种文本框架。当在绘图区绘制完网格后，再激活“文字工具”，即可在网格中输入文字了，效果如图2-50所示。

2.3.10 “旋转工具”

在InDesign中，使用“旋转工具”既可以旋转图形对象，也可以旋转文本对象，激活该工具后，在要旋转的对象上单击并拖动即可。另外，为了精确旋转，还可以在工具箱中双击该工具，打开“旋转”对话框，然后通过设置数值来进行精确旋转。如图2-51所示。

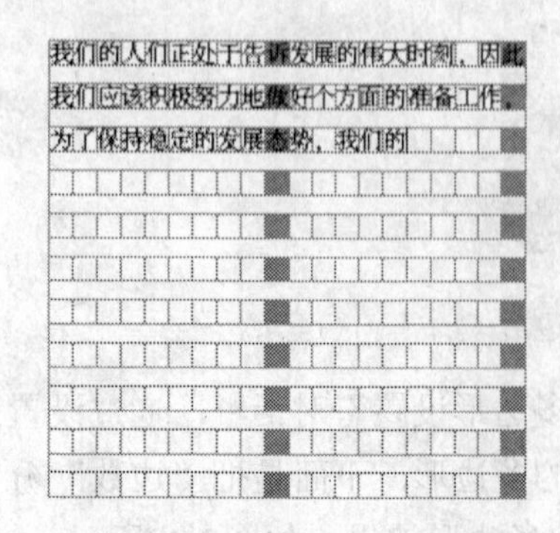

图2-50 在网格中输入的文字效果

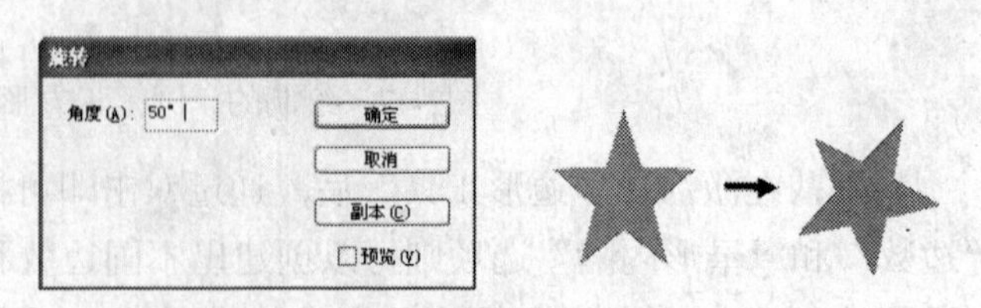

图2-51 “旋转”对话框和旋转效果

2.3.11　"缩放工具"组

在"缩放工具"组中包含2种工具，分别是"缩放工具"和"切变工具"，如图2-52所示。使用"缩放工具"可以对图形和文字对象进行缩放，激活该工具后，在要缩放的对象上单击并拖动即可对其进行缩放。

图2-52　"缩放工具"组和缩放效果

另外，为了精确缩放，还可以在工具箱中双击该工具，打开"缩放"对话框，然后通过设置数值来进行精确缩放。如图2-53所示。

使用"切变工具"可以对图形或者文字进行一定的切变变形，如图2-54所示。另外也可以通过打开"切变"对话框设置数值来切变对象。

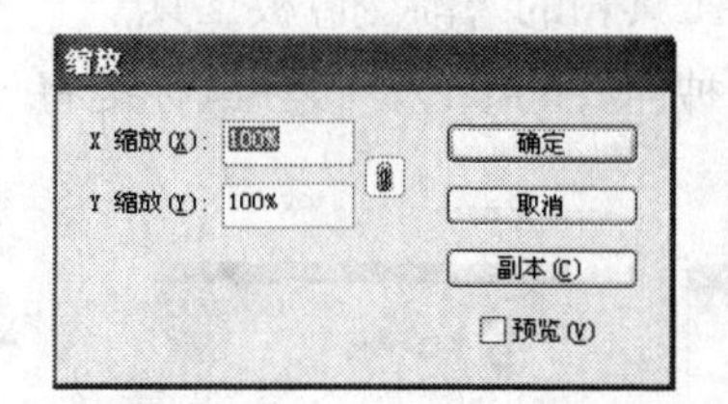

图2-53 "缩放"对话框

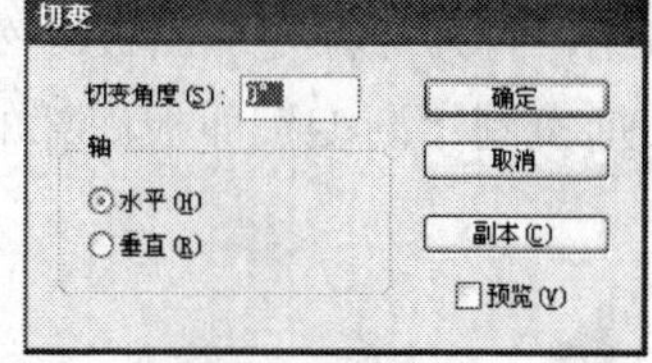

图2-54　切变效果和"切变"对话框

2.3.12　"剪刀工具"

"剪刀工具"可以在任何锚点处或沿任何路径段拆分路径、图形框架或空白文本框架。如果要将封闭路径拆分为两个开放路径，那么必须在路径上的两个位置或者两个锚点处进行切分；如果只切分封闭路径一次，那么只可获得一个包含间隙的路径。由拆分操作产生的任何路径都继承原始路径的设置，如描边粗细和填色等。但是需要将描边对齐方式由内对齐改为外对齐。

使用工具箱中的"直接选择工具"选择路径以查看其当前锚点，然后选择"剪刀工具"并单击路径上要进行拆分的位置，在路径段中间拆分路径时，两个新端点将重合并且其中一个端点被选中。再使用工具箱中的"选择工具"移动开即可。效果如图2-55所示。

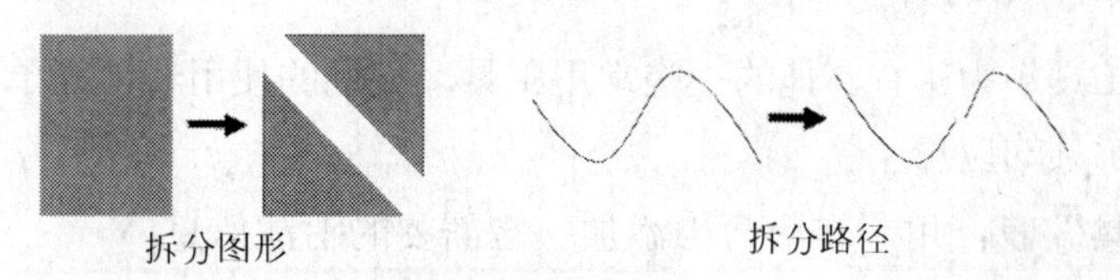

图2-55　拆分的图形和路径

2.3.13　"自由变换工具"

"自由变换工具"在排版过程中经常使用，尤其在编排图文书籍、杂志等时，显得更为重要。所谓自由变换即对图形、图像、路径等进行缩放、旋转或移动。使用该工具的操作非常简单，缩放、移动和旋转图形的效果如图2-56所示。

图2-56 缩放、旋转和移动图形

2.3.14 "渐变色板工具"

使用"渐变色板工具"可以为图形对象设置渐变效果，也就是从一种颜色过渡到另外一种颜色的效果。激活该工具后，在图形对象中的一个位置单击，然后按住鼠标键拖动到另外一个位置再次单击即可创建出渐变效果，如图2-57所示。

在默认设置下，渐变的颜色是从白色到黑色的渐变，渐变类型是线性，还有一种渐变类型是径向。也可以把它们设置为其他颜色的渐变，方法是：在工具箱的"渐变色板工具"上双击，打开"渐变"面板，然后再打开"色板"面板，选择一种需要的颜色，按住鼠标键将其拖曳到"渐变"面板底部的颜色条上即可。如图2-58所示。

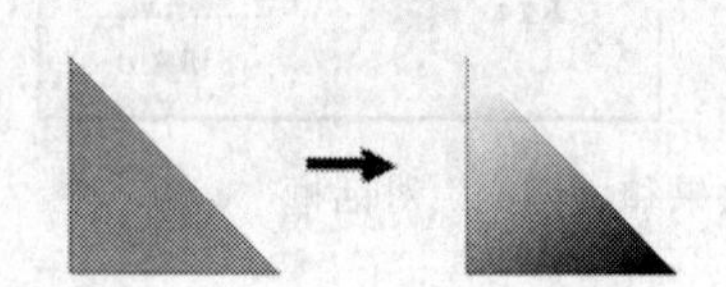

图2-57 创建渐变效果

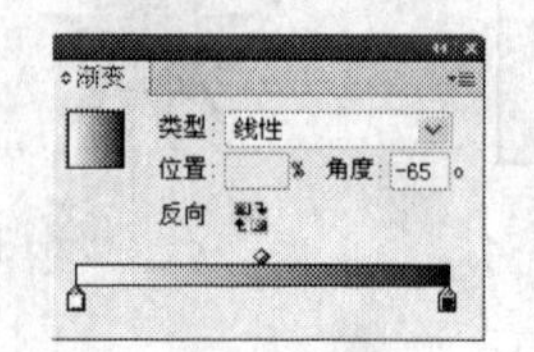

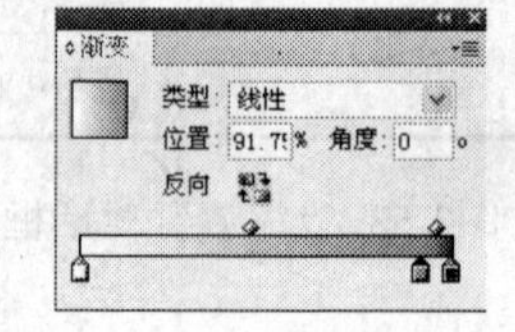

图2-58 "渐变"面板和改变颜色后的"渐变"面板

2.3.15 "渐变羽化工具"

使用"渐变羽化工具"可以为图形对象设置渐变羽化效果，这种效果类似于渐变效果，但有一定的区别。激活该工具后，在图形对象的一个位置单击，然后按住鼠标键拖动到另外一个位置再次单击即可创建出渐变羽化效果，如图2-59所示。

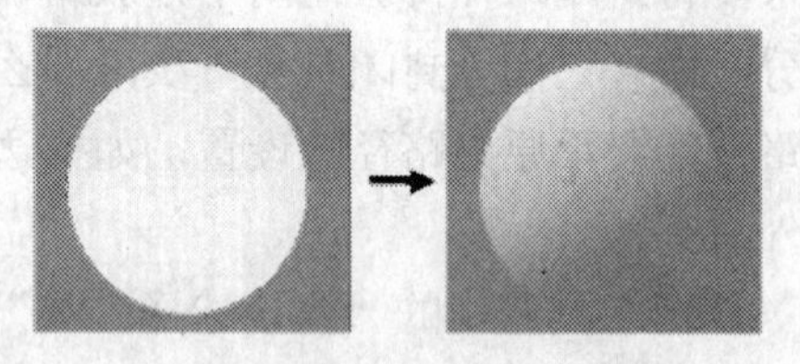

图2-59 创建的渐变羽化效果

2.3.16 其他工具简介

另外，在工具箱中还有其他的一些常用工具，它们的使用非常简单，不再详述。下面简单地介绍这些工具的应用。

"附注工具"：用于在版面中添加一些需要的附注信息。

"吸管工具"：吸取作为样本的填充色或者描边色，并自动应用到所选对象上。在使用该工具之前，需要先选择一个对象，然后激活该工具并在目标对象上单击即可。

"度量工具"：需要和"信息"面板协同使用，用于测量角度和距离等。

"抓手工具"：用于调整页面的显示区域，激活该工具后，在页面中单击并拖动即可，可以朝任意角度进行拖动。

“缩放显示工具” 🔍：用于调整页面的显示大小，激活该工具后，在页面中单击即可放大页面显示。按住Alt键单击则可以缩小页面显示。

2.4 面板简介

在InDesign中，面板是排版工作中不可缺少的辅助工具，可以隐藏或显示所有面板，也可以只显示需要的面板，还可以将面板进行拆分组合使用，而且还可以根据自己的习惯设置不同工作区域内的面板显示项。

InDesign提供了40多种面板，其中“页面”面板、“控制”面板、“渐变”面板、“描边”面板、“字符”面板、“段落”面板、“样式”面板、“图层”面板、“对齐”面板、“色板”面板和“链接”面板较为常用。还有“透明度”面板、“信息”面板、“颜色”面板、“表”面板、“文章”面板和“制表符”面板等不太常用的面板。按快捷键Tab键可以显示或隐藏工具箱和所有面板；或者按Tab+Shift组合键，在保留工具箱的情况下，显示或隐藏所有面板。下面简单地介绍一下几个常用的主要面板。图2-60所示为InDesign中的面板种类。

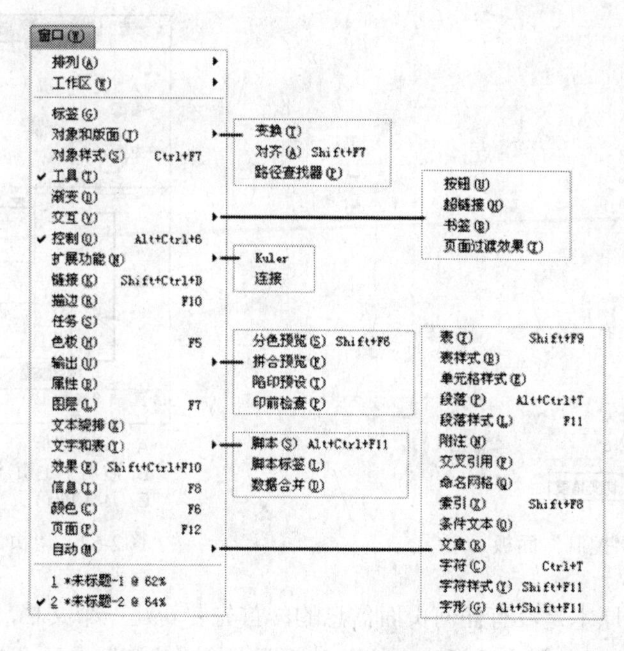

图2-60 InDesign中的面板

2.4.1 “控制”面板

“控制”面板又称“选项”面板，也称为属性栏。使用“控制”面板可以快速访问与当前选择的页面项目或对象有关的选项、命令及其他面板。默认设置下，“控制”面板停放在文档窗口的顶部，但是也可以拖动“控制”面板左侧的竖条，将它停放在此窗口的底部；或者从“控制”面板菜单中选择“浮动”，将它转换为浮动面板；或者完全隐藏起来。如果工作区内“控制”面板不可见，则执行“窗口→控制”菜单命令，或直接按Alt+Ctrl+6组合键打开“控制”面板。

“控制”面板中显示的选项根据所选择对象的类型而异。当选择框架时，“控制”面板将显示用于调整框架的大小和位置、倾斜和旋转框架或应用某种对象样式的选项，如图2-61所示。

当选择框架内的文本时，“控制”面板将显示字符选项或段落选项。单击“控制”面板左侧的段落和字符图标，决定是显示段落选项还是显示字符选项。如果显示器的大小和分辨率允许，“控制”面板会显示更多选项。例如，如果选择字符图标，“控制”面板的右侧不仅会显示所有字符选项，还会显示一些段落选项。当选择表单元格时，“控制”面板将显示用于调整行和列的尺寸、合并单元格、对齐文本和添加描边的选项。当“控制”面板中的选项改变时，可以使用工具提示（将鼠标指针放在图标或选项标签上之后出现的弹出式描述文字）来了解有关选项的更多信息。

2.4.2 “页面”面板

“页面”面板提供关于页面、跨页和主页的信息，以及对于它们的控制。默认设置下，“页面”面板显示每个页面内容的缩略图，如图2-62所示。如果工作区域内“页面”面板不可见，执行“窗口→页面”菜单命令，或直接按快捷键F12键打开“页面”面板。

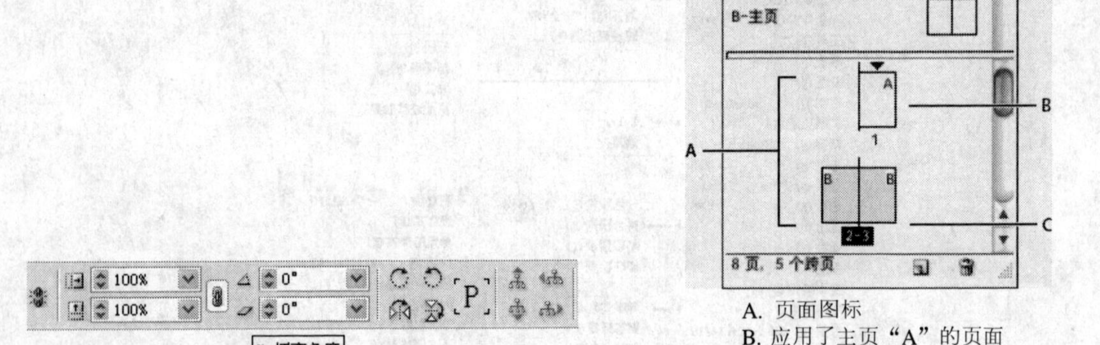

图2-61 “控制”面板

A. 页面图标
B. 应用了主页“A”的页面
C. 选定的跨页

图2-62 “页面”面板

“页面”面板中原本是没有任何页面信息的，首先要新建一个文档，此时“页面”面板中将显示所有页面信息。如果在“新建文档”对话框中将“装订”选项设置为“从右到左”，那么数字将从右到左附加到页面图标上，如图2-63所示。

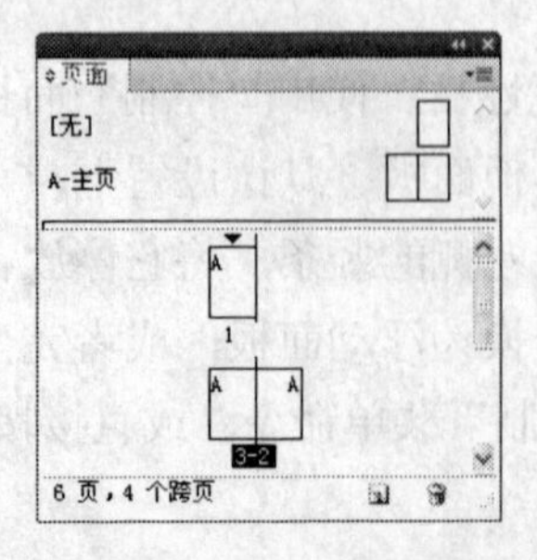

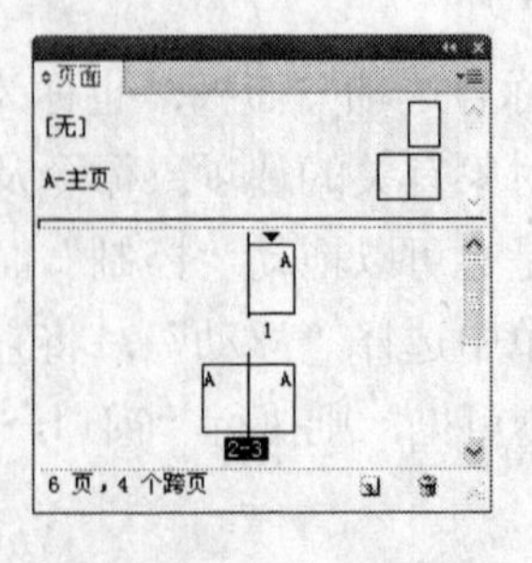

图2-63 从右到左装订的显示和从左到右装订的显示

提示：在菜单栏中选择"文件→新建→文档"命令即可打开"新建文档"对话框，如图2-64所示。

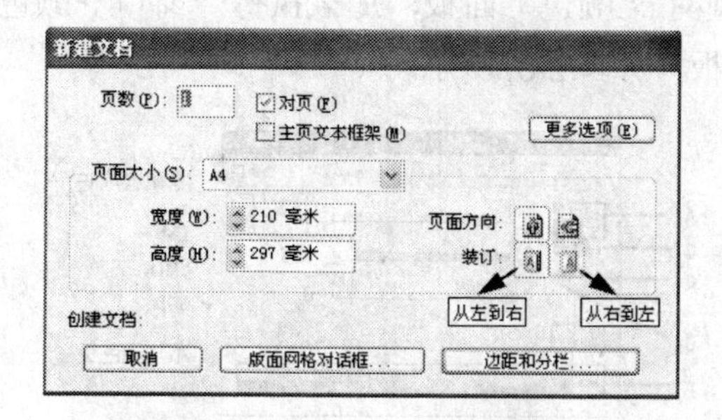

图2-64　"新建文档"对话框

在"页面"面板中选择"垂直显示"，可在一个垂直列中显示跨页；如果取消选择此选项，那么跨页则并排显示，如图2-65所示。如果选择"显示缩略图"，那么可以显示每一页面或主页的内容缩略图；如果为"图标大小"选择了某些选项，则此选项不可用。

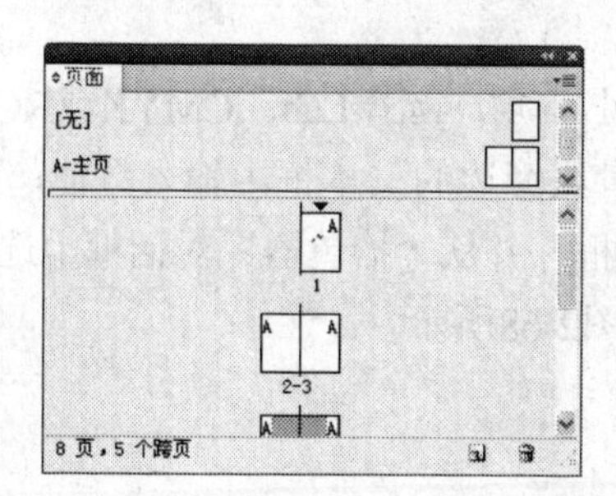

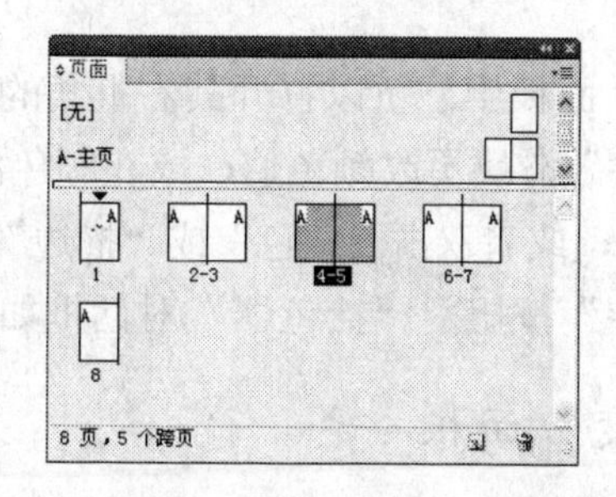

图2-65　垂直显示的跨页和并排显示的跨页

在"页面"面板中，主页和页面的位置不是固定不变的，可以根据自己的习惯或者工作的需要进行更改。单击面板右上角的小三角，执行"面板选项"命令，然后在打开的"页面选项"对话框中选中"页面在上"即可使页面图标部分显示在主页图标部分的上方，如图2-66（左）所示；或者选择"主页在上"以使主页图标部分显示在页面图标部分的上方，如图2-66（右）所示。

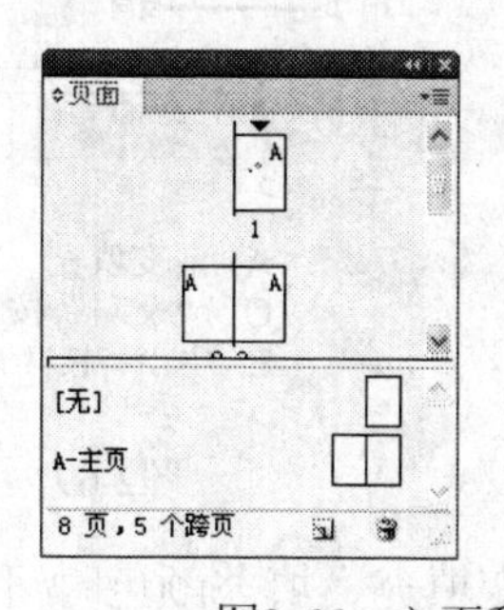

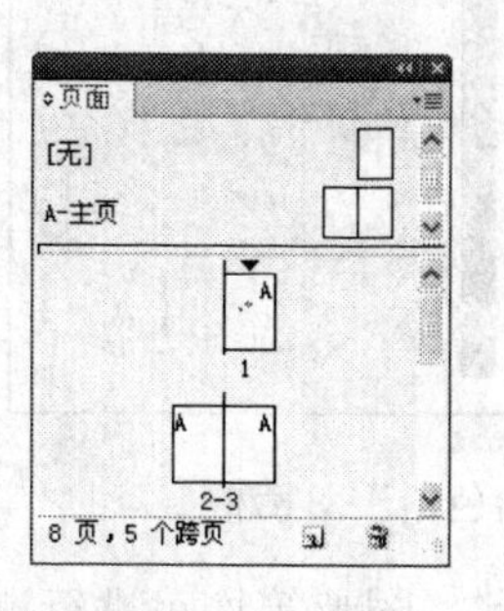

图2-66　主页和页面的显示位置

2.4.3　"颜色"面板

在排版过程中，"颜色"面板有着十分重要的作用。颜色赋予作品生机和灵魂，很好地掌握"颜色"面板，可为出版物"增光添色"。

在制作出版物时，如果需要对某个形状或文本进行填色或者描边，那么选择要更改的形状或文本，选择“颜色”面板中的“填色”框或“描边”框，设置希望填充或描边的颜色。如果在工作区域内没有显示“颜色”面板，那么执行“窗口→颜色”菜单命令，或直接按F6键即可打开“颜色”面板，如图2-67所示。

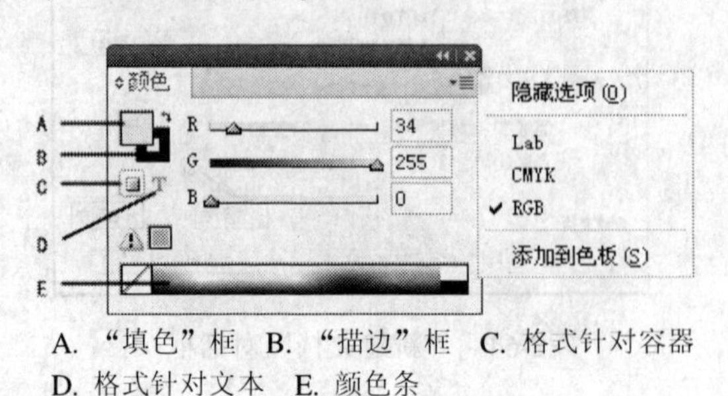

A. “填色”框 B. “描边”框 C. 格式针对容器
D. 格式针对文本 E. 颜色条

图2-67 “颜色”面板

提示：单击面板右上角的按钮即可打开该面板的选项菜单，从而执行更多的操作。

在“颜色”面板中，可以打开其右上角的小三角，选择Lab、CMYK或RGB颜色模型，然后调节“色调”滑块更改颜色值；或在颜色滑块旁边的文本框中输入数值；或将指针放在颜色条上并单击；或者双击“填色”或“描边”框，并从“拾色器”对话框中选择一种颜色，然后单击“确定”按扭。“拾色器”对话框如图2-68所示。

2.4.4 “渐变”面板

所谓渐变就是两种或多种颜色之间或者同一颜色的两个色调之间的逐渐混和。而“渐变”面板则是专门用于调整和设置渐变色的面板，其中包括渐变类型、位置、角度、渐变起始、结束颜色等，如图2-69所示。

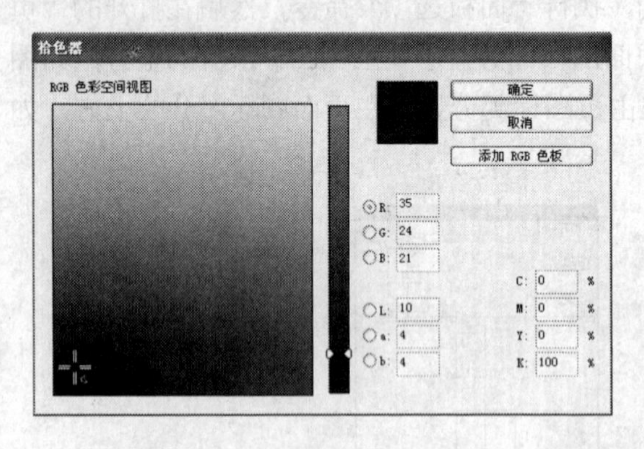

图2-68 “拾色器”对话框

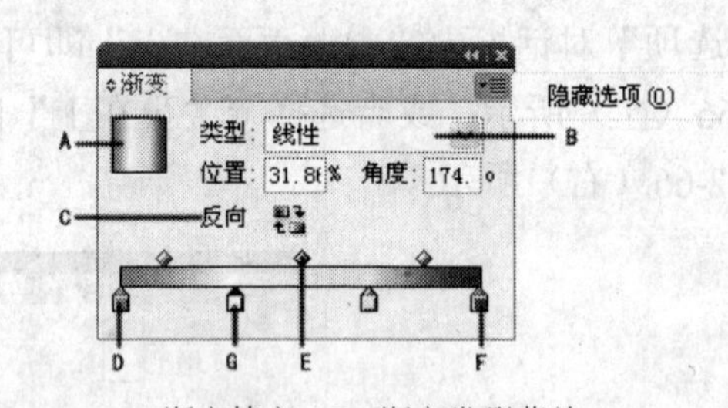

A. 渐变填充 B. 渐变类型菜单
C. “反向”按钮 D. 起始色标
E. 中点 F. 结束色标 G. 添加的色标

图2-69 “渐变”面板

在InDesign中，文字、图形等均可进行渐变填充。填充颜色时可以根据自己的喜好进行填充。可以在“渐变”面板中将类型由“线性”改为“径向”，也可自己设置渐变的位置和角度，如图2-70所示。

使用“渐变”面板前，首先选择需要填充的对象，然后在“渐变”面板中将颜色进行填充或者更改，如果某种渐变色十分常用，可以将该渐变颜色保存到色板中（右键单击，从打开的菜单中选择“添加到色板”命令），在“色板”面板中填写名称，以后使用时直接在色板中调用即可。如图2-71所示。

图2-70 径向效果（左）、线性效果（中）和更改位置的线性效果（右）

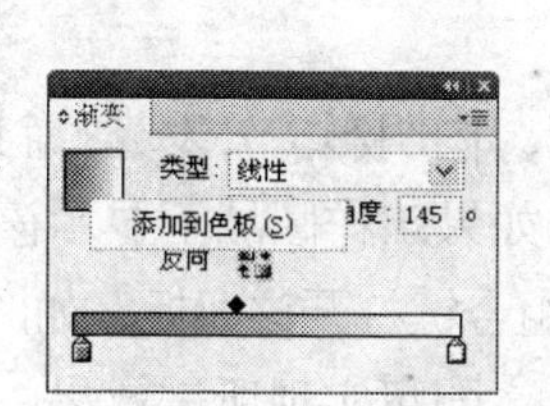

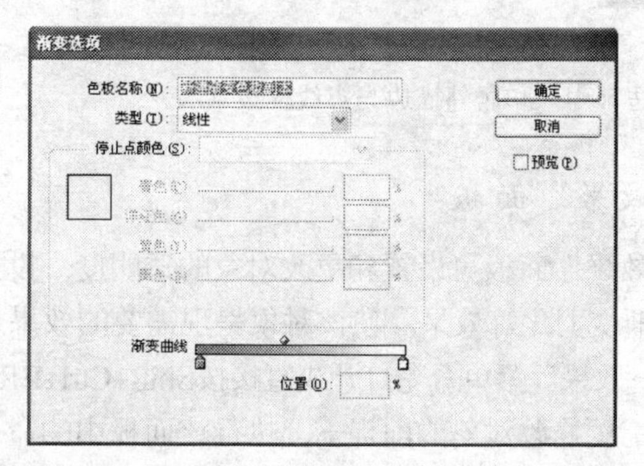

图2-71 添加到色板和更改的渐变名称

2.4.5 “描边”面板

“描边”面板主要用于设置路径、形状、文本框架和文本轮廓的描边效果。通过“描边” 面板可以控制描边的粗细和外观，包括段之间的连接方式、起点形状和终点形状，以及用于角点的选项。“描边”面板如图2-72所示。选定路径或框架时，还可以在“控制”面板中选择描边设置。

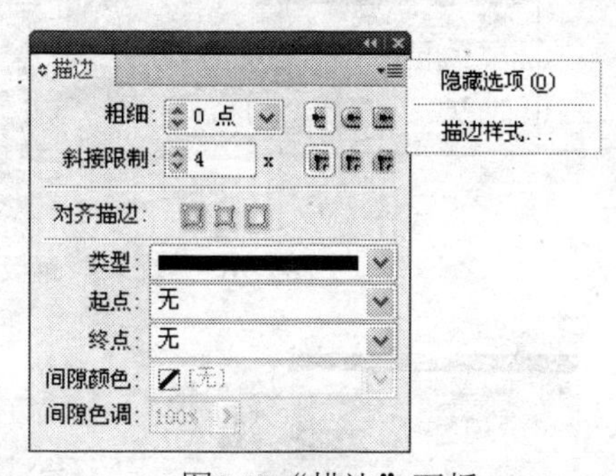

图2-72 “描边”面板

对某个对象进行描边时，可以设置其描边的粗细及端点的样式，如：平头端点、圆头端点、投射末端样式，也可以设置衔接限制的选项，如：衔接连接、圆角连接或斜面连接。效果如图2-73所示。

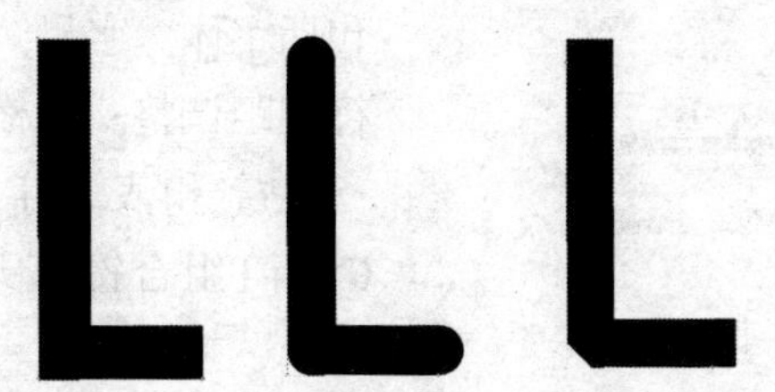

图2-73 平头端点与衔接连接（左）、圆头端点与圆角连接（中）和投射末端与斜面连接（右）

对齐方式即对需要描边的对象的对齐样式，如：描边对齐中心、居内描边及居外描边；描边类型可以根据需要进行设置实底、虚线、点线、波浪线等。如图2-74所示。

起点和终点也可以设置样式，从而区分线段的起点和终点。间隙颜色指定要在应用了图案的描边中的虚线、点线或多条线条之间的间隙中显示的颜色。使用虚线描边样式，起点设置为“条”，终点设置为“三角开角”，间隙设置为“黄色”显示的图形效果如图2-75所示。

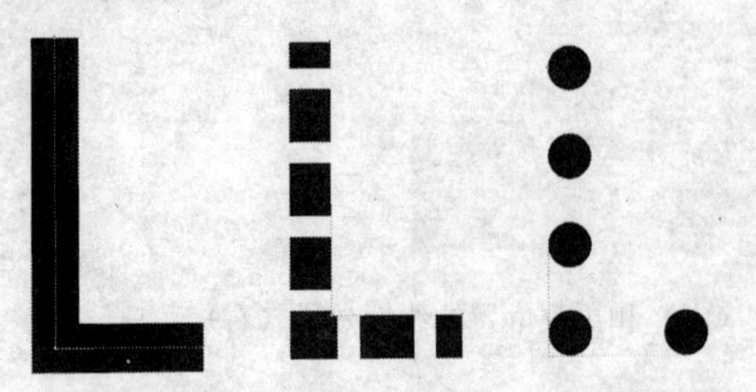

图2-74 描边对齐中心与实底描边（左）、居内描边与虚线描边（中）和居外描边与点线描边（右）

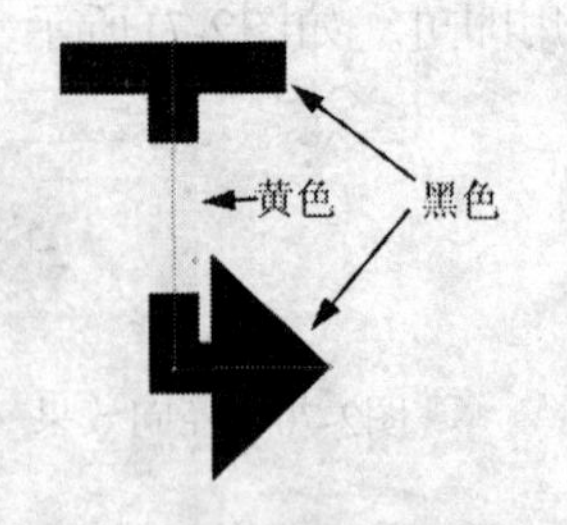

图2-75 起点终点及间隙的显示

2.4.6 “效果”面板

使用“效果”面板可设置和更改对象的透明度、投影、内阴影、外发光、斜面和浮雕、基本羽化、渐变羽化等效果，使该对象呈现需要的效果。如果工作区域不显示该面板，那么执行“窗口→效果”菜单命令打开或直接按Shift+Ctrl+F10组合键打开该面板，如图2-76所示。

在选择需要修改对象的前提下，执行该面板中的命令，即可实现所需效果。下面是对一个多边形应用“斜面和浮雕”命令前后的效果，如图2-77所示。

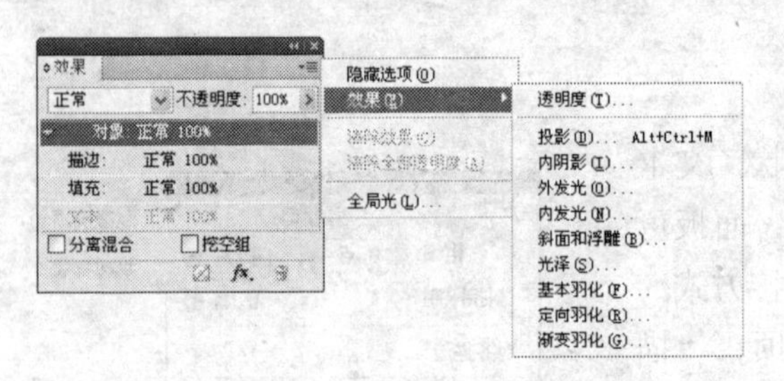

图2-76 “效果”面板

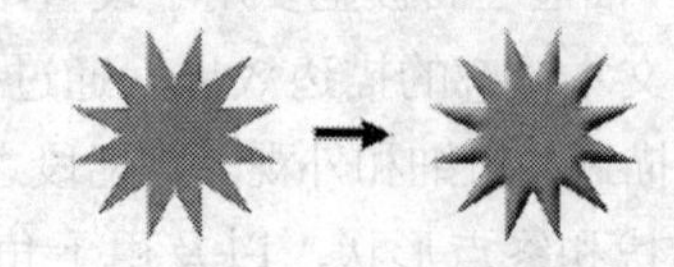

图2-77 “斜面和浮雕”效果

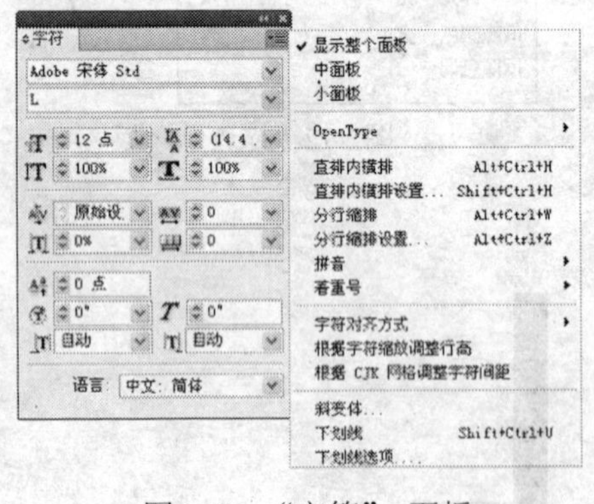

图2-78 “字符” 面板

2.4.7 “字符”面板

“字符”面板可以是在输入字符前对要输入的字符进行设置，也可以对选择的字符查看其字符格式或者进行字符设置的修改。“字符”面板包括字体、字号、垂直缩放、水平缩放，以及字符间距调整、网格指定行数等设置。执行“窗口→文字和表→字符”菜单命令，或者直接按Ctrl+T组合键打开“字符”面板，如图2-78所示。

2.4.8 “段落”面板

“段落”面板可以对选取的段落进行段落格式的设置，如对齐方式、缩进、间距、首字下沉等。如果工作区域内不显示该面板，可以执行“窗口→文字和表→段落”菜单命令或直接按Alt+Ctrl+T组合键打开“段落”面板，如图2-79所示。

2.4.9 “样式”面板

“样式”面板是“字符样式”、“段落样式”、“对象样式”、“表样式”和“单元格样式”的统称。一般情况下，“样式”面板停留在浮动面板上，如图2-80所示。

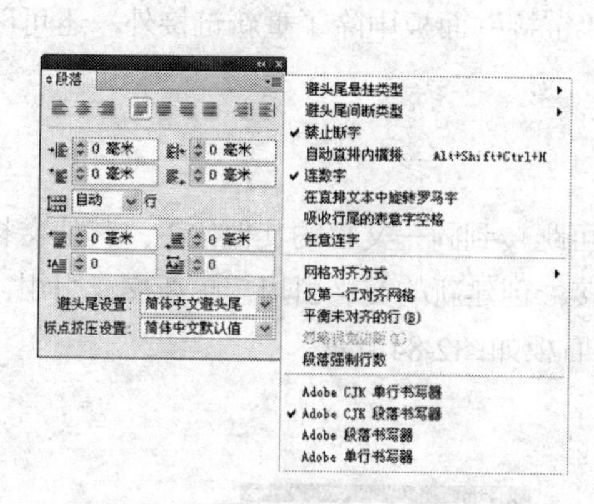

图2-79 “段落”面板

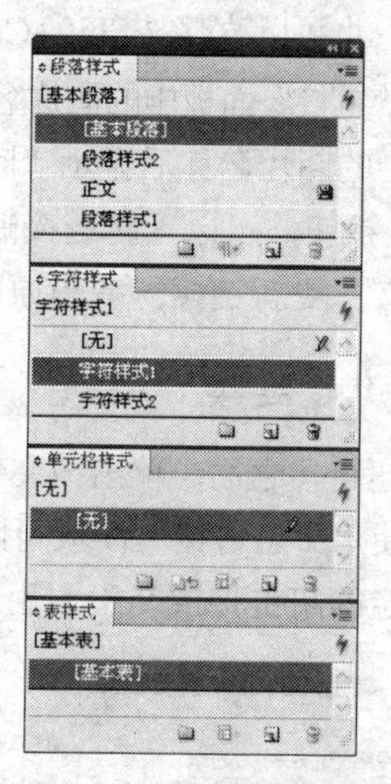

图2-80 “样式”面板

如果在工作区域内找不到“样式”面板，可以在窗口菜单中打开所需的样式面板，或直接按其快捷键。例如：在编辑报刊、杂志和书籍中运用最多的是“段落样式”面板，如果找不到该面板，执行“窗口→文字和表→段落样式”菜单命令将其打开，或直接按快捷键F11。“样式”面板组中的所有样式面板，均包含新建样式、删除样式、创建新样式组等命令，可以随时创建新的样式或样式组，也可随时删除多余的样式或样式组。

2.4.10 “图层”面板

所谓图层，就像纸层层地叠加在一起一样，使用图层可以方便排版操作。例如：在图层1上绘制一个圆，在图层2上绘制一个方形，在图层3上绘制一个大圆，分别显示它们的效果及将三个图层一同显示的效果如图2-81所示。

由此可见，运用图层可以制作简单或者复杂的图像，为排版设计提供了很大的方便，并且在打印过程中也可运用图层的显示和隐藏特性来快速地打印成品。“图层”面板如图2-82所示。

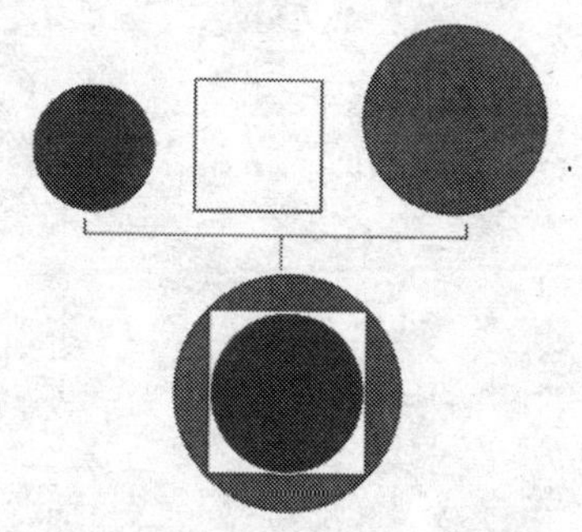

图2-81 分别及同时显示多个图层的效果

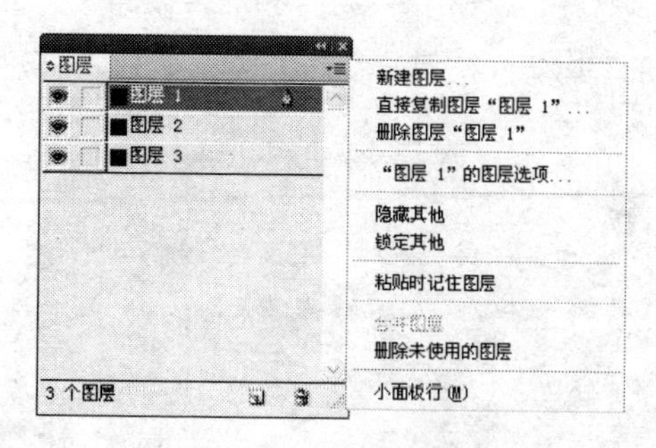

图2-82 “图层”面板

2.4.11 “链接”面板

在InDesign中置入文件之后，“链接”面板将会显示它们的信息，包括本地文件与被服务器管理的资源文件，以及进行锁定和重新连接等操作。可以执行“窗口→链接”菜单命令将其打开，也可以直接按Shift+Ctrl+D组合键打开该面板，如图2-83所示。

如果“链接”面板中的图片名称后显示图标，说明该图像已嵌入该文档中。如果在“链接”面板中的图片名称后显示“问号”图标，说明该链接缺失，需要重新链接文档，按住Alt键单击按钮，可以重新链接缺失的链接。在“链接”面板中除了重新链接外，还可以执行转到链接、更新链接、编辑原稿等操作。

2.4.12 “超链接”面板

创建超链接之后，单击该文件的某个链接即可跳转到同一文档的其他位置、其他文档或网站上。使用“超链接”面板可以创建新的超链接、创建新的交叉引用、更新交叉引用，以及删除选定的超链接或交叉引用等。“超链接”面板如图2-84所示。

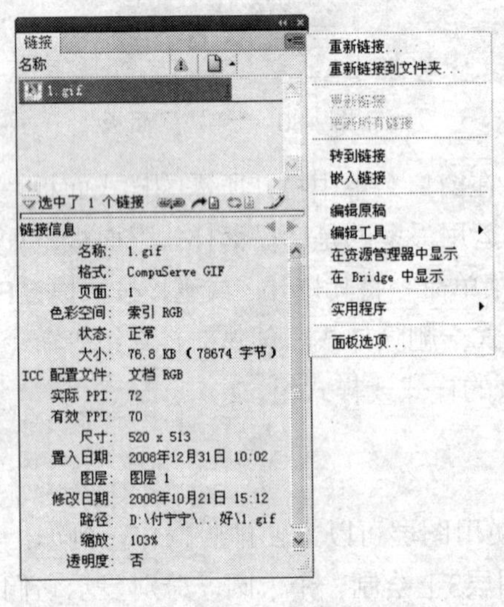

图2-83 “链接”面板

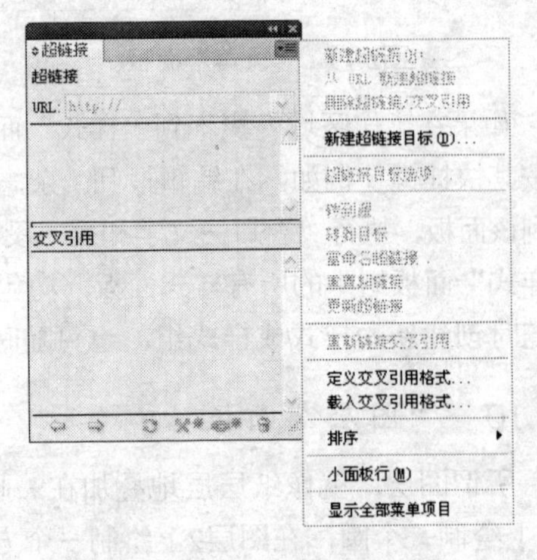

图2-84 “超链接”面板

一个超链接由源和目标两部分组成。源就是超链接文本、超链接文本框架或超链接图形框架。目标就是超链接跳转到达的URL、文件、电子邮件地址、页面文本锚点或共享目标。一个源只能跳转到一个目标，但可有任意数目的源跳转到同一个目标。

第3章 基 本 操 作

在了解了InDesign中文版的工作界面、面板和工具之后，还需要了解InDesign中的一些基本操作，比如怎样打开文件、删除文件、导入和导出文件等。另外，还需要了解怎样自定义InDesign以便更方便地进行排版和创作。

在本章中主要介绍下列内容：

★在InDesign中的文件处理

★恢复和还原文档

★自定义InDesign

3.1 基本文件操作

仅仅了解工具和命令的基本使用方法还是不够的，还必须知道一些关于制作文件的基本操作，比如：新建文件、打开文件、删除文件，以及导出文件和转换文件等。

3.1.1 新建文件

启动InDesign后，首先看到的是一个用于选择文档类型的窗口，如图3-1所示。如果要新建文件，那么共有3种文件类型，分别是文档、书籍和库。另外，在该窗口中也可以选择打开文件或者选择需要使用的模板。

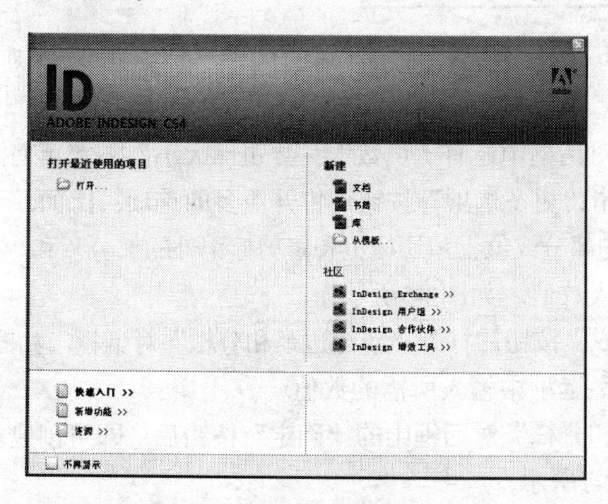

图3-1 用于选择文件类型的窗口

如果已经进入到InDesign中，那么可以选择“文件→新建”命令，然后从其子菜单中选择需要的新建文件类型即可，如图3-2所示。

图3-2 用于新建文件的菜单命令

在InDesign中，新建的文件主要包括3种类型：文档、书籍和库。文档主要是用来编辑排版的页面，可以由单页或者多页构成，并且包含了编辑时的所有信息。书籍是一个可以共享样式、色板、主页和其他项目的文档集，一个文档也可以隶属于多个书籍文件。库是以一种命名文件的形式存在的。与文档和书籍不同的是创建库时要首先制定其存储的位置，并且打开后显示为面板形式。

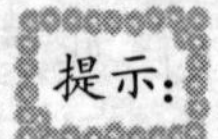

选择“来自模板的文档”命令后将打开一个对话框用于选择需要的模板文件。通常，如果频繁创建相似项目，可以使用模板。可以使用模板更快速地创建一致的文档，同时保护原始文件。例如，如果创建每月发行的新闻稿，模板可包括标尺参考线、页码、新闻稿刊头，以及希望每期使用的样式。

执行菜单栏中的“文件→新建→文档”命令，打开“新建文档”对话框，如图3-3所示。此时，有两种工作流程可供选择：“版面网格”（单击“版面网格对话框”按钮后可创建）和“边距和分栏”。

无论选择哪种工作流程，文件类型都是完全相同的。可以使用“边距和分栏”查看在文档中创建的版面网格，或者通过在视图之间切换来隐藏使用“版面网格”选项创建的文档版面网格。下面是选择“版面网格”和“边距和分栏”的效果对比，如图3-4所示。

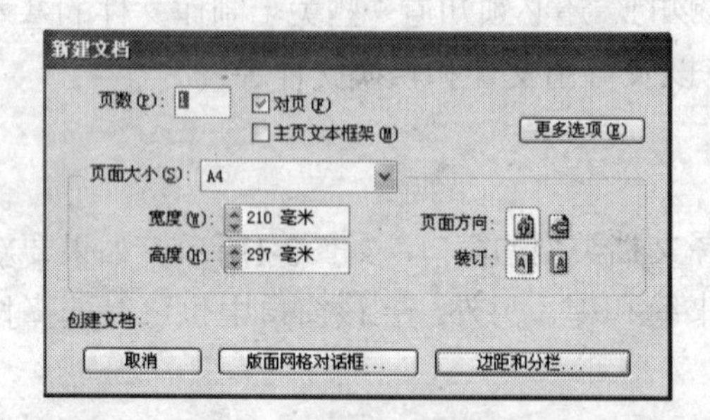

图3-3 “新建文档”对话框

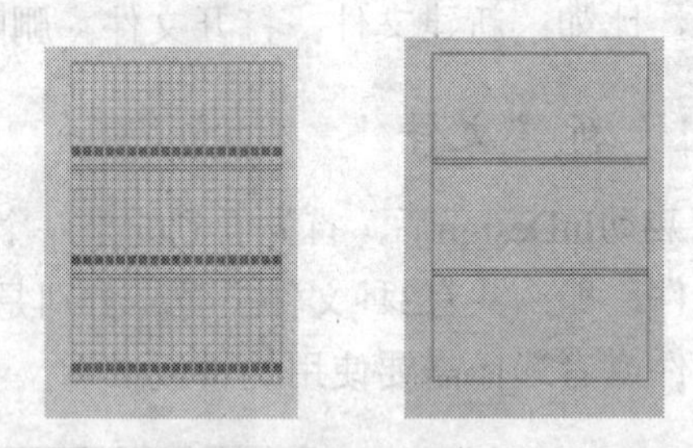

图3-4 显示的“版面网格”（左图）和显示的“边距和分栏”（右图）

在“新建文档”对话框中还有“页数”、“页面大小”、“页面方向”等选项，可选择自己所需的选项。单击“更多选项”按钮可打开更多的选项，比如，“出血”选项（出血是图稿位于打印外框外的部分或位于裁切标记和修剪标记外的部分）和“辅助信息区”选项等，可根据自己的需要输入数值。如图3-5所示。

单击“边距和分栏”按钮后打开“新建边距和分栏”对话框，如图3-6所示。根据需要在“边距”选项和“栏”选项中输入所需的数值。

单击“新建边距和分栏”对话框中的“确定”按钮后，即可创建新文档，然后就可以进行排版工作了。如图3-7所示。

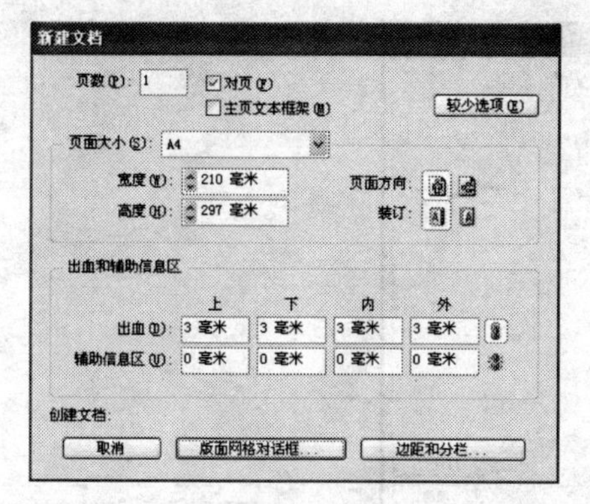

图3-5 展开更多选项的“新建文档”对话框

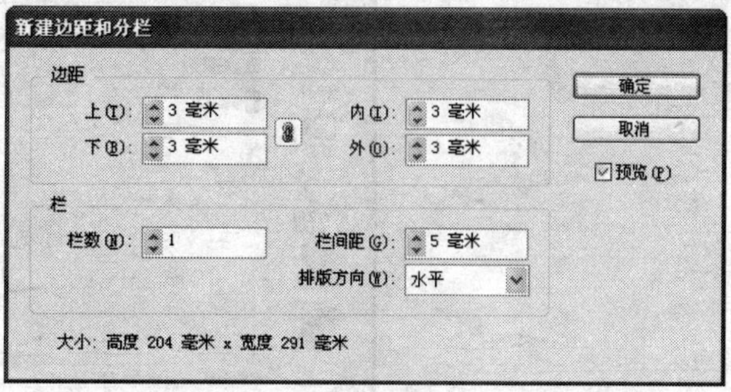

图3-6 “新建边距和分栏“对话框

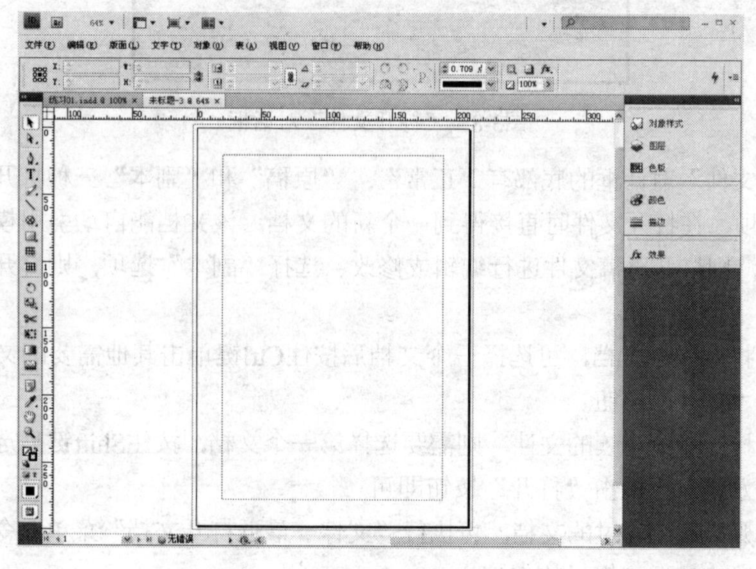

图3-7 新建的文档，其栏数是1

3.1.2 打开文件

需要进一步编辑或者修改某个文档或者书籍等时，就涉及到打开文件。启动InDesign后，先打开需要编辑或修改的文件，操作方法如下。

首先，执行“文件→打开”菜单命令，或者直接按Ctrl+O组合键，打开“打开文件”对话框，如图3-8所示。

在“查找范围”下拉列表中找到文件所存放的位置，然后选择需要打开的文件，最后单击“打开”按钮即可将其打开。

注意： 当打开一个InDesign模板时，默认情况下，它作为一个新建的未标题文档打开。在Windows中，文档文件使用.indd扩展名，模板文件使用.indt扩展名，片段文件使用.idms扩展名，库文件使用.indl扩展名，交换文件使用.inx扩展名，标记文件使用.idml扩展名，书籍文件使用.indb扩展名。也可以使用“文件→打开”命令，打开InDesign早期版本的文件、InDesign交换文件（.inx）、InDesign标记文件（.idml）、AdobePage-Maker 6.0及更高版本文件、QuarkXPress 3.3和4.1文件，以及QuarkXPressPassport 4.1文件。

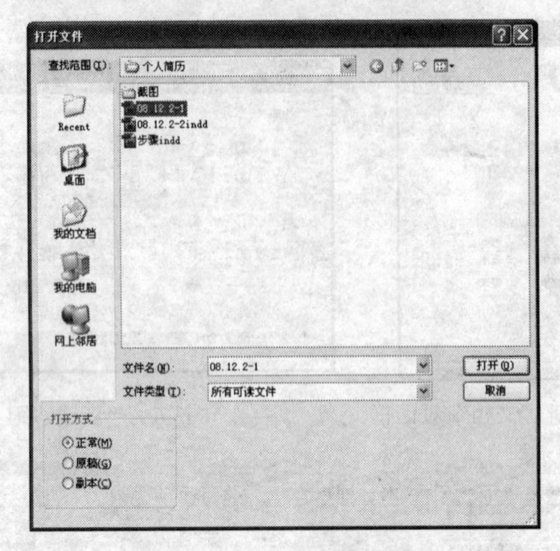

图3-8 “打开文件”对话框

在“打开文件”对话框的底部有“正常”、“原稿”和“副本”三种打开方式选项。选择“正常”选项，在打开文件时直接得到一个新的文档，该文档能自动引用模板文档。选择“原稿”选项，则打开原稿文件进行编辑或修改。选择“副本”选项，则打开一个模板文件的副本文档。

如果需要打开多个文档，可选择一个文档后按住Ctrl键单击其他需要的文档，选择打开方式，再单击“打开”按钮。

如果需要打开多个连续的文件，则需要选择第一个文档，按住Shift键后选择最后一个文档，选择打开方式，再单击“打开”按钮即可。

如果要打开最近编辑过的文档，可执行“文件→最近打开文档”菜单命令，然后从其子菜单中选择列出的最近编辑过的文档。

3.1.3 保存文件

在InDesign中新编辑或修改完文档之后，可以通过执行“文件→存储”菜单命令或按Ctrl+S组合键，打开“存储为”对话框，根据需要设置好选项之后进行保存。如图3-9所示。

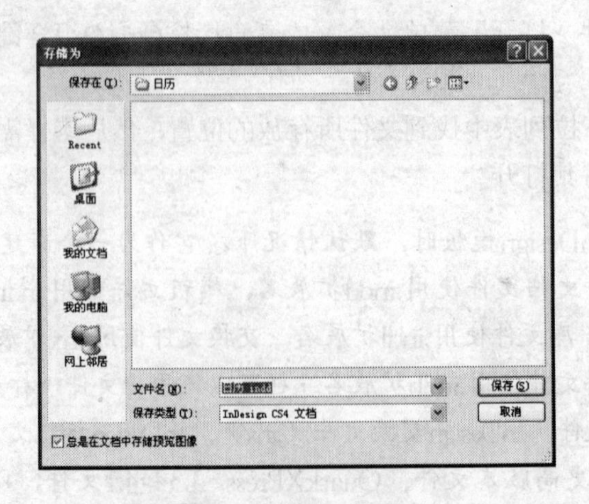

图3-9 “存储为”对话框

如果是新建文档，那么在“保存在”选项中选择存放文件的磁盘位置；如果是修改的文档或者已存文档，那么直接将文档替换之前保存过的文档。如果要新建文件夹进行保存，在选定保存位置后，单击“新建文件夹”按钮，输入名称即可。保存时在“文件名”右侧的输入框中输入文档的名称。在“保存类型”下拉列表中选择保存的类型，可保存为InDesign出版物或者InDesign模板。如果勾选“总是在文档中存储预览图像”选项，那么在存储文档的同时存储可预览图像。

如果在编辑或者修改完文档之后，不想将文档替换原文档，那么可以执行“文件→另存为…”菜单命令，或者按Alt+Ctrl+S组合键，打开“另存为”对话框，如图3-10所示。其各选项设置与“存储为”对话框相同。

另外，在保存和另存为文件时，如果需要保存的文件名称在同一文件夹中已存在，那么会打开一个提示对话框，询问是否要进行替换，如图3-11所示。如果单击“是”按钮，那么将替换该文件夹中的同名文件；如果单击“否”按钮，那么需要对保存的文件更改名称。

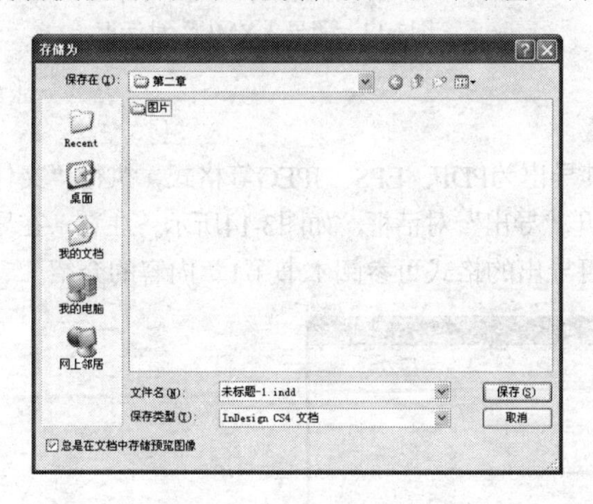

图3-10 “另存为”对话框

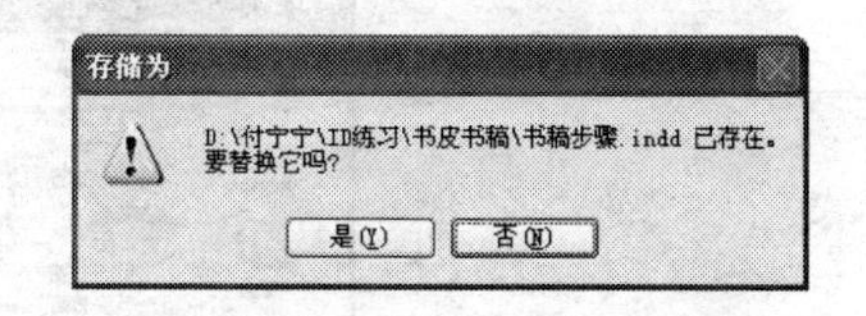

图3-11 提示对话框

3.1.4 删除文件

在保存了多余的文件或不需要该保存文件时，可以在电脑中找到所存文件的位置，然后再找到这些文件，选择后直接按Delete键即可删除这些文件。

3.1.5 置入和导入文件

在排版时，也可以把一些现有的图片或者文件置入到已有的文档中。比如要置入一幅图片，那么执行“文件→置入”菜单命令，或者按Ctrl+D组合键，打开“置入”对话框，如图3-12所示。找到并选择需要的图片，单击“打开”按钮，然后在绘图区单击并拖动即可在文档中置入图片。

另外还可以导入XML文件，这是一种扩展标记语言文件。执行“文件→导入”菜单命令，打开“导入XML”对话框，如图3-13所示。找到并选择需要的XML文件，单击“打开”按钮即可。

在置入文件或者导入XML文件时，一般使用默认设置即可。也可以根据需要设置选项后再进行置入或者导入。

图3-12 “置入”对话框　　　图3-13 “导入XML”对话框

3.1.6 导出文件

编辑或者修改完出版物文件之后，可将其导出为PDF、EPS、JPEG等格式。执行“文件→导出”菜单命令，或着按Ctrl+E组合键，打开“导出”对话框，如图3-14所示。注意，在导出之前需要设置文件名和保存的类型。关于可导出的格式可参阅本书第1章内容的介绍。

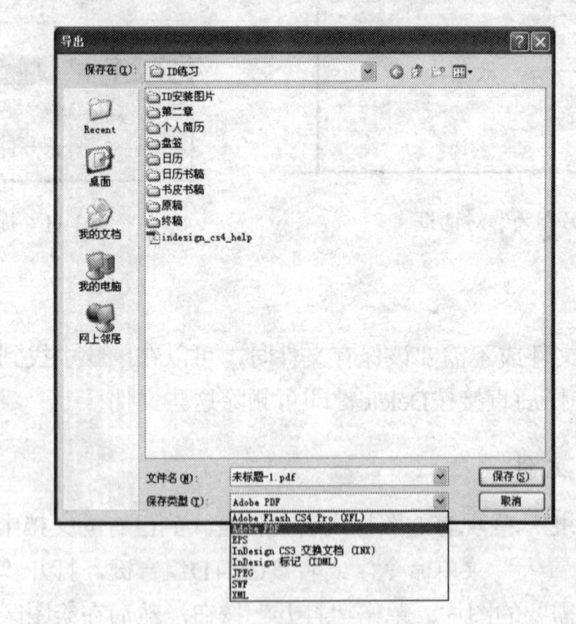

图3-14 “导出”对话框

3.1.7 转换文件

在InDesign中，还可以转换文件，便于在其他软件中打开。比如可以转换AdobePageMaker 6.0及更高版本的文档和模板文件，还可以转换QuarkXPress 3.3或4.1x文档和模板文件，也可以转换多语言版QuarkXPressPassport 4.1x文档和模板文件，因此，不再需要先将这些文件存储为单一语言文件。

执行“文件→打开”菜单命令或直接按Ctrl+O组合键，打开“打开文件”对话框，选择要打开并转换的PageMaker或QuarkXPress的出版物或模板文件，单击“打开”按钮，将打开转换进度指示。

转换完成后，如果工作区域中弹出“警告”对话框，并显示转换过程中的警示信息，指出无法转换的原因及转换的结果，那么单击“存储”按钮，将警告副本存储为一个文本文件，然后在InDesign中打开该文件；或者单击“关闭”按钮以关闭该对话框，然后使用InDesign打开该文件。

3.2　基本对象操作

在InDesign中，可以对图形、文字、文字块、框架等对象进行各种变换操作，比如移动、缩放、旋转、复制和镜像等。

3.2.1　选择和移动对象

通常，使用选择工具选择和移动对象，而使用直接选择工具选择路径中的锚点。处于选中状态的对象周边将显示一个范围框，如图3-15所示。如果要移动对象，那么在对象上单击并按住鼠标键拖动即可。另外，还可以通过键盘上的箭头键（或者方向键）来移动对象，这种移动方法一般用于微调对象的位置。

3.2.2 缩放对象

当对象大小不合适时，还可以通过缩放来调整它们的大小，一般使用选择工具即可进行缩放对象。在缩放对象时，把鼠标指针放在小方框上，等鼠标指针变成带有箭头的形状时进行拖动即可。既可以把对象缩小，也可以把对象放大，如图3-16所示。

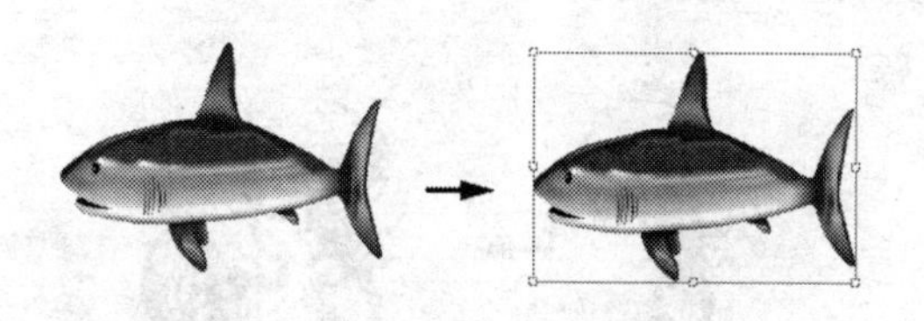

图3-15　选择前和选择后的对象

图3-16　缩放对象

另外，还可以使用缩放工具缩放对象，激活该工具后，在需要缩放的对象上单击并拖动即可缩放对象。还可以使用自由变换工具进行缩放。

3.2.3　旋转对象

通常，使用旋转工具进行旋转。首先选择需要旋转的对象，然后使用旋转工具单击并拖动即可旋转选中的对象。还可以使用自由变换工具旋转对象。在旋转对象时，把鼠标指针放在四个角上的小方框上，等鼠标指针变成带有旋转箭头的形状时进行拖动，就可以旋转对象，如图3-17所示。

图3-17　旋转对象

3.2.4 变形对象

变形对象就是改变对象的形状，包括图形和路径。可以使用直接选择工具选择一个锚点后进行拖动来改变图形的形状，如图3-18所示。

还可以使用切变工具来改变图形的形状。激活该工具后，在选中的对象上单击并拖动即可改变对象的形状，如图3-19所示。

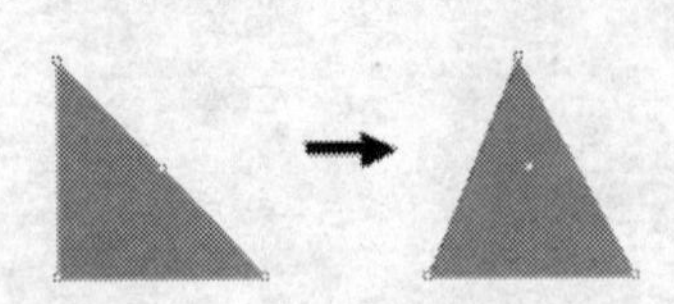

图3-18 改变对象的形状

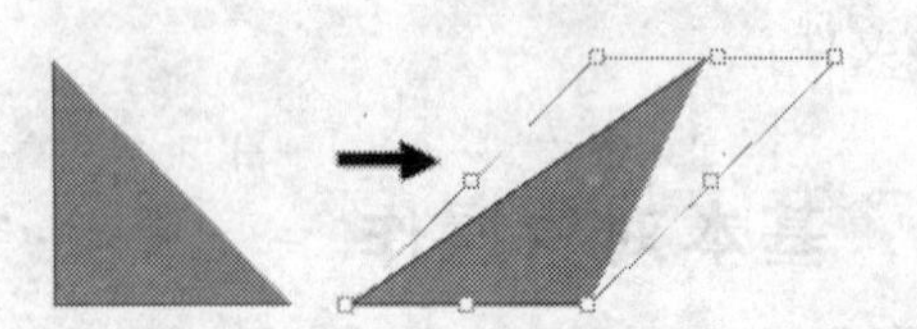

图3-19 切变效果

3.2.5 编组对象

在InDesign中，为了排版的方便，可以把多个对象进行编组，在成组之后，如果使用前面介绍的选择工具选择，会同时选中所有成组对象，从而把它们作为同一个对象进行移动、缩放和旋转等操作。选择需要编组的对象，然后执行“对象→编组”命令即可使选择的对象成为一组，如图3-20所示。

如果要取消编组，那么执行“对象→取消编组”命令即可。

3.2.6 复制对象

在排版时，经常需要复制对象以获得多个相同的对象。在InDesign中有两种方法可以复制对象：一种是使用键盘快捷键Ctrl+C和Ctrl+V，另一种是使用“复制”命令。

如果需要复制对象，那么激活选择工具后选中需要复制的对象，然后按快捷键Ctrl+C，再按Ctrl+V组合键即可复制对象，如图3-21所示。这和在Word中复制文字的操作一样。

图3-20 选择成组对象

图3-21 复制的对象

在使用复制命令时，确定需要移动的对象处于选中状态，然后执行“编辑→复制”命令，再执行“编辑→粘贴”命令即可复制。另外也可以使用“编辑”菜单中的其他复制命令进行复制。

3.2.7 镜像对象

在排版时，有时还需要镜像对象以便获得两个相同而且方向相对的对象。在InDesign中镜像对象时，选择需要镜像的对象（如果需要原对象，那么复制一份），然后执行“对象→变换→水平翻转”命令即可，如图3-22所示。

如果执行“对象→变换→垂直翻转”命令，那么可以垂直翻转对象，获得垂直镜像的效果，如图3-23所示。

图3-22　水平镜像对象

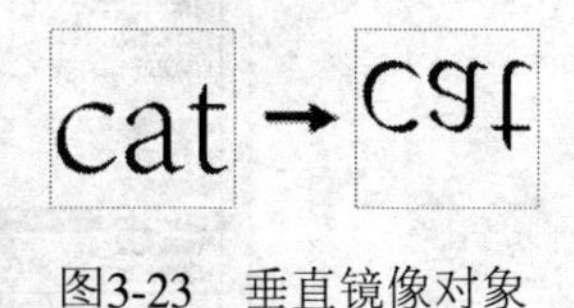

图3-23　垂直镜像对象

3.3　恢复和还原

InDesign具有恢复和还原功能。使用自动恢复功能来保护数据不会因为意外电源或系统故障而受损。自动恢复的数据位于临时文件中，该临时文件独立于磁盘上的原始文档文件。正常情况下，不需要考虑自动恢复的数据，因为当选择“存储”或“存储为”命令，或者正常退出时，任何存储在自动恢复文件中的文档更新都会自动添加到原始文档文件中。只有在出现意外电源故障或系统故障而又尚未成功存储的情况下，自动恢复数据才非常重要。尽管有这些功能，还是应当经常存储文件并创建备份文件，以防止意外电源故障或系统故障导致的文件丢失或者损坏。

3.3.1　查找恢复的文档

先执行如下操作：

（1）重新启动计算机。

（2）启动InDesign。

如果存在自动恢复的数据，InDesign将自动显示恢复的文档。如果文档窗口的标题栏上的文件名之后出现“恢复”一词，表明该文档包含自动恢复和尚未存储的更改。

如果InDesign在尝试使用自动恢复的更改打开文档后失败，则可能是自动恢复的数据已损坏。

（3）执行以下操作之一：

- 如果要存储恢复的数据，选择“文件→ 存储为”命令，指定存储位置和新文件名，然后单击“存储”按钮。“存储为”命令存储包括自动恢复的数据在内的恢复版本；存储后，“恢复”一词将从标题栏中消失。
- 如果要放弃自动恢复的更改，并使用故障发生前明确存储到磁盘上的文档的最新版本，那么在不存储文件的情况下关闭文件，然后打开磁盘上的该文件，或者选择“文件→恢复”命令。

3.3.2　更改恢复文档的位置

（1）选择“编辑→首选项→ 文件处理”命令，打开“首选项”对话框，如图3-24所示。

（2）在“文档恢复数据”下，单击“浏览”按钮，在打开的对话框中找到需要的文件。

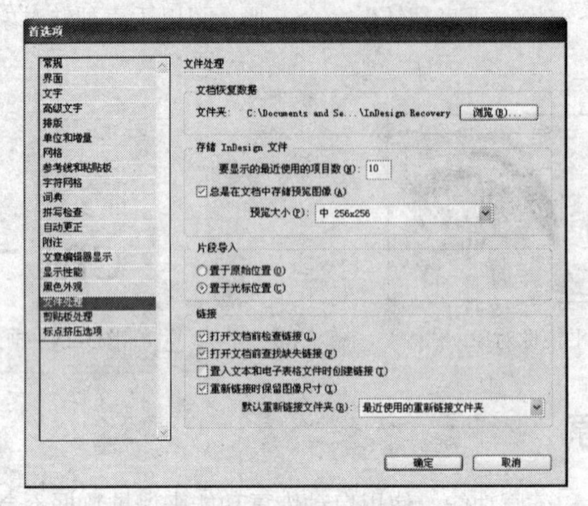

图3-24 “首选项”对话框

（3）为恢复的文档指定新位置，单击“选择”按钮，然后单击“确定”按钮。

3.3.3 还原错误

如有必要，也可以将尚未完成的冗长操作取消，然后还原最近的修改，或者恢复到以前存储的版本。可以还原或重做数百次最近的操作（具体次数可能受可用的RAM数量及所执行的操作种类的限制）。当选择“存储为” 命令、关闭文档或退出程序时，将放弃这一系列操作。

可通过执行以下操作之一来进行恢复：

- 如果要还原最近的更改，选择“编辑→还原[动作]”命令。注意，无法还原某些动作，如滚动。
- 如果要重做某动作，选择“编辑→重做[动作]”命令。
- 如果要还原自上次存储的项目以来所做的全部更改，那么选择“文件→恢复”命令。
- 如果要关闭对话框而不应用更改，那么单击“取消”按钮。

3.4 首选项设置

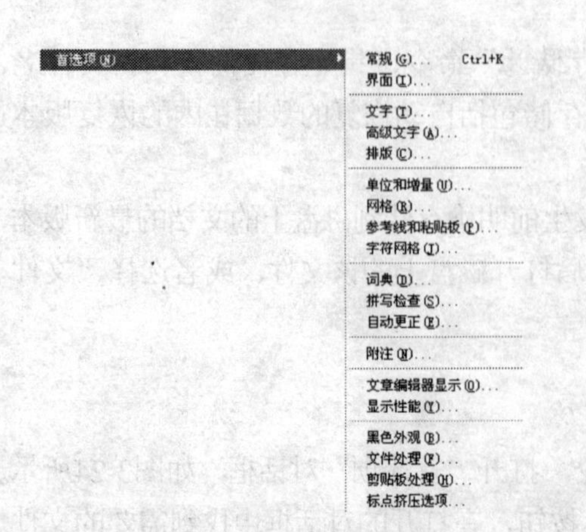

图3-25 首选项的子菜单

首选项设置用于指定InDesign文档和对象最初的行为方式，也有人称之为自定制。首选项包括界面、文字、图形及排版规则的显示选项等设置。默认设置的首选项适用于所有文档和对象，如果需要对首选项进行修改，那么可以执行“编辑→首选项”命令，从其子菜单中选择并打开准备修改的首选项，如图3-25所示。

下面简单地介绍一下这些首选项。

3.4.1 “常规”首选项

执行“编辑→首选项→常规”菜单命令，或直接按Ctrl+K组合键即可打开“首选项”对话框。在“常规”首选项中，包括“页码”、“视图”、“字体下载和嵌入”、“缩放”、“脚本”等选项，如图3-26所示。

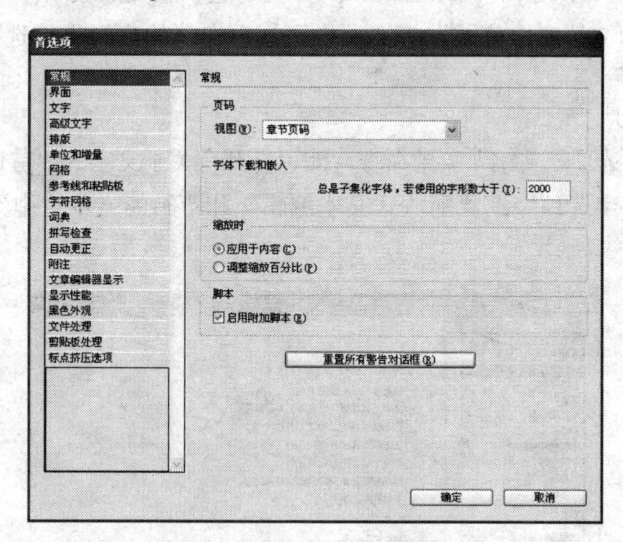

图3-26 “常规”首选项

在“视图”选项中可以选择“章节页码”或者“绝对页码”选项，默认设置为“章节页码”。“缩放”选项中可以选择“应用于内容”或“调整缩放百分比”选项，一般情况下使用默认设置即可。如果单击“重置所有警告对话框”按钮，那么将会显示所有警告。

提示： 关于这些选项的作用，可以根据字面意义进行理解，不再赘述。

3.4.2 “界面”首选项

执行“编辑→首选项→界面”菜单命令，即可打开关于界面的“首选项”对话框。“界面”首选项中包括“光标选项”和“面板”选项，如图3-27所示。

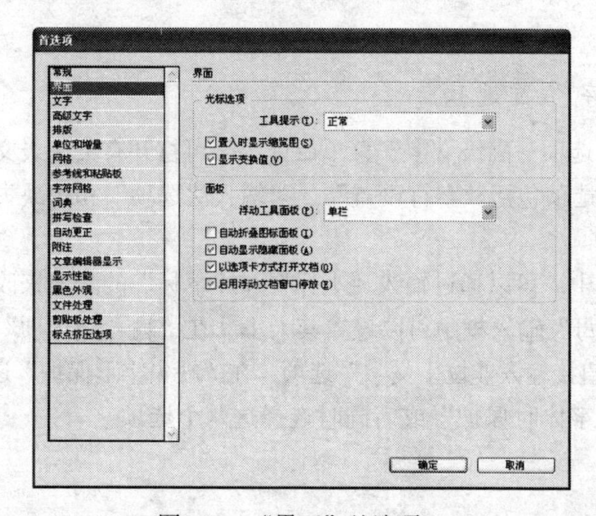

图3-27 “界面”首选项

在“光标选项”中，选中“置入时显示缩览图”选项，即可在置入对象时显示对象的缩略图。选中“显示变换值”选项，即可在置入的对象进行缩放时，在鼠标右下角显示变换值。默认设置下这两个选项均被选中，可以根据自己的需要进行选择。

在“面板”选项中，“浮动工具面板”用于设置为单栏、双栏或者单行，“工具面板”也会因此更改设置。“自动折叠图标面板”、“自动显示隐藏面板”、“以选项卡方式打开文档”和“启用浮动文档窗口停放”等选项均可根据自己的喜好进行选择。

3.4.3 “文字”首选项

执行“编辑→首选项→文字”菜单命令，即可打开有关于文字的“首选项”对话框。“文字”首选项包括“文字选项”、“拖放式文本编辑”和“智能文本重排”选项，如图3-28所示。

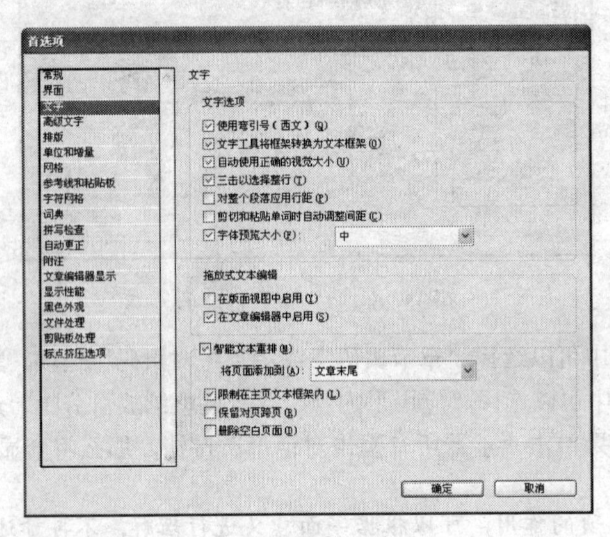

图3-28 “文字”首选项

“文字选项”和“拖放式文本编辑”选项可以根据个人需要进行选择，如没有特殊需要直接使用默认设置即可。“智能文本重排”选项主要针对页面进行设置，可以在“将页面添加到”选项中选择“文章末尾”、“章节末尾”或“文档末尾”选项，可根据个人习惯与需要进行设置。

3.4.4 “高级文字”首选项

执行“编辑→首选项→高级文字”菜单命令，即可打开有关高级文字的“首选项”对话框。“高级文字”首选项包括“字符设置”、“输入法选项”和“缺失字形保护”选项，如图3-29所示。

在“字符设置”中，可以通过输入“上标”和“下标”的数值来改变其大小与位置的设置。在“小型大写字母”输入框中可以设置其大小。在“输入法选项”中，可以根据自己的需要设定是否选择“直接输入非拉丁文字”选项。在“缺失字形保护”选项中，可以选择“键入时保护”、“应用字体时保护”或者同时选择这两个选项。

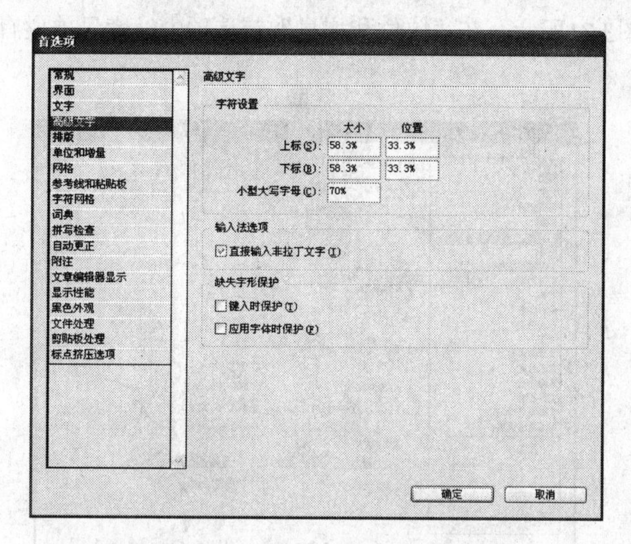

图3-29 “高级文字”首选项

3.4.5 “排版”首选项

执行“编辑→首选项→排版”菜单命令，即可打开有关排版的“首选项”对话框。“排版”首选项包括“突出显示”、“文本环绕” 和“标点挤压兼容性模式”选项，如图3-30所示。

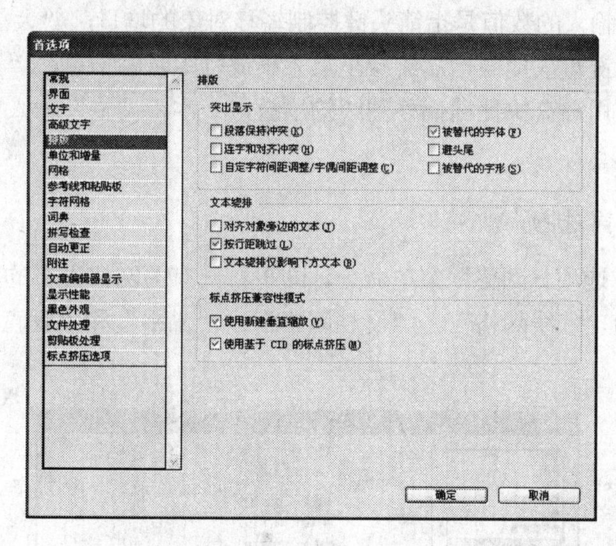

图3-30 “排版”首选项

“突出显示”选项即在排版过程中重点突出的部分。在“文本绕排”选项中，可以选择“对齐对象旁边的文本”、“按行距跳过”和“文本绕排仅影响下方文本”中的任何一个或几个选项。在“标点挤压兼容性模式”选项中，选择“使用新建垂直缩放”、“使用基于CID的标点挤压”中的一个或者两个选项。所有选项均可根据自己的需要进行选择。

3.4.6 “单位和增量”首选项

执行“编辑→首选项→单位和增量”菜单命令，即可打开有关单位和增量的“首选项”对话框。“单位和增量”首选项包括“标尺单位”、“其他单位”、“点/派卡大小”和“键盘增量”选项，如图3-31所示。在“单位和增量”首选项中，度量单位有毫米、厘米、英寸、点、派卡、齿等。

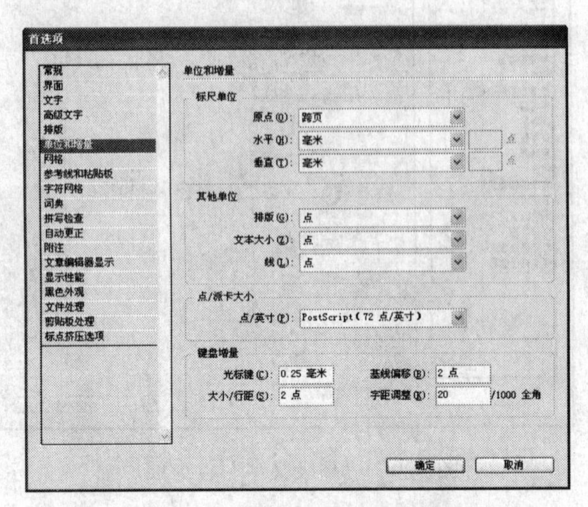

图3-31 “单位和增量”首选项

在“标尺单位”选项中，原点位置可以选择跨页、页面或书籍处的位置。也可设置水平、垂直方向的度量单位，默认状态下的度量单位是毫米。在“其他单位”选项中，可以设置排版、文字大小和线的度量单位。“点/派卡大小”选项用于设置分辨率。“键盘增量”选项中，“光标键”输入框内输入的数值是指箭头键控制轻移对象的增量；“大小/行距”输入框中输入的数值是设置使用键盘快捷键增加或减小点大小或行距时的增量；“基线偏移”输入框中输入的数值是设置使用键盘快捷键偏移基线的增量；“字距调整”输入框是调整字距微调的增量。

3.4.7 “网格”首选项

执行“编辑→首选项→网格”菜单命令，即可打开有关网格设置的“首选项”对话框。“网格”首选项包括“基线网格”、“文档网格”、“水平”和“垂直”选项，如图3-32所示。

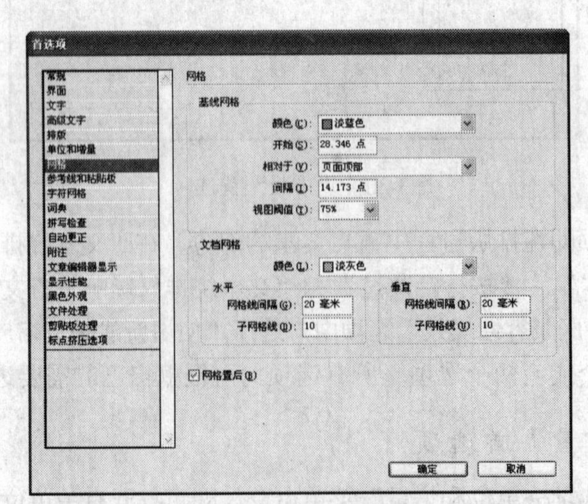

图3-32 “网格”首选项

在“基线网格”选项中，可以设置“颜色”、“开始位置”、“相对位置”、“网格显的间隙”和“视图阀值”。“文档网格”可以设置其颜色、水平、垂直网格线间隔，以及子网格线的位置。可以选择是否选中“网格置后”选项来确定网格的位置。

3.4.8　“参考线和粘贴板”首选项

执行“编辑→首选项→参考线和粘贴板”菜单命令，即可打开有关参考线和粘贴板设置的“首选项”对话框。“参考线和粘贴板”首选项包括“颜色”、“参考线选项”、“智能参考线选项”和“粘贴板选项”选项等，如图3-33所示。

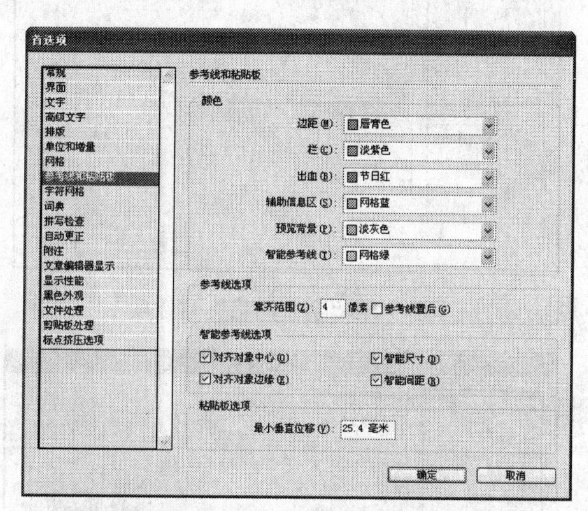

图3-33　“参考线和粘贴板”首选项

“颜色”选项主要是设置边距、栏、出血、辅助信息区、预览背景和智能参考线的颜色。“参考线”选项设置以像素为单位对齐参考线或网格的数值。在“智能参考线”选项中可以根据自己的需要选择是否选中“对齐对象中心”、“智能尺寸”、“对齐对象边缘”和“智能间距”选项。“粘贴板”选项设置从页面或跨页向垂直方向扩展的最小垂直位移。

3.4.9　“字符网格”首选项

执行“编辑→首选项→字符网格”菜单命令，即可打开有关字符网格设置的“首选项”对话框。“字符网格”首选项包括“网格设置”和“版面网格”选项，如图3-34所示。

在“网格设置”选项中，通过“单元形状”选项可以选择字符网格的形状为矩形或者圆形。“网格单元”选项用于设置字符网格的密度，有两个选项，分别是：“虚拟主体”和“表意字”。“填充”选项即选取文本框的角起或从每行首起开始网格计数，在右侧的输入框内输入计数单位。在“版面网格”选项中，可以设置网格的颜色。

3.4.10　“词典”首选项

执行“编辑→首选项→词典”菜单命令，即可打开有关词典设置的“首选项”对话框。“词典”首选项包括“语言”、“连字例外项”和“用户词典”选项，如图3-35所示。

在“语言”选项中，可以选择使用的语言，在选框下方有添加、删除、新建和链接按钮。第三方词典需要另外购买，默认情况下，InDesign使用Proximity词典验证拼写和连字单词。可以通过对话框对连字、拼写检查、双引号和单引号进行设置。“连字例外项”选项中，“编排工具”可以选择“用户词典和文档”、“用户词典”或者“文档”中的一个。“用户词典”的两个选项可以选择“将用户词典合并到文档中”和“修改词典时重排所有文章”之一或者两者。

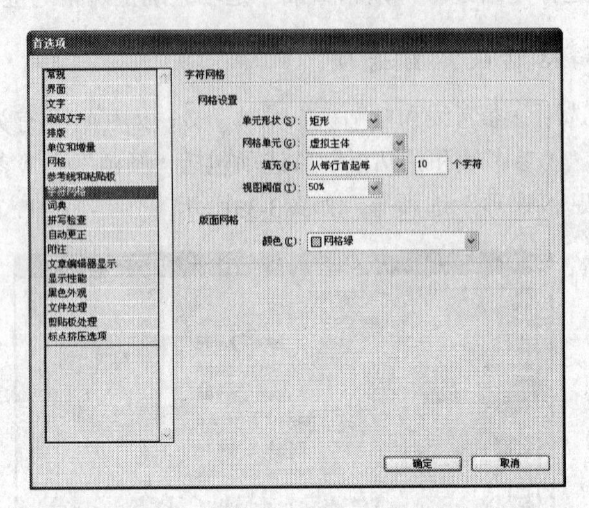

图3-34 “字符网格”首选项

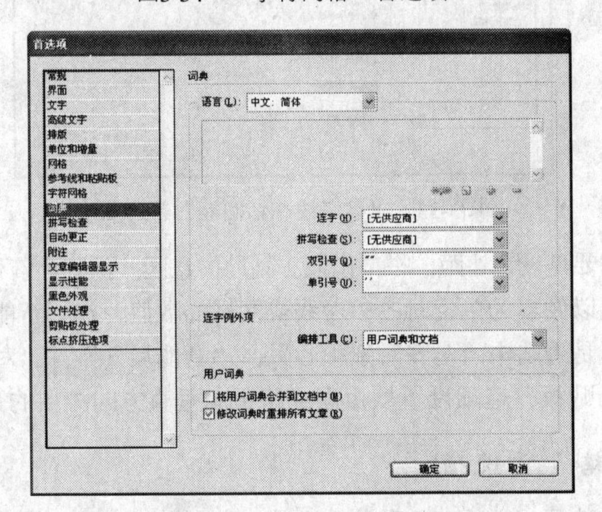

图3-35 “词典”首选项

3.4.11 “拼写检查”首选项

执行“编辑→首选项→拼写检查”菜单命令，即可打开有关拼写检查设置的“首选项”对话框。“拼写检查”首选项包括“查找”、“动态拼写检查”和“下划线颜色”选项，如图3-36所示。

在“查找”选项中，选择“拼写错误的单词”选项即可查找未在词典中出现的单词。选择“重复的单词”选项即可在文档中查找重复的单词。选择“首字母未大写的单词”选项即可查找在词典中仅首字母大写的单词。选择“首字母未大写的句子”选项即可查找句号、感叹号和问号后首字母未大写的单词。在“动态拼写查找”选项中可以选择“启动动态拼写检查”选项。在该对话框中还可以设置“拼写错误的单词”、“重复的单词”、“首字母未大写的单词”和“首字母未大写的句子”等下画线的颜色。

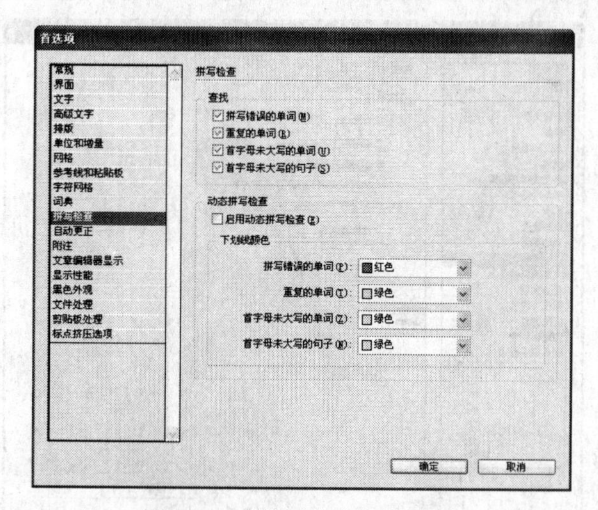

图3-36 “拼写检查”首选项

3.4.12 “自动更正”首选项

执行“编辑→首选项→自动更正”菜单命令，即可打开有关自动更正设置的“首选项”对话框。“自动更正”首选项包括“选项”和“语言”选项，如图3-37所示。

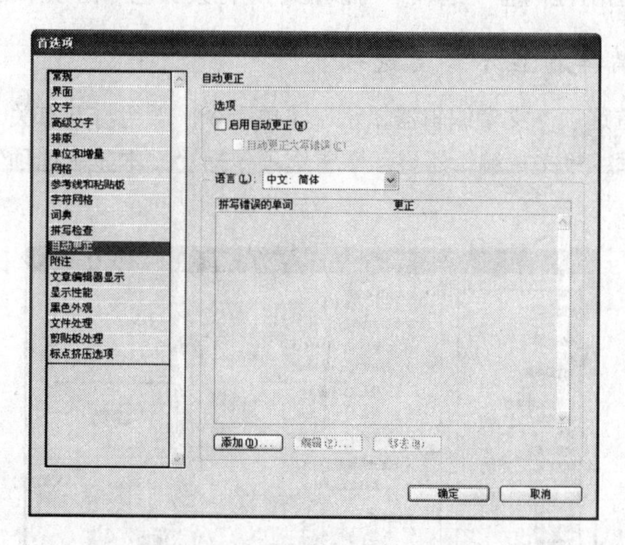

图3-37 “自动更正”首选项

在“自动更正”选项中，可以选择“启用自动更正”选项来确定是否启用自动更正。在“语言”选项中，可以选择自动更正的语言，在“自动更正”列表中将显示拼写错误的单词。如果需要将拼写错误的单词添加到自动更正列表中，单击“添加”按钮即可。如果添加的单词有误，那么可以单击“编辑”按钮编辑该单词。如果不需要该单词进行自动更正，可以选择该单词后单击“移去”按钮。

3.4.13 “附注”首选项

执行“编辑→首选项→附注”菜单命令，即可打开有关附注设置的“首选项”对话框。“附注”首选项包括“选项”和“文章编辑器中的附注”选项，如图3-38所示。

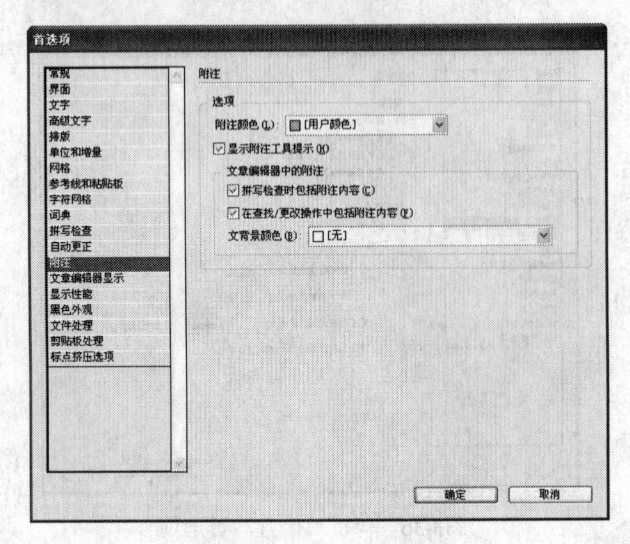

图3-38 “附注”首选项

在“附注”选项中可设置附注的颜色，以及选择是否选中“显示附注工具提示”选项。在“文章编辑器中的附注”选项中，可以选择是否选中“拼写检查时包括附注内容”和“在查找/更改操作中包括附注内容”选项。可以在“文背景颜色”选项中选择其颜色。

3.4.14 “文章编辑器显示”首选项

执行“编辑→首选项→文章编辑器显示”菜单命令，即可打开有关文章编辑器显示设置的“首选项”对话框。“文章编辑器显示”首选项包括“文本显示选项”和“光标选项”选项，如图3-39所示。

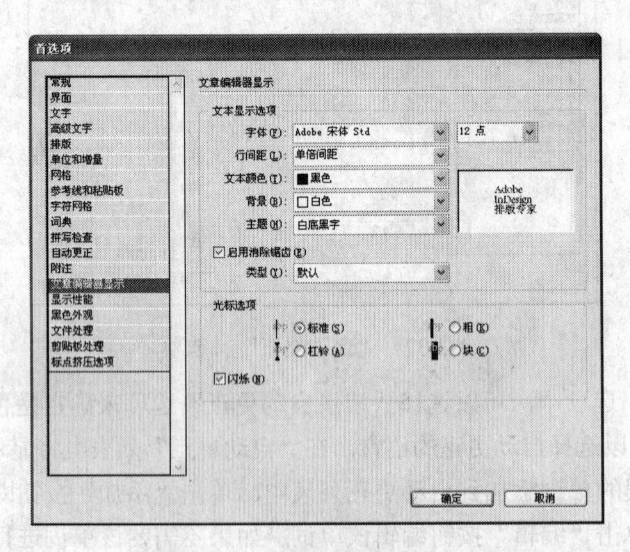

图3-39 “文章编辑器显示”首选项

在“文本显示选项”中，可以对字体、行间距、文本颜色、背景，以及主题进行设置，选中“启用消除锯齿”类型后，可以选择“默认”、“为液晶显示器优化”或者“柔化”选项。“光标选项”用于设置光标在输入文字时显示的样式，可以选择“标准”、“杠铃”、“粗”和“块”中的一个选项。选中“闪烁”选项后，将产生闪烁的文本光标。

3.4.15 “显示性能”首选项

执行“编辑→首选项→显示性能”菜单命令，即可打开有关显示性能设置的“首选项”对话框。“显示性能”首选项包括“选项”、“调整视图设置”和“滚动”选项，如图3-40所示。

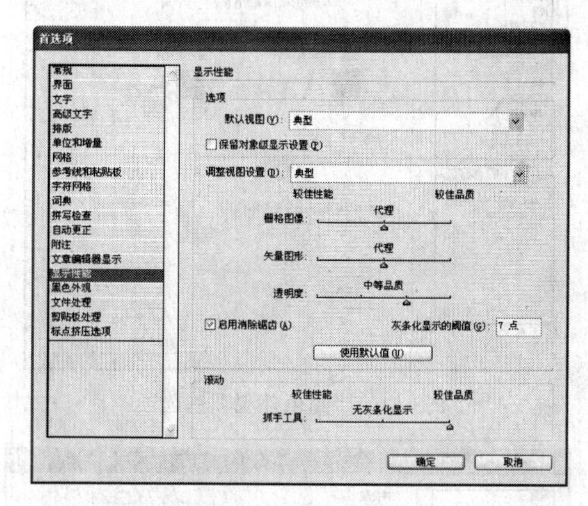

图3-40 “显示性能”首选项

在“默认视图”选项中，如果选择“快速”选项，那么图像或矢量图形将显示为灰色框。如果选择“典型”选项，那么图像或矢量图形将显示为低分辨率图像。如果选择“高品质”选项，那么将显示高分辨率图像。如果选中“保留对象级显示设置”复选框，则可以强制单独设置的对象使用文档设置显示。“调整视图设置”选项中，可以选择快速、典型和高品质中的任意一种设置，同时也可以对“栅格图像”、“矢量图像”和“透明度”进行进一步设置。还可以设置是否选中“启用消除锯齿”选项和设置“灰条化显示的阀值”。如果选择“使用默认值”按钮，那么视图将恢复默认状态。在“滚动”选项中，可以通过拖曳滑块设置在翻页时显示“较佳性能”或“较佳品质”。

3.4.16 “黑色外观”首选项

执行“编辑→首选项→黑色外观”菜单命令，即可打开有关黑色外观设置的“首选项”对话框。“黑色外观”首选项包括“RGB和黑白设备上黑色的选项”和“【黑色】叠印”选项，如图3-41所示。

在“RGB和黑白设备上黑色的选项”中，在“屏幕显示”右侧的下拉列表中，如果选择“精确显示所有黑色”选项，那么纯CMYK黑将显示为深灰色；如果选择“所有黑色都显示为复色黑”选项，那么将显示为复色黑RGB（0，0，0）。在“打印/导出”下拉列表中可以选择“精确输出所有黑色”或者“将所有黑色输出为复黑色”两个选项。在“【黑色】叠印”选项中，可以选择是否选中“叠印100%的【黑色】”复选框，叠印100%的黑色不会影响黑色色调，只影响使用黑色色板着色的对象或文本。

3.4.17 “文件处理”首选项

执行“编辑→首选项→文件处理”菜单命令，即可打开有关文件处理设置的“首选项”

对话框。“文件处理”首选项包括“文件恢复数据”、“存储InDesign文件”、“片段导入”和“链接”选项，如图3-42所示。

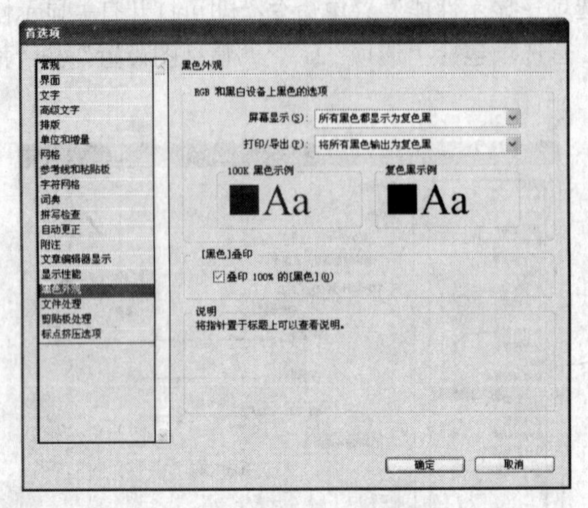

图3-41 “黑色外观”首选项

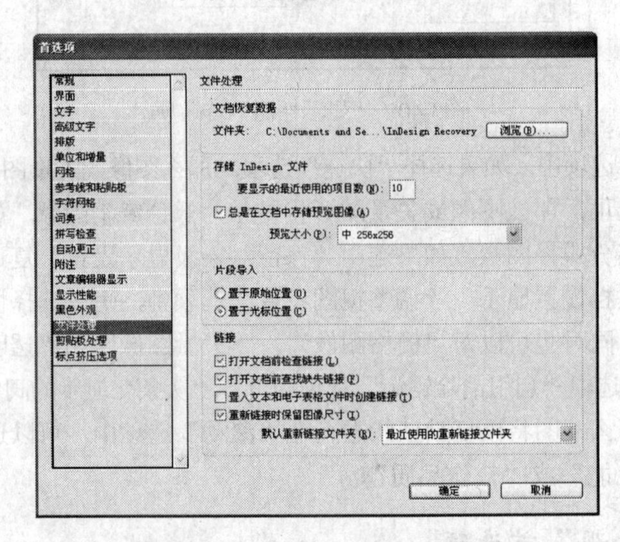

图3-42 “文件处理”首选项

“文档恢复数据”选项用于设置数据恢复所在的文件夹，可以单击“浏览”按钮选择其他文件夹为恢复的文档重新设置位置。“存储InDesign文件”选项中的“要显示的最近使用的项目数”用于设置最近使用的项目数量，如果选中“总是在文档中存储预览图像”选项，那么可以在文件中存储预览缩略图，并可设置其预览图大小。“片段导入”中的选项用于设置选择置入对象时放置在原始位置还是光标所在的位置。在“链接”选项中，可以选择是否选中“打开文档前检查链接”、“打开文档前查找缺失链接”、“置入文本和电子表格文件时创建链接”和“重新链接时保留图像尺寸”选项。

3.4.18 “剪贴板处理”首选项

执行“编辑→首选项→剪贴板处理”菜单命令，即可打开有关剪贴板处理设置的“首选项”对话框。“剪贴板处理”首选项包括“剪贴板”和“从其他应用程序粘贴文本和表格时”选项，如图3-43所示。

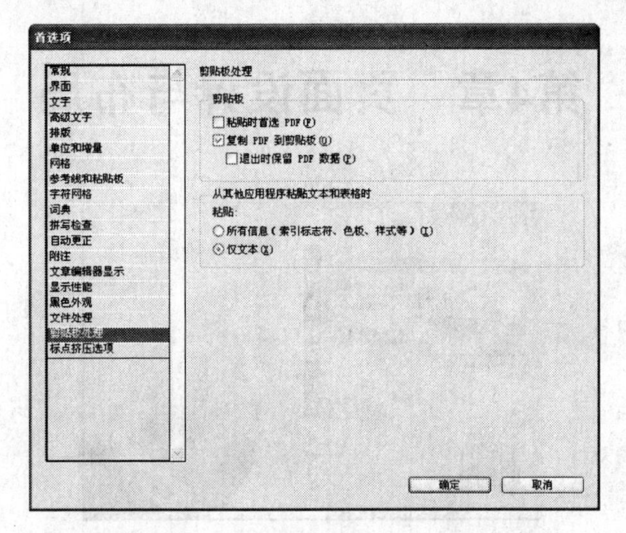

图3-43 “剪贴板处理”首选项

在“剪贴板”选项中，可以选中“粘贴时首选PDF”或“复制PDF到粘贴板”选项，如果选中“复制PDF到粘贴板”选项，可以同时选中“退出时保留PDF数据”复选框，以便在退出时可继续使用PDF数据。在“从其他应用程序粘贴文本和表格时”选项中，可以选择“所有信息（索引标志符、色板、样式等）”或者“仅文本”选项。

3.4.19 “标点挤压选项”首选项

执行“编辑→首选项→标点挤压选项”菜单命令，即可打开有关标点挤压选项设置的“首选项”对话框。“标点挤压选项”首选项中可以选择是否选中“所有行尾1/2个字宽”、“缩进1个字宽，行尾uke1/2个字宽”、“所有行尾一个字宽”、“行尾uke无浮动”、“行尾句号一个字宽”等选项，如图3-44所示。

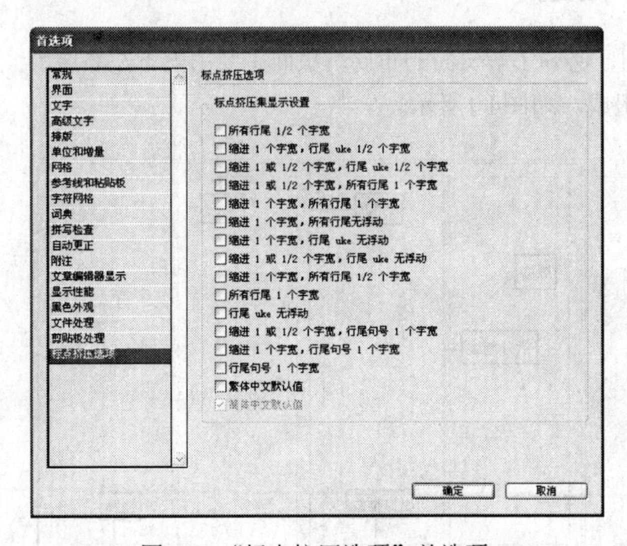

图3-44 “标点挤压选项”首选项

在“标点挤压显示设置”选项中，可以选择多种标点挤压选项，如“所有行尾1/2个字宽”、“行尾uke无浮动”和“繁体中文默认值”等。

第4章　页面设计与布局

在使用InDesign为书籍、报纸和期刊杂志等出版物设计页面时，一般先要了解版面的布局，再设计页面，然后就可以非常方便地进行后面的排版了。

在本章中主要介绍下列内容：

★页面设置

★页面与跨页

★主页与页码

★使用框架

★图层

★使用模板

4.1　页面设计概述

在设计出版物时，必须了解页面的布局。页面主要由上下左右边界、版心、天头、地脚、切口和订口等部分组成，如图4-1所示。

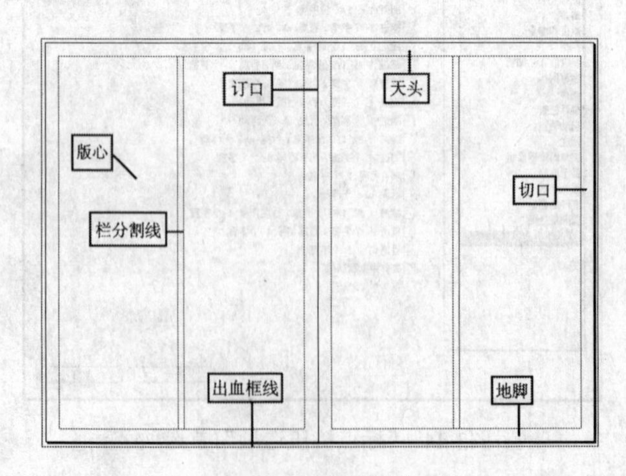

图4-1　页面的构成

在排版时，书籍、报纸和杂志的页面等都有自己特定的尺寸和排版要求，因此，在设计页面之前一定要询问清楚，并根据这些要求来设计。

4.2 页面基本操作

在设计页面时，首先要知道如何选取与定位页面、插入和移动页面、复制页面以及删除页面，页面与对象的操作方式基本相同。下面简单地介绍一下有关页面的这些操作。

4.2.1 选取与定位页面

选取和定位页面可以方便地对页面进行操作，并可以对页面中的对象进行编辑。可以直接选择该页面，或者在“页面”面板中通过单击选择所要编辑的页面。如果需要选取多个页面，可以按住Shift键选取多个页面，如图4-2所示。如果要定位某个页面，那么可在“页面”面板中双击某个页面即可。

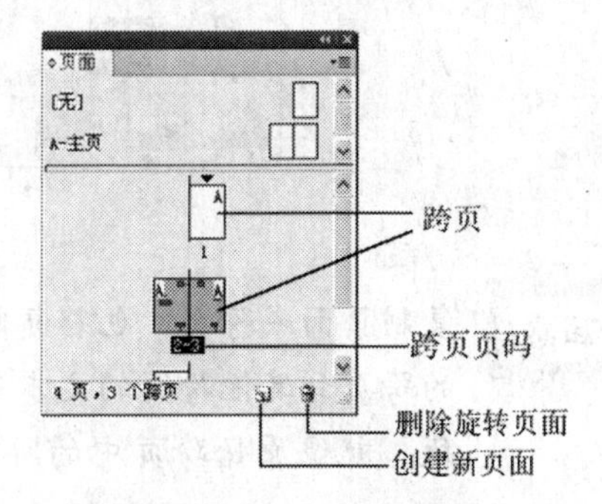

图4-2 在“页面”面板中选择多个页面

如果要选择跨页下面的页码，那么使用鼠标双击即可，选中的页码将显示有黑色的矩形背景。

4.2.2 插入和移动页面

在编辑一篇长文档的过程中，如果需要添加页面，可直接单击“页面”面板右下角的“创建新页面”按钮，或单击面板右上角的小三角，打开下拉菜单，选择“插入页面”命令，打开“插入页面”对话框，如图4-3所示。在该对话框中指定页面的添加位置。

在编辑文本的过程中，可以使用“页面”面板自由地对页面和跨页进行排列、复制和重组。如果页面的位置需要进行移动，那么可执行“版面→页面→移动页面”菜单命令，或在“页面”面板中单击右键，从打开的菜单中选择“移动页面”命令，将需要移动的页面移动到其位置。或者在“页面”面板中通过拖曳方式快速地移动页面，在拖曳时，竖条将指示当释放该图标时页面将显示的位置，如图4-4所示。

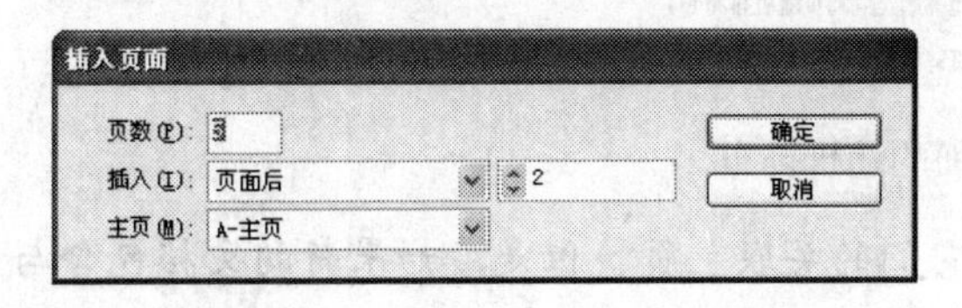

图4-3 “插入页面”对话框

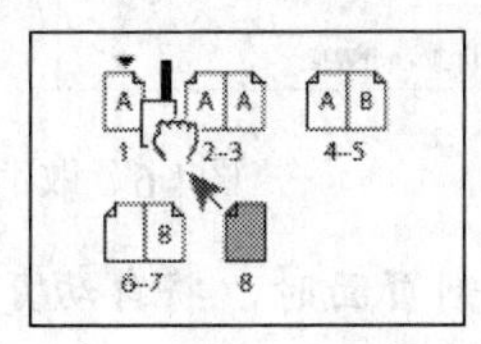

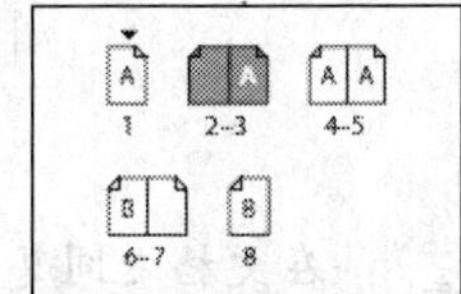

图4-4 以拖曳方式移动页面

4.2.3 复制页面

在“页面”面板中，如果需要从文档中复制页面或跨页，那么可将页面或跨页下面的页码拖曳到“创建新页面”按钮上，新的跨页将显示在文档的末尾。也可以选择一个页面或跨页，然后在“页面”面板菜单中选择“直接复制页面”或“直接复制跨页”命令，新的页面或跨页将显示在文档的末尾。还可以按住Alt键并将页面图标或位于跨页下面的页码拖曳到新位置。如图4-5所示。

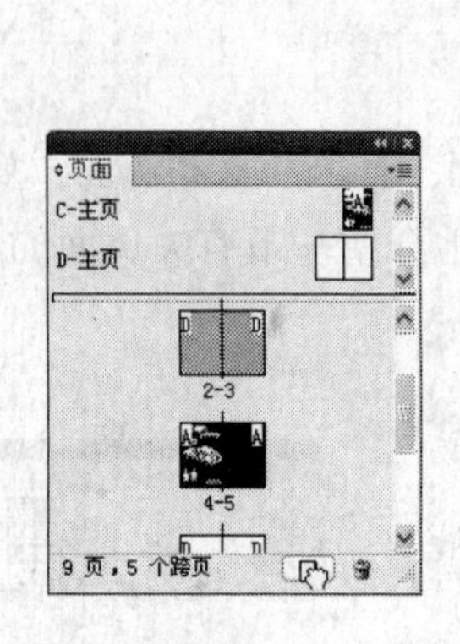

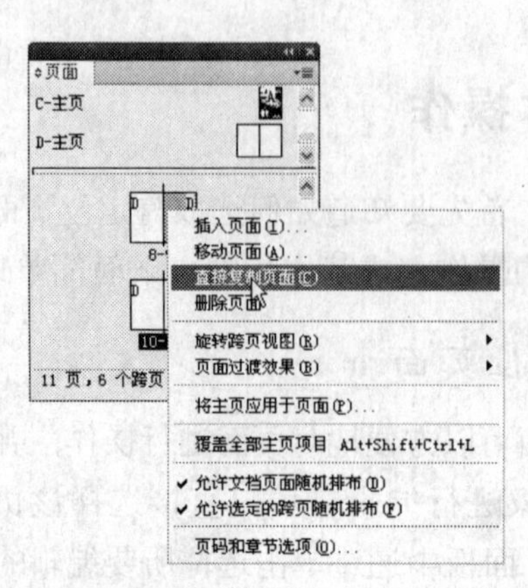

图4-5 页面的复制

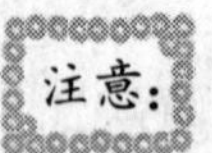

复制页面或跨页，也将复制页面或跨页上的所有对象，包括文字和图形等。从复制的跨页到其他跨页的文本串接将被打断，但复制的跨页内的所有文本串接将完整无缺，就像原始跨页中的所有文本串接一样。

如果需要在文档间复制页面，那么该页面或跨页上的所有项目（包括图形、链接和文本）都将复制到新文档中。如果要使复制的页面或跨页中包含与目标文档中对应部分同名的样式、图层或主页，则目标文档的设置将应用到该页面或跨页中。如果要使复制页面的文档与目标文档的大小不同，那么所复制页面的大小将调整为目标文档的大小。如果复制带有旋转视图的跨页，那么在目标文档中会清除旋转视图。如果要复制一个多页跨页，则要在目标文档中取消对“允许文档页面随机排布”的勾选以保持该跨页。如图4-6所示。

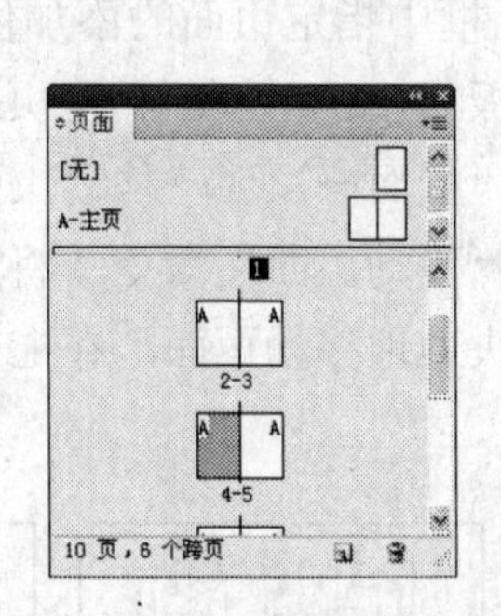

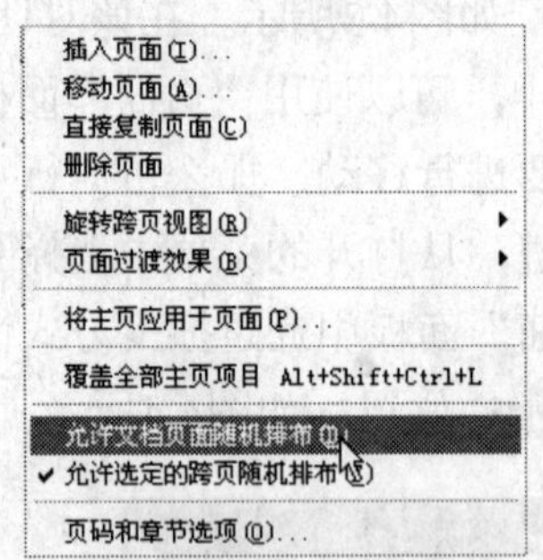

图4-6 取消页面的随机排布

在文档之间复制页面时，将自动复制它们的关联主页。但是，如果新的文档包含与复制页面所应用的主页同名的主页，则将把新文档的主页应用于复制的页面。

4.2.4 删除页面

如果需要从文档中删除页面或跨页，那么在“页面”面板中将一个或多个准备删除的页面图标或跨页页码拖曳到“删除”按钮上即可。也可以选择页面，然后单击“删除”按钮。还可以选择其页面，然后在“页面”面板菜单中选择“删除页面”或“删除跨页”命令。如图4-7所示。

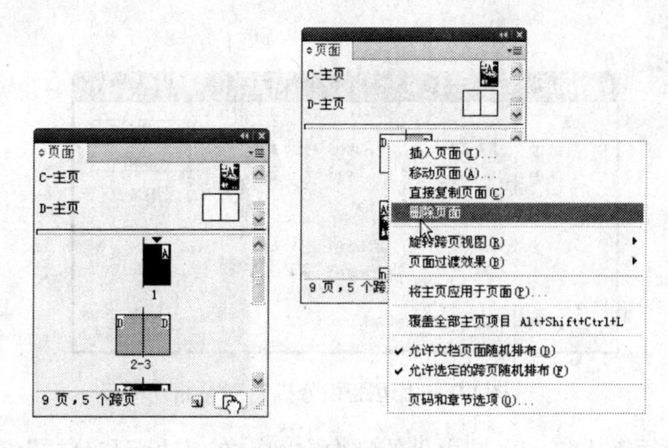

图4-7 删除页面

4.3 页面的基本设计

页面的基本设计包括创建文档、页面设置、边距和分栏、更改版面网格设置、制定出血大小和辅助信息区域，其中，创建文档、新建边距和分栏的内容在前一章已做介绍，下面简单地介绍一下怎样重新设置页面。

4.3.1 页面设置

可以在新建文档时设置页面，还可以对当前编辑的出版物文档重新进行页面设置。如果要重新设置页面，那么执行“文件→页面设置”菜单命令，打开“页面设置”对话框，如图4-8所示。在该对话框中可对页数、页面大小、页面方向、装订方向等重新进行设置。

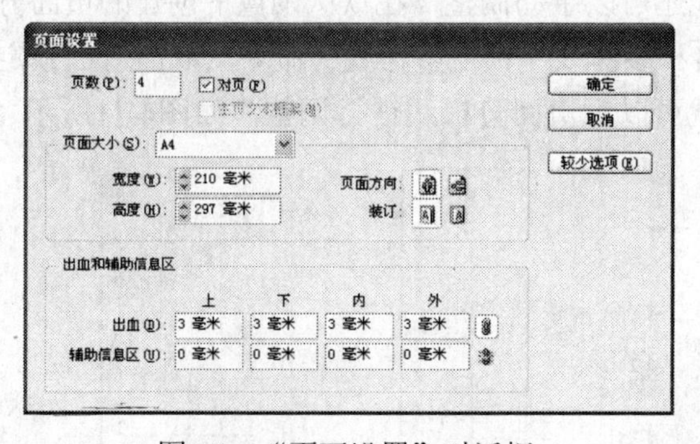

图4-8 “页面设置”对话框

在“页数”输入框内可以输入所需的页数，同时可以选择是否勾选“对页”选项，勾选后将出现图4-1所示的左右页面。“页面大小”选项用于设置页面大小，也可以自定义输入高度和宽度。“页面方向”选项用于设置页面是“纵向”还是“横向”。“装订”选项用于设置“从左往右”还是“从右往左”进行装订。还可以单击“更多选项”按钮，打开“出血”设置和“辅助信息区”设置。

4.3.2 边距和分栏

如果需要对当前编辑的出版物重新设置边距和分栏，那么执行“版面→边距和分栏”菜单命令，打开“边距和分栏”对话框，如图4-9所示。可以对边距的上下左右或者上下内外、栏数等重新进行设置。

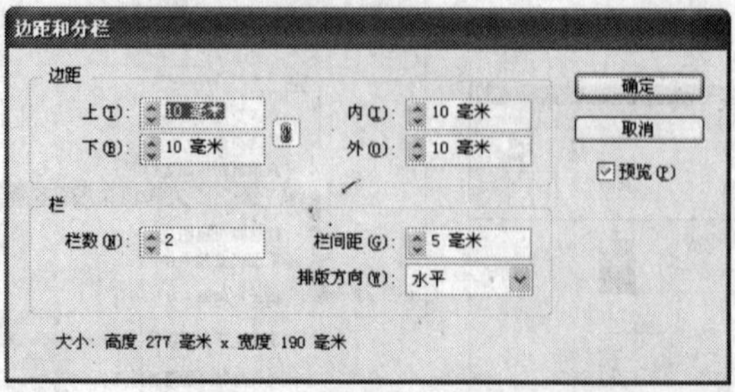

图4-9 “边距和分栏”对话框

边距就是在一个页面上打印区域之外的空白空间。在“边距和分栏”对话框中的“边距”选项显示有上、下、内、外的值。“栏数”即设置一个页面被分为几栏。“栏间距”即页面中栏与栏的距离。以上三项均可通过输入新的数值来进行修改。“排版方向”可以设置为“水平”或者“垂直”。下面是两种不同的分栏排版方向，如图4-10所示。

图4-10 两种不同方向的分栏排版方向

对于建立的分栏线还可以手动调整。在默认设置下创建的页面分栏线是锁定的，在菜单栏中选择“视图→网格和参考线→锁定参考线”命令，取消对“锁定参考线”命令的勾选，即可解除锁定。然后就可以对页面分栏线进行调整，如图4-11所示。

图4-11 调整分栏线

注意：不能将分栏线移动到页面外或其他分栏线的另一侧。

4.3.3 使用标尺

在设计页面时，使用标尺可以帮助用户精确地设计页面。在默认设置下，InDesign中的标尺不会显示出来，需要执行“视图→显示标尺”命令才能显示出来，分为水平标尺和垂直标尺，如图4-12所示。执行“视图→隐藏标尺”命令即可显示和隐藏标尺。

在默认设置下，标尺原点位于InDesign视图的左上角。如果需要改变原点，那么单击并拖动标尺的原点到需要的位置即可，此时会在视图中显示出两条垂直的相交直线，直线的相交点即调整后的标尺原点，如图4-13所示。如果在改变了标尺原点之后，想返回到原来的位置，那么在左上角的原点位置双击即可。

图4-12 显示的标尺

图4-13 新原点的位置

4.3.4 参考线

在InDesign中，参考线有页面参考线和跨页参考线两种，使用参考线可以更加精确地定位文字和图形对象等。可以在页面或粘贴板上自由定位参考线，并且可以显示或隐藏它们。参考线效果如图4-14（右图）所示。

图4-14 参考线效果

在需要使用参考线时，可以执行“版面→创建参考线”菜单命令，打开“创建参考线”对话框，如图4-15所示。可以根据需要设置行数、栏数及其间距，还可以设置参考线适合的对象为“边距”或者“页面”。

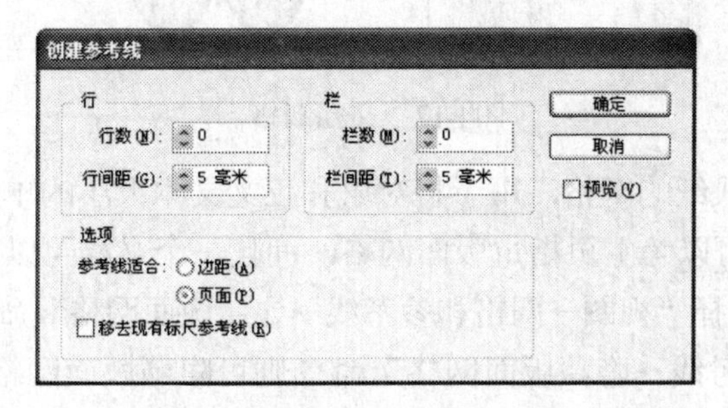

图4-15 “创建参考线”对话框

如果需要参考线的位置在某个数值上，可以将光标定位到水平或垂直标尺内侧（注意，如果标尺没有显示，那么先选择“视图→显示标尺”命令将其显示出来），然后拖曳到该位置。如果想要拖曳参考线的位置与最近的刻度线对齐，可以按住Shift键双击标尺。如果需要同时创建垂直和水平参考线，可以按住Ctrl键从零点处拖曳到所需的位置。如果参考线不需要时，可以选择参考线直接按Delete键将其删除掉。

另外，在创建好参考线之后，为了防止意外移动或者删除，可以锁定它们。一般在默认设置下参考线是锁定的。如果不是锁定的，那么执行“视图→网格和参考线→锁定参考线”命令即可锁定参考线。如果想解除锁定参考线，那么执行“视图→网格和参考线→锁定参考线”命令，取消对“锁定参考线”的勾选即可。

4.3.5 网格

在InDesign中还提供了用于参考的网格，分为三种，分别是基线网格、文档网格和版面网格。也可以在页面中显示或者隐藏网格。

基线网格用于将多个段落根据基线进行对齐，基线网格覆盖整个跨页，但不能为主页指定网格，基线网格类似于Word中的网格线，如图4-16所示。选择“视图→网格和参考线→显示基线网格”命令即可显示基线网格，选择“视图→网格和参考线→隐藏基线网格”命令则可隐藏基线网格。

图4-16 基线网格

文档网格用于对齐对象，它可以显示在整个跨页中，但不能为主页指定文档网格。还可以设置文档网格相对于参考线、对象或者图层的前后位置。文档网格如图4-17所示。选择“视图→网格和参考线→显示文档网格”命令即可显示文档网格，选择“视图→网格和参考线→隐藏文档网格”命令则可隐藏文档网格。

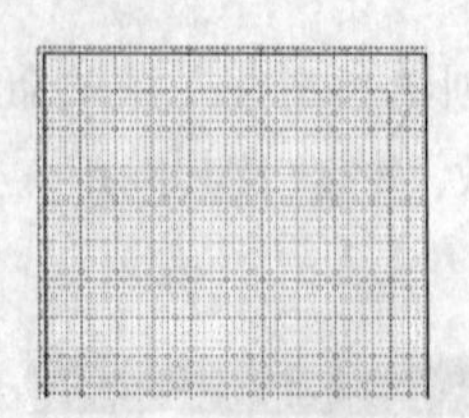

图4-17 文档网格

版面网格是基于版式纸的网格，用于将对象和正文文本大小的单元格对齐。版面网格显示在最底部的图层中。可以为主页指定版面网格，而且一个文档可以包括多个版面网格。版面网格如图4-18所示。选择“视图→网格和参考线→显示版面网格”命令即可显示版面网格，选择“视图→网格和参考线→隐藏版面网格”命令则可隐藏版面网格。

图4-18　版面网格

提示：版面网格也具有吸附功能，也就是把对象与正文文本大小的单元格自动对齐，如图4-19所示。执行“视图→网格和参考线→靠齐版面网格”命令即可打开该功能。再次执行该命令就会关闭该功能。

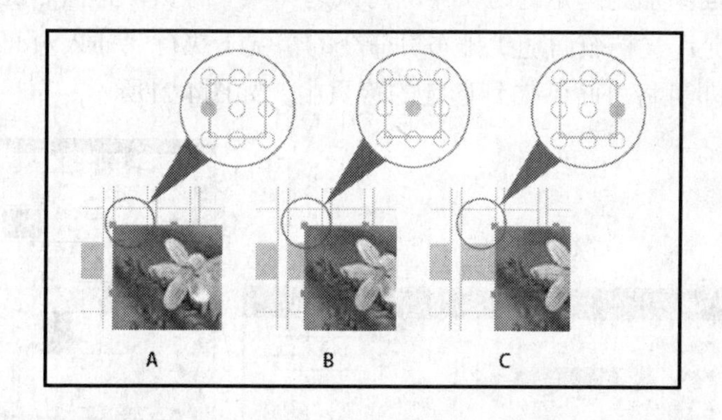

A. 将对象靠齐网格的左侧中点　B. 将对象靠齐网格的中心点　C. 将对象靠齐网格的右侧中点

图4-19　版面网格的吸附功能

另外，还可以为跨页和主页设置版面网格，在进行设置时，先在“页面”面板中选择跨页或者主页，然后选择“版面→版面网格”命令，打开“版面网格”对话框，如图4-20所示。在该对话框中设置需要的选项即可，比如字间距、行间距和栏数等。

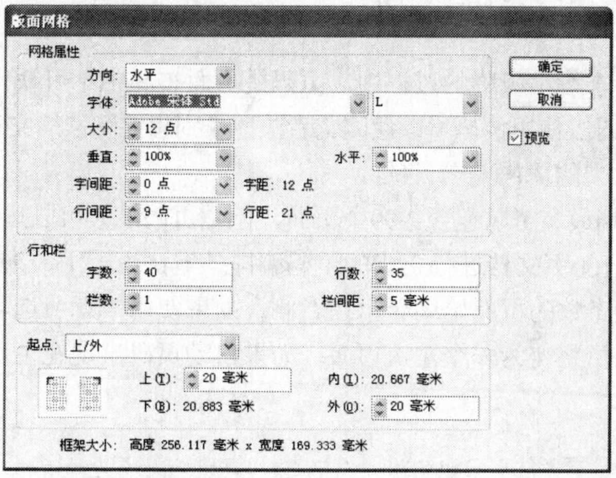

图4-20　“版面网格”对话框

4.4 跨页

在排版过程中，页面通常指的是单独的一页，也就是书籍中的一个单页。跨页则是由2个或2个以上的连续页面组成的，一般文档都只使用两个页面的跨页。一个跨页中最多可以包含10个页面。

如果需要在某个跨页前删除或添加页面，默认设置下页面将随机排布。如果只想添加或删除页面，并且其他页面位置仍保留在原跨页中，可以在添加或删除页面之前打开“页面”面板，单击右键，打开下拉菜单，取消执行“允许文档页面随机排布”命令，这样就可以保留其他页面所在跨页的位置。

如果需要将页面添加到选定的跨页中，可以选择某一跨页，单击右键，打开一个下拉菜单，在取消勾选“允许文档页面随机排布”命令的情况下执行“插入页面”命令，打开“插入页面”对话框，即可将页面添加到选定的跨页中。如图4-21所示。

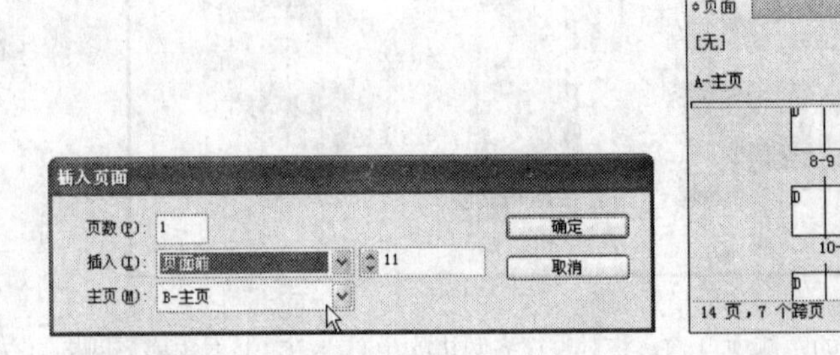

图4-21　在跨页中插入页面

可以对跨页执行和页面相同的多种操作，比如删除跨页、复制跨页、移动跨页和排列跨页等。注意，在复制跨页时，会复制跨页上的所有对象，并保持跨页中的所有文本串接，但是复制的跨页到其他跨页的文本串接会被断开。

4.5 使用页码

在排版书籍、杂志等出版物的过程中，页码是页面布局中不可缺少的元素之一。在目录编排中也需要使用页码。使用页码可以使阅览者快速找到想要阅读的文章或者章节等。注意，在排版时，目录和正文的页码是分开的。

单个InDesign文档最多可以包含9999个页面，但是页码最大可以达到99 999。例如，可以对从第9949页开始的100页文档进行正确的页码编排。默认设置下，编排的第一页是页码为1的右页页面。页码为奇数的页面始终显示在右侧。如果使用“章节选项”命令将第一个页码更改为偶数，则第一页将变为一个左页页面。如果自动页码出现在主页上，它将显示该主页前缀。

4.5.1 更新页码

在为出版物排版时，可以向页面中添加页码标志符，以指定页码在页面上的位置和外观。由于页码标志符是自动更新的，因此即使在添加、移去或重排文档中的页面时，文档所显示的页码始终是正确的。页码标志符通常会添加到主页，可以按处理文本的方式来设置页码标志符的格式和样式。

必要时，可以创建一个新的文本框架，该框架应足够大以容纳最长的页码和要在页码旁边显示的任何文本，并且将文本框架置于要显示页码的位置。如果要将页码显示在基于某个主页的所有页面上，那么需要在主页上创建页码文本框架。除页码外，还可以添加其他的页眉和页脚，例如创建日期或文件名。然后将主页应用于其中应该出现页码的所有文档页面。

将插入点置于想要显示页码的位置，然后选择“文字→插入特殊字符→标志符→当前页码”命令或者直接按Ctrl+Shift+Alt+N组合键即可。默认设置下，使用阿拉伯数字作为页码。如果选择“版面→页码和章节选项”命令，打开“页码和章节选项”对话框，则可以指定页码的样式，如罗马数字、阿拉伯数字、汉字等。使用“样式”选项允许选择页码中的数字位数，例如001或0001。如图4-22所示。

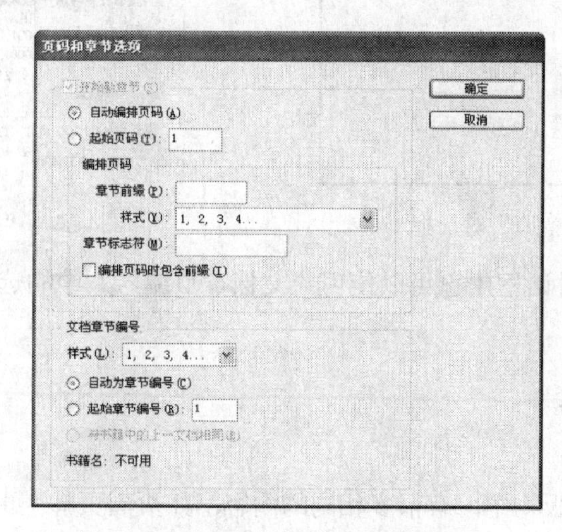

图4-22　“页码和章节选项”对话框

注意：如果在插入的当前页码之前显示数字或字母，则表示包含章节前缀。如果不需要此前缀，在“页码和章节选项”对话框中取消选择“编排页码时包含前缀”项。

4.5.2 为页码重新编号

在默认设置下，书籍和期刊的页码都是连续的，不过也可以重新对它们进行编号，比如从指定的页面开始编号。另外，也可以改变编号的样式，比如添加章节标志符文本等，还可以在同一出版物中使用多种编号样式，比如同时使用阿拉伯数字和中文数字等。

下面，简单地介绍一下为页码重新编号的操作步骤：

（1）打开“页面”面板，选择要重新编号的第一个页面。

（2）单击“页面”面板右上角的下拉按钮，从打开的菜单中选择“页码和章节选项”命令，打开“新建章节”对话框，如图4-23所示。

（3）在“新建章节”对话框中，勾选“开始新章节”项，即可将选定的页面标记为新章节页码的开始。选中“起始页码”项，并在右侧的输入栏中输入新的起始页码数字。如果选中的是“自动编排页码”项，那么页码将继承前一章的页码编号。

（4）如果要添加章节前缀，那么要勾选“编排页码时包含前缀”项，在“章节前缀”右侧的样式框中显示的是章节标签名。

（5）如果要更改页码样式，那么单击“样式”右侧的下拉按钮，并从打开的下拉列表中选择一种样式即可，如图4-24所示。

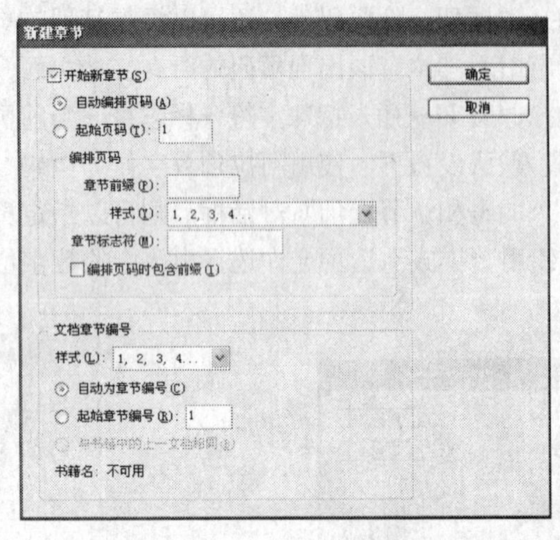

图4-23 “新建章节”对话框

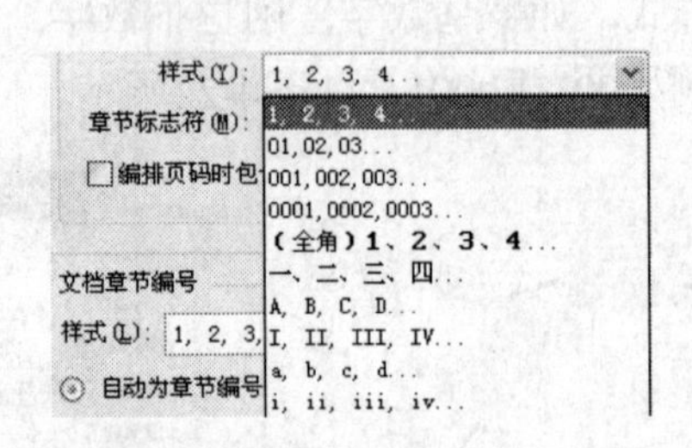

图4-24 “样式”下拉列表

（6）另外，在该对话框中也可以使用“文档章节编号”中的选项来更改章节编号及样式。

4.6 设置主页

在报刊和书籍等出版物中，有很多相同的内容，如页眉页脚、页面装饰、标志等，如果每一页都要做的话，费时又费力。在InDesign中，可以通过创建主页来轻松快捷地完成这些操作，主页上包含页面上所有重复的元素，如每个章节名称、页码、页眉和页脚等。

主页与页面相同，可以具有多个图层，主页图层中的对象将显示在出版物页面的同一图层对象的后面。一个出版物中可以包含多个主页，页面可以选择不同的主页。多主页可以使出版物的形式多样，而且可以随时添加、删除和修改主页，对主页的更改将自动应用到关联的页面。

4.6.1 创建主页

在出版物的排版中，可以通过创建主页来高效地完成排版任务。在InDesign中，有两种创建主页的方法，一种是直接创建，另外一种是改建。

1. 直接创建主页

单击“页面”面板菜单右上角的小三角按钮，从打开的菜单中选择“新建主页”命令，打开“新建主页”对话框，如图4-25所示。

在“前缀”输入框中，输入一个前缀，以标识“页面”面板中与各个页面关联的主页，最多可以键入四个字符。在“名称”输入框中，输入主页跨页的名称。在“基于主页”输入框中，选择一个要作为该主页跨页基础的现有主页跨页，如果不需要可以选择“无”。在“页数”输入框中，输入一个数值，作为主页跨页中要包含的页数（最多为十）。然后单击

“确定”按钮即可创建新的主页。主页在“页面”面板中显示的效果如图4-26所示。

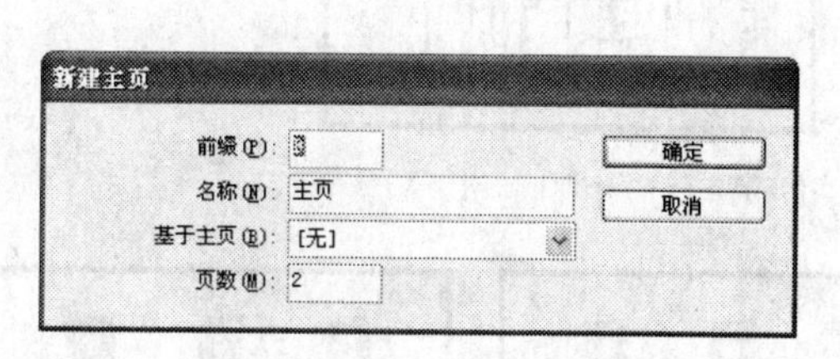

图4-25 “新建主页”对话框

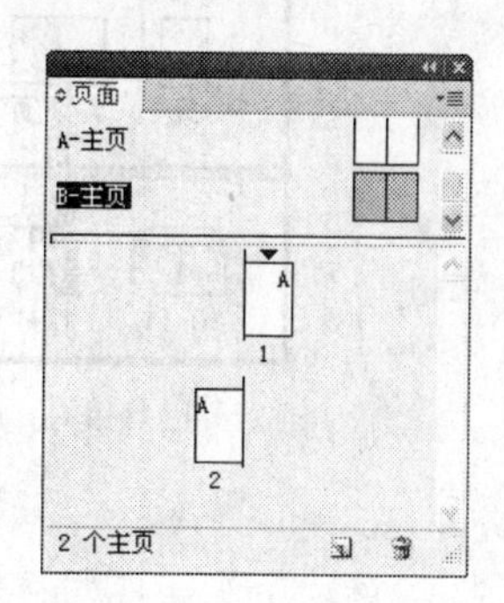

图4-26 新建的主页

2. 将现有页面或者跨页改建为主页

如果需要把制作好的页面转换为主页，以便在以后的制作中使用，可以将整个页面或跨页从“页面”面板的“页面”部分拖曳到“主页”部分，如图4-27（左）所示。或者在“页面”面板中选择该页面，然后单击右键，从打开的菜单中选择“存储为主页”命令也可将该页面存储为主页，如图4-27（右）所示。原页面或跨页上的任何对象都将成为新主页的一部分，如果原页面使用了主页，则新主页将基于原页面的主页。

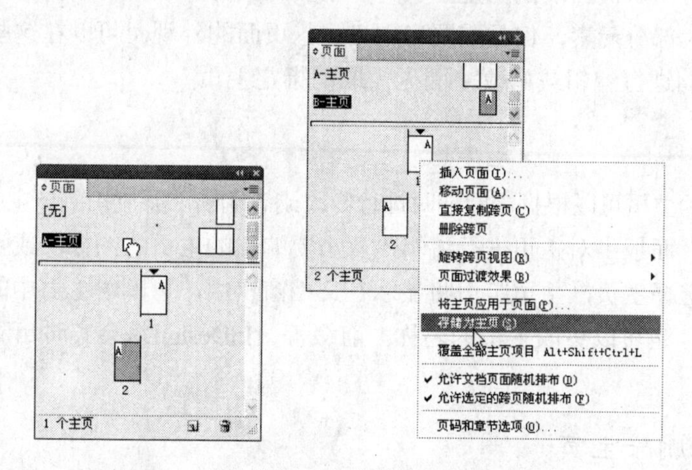

图4-27 拖曳的主页和菜单命令创建的主页

4.6.2 应用主页

创建主页后，可以根据页面的需要对其应用主页。默认设置下，所有页面将应用A主页。如果需要对其更改，可以选择“页面”面板中的主页图标，并将其拖曳到页面图标上，当黑色矩形围绕所需页面时，释放鼠标键，如图4-28所示。如果需要将主页应用于跨页，则在“页面”面板中将主页图标拖曳到跨页的角点上。当黑色矩形围绕所需跨页中的所有页面时，释放鼠标键。

如果多个不连续页面需要应用同样的主页，那么在“页面”面板中，选择要应用新主页的页面，然后按住Alt键单击该主页。或者从“页面”面板菜单中选择“将主页应用于页面”命令，从打开的“应用主页”对话框中，为“应用主页”选择一个主页，确保“于页面”选项中的页面范围是所需的页面，然后单击“确定”按钮即可。例如，输入2-3,4-5,6-7后，就可以将同一个主页应用于第2页～第3页，第4页～第5页和第6页～第7页，如图4-29所示。

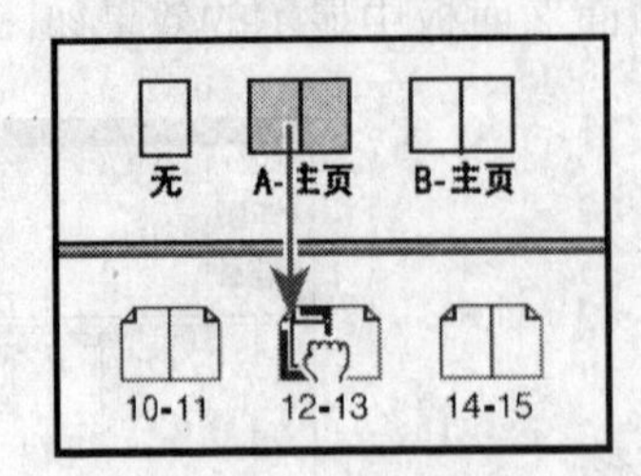

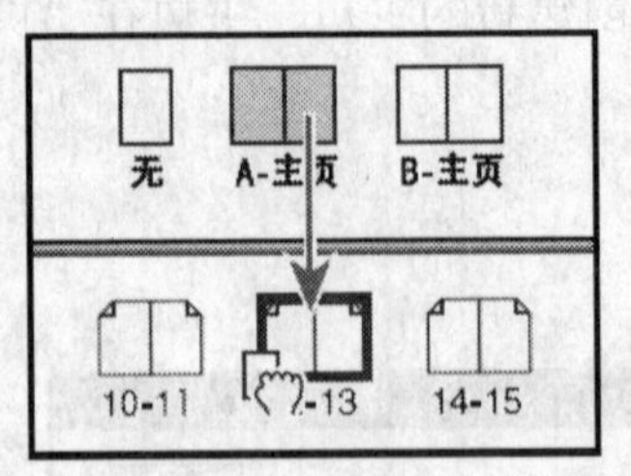

图4-28 页面应用的主页和跨页应用的主页

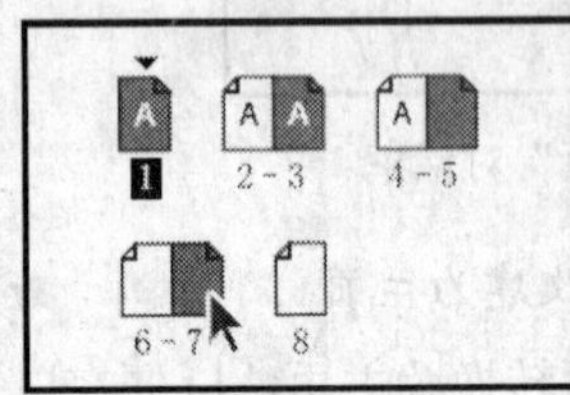

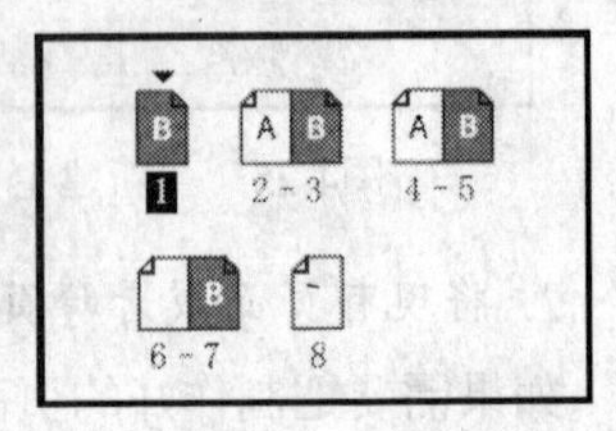

图4-29 “应用主页”对话框和应用主页的页面效果

当某个页面不需要主页时，可以在“页面”面板中选择该页面，然后单击右键，从打开的菜单中选择“将主页应用于页面”命令，打开“应用主页”对话框，将“应用主页”选项设置为“无”即可。从页面取消指定主页时，主页的版面和项目将不再应用于该页面。如果主页包含所需的大部分元素，但是需要自定义一些页面的外观，可以在这些文档页面上覆盖主页项目或对它们进行编辑或修改，而无需取消指定主页。

4.6.3 编辑主页

对于制作好的主页可以根据需要随时进行修改或者编辑，并应用到该主页的所有页面中。一般，在“页面”面板中对主页进行编辑，双击要编辑的主页的图标，或者从文档窗口底部的文本框列表中选择主页，主页跨页将显示在文档窗口中，可以对主页中的文字、图形和参考线等进行更改，也可以更改主页的名称、前缀等。InDesign将会实时自动更新所有使用该主页的页面。

4.6.4 复制和删除主页

在设计出版物的版面时，可以在同一文档内复制主页，也可以将主页从一个文档复制到另一个文档以作为新主页的基础，从而提高工作效率。

如果要在文档内复制主页，可以在“页面”面板中将主页跨页的页面名称直接拖曳到面板底部的“创建新页面”按钮 上。或者选择主页跨页的页面名称，单击右键，打开下拉菜单，执行“复制主页跨页[跨页名称]”命令。当复制主页时，被复制主页的页面前缀将变为字母表中的下一个字母。如图4-30所示。

如果需要将主页复制到另一个文档中，可以打开要将主页添加到其中的文档，然后打开包含要复制主页的文档。在源文档的“页面”面板中单击并拖曳主页跨页至目标文档的窗口中即可进行复制。如果要从源文档中删除一个或多个页面，那么选择“移动后删除页面”命令，然后单击“确定”按钮即可。如果目标文档的主页已具有相同的字母前缀，那么InDesign将为移动后的主页分配字母表中的下一个可用的字母前缀。

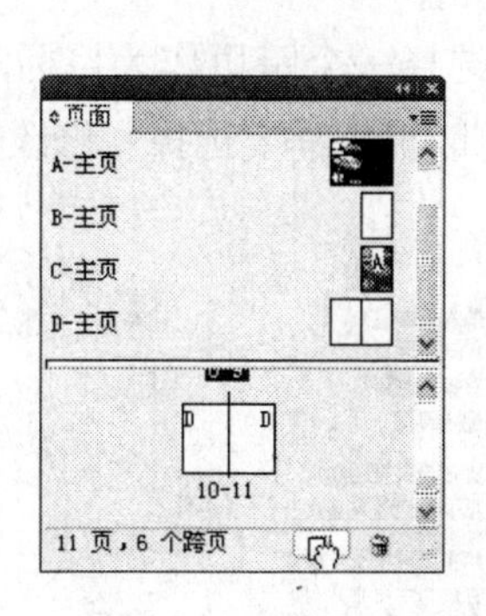
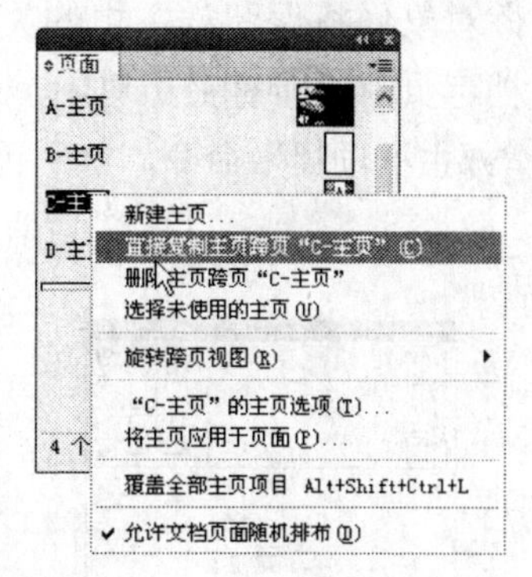

图4-30 复制主页

当不需要某个主页时，可以在“页面”面板中选择一个或多个主页图标，拖曳到面板底部的“删除选中页面”按钮 上。或者选择主页图标后单击面板底部的“删除选中页面”按钮将该主页删除。也可以选择该主页单击右键，从打开的菜单中选择“删除主页跨页[跨页名称]”命令删除该主页，如图4-31所示。

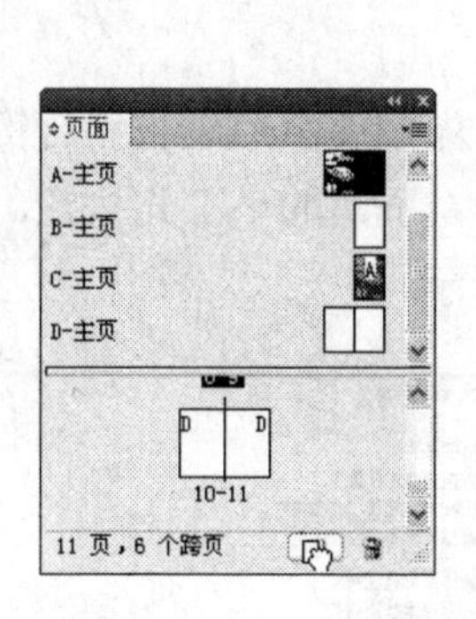
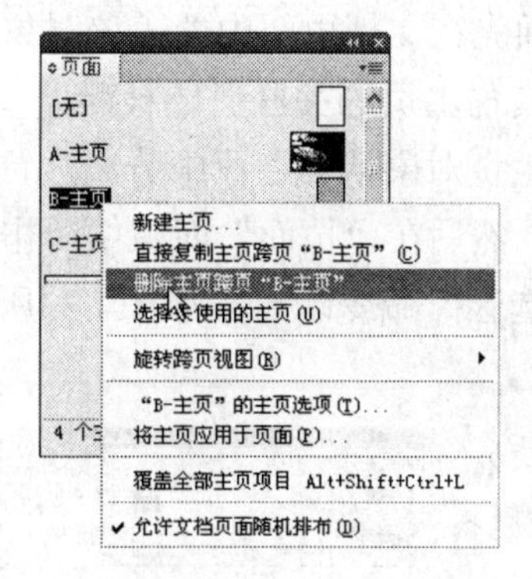

图4-31 删除主页

4.6.5 覆盖和分离主页

将主页应用于文档页面之后，主页上的所有对象都将显示在文档页面上。如果需要使某个特定页面区别于主页，那么不必在该页面上重新创建主页，可以直接覆盖或分离主页对象或项目，并重新定义这些主页对象及其属性，而文档页面上的其他主页对象将继续随主页更新。

覆盖某一主页对象会将它的一个副本放到文档页面上，而不会断开它与主页的关联。在对象本身被覆盖后，可以有选择地覆盖对象的一个或多个属性，以对其进行自定制。例如，可以更改本地副本的填色。在这之后，对于主页自身填色的更改将不会更新到本地副本中。但是，诸如大小等其他属性将继续更新，因为没有在本地副本上覆盖它们，以后可以根据需要移去覆盖以使对象与主页匹配。可以覆盖的主页对象属性包括描边、填色、框架的内容和任何变换（如旋转、缩放、切变或调整大小）、角点选项、文本框架选项、锁定状态、透明度和对象效果。

如果要覆盖文档页面上的特定主页对象，首先确定该主页对象可以被覆盖。选择该主页，单击右键，从打开的菜单中选择“在选区上允许主页项目优先选项”命令，此对象则可以被覆盖。然后按住Ctrl+Shift组合键并单击该对象（或框选多个对象），根据需要更改选定主页对象的属性。注意该对象仍将保留与主页的关联。

如果要覆盖文档跨页中的所有主页对象，选择一个跨页作为目标，单击右键，从打开的菜单中选择“覆盖全部主页项目”命令，然后可以根据需要选择和修改需要的对象属性即可，如图4-32所示。

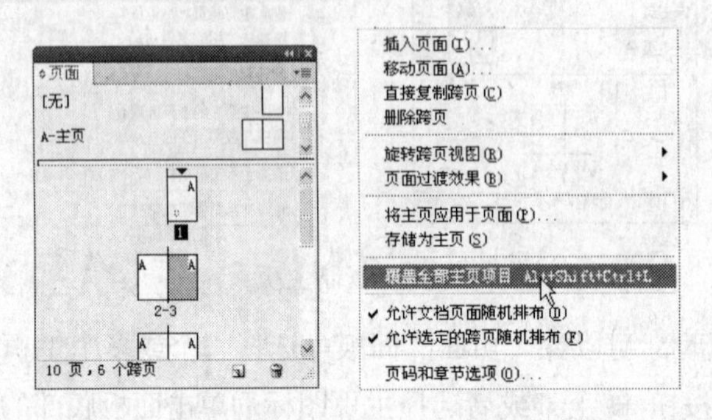

图4-32 覆盖主页对象

还可以将主页对象从其主页中分离后进行更改或编辑，不过这样会取消与主页的关联。将其分离之前，必须先在文档页面中覆盖该对象，并创建一个本地副本。分离后的对象不会随主页更新，因为其与主页的关联已经被断开。

如果要将单个主页对象从其主页中分离，首先按住Ctrl+Shift组合键并单击文档页面上的该对象以将其覆盖。然后在“页面”面板中单击右上角的小三角按钮，从打开的下拉菜单中选择“从主页分离选区”命令即可，如图4-33所示。

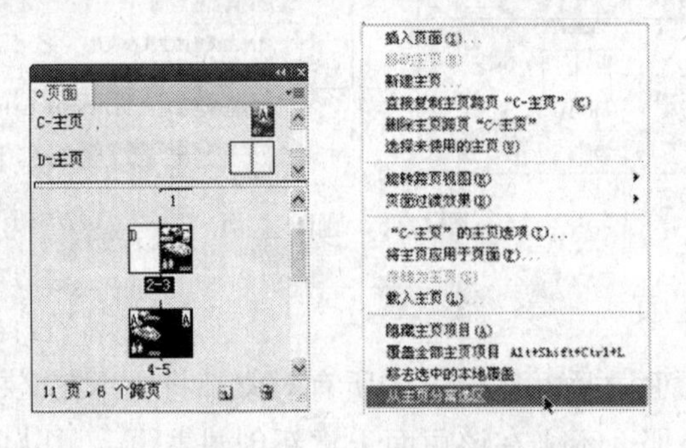

图4-33 从主页分离选区

如果要分离跨页上所有被覆盖的主页对象，单击“页面”面板右上角的小三角，从打开的菜单中选择“从主页分离全部对象”命令即可。如果该命令不可用，说明该跨页上没有任何已覆盖的对象。如图4-34所示。

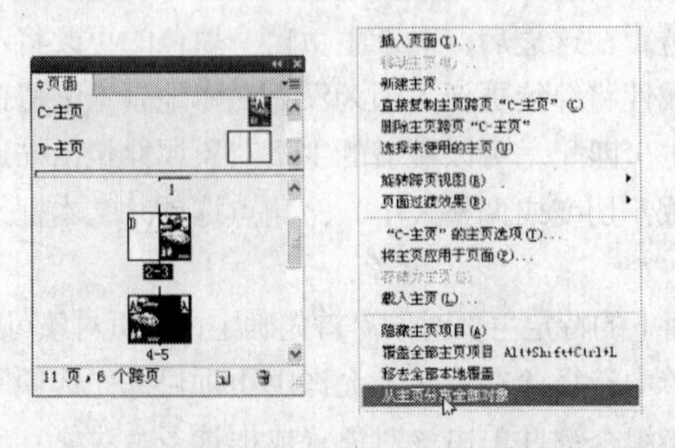

图4-34 从主页分离全部对象

4.6.6　重新应用主页

如果已经覆盖了主页上的对象，也可以对其进行恢复以与主页匹配。执行此操作时，对象的属性会恢复为它们在对应主页上的状态，而且当编辑主页时，这些对象将再次更新。对象的本地副本将被删除，并且正如其点线边框所指示的，也不能选中该主页对象。可以移去跨页上的选定对象或全部对象的覆盖，但是不能一次为整个文档执行此操作。

如果要从一个或多个对象上移去主页覆盖，选择原主页项目的对象。在“页面”面板中，选择一个跨页作为目标，然后单击“页面”面板右上角的小三角，从打开的下拉菜单中选择“移去选中的本地覆盖”命令即可，如图4-35所示。

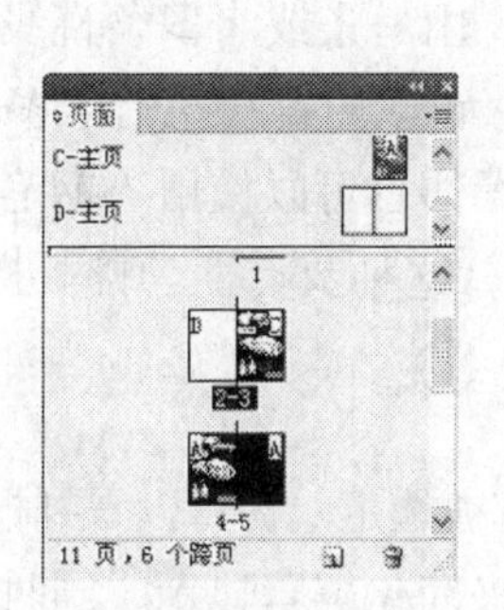

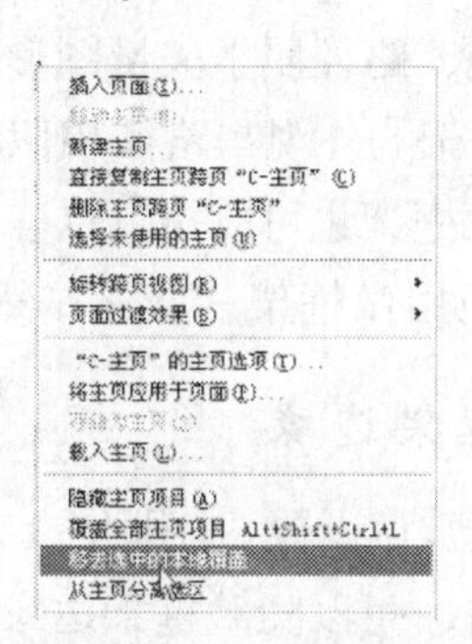

图4-35　移去选中的本地覆盖

如果要从跨页上移去所有主页覆盖，在“页面”面板中选择要从中移去所有主页覆盖的跨页（或主页跨页）作为目标。执行“编辑→全部取消选择”命令，以确保没有对象被选定。在“页面”面板中选择右上角的小三角，执行“移去全部本地覆盖”命令即可。

注意：如果分离了主页对象，那么将无法将它们恢复到主页。但是，可以删除分离的对象，然后将主页重新应用到该页面。

如果将主页重新应用到包含已覆盖主页对象的页面，那么被覆盖的对象将被分离，并会重新应用所有的主页对象，这可能会导致页面上出现某些对象的两个副本，此时需要删除已分离的对象后才能够完全匹配主页的外观。

4.7　使用框架设置版面

在框架中可以容纳文字、图形和表格等对象。另外，框架还可以作为占位符使用，占位符就像一个不包含任何内容的容器。在排版过程中，当把框架作为占位符或者容器使用时，框架是构成版面的重要元素，起着重要的作用。尤其是在报刊和杂志的排版中更为突出，如图4-36所示。

提示：使用InDesign中的框架工具即可绘制框架，共有3种类型的框架，分别是多边形框架、矩形框架和椭圆框架。在框架中可以放置文字和图形。

北方日报

谢谢北京！谢谢中国！

全面检查奶制品
整顿奶制品行业

注资850亿美元
美联储急救AIG

图4-36　框架在报刊排版时经常使用

在InDesign中，框架分为纯文本框架、网格框架、图文框架、图形框架和表格框架等。文本框架就是放置文本的容器，使用这种文本框架可以确定文本占用的区域，以及在版面中的排列方式。可以通过文本框架左上角和右下角的文本端口来识别文本框架。网格框架是中文排版特有的框架类型，使用它可以确定字符的大小和字间距。图形框架是放置图形的容器，另外也可以把它作为背景使用，还可以对它进行裁剪和应用蒙版。在图文框架中可以同时放置图形和文本。表格框架就是放置表格的容器，可以确定表格的大小。

4.7.1 框架与路径

在设计出版物的版面时，还可以使用绘图工具绘制的对象作为框架（包括前面介绍的所有类型的框架）或者路径。路径属于矢量图形，由一条或者多条直线或曲线构成，路径的效果如图4-37所示。部分框架的外观与路径相似。可以对路径执行很多操作，比如填色、描边和设置渐变等，同样，对框架也可以执行这些操作。可以使用“钢笔工具”绘制和编辑框架的形状，而且可以将路径用做框架，反之亦然。这种灵活性为排版提供了多种设计选择。

4.7.2 显示和隐藏框架边缘

框架与路径不同，在默认设置下，即使没有被选定，仍可以看到框架的非打印描边轮廓。如果觉得文档窗口很拥挤，可以隐藏框架边缘来简化屏幕显示。同时，还会隐藏图形占位符框架中对角交叉的十字条。框架边缘的显示设置不影响文本框架中文本端口的显示。

如果需要显示或隐藏框架边缘，可以执行“视图→显示/隐藏框架边缘”菜单命令，此命令被选择为“显示框架边缘”时显示为“隐藏框架边缘”，被选择为“隐藏框架边缘”时则显示为“显示框架边缘”，如图4-38（左）所示。如果要隐藏框架边缘，可以单击工具箱底部的“预览”命令，如图4-38（右）所示。

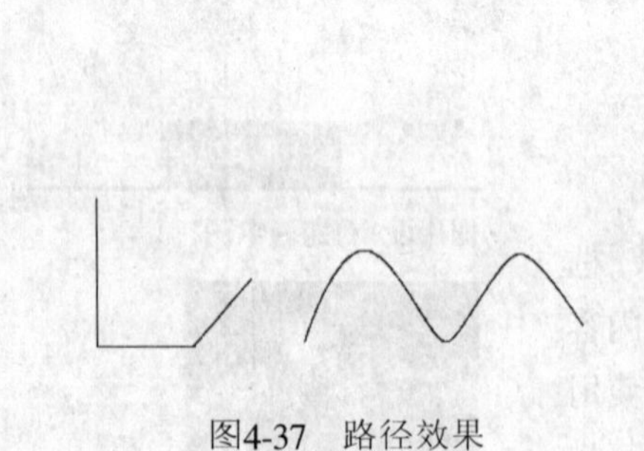

图4-37 路径效果

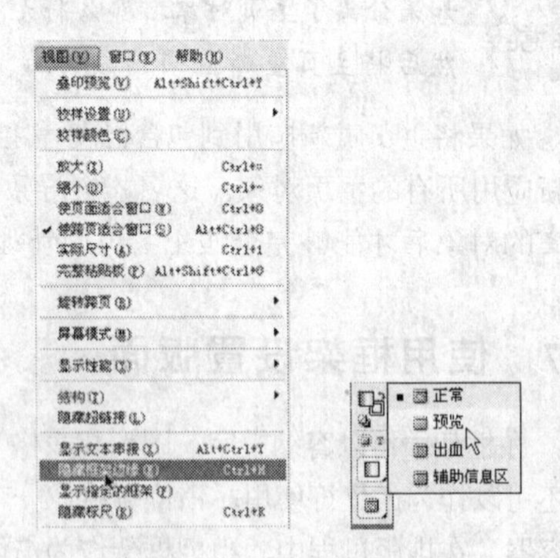

图4-38 “隐藏框架边缘”命令和“预览”命令

如果要显示或隐藏框架网格，在菜单栏中选择“视图→网格和参考线→显示框架网格”命令或“视图→网格和参考线→隐藏框架网格”命令，或者直接按Shift+Ctrl+E组合键。

4.7.3 使用占位符

在导入文本和图形时，InDesign会自动创建框架，而将文本或图形直接导入现有框架中时，则不会创建框架。当进行版面的初步设计时，也就是在正式添加图形或者文本之前，可以使用框架作为占位符。

在InDesign中，占位符有两种类型，一种是文本框架占位符，另外一种是图形框架占位符，如图4-39所示。占位符也称为占位框。

可以使用“文字工具”绘制文本框架，使用“绘制工具”绘制图形框架。对于空文本框架而言，可以将它们串接在一起，从而可以通过一个步骤来完成最终文本的导入。串接效果如图4-40所示。也可以使用绘制工具绘制空占位符形状，并在做好准备后，为文本和图形重新定义占位符框架。还可以为占位符框架设置合适的选项，以便当把图像置入框架时可以相应地裁切图像的大小使其适合框架的大小。

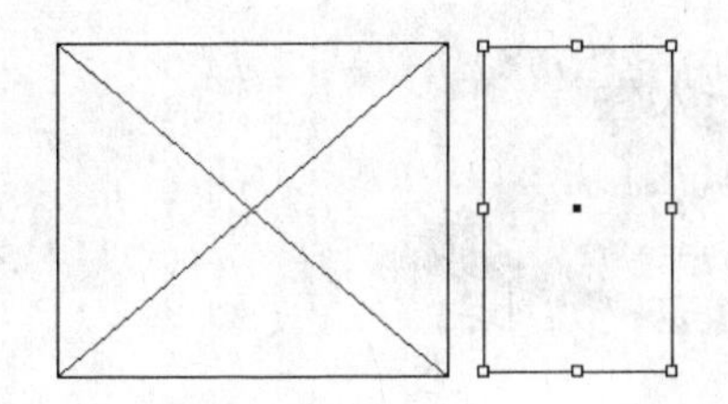

图4-39　图形框架占位符（左图）和文本框架占位符（右图）

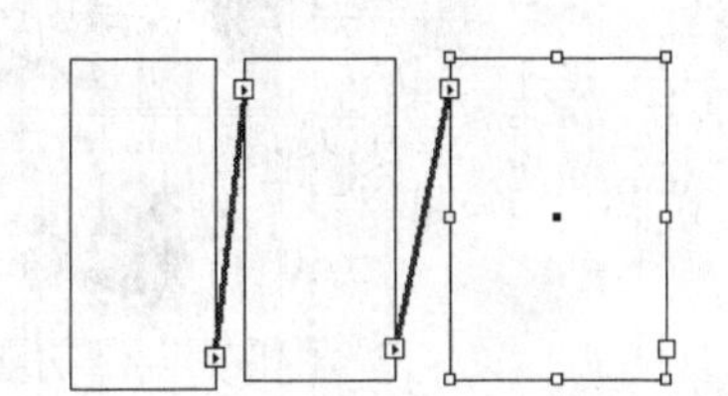

图4-40　文本框架占位符的串接效果

提示：关于如何串接，将在本书下一章的内容中进行介绍。

4.7.4　版面自动调整

InDesign的排版功能非常强大，其版面自动调整功能更是出色，在更改页面大小、方向、边距和栏等的设置后，如果启用版面调整，则系统就会按照设置逻辑自动调整版面中的文字、图形、参考线和框架等。不过，自动调整不会立即更改出版物中的任何内容，只有更改页面大小、方向、边距和栏设置或者应用新主页之后才能触发版面调整。

在使版面自动调整时，新的版面应该尽量采用与原版面接近的比例，并注意下列问题：

（1）如果为新版面指定了不同的栏数，那么需要对应地添加或者删除栏参考线。

（2）如果页面大小发生更改，那么应该根据需要移动对象以使其在页面上处于同一相对位置。另外还需要移动栏和参考线以保持与页面边缘、边距或者栏参考线的距离成比例。

（3）调整边距参考线的位置，并保持边距宽度不变。

（4）按比例调整相应的对象大小，以便在调整版面时使对象和参考线保持在一起。

（5）移动与边距、栏或参考线对齐的对象位置，以便在调整版面时使对象和参考线保持在一起。

如果要启用版面自动调整功能，那么选择“版面→版面调整”命令，打开“版面调整”对话框，根据需要设置好相应的选项，然后单击“确定”按钮即可。“版面调整”对话框如图4-41所示。

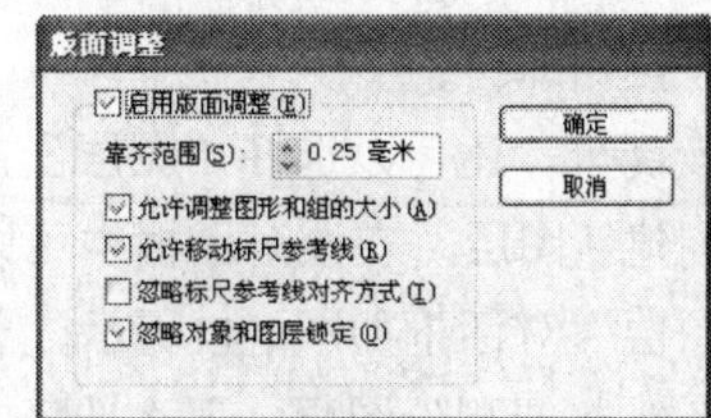

图4-41　“版面调整”对话框

4.8 图层

在排版中，可以将图层看做一张透明纸，除了看到上面的图层内容外还可以看到下面的图层内容，并且可以把每个图层进行单独的显示、隐藏、打印、锁定等，而且都不会影响其他图层。使用“图层”面板可以方便地进行新建、切换、显示、隐藏图层等操作。使用图层的效果如图4-42所示。

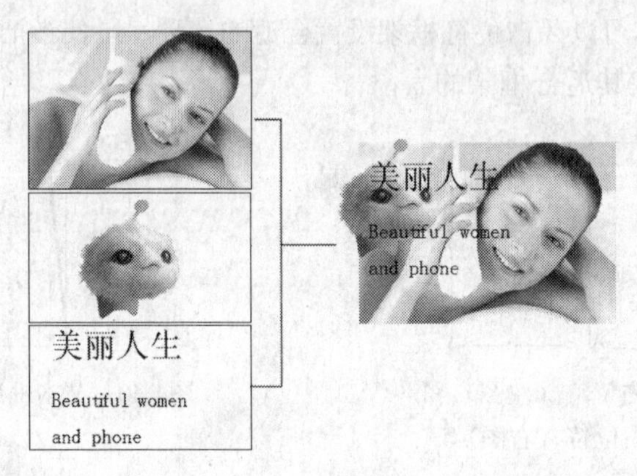

图4-42 图层效果

4.8.1 创建和删除图层

在编辑出版物时，只在一个图层上进行编辑会带来诸多不便，如：先后次序等。这时就需要创建新的图层，可以执行“窗口→图层”菜单命令打开“图层”面板，如图4-43所示。使用“图层”面板菜单中的命令可以对图层进行多种操作。

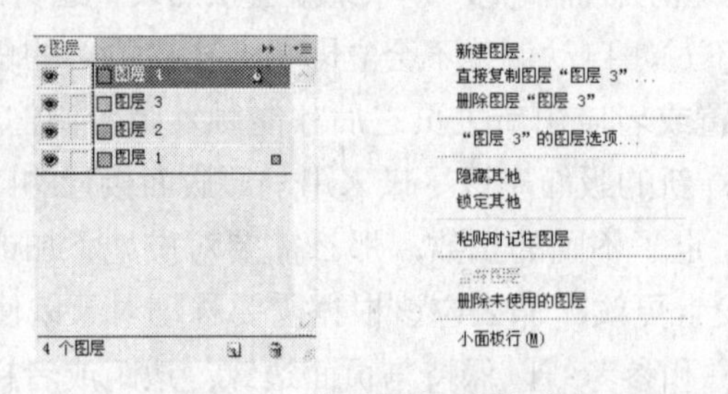

图4-43 “图层”面板和菜单

如果需要在“图层”面板列表的顶部创建一个新图层，那么直接单击“新建图层”按钮 即可。如果需要在选定图层上方创建一个新图层，那么按住Ctrl键并单击“新建图层”按钮即可。如果需要在所选图层下方创建新图层，那么按住Ctrl+Alt组合键的同时单击“新建图层”按钮即可。

另外，还可以选择“图层”面板菜单中的“新建图层”命令，打开“新建图层”对话框来创建新图层，在该对话框中可以设置更多的图层创建选项，比如，是否显示图层等。“新建图层”对话框如图4-44所示。

如果要删除图层，那么选择图层后，在“图层”面板底部直接单击“删除选定图层”按钮 即可。或者直接将需要删除的图层拖曳到“删除选定图层”按钮上。注意，每个图层都跨整个文档，显示在文档的每一页上。在删除图层之前，应该考虑首先隐藏其他所有图层，然后转到文档的各页，以确认删除其余对象是安全的。

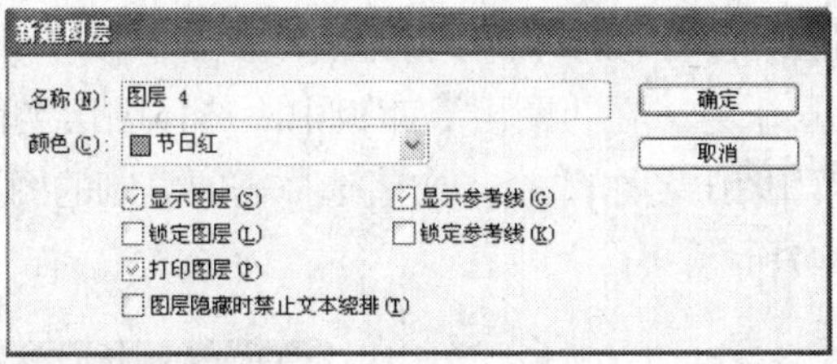

图4-44 “新建图层”对话框

4.8.2 在图层中创建对象

任何新对象都将被置于目标图层上，即“图层”面板中当前显示了钢笔图标 的图层。在选择了多个图层后，选择其中一个作为目标图层不会更改所选图层，但选择所选图层之外的图层作为目标图层将取消选择其他的图层。

如果需要向图层中添加或者创建对象，可以使用“文字”工具或“绘制”工具创建新对象，也可以导入、置入或粘贴文本或图形，还可以选择其他图层上的对象，然后将其移动到新图层中。

注意，不能在隐藏或锁定的图层上绘制或置入新对象。当在目标图层处于隐藏或锁定状态时选择“绘制”工具、“文字”工具或者置入文件时，则指针定位在文档窗口上时将变为交叉的铅笔图标。当目标图层处于隐藏或锁定状态时，如果选择“编辑→粘贴”命令，将显示一条警告消息，选择是显示还是解锁该目标图层，如图4-45所示。

4.8.3 选择、移动和复制对象

在默认设置下，可以选择任何图层上的任何对象。在“图层”面板中，彩色的小矩形点表明该图层包含选定的对象。选择图层的颜色可以帮助标识对象的图层。为了防止误选对象，可以锁定该图层。在“图层”面板中单击某一图层以选择其作为目标时，在该图层上将显示钢笔图标，表示它已被选择为目标。

如果需要选择特定图层上的所有对象，那么按住Alt键并单击“图层”面板中的图层。如果需要将图层中的对象进行移动或复制到另一个图层，那么在“图层”面板上拖曳图层列表右侧的彩色点，并将其移动到另一个图层即可，如图4-46所示。如果需要将选定对象移动到隐藏或锁定的图层，按住Ctrl键并拖曳彩色点。

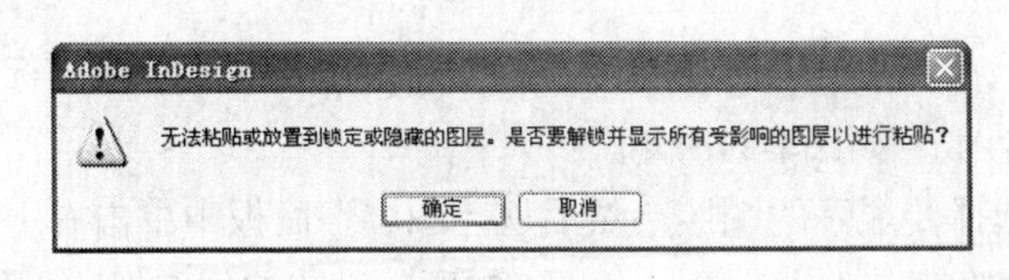

图4-45 警告消息

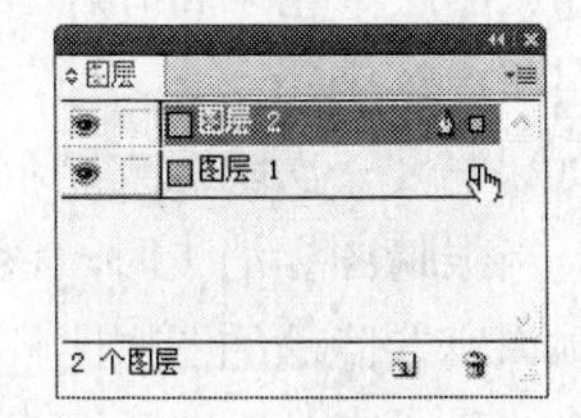

图4-46 移动图层上的对象

如果需要将选定的对象复制到另一个图层，按住Alt键并将图层列表右侧的彩色点拖曳到另一个图层。如果需要将选定对象复制到隐藏或锁定的图层，按住Ctrl+Alt组合键并拖曳彩色点。

4.8.4　复制图层

复制图层时，在该图层中包含的内容和设置都将被复制。在“图层”面板的图层列表中，复制的图层将显示在原图层上方。在“图层”面板中，选择图层名称并单击右键，从打开的菜单中选择“直接复制图层[图层名称]”命令或者选择需要复制的图层名称并将其拖放到“新建图层”按钮上。如图4-47所示。

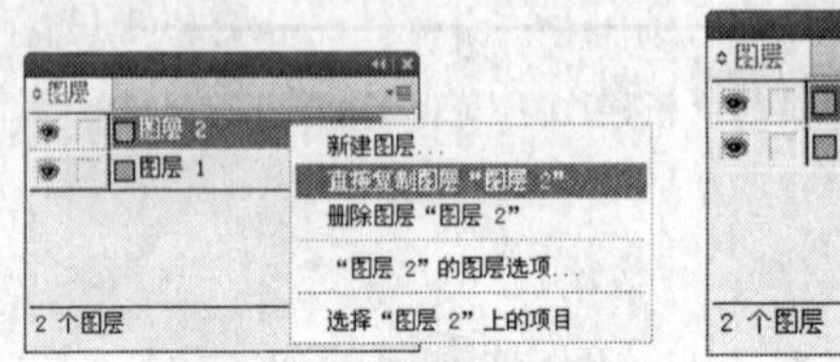

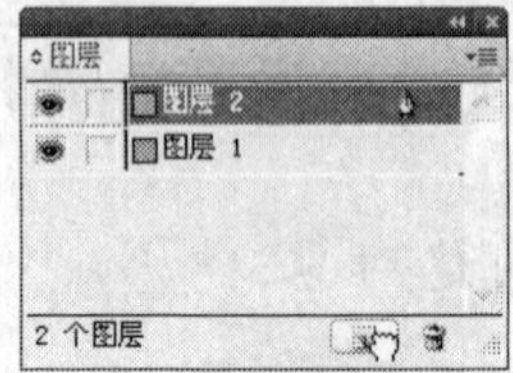

图4-47　复制图层的方式

4.8.5　更改图层的顺序

在使用图层时，可以通过重新排列图层来更改图层（包括图层内容）在文档中的排列或者显示顺序。更改图层顺序时，在“图层”面板中，将图层在列表中向上或者向下拖曳，也可以拖曳多个选定的图层来更改图层顺序，如图4-48所示。重新排列图层将更改每个页面上的图层顺序，而不只是更改目标跨页上的图层顺序。

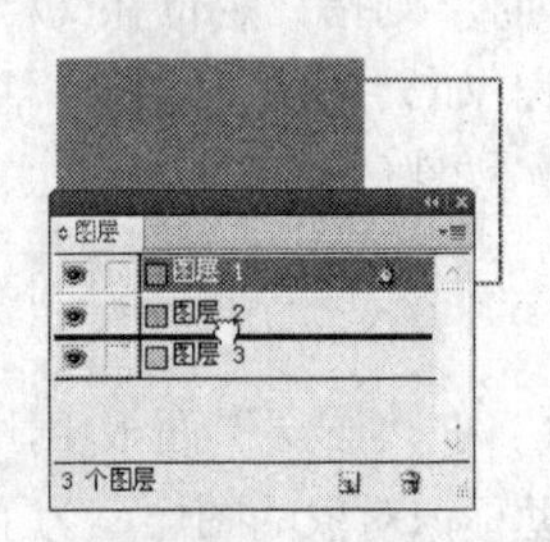

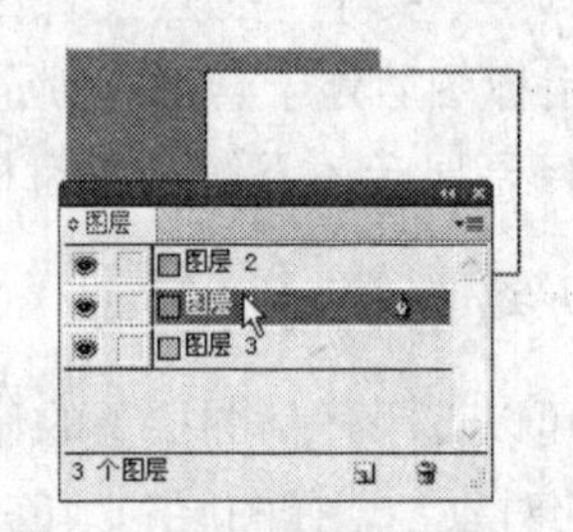

图4-48　拖曳时的显示顺序和改变图层顺序后的效果

4.8.6　显示和隐藏图层

因为图层具有单独显示或者打印某个图层的特殊性，所以可以随时对某个或某些图层进行显示或者隐藏操作。隐藏的图层不能被编辑，并且不会显示在屏幕上，打印时也不显示。通过隐藏文档中不需要显示的内容，可以更加方便地编辑文档的其余部分，防止打印某个图层，如果图层中包含高分辨率图像，还可加快屏幕刷新速度。注意，围绕隐藏图层上的对象的文字将继续围绕。

如果需要一次隐藏或显示一个图层，在“图层”面板中单击图层名称最左侧的眼睛图标即可，当眼睛图标消失时，该图层即被隐藏。如图4-49所示。

如果需要隐藏的图层比较多，可以选择要显示的图层，然后从“图层”面板中单击右上角的小三角按钮，从打开的菜单中选择“隐藏其他”命令，如图4-50所示。或按住Alt键的同时单击要保持可见状态的图层，即可隐藏未被选择的图层。

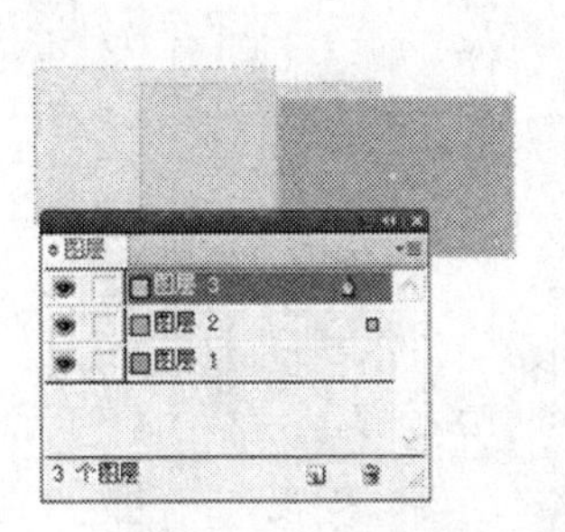

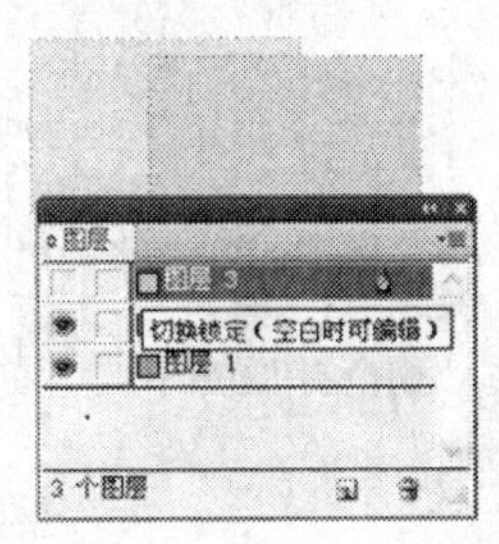

图4-49　显示的图层和隐藏后的图层

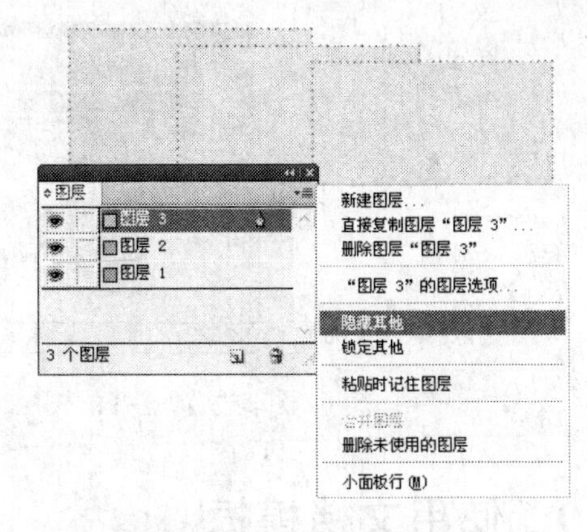

图4-50　隐藏未被选择的图层

如果在隐藏多个图层后，需要全部显示它们，逐个单击会很麻烦，那么可以从"图层"面板中单击右上角的小三角按钮，从打开的菜单中选择"显示全部图层"命令，或按住Alt键的同时单击即可。

4.8.7　锁定和解锁图层

为了防止意外操作已经编辑好的图层，可以先将其进行锁定。需要修改时，再将其解开锁定。锁定后的图层不能被选择，更不能被编辑。锁定的图层左侧显示为一个锁图标，如图4-51所示。

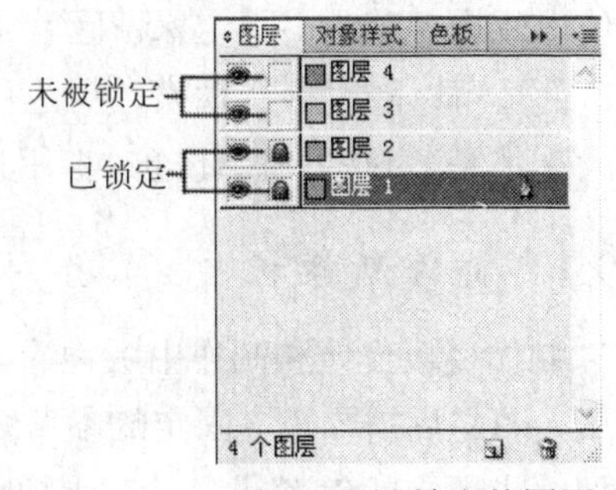

图4-51　被锁定的图层

提示：当锁定图层中的对象具有可以编辑的属性时，也可以被更改，比如颜色、成系列串接的文本框架等。

如果要锁定图层，那么在"图层"面板中一个图层左侧的"切换锁定"方框中单击，显示一个锁图标后即可将其锁定，再次单击，锁图标消失后即可将其解开锁定。另外，还可以使用"图层"面板菜单中的相关命令来锁定和解锁图层。

4.8.8　合并图层

在为出版物排版时，通常会创建很多图层来配合工作，而过多的图层会给工作带来不便，这时就需要对图层进行归类并将其合并，以减少文档中的图层数量，合并图层不会删除任何对象。合并图层时，选定图层中的所有对象将被移动到目标图层中，并且在合并的图层中，只有目标图层会保留在文档中，其他选定的图层均将被删除。

合并图层的方法为：选择需要合并的图层，单击右键，从打开的菜单中选择"合并图层"命令，即可将选择的图层合并，图层名称将显示合并前最上面的图层名称。如图4-52所示。

注意：合并图层时，如果有包含页面对象和主页项目的图层，则主页项目将移动到生成的合并图层的后面。

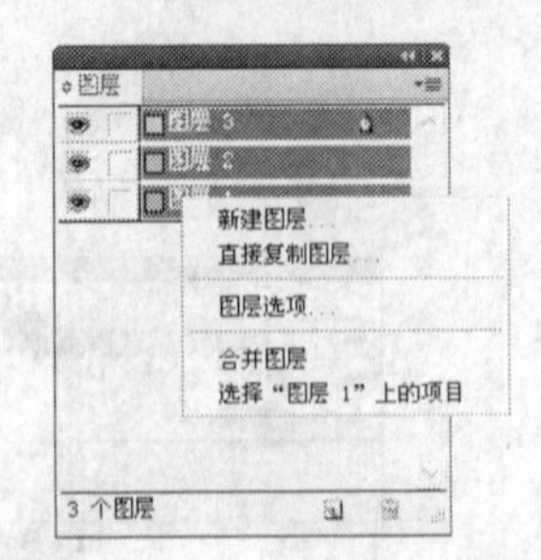

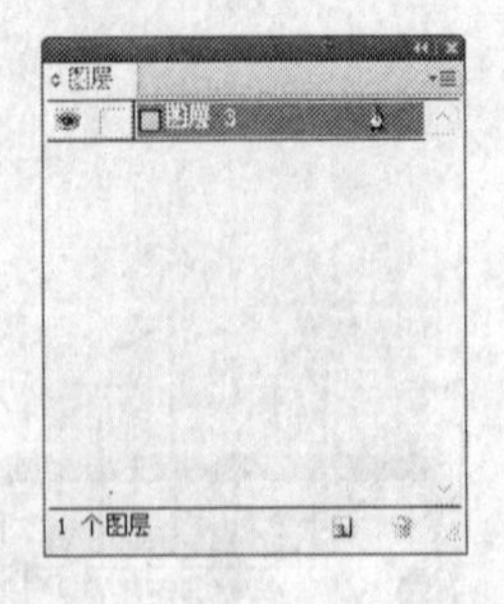

图4-52 被选择的图层（左图）和合并后的图层（右图）

4.9 使用文档模板

文档模板就是事先设计好的具有各种固定版式的样板文档。使用模板可以帮助用户快速地排版。在排版时可以参考和套用模板，还可以对现有模板进行复制、置换、加工、删除和编辑等。

模板有三个显著特点：一、都包含由非打印线构成的版样网格；二、有固定保留区；三、可使出版物规范化。固定保留区就是在模板上划定一个区域，在该区域中可以放置图形和文本，而且可以随时进行替换。规范化，就是使用模板设计出的出版物的版式、预设选项和版面大小都是一致的，因此通过套用模板制作出的出版物是非常规范的。

4.9.1 制作新模板

制作模板文件和制作出版物的方法基本上是相同的，主要区别是在制作模板时，在页面中调入图文后需要建立固定的参考线和网格线来确定图文的位置。这样在保存为模板时，可以把这些固定的参考线一并存入模板文件中。下面介绍一下创建模板的基本操作。

（1）执行“文件→新建→文档”命令，新建一个文件，在“新建边距和分栏”对话框中，把“栏数”设置为2，也可以根据需要设置其他的栏数，如图4-53所示。

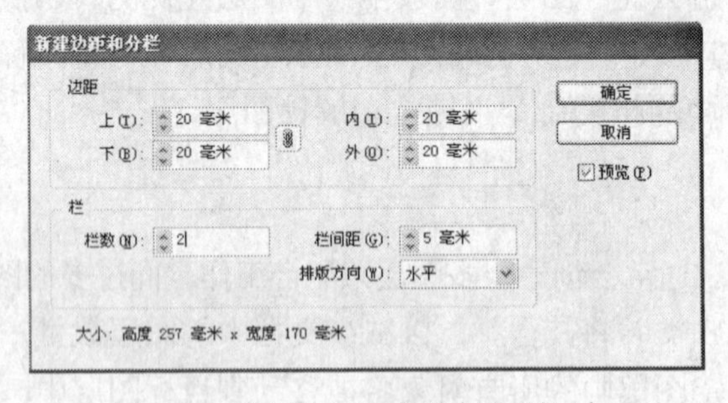

图4-53 “新建边距和分栏”对话框

（2）绘制参考线或者框架，用于确定文字和图形的位置，如图4-54所示。这样一个简单的模板就制作完成了。

（3）执行“文件→存储为”命令，打开“存储为”对话框，如图4-55所示。把“保存类型”设置为InDesign模板，设置好文件名，单击“保存”按钮即可将其保存为模板。

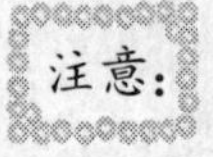

模板的后缀名是.indt，文档的后缀名是.indd。

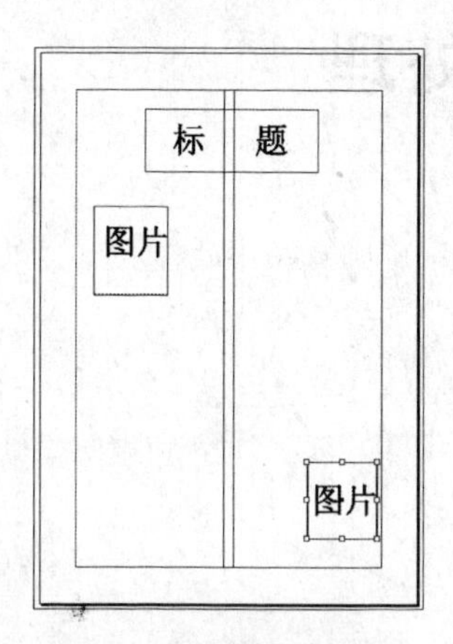

图4-54 绘制的参考线

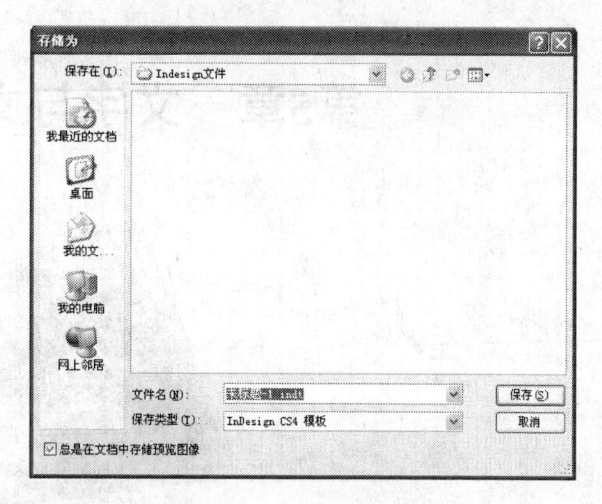

图4-55 “存储为”对话框

在将其保存为模板之后，在以后有类似的排版需要时，就可以打开该出版物模板的副本，直接在该模板上进行排版操作即可。

4.9.2 打开模板

创建模板之后，执行“文件→打开”命令，打开“打开文件”对话框，如图4-56所示。找到创建的模板文件，在左下角，把“打开方式”设置为“副本”，单击“打开”按钮即可将该模板打开。

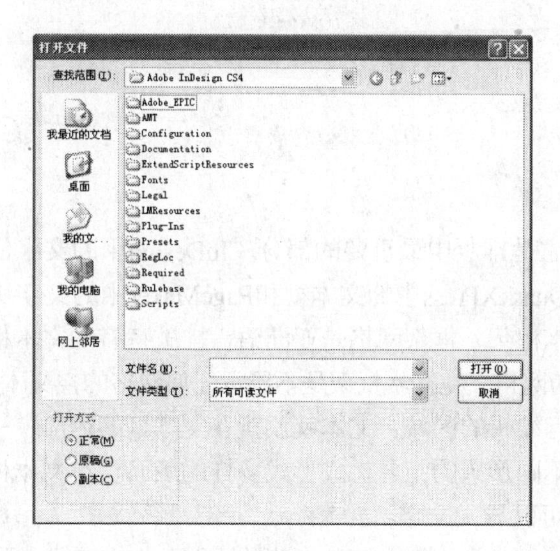

图4-56 “打开文件”对话框

第5章　文字与文字块处理

文字是向读者传递信息的主要方式，也是构成版面的最基本元素。在排版过程中，最常处理的也是文字。不过，InDesign具有强大的文字处理功能，包括创建文本框、选择文字，以及编辑文字等。

本章主要介绍以下内容：

★文字的采集

★选择文字

★编辑文字

★文字排版格式

★使用文字块

5.1　文字概述

文字也称为文本，它是排版中最重要的部分。InDesign中的文字位于称做文本框架的容器内，文本框架类似于QuarkXPress中的文本框和PageMaker中的文字块。有两种类型的文本框架：框架网格和纯文本框架。框架网格是亚洲语言排版特有的文本框架类型，其中字符的全角字框和间距都显示为网格。纯文本框架是不显示任何网格的空文本框架。在InDesign中，文本框是用来对文字进行编辑的区域。文本就放置在文本框的内部。一个版面通常包含一个或多个文本框架。通过不同形式的组合构成形式多样的版面。在文本框架中既可以直接使用文字工具录入文字，也可以导入文字。

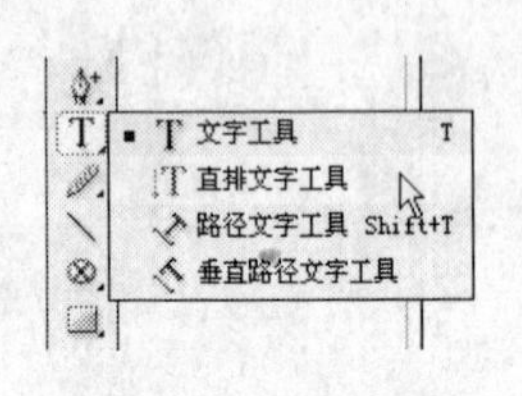

图5-1　文字工具

在InDesign中提供了4种文字工具，从上到下依次是：“文字工具”T、“直排文字工具”IT、“路径文字工具”、“垂直路径文字工具”，如图5-1所示。

选择合适的“文字工具”后，将鼠标移动至工作页面上，按住鼠标左键拖动，再松开鼠标键，即可在页面上画出一个文本框，然后输入文字即可，如图5-2所示。

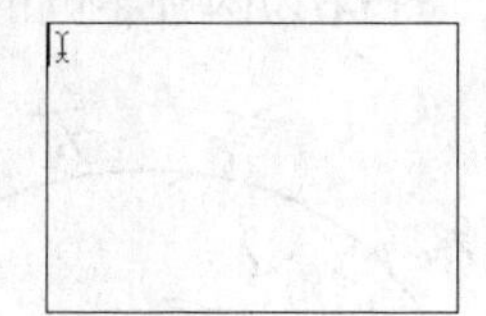

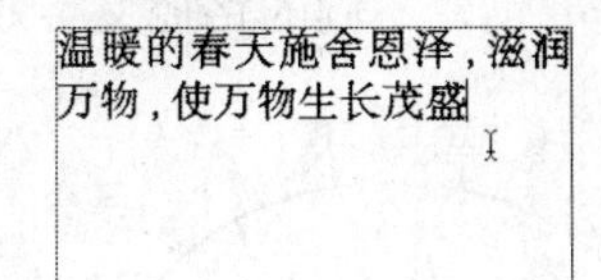

图5-2　创建的文本框和输入的文字

还可以在文本框中粘贴和插入文字等，比如从Word、Photoshop等中复制文字后，可以直接粘贴到InDesign的文本框中。而且也可以在工作窗口顶部的“控制”面板中设置文字的大小、字体和字号等属性。

还可以使用“钢笔工具”或者“铅笔工具”绘制一条路径，然后选择“路径文字工具”在路径上单击并输入文字。路径可以是开放路径，也可以是闭合路径。路径文字效果如图5-3所示。

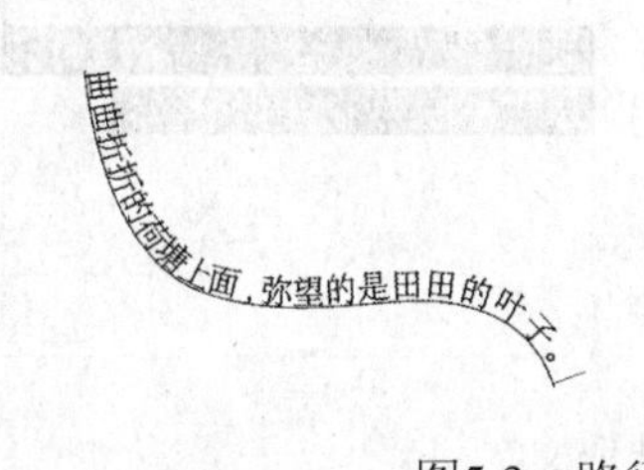

图5-3　路径文字效果

也可对路径上的文字进行移动。在文字的起点、路径的终点，以及起点标记和终点标记之间的中点上，都会显示一个标记。将指针置于文字的起点标记上，直至指针旁边出现一个小图标，按住鼠标左键沿路径进行拖动即可。在移动时，按住Ctrl键可以防止文字翻转到路径的另一侧。如图5-4所示。

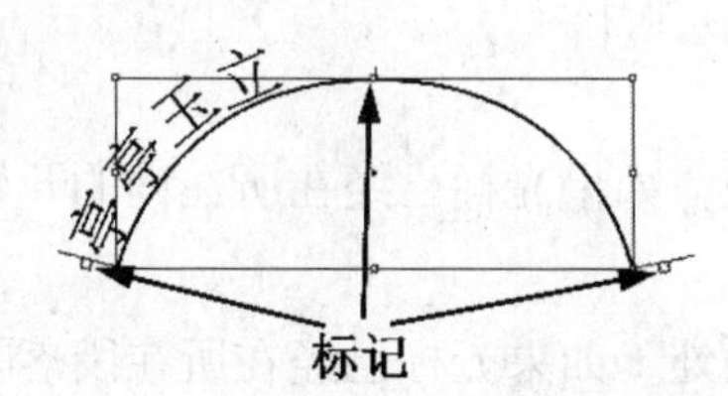

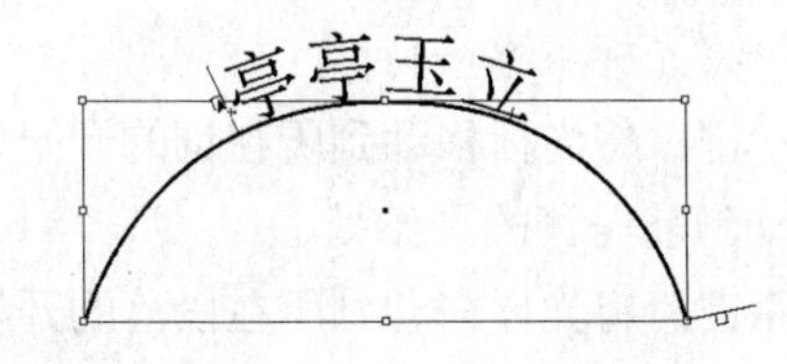

图5-4　沿路径移动文本

对于路径文字，还可以应用多种效果，比如彩虹效果、倾斜效果和阶梯效果等。注意，必须先在路径上创建文字后才能应用这些效果。对路径文字应用效果时，选择“文字→路径文字→选项”命令，打开“路径文字选项”对话框，如图5-5所示。从“效果”右侧的下拉列表中选择一种效果，单击“确定”按钮即可。

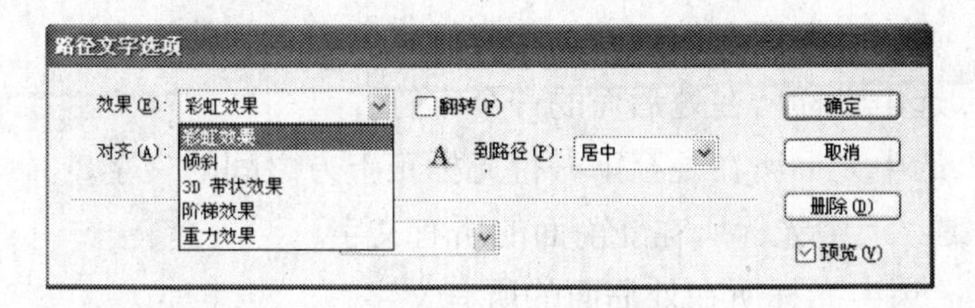

图5-5　“路径文字选项”对话框

可以根据实际需要创建不同的路径文字效果。图5-6为两种不同的文字效果。

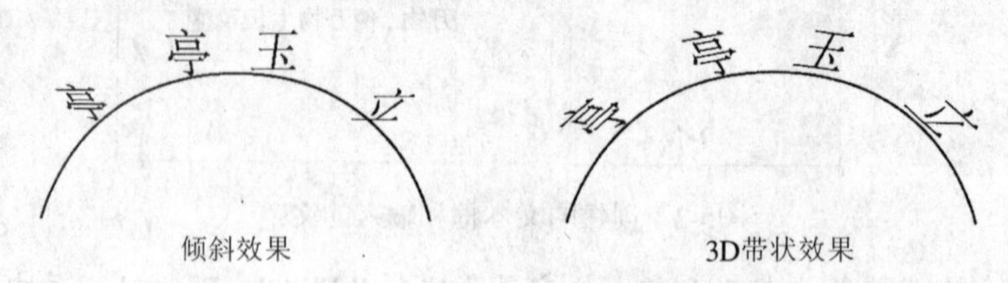

图5-6 两种不同的文字效果

5.2 选择文字

文字的选取是指使用“文字工具” T.选择文本框中的部分或全部文字。选中的文字将以黑底高亮显示。选中的文字效果如图5-7所示。

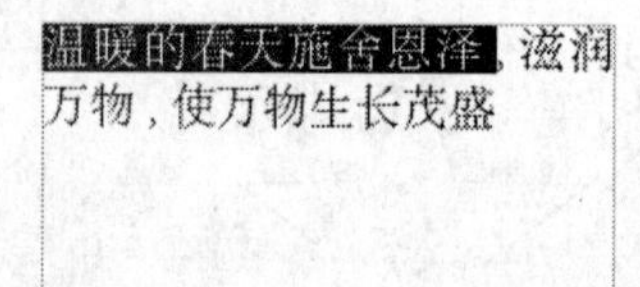

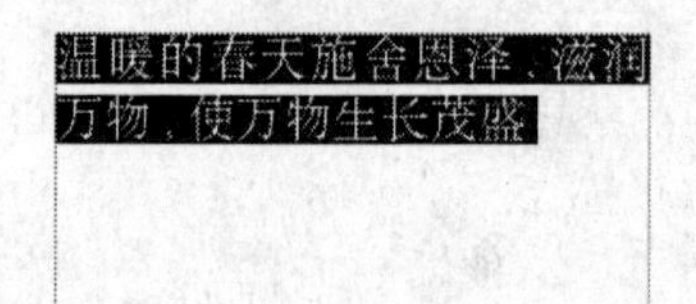

图5-7 选取文字

如果要在录入文本的同时进行一些基本的编辑操作，如移动光标、选取文本和删除字符等，那么可以使用键盘上的方向键来进行操作。各种方向键的作用如下：

- ←键：将光标前移一个字符的距离。
- ↑键：将光标上移一行。
- →键：将光标后移一个字符的距离。
- ↓键：将光标下移一行。
- Ctrl+←键：将光标移动到所在词的开始处。如果光标已经在所在词的开始处，则将光标移动到前一词的开始处。
- Ctrl+↑键：将光标移动到所在段落的开始处。如果光标已经在所在段落的开始处，则将光标移动到前一段落的开始处。
- Ctrl+→键：将光标移动到所在词的结尾处。如果光标已经在所在词的结尾处，则将光标移动到下一词的结尾处。
- Ctrl+↓键：将光标移动到所在段落的结尾处。如果光标已经在所在段落的结尾处，则将光标移动到后一段落的结尾处。
- Shift+←键：选中光标所在处前面的一个字符。
- Shift+↑键：选中光标所在处至上一行光标正上方之间的文字。
- Shift+→键：选中光标所在处后面的一个字符。
- Shift+↓键：选中光标所在处至下一行光标正上方之间的文字。
- Shift+Home键：选中光标所在处前面的所有文字。
- Shift+End键：选中光标所在处后面的所有文字。

· Ctrl+Shift+←键：选中从光标处到光标所在词（或前一词）的开始处的文字。

· Ctrl+Shift+↑键：选中从光标到光标所在段开头的文字。

· Ctrl+Shift+→键：选中从光标处到光标所在词（或后一词）的结尾处的文字。

· Ctrl+Shift+↓键：选中从光标到光标所在段结尾的文字。

· Ctrl+A键：选中包括文字块、文本路径或点文本在内的全部内容。

· Home键：移动光标到文本的开头。

· End键：移动光标到文本的结尾。

· Delete键：删除光标后面的一个字符。

· Backspace键：删除光标前面的一个字符。

在InDesign中，如果能够熟练地应用上面这些快捷键，那么可以更加方便、快捷地对文本进行各种选择和编辑操作。

5.3 编辑文字

在InDesign中，一般使用“字符”面板对字符属性进行精确的设置，这些属性包括字体、字号、行距、字距微调、字距调整、基线微移、水平及垂直比例、字间距，以及字母方向等。可以在输入新文本之前设置字符属性，也可以对现有字符重新设置这些属性。如果选择了多个文本路径和文本容器，也可以一次性设置所选多个文本的字符属性。另外，有些字符属性还有单独的子菜单或面板，使用它们可以更加详细地对字符属性进行设置。

5.3.1 更改字符属性

选择菜单栏中的“文字→字符”命令或者按键盘组合键Ctrl+T，打开“字符”面板，如图5-8所示。

单击“字符”面板右上角的下拉按钮，将会打开如图5-9所示的“字符”面板菜单，使用该菜单也可以对字符进行多种设置。

图5-8 “字符”面板

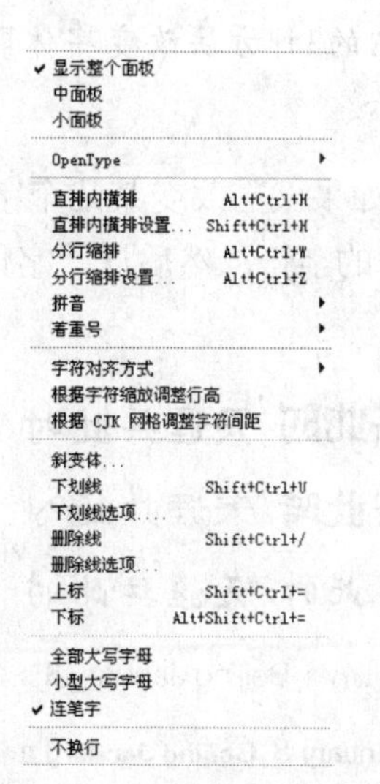

图5-9 “字符”面板菜单

5.3.2 改变字体

通常，使用“字符”面板设置字符的字体。打开“字符”面板后，单击“字体”文本框右边的下拉按钮，并从下拉列表中选择一种字体。单击“样式”文本框右边的下拉按钮，并从下拉列表中选择一种样式。也可以在“字体”文本框中输入要使用的字体名称。在“样式”文本框中输入字体样式，例如：黑体、紧凑、斜体。

提示： 还可以使用“控制”面板和菜单栏中的“文字→字体”子菜单命令来改变字体。

如果在录入文本之前需要指定文本的字体，可以按照如下步骤进行设置：

（1）打开“字符”面板，单击字体右边的按钮，然后在打开的下拉列表中选择字体。如图5-10所示。

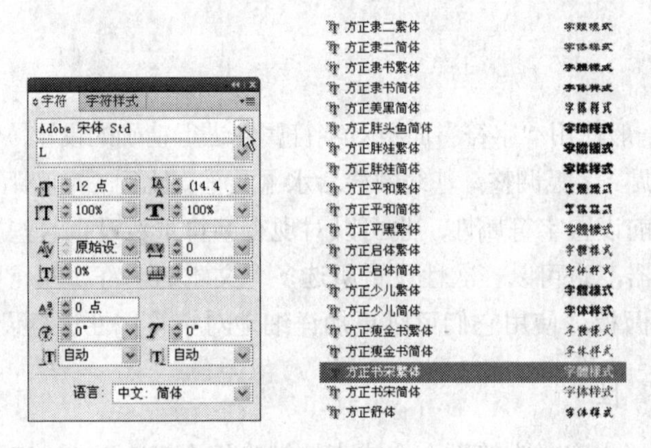

图5-10 “字符”面板及字体列表

（2）在工具箱中选择一种文字工具并录入文字，录入的文字将采用前面设置好的字体。

提示： 对于已经录入好的文字，可以使用“选择工具”选中文本框架，然后使用前面介绍的3种方法改变字体即可。下面是几种不同的中文和英文字体效果，如图5-11所示。

（3）如果仅需改变某几个字符而不是文本的全部字体，则使用“文字工具”选中需要改变字体的字符，然后从“字体”子菜单中或“字符”面板中选择字体和样式即可，如图5-12所示。

天涯共此时 天涯共此时

天涯共此時 天涯共此时

天涯共此时 天涯共此时

Beijing January 8 Beijing January 8

Beijing January 8 Beijing January 8

图5-11 几种不同的字体效果

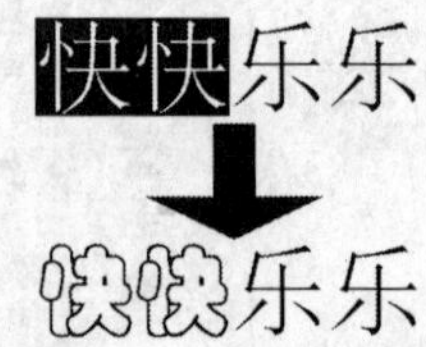

图5-12 只改变部分字体

5.3.3　改变字体大小

在InDesign中，字体的大小也称为字号。字体的大小一般用点来度量，InDesign提供的标准字号分为从6点到72点共14个级别。还可以使用手动输入的方法按需要调整字体的大小，可以设置从0.1点到1296点等多种字体大小。

可以使用下面3种方法来改变文字的字体大小：

- 单击“字符”面板中“大小”项旁边的下拉按钮，从打开的下拉列表中选择字体大小。也可以通过直接在“大小”文本框中输入一个数值来改变字体大小。
- 单击“控制”面板中的“大小”项旁边的下拉按钮，并从打开的下拉列表中选择一种字体大小。
- 执行“文字→大小”命令，在打开的子菜单中选择字体大小。

各种不同的字号如图5-13所示。

要查看文字的字体大小，可以使用“选择工具”选取文字，这时在“字符”面板或者“控制”面板中将显示所选文字的字体大小，“大小”子菜单中的相应字号前有一个“√”标记。如果文字的字体大小不是标准字号，则在“大小”子菜单中的“其他”前有一个“√”标记。如果任何字号的旁边都不出现“√”标记，则说明所选文字的字号多于一种。

Beijing 2008　72点

Beijing 2008　60点

Beijing 2008　36点

Beijing 2008　24点

图5-13　不同的字号

5.3.4　改变框架网格的大小

在框架网格中录入文字后，也可以改变它的大小，同时，录入的文字也会随之改变。下面简单地介绍一下操作过程。

（1）创建框架网格并录入文字。如果在页面中已存在一个框架网格，那么在工具箱中激活“选择工具”，并选中框架网格。

（2）在菜单栏中选择“对象→框架网格选项”命令，打开“框架网格”对话框，如图5-14所示。

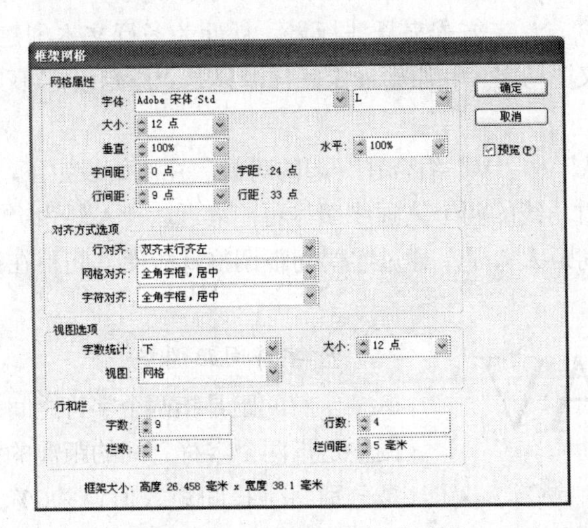

图5-14　“框架网格”对话框

（3）在“框架网格”对话框中设置字体“大小”为“24点”，然后单击“确定”按钮即可，效果如图5-15所示。

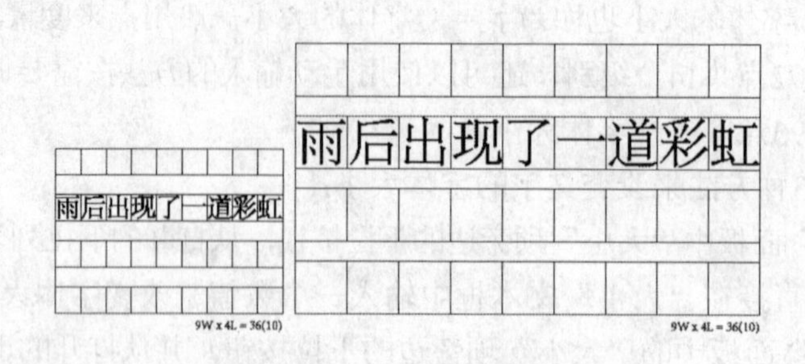

图5-15　设置前和设置后的网格效果对比

5.3.5　调整字间距

字间距也称为字距。在中文中，它表示字符之间的距离，而在英文中，它表示一个单词中字母之间的距离。字间距不是固定的，可以对它进行调整。在InDesign中，字间距调整还细分为4种，分别是：字偶间距调整、字符间距调整、比例间距调整和网格指定格数调整。一般使用“控制”面板和“字符”面板来调整字间距。

1. 字偶间距调整

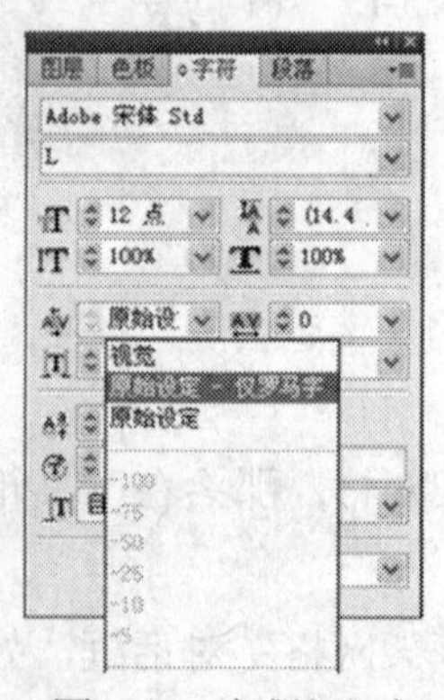

图5-16　字偶间距调整下拉列表

根据字母形状微调字母。通常用于广告和题头。因为很多字母外形是不规则的，在进行组合时会出现一些问题。这个时候对于字偶间距的微调就能派上用场了。在“字符”面板中，这种调整方式有3个选项，如图5-16所示。

（1）原始设定。原始设定是针对特定的字符预先设定间距的调整值。它包含大多数字体。在默认设置下，当导入文本或输入文本时，系统会对特定字符进行字偶间距的调整。要禁用原始设定，那么在“字偶间距调整”下拉列表中选择“0”。

（2）视觉。自动生成字偶间距优雅调整的类型。将视觉字偶间距调整用于混合了字体和字体大小的文本，使用视觉边距对齐方式来悬挂标点，从而为多行文本创建视觉满意的边缘。

（3）原始设定-仅罗马字。和原始设定一样，只是“原始设定-仅罗马字”是针对罗马字体的功能。

比如，把字母“A”和“V”组合在一起的时候，在原始设定下，“A”和“V”都需要调整，就是让它们成对角线的两个笔画终端尽可能靠近。“A”和“V”挨在一块儿时，两个字母看起来中间的间距太大了。通过字偶间距调整就能使其间距在视觉上感觉是适中的，如图5-17所示。

原始设定　　视觉

图5-17　调整字偶间距

2. 字符间距调整

字符间距是指两个字符之间的距离大小，字符间距调整是指两个字符之间的距离的调整。如图5-18所示的是分别将字符间距数值设为0%、100%和200%时的效果。

3. 比例间距调整

使字符周围的空间按比例缩放，字符本身的大小比例不变。如图5-19所示，是分别将比例间距数值设为0%、50%和100%时的效果。

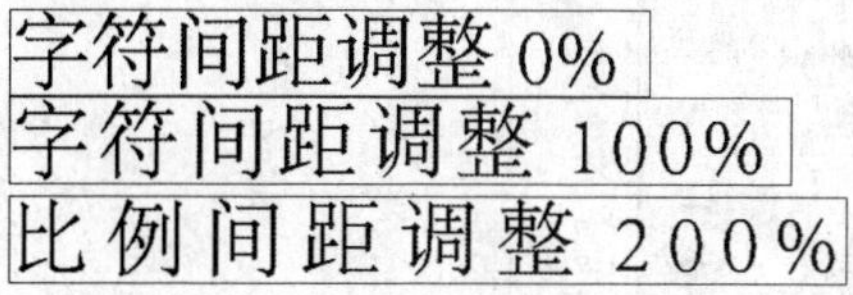

字符间距调整 0%
字符间距调整 100%
比例间距调整 200%

图5-18　调整字符间距

比例间距 0%
比例间距 50%
比例间距 100%

图5-19　调整比例间距

4. 网格指定格数

就是通过设置网格的指定格数来约束指定的文字，从而对其间距进行调整。如图5-20所示，是分别将网格数值设为4、8和10的效果。

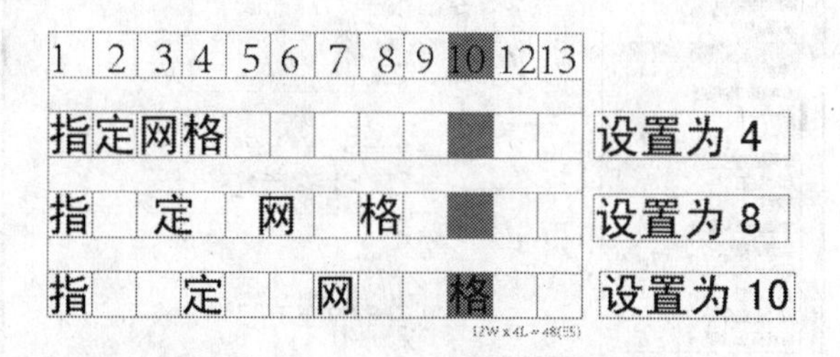

图5-20　指定网格

5.3.6　调整行距

相邻文字行之间的距离，也就是相邻两行文字之间基线的垂直距离通常称为行距。系统默认的行距是按文字大小的120%来设定的（也就是说当文字大小为10点时，行距为12点）。也可以根据实际需要在“字符”面板中设置行距的大小。

另外，还可以直接使用键盘命令来调整行距，按键盘上的Alt+↑键，可以减小行距。按Alt+↓键，可以增大行距。下面简单地介绍一下改变行距的操作步骤：

（1）选中想要改变行距的文本。如果要改变文本框中的所有文字，使用“选择工具”选取即可。如果仅仅改变一部分文字的行距，可以先选择“文字工具”，然后使用鼠标键选中需要改变行距的文字。

（2）执行以下三种方法之一，就可以改变选定文本的行距。

- 执行“文字→字符”命令，打开“字符”面板。在“字符”面板中的“行距”栏中输入一个0.1点到1296点之间的行距值，也可以从其下拉列表中选择一个值，如图5-21所示。
- 单击“行距”栏中的▲按钮，可以增大行距，每单击一次增加1点。单击▼按钮，可以减小行距，每单击一次减少1点。
- 按键盘上的Alt+↑键，可以减小行距。按Alt+↓键，可以增大行距。每按一次，系统的增量默认值为2点。

如果需要改变增量值，可以执行“编辑→首选项→单位和增量”命令或按下Ctrl+K组合键，打开“首选项”对话框，将“大小/行距”栏中的值设置为所需的数值，如图5-22所示。

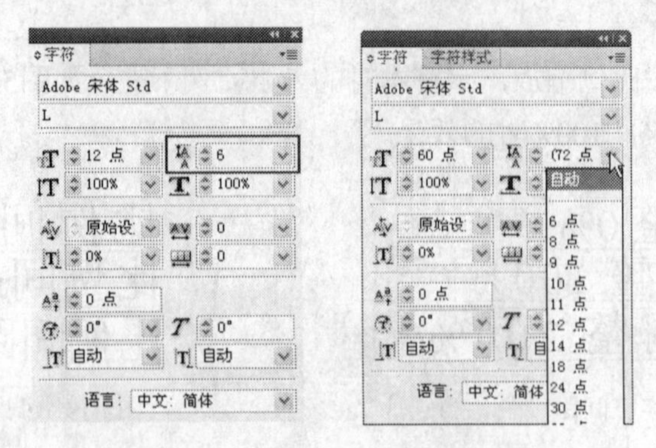

图5-21　在“行距”栏中输入数值

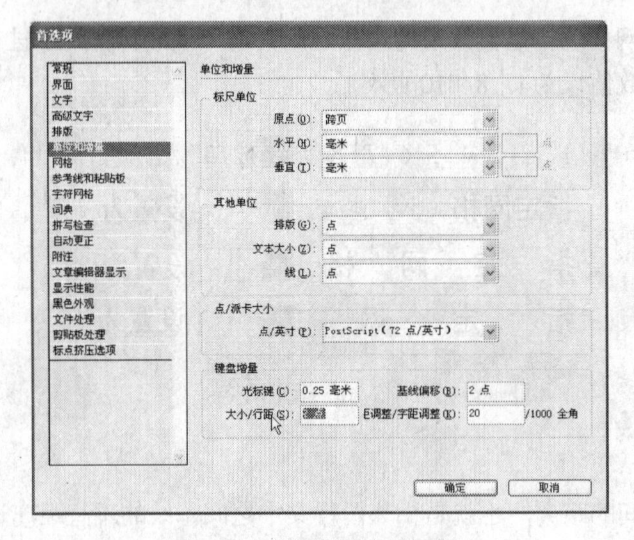

图5-22　“首选项”对话框

如果要使录入的文本自动应用设置好的行距，则在选择“文字工具”后首先设置好文本的行距，然后再录入文本。不同行距的文本效果如图5-23所示。

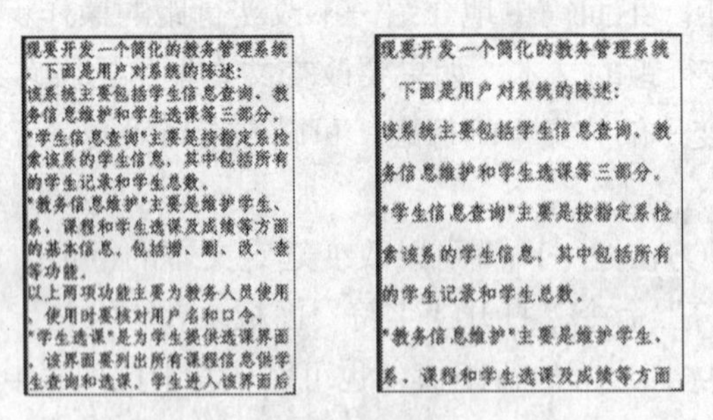

图5-23　不同行距的文本效果

5.3.7　调整文字基线

文字基线是一条无形的线，多数字符（不包含下缘）的底部均以基线为基准对齐。在InDesign中，可以很方便地调整文字的基线（也称为基线偏移）使选取的文字位于基线的上方或下方。如图5-24所示，是将文字基线设为15点和-15点时得到的效果。

图5-24 基线偏移效果

5.3.8 文字倾斜

在“字符”面板中还可以设置文本的倾斜角度，在排版中经常用到，以达到突出重点和美化版面的作用。可以方便地在“字符”面板中设置文本倾斜的角度，并且文本框形状不会受其影响。

设置文本倾斜角度时，先选中文本，然后在“字符”面板中的“倾斜”输入框中输入数值。当输入数值为正值时文字向右倾斜，当输入数值为负值时文字向左倾斜，如图5-25所示。

文字倾斜的数值要控制在－85～85。如果超出该范围系统将会给出警示信息，如图5-26所示。

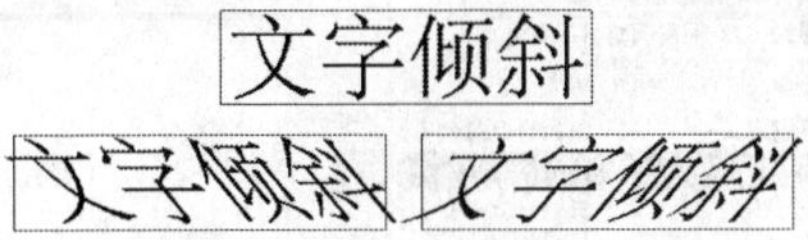

图5-25 本字倾斜效果

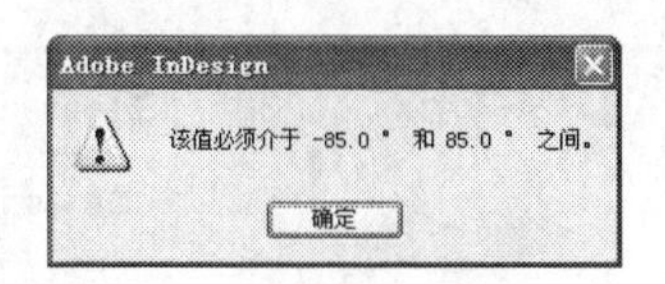

图5-26 警示信息对话框

注意：前面所提到的“切变工具”也可以使文本倾斜，但使用“切变工具”的同时文本框的形状也随之改变，如图5-27所示。

图5-27 使用“切变工具”获得的效果

5.3.9 文字旋转

在“字符”面板中还可以设置部分或全部文字的旋转效果，这种效果在报纸或杂志的版面中经常看到。旋转文字通常用于突出重点和美化版面。在“字符”面板或者“控制”面板中即可设置文字旋转的角度，并且文本框形状也不会受其影响。

设置文本旋转角度时，选中文本，然后在“字符”面板中的“字符旋转”输入框中输入数值。当输入数值为正值时文字按顺时针方向旋转，反之，当输入数值为负值时文字按逆时针方向旋转，如图5-28所示。

字符旋转角度的数值要控制为－360～360。如果超出该范围系统将会给出警示信息，如图5-29所示。

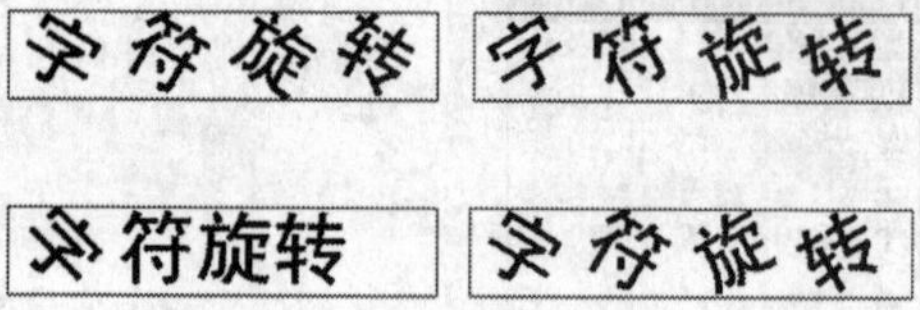

图5-28　字符旋转效果

图5-29　警示信息对话框

5.3.10　使用上划线和下划线

在排版过程中，为文字添加下划线和上划线也是经常遇到的问题，使用上下划线也可以起到突出重点和美化版面的作用。下面简单地介绍为文字添加下划线的操作。

（1）选中将要添加下划线的文字，在“字符”面板中单击右上角的按钮。在打开的菜单中选择“下划线选项”命令，如图5-30所示。

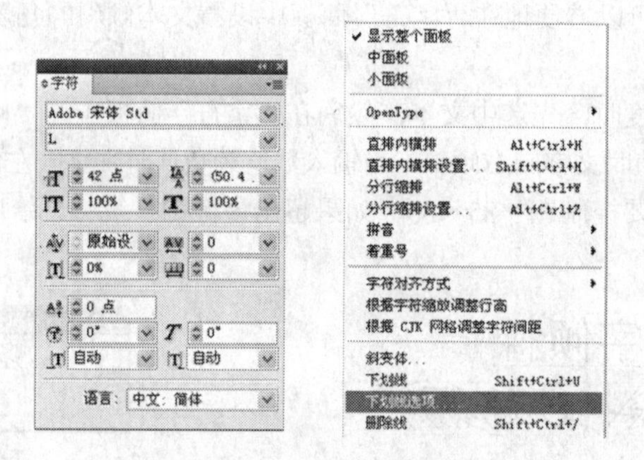

图5-30　打开的菜单

（2）在打开的“下划线选项”对话框中，勾选“启用下划线”选项，设置下划线的类型及颜色如图5-31所示。勾选“预览”选项可以查看设置的“下划线”效果。

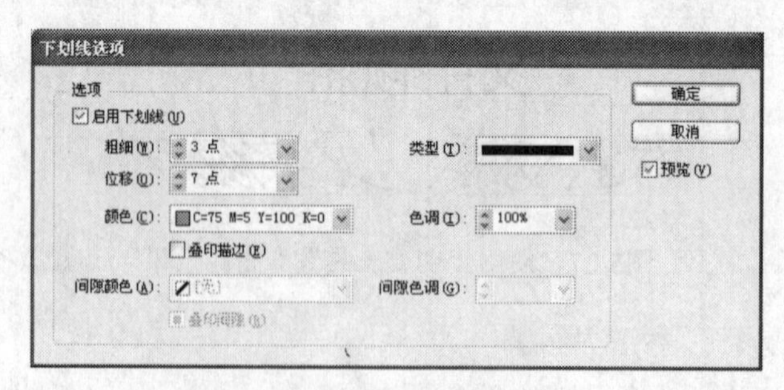

图5-31“下划线选项”对话框

（3）单击“确定”按钮即可添加下划线，效果如图5-32所示。

（4）在实际工作中，有时还会遇到给文字添加删除线效果的情况。和添加下划线一样，首先选中将要添加删除线的文字，在“字符”面板中单击右上角的按钮。在打开的面板菜单中选择“删除线选项”命令。然后在打开的“删除线选项”对话框中勾选“启用删除线”

选项，设置删除线的类型及颜色，勾选“预览”选项可以查看设置的“删除线”效果，如图5-33所示。

美丽的中国→美丽的中国

图5-32　添加下划线前后的效果

（5）单击“确定”按钮即可添加删除线，效果如图5-34所示。

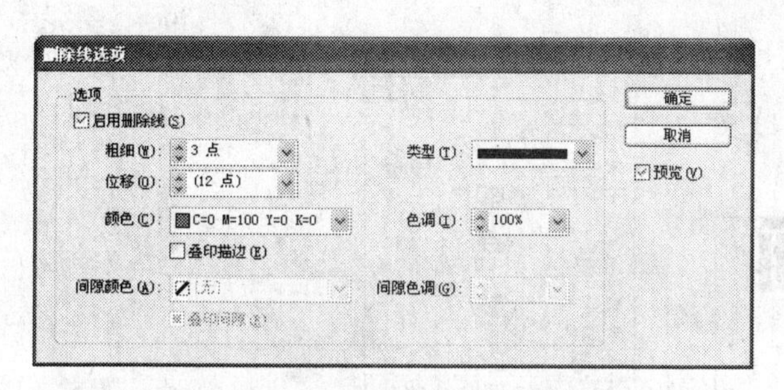

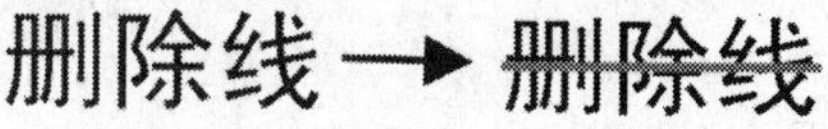

图5-33　“删除线选项”对话框

删除线→删除线

图5-34　删除线效果

5.3.11　文字的上标和下标

在一些公式中经常会遇到文字的上标和下标，在排版科技类图书时经常遇到。选择需要设置上标或下标的字符，在“字符”面板中单击右上角的 ≡ 按钮，在打开的面板快捷菜单中选择“上标”或“下标”命令即可。如图5-35所示。

提示： 也可以根据实际需要通过调整基线偏移值和文字大小，从而精确地调整上标和下标的位置。

InDesign将对选定的文字应用默认的基线偏移值和大小。系统默认的“上标”或“下标”值为向上或向下移动字符高度的33.3%，字符大小为原字符的58.3%。有时根据实际需要可以更改默认值。在菜单栏中选择“编辑→首选项→高级文字”命令，在打开的“首选项”对话框中更改“上标”和“下标”的大小和位置值即可，如图5-36所示。

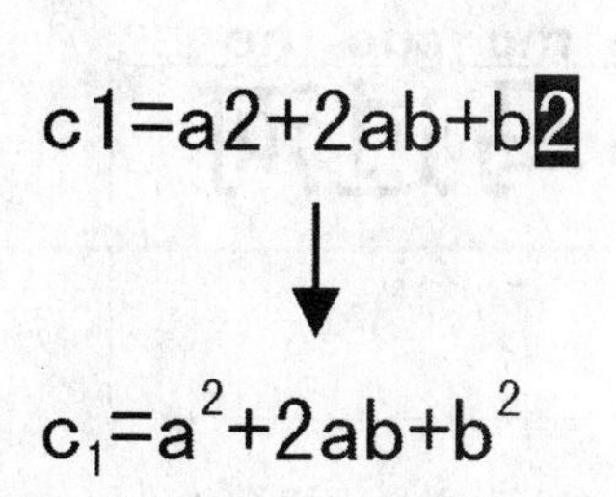

图5-35　设置文字的上标和下标效果

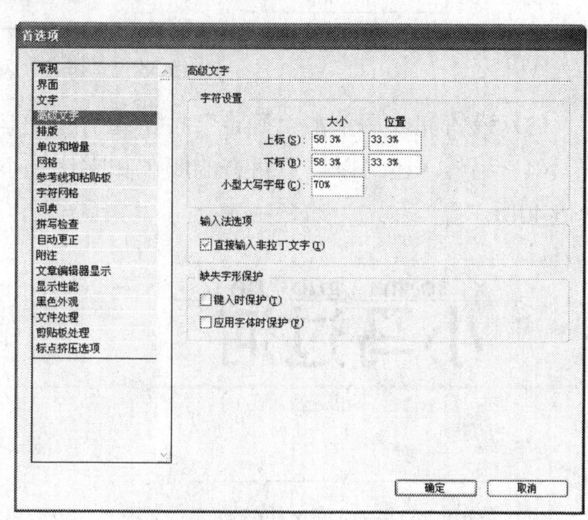

图5-36　“首选项”对话框

5.3.12 为文字添加拼音

在很多儿童读物书籍中经常看到文字加注拼音，在阅读和学习时起辅助性作用。在InDesign中可以很方便地为文字添加拼音，下面简单地介绍一下其方法。

（1）使用“文字工具” T.在页面中创建一个文本框并输入文字，然后将字体设置为黑体，字体大小设置为48点。如图5-37所示。

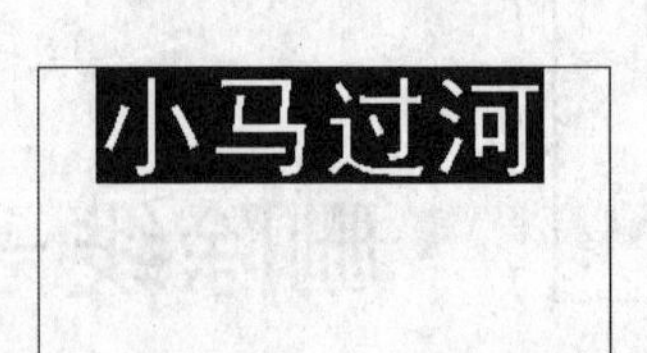

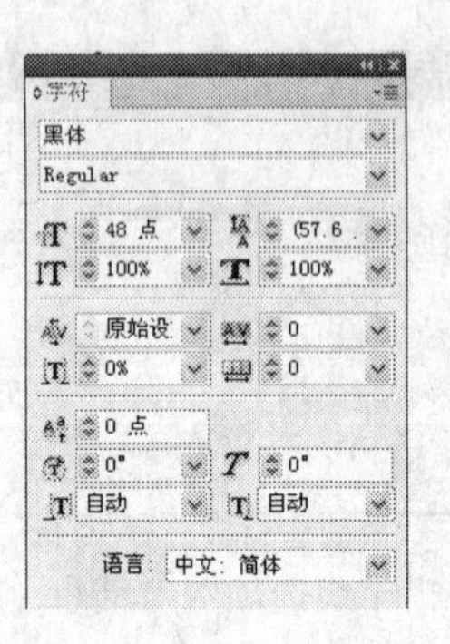

图5-37　创建的文字

（2）选中输入的文字，在“字符”面板中单击右上角的按钮，在打开的面板快捷菜单中选择“拼音→拼音”命令。然后在打开的“拼音”对话框中输入拼音，并设置相关的参数，如图5-38所示。

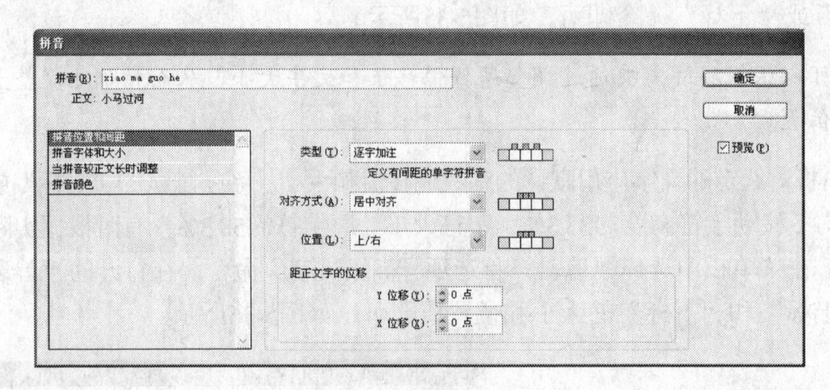

图5-38　“拼音”对话框

（3）设置完成后单击“确定”按钮即可为文字添加拼音，效果如图5-39所示。

（4）另外，还可以设置拼音的颜色和字体大小。下面是将拼音改变为红色后的效果，如图5-40所示。

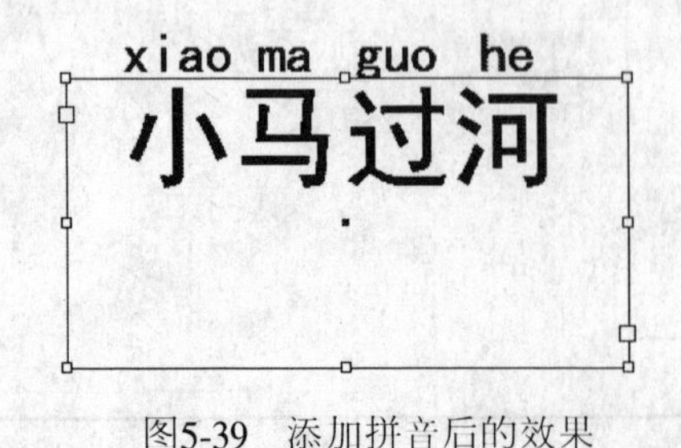

图5-39　添加拼音后的效果

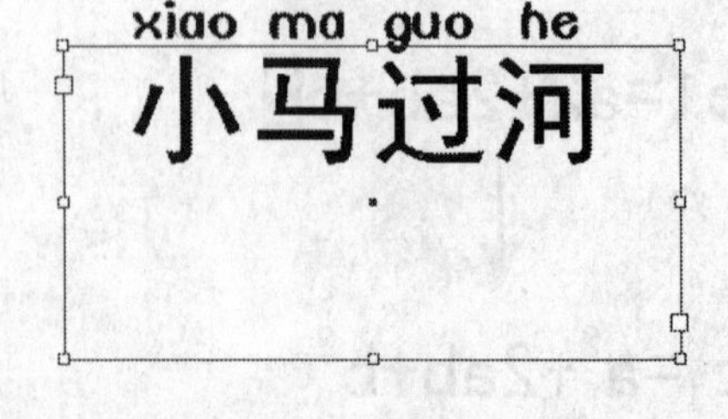

图5-40　改变拼音的颜色

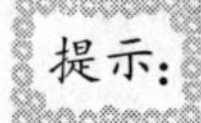

另外，使用“字符”面板还可以添加着重号、直排和横排、分行缩排、设置字符的大小写（针对英文字母）等，操作非常简单，在面板菜单中选择相应的命令即可，不再一一介绍。

5.3.13 改变文字和文本框的颜色

在InDesign中，不仅可以按任意形式排列文字，还可以给文字填充颜色，以达到美化版面的效果。由于文字并不等同于路径对象，所以在进行颜色填充时还要受到一定的限制。例如，不能对单纯的文字进行渐变效果填充。

对于彩色版面来说，色彩是很重要的，文字也不例外。文字、文本框和InDesign中其他的对象一样都有轮廓和填充色。可以给文本框或文字填充颜色、设置渐变效果等。

1. 对文本框填色

（1）使用工具箱中的“选择工具”选中文本框，如图5-41所示。

（2）执行“窗口→颜色”命令，打开“颜色”面板。如果要填充文本框，在“颜色”面板中单击“格式针对容器”按钮，并切换到“填色”模式，如图5-42所示。

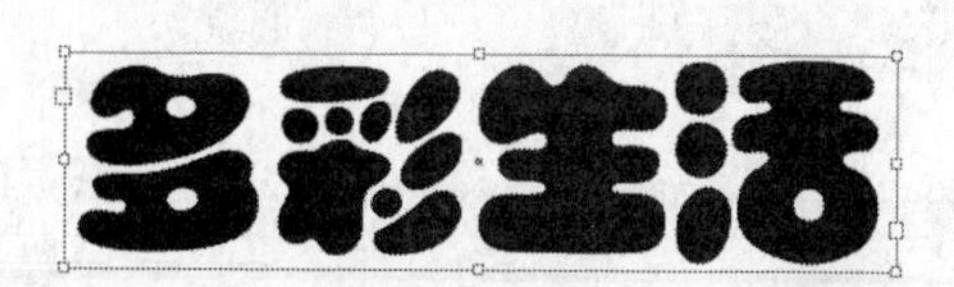

图5-41 选中文本框

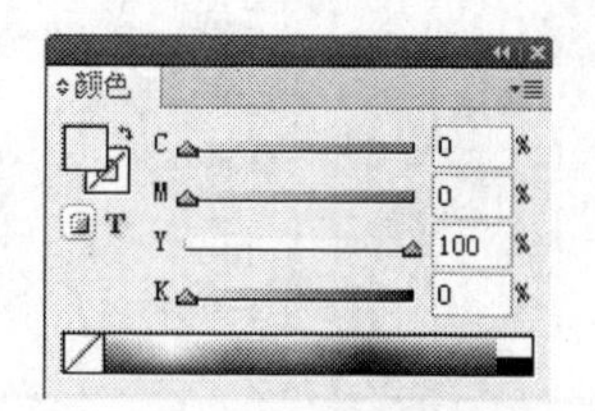

图5-42 “颜色”面板

（3）设置需要的颜色对文本框进行填充即可。下面是将文本框填充为黄色后的效果，如图5-43所示。

2. 对文字进行填色

（1）输入文字后，使用“文字工具” T 选择需要填色的文字。

（2）在菜单栏中执行“窗口→颜色”命令，打开“颜色”面板。

（3）设置颜色，对文字进行填充，效果如图5-43所示。

另外，还可以在InDesign中对文字的描边（轮廓）进行颜色设定，方法与填充的方法基本相同，只是在选中文字后在“颜色”面板中切换到“描边”模式下，然后选择一种轮廓颜色。图5-44所示就是应用不同轮廓颜色后的文字效果。

图5-43 为文本框填色

图5-44 设置不同描边色的文字效果

5.4 字符样式

字符样式是通过一步操作就可以应用于文字的一系列字符格式属性的集合。字符样式不包括选定文字中的所有格式属性。如果在段落中使某些文字有不同于段落样式的文字效果，比如更改字体、字符颜色等，就可以使用字符样式。所创建的字符样式在应用于文字时，可以只更改某些属性而忽略其他所有的字符属性。

在InDesign中可以自己创建一些字符样式，利用这些字符样式可以在很大程度上缩短制作时间，并且对于出版物还起到了一定的规范作用。

5.4.1 创建字符样式

在菜单栏中选择“文字→字符样式”命令打开“字符样式”面板，单击“字符样式”面板右上角的菜单按钮，然后在打开的菜单中选择“新建字符样式”命令，如图5-45所示。

打开“新建字符样式”对话框。在该对话框中可以设置新建字符样式的名称，基于字符样式并设置快捷键，如图5-46所示。设置好需要的选项后单击“确定”按钮即可。

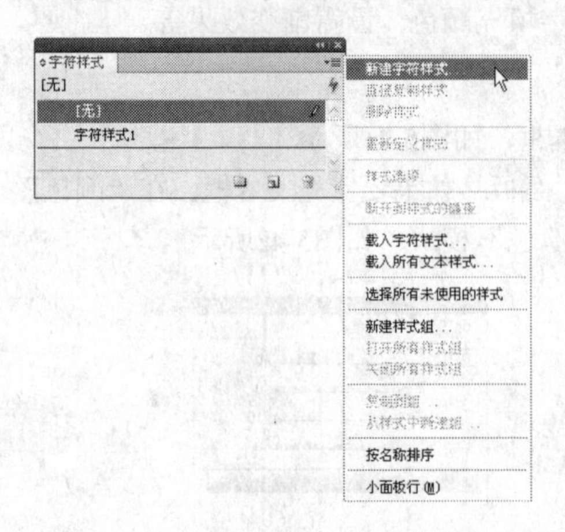

图5-45 “字符样式”面板菜单

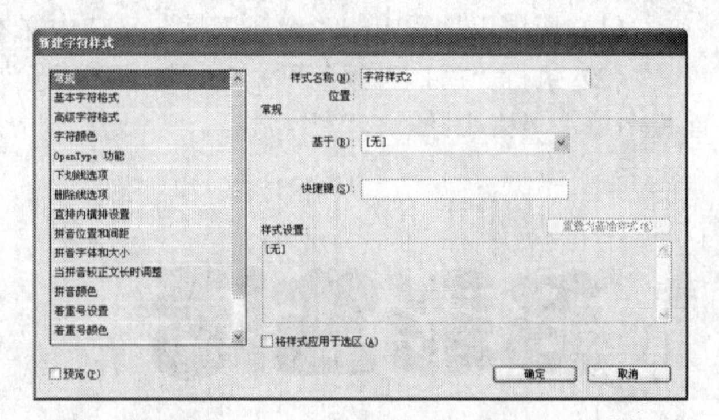

图5-46 “新建字符样式”对话框

在“新建字符样式”对话框左边的选项栏中，还有很多关于字符样式的设置选项，其中包括“基本字符格式”、“高级字符格式”、“字符颜色”和“下划线选项”等。

1. 基本字符格式

在“新建字符样式”对话框左边的选项栏中单击“基本字符格式”选项，在右侧将展开更多的相关选项。比如可以设置新建字符样式的字体、大小、行距、字距等基本属性，如图5-47所示。

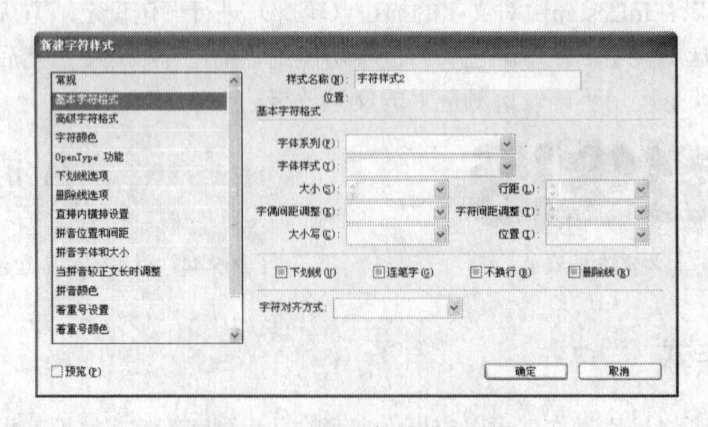

图5-47 “基本字符格式”选项

2. 高级字符格式

在“新建字符样式”对话框左边的选项栏中单击“高级字符格式”选项，在右侧将展开更多的选项。可以进一步对新建字符样式进行设置，其中包括“水平缩放”、“垂直缩放”、“比例间距”、“基线偏移”和“字符旋转”等高级设置，如图5-48所示。

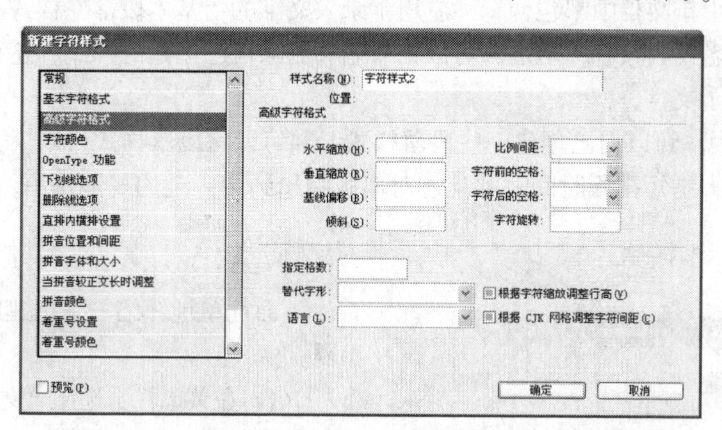

图5-48　“高级字符格式”选项

3. 字体颜色

在“新建字符样式”对话框左边的选项栏中单击“字符颜色”选项， 在右侧将展开更多的选项。在此可以设置字符的填充颜色、斜接限制和描边对齐方式等，如图5-49所示。

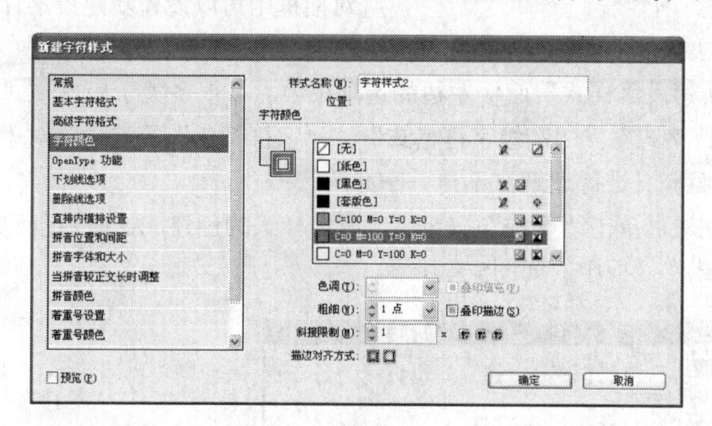

图5-49　“字符颜色”选项

除此之外，还可以设置字符的下划线、删除线、直排内横排设置、拼音的位置和间距、拼音的字体和大小及着重号。使用字符样式可以方便快捷地改变文字字符的属性，提高在实际应用中的工作效率。对于这些选项设置不再一一介绍。

5.4.2　应用字符样式

创建好字符样式后，就可以为选定的文字添加字符样式了。下面简单地介绍一下操作方法：

（1）使用“文字工具”选取需要设置字符样式的文字段。

（2）在“字符样式”面板中单击新建的字符样式名称，就可以为选择的文字添加字符样式了。

5.5 段落样式

段落样式包括字符和段落格式属性，可应用于一个段落，也可应用于某范围内的段落。默认设置下，每个新文档中都包含一种应用于录入文字的“基本段落”样式。可以编辑此样式，但不能重命名或删除它。不过，可以重命名和删除自己创建的样式。还可以选择另一种默认样式来应用于文字。

在InDesign中，可以自己创建一些段落样式，并可以将段落样式应用于文字，利用这些段落样式可以大大缩短排版时间，并且还对出版物起到了一定的规范作用。

5.5.1 创建段落样式

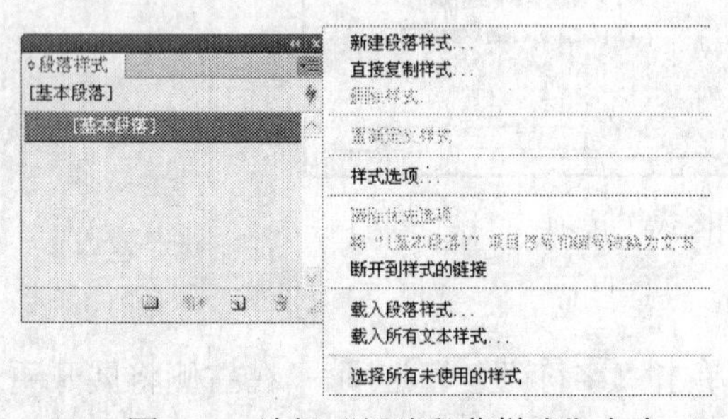

图5-50 选择“新建段落样式”命令

下面简单地介绍一下创建段落样式的操作步骤。

（1）在菜单栏中选择“文字→段落样式”命令，打开“段落样式”面板。单击“段落样式”面板右上角的按钮，在打开的菜单中选择“新建段落样式”命令，如图5-50所示。

（2）打开“新建段落样式”对话框。在该对话框中可以设置新建段落样式的名称，基于字符样式并设置快捷键，如图5-51所示。

（3）在“新建段落样式”面板左边的选项栏中，有很多关于段落样式的设置选项，其中包括“基本字符格式”、“高级字符格式”、“字符颜色”等选项。对于各选项的功能，读者可以根据字面释义进行理解，不再一一介绍。

（4）设置完成后单击“确定”按钮完成段落样式的创建，这时新创建的段落样式就会出现在“段落样式”面板中，如图5-52所示。

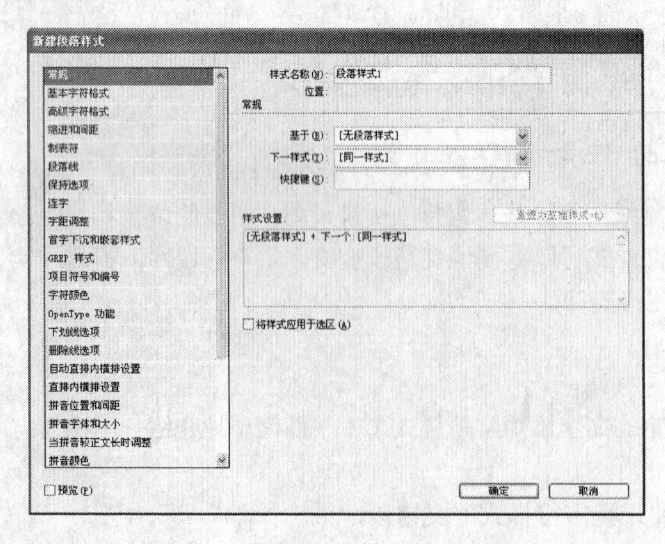

图5-51 “新建段落样式”对话框

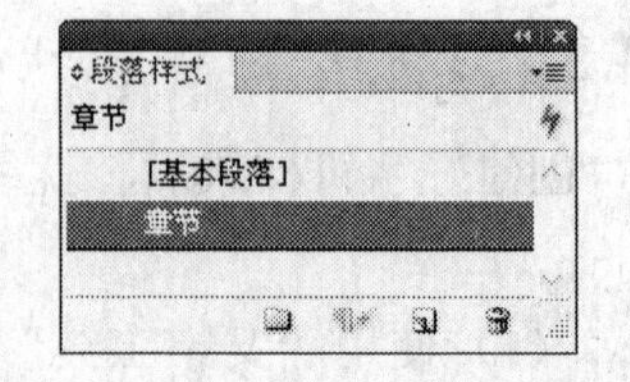

图5-52 在“段落样式”面板中显示的新建样式

5.5.2 应用段落样式

创建好段落样式后，就可以为选定文字应用段落样式了。

（1）使用“文字工具” T.选取需要设置段落样式的文字。

（2）在“段落样式”面板中单击新建的段落样式名称，即可为文字应用新建的段落样式。

5.6 编辑文字块

在排版时，一般把某个文本框中的文字称为文字块。在对文字块进行编辑之前必须选中它。在工具箱中激活“选择工具”，然后在文字块上单击即可选中文字块，如图5-53所示。使用“文字工具” T.只能选择部分文字。

图5-53 选中文字块

5.6.1 文字块的调整

在InDesign中，当在一个文本框中输入文字后，还可以调整它的位置和大小。和InDesign中的其他对象一样，如果要调整文字块的位置和大小，首先要选中文字块，然后根据需要进行调整即可。

选中文字块之后，直接使用鼠标拖动的方法就可以移动它。如果需要进行精确位置的移动，可以执行“对象→变换→移动”命令，在打开的“移动”对话框中输入需要移动的距离。也可以选择“对象→变换→旋转”命令，在打开的“旋转”对话框中设置旋转角度，如图5-54所示。

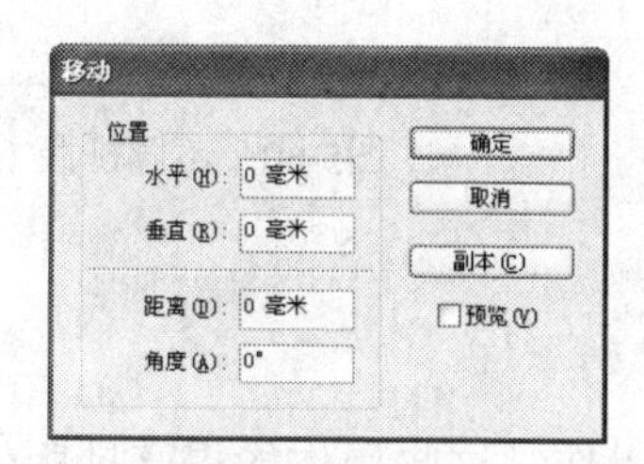

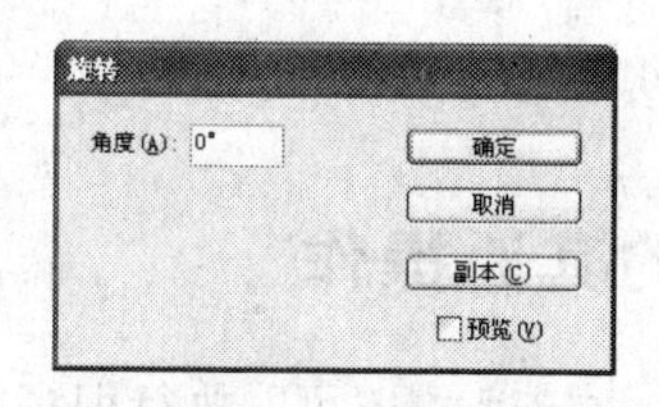

图5-54 “移动”对话框和“旋转”对话框

选中文字块之后，可以使用“旋转工具”旋转文字块。在工具箱中选中“旋转工具”，选择想要旋转的文字块，按住鼠标左键进行拖动，即可旋转文字块，如图5-55所示。

在菜单栏中选择“对象→变换→切变”命令，打开“切变”对话框，设置切变参数值使文字块产生倾斜效果，如图5-56所示。

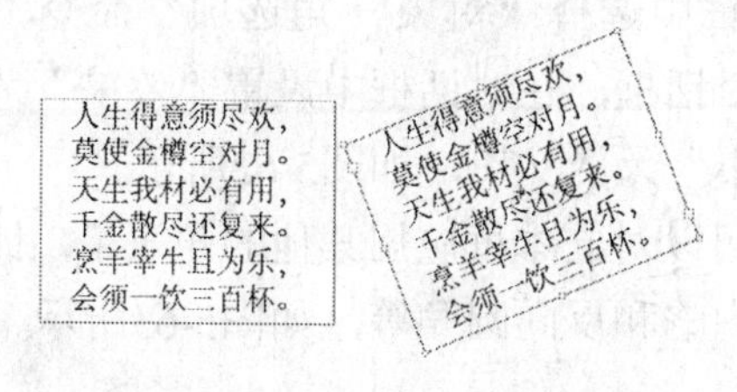

图5-55 文字块的旋转效果

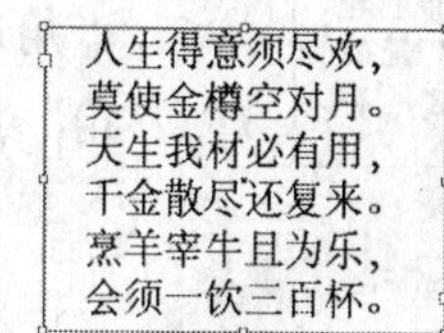

图5-56 文字块的倾斜效果

选择“缩放”命令，打开“缩放”对话框，设置缩放参数使文字块产生缩放效果，如图5-57所示。

另外，选择“水平翻转”命令，可使文字块产生水平翻转效果，如图5-58所示。

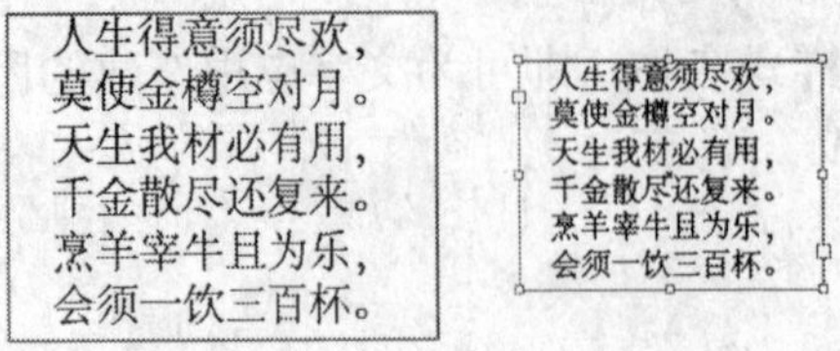

人生得意须尽欢，
莫使金樽空对月。
天生我材必有用，
千金散尽还复来。
烹羊宰牛且为乐，
会须一饮三百杯。
人生得意须尽欢，
莫使金樽空对月。
天生我材必有用，
千金散尽还复来。
烹羊宰牛且为乐，
会须一饮三百杯。

图5-57　文字块的缩放效果

人生得意须尽欢，
莫使金樽空对月。
天生我材必有用，
千金散尽还复来。
烹羊宰牛且为乐，
会须一饮三百杯。

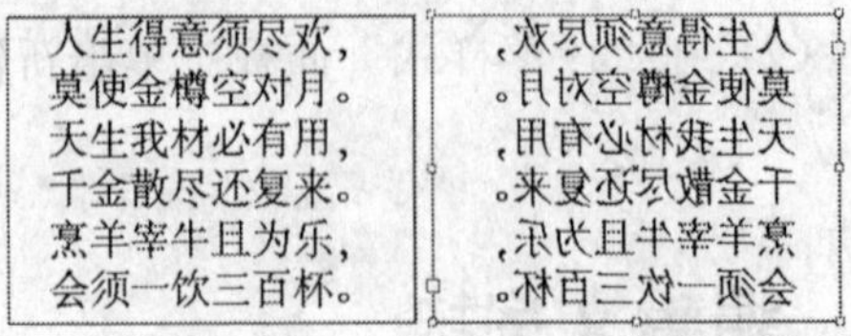

图5-58　水平翻转后的效果

5.6.2　转换排版方向

为了美化版面或者满足排版需要，在InDesign中可以转换排版方向，也就是将水平方向的文字和垂直方向的文字相互转换。

（1）选择工具栏中的“选择工具”选中文本框。

（2）在菜单栏中选择“文字→排版方向→水平/垂直”命令，这样就可以改变文本框内文字的排版方向了，如图5-59所示。

（3）如图5-60所示，即为将水平排版方向转换为垂直排版方向的效果。

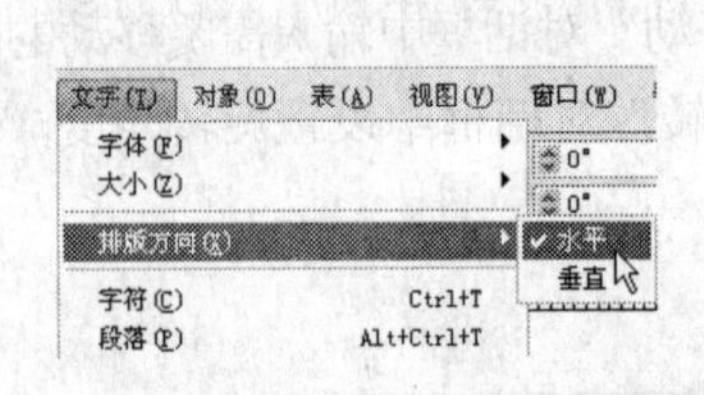

文字(T)
对象(O)
表(A)
视图(V)
窗口(W)
字体(F)
大小(Z)
排版方向(X)
水平
垂直
字符(C) Ctrl+T
段落(P) Alt+Ctrl+T

图5-59　文字菜单栏

江南春
千里莺啼绿映红，
水村山郭酒旗风。
南朝四百八十寺，
多少楼台烟雨中。
江南春
千里莺啼绿映红
水村山郭酒旗风
南朝四百八十寺
多少楼台烟雨中

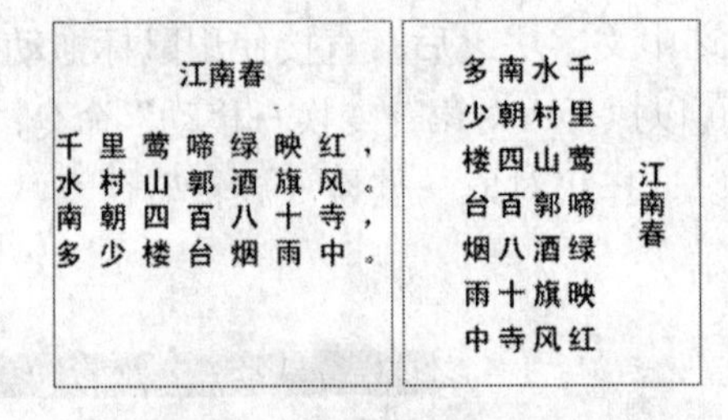

图5-60　不同排版方向的效果

5.7　文字块的其他操作

在InDesign中，对文字块还可以执行很多操作，这些操作能提高排版效率。

5.7.1　对文本框应用边角效果

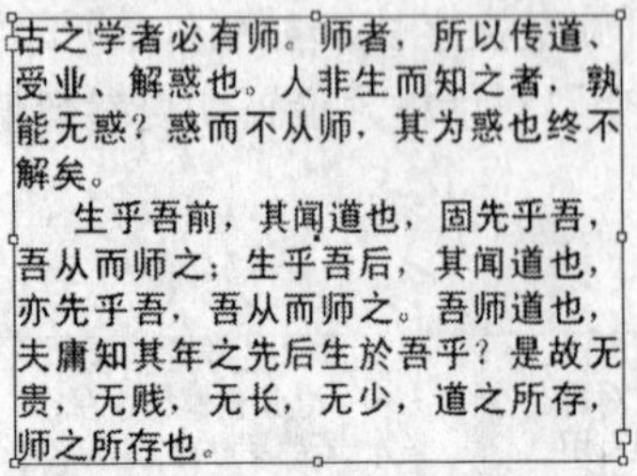

古之学者必有师。师者，所以传道、受业、解惑也。人非生而知之者，孰能无惑？惑而不从师，其为惑也终不解矣。
生乎吾前，其闻道也，固先乎吾，吾从而师之；生乎吾后，其闻道也，亦先乎吾，吾从而师之。吾师道也，夫庸知其年之先后生於吾乎？是故无贵，无贱，无长，无少，道之所存，师之所存也。

图5-61　选中的文本框

在排版时，可以为文本框应用边角效果来改变文本框的形状。应用边角效果前，先使用“选择工具”选中文本框，如图5-61所示。

在菜单栏中选择“对象→角选项”命令，打开“角选项”对话框，在对话框中设置“效果”为“圆角”、“大小”为“30”，如图5-62所示。

另外还可以对文本框应用其他的角效果，比如花式、斜角、内陷和反向圆角等，如图5-63所示。

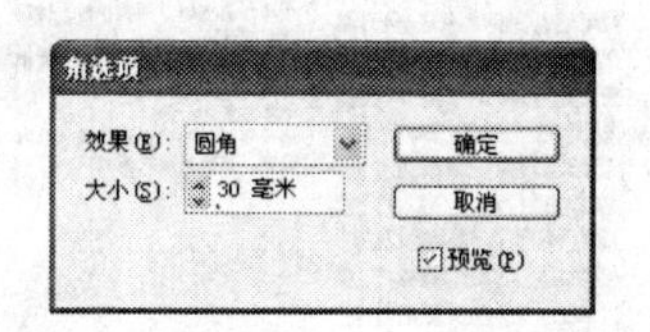

图5-62 “角选项”对话框和应用圆角后的效果

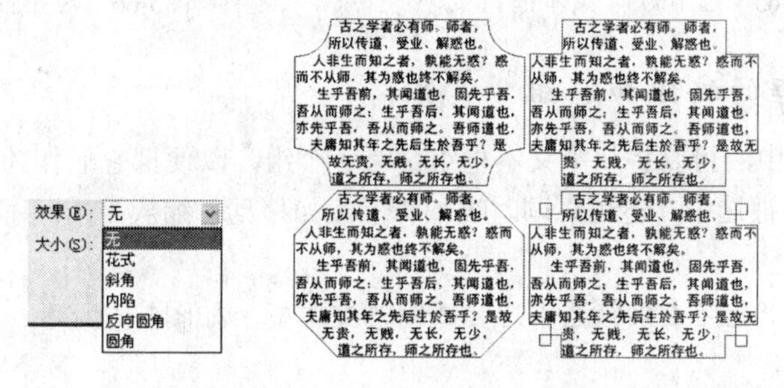

图5-63 不同的角效果

5.7.2 文本框之间的对齐

在InDesign中，可以将版面中几个零散的文本框对齐，从而使版面更加整齐。在菜单栏中选择“窗口→对象和版面→对齐”命令，打开“对齐”面板，如图5-64所示。

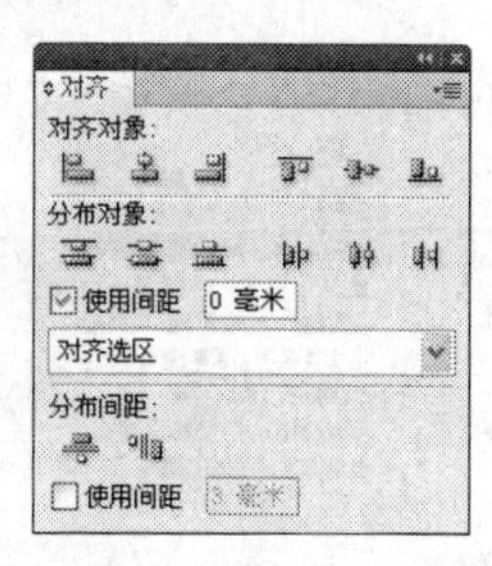

图5-64 “对齐”面板

使用“对齐”面板可以将选定的对象沿指定的轴向对齐。沿着垂直轴方向，可以使所选对象中的最右边、中间和最左边的节点对齐所选的其他对象，或沿着水平轴方向，使所选对象的最上边、中间和最下边的节点对齐所选的其他对象。

提示： 当把鼠标指针放在面板的按钮上时，就会自动显示出该按钮的名称，读者可以根据按钮名称进行选择。

对齐方式共有6个按钮，分别是：左对齐、右对齐、水平居中对齐、顶对齐、垂直居中对齐和底对齐。这6个按钮的共同特点是能够将选定的多个对象按照一定的方式对齐。

对象分布方式也有6个按钮，分别是：按顶分布、垂直居中分布、按底分布、按左分布、水平居中分布和按右分布。这6个按钮的共同特点是能够将选定的多个对象按照一定的方式进行分布排列。

分布间距包括两个按钮，分别是垂直分布间距和水平分布间距。使用这两个按钮可以指定在分布选定的多个对象时按照什么方式确定分布的间距。

下面，将文本框进行底对齐，并且使文本框之间的间距为8。

（1）制作3个文本框，并使用“选择工具”选中3个文本框，如图5-65所示。

（2）在“对齐”面板中单击“底对齐”按钮，并勾选“使用间距”选项，设置水平间距为8毫米，然后单击“水平分布间距”按钮。对齐后的效果如图5-66所示，它们的间距是8毫米。

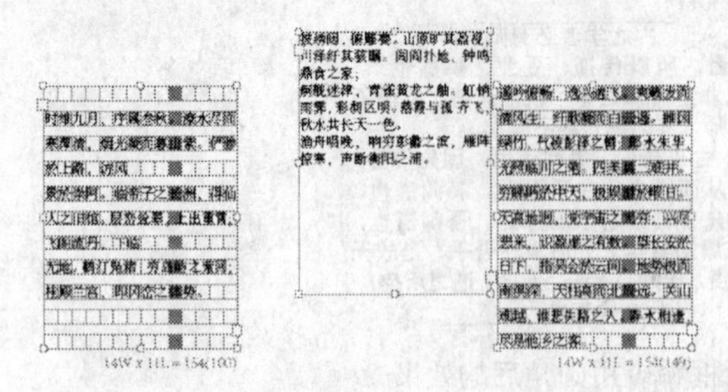

图5-65　选中的3个文本框

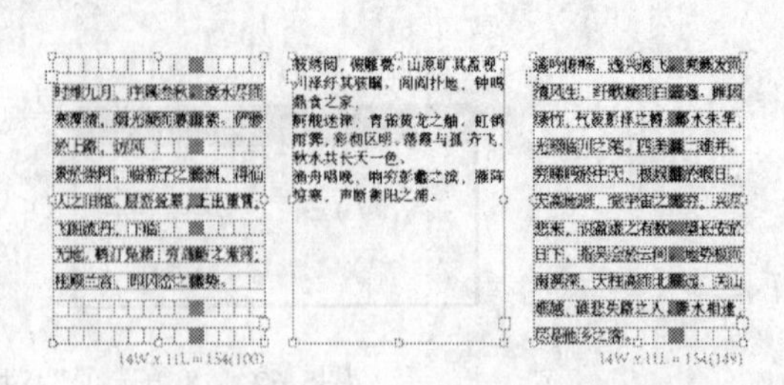

图5-66　对齐后的效果

5.7.3　文本框的编组和解组

在InDesign中，可以将几个文本框组合为一个组，以便把它们作为一个单元处理。成组的对象可以同时被选中，还可以同时被编辑，比如移动、缩放等，而不会影响它们之间的相对位置关系。

（1）使用“选择工具”选中想要成组的文本框，如图5-67所示。可事先创建几个文本框。

（2）在菜单栏中选择“对象→编组”命令，也可以按键盘上的Ctrl+G组合键，即可将选定对象进行编组，如图5-68所示。

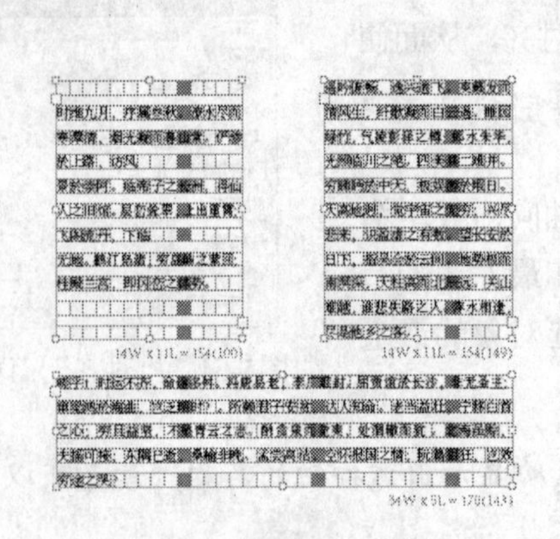

图5-67　选中的文本框

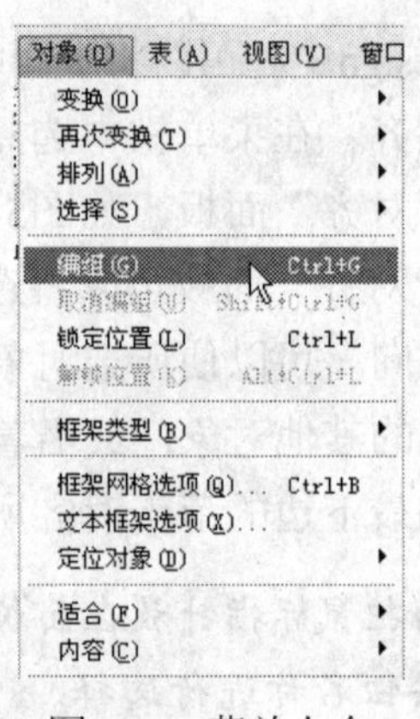

图5-68　菜单命令

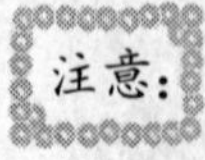

如果所选编组对象中包含锁定对象，则会打开“组警告”对话框，如图5-69所示。

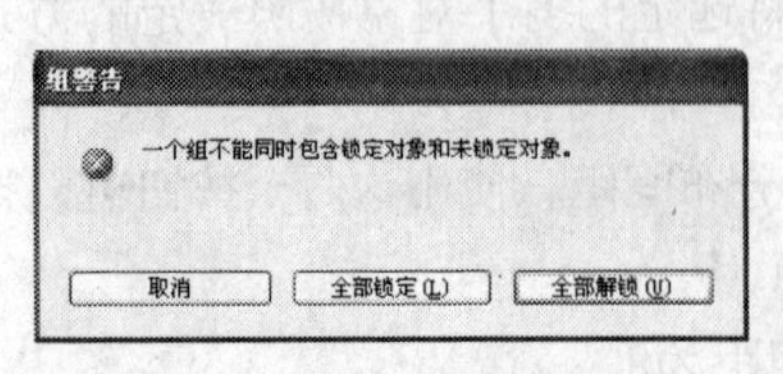

图5-69　“组警告”对话框

在该对话框中包含三个按钮：

- 取消：选择“取消”按钮时此次操作取消。
- 全部锁定：选择“全部锁定”按钮时，将所选文本框成组并锁定。
- 全部解锁：选择“全部解锁”按钮时，将所选文本框成组并解除锁定。

（3）如果要将成组的对象取消编组，在菜单栏中选择“对象→取消编组”命令即可。

5.7.4　段落强制行数

段落强制行数在排版中也常用到。强制行数是指将选择的段落强制分布在指定的行数内，以达到美化文字的作用。

使用“文字工具”选取文字中的某一行或几行后，在“段落”面板中修改“段落强制行数”参数即可使所选的段落跨越指定的强制行数，比如将两个段落行分布于三个行。也可以使用“选择工具”选中文本框，然后在“段落”面板中修改“段落强制行数”参数，段落中的每一行都将跨越指定的强制行数。

（1）选取文本框或者在工具箱中选择“文字工具”，使用光标选择一段文字，如图5-70所示。

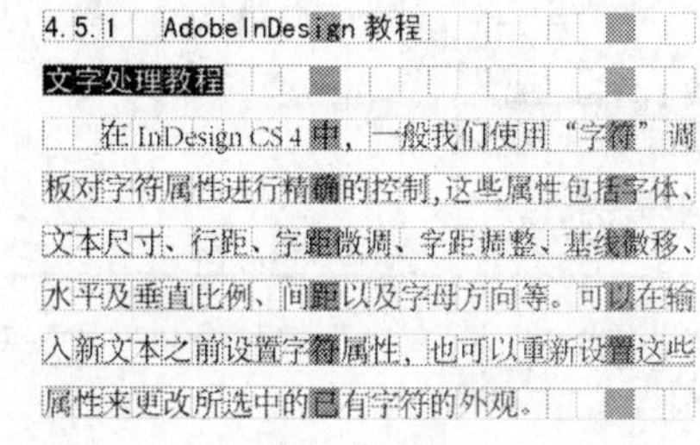

图5-70　选择的文字

（2）打开“段落”面板，在“强制行数”下拉列表中设置强制的行数为2，如图5-71所示。

（3）调整后的效果如图5-72所示。

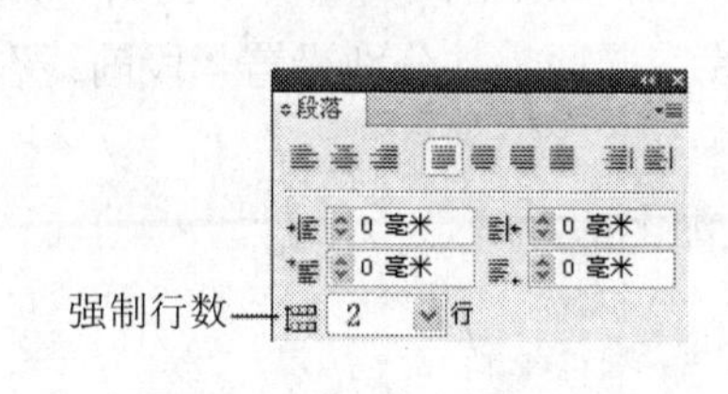

图5-71　“段落”面板

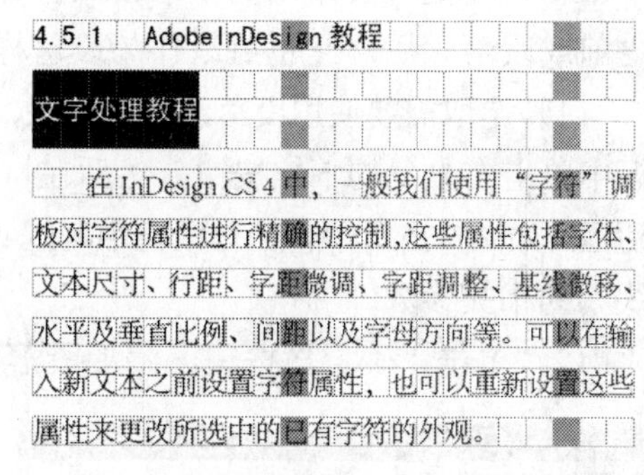

图5-72　执行强制行数后的效果

5.7.5　设置文字下沉

在排版中，文字下沉也是常见的一种段落文字格式。定义文字下沉按照以下的方法进行操作：

（1）选取需要设置首字下沉或者多字下沉的文字。打开“段落”面板，并在“段落”面板中单击右上角的下拉按钮。在打开菜单中选择“首字下沉和嵌套样式”命令，如图5-73所示。

（2）打开“首字下沉和嵌套样式”对话框，在首字下沉所占“行数”下面的输入框中输入数值，此数值代表的是文字下沉（包括单字下沉和多字下沉）所占标准行距的行数，如图5-74所示。

（3）设置完成后单击“确定”按钮，效果如图5-75所示。

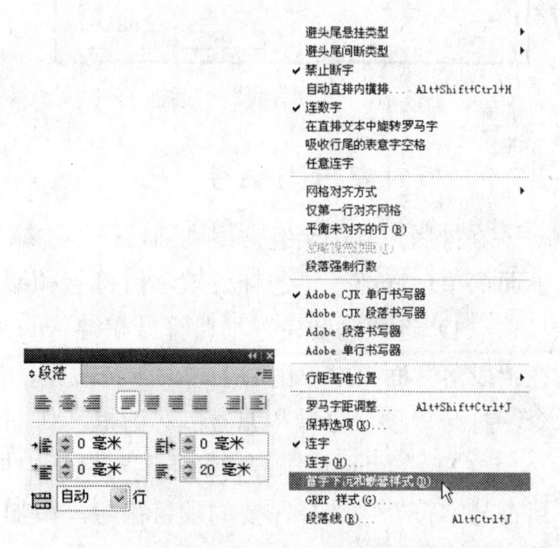

图5-73　“段落”面板和面板菜单

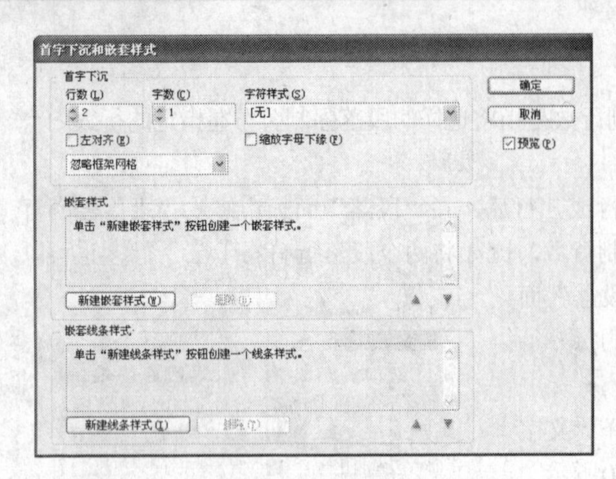

图5-74 “首字下沉和嵌套样式”对话框

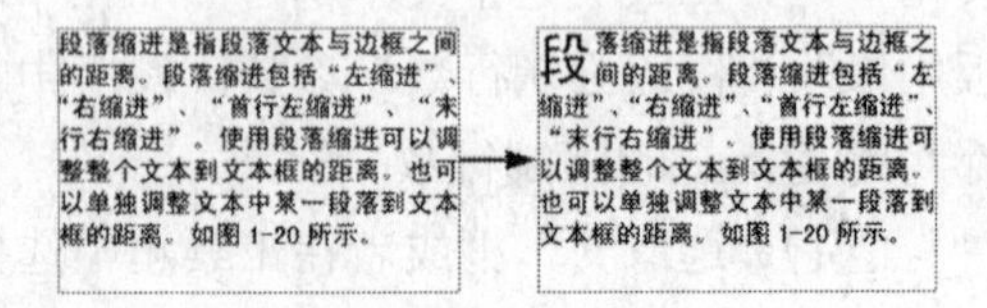

图5-75 首字下沉效果

5.7.6 使用段落线

段落线也是一种常用的段落格式。在InDesign中，可以快速地把线添加到所选文字的段落之前或段落之后，它也可以作为段落样式的一部分。可以按照下列方法定义段落线。

（1）选取需要使用段落线的文字段，或将光标定位在该文字段的任意位置。在“段落”面板中单击右上角的下拉按钮，然后在打开的菜单中选择“段落线”命令，打开“段落线”对话框，如图5-76所示。在对话框中勾选“启用段落线”选项，并分别设置“段前线”和“段后线”的相关参数。

（2）单击“确定”按钮，添加段落线后的效果如图5-77所示。

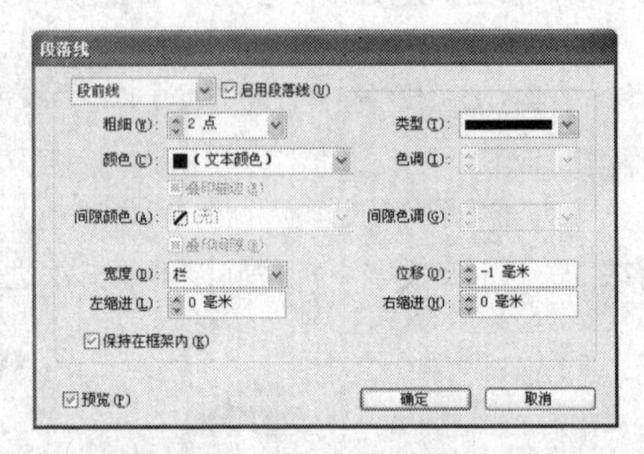

图5-76 “段落线”对话框

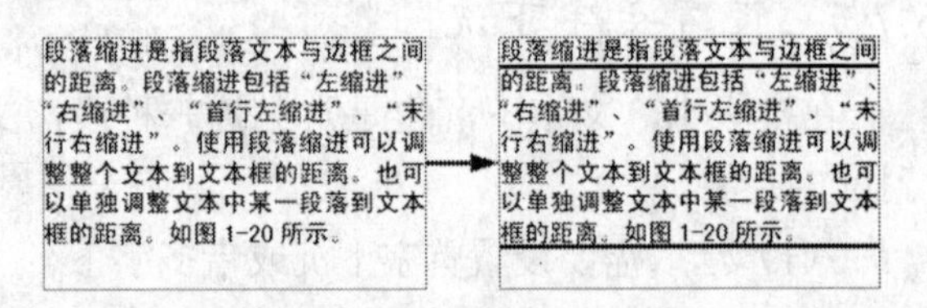

图5-77 添加段落线前后的效果

5.7.7 项目符号与编号

在排版过程中会经常用到项目符号和编号，这也是在很多书籍或者杂志中看到的效果。下面简单地介绍一下怎样设置项目符号和编号。

（1）选取需要设置项目符号和编号的文字段，或将光标定位在该文字段的任意位置。在“段落”面板中单击右上角的下拉按钮。然后在打开的菜单中选择“项目符号和编号”命令，打开“项目符号和编号”对话框，如图5-78所示。

（2）在“项目符号和编号”对话框中把“列表类型”设置为“项目符号”，并在“项目符号字符”中选择需要的项目符号，添加项目符号后的效果如图5-79所示。

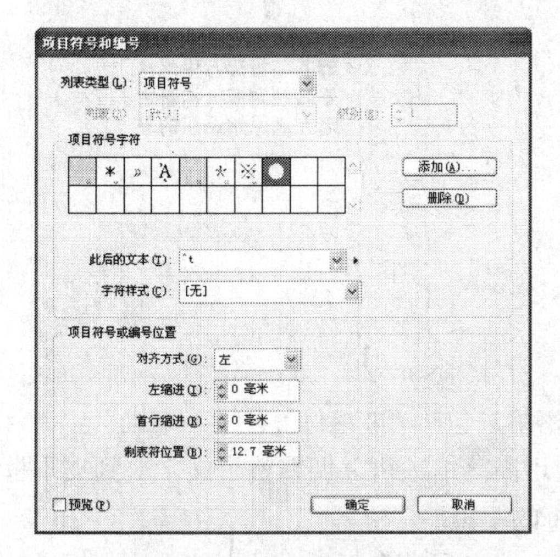

图5-78　“项目符号和编号”对话框

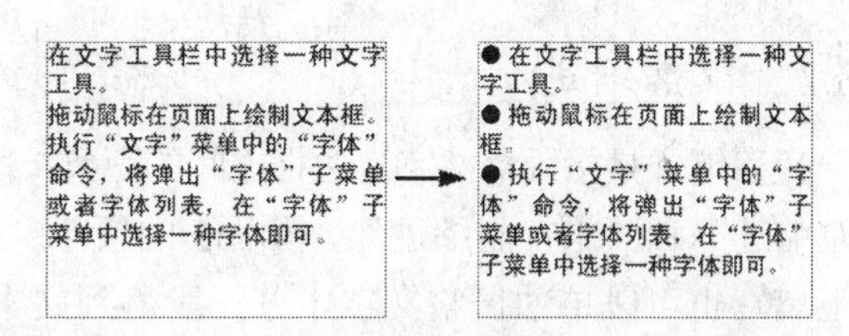

图5-79　项目符号效果

（3）在“项目符号和编号”对话框中把“列表类型”设置为“编号”即可添加编号，添加编号后的效果如图5-80所示。

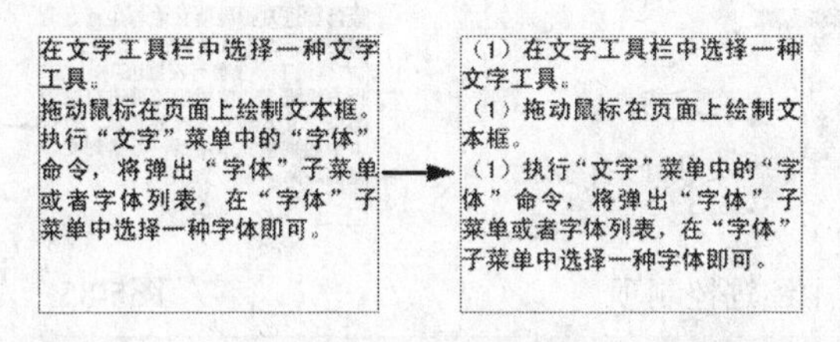

图5-80　编号效果

5.8　排版格式

在排版时，段落的对齐、缩进和挤压等一般称为排版格式。规范的格式可以起到美化版面的作用。

5.8.1　对齐方式

通常，使用“段落”面板来设置对齐，对齐有多种方式。在菜单栏中选择“窗口→段落”命令，打开“段落”面板，在该面板顶部的一排按钮就是用于设置对齐方式的按钮，如图5-81所示。

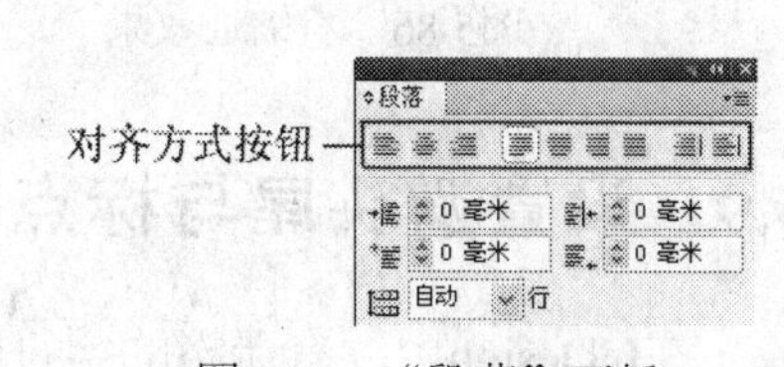

图5-81　“段落”面板

在页面中创建一个文本框并输入一些文字，然后使用“选择工具”选中文本框。在“段落”面板中单击“左对齐”按钮即可将文字在文字块左边对齐，效果如图5-82（左图）所示。单击“段落”面板中的“右对齐”按钮，即可将文字在文字块右边对齐，如图5-82（右图）所示。

单击“段落”面板中的“居中对齐”按钮，则居中对齐文字，如图5-83所示。

另外，通过在“段落”面板中单击其他的对齐方式按钮可以使文字以指定的方式进行对齐，如“双齐末行居左”、“双齐末行居中”、“双齐末行居右”、“全部强制双齐”、“朝向书脊对齐”和“背向书脊对齐”等。

美丽辽阔大草原，莽
莽苍苍雄浑万里悠悠
千载壮阔博大神奇古
老充满原始诱惑的魅
力

美丽辽阔大草原，莽
莽苍苍雄浑万里悠悠
千载壮阔博大神奇古
老充满原始诱惑的魅
力

图5-82 左对齐效果和右对齐效果

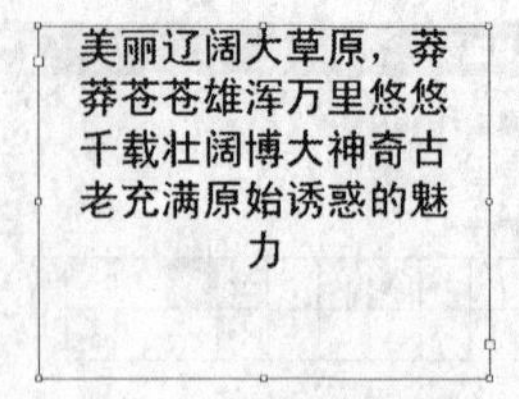

图5-83 居中对齐效果

5.8.2 段落缩进

段落缩进是指段落文字与边框之间的距离。段落缩进包括“左缩进”、“右缩进”、“首行左缩进”和“末行右缩进”，如图5-84所示。使用段落缩进可以调整整个文字块到文本框的距离，也可以单独调整文字中某一段落到文本框的距离。

创建文本框并输入文字，选中将要缩进的文字。在“段落”面板中的左缩进输入框中输入将要缩进的数值，在此输入的数值为10。也可以按左侧的箭头调整输入的缩进数值。下面是左缩进的效果，如图5-85所示。

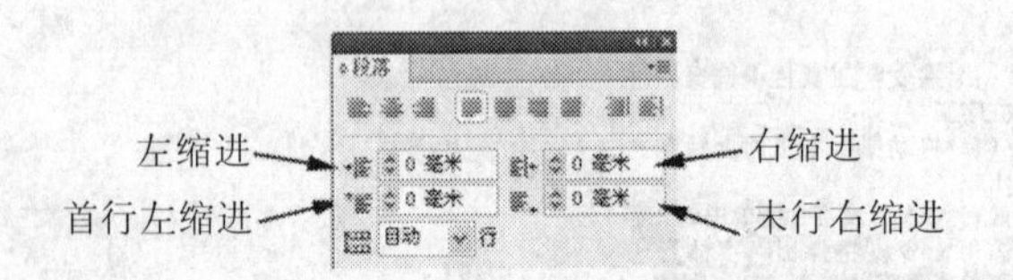

图5-84 “段落”面板中缩进控制项

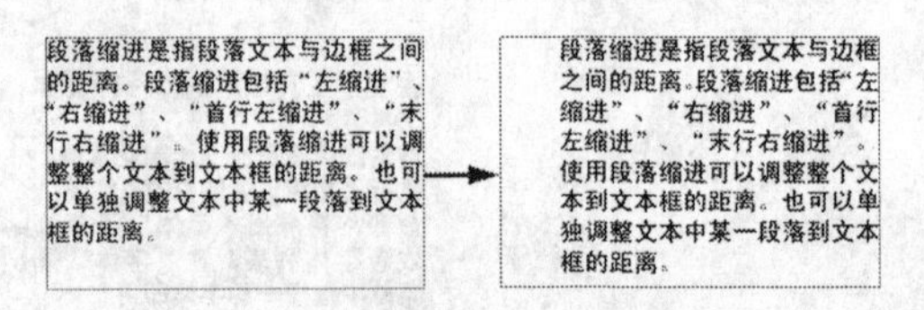

图5-85 左缩进效果

其他缩进的设置方法与左缩进的设置方法相同，下面是右缩进的效果，如图5-86所示。

下面是首行左缩进的效果，如图5-87所示。末行右缩进就是对文本框最后一行文字进行右缩进。

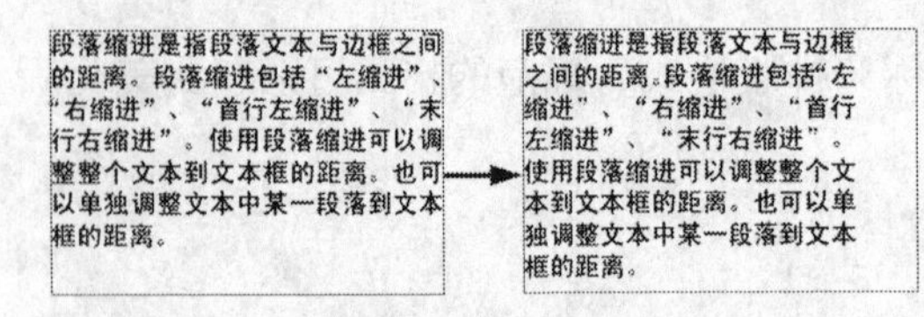

图5-86 右缩进效果

段落缩进是指段落文本与边框之间的距离。段落缩进包括“左缩进”、“右缩进”、“首行左缩进”、“末行右缩进”。使用段落缩进可以调整整个文本到文本框的距离。也可以单独调整文本中某一段落到文本框的距离。

段落缩进是指段落文本与边框之间的距离。段落缩进包括“左缩进”、“右缩进”、“首行左缩进”、“末行右缩进”。使用段落缩进可以调整整个文本到文本框的距离。也可以单独调整文本中某一段落到文本框的距离。

图5-87 首行左缩进效果

5.9 设置避头尾与标点挤压

在InDesign中，有严格的字符禁排规则，通常在中、日、韩文排版时，规定了不能在行首和行尾使用的一些字符或标点。而且还有标点挤压设置功能，在进行繁体排版和广告设计时通常需要关闭标点挤压规则。标点的挤压规则，除了标准模式，还可以根据排版的具体需要自定义。

5.9.1 避头尾设置

在菜单栏中执行“文字→避头尾设置”命令，打开“避头尾规则集”对话框，如图5-88所示。可以在该对话框中设置不能排在行首和行尾的符号。选择禁排的字符后单击“确定”按钮即可。

单击“新建”按钮，打开“新建避头尾规则集”对话框，在该对话框中可以设置新建避头尾集的名称和新集基准，如图5-89所示。单击“确定”按钮后即可创建新的避头尾集。

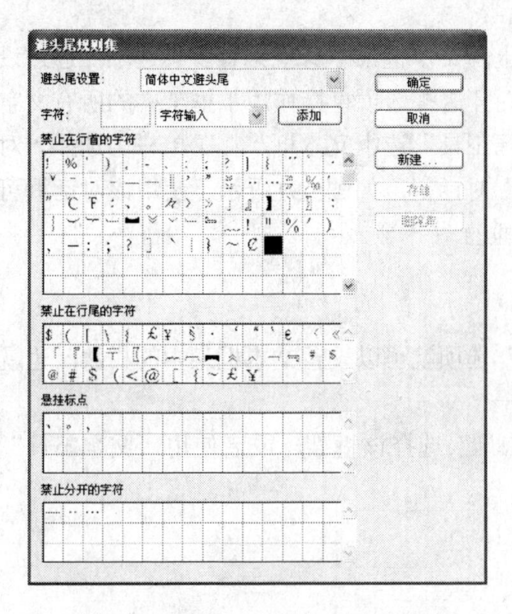

图5-88 “避头尾规则集”对话框

图5-89 “新建避头尾规则集”对话框

5.9.2 标点挤压设置

标点挤压设置用来控制标点在版面中的显示方式，通过控制标点的显示方式也可以起到美化版面的作用。在“段落”面板中单击右上角的下拉按钮，在打开的菜单中选择“文字→标点挤压设置→基本”命令，打开“标点挤压设置”对话框，如图5-90所示。

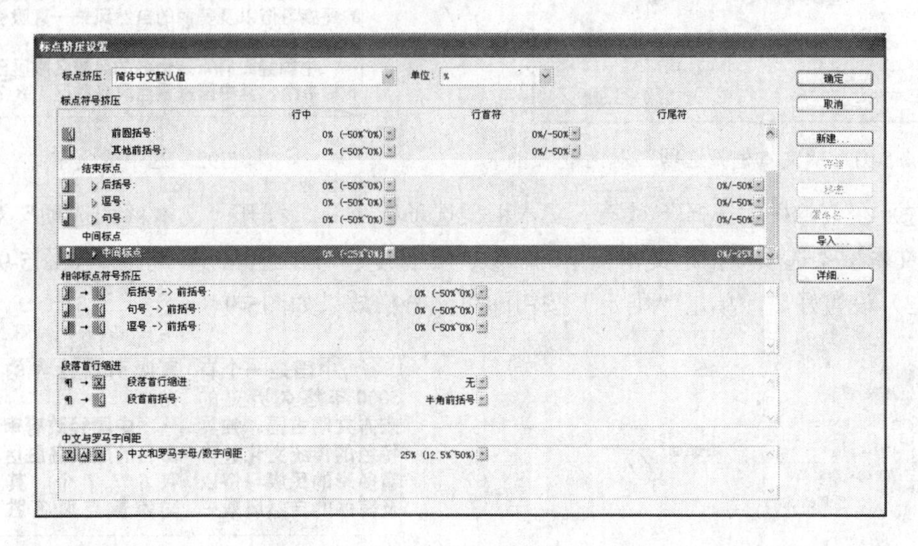

图5-90 “标点挤压设置”对话框

在该对话框中可以对标点挤压进行详细的设置。可以设置其最大值和最小值以满足不同的版面需求。

5.10 使用文本框架

在排版时，文本框架是经常用到的。实际上，文本框架本身就具有多种选项，通过设置这些选项可以对文本框架内的文字进行排版，而且这些选项直接作用于框架内的所有文字。

使用“文字工具”选择文字或者使用“选择工具”选中文本框，在菜单栏中选择“对象→文本框架选项”命令，打开“文本框架选项”对话框，如图5-91所示。使用该对话框可以设置框架内的栏数、栏间距、宽度、内边距和垂直对齐等。

5.10.1 在文本框架中添加栏

使用“文本框架选项”对话框中的“栏数”选项就可以设置文本框架中的栏数，也就是在文本框架中创建新栏。

（1）创建一个文本框架，并使用“选择工具”选择该框架，或者使用“文字工具”在文本框架中选择文字，如图5-92所示。

文本框架选项
常规
基线选项
分栏
栏数(N): 1
栏间距(G): 5 毫米
宽度(W): 104 毫米
固定栏宽(F)
内边距
上(T): 0 毫米
左(L): 0 毫米
下(B): 0 毫米
右(R): 0 毫米
垂直对齐
对齐(A): 上/右
段落间距限制(S):
忽略文本绕排(I)
预览(V)
确定
取消

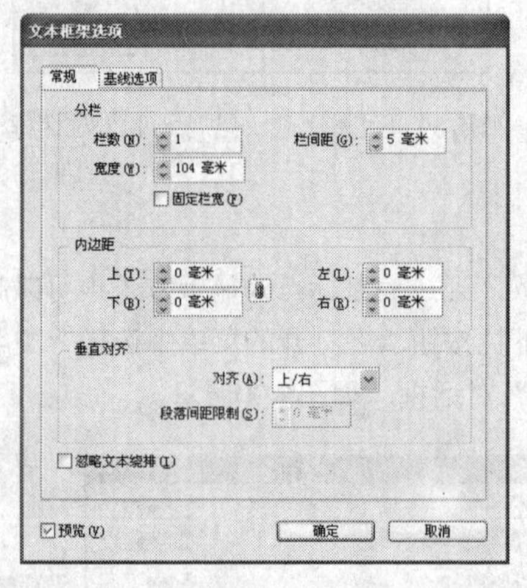

图5-91 “文本框架选项”对话框

中国是一个有5000年悠久历史的东方文明古国。独具特色的传统文化、丰富多彩的民族习俗以及美丽的自然风景一直吸引着世界的目光。
中国经政府审定命名的风景名胜区已有677个，其中国家重点风名胜区187个

图5-92 选中的文字

（2）在菜单栏中选择“对象→文本框架选项”命令，打开“文本框架选项”对话框。然后在文本框架选项中指定文本框架的栏数、栏宽度和每栏之间的栏间距。如图5-93所示。

（3）设置好后，单击“确定”按钮即可，分栏效果如图5-94所示。

分栏
栏数(N): 2
栏间距(G): 4 毫米
宽度(W): 51 毫米
固定栏宽(F)

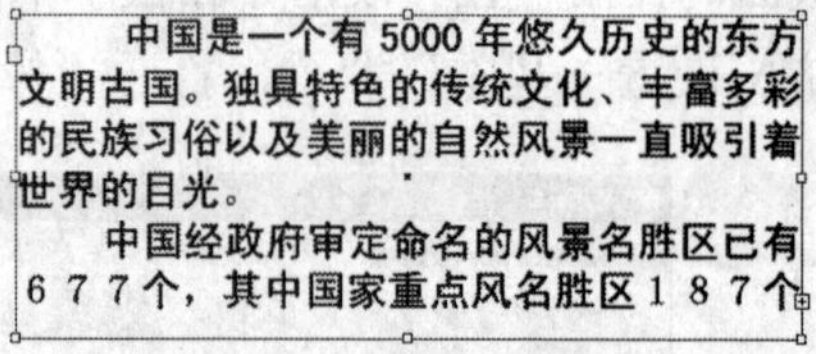

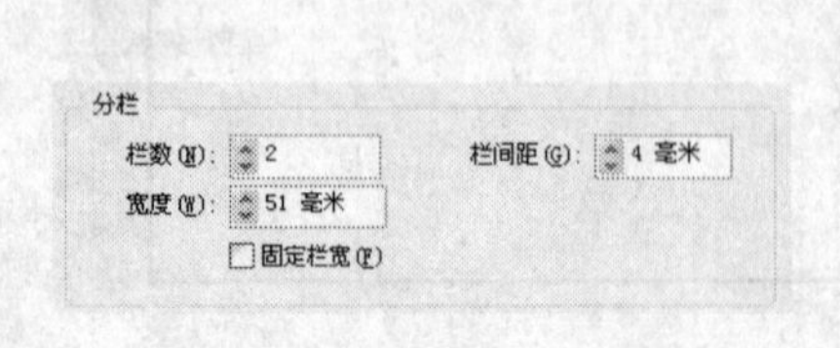

图5-93 设置分栏

中国是一个有5000年悠久历史的东方文明古国。独具特色的传统文化、丰富多彩的民族习俗以及美丽的自然风景一直吸引着世界的目光。
中国经政府审定命名的风景名胜区已有677个，其中国家重点风名胜区

图5-94 设置分栏后的效果

（4）如果选中“固定栏宽”项，那么在调整框架大小时可保持栏宽不变。但是在调整框架大小时，可以更改栏数，而不能更改栏宽。

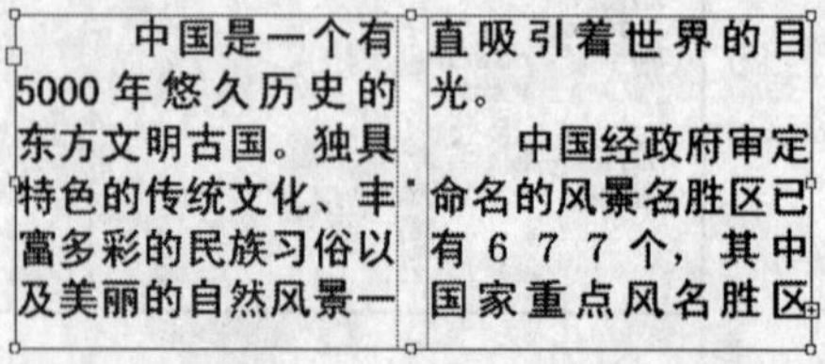

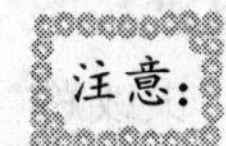
注意：无法在文本框架中创建宽度不相等的栏。要创建宽度或高度不等的列，则在文档页面或主页上逐个添加串接的文本框架即可。

5.10.2 更改文本框架的内边距

使用“文本框架选项”对话框中的“内边距”选项可以设置文本框架中的文本的内边距大小。

（1）使用“选择工具”选择框架，或者使用“文字工具”在文本框架中单击或选择文字，如图5-95所示。

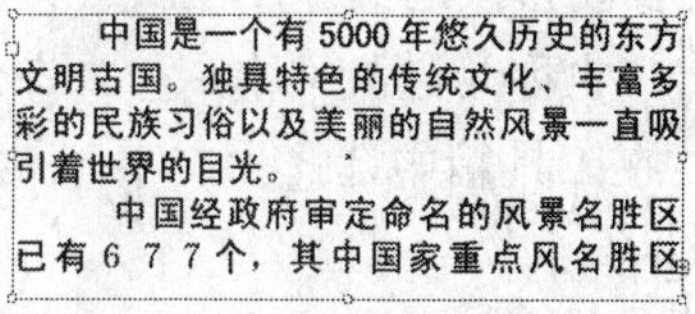

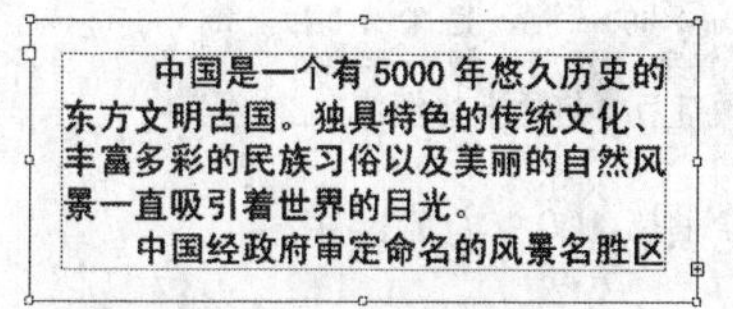

图5-95 选择的文本框架

（2）在菜单栏中选择“对象→文本框架选项”命令，打开“文本框架选项”对话框。在“常规”选项中的“内边距”栏中输入“上”、“左”、“下”和“右”的位移距离，如图5-96所示。

（3）单击“确定”按钮即可设置内边距，效果如图5-97所示。

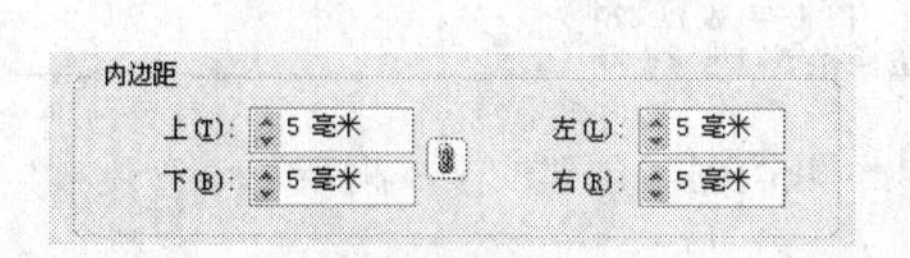

图5-96 设置内边距

图5-97 设置内边距后的效果

注意：还可以使用“垂直对齐”选项来设置框架内文字的对齐方式。

5.10.3 基线选项

在“文本框架选项”对话框中单击“基线选项”选项卡，然后对文字基线进行设置，如图5-98所示。

下面简单地介绍一下这些选项的作用：

- 首行基线：用于更改首行基线的位移和大小等。在“首行基线”的“位移”列表中将包含如图5-99所示的选项。
- 最小：用于设置基线位移的最小值。例如，对于行距为20H的文字，如果将位移设置为“行距”，则当使用的位移值小于行距值时，将应用“行距”。
- 基线网格：用于设置基线网格的一些特性，比如起始位置、间隔和颜色等。

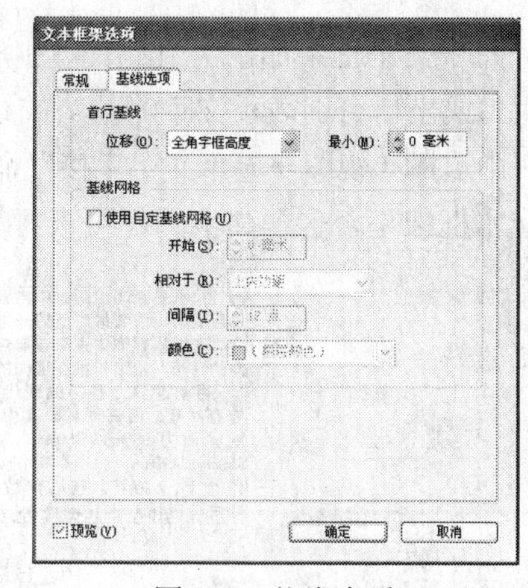

图5-98 基线选项

5.10.4 串接文本框架

文本框架中的文字可独立于其他框架，也可在多个框架之间连续排文。要在多个框架之

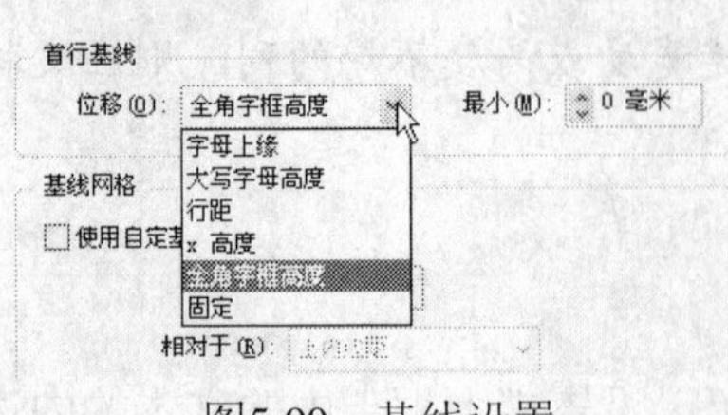

图5-99　基线设置

间连续排文，首先必须将框架连接起来，这就是所谓的串接文本框架。连接的框架可位于同一页或跨页，也可位于文档的其他页。在框架之间连接文字的操作称为串接文字。

在文本框架的右下角都有一个红色的加号（+），此处就是文本框架的出口，它表示该文章中有更多要置入的文字，但没有更多的文本框架可放置文字。这些剩余的不可见文字称为溢流文字（也称为溢流文本）。如图5-100所示。

在工具箱中选择“文字工具”在页面中创建两个文本框架，并输入文字，如图5-101所示。

报纸是新闻出版业中内容最丰富、报道最实时、读者最广泛的一种大众传播媒介。在纸质媒体中占有首要位置。报纸版面的排版，始终是报业工作的关键环节。
目前世界上各国的现代报纸幅面主要有对开、四开两种，其中我国对开报纸幅面为780mm×550mm，版心尺寸为350mm×490mm×2，通常分8栏，每栏13个字、120行，版心字数13,320字，横排与直排所占比例约8：2。四

图5-100　溢流文字

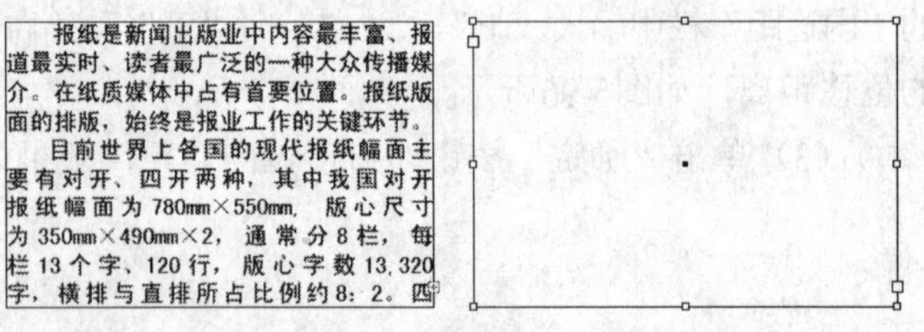

报纸是新闻出版业中内容最丰富、报道最实时、读者最广泛的一种大众传播媒介。在纸质媒体中占有首要位置。报纸版面的排版，始终是报业工作的关键环节。
目前世界上各国的现代报纸幅面主要有对开、四开两种，其中我国对开报纸幅面为780mm×550mm，版心尺寸为350mm×490mm×2，通常分8栏，每栏13个字、120行，版心字数13,320字，横排与直排所占比例约8：2。四

图5-101　创建的文本框架

使用“选择工具”单击出口中的红色加号（+），鼠标指针改变形状后，在另一个文本框架内单击即可载入文字，此时就把这两个文本框架串接起来了，如图5-102所示。

报纸是新闻出版业中内容最丰富、报道最实时、读者最广泛的一种大众传播媒介。在纸质媒体中占有首要位置。报纸版面的排版，始终是报业工作的关键环节。
目前世界上各国的现代报纸幅面主要有对开、四开两种，其中我国对开报纸幅面为780mm×550mm，版心尺寸为350mm×490mm×2，通常分8栏，每栏13个字、120行，版心字数13,320字，横排与直排所占比例约8：2。四开报纸幅面尺寸为540mm×390mm，版心尺寸为490mm×350mm，版心字数为（小五号）86行×71字（6106字），中缝（小五号）86行×12字（1032字）。报纸在经济、政治、文化等综合因素制约下，版面从最少四版到数百版不等。并按称之为版序的第一版、第二版、第三版、第四版……的版面重要顺序的方式排列。
众所周知，报纸版面是版面元素有规则的组合。各种不同的版面元素都有

图5-102　载入文字后的效果

每个文本框架都包含一个入口和一个出口，这些端口用来与其他文本框架进行连接。空的入口或出口分别表示文章的开头或结尾。端口中的箭头表示该框架链接到另一框架。在菜单栏中选择“视图→显示文字串接”命令以查看串接框架的可视化表示，如图5-103所示。无论文本框架是否包含文字，都可进行串接。

报纸是新闻出版业中内容最丰富、报道最实时、读者最广泛的一种大众传播媒介。在纸质媒体中占有首要位置。报纸版面的排版，始终是报业工作的关键环节。
目前世界上各国的现代报纸幅面主要有对开、四开两种，其中我国对开报纸幅面为780mm×550mm，版心尺寸为350mm×490mm×2，通常分8栏，每栏13个字、120行，版心字数13,320字，横排与直排所占比例约8：2。四开报纸幅面尺寸为540mm×390mm，版心尺寸为490mm×350mm，版心字数为（小五号）86行×71字（6106字），中缝（小五号）86行×12字（1032字）。报纸在经济、政治、文化等综合因素制约下，版面从最少四版到数百版不等。并按称之为版序的第一版、第二版、第三版、第四版……的版面重要顺序的方式排列。
众所周知，报纸版面是版面元素有规则的组合。各种不同的版面元素都有

图5-103　串接的文本框

也可以取消串接文本框架，取消串接后，将断开该框架与串接中的所有后续框架之间的连接。以前显示在这些框架中的任何文字都将成为溢流文字（注意，这样不会删除文字）。所有的后续框架都为空。

通过使用“选择工具”执行下列操作之一即可：

（1）在文本框架上双击入口或出口以断开两个框架之间的连接。

（2）单击与另一框架存在串接关系的入口或出口。例如，在一个由两个框架组成的串接中，单击第一个框架的出口或第二个框架的入口。将载入的文字图标放置到上一个框架或下一个框架之上，然后在要取消串接的框架中单击即可。

5.10.5 手动排文或自动排文

在文本框架中置入文字或者单击文本框架的入口或出口后，指针将成为置入的文字图标，使用置入的文字图标可将文字排列到页面上。在菜单栏中选择“文件→置入”命令，打开“置入”对话框，如图5-104所示。选择需要置入的文字，单击“打开”按钮，然后在文本框架中单击即可置入文字。

图5-104 “置入”对话框

按住Shift或Alt键来确定文字排列的方式。置入的文字图标的外观将根据置入的位置的改变而改变。将置入的文字图标置于文本框架之上时，该图标将括在圆括号中。将置入的文字图标置于参考线或网格靠齐点旁边时，黑色指针将变为白色。

提示： 也有人将置入文字或者复制文字的操作称为灌文。

可以使用下列三种方法进行排文。

1. 手动排文

（1）使用“置入”命令选择一个文件，或单击选中文本框架的出口。

（2）执行以下操作之一：

- 将置入的文字图标置于现有框架或路径内的任何位置，然后单击，文字将排列到该框架及其他任何与此框架串接的框架中。

提示： 文字总是从最左侧的栏的上部开始填充框架，即使单击其他栏时也是如此。

- 将置入的文字图标置于某栏中，以创建一个与该栏宽度相符的文本框架。单击该框架的顶部，文字便会填充所选框架。
- 也可以拖动置入的文字图标，以所定义区域的宽度和高度创建文本框架，文字便会填充在新创建的框架内。

（3）如果要置入多个文字，单击出口并重复步骤（1）和步骤（2），直到置入所有文字。

注意：如果将文字置入与其他框架串接的框架中，则不论选择哪种文字排文方法，文字都将自动排文到串接的框架中。

2. 半自动排文

（1）使用“置入”命令选择一个文件，或单击选中文本框架的出口。

（2）置入文字图标后，按住Alt键单击页面或框架。

（3）与手动排文一样，文字每次排文一栏，但是在置入每栏后，置入的文字图标将自动重新置入。

（4）重复步骤（2）和步骤（3），直至所有文字都排列到文档中。

3. 自动排文

（1）使用“置入”命令选择一个文件，或单击选中文本框架的出口。

（2）显示置入文字图标时，执行下列操作之一，注意要按住Shift键。

- 单击栏中置入的文字图标，以创建一个与该栏的宽度相等的框架。InDesign将创建新文本框架和新文档页面，直到将所有文字都添加到文档中为止。
- 在基于主页文本框架的文本框架内单击，文字将自动排列到文档页面框架中，并根据需要使用主页框架的属性生成新页面。

5.11 实例：古诗排版

在本实例中，将介绍一般诗词的排版操作。排版中用到了文字的对齐、改变字体和改变文字排版方向等，制作的最终效果如图5-105所示。

（1）在工具箱中选择“文字工具”T，在视图中创建一个文本框，然后输入文字，如图5-106所示。

自题小像
鲁迅
灵台无计逃神矢，
风雨如磐暗故园。
寄意寒星荃不察，
我以我血荐轩辕。

灵台无计逃神矢
风雨如磐暗故园
寄意寒星荃不察
我以我血荐轩辕
自题小像——鲁迅

图5-105 排版效果

自题小像
鲁迅
灵台无计逃神矢，
风雨如磐暗故园。
寄意寒星荃不察，
我以我血荐轩辕。

图5-106 输入的文字

（2）使用“选择工具”选中文本框，在菜单栏中选择“文字→段落”命令，打开“段落”面板，在面板中单击“居中对齐”按钮，如图5-107所示。

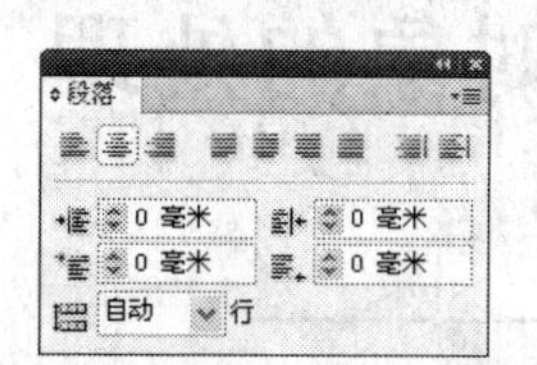

图5-107 “段落”面板和居中对齐后的效果

（3）选中文本框，在菜单栏中选择“窗口→字符”命令，打开“字符”面板，设置字体为华文行楷，如图5-108所示。

图5-108 “字符”面板和更改字体后的效果

（4）在工具箱中选择“文字工具” T，选中“鲁迅”两个字，在“字符”面板中将其字体大小改为20点，如图5-109所示。

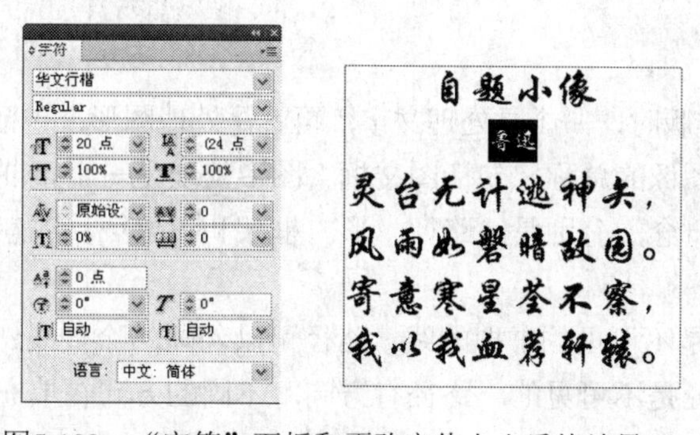

图5-109 “字符”面板和更改字体大小后的效果

（5）还可以改变文字的排版方向。选中文本框，在菜单栏中选择“文字→排版方向→垂直”命令，如图5-110所示。

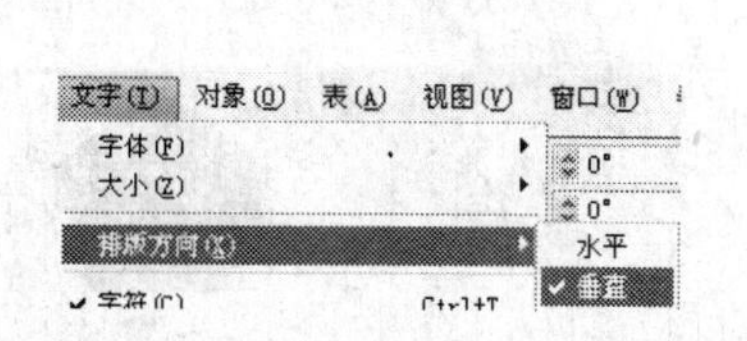

图5-110 改变文字排版方向后的效果

第6章　图形对象的处理

InDesign具有强大的图片处理功能。在本章内容中将主要学习有关图形操作的知识，其中包括图形对象的种类、图形对象的置入与显示，以及图形的移动、对齐、缩放、排列、删除及图文拓朴关系等。

本章主要介绍以下内容：

★图形对象的种类

★图形对象的置入与显示

★图形对象的编辑

★图文拓朴关系处理

6.1　图形概述

在使用InDesign排版时，一个是处理文字，再就是处理图形，包括它们的大小、位置等。图形实际上就是各种图像的总称，包括图文框。图形处理是一个重要方面，在使用图形前，必须先了解几个相关概念，分别是：路径、形、框架和占位符。注意，也有人把图形称为图元。

路径：路径也就是不可见的虚拟的线。路径可以勾画，除直线外都可以被填充。在没有勾画或者填充时，路径是不可见的。路径有方向，不同的方向在填充后会有不同的效果。如图6-1所示。

形：不含有任何文本或图形的线框或色块框叫做形。形可以通过在其中添加文本或图像而变为框架。如图6-2所示为几种常见的形。

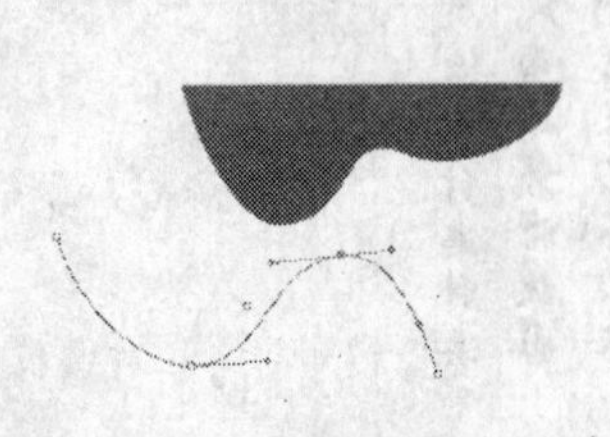

图6-1　绘制的路径

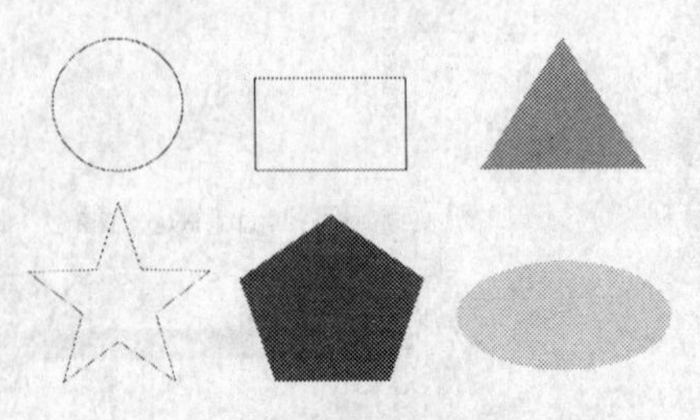

图6-2　各种不同的形

框架：指包含文本或图形的框（包含框线）。在建立框架时，不必指定创建框架的类型，框架的类型会根据将要置入的内容的不同而发生改变。用文本填充便成为文本框，用图像填充便成为图形框。可以把任何一个文本框转换成一个图形框，只需用一个图像去替换文本即可。反之，也可以将图像框转换为文本框。如图6-3所示。

占位符：用于容纳文字或者图形的形，还未置入任何内容的形叫占位符。占位符的标志是其对角线形成一个“X”的空形。如图6-4所示。

图6-3　框架

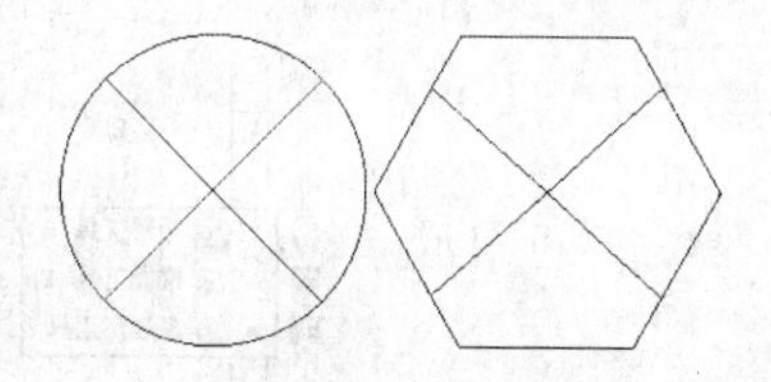

图6-4　占位符

形、框架与占位符三者之间并没有本质的区别，它们之间可以根据置入内容的不同而互相转换，其本质也会发生改变，因此可以统称为图形。对其边框的操作也是相同的。但形的可见与否是通过填充和勾画颜色来实现的。在框架和占位符中填入内容后，可以通过菜单栏中的“视图→显示/隐藏框架边缘”命令或者按Ctrl+H组合键来控制边线的显示。如图6-5所示。

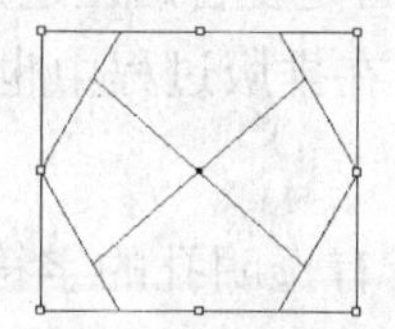
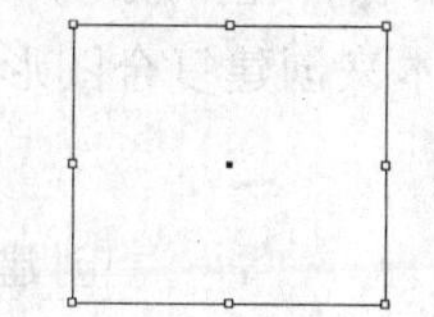

图6-5　显示和隐藏框架边缘

另外，根据图形的构成，在InDesign中包含两种类型的图形，即基本图形和复合图形。基本图形包含线段、手绘线、矩形（包括正方形）、椭圆（包括圆）、多边形（规则或不规则多边形），以及贝塞曲线等。如图6-6所示。

复合图形则是由多个基本图形组合而成的。如图6-7所示。

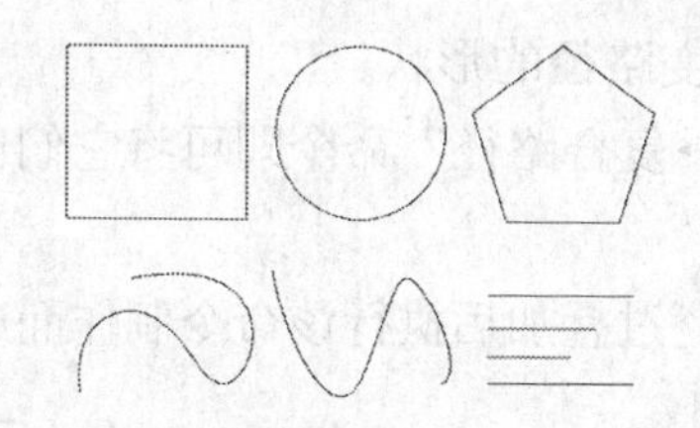

图6-6　几种常见的基本图形

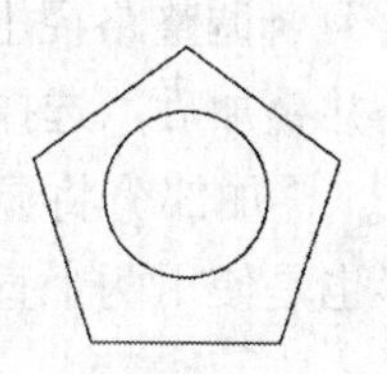
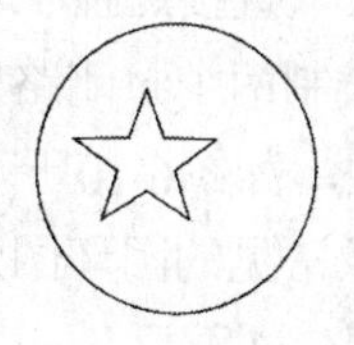

图6-7　复合图元

除直线外，其他的图形，不管封闭与否都可以填充或者置入文本及图像，因而一般称为框架。

6.2　图形的创建

根据创建图形的复杂程度，可分为基本图形的创建和复合图形的创建。另外，还可以借助其他应用程序来创建图形，比如Photoshop，然后置入到InDesign中。

6.2.1 基本图形的创建

可以使用工具箱中的基本绘图工具绘制出一些基本的图形，如矩形、圆、不规则多边形、线形等。工作界面左侧工具箱中的工具在前面的内容中已经做过简单的介绍，读者可参阅前面的内容来熟悉每个工具的作用。另外要注意的一点是，在工具箱中的有些工具下面还隐藏着其他同类的工具，把鼠标指针放在工具按钮上，并按住鼠标左键不放，则会显示出隐藏的工具，如图6-8所示。

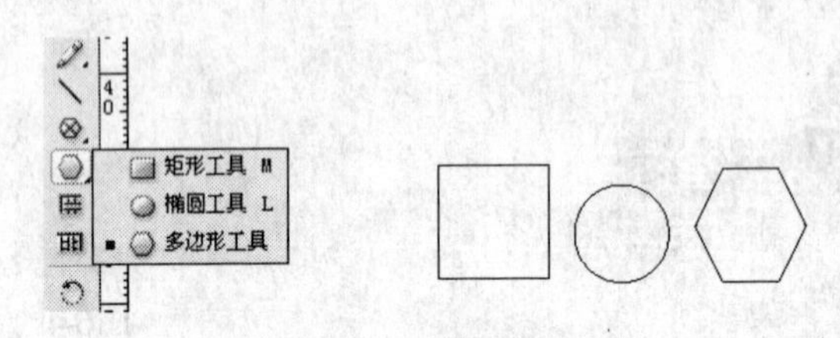

图6-8 展开隐藏的工具组和创建的基本图形

6.2.2 复合图形的创建

复合图形可细分为复合路径和形状。由多个子路径组成的对象称为复合路径，由多个基本图形构成的对象称为复合形状。在排版时，不管是复合路径还是复合形状都有其独特应用之处。另外，还可以结合文本来创建复合图形，在排版过程中也很常用。

1. 复合路径

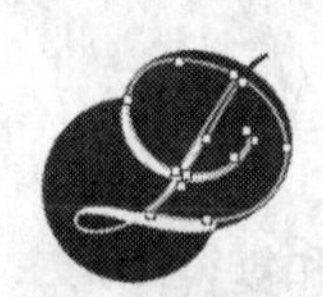

图6-9 带有透明孔的图形

创建带有透明孔的字符、形状或者复杂渐变效果时，一般使用复合路径比较方便。带有透明孔的字符包括英文字符，如P、O和R等，当然也包括中文字符。带有透明孔的图形如图6-9所示。

一般可以用两个或多个开放或封闭路径创建复合路径。创建复合路径时，所有最初选定的路径将成为新复合路径的子路径。选定路径将继承排列顺序中最底层的对象描边和填色设置。创建路径后，使用“选择工具”可以选择路径，而使用“直接选择工具”调整路径上的锚点可以改变路径的形状。

绘制两个封闭路径并叠加后，选择“对象→路径→复合路径”命令即可将它们创建为复合路径，如图6-10所示。叠加部分将显示为透明。

像常见的圆环图形也是使用两个直径不同的圆，经过叠加后执行该命令制作而成的，效果如图6-11所示。

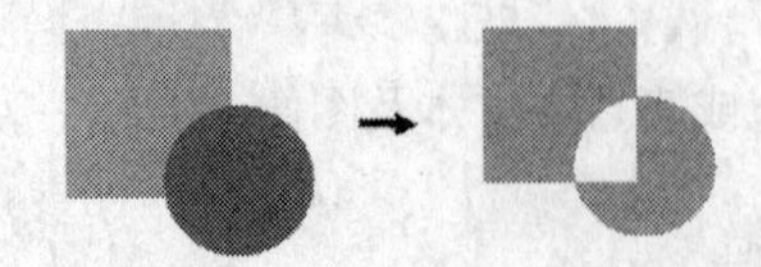

图6-10 创建复合路径

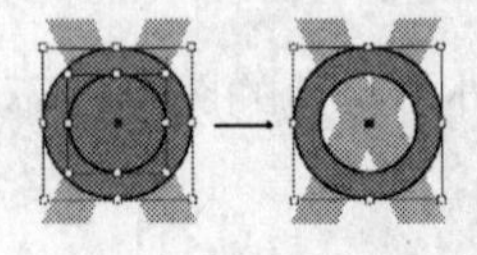

图6-11 创建的圆环

恢复为制作复合路径之前的初始状态的操作称为释放复合路径。选择“对象→路径→释放复合路径”命令即可，如图6-12所示。

如果对复合路径中的孔形状不满意，那么也可以根据需要对其进行调整。使用“直接选择工具” 选择路径的锚点进行拖动即可，如图6-13所示。

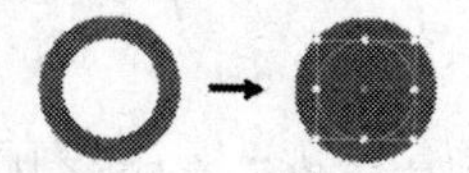

图6-12 释放复合路径

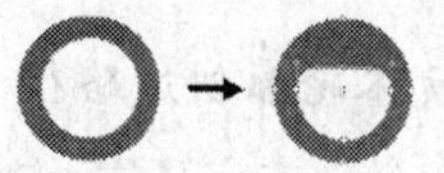

图6-13 调整复合路径中的孔形状

2. 复合形状

在InDesign中除了可以很方便地创建复合路径之外，还可以很方便地创建复合形状。创建复合形状时，一般使用“路径查找器”面板来创建，选择“窗口→对象和版面→路径查找器”命令即可将其打开，如图6-14所示。

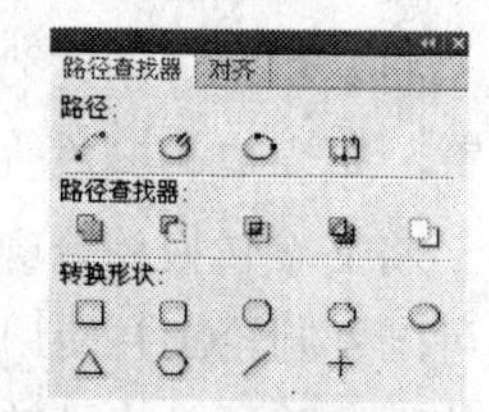

图6-14 “路径查找器”面板

在“路径查找器”面板中的中间一行是用于制作复合形状的按钮，它们的名称及作用如图6-15所示。

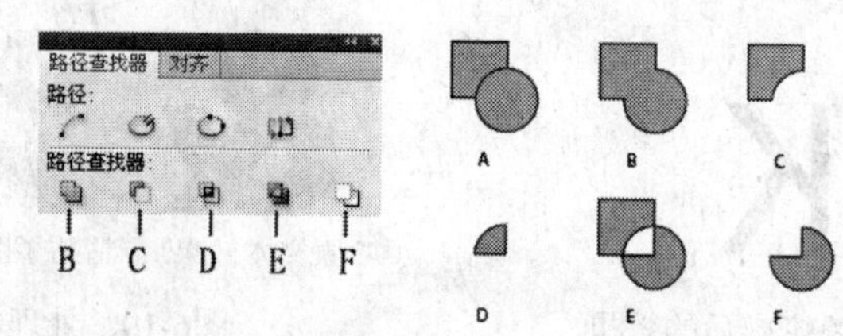

A. 原始对象 B. 添加 C. 减去 D. 交叉 E. 排除重叠 F. 减去后方对象

图6-15 “路径查找器”面板中用于制作复合形状的按钮及效果

下面，简单地介绍一下这些按钮的作用：

- 添加：跟踪所有对象的轮廓以创建单个形状。
- 减去：前面的对象在最底层的对象上“打孔”。
- 交叉：从重叠区域创建一个形状。
- 排除重叠：从不重叠的区域创建一个形状。
- 减去后方对象：后面的对象在最顶层的对象上“打孔”。

这几个用于制作复合形状的按钮的应用也非常简单，选择叠加在一起的两个图形，如两个叠加在一起的两个圆，并在“路径查找器”面板中单击相应的按钮即可，效果如图6-16所示。也可以使用“对象→路径查找器”的子菜单命令来执行与这些按钮相同的操作。

通常，生成的形状采用最顶层对象的属性（填色、描边、透明度、图层等）。但在减去形状时，将删除前面的对象。生成的形状改用最底层对象的属性。

另外，还可以将文本框架包含在复合形状中，当文本框架的形状改变时，文本本身却保持不变。要改变文本本身，则需要使用文本轮廓创建一个复合路径，效果如图6-17所示。

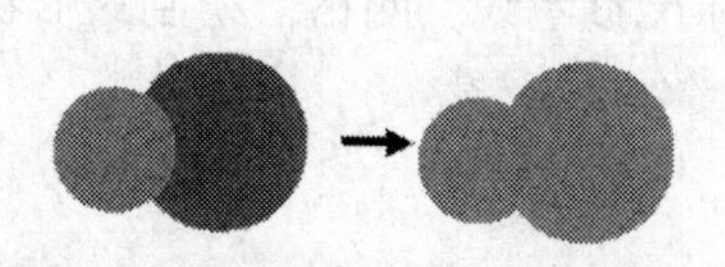

图6-16 制作复合形状的效果

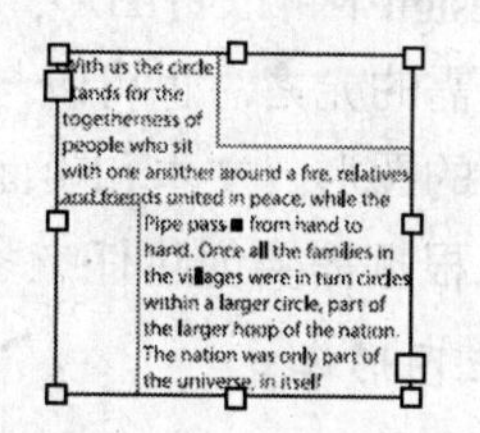

图6-17 文本框架用于制作复合形状的效果

提示：在创建复合形状后，也可以通过选择“对象→路径→释放复合路径”命令释放路径来恢复其初始状态。

3. 使用文本轮廓创建路径

在创建一个文本字符后，如字母K，可以使用“文字→创建轮廓”命令将其转换为一组复合路径，而且可以像编辑和处理任何其他路径那样编辑和处理这些复合路径。通常，“创建轮廓”命令在为大号显示文字制作效果时使用，很少用于正文文本或其他较小号的文字。

将文本字符创建为轮廓后，字符将在它们的当前位置进行转换，从而保留所有图形格式设置，如描边和填色等，如图6-18所示。

将文字转换为轮廓后，可以使用“直接选择工具” 拖动各个锚点来改变字体的形状。也可以复制轮廓并使用“编辑→贴入内部”命令通过将图像粘贴到已转换的轮廓来给图像添加蒙版。还可以将已转换的轮廓用做文本框，以便在其中键入或放置文本。另外，还可以更改字体的描边属性和使用文本轮廓创建复合形状。如图6-19所示。

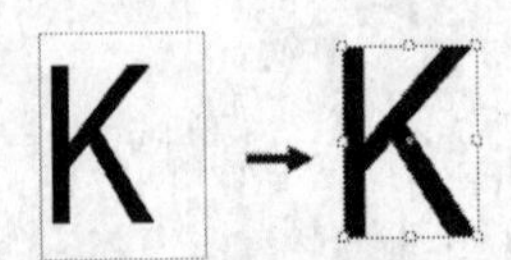

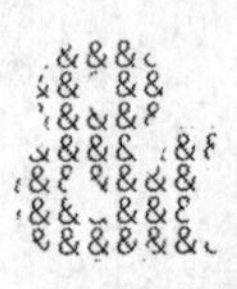

原文本效果　粘贴了图形　作为文本框架

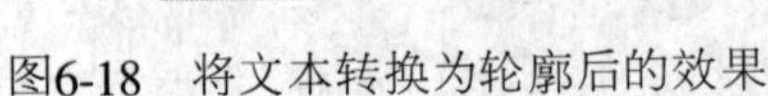

图6-18 将文本转换为轮廓后的效果

图6-19 处理文本轮廓

由于已转换的文本轮廓成为复合路径集，因此可以使用“直接选择工具”编辑已转换轮廓的各个子路径。还可以通过从复合路径中释放字符轮廓将它们分解为独立的路径。

提示：在默认设置下，从文字创建轮廓将移去原始文本。但是如果需要，可以在原始文本的副本上显示轮廓，也就是复制一份，这样就不会丢失任何文本了。

6.2.3 其他创建方式

除了使用InDesign的工具来绘制这些基本图形外，还可以借助其他图形图像软件来完成更为复杂的图形制作。例如，使用Photoshop绘制好图形或者路径后，将其置入InDesign中，或者把在Illustrator中绘制好的图形置入（InDesign能很好地支持Illustrator中的图形）等。如图6-20所示，是在Photoshop中使用“选择工具”选取图形并转换成路径后，导入到InDesign中得到的效果。

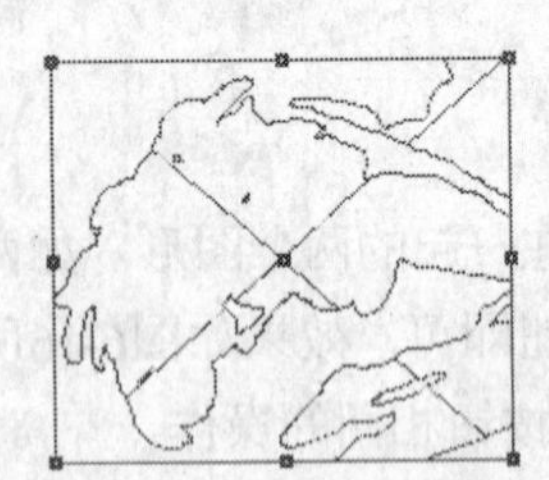

图6-20 导入的路径

6.2.4 使用图形库

在InDesign中可以将图形、图像、文字、辅助线等放到相关库中，以便在需要时从库中快速调入所需的元素，也可以与其他设计者共享库中的元素来提高工作效率。对象库有助于组织最常用的图形、文本和页面。也可以向库中添加标尺参考线、网格、绘制的形状和编组图像，可以根据需要创建任意多个库。

1. 建立图形库

（1）在菜单栏中选择“文件→新建→库”命令，打开“新建库”对话框，在该对话框中设置新建库的保存路径和名称，如图6-21所示。

（2）单击“保存”按钮，打开“库”面板，该面板底部的按钮从左到右依次是“查看信息”、“查找条目”、“新建条目”和“删除条目”，如图6-22所示。

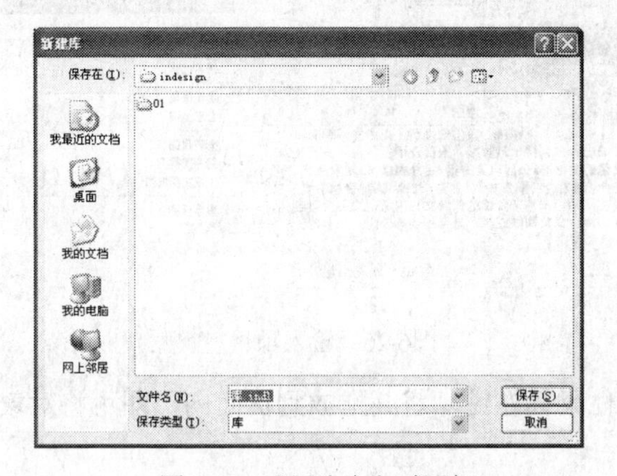

图6-21 “新建库”对话框

图6-22 “库”面板

（3）此时，新建的“库”面板是空的，单击“库”面板右上角的 按钮，打开面板菜单，如图6-23所示。

（4）选中想要添加的图形或文本框，在“库”面板菜单中选择“添加项目”命令，即可将选中的对象添加到库中。也可以把对象直接拖动到“库”面板中，如图6-24所示。

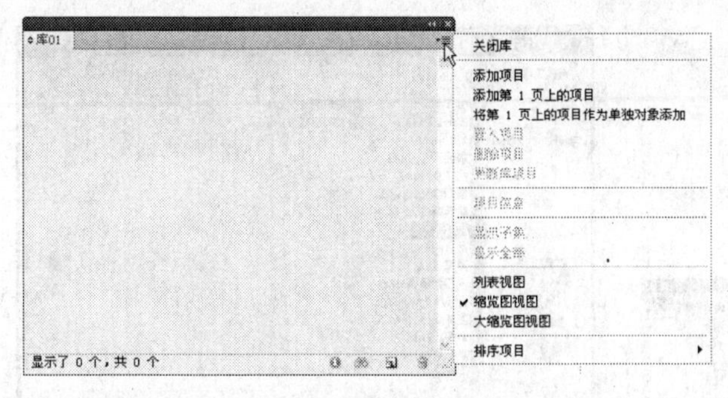

图6-23 面板菜单

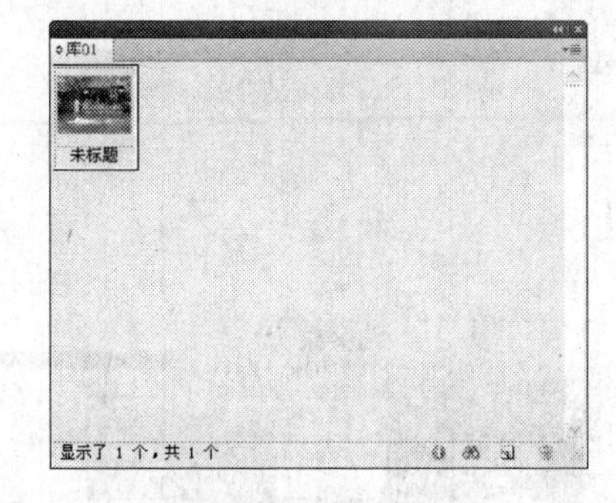

图6-24 添加图形到库中

向对象库中添加项目时，InDesign会存储所有页面、文本和图像属性，并采用以下方式维护库对象与其他页面元素之间的相互关系。

- 对于拖入“库”面板时在InDesign文档中处于编组状态的元素，在拖出“库”面板时仍保持编组状态。
- 文本将保留自己的格式。
- 对段落样式、字符样式和对象样式而言，所用样式与目标文档同名的样式将转换为目标文档的样式。不同名样式将添加到文档中。
- 在“图层”面板菜单中选中“粘贴时记住图层”选项后，将保留对象的原始图层。

（5）如果要删除某项目，选中该项目后，单击 按钮，打开一个带有警示信息的对话框，然后单击“是”按钮即可删除选中的项目，如图6-25所示。

（6）如果要使用库中的项目，那么在“库”面板的菜单栏中选择“置入项目”命令，即可将库中所选的图片或文档添加到所选文档中，如图6-26所示。

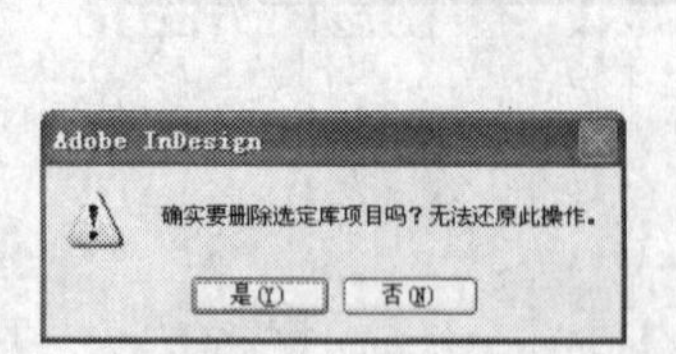

图6-25 警示信息对话框

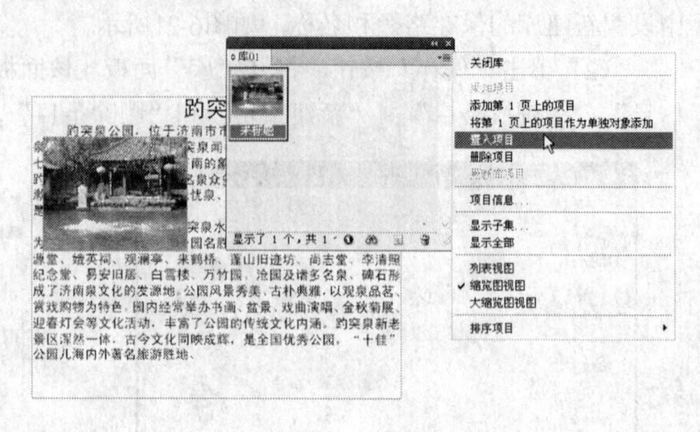

图6-26 置入项目

（7）也可以在库中选中某个项目，按住鼠标左键，将其拖放到页面内，即可将对象置入到当前页面中，如图6-27所示。

2. 打开与关闭库

在InDesign中创建的库将作为一个独立的文件保存在磁盘中，其格式为.indl，可以根据实际需要将其打开或关闭。

如果要打开库，那么在菜单中选择“文件→打开”命令，在打开的“打开文件”对话框中指定想要打开的.indl文件，然后单击“打开”按钮即可，如图6-28所示。

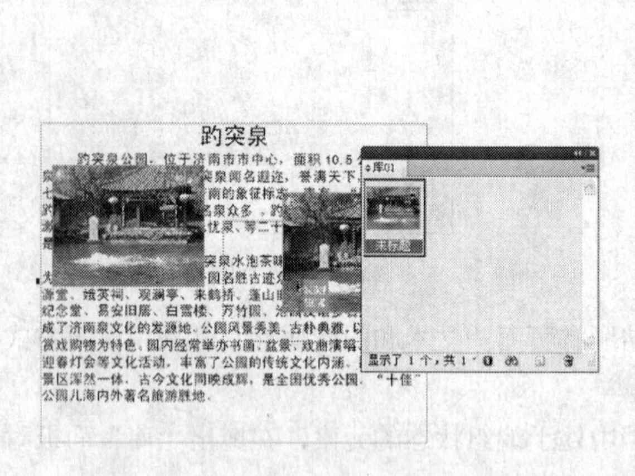

图6-27 置入项目

图6-28 “打开文件”对话框

图6-29 打开多个库

如果想关闭某个库，那么可以单击“库”面板右上角的按钮，在打开的面板菜单中选择“关闭库”命令关闭相应的库即可。如果没有打开的库，则关闭“库”面板。

3. 图形库的管理

在InDesign中，可以同时打开多个库，打开的库将叠加在“库”面板上方，如图6-29所示。

（1）可以将某个库分离成为一个单独的面板。将鼠标箭头放在将要分离的库的名称上，按住鼠标左键拖动，将其拖到“库”面板以外，这样就可以将库进行分离，如图6-30所示。

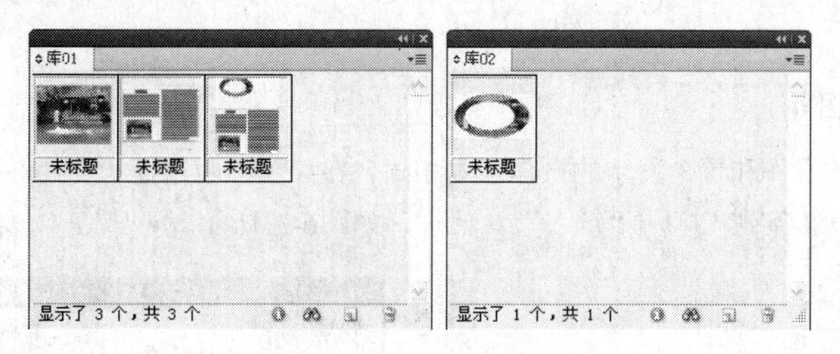

图6-30　分离“库”面板

（2）在打开的库中，可以相互复制，把某个项目从某个库中拖到另一个库中即可，如图6-31所示。

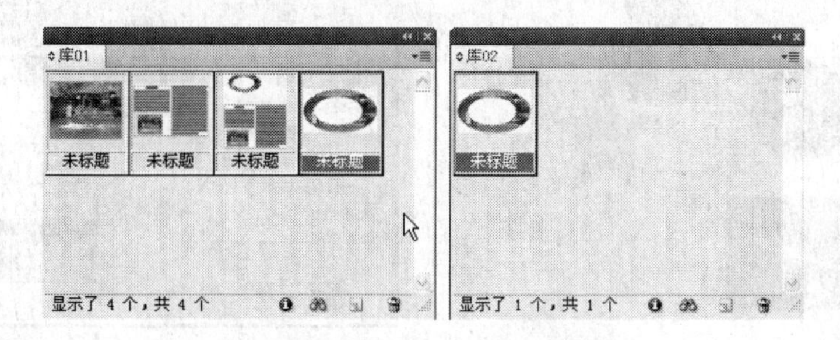

图6-31　库条目之间的复制

4. 更改对象库显示

对象库将对象显示为缩略图或文本列表。可以按对象名称、存储时间或类型对缩略图或列表进行排序。如果已经编录了对象，则列表视图和排序选项的效果最佳。

执行以下操作之一：

- 如果要以缩略图的形式查看对象，可以在“对象库”面板菜单中选择“缩览图视图”或“大缩览图视图”。
- 如果要以文本列表的形式查看对象，可以在“对象库”面板菜单中选择“列表视图”。
- 如果要将对象排序，可以在“对象库”面板菜单中选择“排序项目”，然后选择一种排序方法。

使用对象库可以组织最常用的图形、文本和页面，也可以向库中添加标尺参考线、网格、绘制的形状和编组图像，以便在需要时从库中快速调入所需的元素。由于库文件是作为独立的文件保存的，因此还可以与其他设计者共享库中的元素。掌握了库的基本知识可以在一定程度上提高工作效率，在团队合作的时候还可以达到资源共享的目的。

6.3　图形对象的置入与显示

在InDesign中，不仅可以使用很多内置的绘图工具来绘制各种图形，而且还可以置入在其他应用程序中绘制的图形，比如在Photoshop和Illustrator中绘制的多种格式的图形。甚至还可以将PDF文件中的页面和其他InDesign文件置入到InDesign文档中。

在InDesign中可以使用“置入”命令置入图形，也可以复制和粘贴在其他图像处理软件中绘制的图形，还可以拖放图形到文件中。图形在InDesign中是以图文框的形式显示的。如图6-32所示。

6.3.1 置入图形

置入图形的操作和置入文字的操作基本相同。在菜单栏中选择“文件→置入”命令或按键盘上的Ctrl+D组合键，打开“置入”对话框，如图6-33所示。

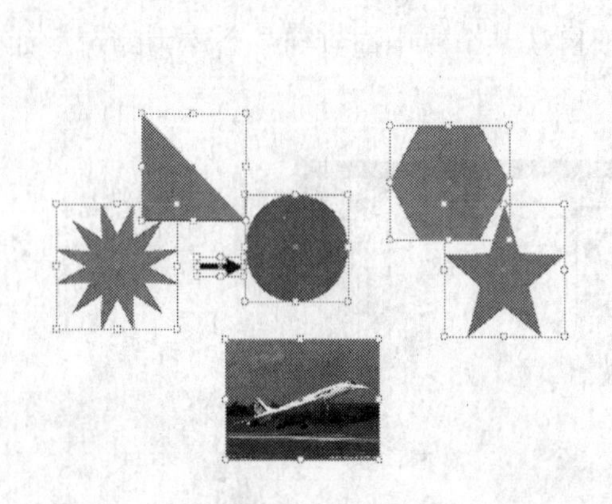

图6-32 图形效果

图6-33 “置入”对话框

在“置入”对话框的底部有3个选项，下面简单地介绍一下：

· 应用网格格式：勾选后，将置入的元素应用到新建的网格框中。
· 替换所选项目：勾选后，在置入图像的同时，所选路径或图形中的对象将被新置入的图像对象替换。
· 显示导入选项：勾选后，表示在置入图像时显示“图像导入选项”对话框，在此可以设定不同的导入格式，显示的选项也会因格式的不同而改变。若不勾选该选项，在置入图片的同时按住Shift键，单击“打开”按钮也会显示“图像导入选项”对话框，如图6-34所示。

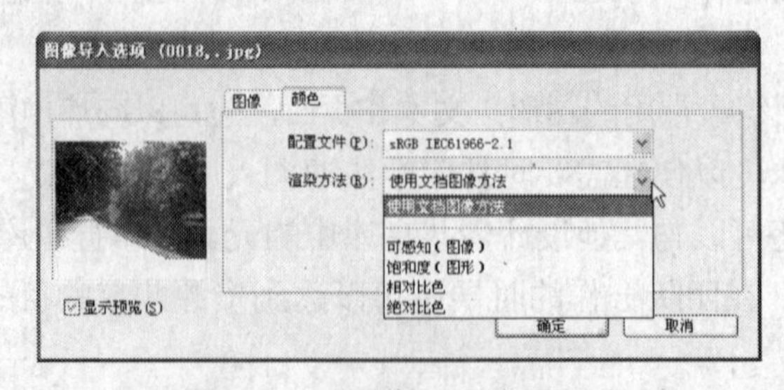

图6-34 “图像导入选项”对话框

设置完成后单击“确定”按钮，在页面上单击鼠标左键，系统将以图片的大小创建一个图形框。若单击并拖动鼠标左键创建一个图形框，松开鼠标左键，图片将自动对齐所创建图形框的左上角。

提示：置入图片后，如果要把它删除，那么选中后，按键盘上的Delete键即可。

6.3.2　通过其他方法导入图片

使用InDesign中的粘贴命令，可以从本文档以外的页面复制图形图像，还可以在其他软件中复制所选的图形图像，然后回到InDesign中，执行“编辑→粘贴”命令，这时图形将显示在InDesign的页面上。

对于从其他程序中复制并粘贴到InDesign中的图形，系统无法创建该图形的链接。在传输过程中图形可能被系统的剪贴板转换，因此可能会导致某些图片的品质下降。也可以在两个不同的InDesign文档中复制图形，同时打开两个InDesign文档，在其中一个文档中复制，然后在另一个文档中粘贴即可。

6.3.3　控制图形在InDesign中的显示

在菜单栏中选择“对象→显示性能”的子菜单命令，可以设置页面的不同显示方式，如图6-35所示。

（1）快速显示：将栅格图像或矢量图形绘制为灰色框（默认值）。如果想快速翻阅包含大量图像或透明效果的跨页，则使用此选项。

（2）典型显示：绘制适合识别和定位图像或矢量图形的低分辨率代理图像（默认值）。“典型”是默认选项，并且是显示可识别图像的最快捷方法。

（3）高品质显示：使用高分辨率绘制栅格图像或矢量图形（默认值）。此选项提供最高品质的显示，但执行速度最慢。需要微调图像时使用此选项。

如图6-36所示的分别是三种不同的显示模式。

图6-35　显示性能的子菜单命令

图6-36　快速、典型和高品质显示图形

另外，使用“首选项”对话框中的“显示性能”选项可以设置用于打开所有文档的默认选项，并定制用于定义这些选项的设置。在显示栅格图像、矢量图形，以及透明度方面，每个显示选项都具有独立的设置。

提示：导出或打印文档中的图像时，图像显示选项并不会影响输出分辨率。如果是打印到PostScript设备上、导出为XHTML或是导出为EPS或PDF，则图像的最终分辨率取决于打印或导出文件时所选的输出选项。

6.3.4　链接图形

置入图形时，将在版面中看到它所采用的屏幕分辨率的版本，这有助于查看和定位该图形。但实际图形文件可能已链接或嵌入。在InDesign中置入图像时，其原始文件实际并未复制到出版物中，只是在版面中添加了该图形的屏幕分辨率版本。使用InDesign提供的链接管理，可以很方便地对图形进行管理。

由于图形存储在出版物文件的外部，因此使用链接可以最大程度地降低出版物的大小。置入图形后可以多次使用该图形而不增加文档的大小。在InDesign中使用“链接”面板可以方便地对图形进行链接。

一般情况下，在InDesign中使用“文件→置入”命令置入文字和图形，系统会自动将外部文件和内部元素进行链接，一旦外部元素发生改变，就会在“链接”面板中显示，并能在需要更新时更新它们。在菜单栏中选择“窗口→链接”命令，便可以打开“链接”面板，如图6-37所示。

1. 链接信息

在“链接”面板中显示图像的链接信息。若图片没有放置在页面内则显示“PB”字样，表示图片当前位置在当前页面的剪切板上，如图6-38所示。

图6-37 “链接”面板

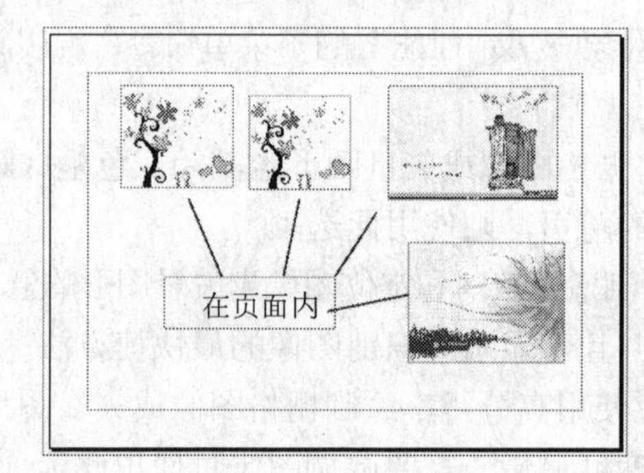

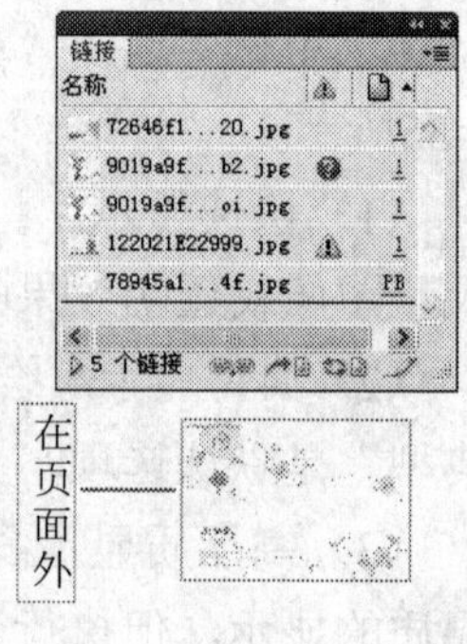

图6-38 图片在页面中的位置

2. 更新链接

在“链接”面板中若显示图标，则表示链接图形已被修改。若要更新链接文档，可以单击按钮，也可以单击“链接”面板中的按钮，在打开的面板菜单中选择“更新连接”命令。

3. 重新连接

在“链接”面板中若显示图标，则表示链接路径已被修改。若要重新连接文档可以单击按钮。也可以单击“链接”面板中的按钮，在打开的面板菜单中选择“重新连接”命令。打开“定位”对话框，在磁盘中找到图像的新路径进行重新连接，如图6-39所示。

4. 转到链接文件

在“链接”面板中单击“转到链接”按钮，也可以单击“链接”面板右上角的按钮，在打开的面板菜单中选择“转到链接”命令，页面视图会自动跳转到选中图像所在的页面，并且图像以实际比例显示在页面中心，以方便查看。

5. 编辑原稿

在“链接”面板中单击“编辑原稿”按钮，也可以单击“链接”面板右上角的按钮，在打开的面板菜单中选择“编辑原稿”命令，系统会自动打开该图像默认的图像编辑程序。还可以在打开的图像编辑程序中对其进行编辑和修改。

单击“链接”面板右上角的按钮，在打开的面板菜单中的“编辑工具”子菜单中还可以选择图像编辑程序，如图6-40所示。

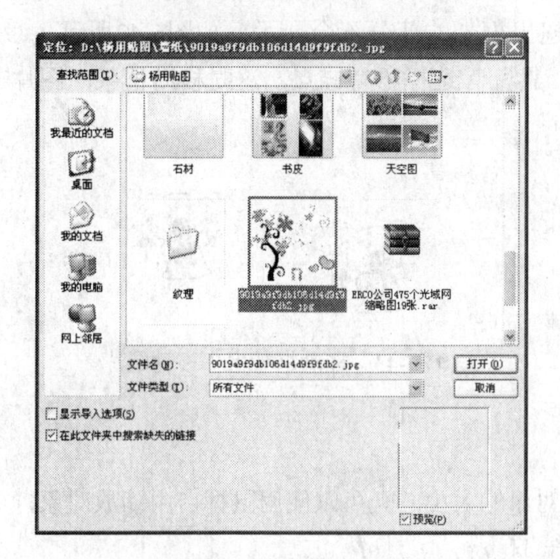

图6-39　“定位”对话框

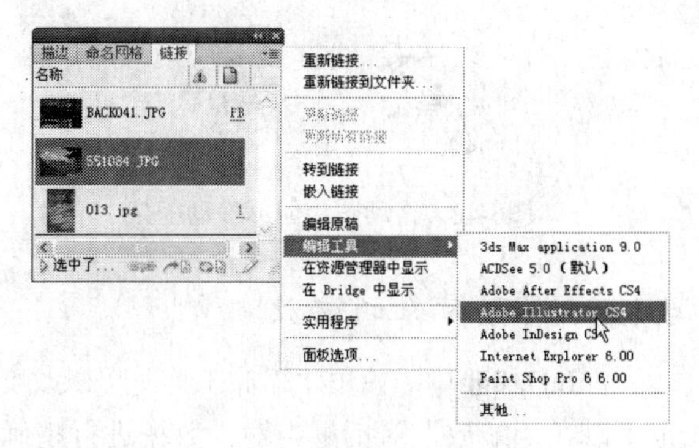

图6-40　面板菜单

6.4　编辑图形对象

在InDesign中，可以对置入的图形进行各种编辑操作，其中包括图形的移动、对齐、缩放、排列、删除等操作。通过对图形对象的编辑制作出不同的图形效果，可以满足不同版面的需求。

6.4.1　图形对象的移动

在InDesign中，可以使用“选择工具”和“直接选择工具”来对图形进行移动。使用不同的工具移动图形也会产生不同的效果。

使用“选择工具”选中将要移动的图片，按住鼠标左键拖动可移动框架和其内容，图片将随着图文框位置的改变而改变。

将对象移动到特定的数值位置。选中将要移动的图片，在“控制”面板或“变换”面板中输入X（水平方向）或Y（垂直方向）的值，然后按Enter键，如图6-41所示。

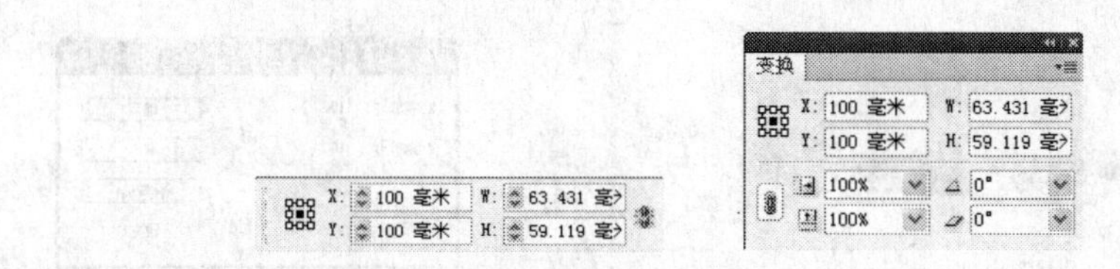

图6-41　“控制”面板和“变换”面板

在一个方向上微移对象。选中将要移动的图片，按住键盘上的某个方向键，图片将在一个方向上微移。按住键盘上的方向键的同时按住Shift键，可以按10倍的速度微移对象。可以通过拖动来移动对象，将该对象拖到新位置即可。按住Shift键拖动以约束对象在水平、垂直或对角线（45度的倍数）方向上移动。

使用“直接选择工具” 可以移动内容，但不移动框架，也可以移动框架但不移动内容。使用“直接选择工具”选择要移动的对象，将鼠标箭头移动至图片上方，鼠标箭头变为 形状，这时移动图片，图片框架位置不变，图片超出框架的部分不会显示。如图6-42所示。

移动框架但不移动图片。使用“直接选择工具” 选择所有锚点，这时移动框架，图片位置不变，如图6-43所示。

图6-42　移动图片但不移动框架

图6-43　移动框架但不移动图片

6.4.2　图形对象的缩放

在InDesign中，使用“缩放工具”可以改变对象的大小，既可以使用鼠标自由缩放对象，也可以在“缩放”对话框中输入数据进行精确缩放。

1. 自由缩放

使用“缩放工具” 可以对图形进行自由缩放。

自由缩放的步骤如下：

（1）使用“选择工具” 选取需要进行缩放的对象。

（2）在工具箱中选取“缩放工具”。

（3）在绘图页面上单击以确定缩放的变换中心，拖动鼠标缩放对象，对象上各个点到变换中心的距离都将按比例变换，但对象本身则有可能变形。自由缩放效果如图6-44所示。

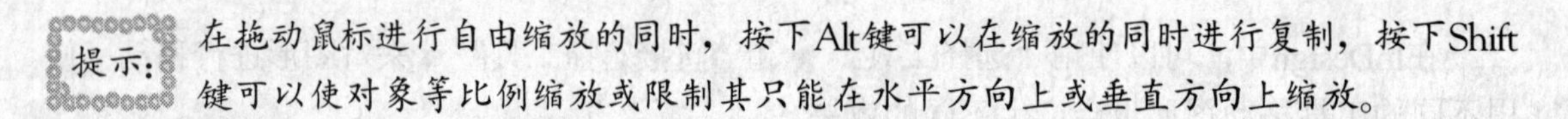

提示：在拖动鼠标进行自由缩放的同时，按下Alt键可以在缩放的同时进行复制，按下Shift键可以使对象等比例缩放或限制其只能在水平方向上或垂直方向上缩放。

2. 精确缩放

如果觉得自由缩放的精确度不够，还可以通过使用“缩放”对话框进行精确缩放。双击工具箱中的“缩放工具” ，或者在菜单栏中选择“对象→变换→缩放”命令都能打开如图6-45所示的“缩放”对话框。

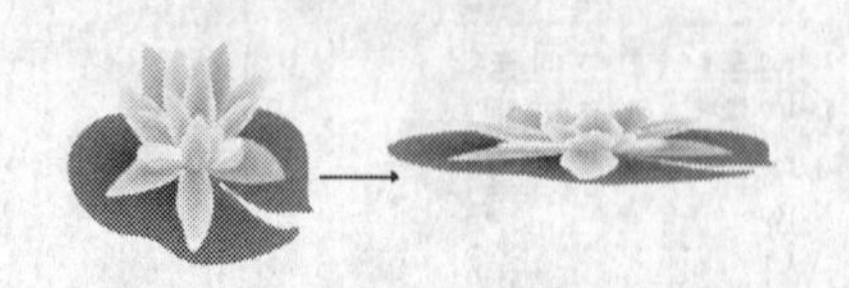

图6-44　自由缩放效果

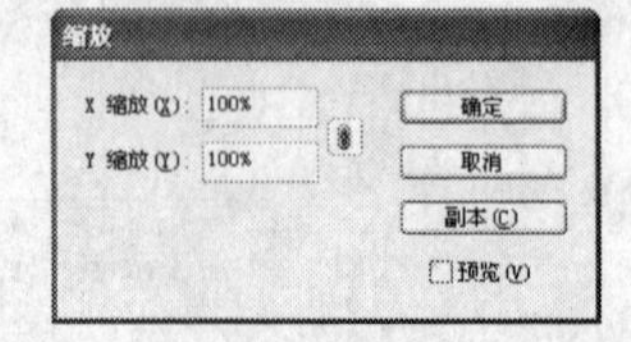

图6-45　“缩放”对话框

在“缩放”对话框中，如果激活“约束缩放比例”按钮 ，则对象的长和宽将按照指定的比例进行缩放。在“缩放”输入框中可以输入一个数值确定缩放的比例，如果数值大于100%，则对象将被放大。如果数值小于100%，则对象将会被缩小。等比缩放的效果如图6-46所示。

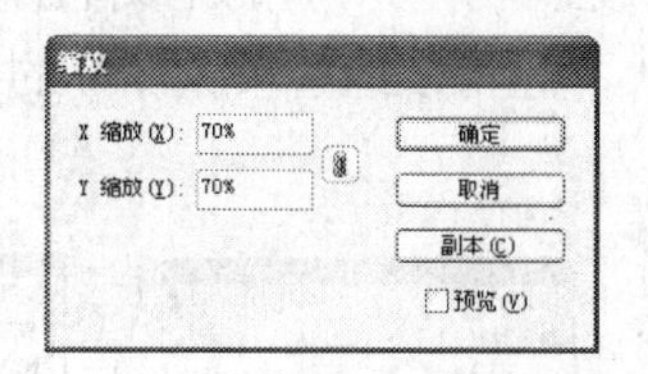

图6-46 精确缩放的效果

单击“约束缩放比例”按钮，按钮会变为，此时，“约束缩放比例”功能被关闭，这时对象的长和宽可以按照各自的比例缩放。如果输入的两个数值不等，则对象将按不等比例进行缩放，如图6-47所示。

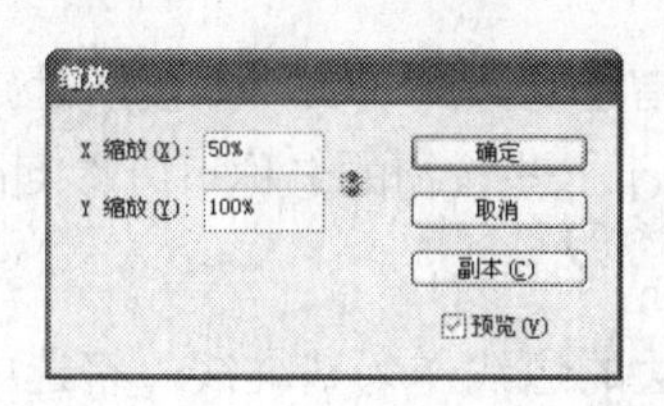

图6-47 不等比例缩放效果

6.4.3 变形对象

使用“切变工具”可以使选定的对象变形，从而为版面获得需要的变形效果。

1. 变形

“切变工具”的使用与其他变换工具的操作基本相同。首先选择需要应用切变变换的对象，然后选中“切变工具”，在需要倾斜的对象上使用鼠标左键确定倾斜的参考面，拖动鼠标获得变形效果后松开鼠标键即可。变形效果如图6-48所示。

2. 固定角度变形

双击工具箱中的“切变工具”，或者执行“对象→变换→切变”命令，打开“切变”对话框，如图6-49所示。

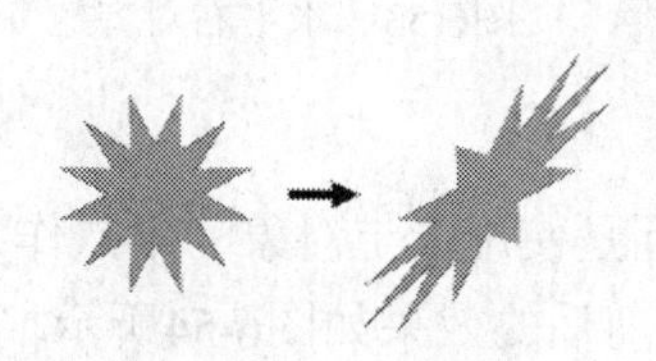

图6-48 变形效果

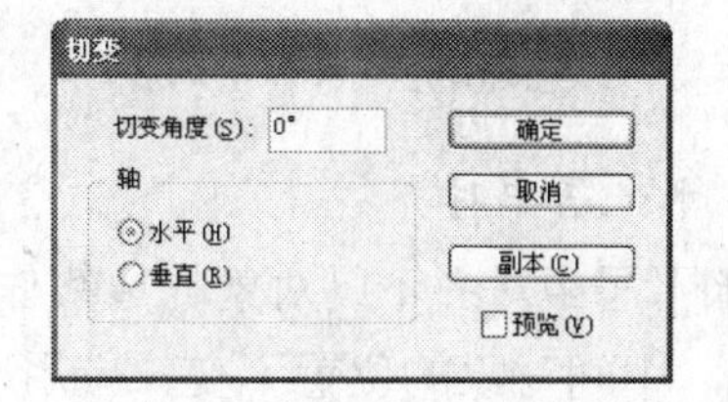

图6-49 “切变”对话框

在“切变”对话框中的“切变角度”输入框中可以输入对象变形的角度。还可以选择以水平轴或垂直轴作为变形的坐标轴。

6.4.4 图形对象的对齐

在排版过程中，有时还需要对齐图形对象，图形对象的对齐与文字的对齐操作基本相同。图形对象的对齐一般使用“对齐”面板进行操作，选择“窗口→对齐”命令即可打开“对齐”面板，如图6-50所示。

当把鼠标指针移动到面板中的按钮上时，就会显示出对应的中文名称注释，如图6-51所示。通过该中文注释来了解该按钮的作用。另外，也可以通过按钮图标的形状来确定该按钮的作用。

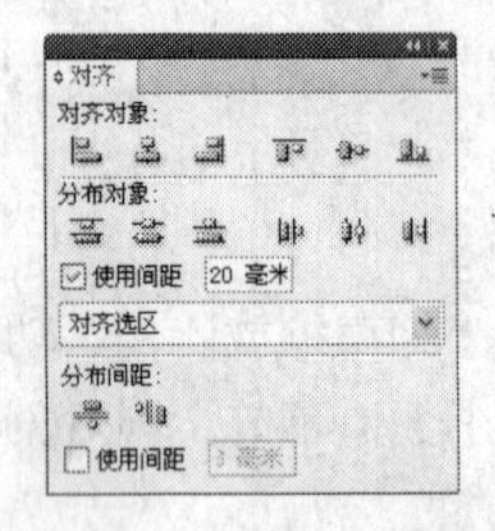

图6-50　“对齐”面板

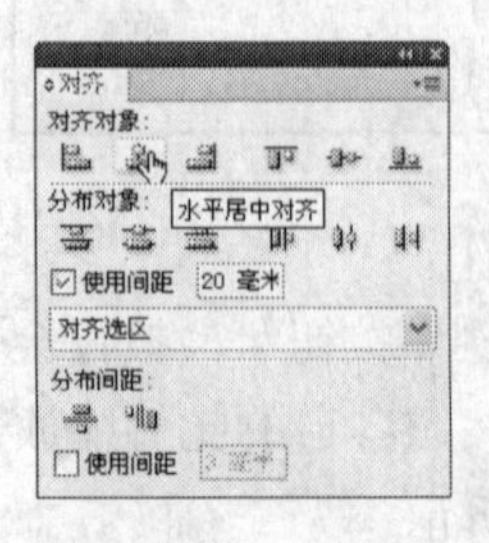

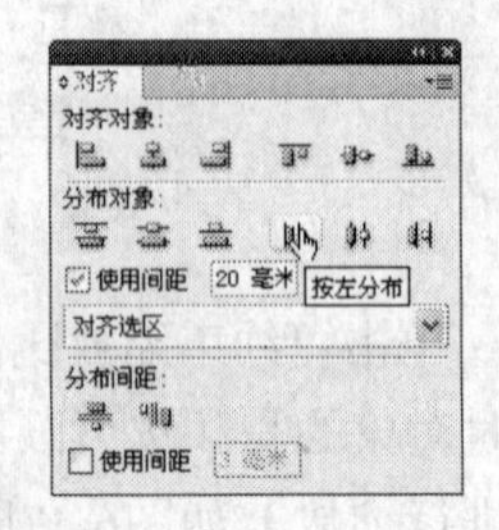

图6-51　显示出的中文注释

使用“对齐”面板可以使选定的对象沿指定的方式对齐，如使所选定的对象垂直对齐、水平对齐、沿底部对齐或者沿顶部对齐等。关于这些按钮的名称可以参阅前一章内容的介绍。

1. 左对齐

使用“水平左对齐”按钮可以把对象左边的边线作为基准线，将选中的各个对象都向基准线靠拢，最左边的对象的位置不变。在水平左对齐的过程中，对象的垂直方向上的位置不变。选中需要对齐的对象后单击“水平左对齐”按钮即可，应用“水平左对齐”后的效果如图6-52所示。

2. 右对齐

水平右对齐与水平左对齐的区别就在于前者是以选定对象的右边的边线作为对齐的基准线，选中的对象都向右边靠拢，最右边的对象位置不变，对齐的对象垂直方向上的位置不变。应用“水平右对齐”后的效果如图6-53所示。

图6-52　水平左对齐

图6-53　水平右对齐

3. 水平居中对齐

水平居中对齐不以对象的边线作为对齐的依据，而是使用选定对象的中点作为对齐的基准点，中间对象的位置不变。应用“水平居中对齐”前后的效果如图6-54所示。

图6-54　水平居中对齐

4. 顶对齐

顶对齐可以将多个对象以对象的上边线为基准线对齐，选定的所有对象中最上面的对象位置不变。应用“垂直顶对齐”前后的效果如图6-55所示。

图6-55　顶对齐

5. 垂直底对齐

与垂直顶对齐相比，垂直底对齐依据的基准线是各个对象下面的边线，各个对象以对象的下边线为基准线对齐，最下面的对象位置不变。所有对象的水平位置也不会发生变化。应用“垂直底对齐”前后的对比效果如图6-56所示。

图6-56　垂直底对齐

6. 垂直居中对齐

垂直居中对齐与水平居中对齐相似，只不过在水平居中对齐的过程中各个对象的中点在竖直方向上连成一条直线，在垂直居中对齐的过程中各个对象的中点在水平方向上连成一条直线。应用垂直居中对齐前后的对比效果如图6-57所示。

图6-57　垂直居中对齐

如果对一组对象应用“水平居中对齐”后再应用“垂直居中对齐”，则这组对象的中点将重叠。

6.4.5　分布对象

在InDesign中，对象的分布也是图形编辑的一项重要操作。使用“对齐”面板中的各种分布按钮，可以很方便地实现对象的分布。从而既节约手动分布所花的大量时间，又提高了精确度。

在很多情况下，对象的分布操作具有重要的作用。例如，当需要页面上的各个对象均匀分布时，使用“分布对象”功能往往是最有效的，而且看上去显得更专业、更美观。选择需要分布的对象后，在“对齐”面板中单击相应的分布按钮即可。如图6-58所示的是图形对象应用了“按顶分布”之后的对比效果，左图是应用“按顶分布”，且将“使用间距”设置为15的效果，右图是应用了“按顶分布”，且将“分布间距”设置为30的效果。

图6-58 应用按顶分布的对比效果

6.4.6 剪切图形对象

对于在InDesign中置入的图形，如果使某一部分在视图中不可见或不想打印出来，可以对置入的图像进行剪切。图形的剪切方法有三种：一是使用预先制作好的框架，然后在其中置入图形；二是使用支持路径或Alpha通道的图像编辑软件（如Photoshop等）中的路径或Alpha通道来剪切图形；三是使用探测边缘来剪切图形。

1. 使用基本图元来生成剪切

在InDesign中，可以复制已经导入的图片，选中框架，然后在菜单栏中选择“编辑→贴入内部”命令来生成剪切图形，如图6-59所示。

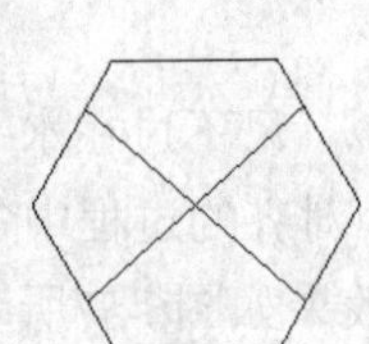

图6-59 使用框架剪切图形

2. 使用复杂路径来剪切图像

使用工具箱中的各种工具制作出较复杂的图形，然后选中制作好的复杂路径，在菜单栏中选择“文件→置入”命令置入图形，如图6-60所示。

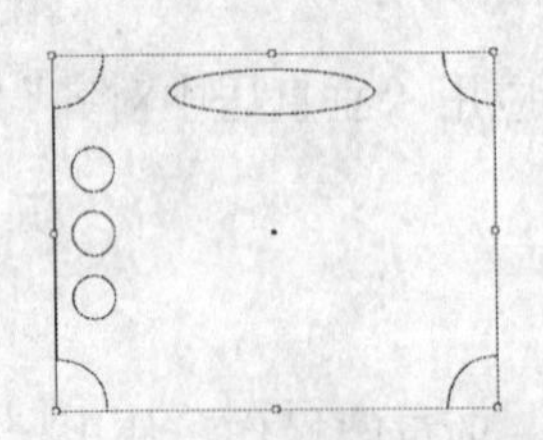

图6-60 绘制的复杂图形和置入后的效果

3. 使用Photoshop的剪切路径来剪切图形

在Photoshop中选取图形并转换为路径，或者使用“钢笔工具”勾画出路径。然后在“控制”面板中选择“保存路径”命令将路径保存，如图6-61所示。

在InDesign的菜单栏中选择“文件→置入”命令，将“玉杯02.psd”文件置入到InDesign中，如图6-62所示。

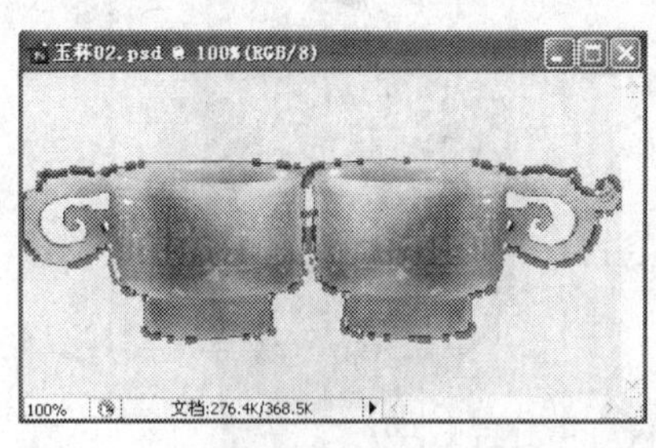

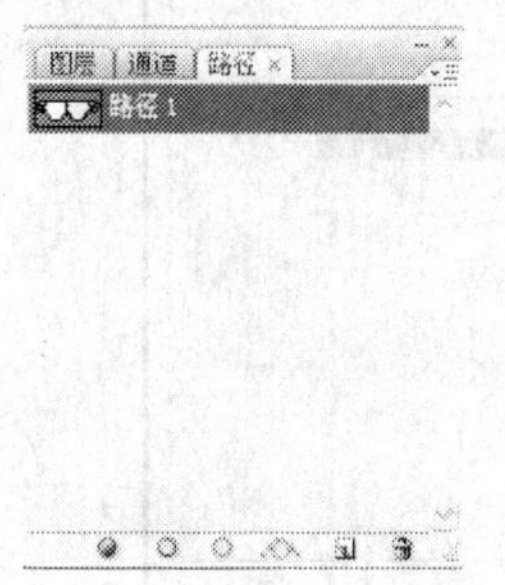

图6-61　创建的剪切路径和“路径”面板

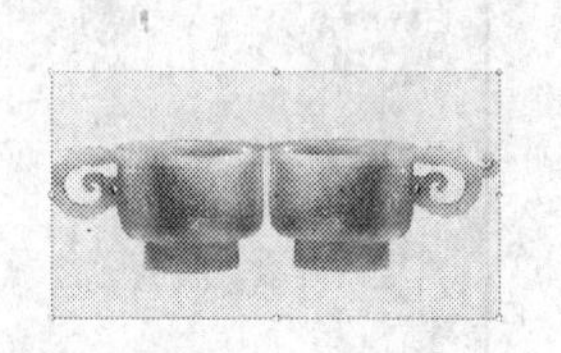

图6-62　置入的图像效果

在菜单栏中选择“对象→剪切路径→选项”命令，打开“剪切路径”对话框，在“类型”下拉选项中选择“Photoshop路径”选项，如图6-63所示。

最后，在“剪切路径”对话框中单击“确定”按钮，生成的剪切路径效果如图6-64所示。

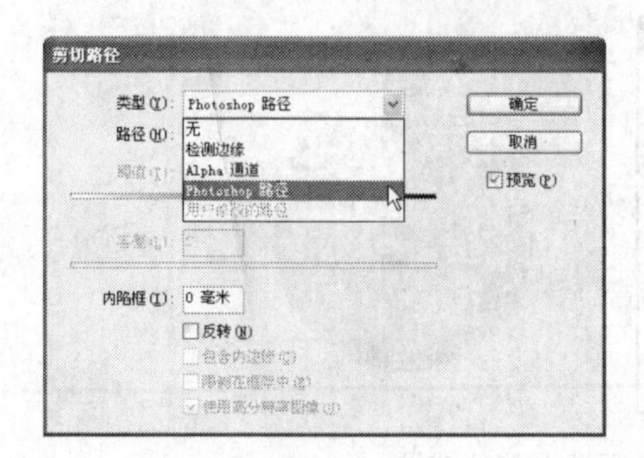

图6-63　“剪切路径”对话框

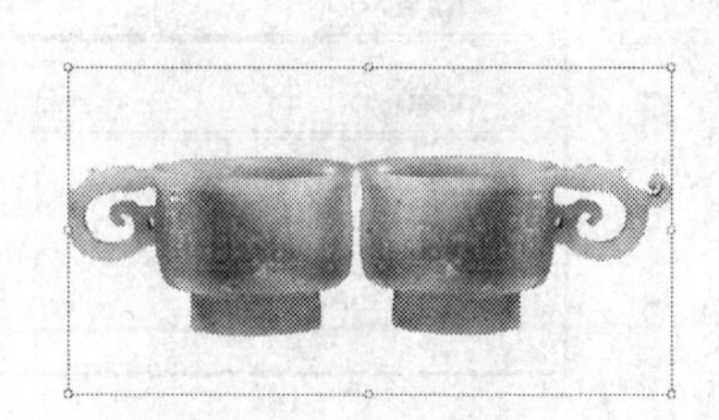

图6-64　生成的剪切路径效果

使用Photoshop剪切路径时，如果此选项不可用，则表示图像在存储时并未包含剪切路径，或文件格式不支持剪切路径。

4. 使用Alpha通道剪切图形

在Photoshop中打开图像并制作一个选区，在“通道”面板中单击“新建”按钮，新建一个Alpha通道，将文件保存为.psd格式并退出Photoshop，如图6-65所示。

在InDesign的菜单栏中选择“文件→置入”命令，将“玉杯02.psd”文件置入到InDesign中。在打开的“图像导入选项”对话框中的“Alpha通道”下拉列表中选择“Alpha通道1”，如图6-66所示。

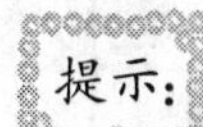

InDesign使用Alpha通道在图像上创建透明蒙版。此选项仅对至少包含一个Alpha通道的图形可用。

图6-65　.psd格式文件

在“图像导入选项”对话框中单击“确定”按钮导入图形，如图6-67所示。

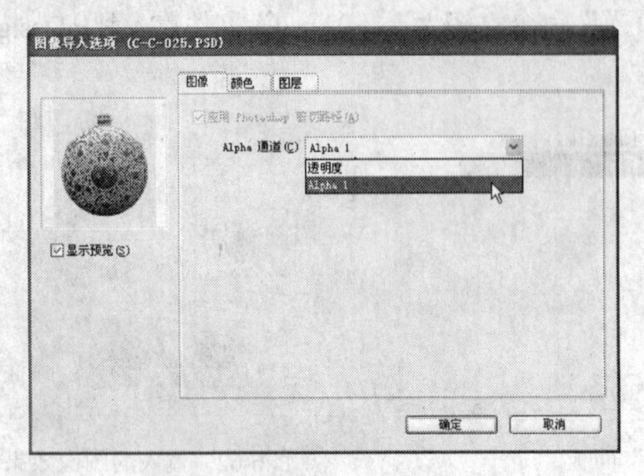

图6-66 “图像导入选项”对话框　　　图6-67 导入后的图形

在菜单栏中选择“对象→剪切路径→选项”命令打开“剪切路径”对话框，在此还可以对Alpha通道的剪切路径进行控制，并且可以通过预览来观察效果，如图6-68所示。

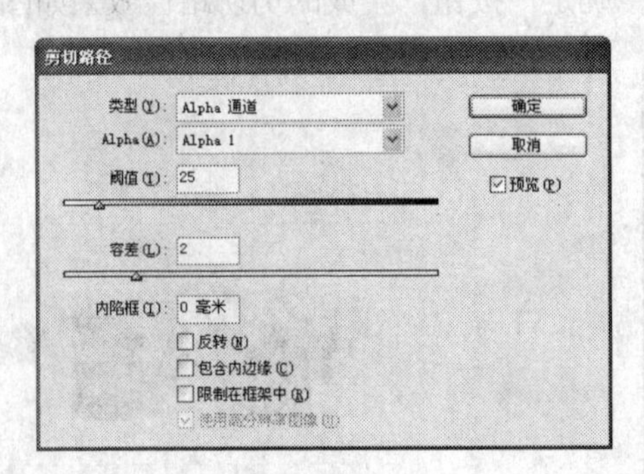

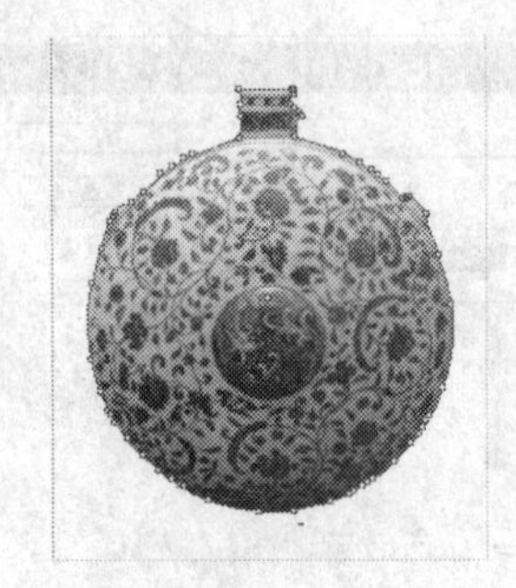

图6-68 “剪切路径”对话框和剪切效果

5. 使用“检测边缘”剪切图形

在InDesign中导入的图形边界明显，如果图形没有剪切路径，可以为其创建一个。导入图形后，在菜单栏中选择“对象→剪切路径→选项”命令打开“剪切路径”对话框。在“类型”下拉列表中选择“检测边缘”选项，如图6-69所示。然后单击“确定”按钮即可完成。

如果要将图形的路径剪切去掉，那么可以选中剪切的图形，在菜单栏中选择“对象→剪切路径→选项”命令，打开“剪切路径”对话框，在“类型”下拉选项中选择“无”选项，如图6-70所示。最后单击“确定”按钮即可。

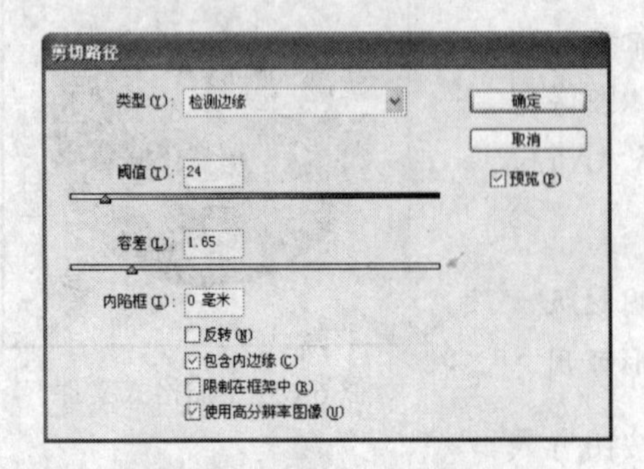

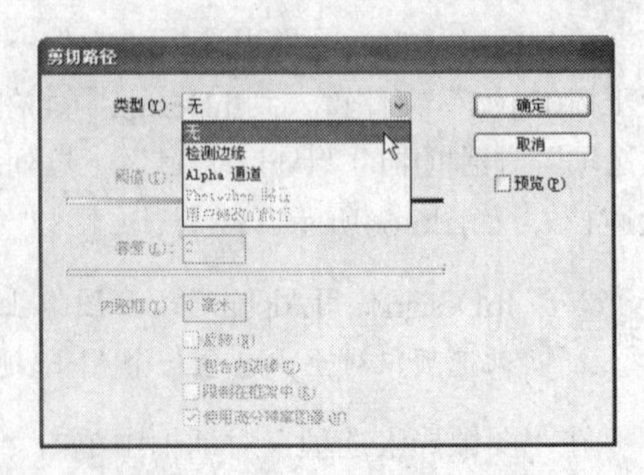

图6-69 “剪切路径”对话框　　　图6-70 “剪切路径”对话框

6. 使用边角效果剪切图形

对于在InDesign中导入的图形，还可以对其应用边角效果来改变框架的形状，从而制作出剪切效果。下面简单地介绍一下制作过程。

（1）使用“选择工具” 选中导入的图形，在菜单栏中选择“对象→角选项”命令，打开“角选项”对话框，如图6-71所示。

（2）在“角选项”对话框中单击“效果”右侧的下拉按钮，从打开的下拉列表中选择“花式”选项，再单击“确定”按钮即可。应用角效果后的图形如图6-72所示。

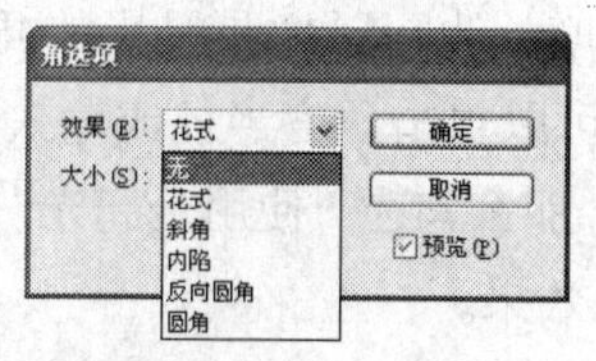

图6-71 选中的图形和“角选项”对话框

图6-72 应用角效果后的图形

（3）如果想要将图形的边角效果去除掉，那么选中剪切的图形，并选择“对象→角选项”命令打开“角选项”对话框，在“效果”选项中选择“无”选项即可将边角效果删除掉。

6.5 使用图形效果

在InDesign中，可以对选取的图形应用特殊效果来获得丰富的图形效果，比如对图形添加投影、羽化等特殊效果。

6.5.1 投影

使用投影可以创建出三维阴影的效果，而且可以让投影沿x轴或y轴偏离，还可以改变投影的颜色、不透明度、距离、角度，以及投影的大小等。

（1）使用绘图工具绘制一个图形或者置入一个图形，并使用“选择工具” 将其选中，如果大小不合适，那么将图形进行缩放，如图6-73所示。

（2）在菜单栏中选择“对象→效果→投影”命令，打开“效果”对话框，如图6-74所示。

图6-73 选中的图形

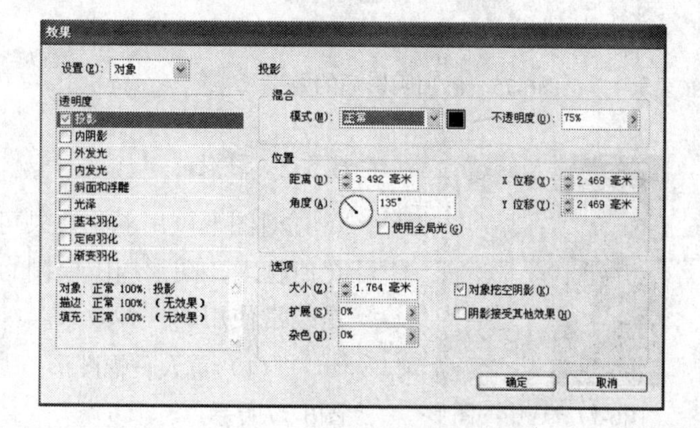

图6-74 “效果”对话框

（3）一般使用默认设置即可，单击“确定”按钮即可生成阴影效果，如图6-75所示。下面简单地介绍一下“效果”对话框中的一些选项。

- 模式：指定透明对象中的颜色如何与其下面的对象相互作用。用于投影、内阴影、外发光、内发光和光泽效果。单击“模式”右侧的颜色框，将打开“效果颜色”对话框来设置阴影的颜色。
- 不透明度：用于确定效果的不透明度，通过拖动滑块或输入百分比测量值进行操作。适用于投影、内阴影、外发光、内发光、渐变羽化、斜面和浮雕，以及光泽效果。
- 距离：指定投影、内阴影或光泽效果的位移距离。
- 角度：指定应用光源效果的光源角度，也可以说是投影的角度。值为0表示平行于底边，值为90表示在对象的正上方。可以单击角度半径或输入数值来确定角度值。如果要为所有对象使用相同的光源角度，那么勾选“使用全局光”选项。此设置用于投影、内阴影、斜面和浮雕、光泽和羽化效果。
- X位移和Y位移：是指在*X*轴或*Y*轴上按指定的偏移量偏离阴影。
- 使用全局光：将全局光设置应用于阴影。此设置用于投影、斜面和浮雕以及内阴影效果。
- 大小：指定阴影或发光应用的量。用于投影、内阴影、外发光、内发光和光泽效果。
- 扩展：确定大小设置中所设定的阴影或发光效果中模糊的透明度。百分比越高，模糊就越不透明。此设置用于投影和外发光效果。
- 杂色：指定输入值或拖移滑块时发光不透明度或阴影不透明度中随机元素的数量。此设置用于投影、内阴影、外发光、内发光和羽化效果。
- 对象挖空阴影：对象显示在它所投射投影的前面。
- 阴影接受其他效果：投影中包含其他透明效果。例如，如果对象的一侧被羽化，则可以使投影忽略羽化，以便阴影不会淡出，或者使阴影看上去已经羽化，就像对象被羽化一样。

提示：还有一种内阴影类型，它是在对象本身上产生的一种阴影效果。在“效果”对话框中勾选这种阴影选项，并单击“确定”按钮即可。内阴影效果如图6-76所示。

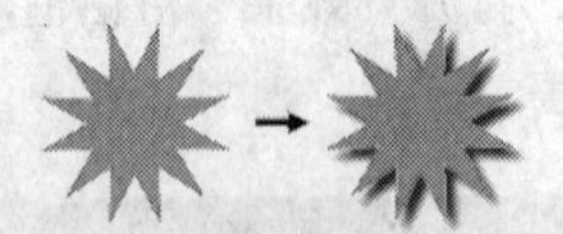

图6-75　添加阴影后的效果

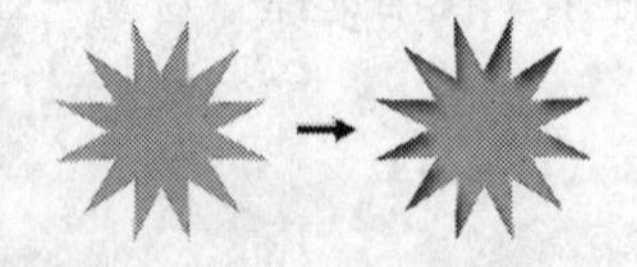

图6-76　内阴影效果

6.5.2 羽化

图6-77　选中的图形

对图形应用羽化效果可以获得使图形周围模糊的效果，羽化值越大，图形周围模糊的程度也就越大。这在排版过程中也是经常使用的一种效果。

（1）置入一幅图形，并使用“选择工具”选中图形，如图6-77所示。

（2）在菜单栏中选择“对象→效果→基本羽化”命令，打开“效果”对话框，如图6-78所示。

（3）在对话框中设置相关参数，一般使用默认设置即可。勾选“预览”选项可以实时地看到羽化效果。设置完成后单击“确定”按钮，效果如图6-79所示。

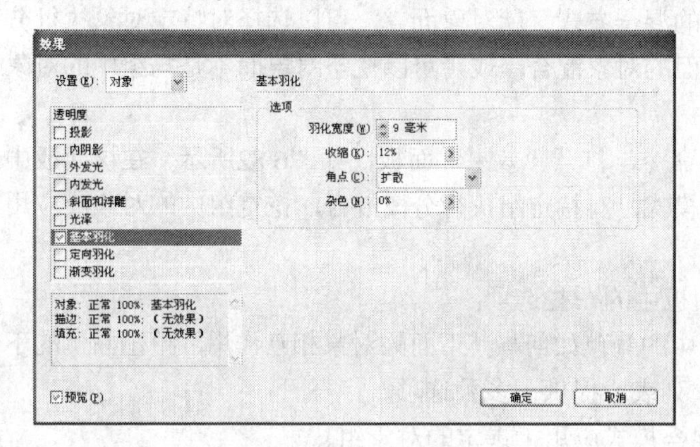

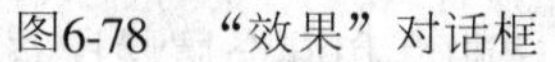
图6-78　“效果”对话框

图6-79　羽化后的效果

提示： 还有两种羽化类型，分别是定向羽化和渐变羽化。在“效果”对话框中勾选这两种羽化选项即可。

6.5.3　其他效果

还可以为图形添加其他的效果，如透明度、内发光、外发光、斜面和浮雕等。如图6-80所示就是应用内发光、斜面和浮雕后的效果。在选择图形对象后，选择对应的命令打开“效果”对话框，进行相应的选项设置即可。

图6-80　内发光效果（左）、斜面和浮雕效果（右）

6.5.4　“效果”面板

在默认设置下，当创建对象或描边、应用填色或输入文本时，这些项目显示为实底状态，即不透明度为100%。可以通过多种方式使项目透明化。例如，可以将不透明度从100%（完全不透明）变到0%（完全透明）。降低不透明度后，就可以透过对象、描边、填色或文本看见下层的图，如图6-81所示。

图6-81　通过设置灯塔的灯光透明度使下层的云显示出来

提示：也可以通过选择“对象→效果→透明度”命令，打开“效果”对话框来设置图形对象的透明度。

可以使用“效果”面板为对象及其描边、填色或文本指定不透明度，并可以决定对象本身及其描边、填色或文本与下方对象的混合方式。就对象而言，可以选择对特定对象执行分离混合，以便组中仅部分对象与其下面的对象混合，或者可以挖空对象而不是与组中的对象混合。

在菜单栏中选择“窗口→效果”命令，打开“效果”面板，如图6-82所示。在该面板中可以指定对象或组的不透明度和混合模式，对特定组执行分离混合，挖空组中的对象或应用透明效果。

下面简单地介绍一下“效果”面板中的一些选项：

- 混合模式：用于指定透明对象中的颜色如何与其下面的对象相互作用，单击右侧的下拉按钮将打开一个列表，在该列表中提供了多种选项。
- 分离混合：勾选该项后，将混合模式应用于选定的对象组。
- 挖空组：勾选该项后，使组中每个对象的不透明度和混合属性挖空或遮蔽组中的底层对象。
- 不透明度：用于设置对象的不透明度。
- A按钮：清除应用于对象（描边、填色或文本）的效果，将混合模式设置为“正常”，并将整个对象的不透明度设置为100%。B按钮用于显示透明效果列表。C按钮用于删除选中的效果。

可以将透明度应用于单一的对象或选定的对象（包括图形和文本框架），但不能应用于个别文本字符或图层。在“效果”面板中通过更改图形的不透明度可以实现图形之间相互叠加的效果，如图6-83所示。

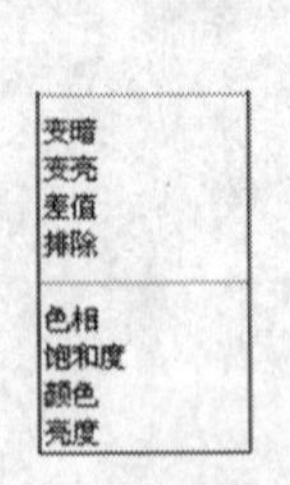

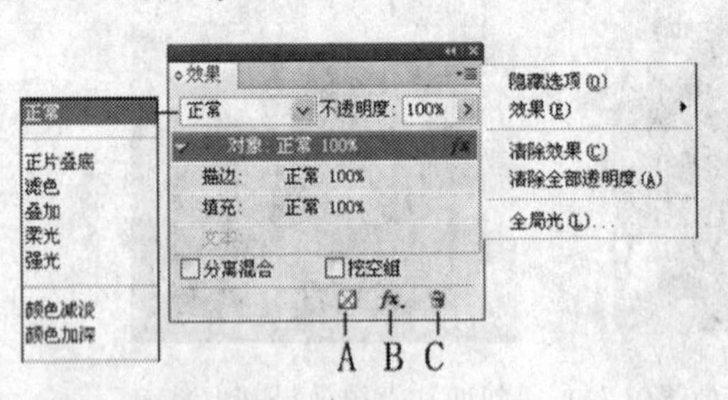

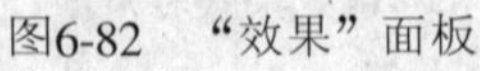

图6-82　“效果”面板

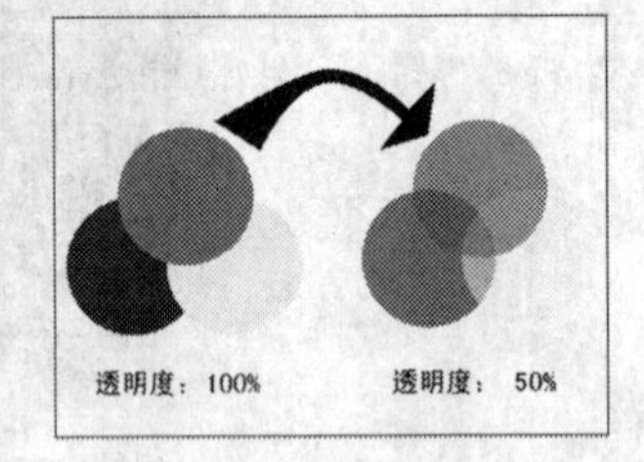

图6-83　叠加效果

6.6　实例：光盘封面设计

图6-84　最终效果

在这个实例中，主要熟悉“椭圆工具”、“路径文字”工具和“贴入内部”命令的使用。使用“椭圆工具”绘制光盘的的主要图形，使用“贴入”命令将置入的图片贴入光盘轮廓内，最后使用“路径文字”工具输入光盘名称，最终生成的效果如图6-84所示。

（1）执行“文件→新建→文档”菜单命令，打开“新建文档”对话框。设置页面大小为150毫米×150毫米，“页面方向”为竖向，其他参数不变，具体参数设置如图6-85所示。

（2）单击“边距和分栏”按钮，打开“新建边距和分栏”对话框，将边距值都设置为0毫米，其他参数不变。具体参数设置如图6-86所示。

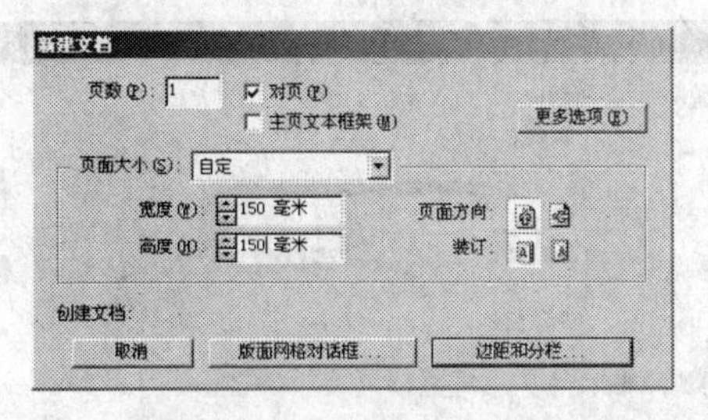

图6-85　“新建文档“对话框

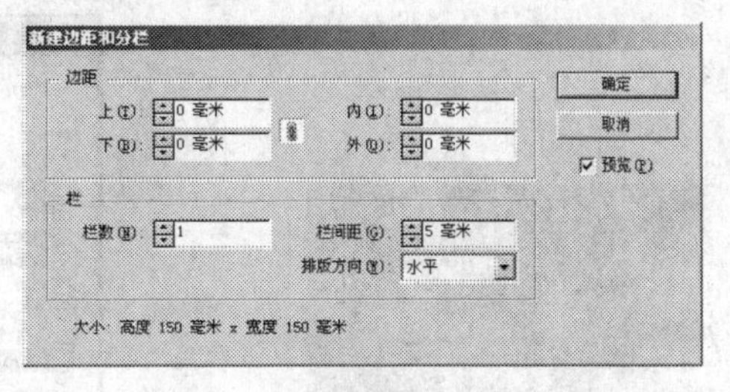

图6-86　“边距和分栏”对话框

（3）单击“新建边距和分栏”对话框右上角的“确定”按钮关闭该对话框。

（4）选择工具箱中的“椭圆工具”，按住Shift键绘制四个圆，作为光盘的形状，如图6-87所示。

（5）选择工具箱中的“直接选择工具”，选取四个圆。然后执行“窗口→对象和面板→对齐”菜单命令，或直接按Shift+F7组合键，打开“对齐”窗口，单击“水平居中对齐”和“垂直居中对齐”按钮，将其对齐为同心圆，如图6-88所示。

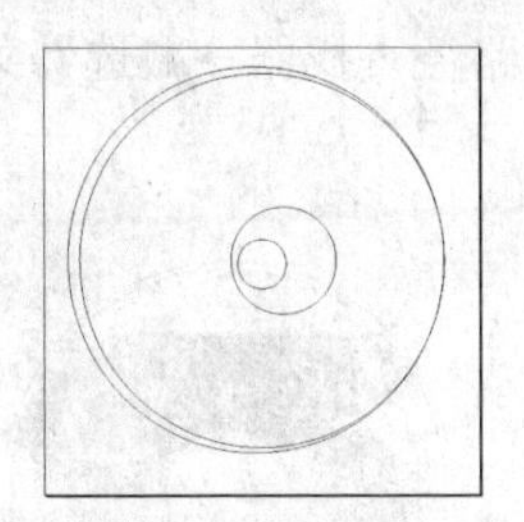

图6-87　绘制的圆

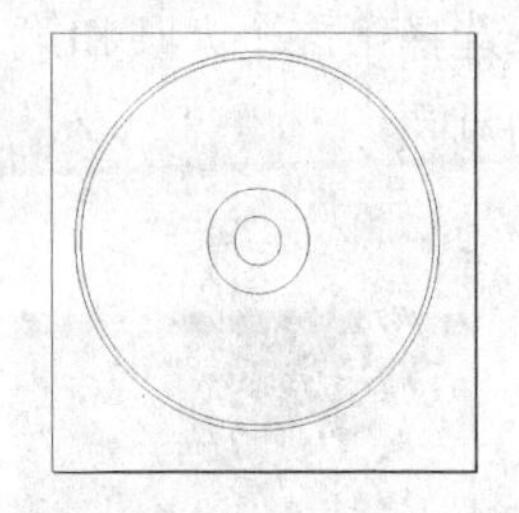

图6-88　同心圆

（6）选择工具箱中的“直接选择工具”，选取四个圆。然后执行“窗口→描边”菜单命令，将“粗细”选项设置为“1点”，“对齐描边”选项设置为“描边对其中心”，“类型”选项设置为“实底”，其他设置不变，效果如图6-89所示。

（7）选择工具箱中的“矩形工具”创建一个矩形。然后选择工具箱中的“填色工具”，双击“前景色”，打开“拾色器”对话框，设置CMYK（70，15，0，0），如图6-90所示。

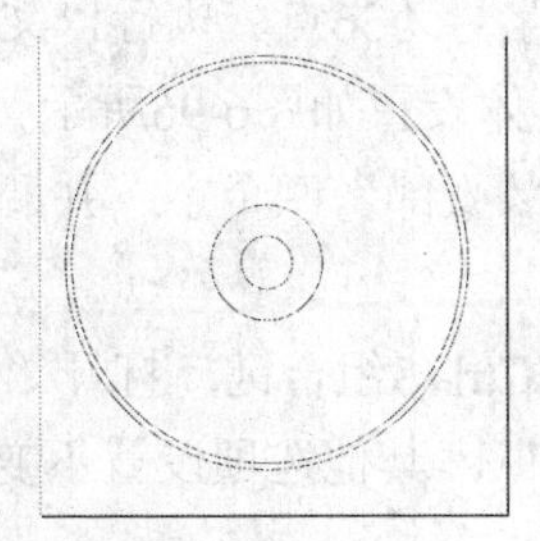

图6-89　描边效果

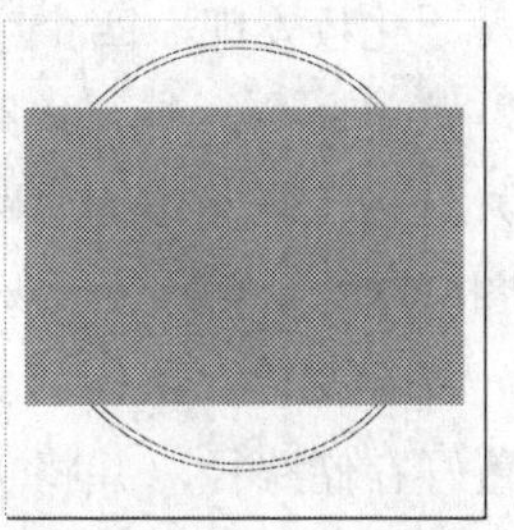

图6-90　绘制的矩形

（8）执行“文件→置入”菜单命令，或直接按Ctrl+D组合键，置入图形并调整到合适位置，如图6-91所示。

（9）选择图片，单击右键，从打开的菜单命令中选择“效果→渐变羽化”命令，打开“效果”对话框，选择“渐变羽化”选项，将“位置”选项设置为80%，如图6-92所示。

图6-91 置入的人图片

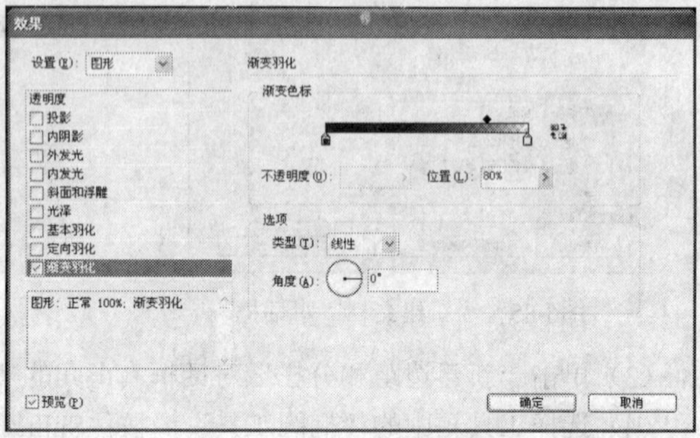

图6-92 “效果”对话框

（10）选择图片，执行“编辑→复制”菜单命令，或直接按Ctrl+C组合键进行复制。然后选择图形，执行“编辑→贴入内部”菜单命令，或直接按Alt+Ctrl+V组合键进行粘贴，如图6-93所示。

（11）选择第二个大圆和第二个小圆，执行“对象→路径查找器→减选”菜单命令，效果如图6-94所示。

图6-93 贴入内部的图片

图6-94 减选后的效果

（12）执行“文件→置入”菜单命令，或直接按Ctrl+D组合键，置入图形并调整到合适位置，如图6-95所示。

（13）选择工具箱中的“钢笔工具”绘制一条路径。然后选择工具箱中的“路径文字工具”，输入“化妆女郎”四个字，字体为楷体_GB2312，字号为36点。执行“文字→路径文字→选项”菜单命令，打开“路径文字选项”对话框，具体设置如图6-96所示。

（14）选择工具箱中的“路径文字工具”，输入“化妆女郎”四个字，并调整到合适的位置，如图6-97所示。

（15）保存文件。执行“文件→保存”菜单命令或按Ctrl+S组合键，打开“存储为”对话框，设置好存储路径，并将“文件名”设置为“光盘08”，其他选项设置不变，如图6-98所示。

图6-95　置入的手图片

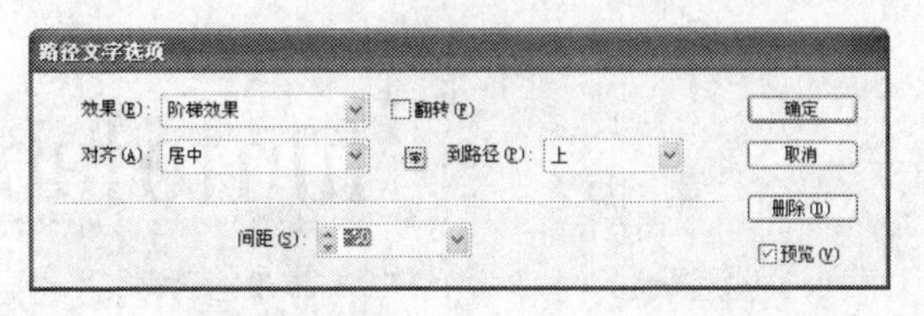

图6-96　“路径文字选项”对话框

图6-97　路径文字的位置

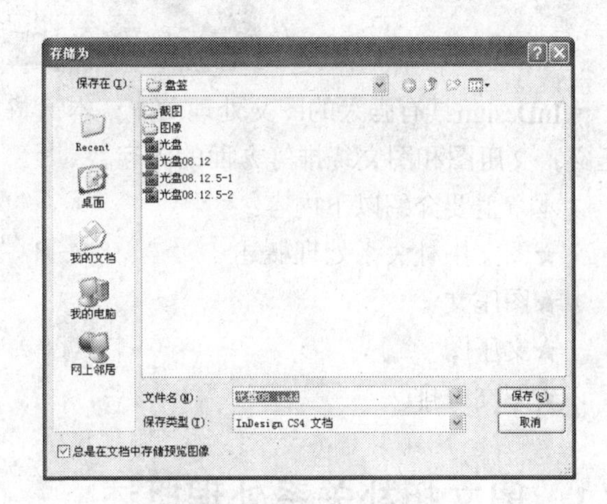

图6-98　“存储为”对话框

（16）单击“保存”按钮，将制作好的文件保存。

第7章　图文拓朴关系处理

InDesign具有强大的图文处理功能。本章将主要介绍有关图文操作的知识，其中包括图压文、文压图和图文绕排等方面的内容。

本章主要介绍以下内容：

★图文拓朴关系处理概述

★图压文

★文压图

★图文绕排

7.1　图文拓朴关系处理概述

在排版中，图文之间关系的处理就是所谓的图文拓朴关系。对于图文的上下顺序，层的影响是最高的。也就是说，在上层中的任何对象总是处在下层任何对象的上面。层之间的顺序是通过对层的操作来实现的。图形与文字处在同一版面上的同一层时，可以有不同的关系，如文压图、图压文、图文绕排等。也就是说同一层中的图形和文字之间也是有顺序的。通常使用“对象→排版”菜单命令来改变它们的前后顺序。

7.2　文压图

有时，需要采用文压图的方式，也就是文在上、图在下的排版方式。例如，在广告设计版面上加选一个底图，然后在上面添加文字。这时，所有的文字对象都在所压图形的上面，如图7-1所示。

图7-1　文压图效果

注意：如果改变了文本框的填充方式，也就是如果图文框不透明，则看不到背景图，它被图文框底色遮盖，效果如图7-2所示。

图7-2 图形被文本框的底色遮盖

7.3 图压文

也就是将图形置于文本框的上层，产生图压文效果。一般方块形的图形会遮住下面文本框中的内容。但如果使用路径来剪切图形，那么将得到剪切图效果，从而露出下面的部分文字，如图7-3所示。

图7-3 图压文效果

7.4 图文绕排

图文绕排也称为文本绕图，是指当文本框与图形有重叠时，为了让文字不被图形所遮盖，需要将文字绕开图形内容。在InDesign中，文字绕图可以绕图形框架排列，也可以绕剪切图形的路径排列。

要实现图文绕排，必须要把文本框设成可以绕排，在默认设置下是可以绕排的。如果不能，则要进行相应的设置。设置方法是在菜单栏中选择“对象→文本框选项”命令，在打开的“文本框架选项”对话框中取消勾选左下角的“忽略文本绕排”选项，如图7-4所示。

在菜单栏中选择“窗口→文本绕图”命令，打开“文本绕排”面板，如图7-5所示。在该面板中可以设置不同类形的文本绕排方式。

在“文本绕排”面板中，面板顶部的一行按钮用于控制绕排的方式。从左到右依次为无文本绕排、沿定界框绕排、沿对象形状绕排、上下型绕排和下型绕排。

勾选“反转”项后，可对已经设置了绕排的图文在绕排时反转路径。上移位、下移位、左移位和右移位选项用于控制绕排时文字离所绕对象四周的距离。

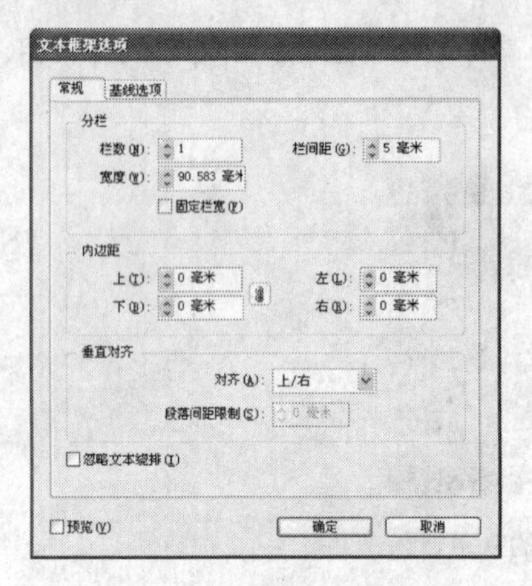

图7-4 “文本框架选项”对话框

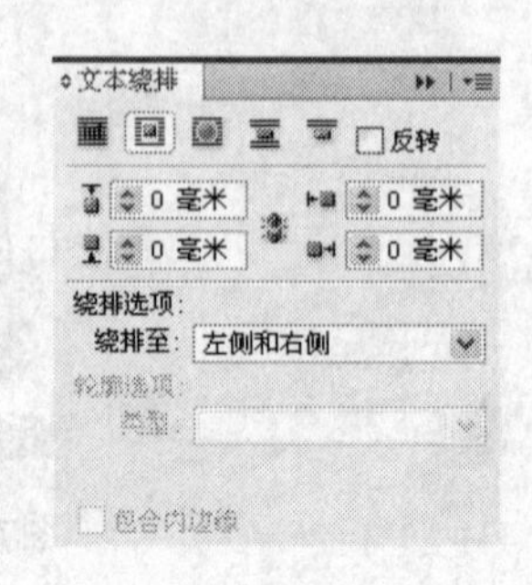

图7-5 “文本绕排”面板

下面，分别简单地介绍一下这几种绕排方式。

7.4.1 沿定界框绕排

下面，简单地介绍一下沿定界框绕排文字的操作。

（1）将文字与图形重叠，注意前后顺序，将图形放到文字上方。如图7-6所示。

（2）用“选择工具” 选中图形。在“文本绕排”面板中单击“沿定界框绕排”命令 ，即可看到文字绕图形方框绕开，如图7-7所示。

图7-6 置入的图形

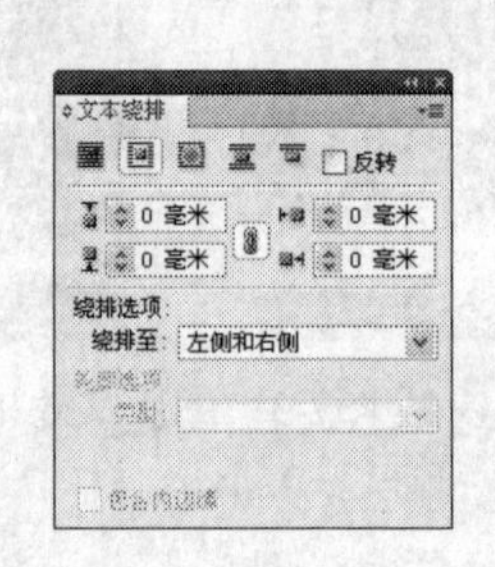

图7-7 “文本绕排”面板和绕排效果

（3）由于对图形使用了“沿定界框绕排”，系统将自动生成一个矩形绕排。在“文本绕排”面板中改变“上位移”、“下位移”、“左位移”和“右位移”参数的值，可以分别更改文字距图形方框上方、下方、左方和右方的距离，如图7-8所示。

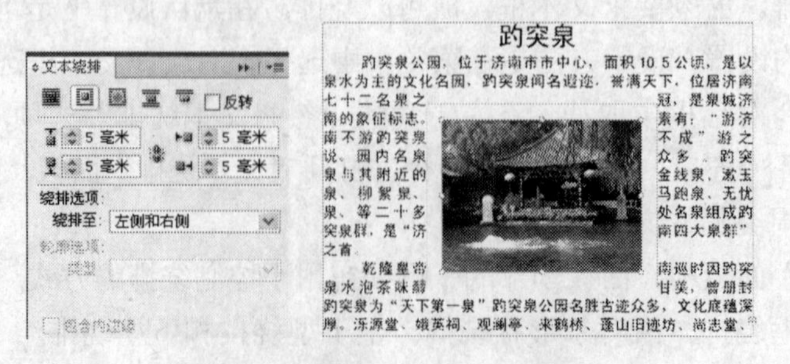

图7-8 设置绕排边界框的位移值

7.4.2　沿对象形状绕排

沿对象形状绕排就是让文字沿图形的边缘路径排列，这也是一种经常用到的绕排方式，下面简单地介绍一下操作方法。

（1）将文字与图形重叠，注意前后顺序，将图形放到文字上方。如图7-9所示。

（2）用“选择工具” 选中图形。在“文本绕排”面板中选择“沿对象形状绕排”命令 ，即可看到文字绕着图形的形状进行绕排，如图7-10所示。

图7-9　置入的图形

图7-10　文本绕排效果

（3）在“文本绕排”面板中可以更改文字距图形方框上方、左方、下方和右方的距离。如图7-11所示。

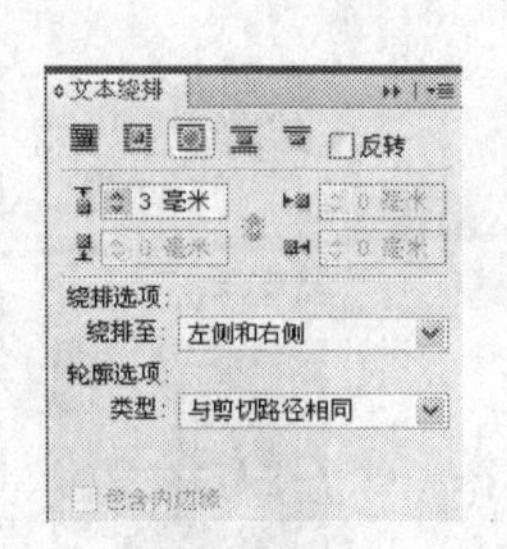

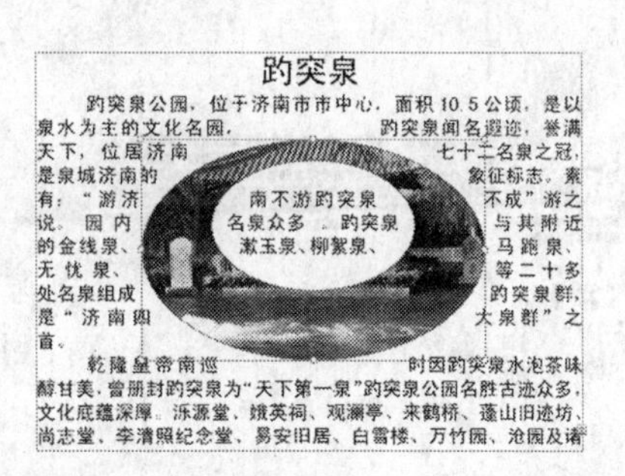

图7-11　设置边界框位移值

7.4.3　上下型绕排

上下型绕排也是一种常见的排版方式，下面简单地介绍一下其操作方法。

（1）将文字与图形重叠，注意前后顺序，将图形放到文字上方，如图7-12所示。

（2）用“选择工具” 选中图形。在“文本绕排”面板中选择“上下型绕排”命令 ，这时文字将绕排在图形的上下两边，如图7-13所示。

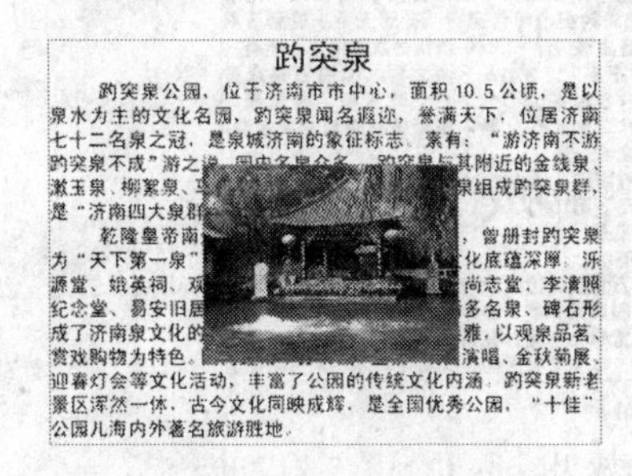

图7-12　置入的图形

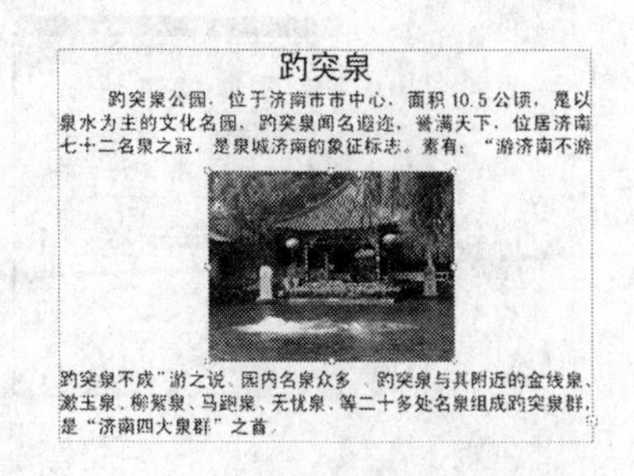

图7-13　文本绕排效果

（3）在“文本绕排”面板中改变“上位移”和“下位移”参数的值，将会分别更改文字距图形方框上方和下方的距离，如图7-14所示。

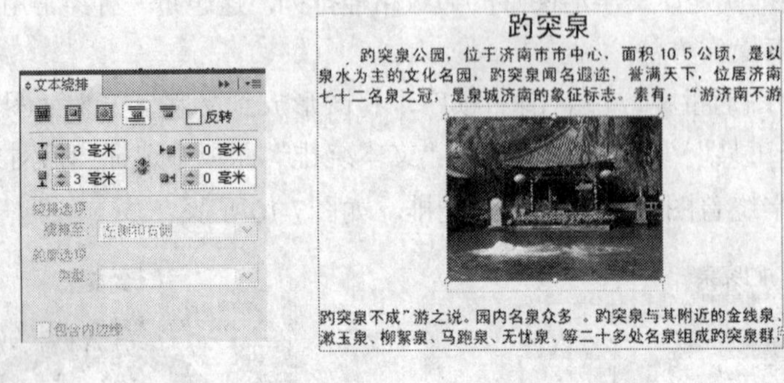

图7-14 设置绕排边界框的位移值

7.4.4 下型绕排

下型绕排也是常见的排版方式之一，下面简单地介绍一下其操作。

（1）下型绕排是指在同一文本栏或文本框架中段落文字绕排在图形的上方，图形下方的文字将强制显示在下一文本栏或文本框架中，如图7-15所示。

（2）如果是分栏文字，则从图形的下面开始绕开，在下一栏中显示，效果如图7-16所示。

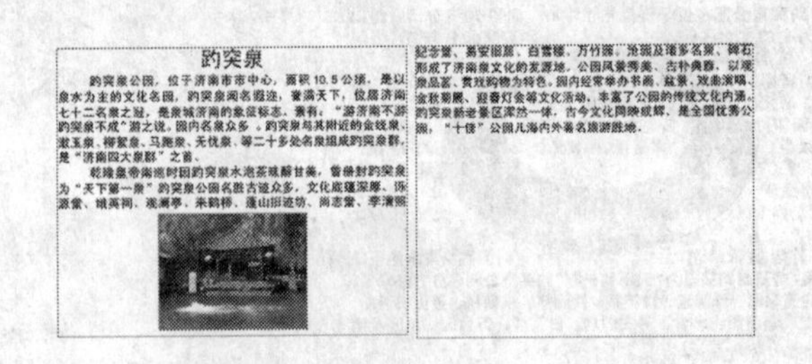

图7-15 文本绕排效果

图7-16 文本绕排效果

7.4.5 文本框绕排

除了绕图形排列之外，还可以绕文本框排列，也就是把一个文本框当做一个图形来处理，操作方法与前面相同。文本框的绕排效果如图7-17所示。

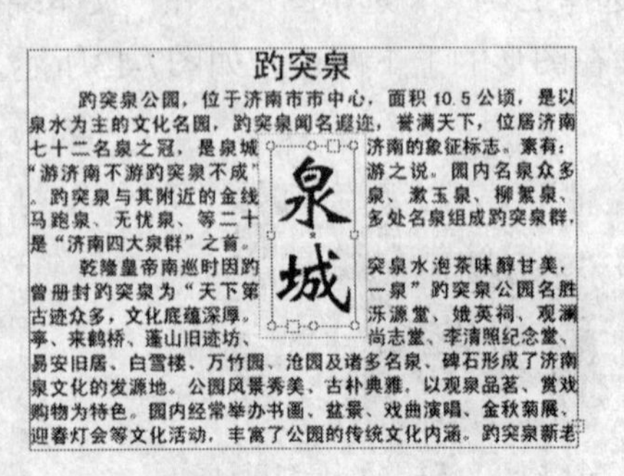

图7-17 文本框绕排效果

7.4.6　取消文本绕排

如果想取消文本绕排，选中图形后单击“文本绕排”面板中的“无文本绕排”按钮 ▣ 便会取消绕排设置。

7.4.7　内连图

内连图是一种特殊的图文关系，它是排列在文本行之中的小图标。这种图形处理起来就跟一般字符一样，可以随着字符的移动一起移动。内联图不能设置绕排方式。如图7-18所示，其中的圆圈中的小图即为一幅内连图。

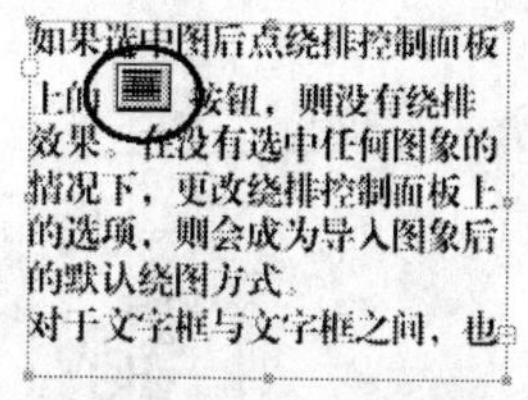

图7-18　内联图

使用“文字工具” T. 在文本框中插入点，此时置入的图形类型就是内连图形。在图书排版中随文图标多采用这种方式，比如在InDesign中导入的Word文件中的所有图形都是以内联图的形式显示的。

7.5　实例：楼盘DM宣传单的设计

DM是直邮广告的英文简写，是通过邮递方式传播的一种印刷品广告。下面使用前面所学习的知识来制作一张折页类型的楼盘DM宣传单。制作的最终效果如图7-19所示。

图7-19　制作的最终效果

7.5.1　新建文件

（1）在菜单栏中选择“文件→新建”命令，打开“新建文档”对话框。在“新建文档”对话框中设置出版物的页数为“1”，取消“对页”复选框，在“页面大小”的下拉列表中选择“A4”，设置“页面方向”为“横向 ”。如图7-20所示。

（2）单击“边距和分栏”按钮，打开“新建边距和分栏”对话框。在“边距和分栏”对话框中设置上、下、左、右边距为“8毫米”。如图7-21所示。

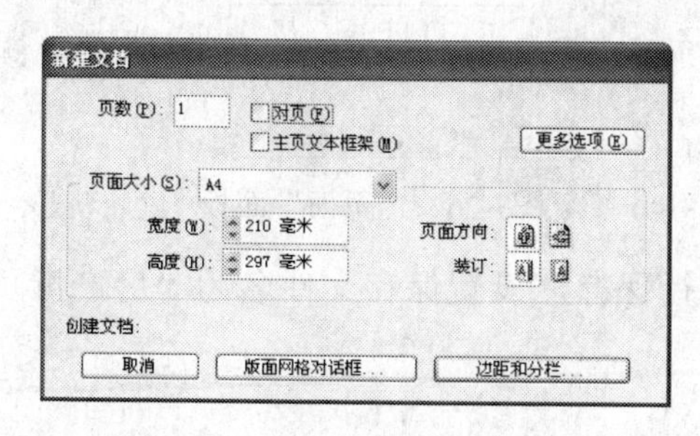

图7-20　“新建文档”对话框

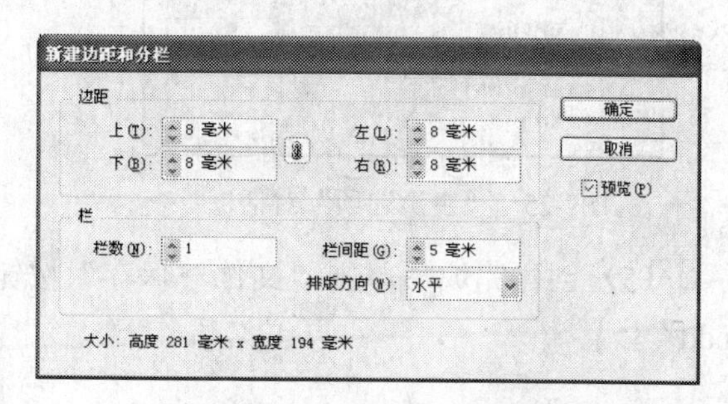

图7-21　“新建边距和分栏”对话框

（3）设置完成后单击“确定”按钮，完成文档设置。如图7-22所示。

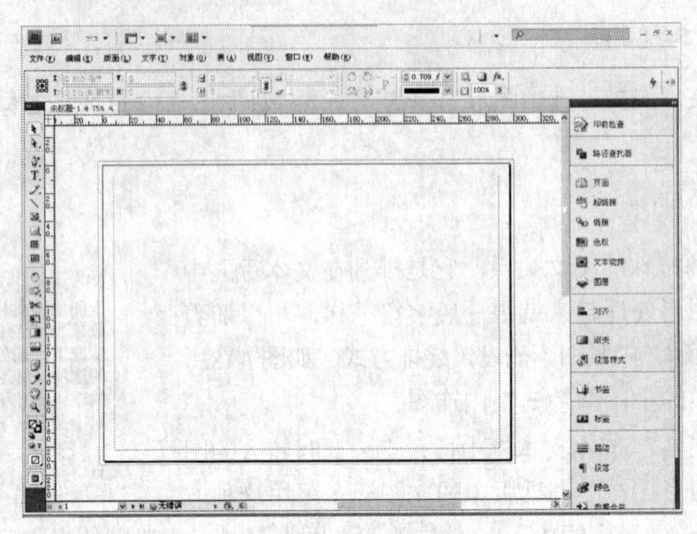

图7-22　新建的页面

7.5.2　设置主页

（1）在菜单栏中选择“窗口→页面”命令，打开“页面”面板，如图7-23所示。

（2）在“页面”面板中选择“A-主页”，单击面板右上方的按钮，在打开的面板菜单中选择“A主页的主页选项”命令，打开“主页选项”对话框，如图7-24所示。

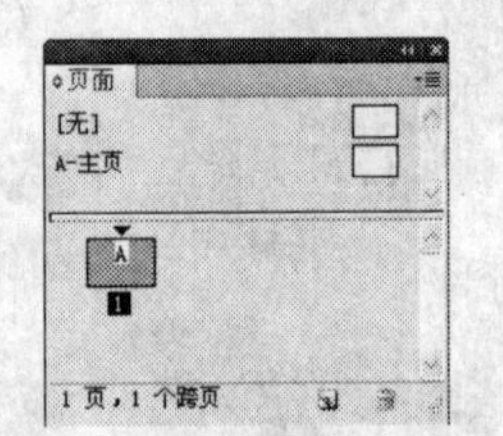

图7-23　“页面”面板

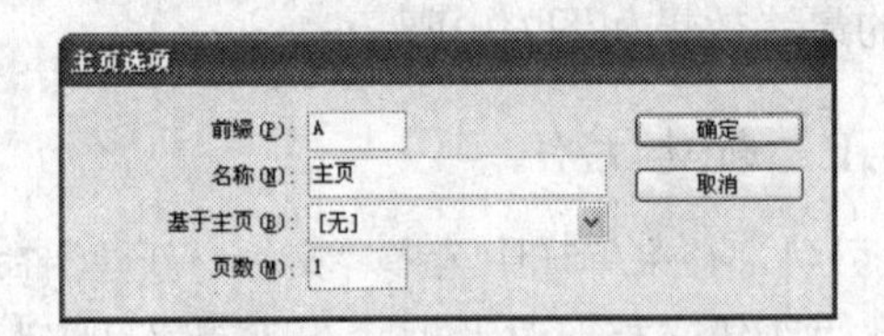

图7-24　“主页选项”对话框

（3）在“主页选项”对话框中修改“名称”为“外”，如图7-25所示。

（4）设置完成后单击“确定”按钮完成主页的创建，如图7-26所示。

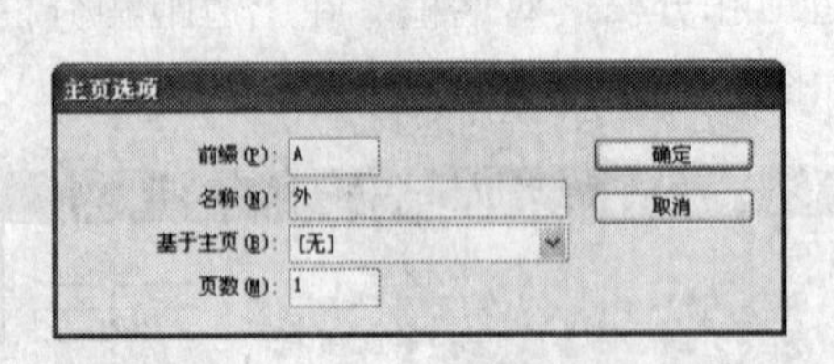

图7-25　“主页选项”对话框

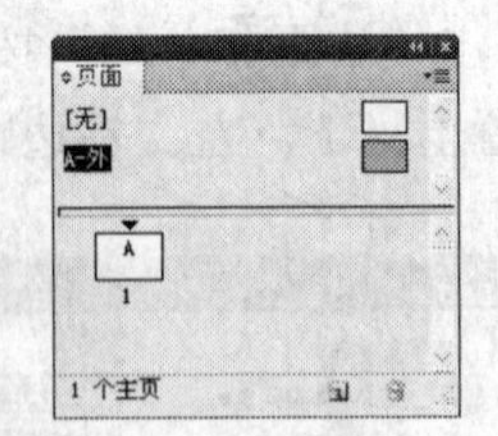

图7-26　“页面”面板

（5）创建完成后单击“文件→保存”按钮进行保存，设置保存文件名为“房产折页.indd”。

7.5.3　设计版式

（1）在“页面”面板中双击“A—外”主页，将页面切换至“A—外”主页。在菜单栏中选择“窗口→图层”命令，打开“图层”面板，如图7-27所示。

（2）在“图层”面板中，单击“新建图层”按钮，创建一个新的图层，并命名为“参考线”，如图7-28所示。

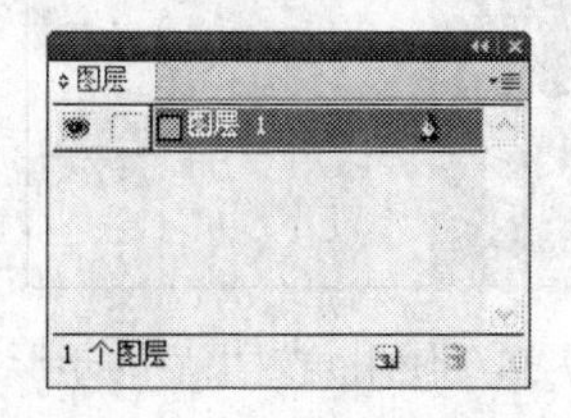

图7-27 “图层”面板

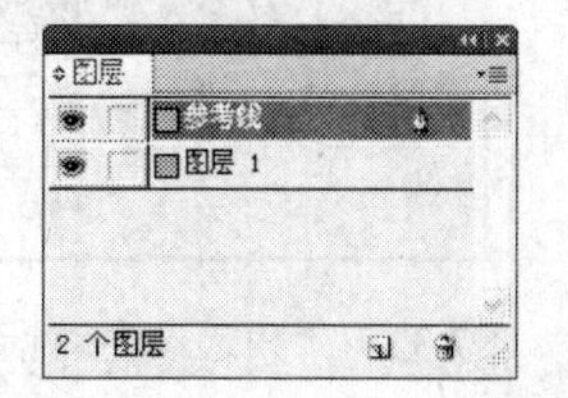

图7-28 新建图层

（3）使用同样的方法创建图形文字层，用于放置图形和文字。如图7-29所示。

（4）激活参考线图层，在参考线图层中创建页面参考线，将光标移动至垂直标尺处拖曳出所需的垂直参考线，如图7-30所示。

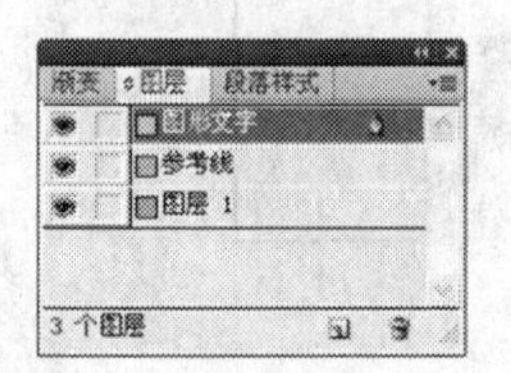

图7-29 创建的图形文字层

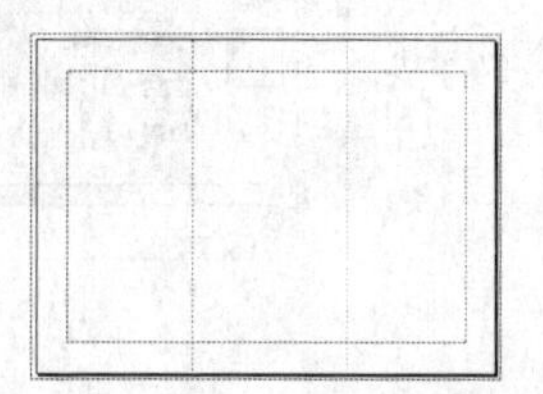

图7-30 创建的参考线

（5）在“图层”面板中激活图形文字图层。使用工具箱中的“矩形工具” 创建一个矩形。取消其轮廓线并填充为蓝色。如图7-31所示。

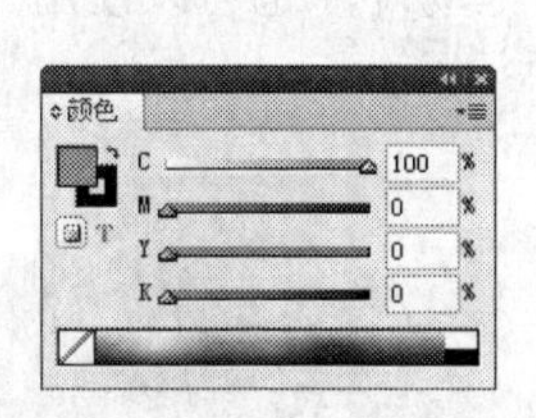

图7-31 创建的矩形

（6）使用“矩形工具” 在页面中再创建一个矩形，将其轮廓线粗细设置为3点，并设置轮廓色为白色。如图7-32所示。

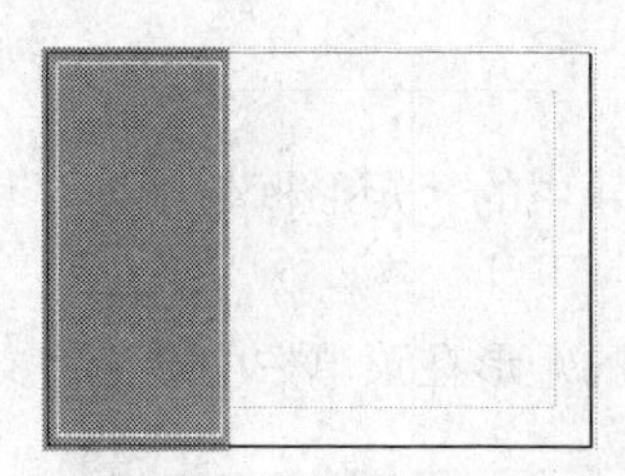

图7-32 创建的矩形

（7）选中创建的矩形，在菜单栏中选择“对象→角选项”命令，打开“角选项”对话框。在对话框中设置如图7-33所示的参数。

（8）设置完成后单击“确定”按钮，创建的矩形的角效果如图7-34所示。

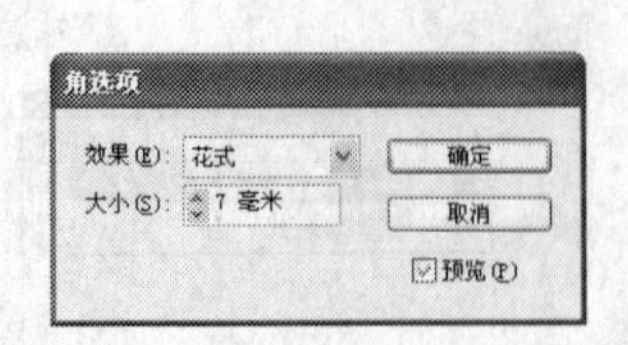

图7-33 “角选项”对话框

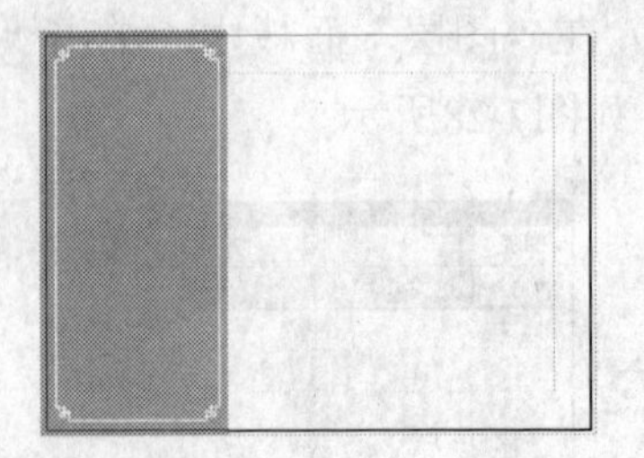

图7-34 使用角效果后的矩形

（9）继续使用“矩形工具” 在页面中创建一个矩形，将其填充为由蓝色到白色的渐变色，如图7-35所示。

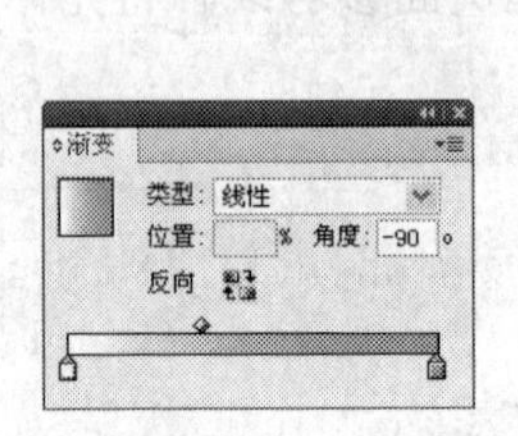

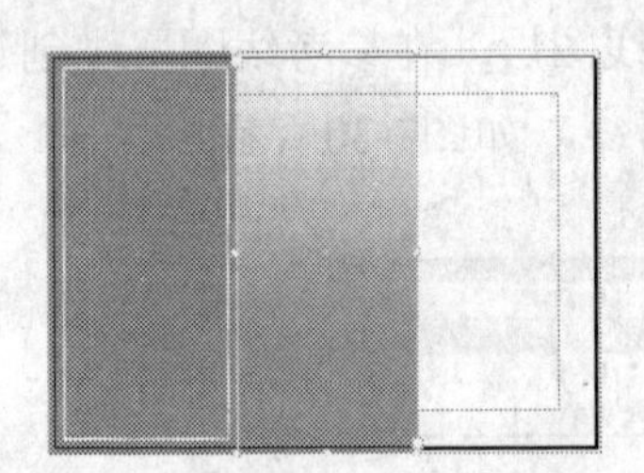

图7-35 创建的矩形

（10）在工具箱中选择“文字工具” T，在页面中创建一个文本框，并在文本框中输入“MDO”，在“字符”面板中设置字体为“方正大黑体”、字体大小为“92点”，并填充为淡蓝色，如图7-36所示。

（11）调整输入文字的位置，除了使用鼠标拖动外，也可以使用回车键和空格键进行调整，如图7-37所示。

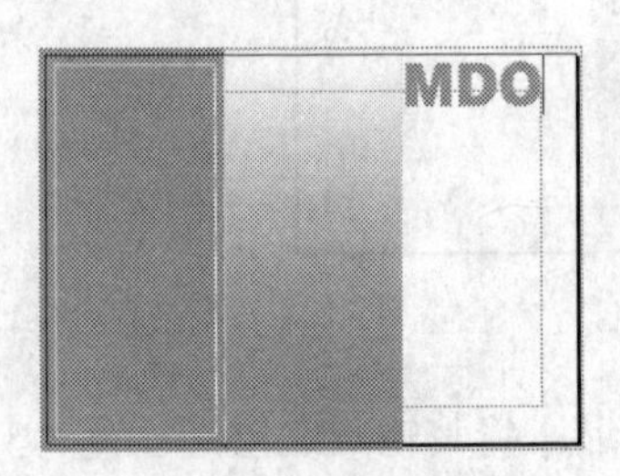

图7-36 输入的文字

图7-37 调整文字效果

7.5.4 置入图形

（1）使用工具箱中的“矩形框架工具” ，在页面中创建一个矩形框架，如图7-38所示。

（2）选中创建的矩形在菜单栏中选择“文件→置入”命令，打开“置入”对话框，如图7-39所示。

（3）在“置入”对话框中选择想要置入的图形，单击“打开”按钮置入图形，如图7-40所示。

（4）选中置入的图形，在菜单栏中选择“对象→适合→使内容适合框架”命令，如图7-41所示。

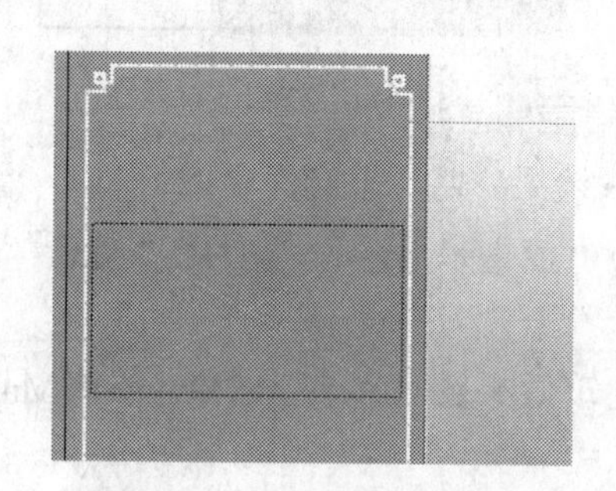

图7-38 创建的矩形框架

图7-39 “置入”对话框

图7-40 置入的图形

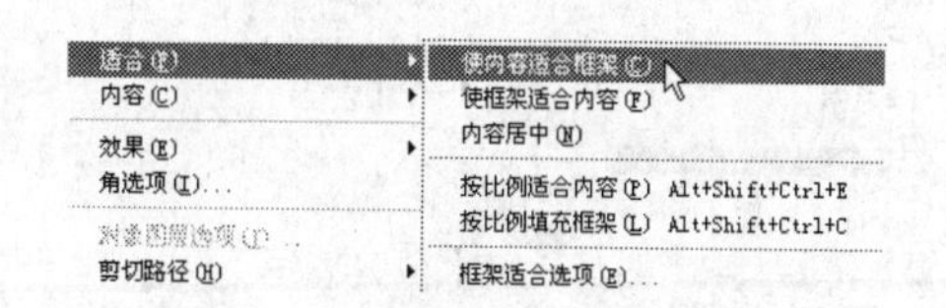

图7-41 菜单命令

（5）调整后的图形效果如图7-42所示。

（6）选中置入的图形，在菜单栏中选择“对象→效果→透明度”命令，打开“效果”对话框。在“效果”对话框中设置图形混合模式为“正片叠底”，设置不透明度为“41%”，如图7-43所示。

图7-42 调整后的图形

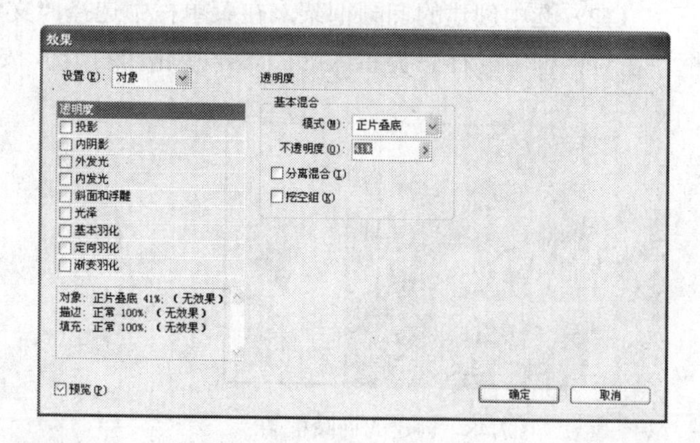

图7-43 “效果”对话框

（7）添加效果后的图形如图7-44所示。

（8）继续置入图形。在菜单栏中选择“文件→置入”命令置入图形，如图7-45所示。

图7-44　添加效果后的图形

图7-45　置入的图形

（9）选中置入的图形，在菜单栏中选择“对象→效果→基本羽化”命令，打开“效果”对话框。在“效果”对话框中，设置“羽化宽度”为“12毫米”，设置羽化“角点”类型为“锐化”，如图7-46所示。

（10）添加效果后的图形如图7-47所示。这种建筑效果图可以在3ds Max或者Maya中进行制作。

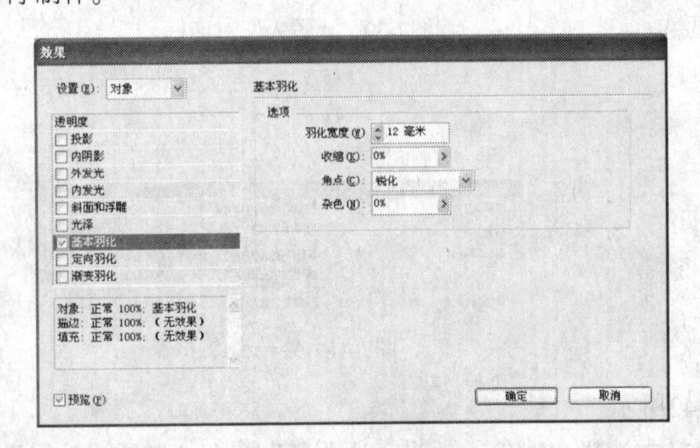

图7-46　“效果”对话框

图7-47　添加效果后的图形

（11）使用工具箱中的“椭圆框架工具”⊗.在页面中创建一个椭圆框架，如图7-48所示。

（12）选中创建的椭圆框架，在菜单栏中选择“文件→置入”命令，打开“置入”对话框。在对话框中选择想要置入的图形，单击“打开”按钮置入图形，如图7-49所示。

图7-48　创建的椭圆框架

图7-49　置入的图形

（13）选中置入的图形，在菜单栏中选择“对象→效果→基本羽化”命令，打开“效果”对话框。在“效果”对话框中，设置“羽化宽度”为“11毫米”，设置羽化“角点”类型为“扩散”，如图7-50所示。

（14）添加效果后的图形如图7-51所示。

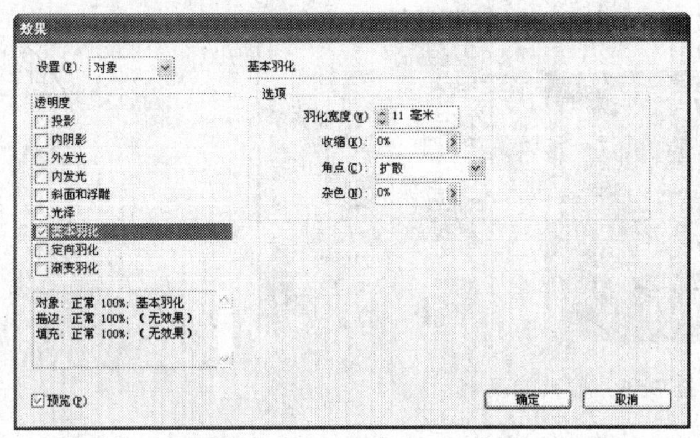

图7-50 “效果”对话框　　图7-51 添加效果后的图形

(15) 选中图形，按住Alt键，拖动并复制图形，将复制的图形移动至页面的右侧，如图7-52所示。

(16) 选中复制的图形，在菜单栏中选择“对象→效果→透明度”命令，打开“效果”对话框，设置不透明度为55%，如图7-53所示。

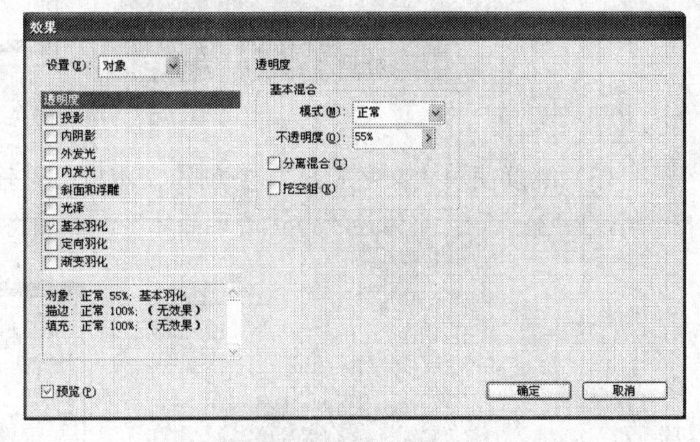

图7-52 复制的图形　　图7-53 “效果”对话框

(17) 设置透明度效果后的图形如图7-54所示。

(18) 继续置入图形，调整图形的位置，并根据需要添加效果，如图7-55所示。

图7-54 添加效果后的效果　　图7-55 置入的图形

7.5.5 输入文本

(1) 在工具栏中选择“文字工具” T.在页面左上方拖出一个文本框，并输入文字，在“字符”面板中设置字体的大小为“25点”、字体为“方正粗倩简体”，如图7-56所示。

图7-56 输入的汉字

（2）为字体填充颜色。选中文本框，在“颜色”面板中将字体颜色设置为白色。如图7-57所示。

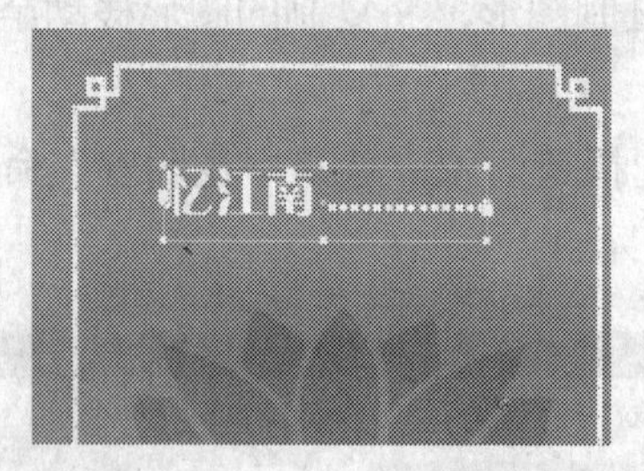
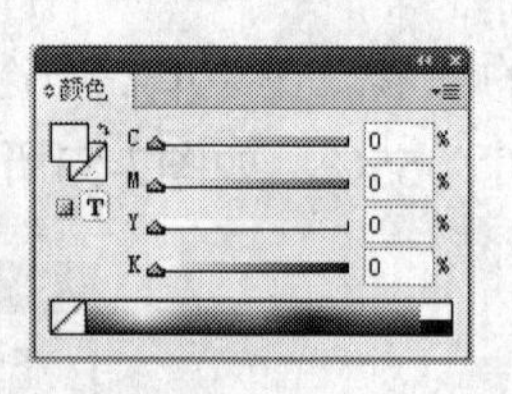

图7-57 填充颜色

（3）继续使用“文字工具” T.创建文本框，并输入文字，在“字符”面板中设置字体的大小为“36点”、字体为“方正琥珀简体”，然后将字体颜色设置为白色，如图7-58所示。

图7-58 输入的文本

（4）调整字体的大小。使用“文字工具” T.选中文字，并在“字符”面板中设置字体的大小，如图7-59所示。

图7-59 调整字体的大小

（5）继续使用“文字工具” T.创建文本框，输入文字并调整大小和位置，效果如图7-60所示。

图7-60　输入的文本

（6）使用工具箱中的“直排文字工具” IT，在页面中创建一个文本框并输入文字，在“字符”面板中设置字体大小为“30点”、字体为“方正稚艺简体”，然后在“颜色”面板中设置字体颜色为淡蓝色，如图7-61所示。

图7-61　输入文本

（7）调整字体的大小。使用“直排文字工具” IT.选中文字，在“字符”面板中将字体大小设为“23点”，如图7-62所示。

图7-62　选中的文字和“字符”面板

（8）这样就完成了一张楼盘DM宣传单正面的制作，读者可以使用相同的方法添加文字和图片，并制作出DM宣传单的背面。绘制的最终效果如前面的图7-19所示。

第8章　表 格 处 理

个人简历

姓　名		性　别		照片
民　族		籍　贯		
学　历		专　业		
毕　业 院　校		出　生 年　月		
联　系 电　话		邮　箱		
求　职 意　向				

InDesign作为专业的排版软件，还提供了强大的表格制作功能，可以满足不同排版目的的需求。在本章中，将介绍表格的制作与应用。

本章主要介绍以下内容：

★表格

★实例：某公司业务报表设计

8.1　InDesign的表格功能简介

在对某些书籍进行排版时，经常会遇到大量的表格。InDesign具有强大的表格功能，可以制作和处理各种各样的表格，能很方便地实现表格中行与列的设置、行列宽度的均分、单元格的折分与合并、表格与文字的相互转换、从Word文件中导入表格等。下面就是一种表格的样式，如图8-1所示。

尺寸 / 项目	33	34	35	36	37	38
	SS	S	M	L	XL	XXL
衣长（后中）	56	58	60	62	64	65
胸围	84	88	92	96	100	104
腰围	68	72	76	80	84	88
下摆	85	89	93	97	101	105
肩宽	37	38	39	40	41	42
袖长	58	60	61.5	61.5	62.5	63
袖口(大)	20	21	22	23	23	24
袖口(宽)	9.1	9.1	9.1	9.1	9.1	9.1
备注：1厘米=0.394英寸;1英寸=2.54厘米；表中"尺寸"栏为中国领围尺寸；表中除国际领围栏其他数值单位均为厘米。						

图8-1　表格效果

8.2　表格的类型

表格简称为表，它是试验数据结果的一种有效表达形式。表是由单元格的行和列组成的。单元格类似于文本框架，可在其中添加文本、定位框架或其他表。表格的种类很多，从不同角度可有多种分类法。

按其结构划分，表格分为规则表格和不规则表格两种。执行“表→插入表格”命令，通过在打开的“表格”对话框中选择合适的行数和列数制作出来的表格称为规则表格。对规则表格进行单元格合并和拆分操作之后的表格称为不规则表格。

按其排版方式划分，表格可以分为横直线表格、无线表格和套线表格三大类。用线作为行线和列线而排成的表格称为横直线表（或卡线表）。不用线而以空间隔开的表格称为无线表。把表格分排在不同的版面上，然后通过套印而印成的表格称为套线表。

普通表格一般可分为表题、表头、表身和表注四个部分，其中表题由表序与题文组成,一般采用比正文字号小一字号的黑体字排。表头由各栏头组成，表头文字用比正文小8～2个字号排。表身是表格的内容与主体，由若干行和栏组成，栏的内容有项目栏、数据栏及备注栏等，各栏中的文字要求比正文小8～2个字号排。表注是表的说明，要求采用比表格内容小1个字号排。如图8-2所示。

表6-1 前4个月的销量对比——表题

月 份	
1月	2153 万元
2月	3113 万元
3月	2873 万元
4月	3656 万元

表头 表身

图8-2 表格的基本构成

表格中的横线称为行线，竖线称为列线（还有人把列称为栏），行线和列线均排正线。行线之间称为行，列线之间称为列。表格的最左边一行称为行头，每列最上方一格称为栏头。行头所在的列称为（左）边列、项目栏或竖表头，即表格的第一列。列头是表头的组成部分，列头所在的行称为头行，即表格的第一行。边列与第二列的交界线称为边列线，头行与第二行的交界线称为表头线。

表格的四周边线称为表框线。表框线包括顶线、底线和墙线。顶线和底线分别位于表格的顶端和底部，墙线位于表格的左右两边。由于墙线是竖向的，故又称为竖边线。如图8-3所示。

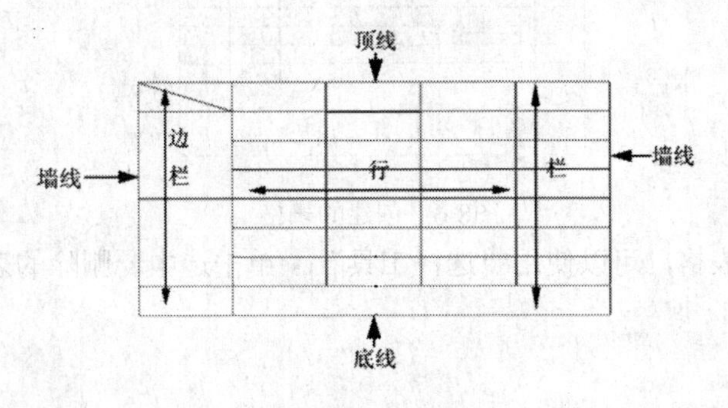

图8-3 表格的结构

在InDesign中创建表时，可以从头开始创建表，也可以通过从现有文本转换的方式创建表，还可以在一个表中嵌入另一个表。创建一个表时，新建表的宽度会与作为容器的文本框的宽度一致。插入点位于行首时，表插在同一行上。插入点位于行中间时，表插在下一行上。

表随周围的文本一起流动，就像随文图一样。例如，当表上方文本的点大小改变或者添加、删除文本时，表会在串接的框架之间移动。但是，表不能在路径文本框架上显示。可以用创建横排表的方法来创建直排表。表的排版方向取决于用来创建该表的文本框架的排版方向。文本框架的排版方向改变时，表的排版方向会随之改变。在框架网格内创建的表也是如此。但是，表中单元格的排版方向是可以改变的，与表的排版方向无关。

8.3 创建和删除表格

在InDesign中，表格是与文字混排的。表格可被当成一个特殊的文字，像一段字符一样处理，因此创建表格必须要有一个文本框架。

（1）在工具箱中选择“文字工具” T.，在页面上拖动鼠标左键创建一个文本框。如图8-4所示。

（2）在菜单栏中选择“表格→插入表格”命令或者按键盘上的Shift+Ctrl+Alt+T组合键，打开“插入表”对话框，如图8-5所示。

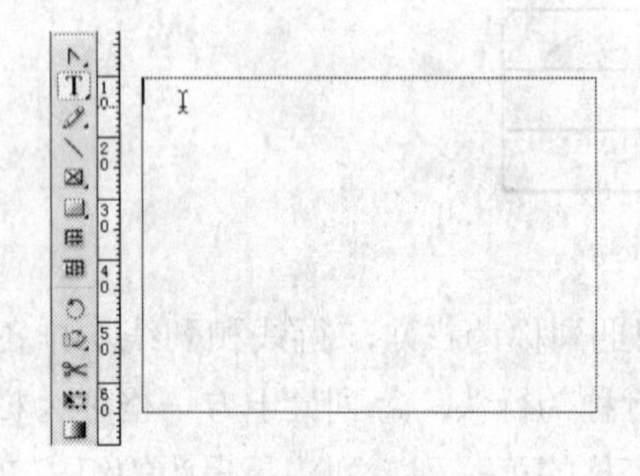

图8-4 创建的文本框

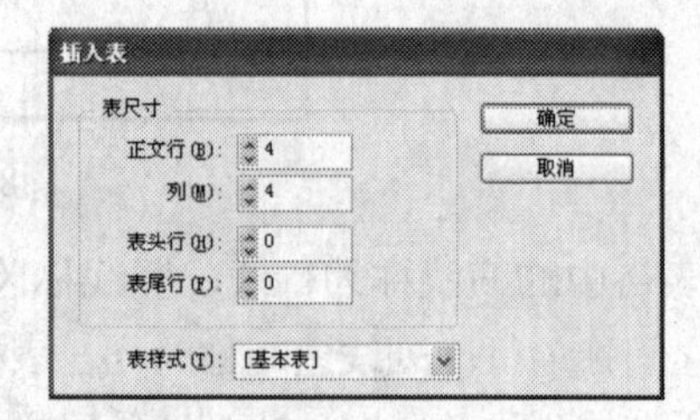

图8-5 “插入表”对话框

（3）按需要在“正文行”和“列”的输入框中分别输入数值，单击“确定”按钮即可创建一张空表格，如图8-6所示。

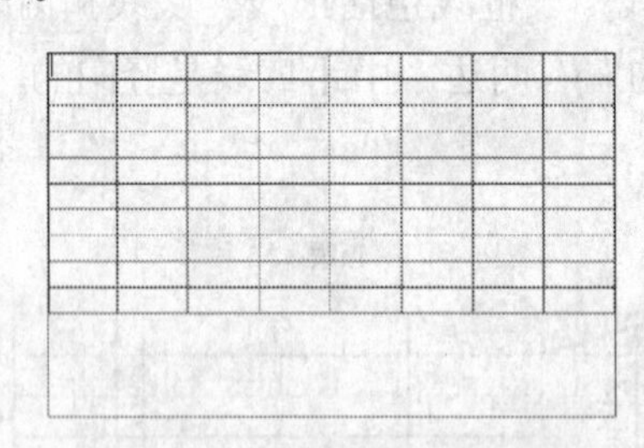

图8-6 创建的表格

如果要删除某个表格，可以使用“选择工具” 单击选中要删除的表格，然后按键盘上的Delete键即可。

8.4 在表格中输入文字

创建表格后，就可以在单元格中输入文字，插入图形或者制表符了。使用“文字工具” T.在需要的单元格中单击，并输入文字即可，输入文字的效果如图8-7所示。也可以在单元格中复制粘贴文字和图形。

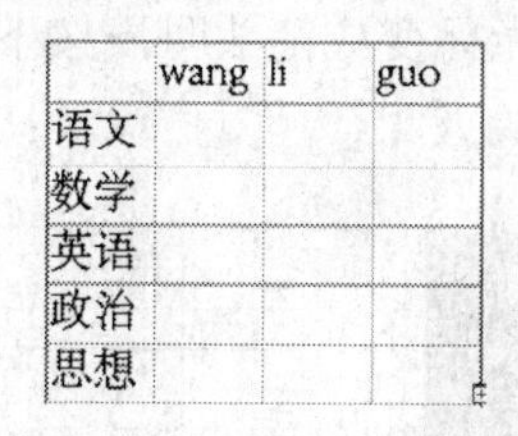

	wang	li	guo
语文			
数学			
英语			
政治			
思想			

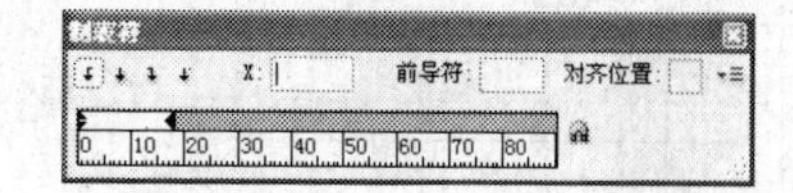

图8-7 输入的文字效果和“制表符”面板

通常，在输入文字或者插入图形比较多时，单元格在垂直方向上进行扩展来容纳更多的文字或者图形。但是，如果设置了固定行高，而且添加的文字或者图形比较多时，那么在该单元格的右下角将显示一个小红点，而且文字或者图形将消失，这表示该单元格出现溢流，如图8-8（右图）所示。不能将溢流文字或图形排列到另外一个单元格中，此时可以调整输入的内容的大小或者扩展该单元格或整个文本框架即可解决表溢流问题。

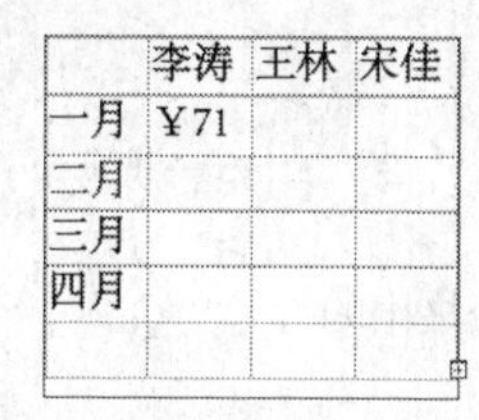

	李涛	王林	宋佳
一月	¥71		
二月			
三月			
四月			

	李涛	王林	宋佳
一月	¥71		
二月			
三月			
四月			

图8-8 表溢流单元格

还可以通过选择“文字→插入特殊符号”的子菜单命令插入各种符号和制表符。如果要精确地设置制表符的位置，那么选择“文字→制表符”命令打开“制表符”面板，使用该面板可以精确设置制表符的对齐位置等，如图8-9所示。

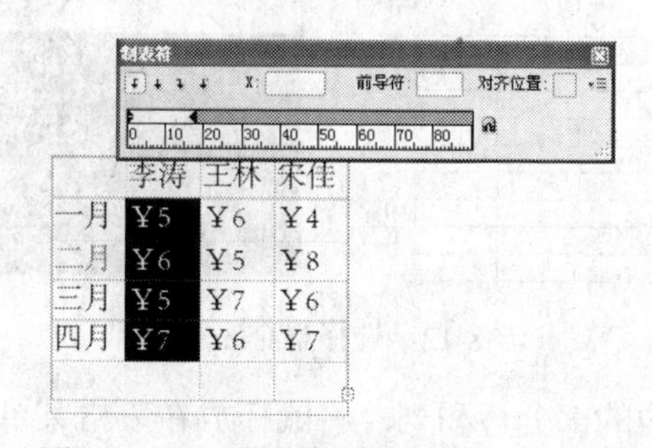

	李涛	王林	宋佳
一月	¥5	¥6	¥4
二月	¥6	¥5	¥8
三月	¥5	¥7	¥6
四月	¥7	¥6	¥7

图8-9 插入的制表符和“制表符”面板

8.5 编辑表格

在实际应用中，由系统生成的表格并不能满足排版需求，因此需要对表格做进一步的编辑。

8.5.1 选择表格中的行或列

如果要选择整个表格，那么直接使用“选择工具” 在表格上单击即可将其选中，但是如果要选择表格中的某个单元格、行或者列就不能使用该工具进行选择了。

（1）如果要选择列或行，那么在工具箱中选择“文字工具” T.，将鼠标箭头移动至表格某一行的最左侧，或者某一列的最上方，当鼠标光标变成箭头时，按下鼠标左键，则该行或者该列被选中。如图8-10所示为选择表格中的列的效果。

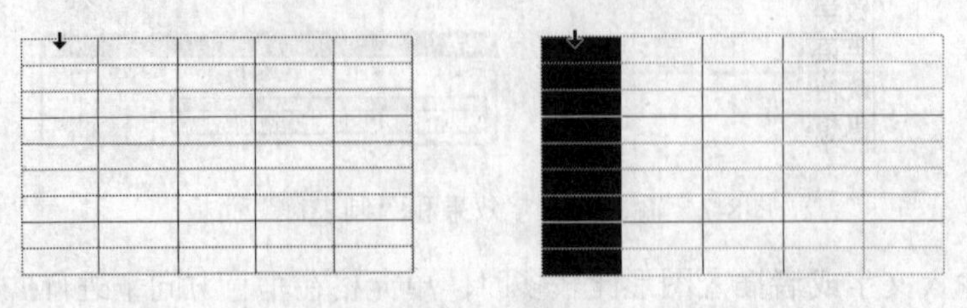

图8-10　选择表格中的列

如图8-11所示为选择表格中的行的效果。

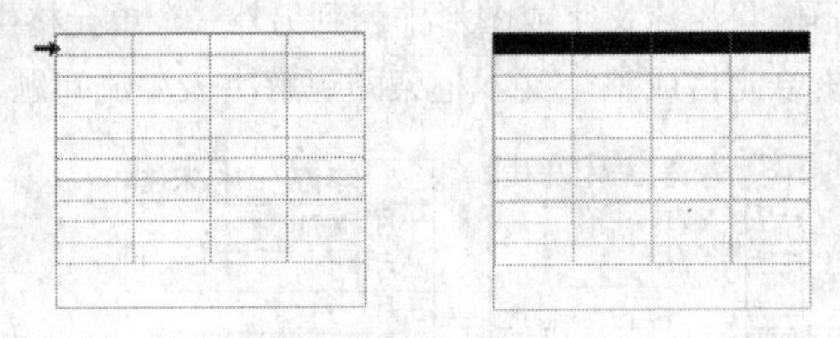

图8-11　选择表格中的行

提示：如果要选择多行或者多列，那么按住Shift键进行选择即可。

（2）如果要选择整个表格中的行和列，那么将鼠标放在表格的左上角，当鼠标光标变成斜向的大黑箭头时，按下鼠标左键，则选中整个表格，如图8-12所示。

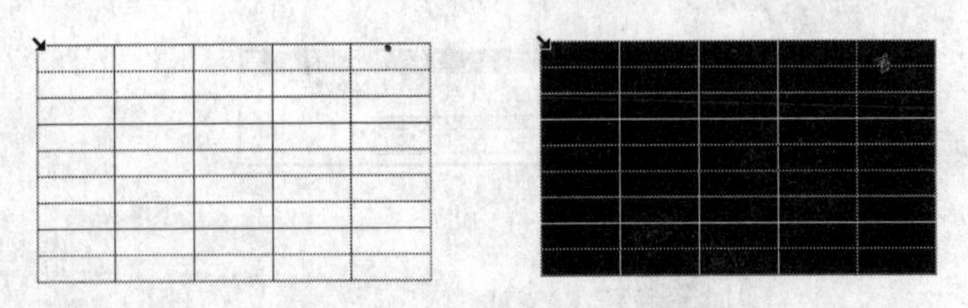

图8-12　选择整个表格

（3）如果要选择表格中的部分行和列，将鼠标放在表格某单元格中，按住鼠标左键拖动鼠标，则鼠标拖过的所有单元格被选中，如图8-13所示。

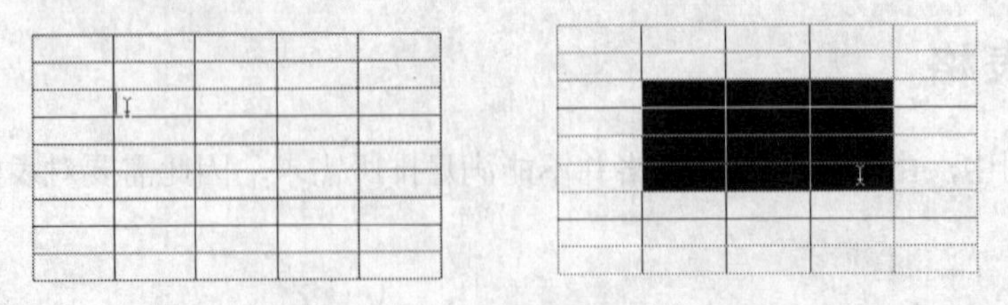

图8-13　拖动鼠标左键选取表格

（4）使用菜单命令选取。也可以用“文字工具” T.选中某单元格后，单击鼠标右键，在打开的菜单中选择“选择”命令，其下有“行”、“列”和“表”三个选项，分别用于选中单元格所在的行、列和表，如图8-14所示。

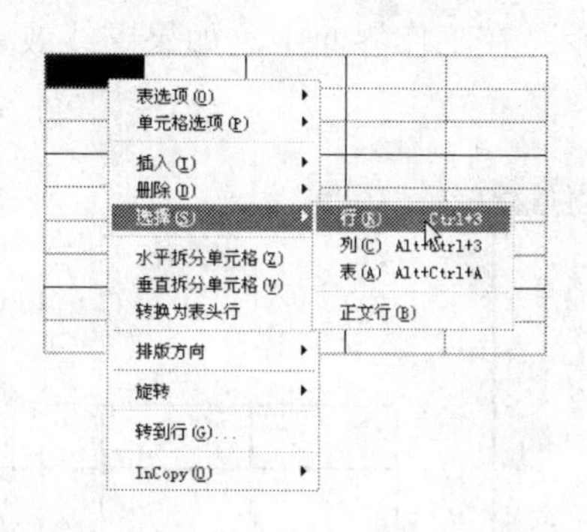

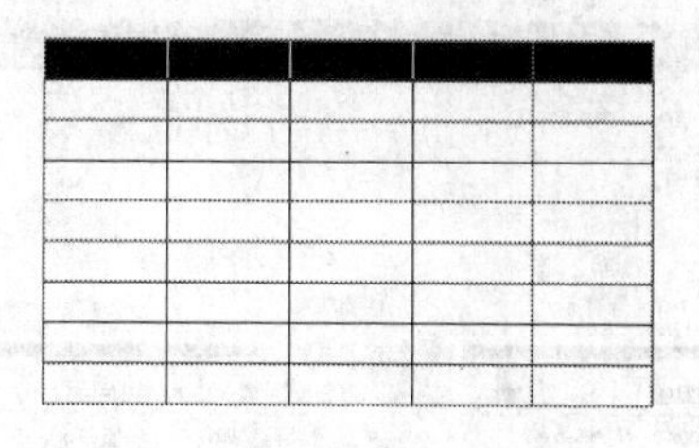

图8-14　使用菜单命令选择表格中的行

8.5.2　表的设置

在InDesgin中可以使用各种方式来设置表格，如设置表的行线、列线、填色、正文行、表头行、列、表外框和表间距等。可以使用菜单命令、右键菜单命令、“控制”面板、“表”面板等任意一种方式来对创建的表进行重新设置。

使用下列操作对表格进行设置：

（1）在工具箱中选择“文字工具” T，使用“文字工具”选择表格的一部分或者整个表格，如图8-15所示。

（2）选中表格后，单击鼠标右键，在打开的菜单栏中选择“表选项→表设置”命令，打开“表设置”对话框，如图8-16所示。

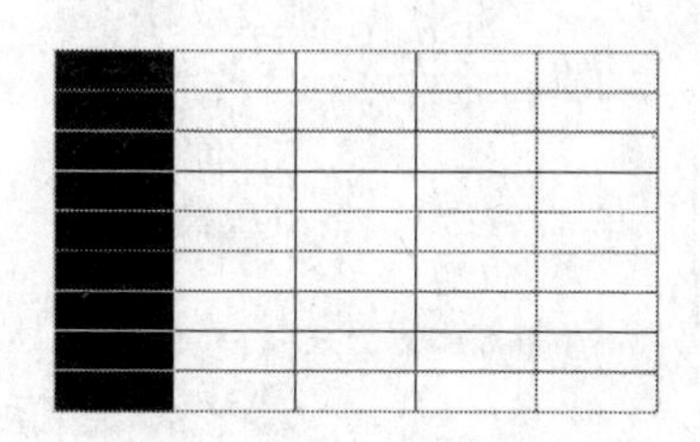

图8-15　选择的表格

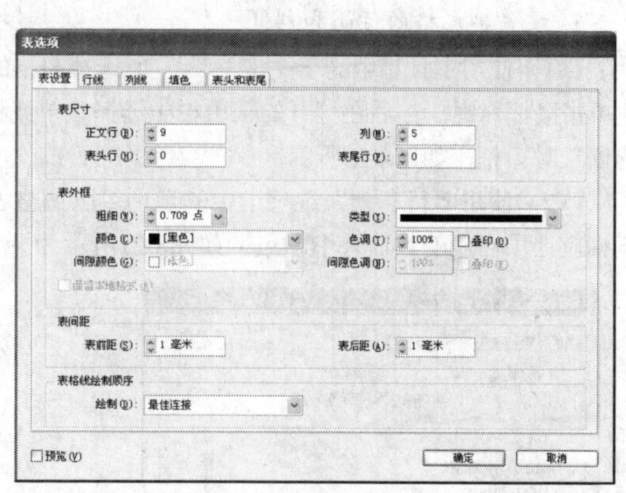

图8-16　“表选项”对话框

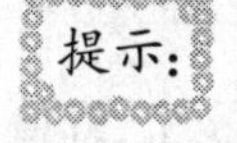

提示：也可以直接在菜单栏中选择“表选项→表设置”命令，如图8-17所示。

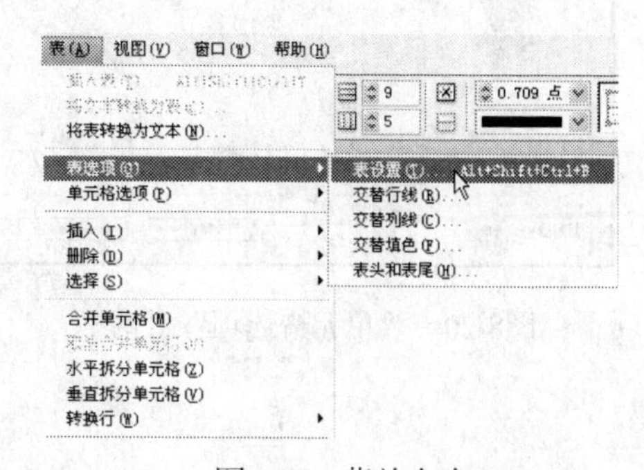

图8-17　菜单命令

（3）在“表选项”对话框中，单击不同的选项卡，就可以对表格的行线、列线、填色、表头和表尾进行设置了，如图8-18所示。

（4）将表格的行线设置为虚线，“交替模

式”设置为“每隔一行”后的效果如图8-19所示。在工作界面中，如果虚线效果看不清楚，那么放大几倍后即可看到。

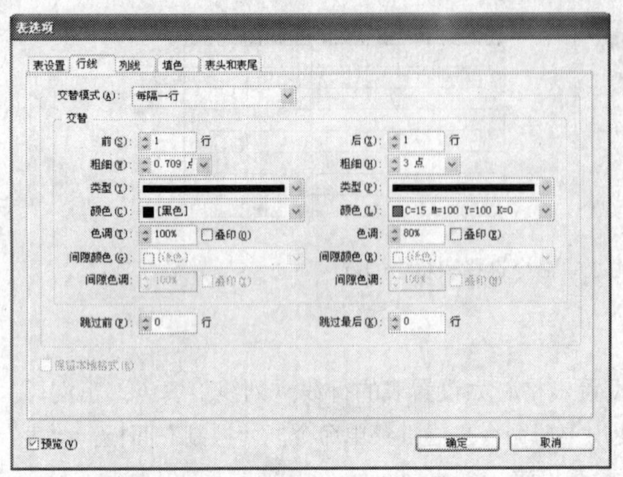

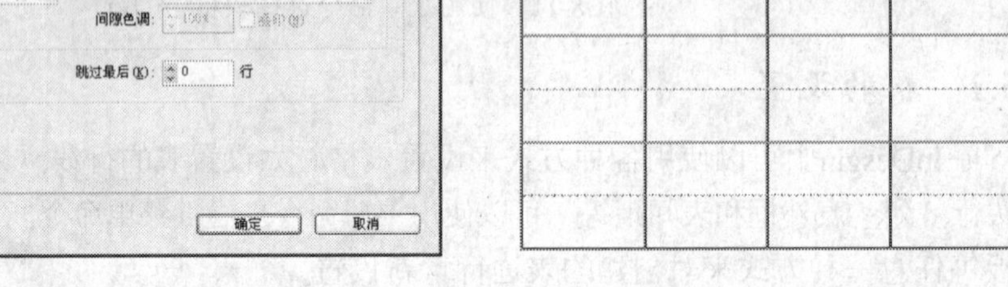

图8-18 “表选项”对话框　　　　图8-19 表格行线设置后的效果

8.5.3 设置单元格

在InDesgin中，还可以对单元格进行设置，可以根据单元格内数据的不同为单元格设置不同的格式或者样式。

1. 设置单元格的行高和列宽

（1）使用工具箱中的“文字工具” T.选择表格的一部分或者整个表格。在选中的表格上单击鼠标右键，然后在打开的菜单栏中选择“单元格选项→行和列”命令，打开“单元格选项”对话框，如图8-20所示。

（2）使用“行和列”选项卡中的选项可以调整表格的行高、列宽和起始行等，通过设置相应选项右侧的数值大小即可。如图8-21所示为调整行高前后的效果。

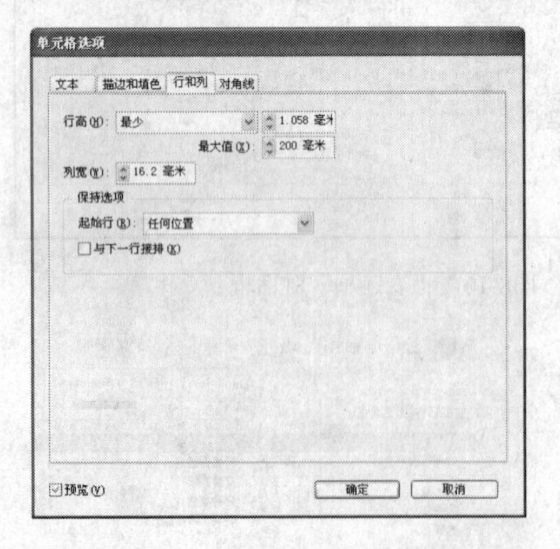

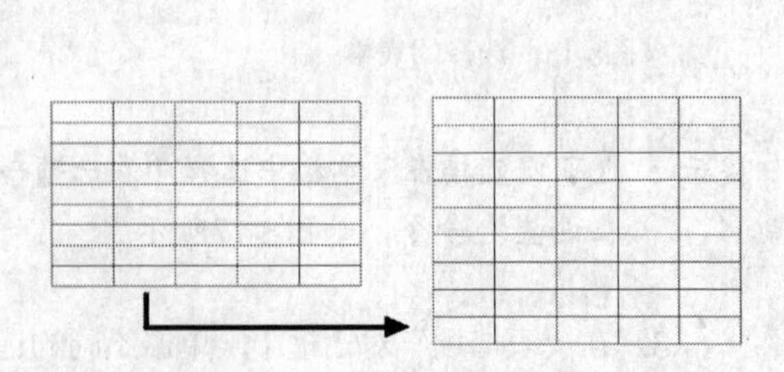

图8-20 “单元格选项”对话框　　　　图8-21 设置行高前后的效果

提示：也可以直接使用鼠标拖动的方式来调整表格的行高和列宽。把鼠标指针移动到行线或者列线上，当鼠标指针变成双箭头后，拖动即可。下面是调整列宽后的效果，如图8-22所示。

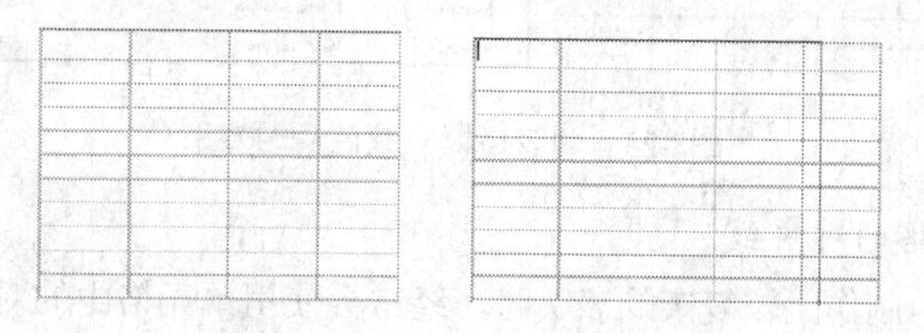

图8-22　设置行宽前后的效果

2. 设置单元格中的文本

在“单元格选项”对话框中还可以对文本进行设置。在对话框中单击“文本”选项卡，使用该选项卡中的选项即可对文本的各种属性进行设置，如图8-23所示。

下面，简单地介绍一下该选项卡中的几个选项：

- 排版方向：用于设置某单元格文字的排版方向为水平还是垂直，也可以通过单击鼠标右键，在打开的菜单中选择“排版方向”命令来实现。
- 单元格内边距：用来控制文字与单元格边框之间的距离。
- 垂直对齐：用于指定单元格内文字的对齐方式，如上对齐、下对齐、上下居中、上下两端对齐。
- 文本旋转：可以让单元格中的文字以0度、90度、180度和270度的角度旋转。

3. 描边和填色设置

在“单元格选项”对话框中还可以对单元格的描边和填色进行设置，在对话框中单击“描边和填色”选项卡，使用该选项卡中的选项对单元格的描边和填色的多种属性进行设置。如图8-24所示。

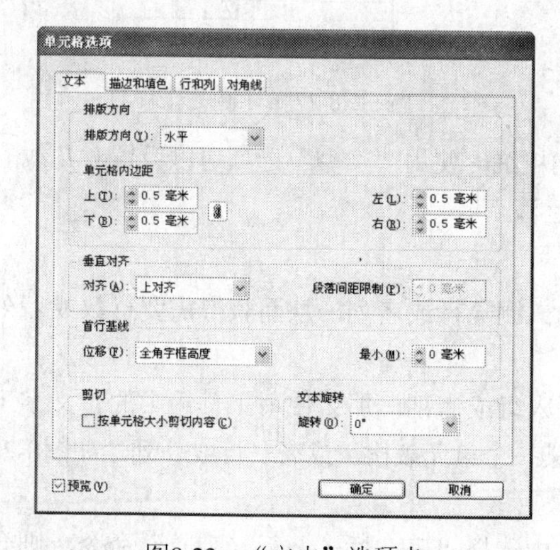

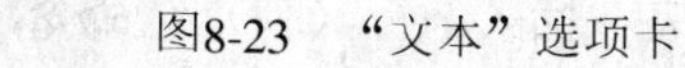

图8-23　“文本”选项卡

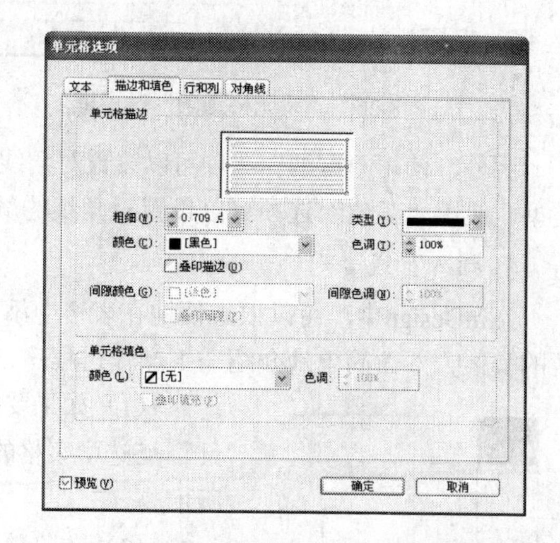

图8-24　“描边和填色”选项卡

可以对单元格描边的边框粗细、线型、颜色、色调、间隙颜色，以及单元格内部填充颜色等进行设置。下面是对表格进行填色后的效果，如图8-25所示。

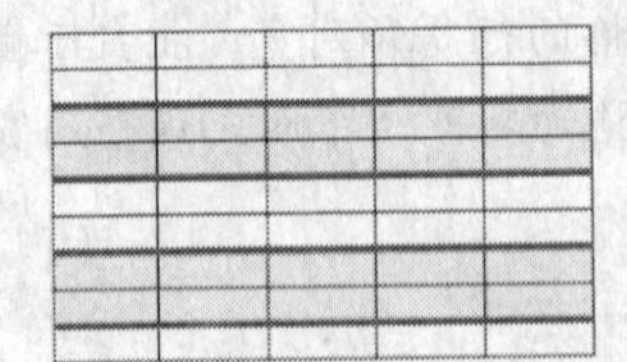

Name	Region and City	Member Since
Lee	East, Taipei	June 1999
Luebke	East, Augsburg	November 2003
Sanchez	South, Fort Morrison	August 1998
Stewart	North, Suddan	May 2001
Rhoades	West, Tucson	March 2004

图8-25　为表格填充颜色后的效果

4. 设置单元表格的对角线

通常，在表格中制作比较复杂的表头时，经常会使用单元格中的对角线，在“单元格选项”对话框中单击“对角线”选项卡，使用其中的选项可以对单元格的对角线进行设置，如图8-26所示。

比如，可以设置对角线的类型，第一个按钮指无对角线，第二个按钮为由左上角到右下角的对角线，第三个按钮为由右上角到左下角的对角线，第四个按钮是交叉对角线。根据需要单击不同的按钮，即可创建不同的对角线。下面是单击第二个按钮后插入对角线后的效果，如图8-27所示。

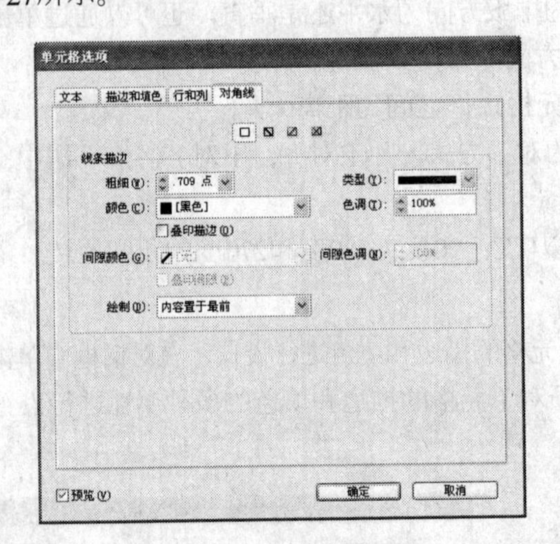

图8-26　“单元格选项”对话框

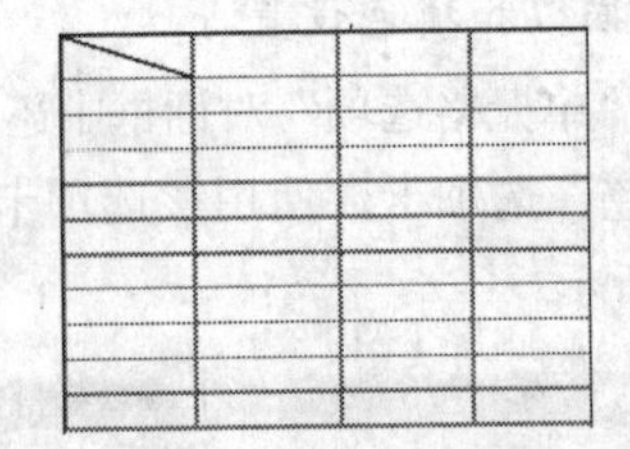

图8-27　对角线效果

另外，使用“粗细”选项可以设置对角线的粗细，使用“类型”选项可以设置对角线的类型，使用“颜色”选项可以设置对角线的颜色等。

5. 插入行或者列

在InDesign中，可以很方便地在表格中添加、删除行或者列，从而获得需要行数或者列数的表格。下面简单地介绍一下操作过程。

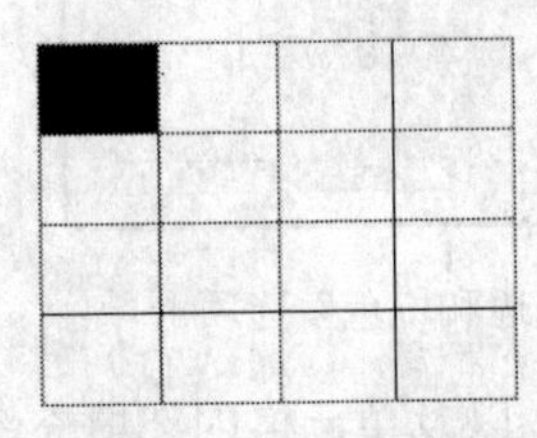

图8-28　选中表格

（1）如果要插入行或者列，那么使用工具箱中的“文字工具” T.选中表格的某一个单元表格，或者一行或一列，如图8-28所示。

（2）在菜单栏中选择“表→插入→行（列）”命令，则会打开“插入行”或者“插入列”对话框。在该对话框中可以设置将要插入的行数或列数，如图8-29所示。

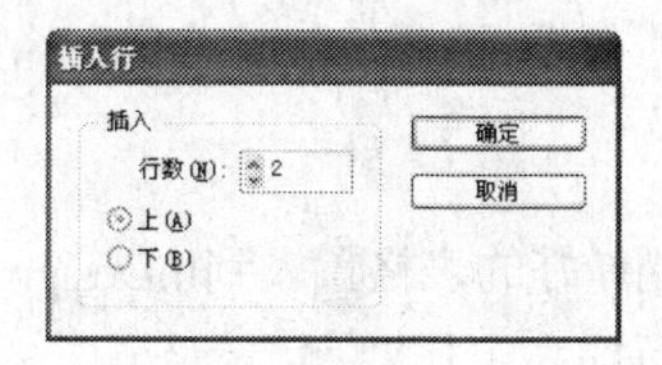

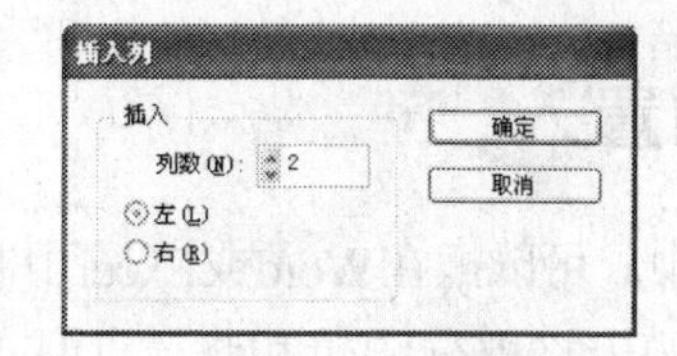

图8-29 “插入行”对话框和“插入列”对话框

（3）插入行（2行）和列（2列）后的效果如图8-30所示。

（4）如果删除多余的行或列，那么选中行或者列，并在菜单栏中选择“表→删除 →行”命令即可删除多余的行，如图8-31所示。

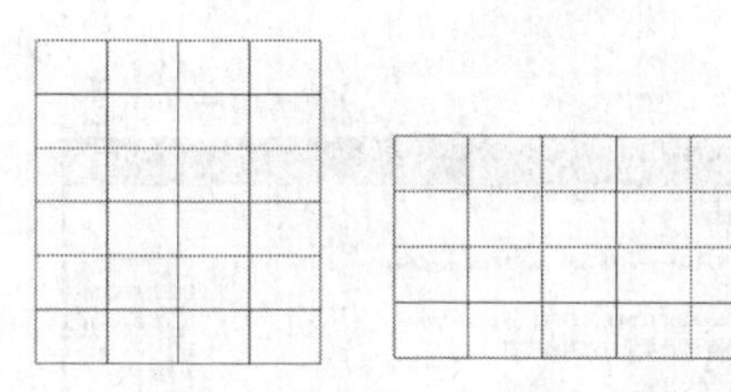

图8-30 插入行（2行）的效果和插入列（2列）后的效果

图8-31 删除行的效果

6. 单元格的拆分和合并

在制作表格的过程中，由程序生成的表格有时候不能满足实际的需求，这时就可以对单元格进行合并或拆分，来更好地规划表格。

拆分单元格

使用“文字工具” T.选中表格中的某单元格，在菜单中选择“表→水平拆分单元格”或者“表→垂直拆分单元格”命令，则单元格会按水平方向或者垂直方向切分成为两个小的单元格，如图8-32所示。

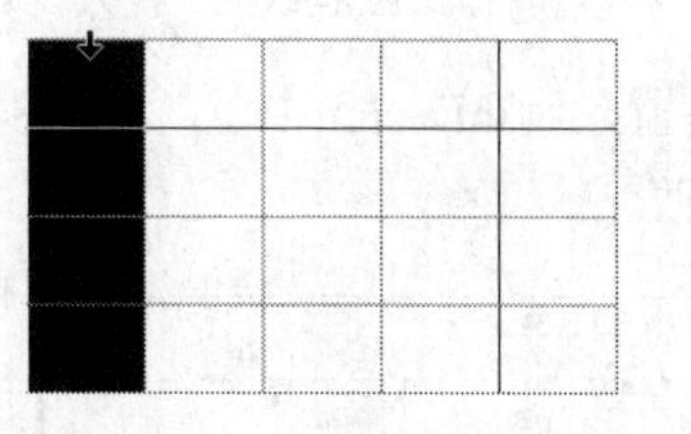
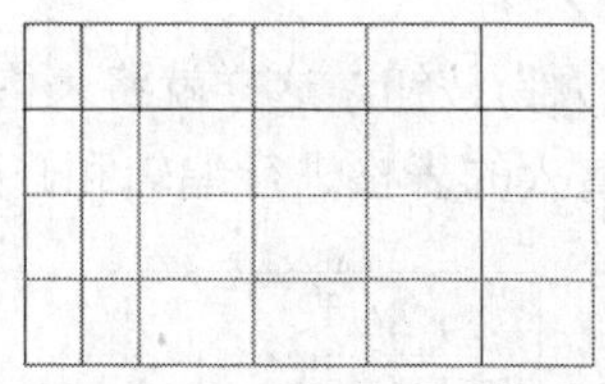

图8-32 垂直拆分单元格的效果

合并单元格

使用“文字工具” T.选中表格中想要合并的表格，在菜单栏中选择“表→合并单元格”命令，那么所选的单元格将合并为一个单元格，如图8-33所示。

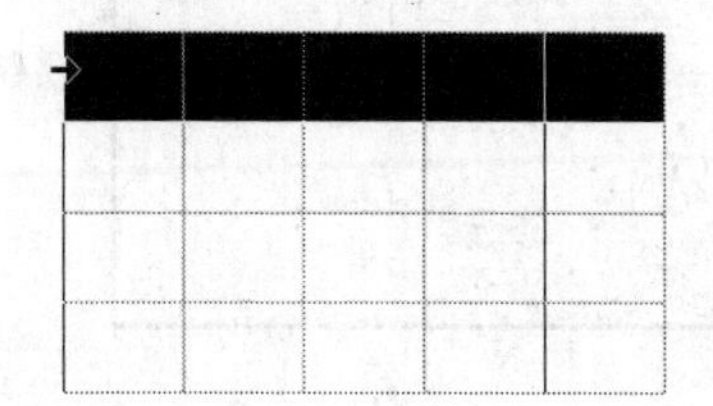
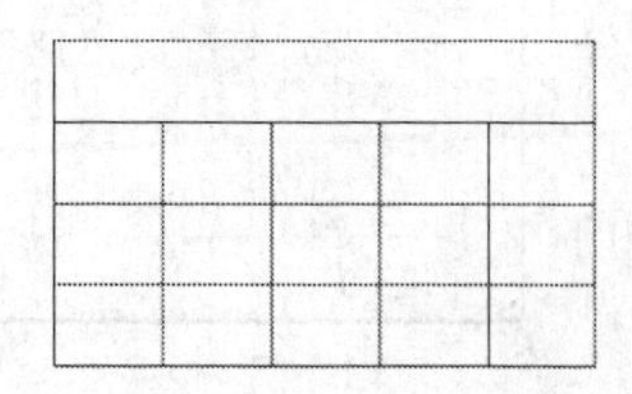

图8-33 合并单元格的效果

8.6 表格的置入

在排版工作中，可以把在Word或Excel中制作好的表格置入到InDesign中，而且在InDesign中还可以对置入的表格进行编辑和修改，从而提高工作效率。

在置入表格之前，需要有在Excel或者Word中制作好的表格。下面简单地介绍一下置入表格的基本操作：

（1）使用工具箱中的“文字工具” T，在页面上创建一个文本框，如图8-34所示。

（2）在菜单栏中选择“文件→置入”命令，在打开的对话框中找到并选择包含表格的Word文档，如图8-35所示。

图8-34 创建的文本框

图8-35 “置入”对话框

（3）单击“打开”按钮，这样就将表格置入到InDesign中了，如图8-36所示。并且可以使用文字工具，对置入的表格进行编辑和修改。

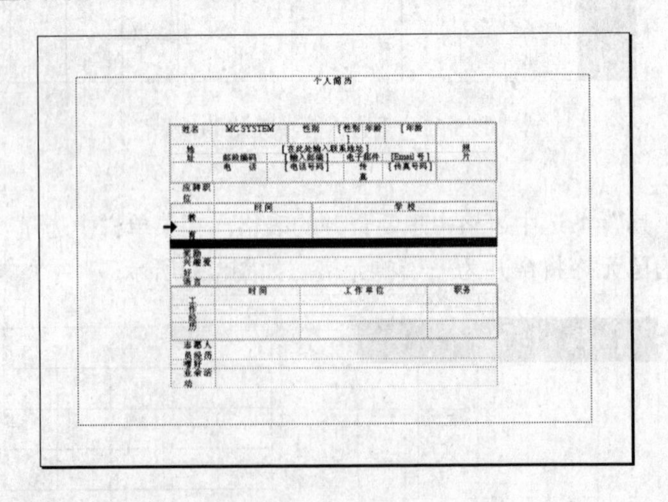

图8-36 置入的表格

8.7　表格与文字的转换

在InDesign中，可以将表格转换为文字，也可以将文字转换为表格，从而提高排版的工作效率。

8.7.1　将表格转换为文本

将表格转换为文字也就是将整个表格转换成不带表格的文字，它们的位置还基本保持原样，使用下列操作步骤即可将表格转换为文本。

（1）使用“文字工具” T. 选中要转换为文字的表格，如图8-37所示。

姓名	性别	教育	联系方式
王杰	男	高中	13625340000
刘从	女	本科	13625320000
张明	男	本科	13625310000
王磊	男	高中	13625330000
何洁	女	大专	13625350000
李宝	男	本科	13625370000

图8-37　选中的表格

（2）选择菜单栏中的“表→将表转换为文本”命令，打开“将表转换为文本”对话框，在该对话框中可以设置行和列的分隔符，如图8-38所示。

（3）单击“确定”按钮，表格中的文字将按各单元格的相对位置转换为文本。转换后的文字间隔是通过Tab键和Enter键来实现的。效果如图8-39所示。

图8-38　“将表转换为文本”对话框

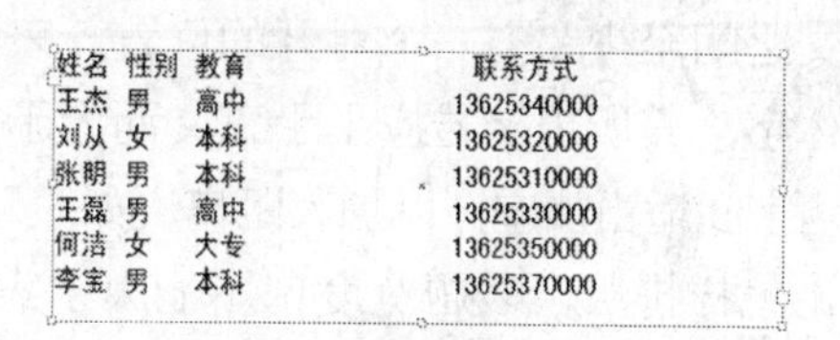
姓名 性别 教育 联系方式
王杰 男 高中 13625340000
刘从 女 本科 13625320000
张明 男 本科 13625310000
王磊 男 高中 13625330000
何洁 女 大专 13625350000
李宝 男 本科 13625370000

图8-39　将表格转换为文字

8.7.2　将文本转换为表格

将文字转换为表格也就是将所选文字转换成带表格的文字，它们的位置还基本保持原样，使用下列操作步骤即可将文本转换为表格。

（1）使用“文字工具” T. 选中要转换为表格的文字。

（2）选择菜单栏中的“表→将文本转换为表”命令，打开“将文本转换为表”对话框，在打开的对话框中设置文本的间隔方式，如图8-40所示。

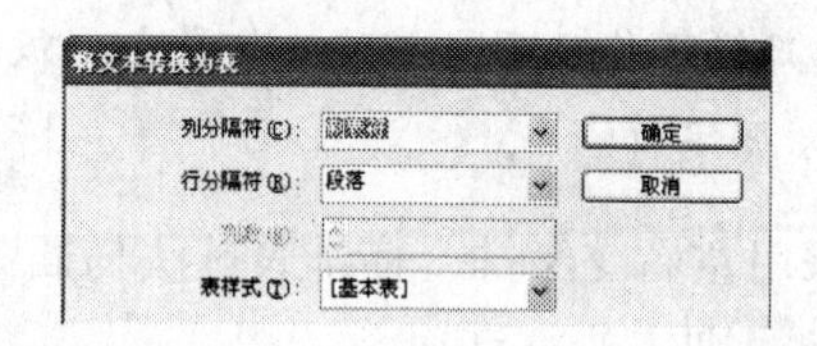

图8-41　“将文本转换为表”对话框

（3）单击“确定”按钮后，文本便会转换为表格。

8.8 表格的排版规则

表格的排版在整个排版过程中也是比较重要的，操作时必须运用熟练的技巧，才能使排出的表格美观、醒目。下面将介绍在表格排版过程中应该注意的一些问题。

1. *在表格版式方面应注意以下几个问题。*

（1）表格尺寸的大小受版心规格的限制，一般不能超出版心。

（2）表格的上下尺寸应根据版面的具体情况进行调整。

（3）表内字号的大小应小于正文字号，在科技书籍和杂志中表格文字多采用六号字，有时也用小五号。

（4）表格的风格及规格（例如表格用线、表头形式和计量单位等）应力求全书统一。

2. *表序、表名和表注及其版式*

（1）表序

也称为表号、表码，指表格的编号次序。表序用阿拉伯数字表示。表序可写为表1，表2，……，但不要写成第1表，第2表，……，英文表序可写为Table 1、Table 2，…，但不要写成Table one，Table Two，…。表序排在表格的上方，表序后面空一格通常接排表名，表题应居中排。在仅有表序而没有表名时，也可靠切口方向缩一格排版，或排在表格的右上角。

（2）表名

它是表的名称。表名排在表序之后，两者之间空一格隔开。表名末不加标点符号。表题与正文之间至少要空一个对开的位置，表题与表顶线之间也要空一个对开的位置。表题一般用黑体字，其所用字号应小于正文而大于或等于表文。表题居中排以后如果表题字较少，可在表题字间适当加空，以加大距离。如表题字较多，则可将表题字转行居中排或转行齐头排，但无论怎样排版，表题宽度都不能大于表格宽度。

（3）表注

它是表的说明文字。表注排在表格下方。表注与正文之间至少空一个对开的位置。表注通常用六号字。表注宽度不得大于表格宽度。表注的转行原则与表题相同。表注末要加句号。

3. *表格与正文的关系*

（1）表随正文的原则

表格排版与随文图片类似，表格在正文中的位置也是表随文走。表格所占的位置一般较大，因此多数表格是居中排。对于少数宽度小于版心的三分之二的表格，可采用串文排。串文排的表格应靠切口排，并且不宜多排。

注意： *由于版面所限，表格只能下推，不能前移。如果由于版面确实无法调整，确需逆转，那么必须加上见第×页字样。*

当有上下两个表时，也采用左右交叉排。横排表排法与插图相同，若排在双页码上，表头应靠切口，若排在单页码上，则表头靠订口。

（2）表、文分排两面的方法

表格与插图不同的地方是表格可以拆排，即可以将一个表化为两个表，用续表的形式前后联系起来。

(1)如果在本面上排不下，而在一个页面上可以排下时，尽量不要拆开排，最好将表排在下一面的开头处。

(2)当文内用如下表说明时，表必须紧随文走。若表在本面排不下则只能拆排，将部分表格排到下一面上，接排在下一面的表格，要重复排上一个表头，但在表头上面不必再加表题，只需用比正文小一号的字加上续表两字即可。

(3)表格在不得已的情况下也可超前排。

(4)如果表格面积较大，栏数较多，在一面排不下时可以排成竖排和合面（又称蝴蝶式），从双码开始，跨排到单码上去，此时表题必须跨两面居中排。

4. 做表格排版时的注意事项

(1)栏的划分。在表格排版之前，首先要根据版心的大小计算好表格各栏的位置。计算的方法可根据表的形式而定。

①当各栏字数相等时，以整行字数除以栏数，将余数放在第一栏或末栏内。

②当各栏的字数略有不同时，可以采用与上述相同的方法进行计算，算出每栏的字数后，再在字多字少的各栏内进行个别调整。

③当栏数不多且各栏的字数相差很大时，则要根据各栏的字数情况划分。

(2)表格线与字的间距，以及字与字的间距。表文、上下横线及左右栏线三者的间空原则上规定六号对开。

(3)表格的改排。在做表格排版时，表格格式选择的原则通常是首先根据原稿式样，再兼顾位置及版面美观等因素。当不能完全根据原稿式样做表时，可改变排表的格式。

①对于行头较少而栏头较多的表格，可将横竖表进行互换。对于行头较多栏头较少的表格，也可将横竖表头进行互换。

②当表格的栏数较多，并且其宽度超过版心宽度（其高度不超过版心高度）时，如果不能改为上下转栏排，可把表格跨排在相邻的两面上。若要使整个表格处于同一可视面内，表格一定要从双码起排，并采用双跨单的排法。即把表排成对页表（合页表、和合表、蝴蝶表）。

③如果表中横向表栏较少，竖向表行较多，则可用拆栏排法，即将表格从表身中的某一行拆排为双栏或多栏。采用拆栏法排表时，每拆一栏必须加排表头。每一栏之间必须连同表头一起通线排正线或反线，各栏之间相对应小栏的大小应当保持一致。表行在各栏中不能平均分配时，可在最末一栏排空格。

当遇到狭长的多栏表，宽度超过版心，但横排高度又不够版心宽度时，可以拆分为二，改为重叠排，中间用统长双正线或反线分开。转到下面的部分要另外加上第一栏项目表头。也可以将其改为竖表。

(4)表格中的数字和计量单位的排法

表格中的数字一律使用阿拉伯数字。表格中的单位必须使用国际通用单位符号，对于尚未统一规定的国际专用符号，则可用中文表示。当每栏内的各行都是数字时，应力求数字的个位对齐（小数点对齐）。不管小数点的位数是否相等，都必须以小数点对齐。

说明栏内尽量不排计量单位。当同一栏内（或同一行内）的计量单位相同时，可把单位排在栏头（或行头）。栏头或行头中的单位应尽可能另行排，并且计量单位不必加括号。当整个表格的计量单位相同时，可把单位排在表题行内的右端。表格中同一栏内的上下行文字或数字相同时，不得使用“同上”等文字或符号代替，而必须重复排出相同的文字或数字。

5. 表头的排法

常见的表头有单层表头和双层表头。单层表头的高度应大于表身的行距，双层表头每层的高度应等于或略大于表身的行距。

若表身只有两三行，而表头有较多层次，按照正常排法，会使表头的高度超过表身的高度，导致“头大身小”。此时应该加宽表身的行间距来加长表身高度，使表头和表身的高度相匹配。表头的字宜用横排，当表格宽度小而高度大时，可竖排或侧排。各格内的字与字、行与行之间的距离要均等，且与四周的框线保持一定的距离。格内文字较多时，可以对文字进行密排或转行排。转行时应力求在词或词组处转行。当上下行字数不等时，要使上行字数比下行字数多一至两个字，并且采用上下行字宽相等的排法（下行字距可加大）。如果单元格较长、单元格内的字数较少，则将文字宽度加至单元格的2/3长度为宜。斜角内搭角线上下的文字要斜排，而不能平行排。

8.9 实例：某公司业务报表设计

在本实例中，将制作一张财务报表，从而帮助读者深入了解InDesign强大的制表功能。绘制的报表最终效果如图8-41所示。

（1）打开InDesign，在菜单栏中选择“文件→新建”命令打开“新建文档”对话框，在对话框中单击按钮，设置页面方向为横向，如图8-42所示。

2008-2009 年度财务估报表

		2008 年度	2009 年度	增减幅度（%）
营业总收入		100，1110，100	107，1940，900	10.9%
营业利润		50，0310，230	61，0201，325	11.9%
应交税金		32，0612，225	45，1023，423	12.9%
公益资金		2，0000，000	5，0000，000	18.9%
流动资金		51，000，000	102，000，000	9.9%
股票	股本	30，1023，423	32，0612，225	12.1%
	本每股收入款（元）	0.63	0.8	15.5%
	股东利益	45，1023，423	62，1654，556	13.6%
杂项	管理费用	7，1940，900	6，8540，300	-12%
	保险	1，0000，000	3，0000，000	13%
	养老金和其他费用	7，1456，426	9，2035，435	20%
净利润		30，3410，183	46，0420，365	8%

图8-41 报表效果

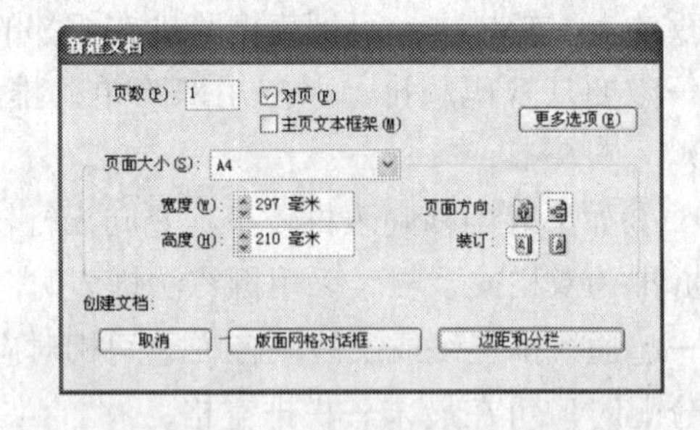

图8-42 “新建文档”对话框

（2）单击“边距和分栏”按钮，打开“边距和分栏”对话框，其参数保持默认值。然后单击“确定”按钮完成页面设置。如图8-43所示。

（3）使用工具箱中的“文字工具” T.在页面中创建一个文本框，如图8-44所示。然后在文本框中单击一下。

（4）在菜单栏中选择“表→插入表”命令或者按快捷键Shift+Ctrl+Alt+T，打开“插入表”对话框，在对话框中设置参数如图8-45所示。

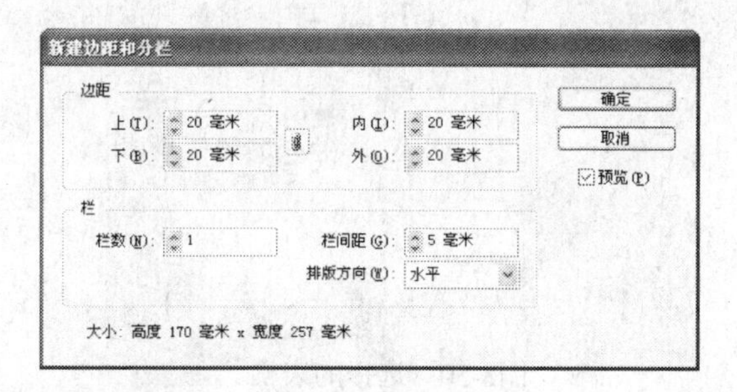

图8-43　“新建边距和分栏”对话框

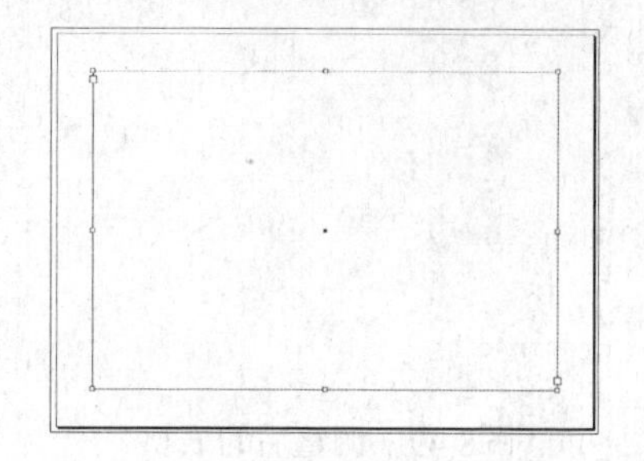

图8-44　创建的文本框

（5）根据需要设置正文的行数、列数，以及表头行和表尾行。单击“确定”按钮插入表格，如图8-46所示。

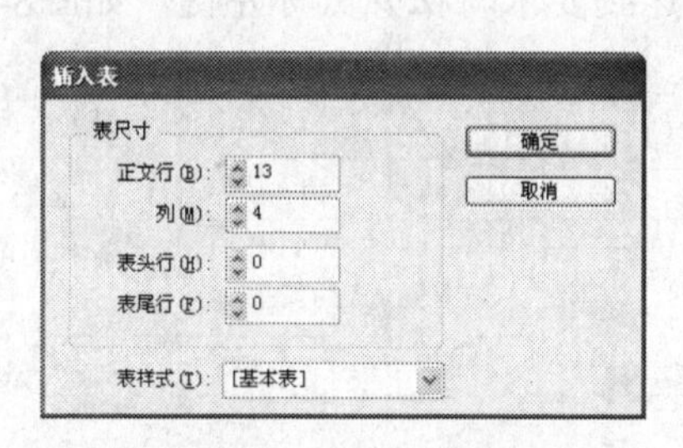

图8-45　“插入表”对话框

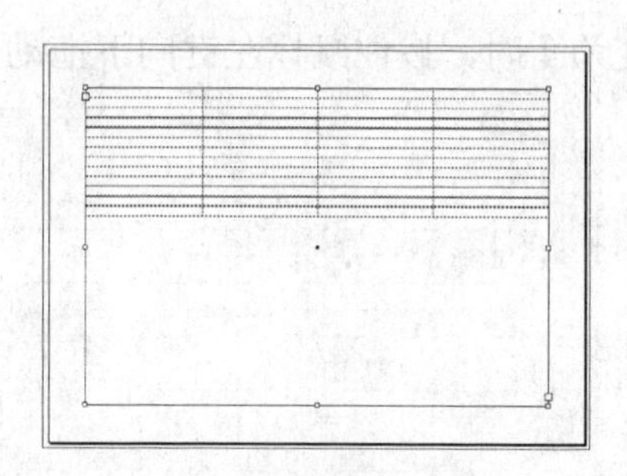

图8-48　插入的表格

（6）如果插入的表格不符合实际要求，则需要对表格进行调整。使用“文字工具” T. 选中表格，如图8-47所示。

（7）在菜单栏中选择“表→单元格选项→行和列”命令，打开“单元格选项”对话框如图8-48所示。

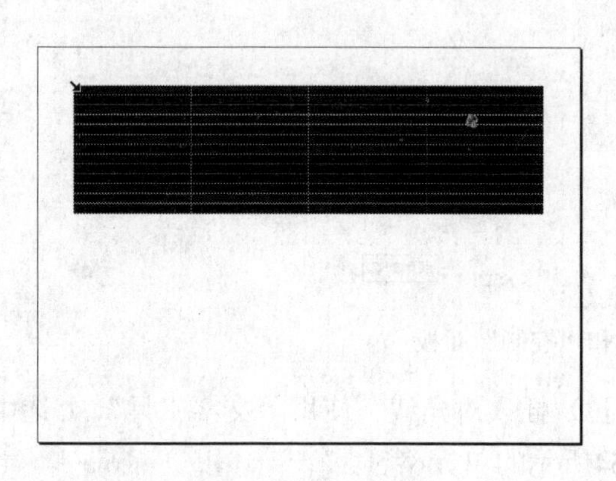

图8-47　选中表格

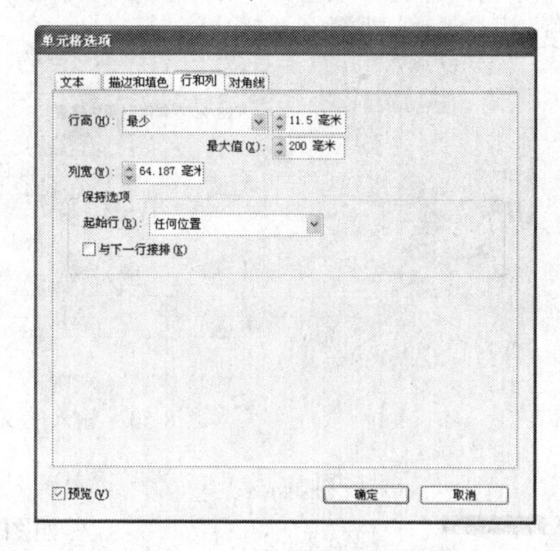

图8-48　“单元格选项”对话框

（8）在“行和列”选项卡中设置表格的行高，然后单击“确定”按钮完成单元格的设定，也可以根据需要设置其他的选项。设置后的表格效果如图8-49所示。

（9）合并单元表格。使用工具箱中的“文字工具” T. 选中第一行表格，如图8-50所示。

图8-49 调整后的表格

图8-50 选择的表格

（10）在菜单栏中选择“表合→并单元表格”命令即可合并选择的表格，合并表格后的效果如图8-51所示。

（11）调整合并表格的行高。选择“文字工具” T.将光标移动至表格行线上方，当鼠标指针变为↕时，按住鼠标左键向下拖动鼠标，当行高达到要求时松开鼠标左键，如图8-52所示。

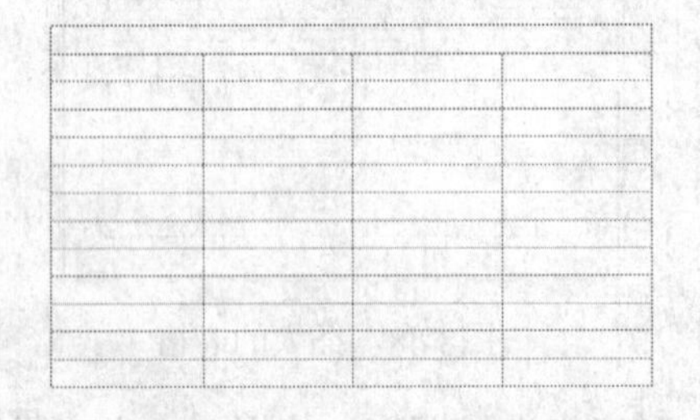

图8-51 合并后的表格

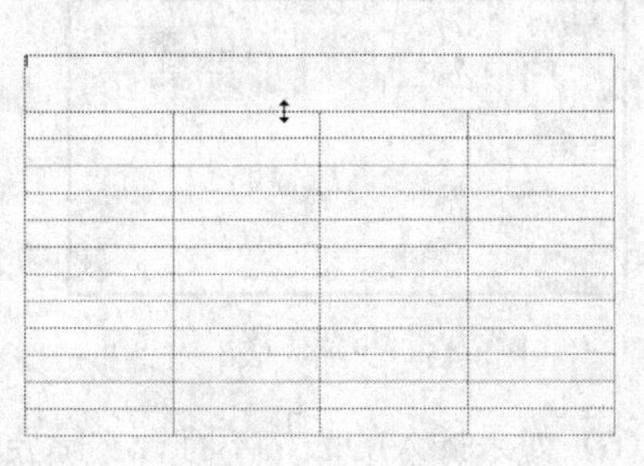

图8-52 调整合并表格的行高

（12）使用“文字工具” T.在第一行表格中输入表格的标题“2008-2009年度财务估报表”，将“字体”设置为“黑体”，“字号”设置为“30pt”。在“控制”面板中设置对齐方式为“居中对齐”，如图8-53所示。

图8-53 输入的文字和“控制”面板

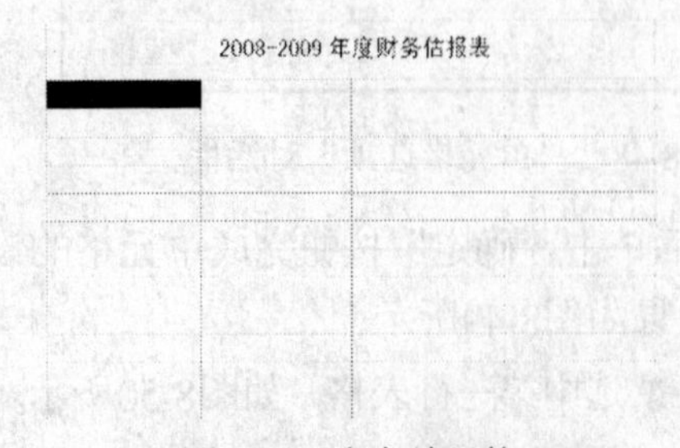

图8-54 选中单元格

（13）插入对角线。使用“文字工具” T.选中如图8-54所示的单元格。

（14）在菜单栏中选择“表→单元格选项→对角线”命令，打开“单元格选项”对话框，在“对角线”选项卡中单击“从左上角到右下角的对角线”按钮，如图8-55所示。

（15）单击“确定”按钮完成添加对角线的操作，添加对角线的效果如图8-56所示。

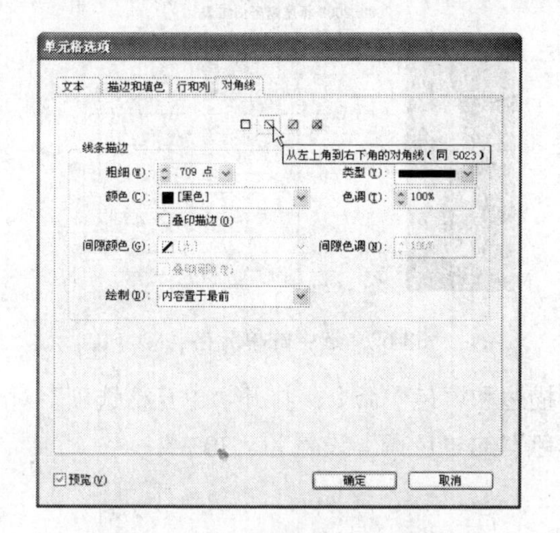

图8-55 “单元格选项”对话框

图8-56 添加对角线后的效果

（16）垂直拆分单元格。使用“文字工具” T，选中如图8-57所示的表格。

（17）在菜单栏中选择“表→垂直拆分单元格”命令，拆分表格后的效果如图8-58所示。

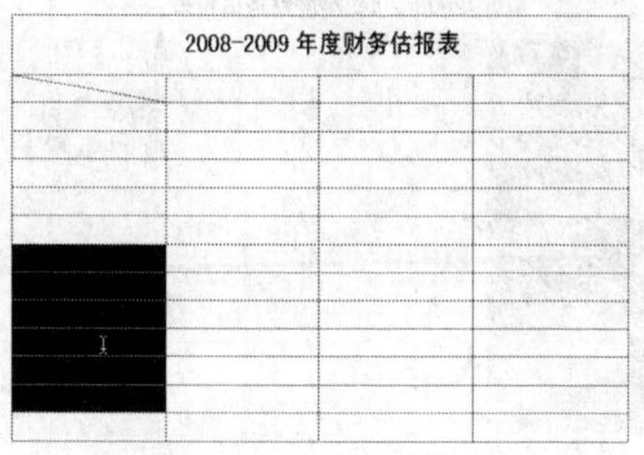

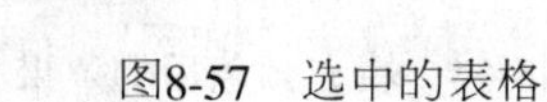
图8-57 选中的表格

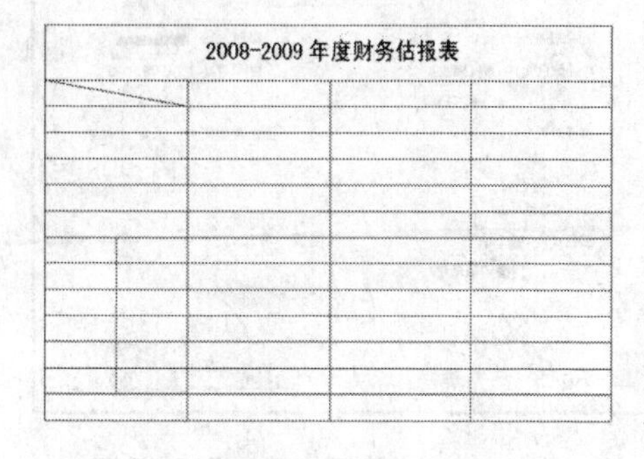

图8-58 拆分后的效果

（18）合并单元格。使用“文字工具” T 选中如图8-59所示的单元格。

（19）在菜单栏中选择“表→合并单元格”命令，合并后的效果如图8-60所示。

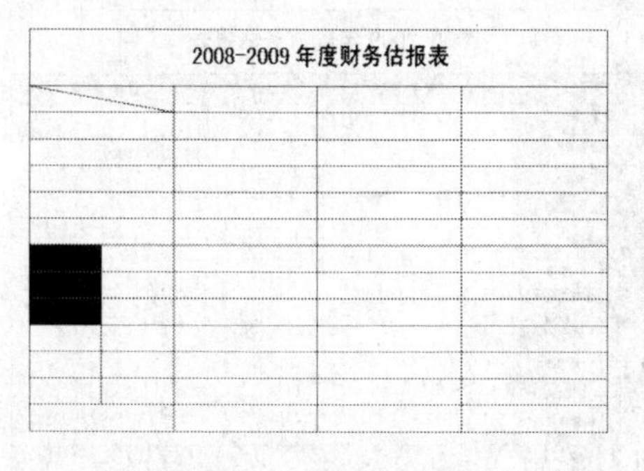

图8-59 选中的单元格

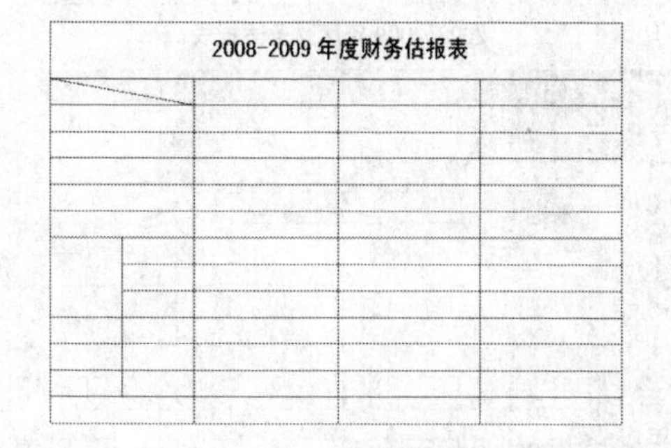

图8-60 合并后的表格

（20）使用同样的方法合并另外一组单元格，合并后的效果如图8-61所示。

（21）设置表格颜色。使用“文字工具” T 选中如图8-62所示的单元格。

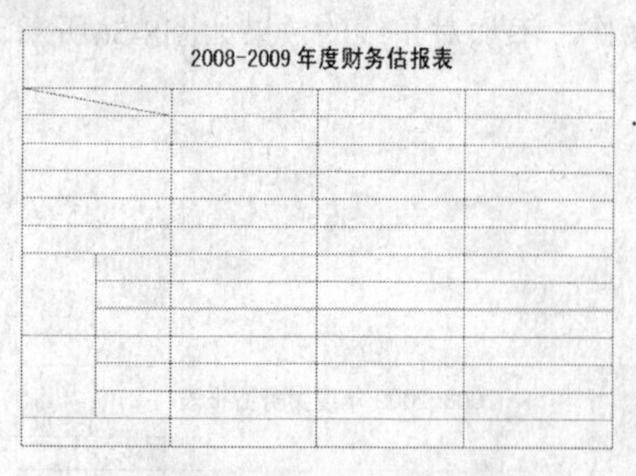

图8-61　合并后的单元格

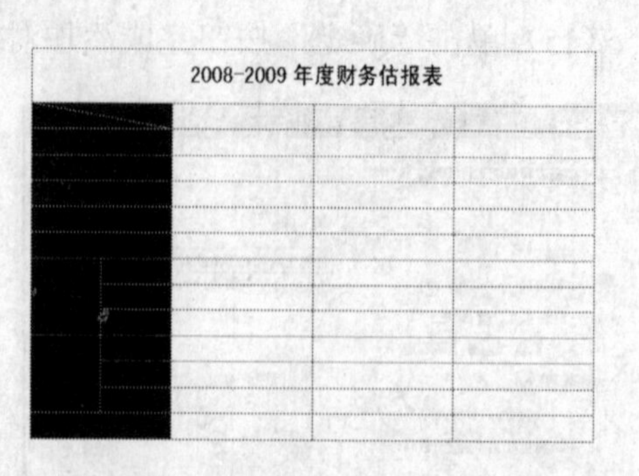

图8-62　选中的单元格

（22）在菜单栏中选择“表→单元格选项→描边和填色”命令，打开“单元格选项”对话框，设置参数如图8-63所示，并将“单元格填色”的“色调”设置为“30%”。

（23）填充颜色后的效果如图8-64所示。

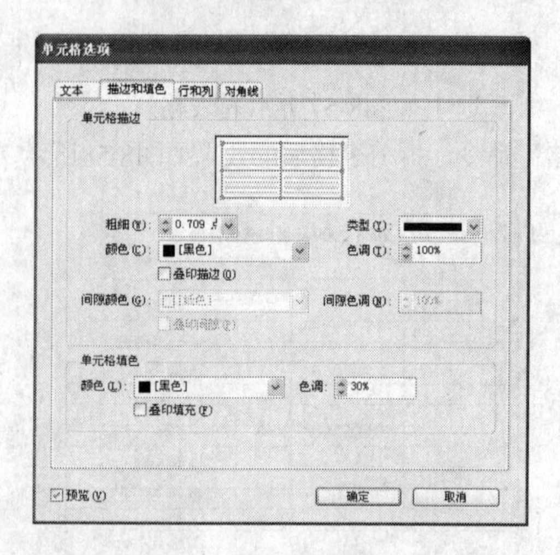

图8-63　“单元格选项”对话框

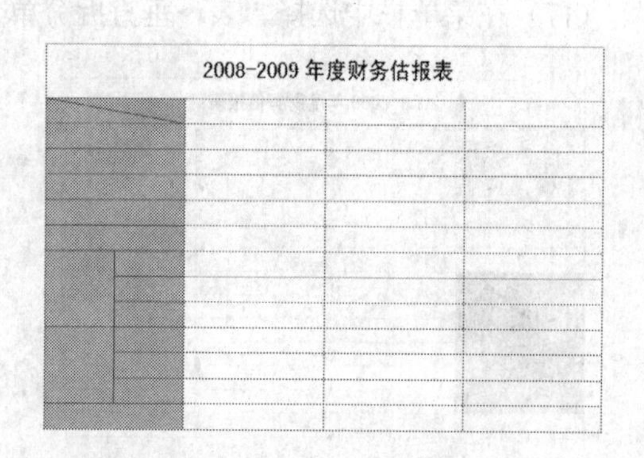

图8-64　填充颜色后的效果

（24）使用同样的方法填充其他的表格，如图8-65所示。

（25）最后在表格中输入文字，如图8-66所示。

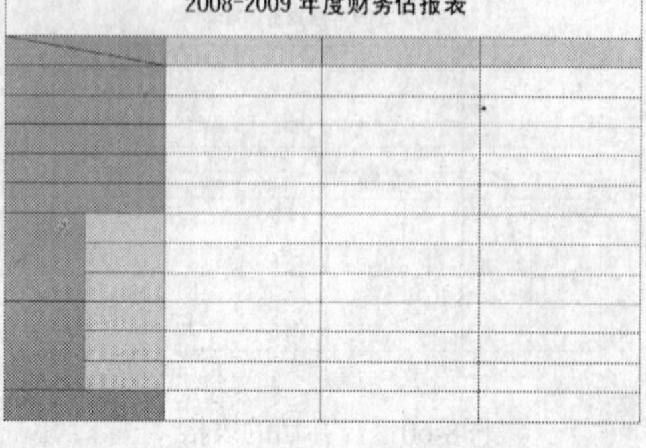

2008-2009 年度财务估报表

图8-65　填充颜色

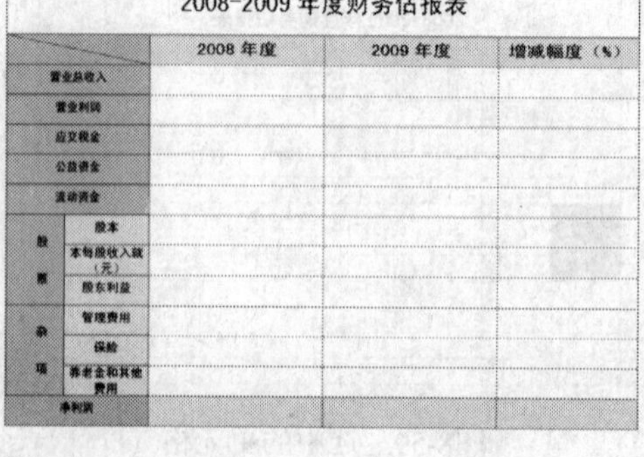

2008-2009 年度财务估报表

		2008 年度	2009 年度	增减幅度（%）
营业总收入				
营业利润				
应交税金				
公益资金				
流动资金				
股票	股本			
	本每股收入额（元）			
	股东利益			
杂项	管理费用			
	保险			
	养老金和其他费用			
净利润				

图8-66　输入文字后的效果

（26）还可以根据实际需要在表格中填入数据，最终效果如前面的图8-41所示。

第9章　书籍的排版与管理

使用InDesign的长文档功能可以对多页文档进行管理和操作，尤其是对于页面比较多的书籍。书籍排版包括书籍文件的创建与管理、版式的制作、文字排版、段落样式的应用、制表符和目录及索引的制作等。通过本章的介绍，可以对书籍的制作流程和方法有一个全面的了解。

本章主要介绍以下内容：

★书籍排版概述

★制作模板

★应用模板

★制作书籍

★将书籍导出为PDF文件

9.1　书籍排版概述

书籍文件是一个可以共享样式、色板、主页及其他项目的文档集，可以按顺序给编入书籍文档中的页面编号，打印书籍中选定的文档或者将它们导出为PDF文件。一个文档可以隶属于多个书籍文件。

书籍的制作可以分为三个环节，分别是：1.检查文件，确定版式；2.分工制作；3.书籍拼合。

拿到原稿后，首先浏览一遍。根据原稿内容或设计稿与客户共同确定各页版式，核对所提供素材（文字、图形）是否完整，确定文稿中文字和图形的相互关系。根据客户的要求确定版式的具体参数，包括：页面尺寸、版芯尺寸、段落样式、字符样式、页码和应用颜色数等。根据确定的版式参数在InDesign上制作模板。此时需要特别注意的是：制作模板是一项非常严格细致的工作，要认真检查，避免错误。模板制作完成后，也不要轻易改动，对参与制作的人员进行分工，发放原稿，安排章节和页码，确定各文件名称。下面是书籍排版的一般流程图，如图9-1所示。

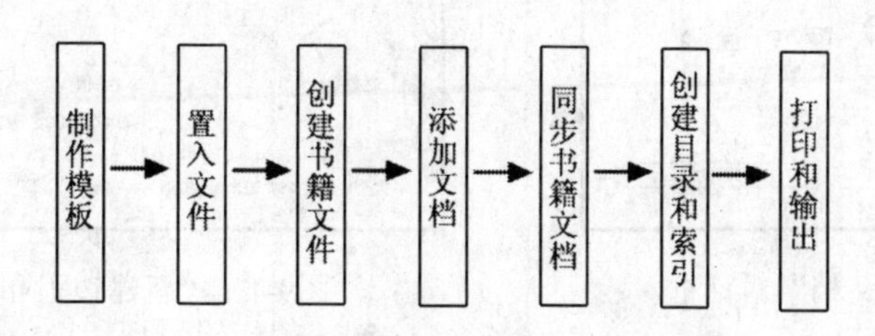

图9-1　书籍的排版流程图

9.2 制作书籍模板

在制作书籍之前首先要确定书籍版式，通常使用模板来规范版式。模板是制作标准文档的起点，因为可以使用版面、图形和文本对模板进行预设，使版面具有各种固定的版式。模板的主要用途就是帮助用户快速排版，同时在排版过程中可以随时参考套用，并且可以在现有模板中进行修改、加工编辑、删除等操作。

模板包含非打印线构成的版面，在版面中有固定的保留区，可以对出版物起到规范化的作用。例如，如果要排版月刊类杂志，则可以制作一个模板，在其中包含典型的版面，即标尺参考线、网格、主页、自定样式、色板、占位符框、图层，以及任何标准图形或文本。这样，每月只要打开模板并置入新的内容即可。

下面介绍一下书籍模板的制作，制作的模板最终效果如图9-2所示。

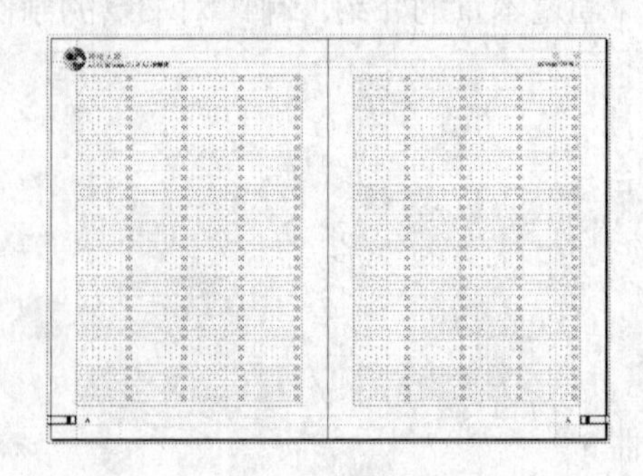

图9-2 制作的模板

9.2.1 制作主页模板

在书籍（包括报刊）等出版物中，有很多相同的内容，如页眉页脚、页面装饰、标志等，如果每一页都要做的话，费时又费力，而通过创建主页可以轻松快捷地完成这些操作，因为在主页中设置的这些内容将自动应用到其他页面中。首先要创建并设置主页。

（1）打开InDesign，在菜单栏中选择“文件→新建→文档”命令，打开“新建文档”对话框。在该对话框中设置“页数”为“2”，勾选“对页”和“主页文本框架”选项，如图9-3所示。

（2）在“新建文档”对话框中单击“边距和分栏”按钮，打开“新建边距和分栏”对话框。在对话框中设置参数，如图9-4所示。然后单击“确定”按钮，创建新文档。

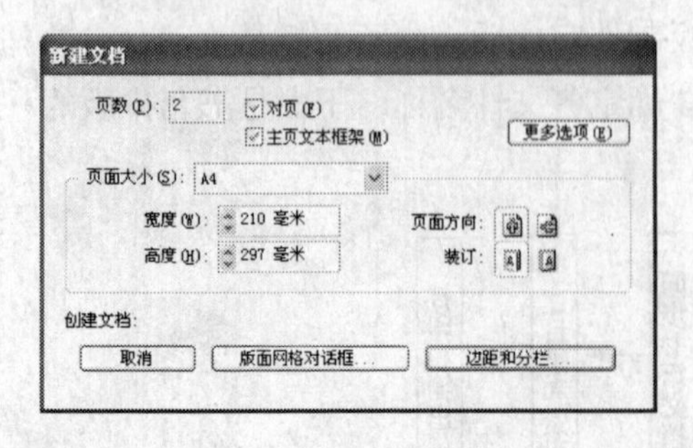

图9-3 “新建文档”对话框

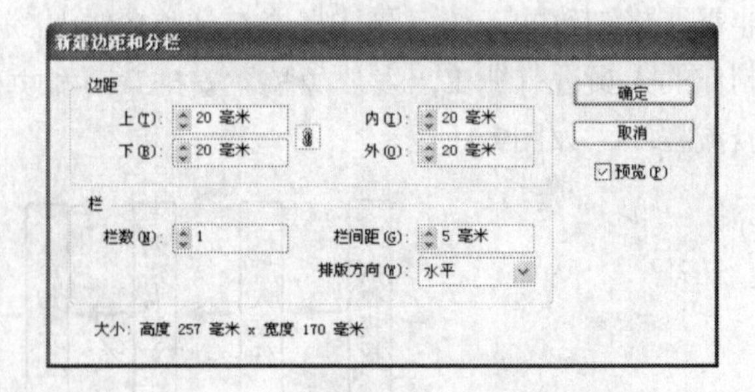

图9-4 “新建边距和分栏”对话框

（3）在菜单栏中选择“窗口→页面”命令，打开“页面”面板，如图9-5所示。

（4）在“页面”面板中选中“A-主页”，然后单击面板右上方的 T.按钮，在打开的面板菜单中选择“A主页的主页选项”命令，打开“主页选项”对话框，修改“名称”为“内容”，如图9-6所示。

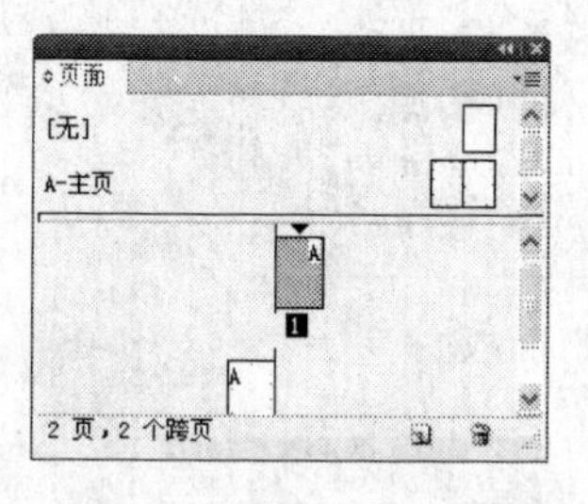

图9-5　“页面”面板

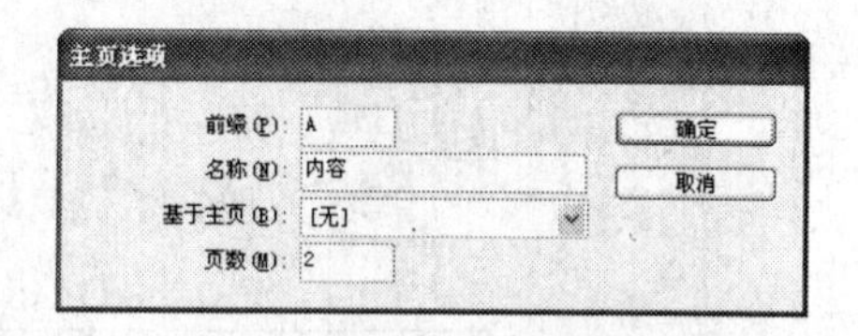

图9-6　“主页选项”对话框

（5）单击“确定”按钮，完成主页的设置。然后在“页面”面板中双击“A-内容”，进入到“A-内容”页面，如图9-7所示。

（6）在主页中创建页面参考线。将光标移动至垂直标尺处，拖曳出所需的垂直参考线和水平参考线，如图9-8所示。

图9-7　“A-内容”页面

图9-8　创建的参考线

（7）下面，开始设置页眉。使用工具箱中的“矩形框架工具” ⊠.在页面中创建一个矩形框架，如图9-9所示。

（8）选中创建的矩形框架，在菜单栏中选择“文件→置入”命令，打开“置入”对话框。在对话框中选择想要置入的图形，单击“打开”按钮将其置入，将其作为页眉的标志或者图标，如图9-10所示。

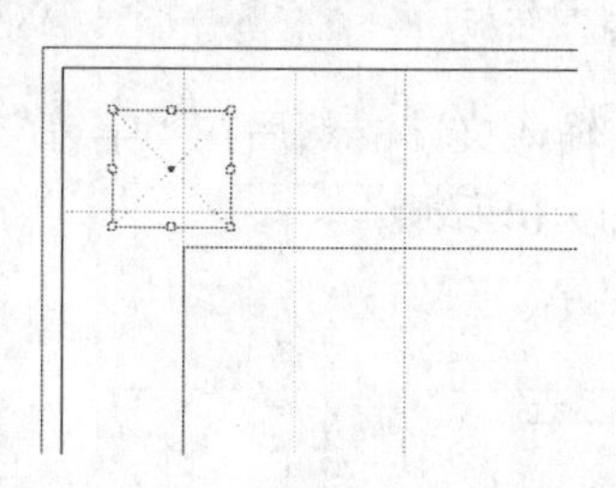

图9-9　创建的矩形框架

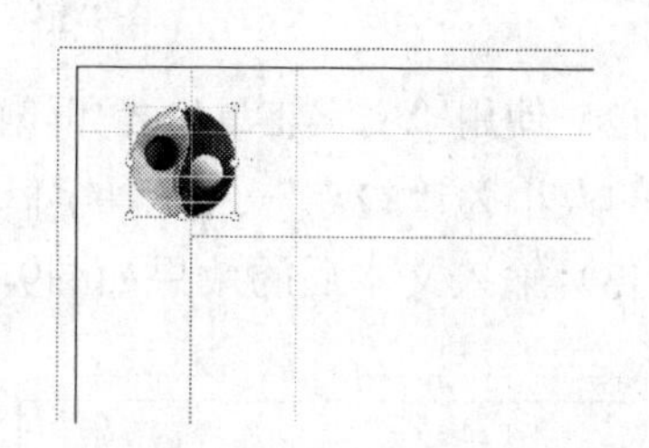

图9-10　置入的图形

（9）使用工具箱中的“文字工具” T.在页面的左上方创建一个文本框，并输入文字。在“字符”面板中设置字体的大小为“18点”、设置字体为“宋体”。将这些文本作为页眉文字，如图9-11所示。

（10）使用“文字工具” T.创建一个文本框，并输入文字，然后在“字符”面板中设置字体的大小为“12点”、设置字体为“宋体”，如图9-12所示。

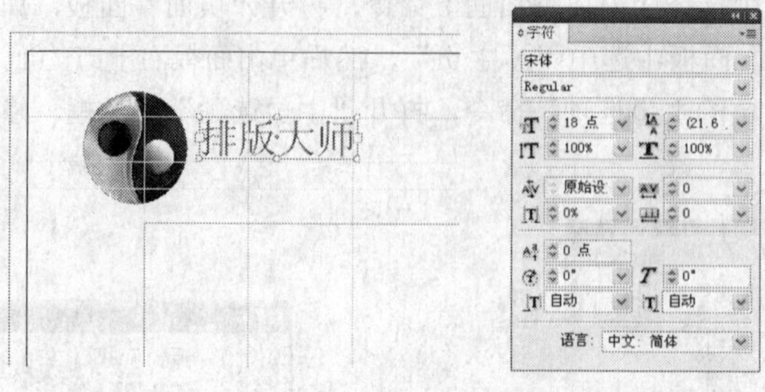

图9-11 输入的文本和“字符”面板

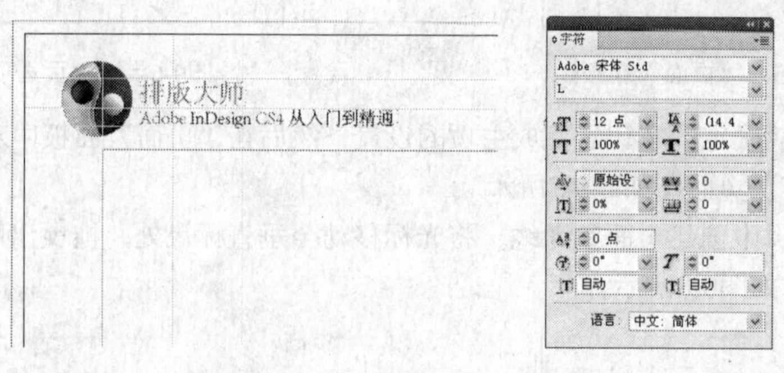

图9-12 输入的文本和“字符”面板

（11）使用“文字工具” T.创建一个文本框，并输入文字，在“字符”面板中设置字体的大小为“16点”、设置字体为“宋体”。然后在“颜色”面板中将字体颜色设置为深灰色，如图9-13所示。

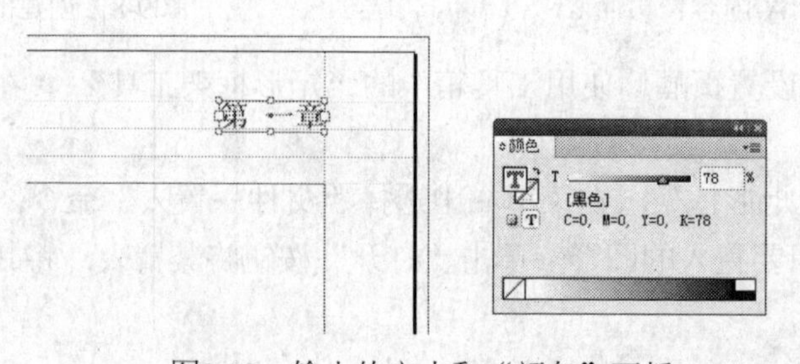

图9-13 输入的文本和“颜色”面板

（12）使用“文字工具” T.再创建一个文本框，并输入文字，然后在“字符”面板中设置字体的大小为“12点”、设置字体为“宋体”，如图9-14所示。

（13）输入文本后的效果如图9-15所示。

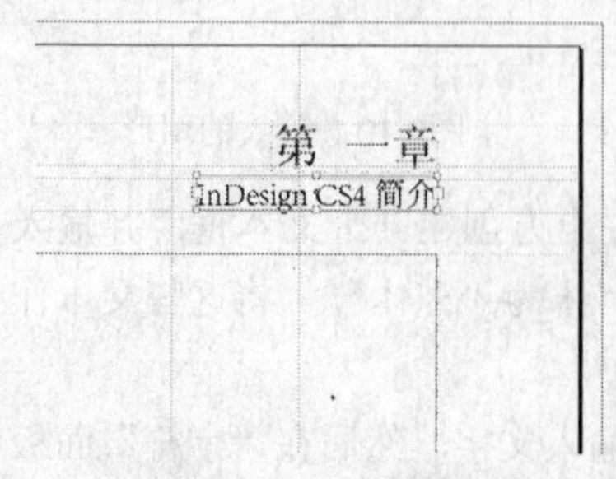

图9-14 输入的文字

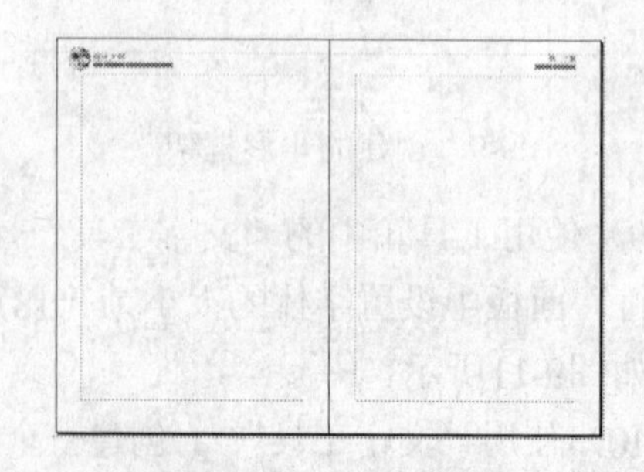

图9-15 创建的文字效果

（14）下面开始制作页脚。使用工具箱中的“矩形工具”在页面中创建一个矩形，取消其轮廓线并填充为灰色，如图9-16所示。

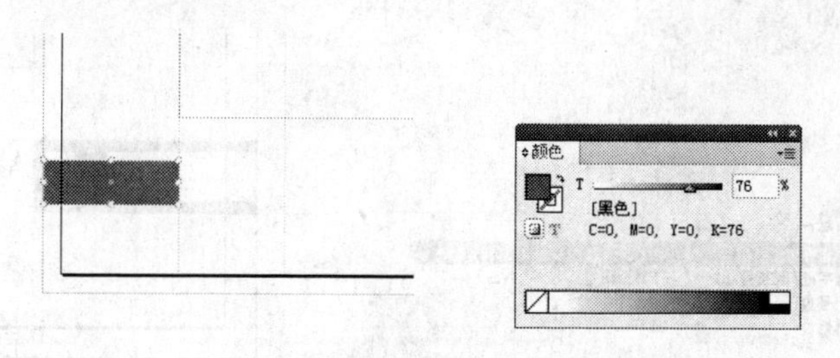

图9-16 创建的矩形和“颜色”面板

（15）使用“矩形工具”在页面中再创建两个矩形。取消其轮廓线并填充为白色，如图9-17所示。

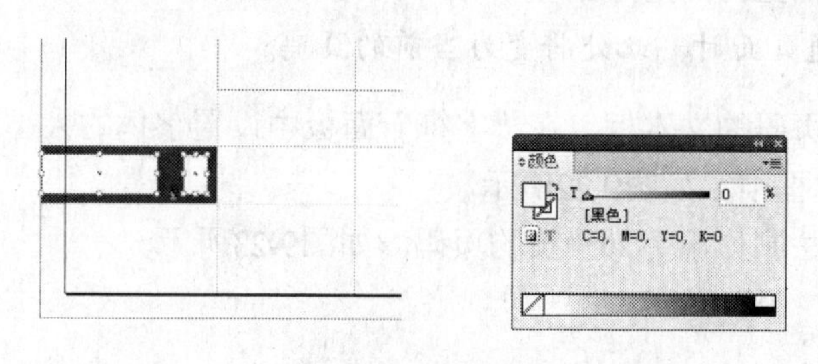

图9-17 创建的矩形和“颜面”面板

（16）使用同样的方法制作出另外一组矩形作为页脚，效果如图9-18所示。

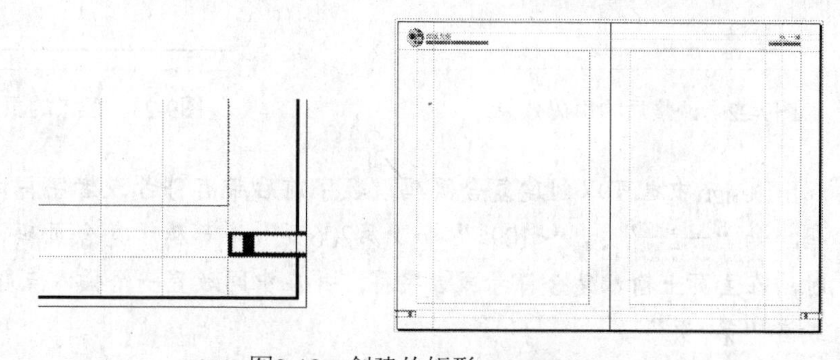

图9-18 创建的矩形

9.2.2 插入自动页码

对于书籍而言，页码是非常重要的，而且在编排目录时也要用到，下面简单地介绍一下怎样在书籍中添加页码。

（1）使用“文字工具” T.在页面中创建一个文本框，如图9-19所示。

（2）使用“文字工具” T.在新建的文本框内单击，然后在菜单栏中选择“文字→插入特殊符号→标志符→当前页码”命令，如图9-20所示。

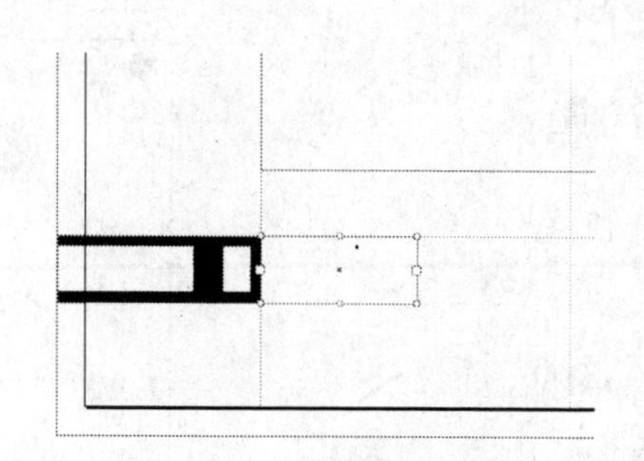

图9-19 创建的文字框

（3）插入后文本框内将显示一个“A”字母标记，表示已经在当前位置创建了自动页码，如图9-21所示。

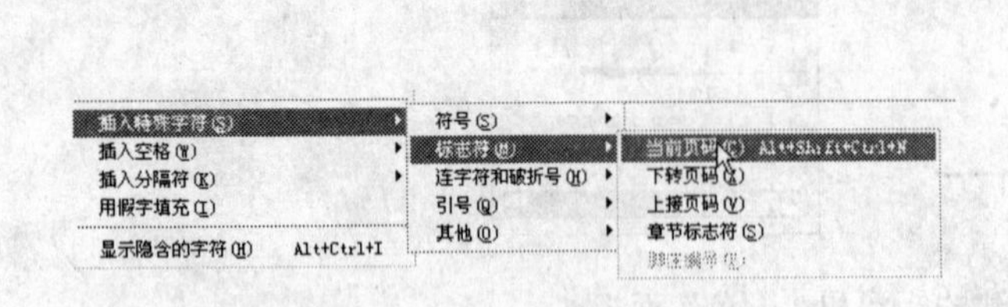

图9-20 菜单命令栏

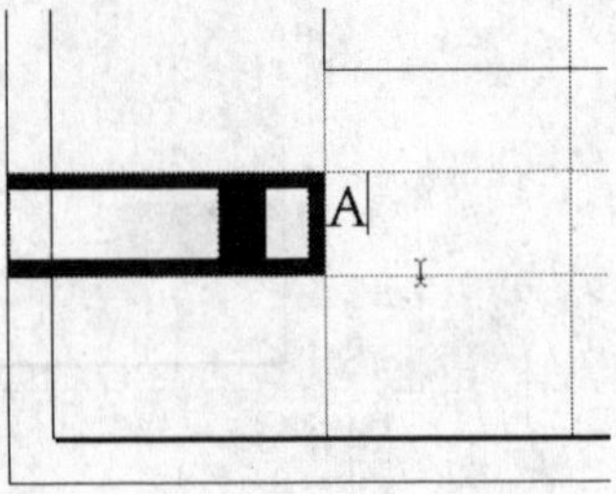

图9-21 插入的自动页码

提示：这里的字母是当前主页的前缀字符，表示此处是页码标示，因此不显示为数字。当把它应用到普通页面时，此处将变为当前的页码。

（4）选择插入当前页码的文本框，在“字符”面板中设置字体的大小为“18点”，然后将文本居中对齐到文本框中，如图9-22所示。

（5）使用同样的方法制作出另外一页的页码，如图9-23所示。

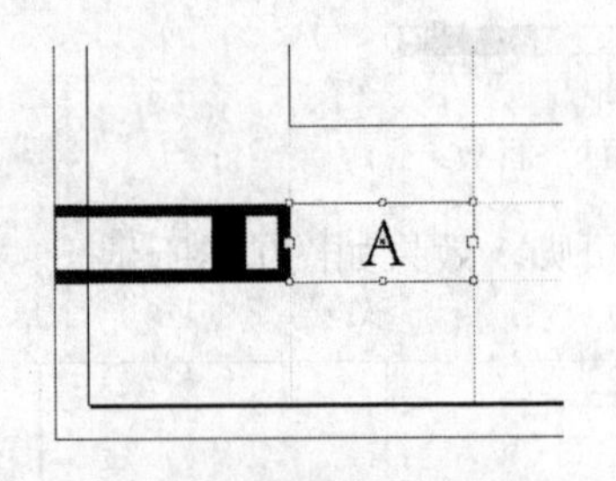

图9-22 调整后的页码效果

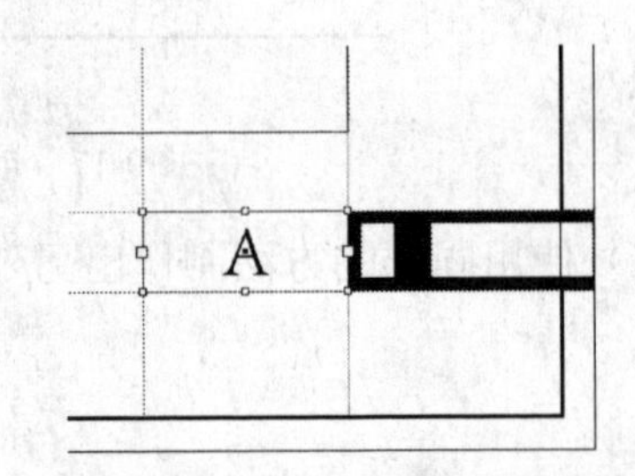

图9-23 插入的页码

提示：在InDesign中也可以创建复合页码，数字前后带有符号或者字符的页码称为复合页码，如“—2—”、“<109>”和“第206页”等都属于复合页码。在创建复合页码时，在主页上输入复合符号或者字符，并在中间放置一个插入点即可，如“— —”或者“第 页”。

（6）在菜单栏中选择“视图→网格和参考线→隐藏参考线”命令将参考线隐藏，此时的书籍页面效果如图9-24所示。

图9-24 创建的主页页面效果

9.2.3　模板的段落样式设置

在InDesign中，可以根据需要创建一些段落样式，并可以将段落样式应用于文本。使用这些段落样式可以大大缩短制作时间，提高效率，并且还对出版物起到了很好的规范作用。

段落样式细分为多种类型，如章段落样式、节段落样式、小节段落样式、图样式和图题段落样式等。下面分别介绍一下这些段落样式的设置。

9.2.3.1　“章”段落样式

“章”段落样式即章名的段落样式，如“第一章 概论”。在设置它的段落样式时，涉及到字号、字体、字体样式、字符间距、字偶间距和位置等。下面简单地介绍一下其设置过程。

（1）在菜单栏中选择“窗口→文字和表→段落样式”命令或直接按键盘上的快捷键F11，打开“段落样式”面板，如图9-25所示。

（2）在“段落样式”面板中单击右上角的按钮，在打开的面板菜单中选择“新建段落样式”命令，打开“新建段落样式”对话框，如图9-26所示。

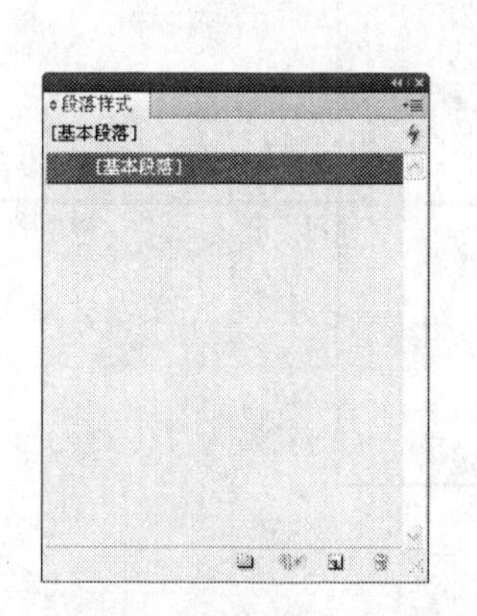

图9-25　“段落样式”面板

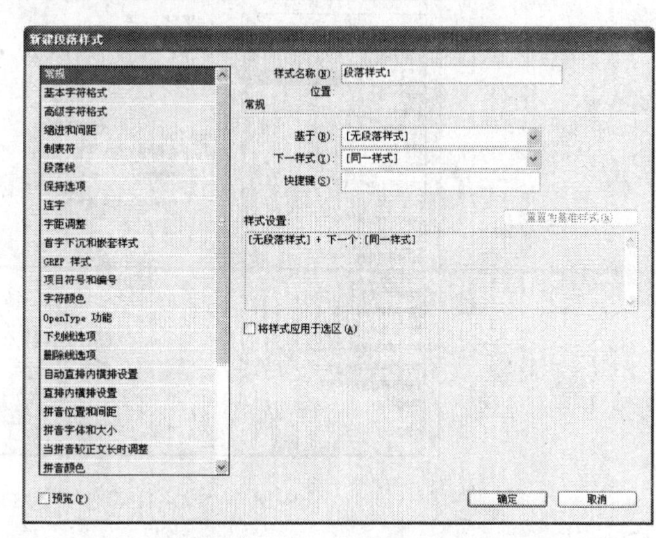

图9-26　“新建段落样式”对话框

（3）在“新建段落样式”对话框的“常规”选项区中设置“样式名称”为“章”。单击左侧的“基本字符格式”选项，然后设置字体为“黑体”，字符大小为“22点”，如图9-27所示。

（4）选择“缩进和间距”选项，设置“对齐方式”为“居中”对齐、字符“段前距”为“8毫米”、“段后距”为“12毫米”，其他参数保持默认值，如图9-28所示。注意，这些参数要根据需要进行设置。

（5）设置完成后单击“确定”按钮完成“章”段落样式的设置。

9.2.3.2　“节”段落样式

“节”段落样式即节名称的样式，如“2.6 设置字符格式”。在设置它的段落样式时，涉及到字号、字体、字体样式、字符间距和位置等。下面简单地介绍一下其设置过程。

（1）在“段落样式”面板中单击右上角的按钮，在打开的面板菜单中选择“新建段落样式”命令，打开“新建段落样式”对话框。

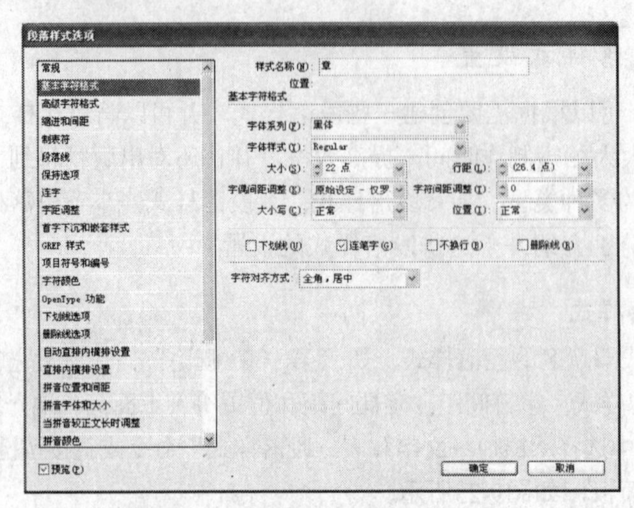

图9-27 “段落样式选项”对话框

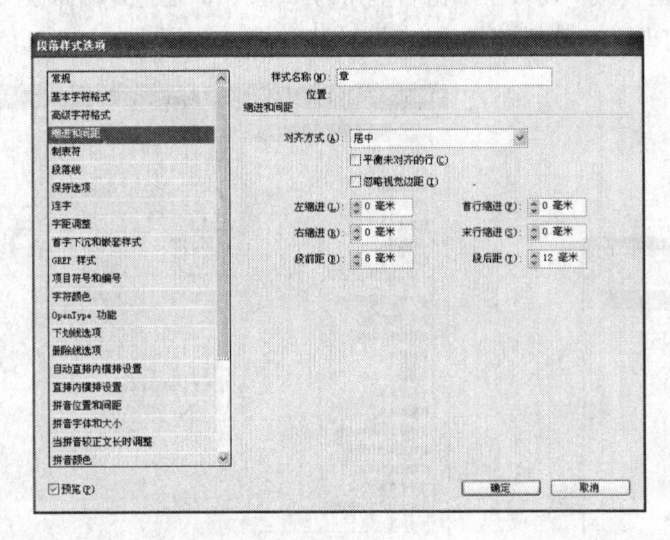

图9-28 “段落样式选项”对话框

（2）在打开的“新建段落样式”对话框中设置“样式名称”为“节”。在左侧的选项栏中选择“基本字符格式”，设置字体为“黑体”、字符大小为“18点”，如图9-29所示。注意小节字体的大小要比章的字体小。

（3）在左侧的选项栏中选择“缩进和间距”选项，设置“对齐方式”为“左”对齐、“首行缩进”为“8毫米”、字符“段前距”为“10毫米”、“段后距”为“8毫米”，其他参数保持默认，如图9-30所示。

（4）设置完成后单击“确定”按钮完成“节”段落样式的设置。

提示：另外，在“节”下还有“小节”，“小节”下面还有更小的“节”，它们的样式设置与节的样式设置基本相同。还有正文的样式设置也与节相同，不再赘述。

9.2.3.3 “图”段落样式

“图”段落样式即图片的样式，通常只设置其位置和大小即可。下面简单地介绍一下其设置过程。

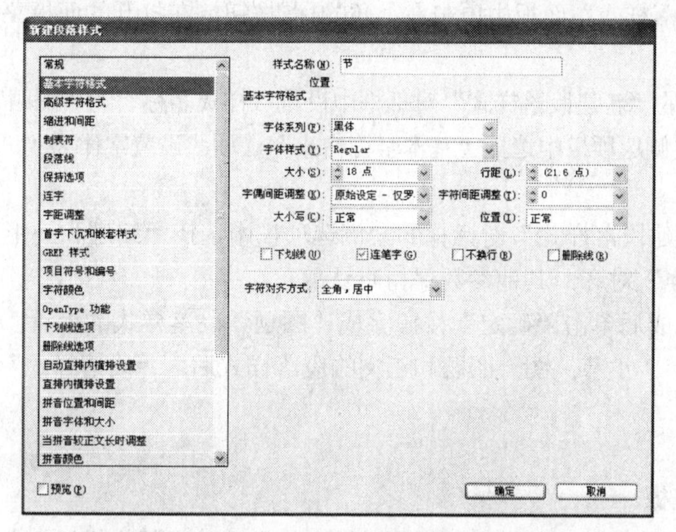

图9-29 “新建段落样式”对话框

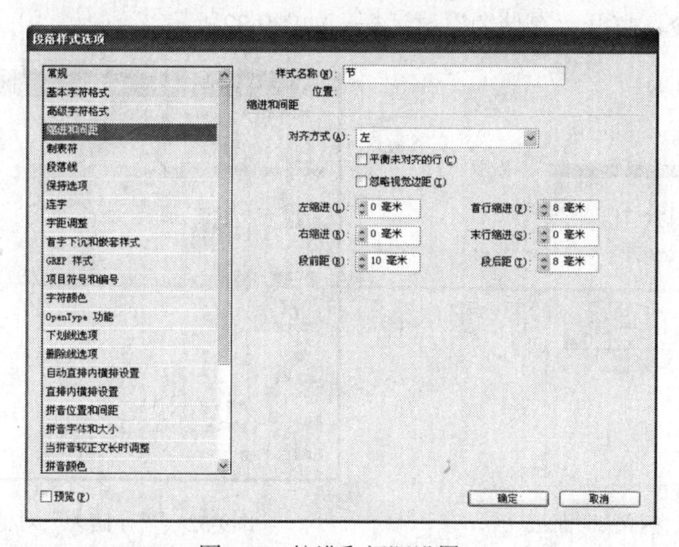

图9-30 缩进和间距设置

（1）在“段落样式”面板中单击右上角的按钮，在打开的面板菜单中选择“新建段落样式”命令。

（2）在打开的“新建段落样式”对话框中设置“样式名称”为“图片”。图的大小一般通过图文框的大小来定义。

（3）在“新建段落样式”对话框的左侧选项栏中选择“缩进和间距”选项，设置“对齐方式”为“居中”对齐，其他参数保持默认值。

（4）设置完成后单击“确定”按钮完成“图”段落样式的设置。

9.2.3.4 “图题”段落样式

“图题”段落样式即图下的注释文字的样式，如“图2-105缩进与间距设置”。在设置它的样式时，涉及到字号、字体、字体样式、字符间距和位置等。下面简单地介绍一下其设置过程。

（1）在“段落样式”面板中单击右上角的 按钮，在打开的面板菜单中选择“新建段落样式”命令。

（2）在打开的“新建段落样式”对话框中设置“样式名称”为“图题”，在“新建段落样式”对话框的左侧选项栏中选择“基本字符格式”选项，设置字体为“黑体”，设置字体大小为“10点”。

（3）在“新建段落样式”对话框的左侧选项栏中选择“缩进和间距”选项，设置“对齐方式”为“居中”对齐，其他参数保持默认值。

（4）设置完成后单击“确定”按钮完成“图题”段落样式的设置。

设置好章、节、小节、图、图题和正文的段落样式后，“段落样式”面板的效果如图9-31所示。

9.2.3.5 存储为模板

当编辑完一个出版物的模板后，就可以把它们存储为出版物模板，在菜单栏中选择“文件→存储为”命令，打开“存储为”对话框，如图9-32所示。

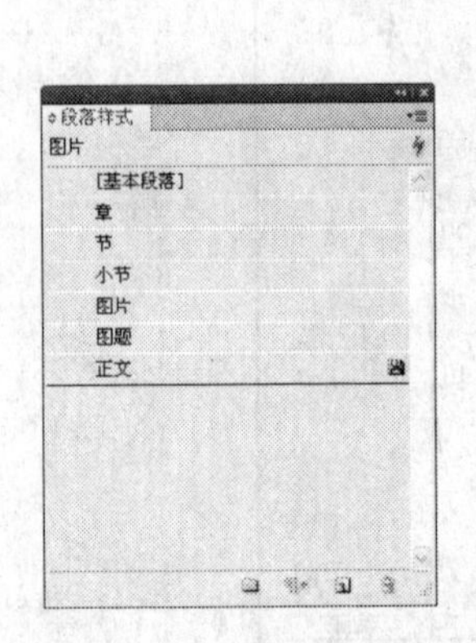

图9-31 “段落样式”面板

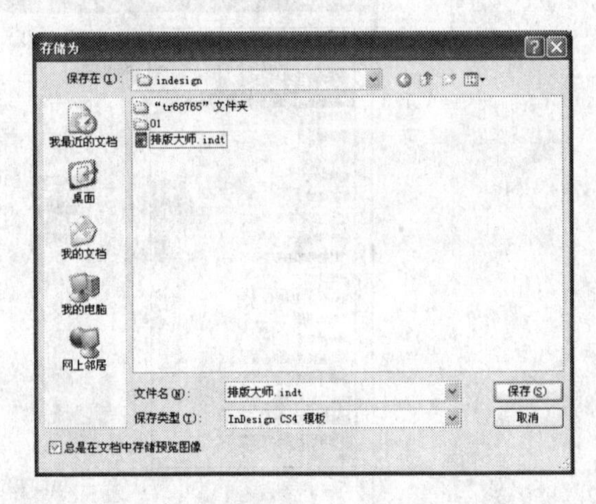

图9-32 “存储为”对话框

在“保存类型”中选择保存类型为“InDesign CS4模板”，设置文件保存的名称为“排版大师”，并选择文件在磁盘中的保存路径，然后单击“保存”按钮文件就会保存为模板文件。

注意：InDesign模板文件保存格式不同于普通的文件，模板文件的后缀为.indt，而普通文件的后缀为.indd。

9.3 在模板中置入文件并应用样式

在制作好模板之后，就可以向模板中置入文件了。一般，置入的文本和图片文件多是Word文件，也就是在微软公司开发的办公软件Microsoft Word中创建的文件。置入文件后，还需要应用样式。

9.3.1 置入文件

下面，以置入Word文件为例介绍一下向模板中置入文件的操作过程。

（1）在菜单栏中选择“文件→打开”命令，打开“打开文件”对话框，如图9-33所示。

（2）在“打开文件”对话框中，选择保存的模板（排版大师.indt）文件，然后单击“打开”按钮，即可打开模板文件，如图9-34所示。

图9-33 “打开文件”对话框

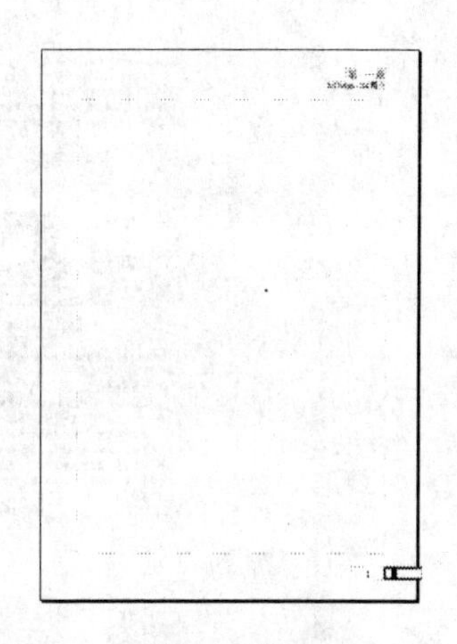

图9-34 模板文件页面

（3）在菜单栏中选择“文件→页面设置”命令，打开“页面设置”对话框。在“页面设置”对话框中设置“页数”为“30”或者其他数值，如图9-35所示。

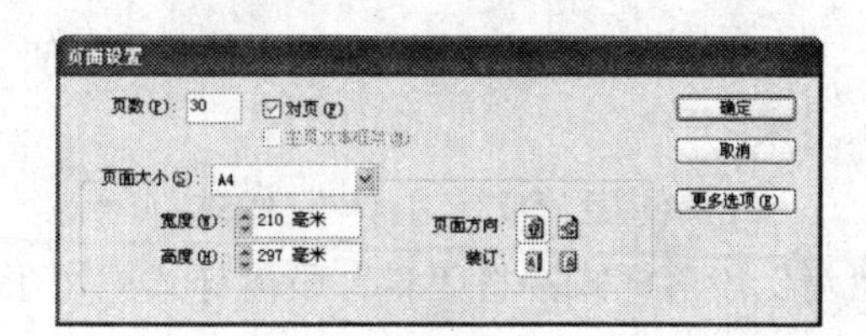

图9-35 “页面设置”对话框

（4）设置后的页面如图9-36所示。

（5）在菜单栏中选择“文件→置入”命令（也可以直接按Ctrl+D组合键）打开“置入”对话框，在对话框中选择Word文档“第2章”，如图9-37所示。

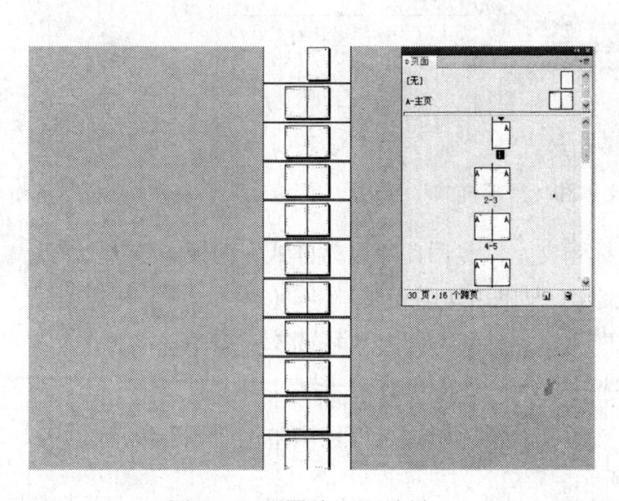

图9-36 设置的页面效果

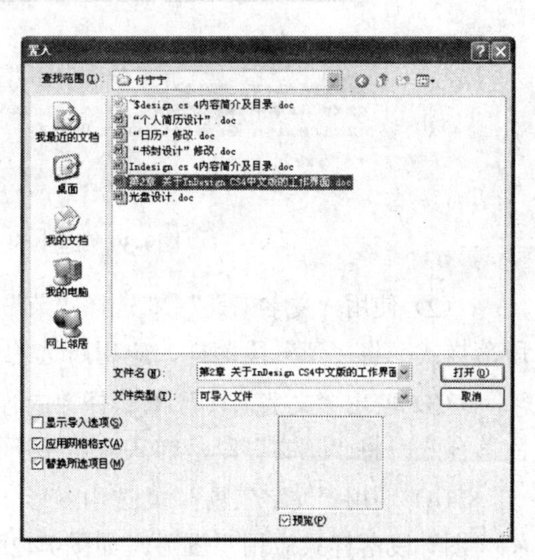

图9-37 “置入”对话框

（6）单击“打开”按钮，这时鼠标的光标箭头变为置入文本的图标，按住Shift键使鼠标箭头变成自动排文图标，在第一页的页面左上角单击，则会自动排满所有文字。在默认设置下置入的文档都带有网格，在菜单栏中选择“视图→网格和参考线→隐藏框架网格”命令隐藏框架网格。也可以按Ctrl+Shift+E组合键隐藏框架网格，如图9-38所示。

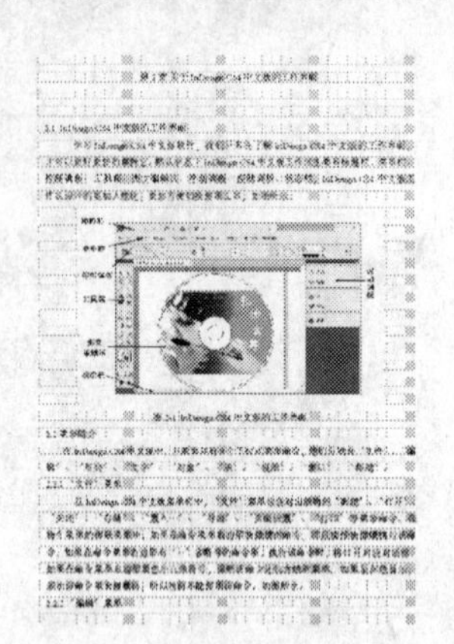
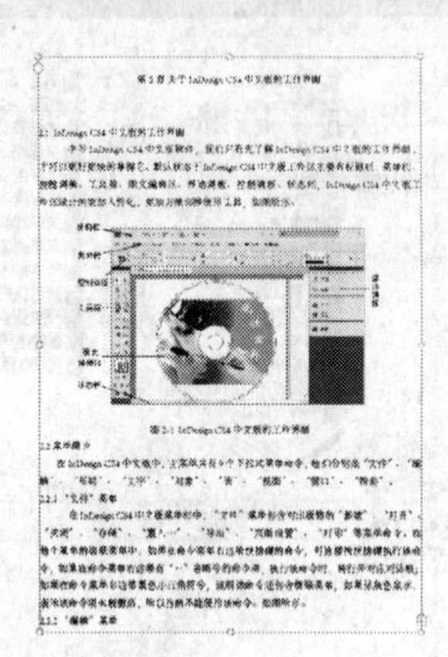

图9-38　置入的文本效果

9.3.2　将段落样式应用于文本

通过对置入的文件应用样式，才能使文件按前面所设置的章、节、正文和图的样式显示出来。

（1）使用“文字工具” T.选择“章”标题文字，然后打开“段落样式”面板并选择“章”段落样式，将“章”段落样式应用于所选文字，如图9-39所示。

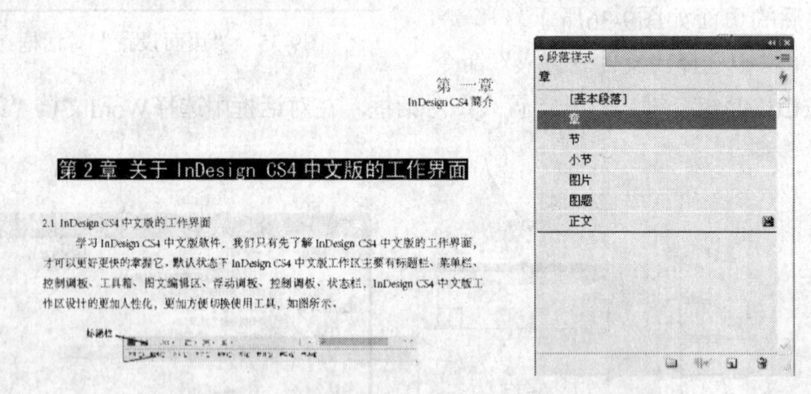

图9-39　选中的文本和“段落样式”面板

（2）使用“文字工具” T.选择“节”标题文字，然后在“段落样式”面板中选择“节”段落样式，将“节”段落样式应用所选的文字，如图9-40所示。

（3）使用“文字工具” T.选择“内容”文字，然后在“段落样式”面板中选择“正文”段落样式，将“正文”段落样式应用于所选的文字，如图9-41所示。

（4）使用“文字工具” T.选中图形，然后在“段落样式”面板中单击“图”段落样式，将“图”段落样式应用于图形，如图9-42所示。

（5）使用“文字工具” T.选中图题，然后在“段落样式”面板中单击“图题”段落样式，将“图题”段落样式应用于图题，如图9-43所示。

第　一章
InDesign CS4 简介

第 2 章 关于 InDesign CS4 中文版的工作界面

2.1　InDesign CS4 中文版的工作界面

学习 InDesign CS4 中文版软件，我们只有先了解 InDesign CS4 中文版的工作界面，才可以更好更快的掌握它。默认状态下 InDesign CS4 中文版工作区主要有标题栏、菜单栏、控制调板、工具箱、图文编辑区、浮动调板、控制调板、状态栏，InDesign CS4 中文版工作区设计的更加人性化，更加方便切换使用工具，如图所示。

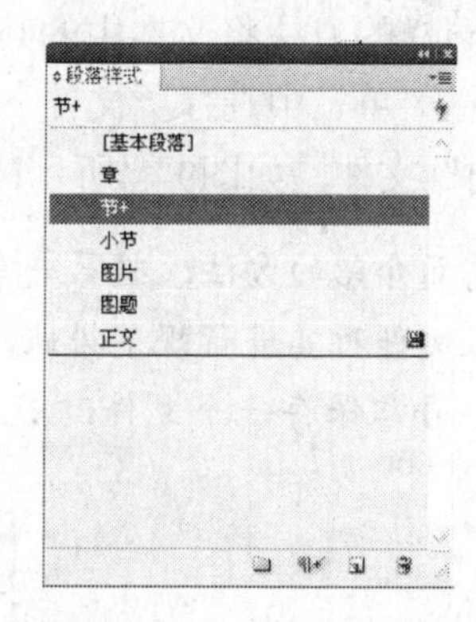

图9-40　选中的文本和“段落样式”面板

第　一章
InDesign CS4 简介

第 2 章 关于 InDesign CS4 中文版的工作界面

2.1　InDesign CS4 中文版的工作界面

学习 InDesign CS4 中文版软件，我们只有先了解 InDesign CS4 中文版的工作界面，才可以更好更快的掌握它。默认状态下 InDesign CS4 中文版工作区主要有标题栏、菜单栏、控制调板、工具箱、图文编辑区、浮动调板、控制调板、状态栏，InDesign CS4 中文版工作区设计的更加人性化，更加方便切换使用工具，如图所示。

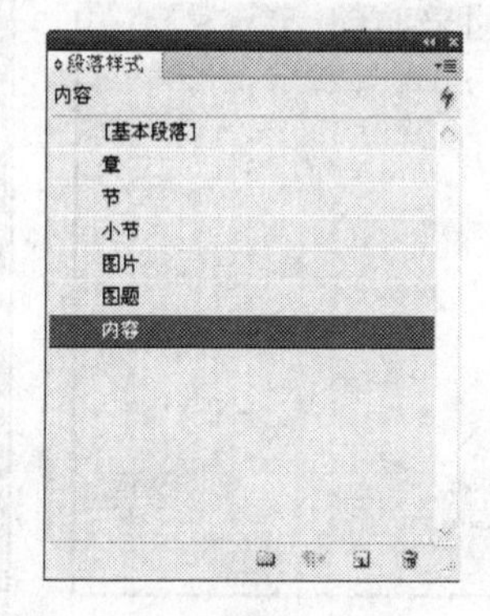

图9-41　选中的正文文本和“段落样式”面板

控制调板、工具箱、图文编辑区、浮动调板、控制调板、状态栏，InDesign CS4 中文版工作区设计的更加人性化，更加方便切换使用工具，如图所示。

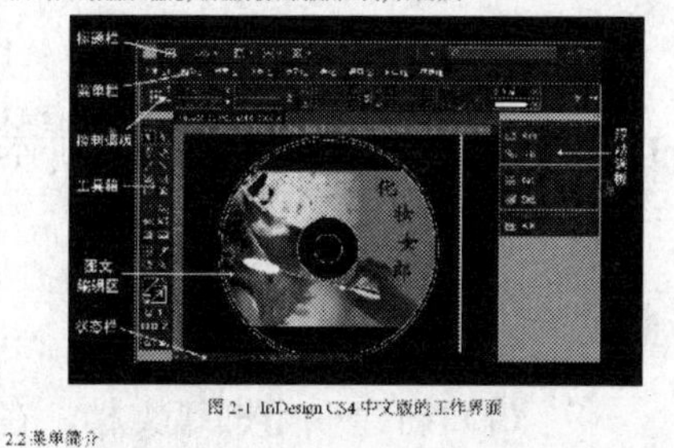

图 2-1 InDesign CS4 中文版的工作界面

2.2 菜单简介

在 InDesign CS4 中文版中，主菜单共有 9 个下拉式菜单命令，他们分别是“文件”、“编

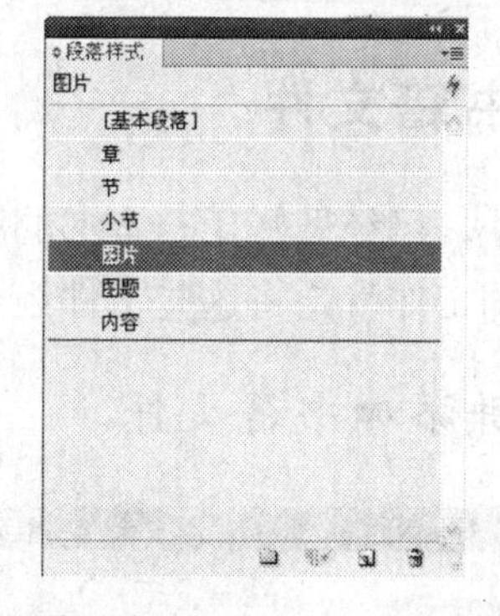

图9-42　选中的图形和“段落样式”面板

图 2-1　InDesign CS4 中文版的工作界面

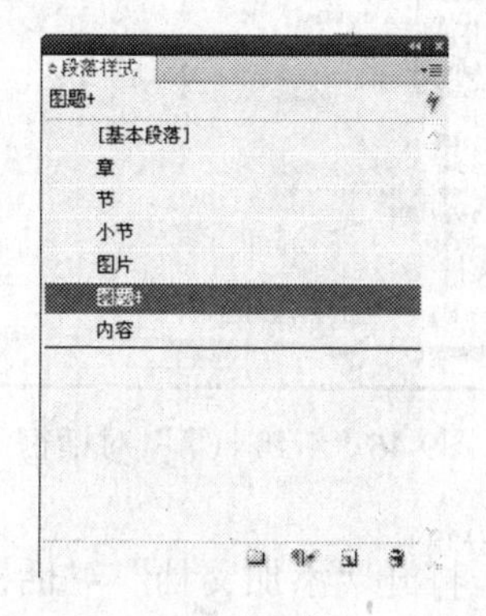

图9-43　选中的文本和“段落样式”面板

（6）使用同样的方法将文本中的其他部分应用段落样式。

（7）最后在菜单栏中选择“文件→保存”命令将文件保存在指定的文件夹内，并命名为“第二章.Indd”文件，如图9-44所示。

提示：使用前面介绍的方法，将第一章～第十一章的Word文档分别置入到InDesign中，使用模板文件对其进行规范排版，并保存到相应的文件夹内，如图9-45所示。一般情况下，每章保存一个文件，最后将它们进行拼合即可。

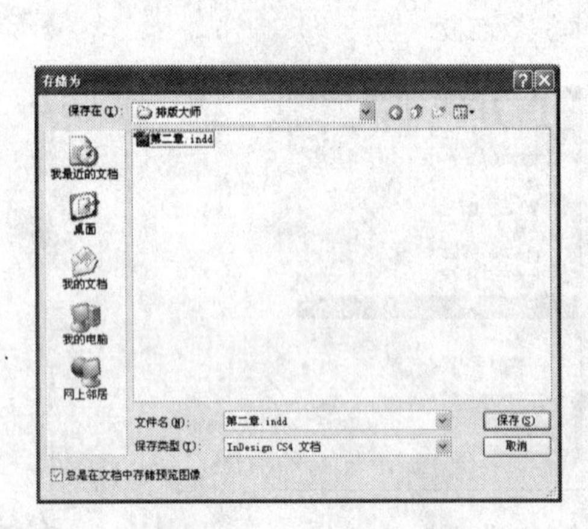

图9-44 “存储为”对话框

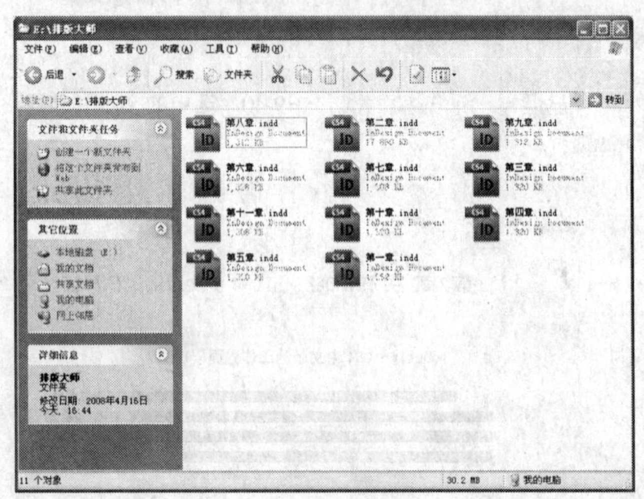

图9-45 保存制作的文件

9.4 创建书籍文件

到目前为止，已经做好了一本书的所有InDesign文件，这些文件中包含了本书的各个章节。下面要做的工作就是将这些文件组合成一本完整的书籍。

9.4.1 创建并添加书籍文件

图9-46 “新建书籍”对话框

（1）新建一个书籍文档，在菜单栏中选择“新建→书籍”命令，打开“新建书籍”对话框，如图9-46所示。

（2）在“新建书籍”对话框中输入“文件名”为“排版大师精通”，并选择保存路径。单击“确定”按钮后打开“排版大师精通”面板，这是一个“书籍”面板，如图9-47所示。

（3）单击“书籍”面板右上角的按钮，在打开的面板菜单中选择“添加文档”命令或直接单击“书籍”面板右下方的“+”号按钮，如图9-48所示。

（4）打开“添加文档”对话框，如图9-49所示。

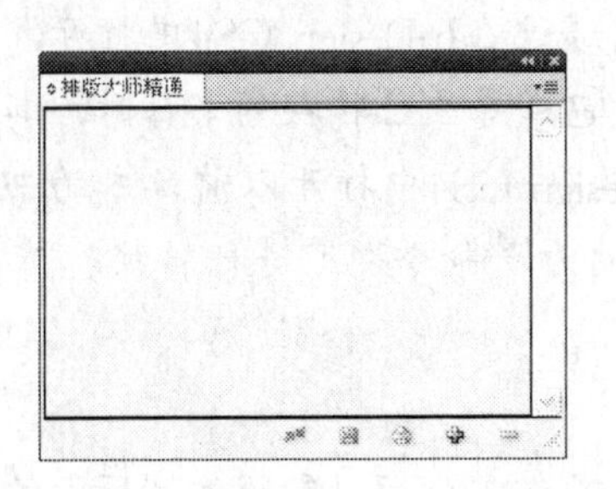

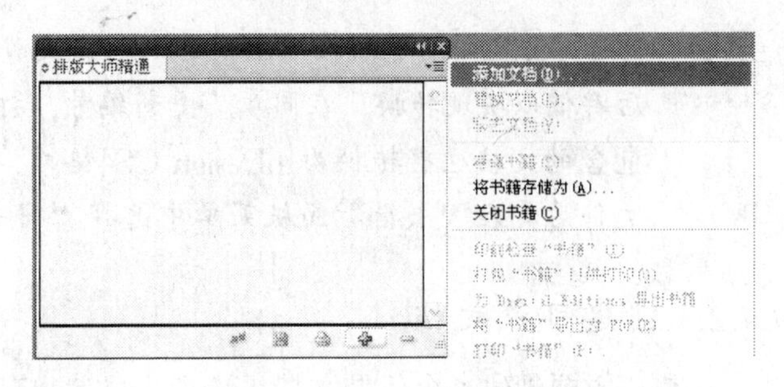

图9-47　新建的“书籍”面板

图9-48　“书籍”面板菜单

（5）在“添加文档”对话框中选择前面做的“第一章.indd”文档，单击“打开”按钮，将第一章内容添加到“书籍”面板中，效果如图9-50所示。

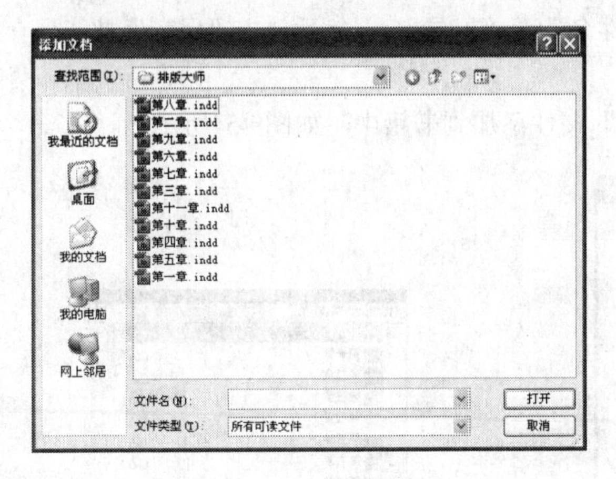

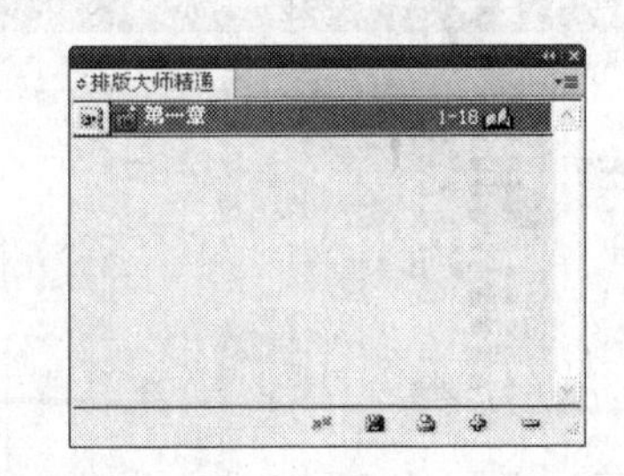

图9-49　“添加文档”对话框

图9-50　添加文档到“书籍”面板

（6）使用同样的方法将第2章～第11章的内容添加到“书籍”面板中，如图9-51所示。

可以使用“书籍”面板来管理书籍文件，如同步样式和色板、存储和删除书籍、打印书籍、添加和移去文档等。既可以使用“书籍”面板底部的按钮，也可以使用面板菜单命令来管理，如图9-52所示。

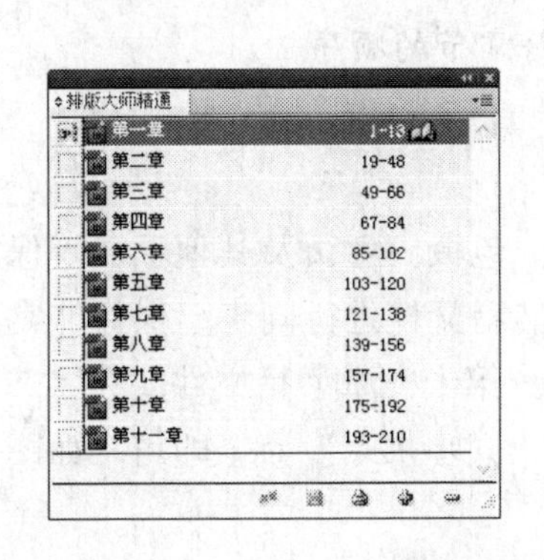

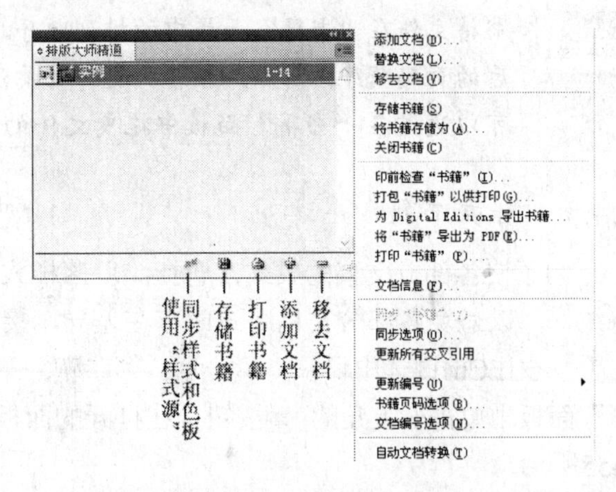

图9-51　添加文档到“书籍”面板

图9-52　“书籍”面板底部的按钮和面板菜单

对于在InDesign早期版本中创建的书籍文件，可以通过在InDesign CS4中打开，然后存储以实现转换。在同步、更新编号、打印、打包或导出已转换的书籍时，其中包含的文档也将转换为InDesign CS4格式。在InDesign CS4中打开以前版本的书籍文件后，在"书籍"面板菜单中选择"将书籍存储为"命令即可进行转换。

9.4.2 创建目录文档

一般还需要创建一个目录文档。注意，目录也有其特定的样式，可以参照本章后面的内容来设置目录的样式。下面简单地介绍一下其创建过程。

(1) 在菜单栏中选择"文件→新建→文档"命令，新建一个空白文档。在菜单栏中选择"文件存储"命令打开"存储为"对话框，如图9-53所示。

(2) 在"存储为"对话框中设置"文件名"为"目录"，然后单击"保存"按钮保存文档。

(3) 使用前面介绍的方法，将"目录"文件添加到书籍中，如图9-54所示。

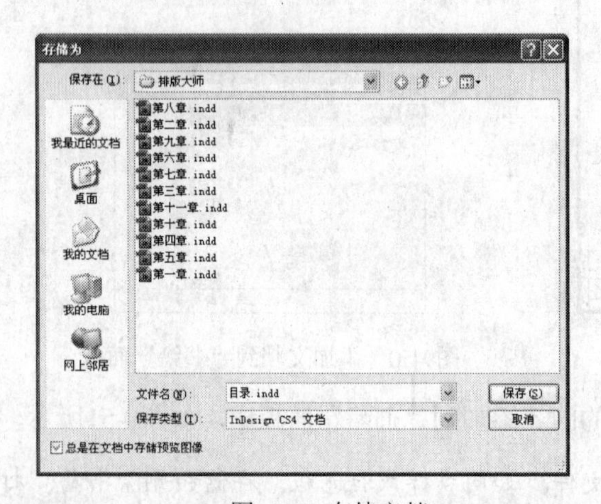

图9-53 存储文档

图9-54 添加文档后的"书籍"面板

书籍文件在"书籍"面板中的排列顺序，以及各部分文件的显示排列顺序就是成书后的页码顺序，所以，在添加文件时要注意文件添加的顺序。如果排列顺序不对，可以通过在"书籍"面板中拖曳文件的方式改变书籍章节的顺序。

9.4.3 同步书籍

为了使各部分文稿的版式，包括：段落样式、字符样式、色板、主页及其他项目等保持统一，以避免各部分文稿版式中存在差异，接下来需要对书籍文件进行同步。操作非常简单，按住Ctrl键选中目录、第一章、第二章、第三章、……、第十一章书籍文件，在"书籍"面板中单击右上角的 ▾≡ 按钮。在打开的面板菜单中选择"同步书籍"命令即可，如图9-55所示。

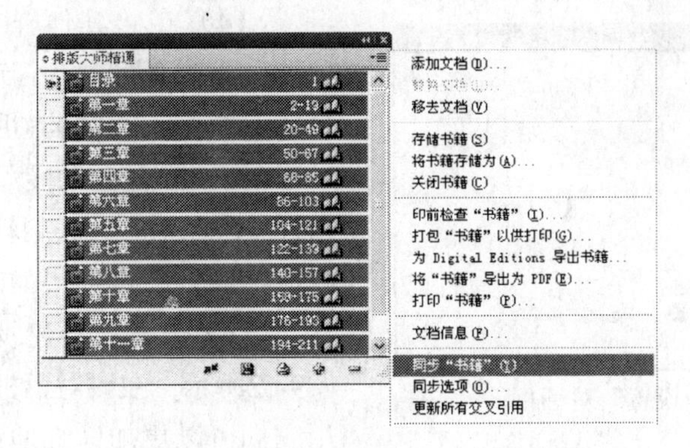

图9-55 选择的“同步书籍”命令

9.5 创建目录

在目录中可以列出书籍、杂志或其他出版物的内容，可以显示插图列表、广告商或摄影人员名单，也可以包含有助于读者在文档或书籍文件中查找信息的其他信息。一个文档可以包含多个目录，例如章节列表和插图列表。如图9-56所示是其中的一幅目录效果。

每个目录都是一篇由标题和条目列表（按页码或字母顺序排序）组成的独立文章。条目（包括页码）直接从文档内容中提取，并可以随时更新，甚至可以跨越同一书籍文件中的多个文档进行该操作。

创建目录的过程需要三个主要步骤。首先，创建并应用要用做目录基础的段落样式。其次，指定要在目录中使用哪些样式，以及如何设置目录的格式。最后，将目录排入文档中。

（1）在“书籍”面板中双击“目录”，进入到“目录”页面，如图9-57所示。

图9-56 目录效果

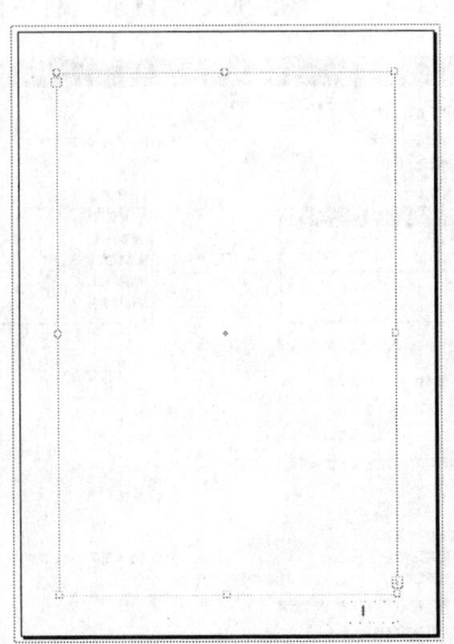

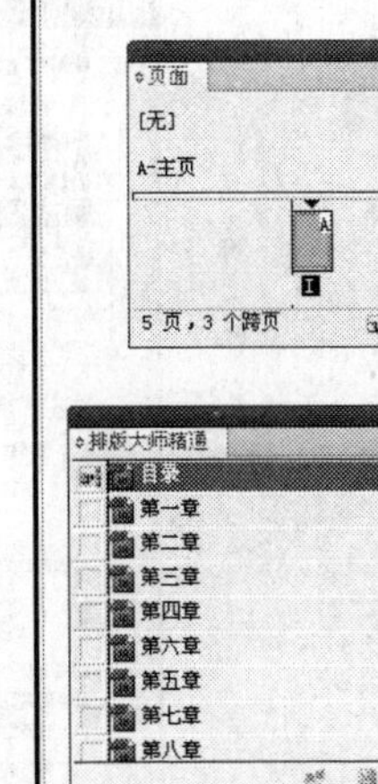

图9-57 “目录”页面

（2）在菜单栏中选择“文件→页面设置”命令，打开“页面设置”对话框。在“页面设置”对话框中设置“页数”为“5”，如图9-58所示。

（3）在菜单栏中选择“版面→目录”命令，打开“目录”对话框，如图9-59所示。在该对话框中可以设置目录的样式。

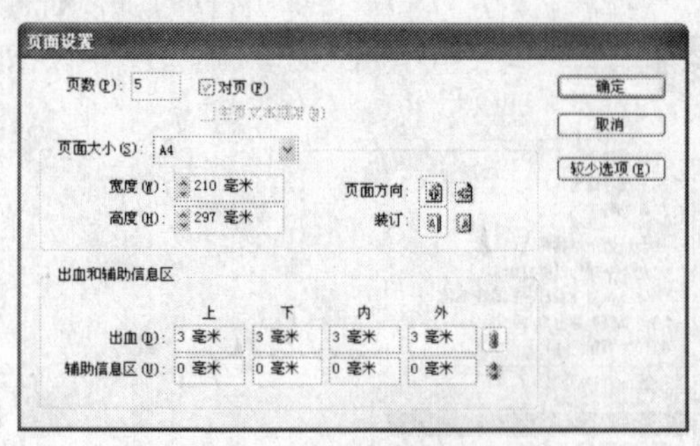

图9-58 “页面设置”对话框

（4）在“其他样式”选项栏中分别将“章”、“节”、“小节”添加到“包含段落样式”栏中，如图9-60所示。

（5）在包含的段落样式中选中“章”段落样式，然后在“条目样式”选项中选择“新建段落样式”选项，如图9-61所示。

（6）打开“新建段落样式”对话框，如图9-62所示。在该对话框中包含更多选项，使用它们可以更加详细地设置段落样式。

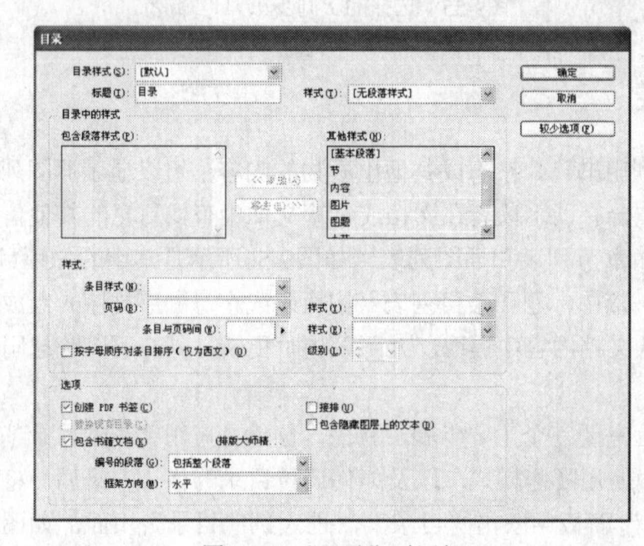

图9-59 “目录”对话框

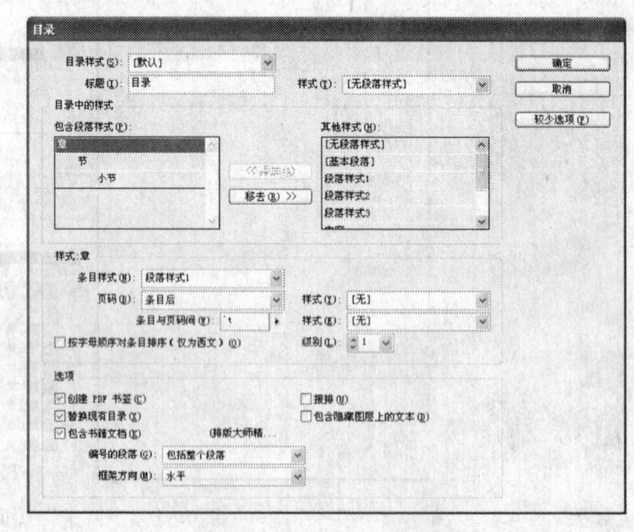

图9-60 “目录”对话框

（7）设置“样式名称”为“目录样式1”，在左侧的选项栏中选择“基本字符格式”，设置字体为“黑体”、字符大小为“18点”，如图9-63所示。

（8）选择“制表符”选项，然后设置“左对齐制表符”为0、“右对齐制表符”为170，然后在“前导符”中输入“.（英文句号）”，如图9-64所示。

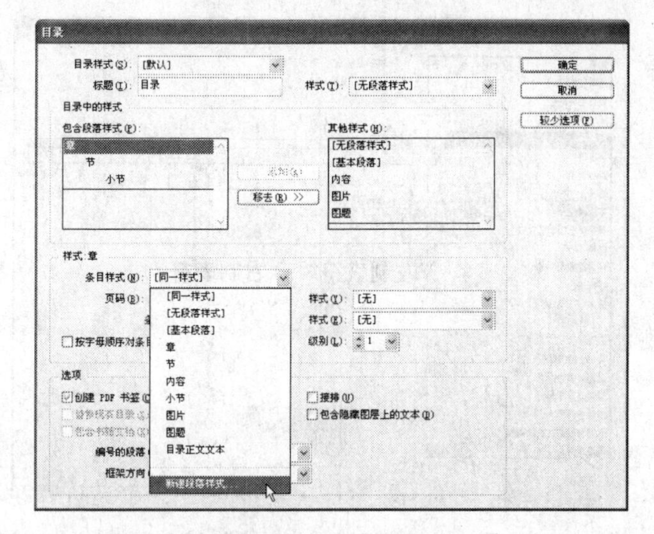

图9-61　“目录”对话框

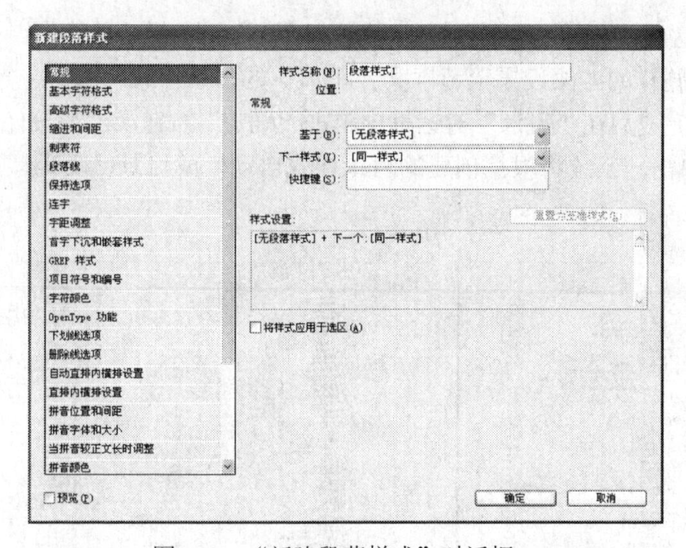

图9-62　“新建段落样式”对话框

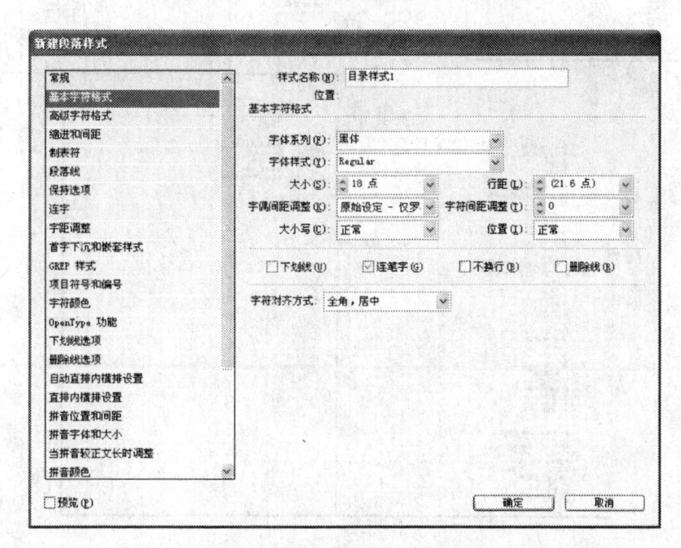

图9-63　“新建段落样式”对话框

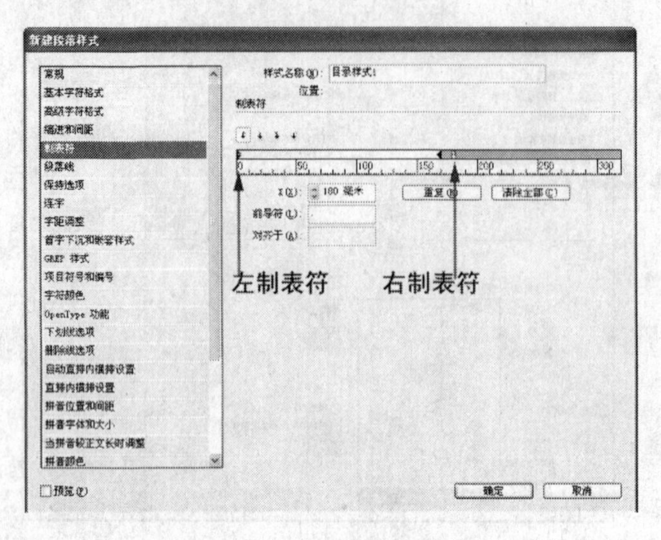

图9-64 “新建段落样式”对话框

（9）设置完成后单击“确定”按钮，完成“章”目录样式的设置。

（10）使用同样的方法设置“节”和“小节”的目录样式。

（11）制作完成后在“目录”对话框中单击“确定”按钮，然后按住Shift键在“目录”章节的页面1中单击，系统将根据创建的目录样式自动生成目录。页码从第1页到第5页的效果如图9-65所示。

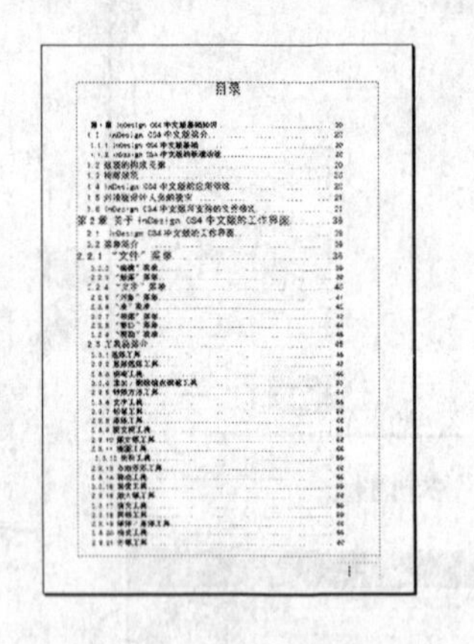

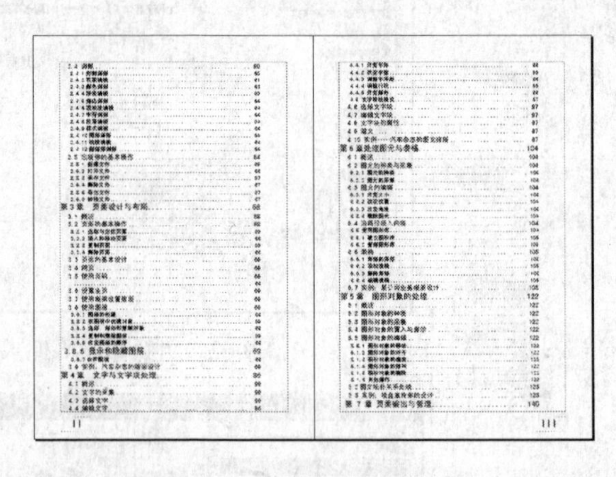

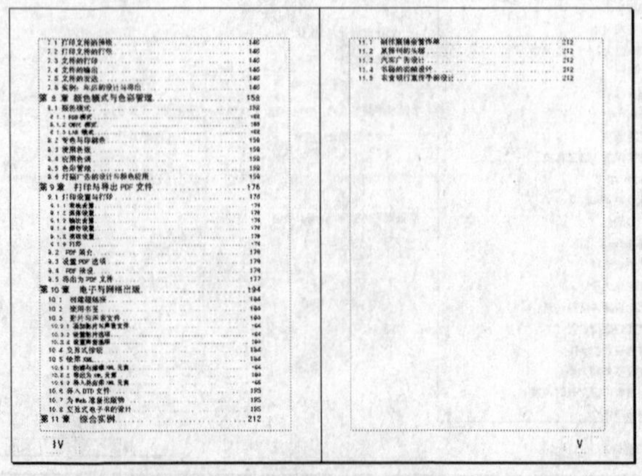

图9-65 创建的目录效果

（12）这样就完成了书籍目录的制作。如果对制作的目录不满意，还可以通过“段落样式”面板进行调整。

注意：如果要更新页码，那么在“书籍”面板中单击右上角的按钮，在打开的面板菜单中选择“更新编号→更新页面和章节页码”命令即可，如图9-66所示。

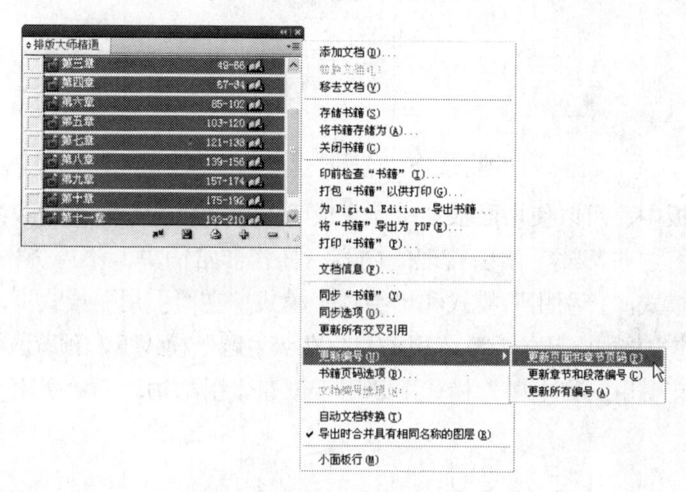

图9-66 更新页面和章节页码

（13）这样，就完成了整个书籍的排版工作。最后，在“书籍”面板菜单中选择“存储书籍”命令将制作好的书籍文件保存。

9.6 创建索引

索引在图书的实际应用中和目录一样都很重要。可以针对书中的信息创建简单的关键字索引或综合性详细指南。要创建索引，首先需要将索引标志符置于文本中，将每个索引标志符与要显示在索引中的单词（一般称做主题）建立关联。InDesign使用标志符的位置在目录、索引和导出的PDF文件中生成精确的书签或页面引用。注意，只能为文档或书籍创建一个索引。

生成索引时，会列出每个主题及主题位于哪个页面。主题通常在分类标题下按字母顺序排序（A、B、C，依此类推），如图9-67所示。每个索引条目包含一个主题，即读者所查找的词条，再加上一个页面引用，比如页码或页面范围，或交叉引用。使用交叉引用可以将读者指引到索引中的其他条目，而不是转到某一页。

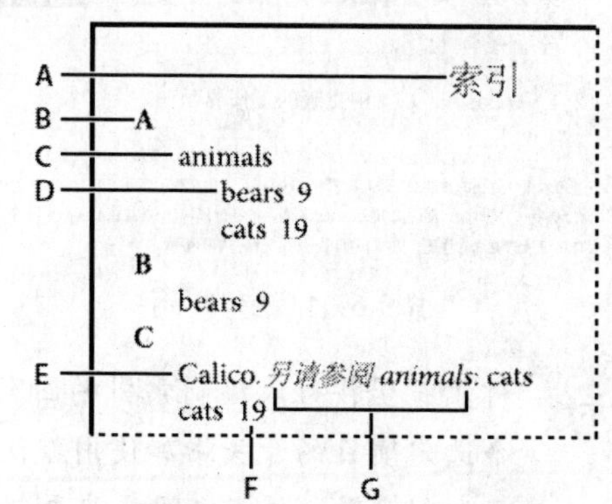

A. 标题 B. 分类标题 C. 索引条目 D. 子条目 E. 主题 F. 页面引用 G. 交叉引用

图9-67 索引的组成部分

一般，使用“索引”面板来创建、编辑和预览索引。在菜单栏中选择“窗口→文字和表→索引”命令打开“索引”面板，选择“书籍”选项，该面板也有一个面板菜单，如图9-68所示。

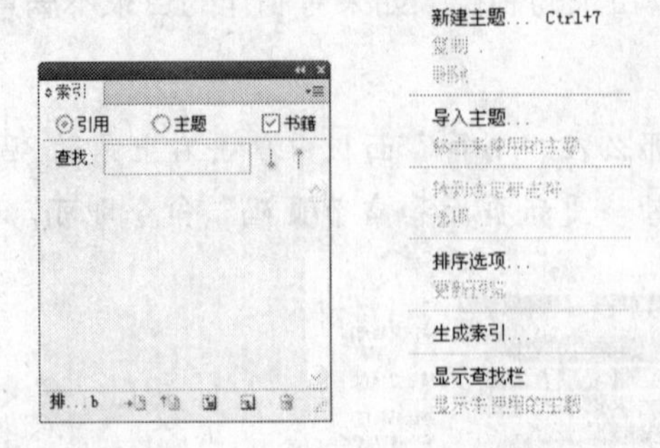

图9-68 “索引”面板和面板菜单

在“索引”面板中，可以使用面板菜单命令或者面板底部的按钮来删除、复制、查找、更新和排序索引等。这些都属于索引管理的内容，操作非常简单，不再赘述。

索引包括两种模式：“引用”模式和“主题”模式。在“引用”模式下，“索引”面板的预览区域显示当前文档或书籍的完整索引条目。在“主题”模式下，预览区域只显示主题，而不显示页码或交叉引用。“主题”模式主要用于创建索引结构，而“引用”模式则用于添加索引条目。

9.6.1 编制单词、短语或列表的索引

使用索引快捷方式可以快速编制单个单词、短语或单词和短语列表的索引。InDesign可以识别两种索引快捷方式：一种用于标准索引条目（使用Shift+Alt+Ctrl+[组合键），另一种用于专名（使用Shift+Alt+Ctrl+]）组合键。下面介绍一下编制索引的操作步骤。

（1）在页面中，使用工具箱中的“文字工具” T.选择要编制索引的单词，如图9-69所示。

（2）对于标准单词或短语，在键盘上按Shift+Alt+Ctrl+[组合键，打开带有警示信息的对话框，如图9-70所示。

第2章 关于 InDesign CS4 中文版的工作界面

2.1 InDesign CS4 中文版的工作界面

学习 InDesign CS4 中文版软件，我们只有先了解 InDesign CS4 中文版的工作界面，才可以更好更快的掌握它。默认状态下 InDesign CS4 中文版工作区主要有标题栏、菜单栏、控制调板、工具箱、图文编辑区、浮动调板、控制调板，状态栏，InDesign CS4 中文版工作区设计的更加人性化，更加方便切换使用工具，如图所示。

图9-69 选中的文字

图9-70 带有警示信息的对话框

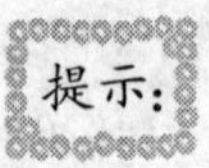

提示：对于希望按姓氏编制索引的固有名称，按Shift+Alt+Ctrl+]组合键会在选区开头或每个选定项目的开头添加使用默认设置的索引标志符。对于复合姓氏或带有头衔的姓名编制索引，单词之间就需要包含一个或多个不间断空格。例如，如果是“Carter”而不是“Jr.”编制“James Paul Carter Jr.”的索引，就需要在“Carter”和“Jr.”之间插入一个不间断空格。如果要插入一个不间断空格，在菜单栏中选择“文字→插入空格→不间断空格”命令即可。

（3）单击“确定”按钮后打开“新建页面引用”对话框，如图9-71所示。

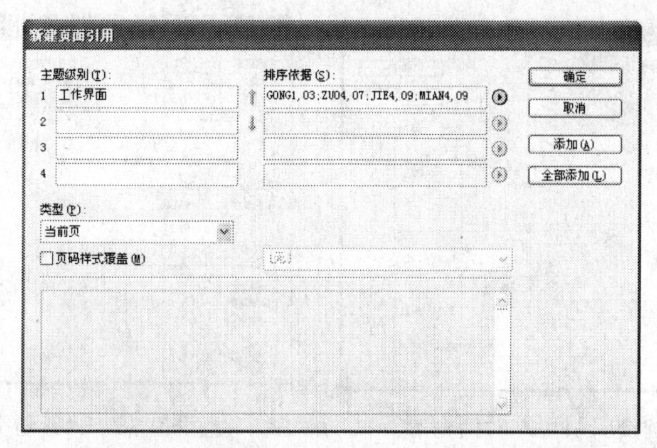

图9-71　“新建页面引用”对话框

（4）在“新建页面引用”对话框中单击“排列顺序”输入框右侧的⊙按钮，打开“拼音输入”对话框，在此可以对索引的排列顺序进行查看和修改，如图9-72所示。

（5）设置完成后单击“确定”按钮完成“拼音输入”的设置。

（6）在“新建页面引用”对话框中，单击“确定”按钮，完成新建页面引用的设置。这时新建的页面引用便会出现在“索引”面板中，如图9-73所示。

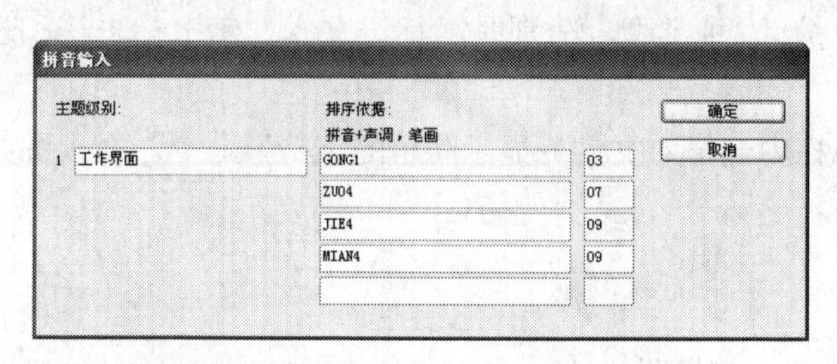

图9-72　“拼音输入”对话框

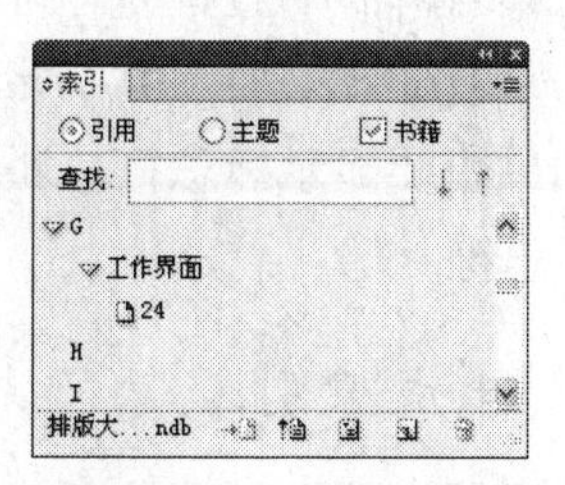

图9-73　“索引”面板

（7）使用同样的方法还可以将书籍中的其他文字或词组添加到索引中。

9.6.2　新建交叉引用

交叉引用是指向相关条目而非页码的索引条目。交叉引用也需要使用“索引”面板创建。在索引中交叉引用具备多种不同用途：1. 交叉引用将通用术语和文档或书籍中使用的等效项相关联。2. 交叉引用指向其他与主题相关但并不等效的条目。下面简单地介绍一下交叉引用的创建过程。

（1）打开并在“索引”面板中单击右上角的按钮，在打开的面板菜单中选择“新建交叉引用”命令，如图9-74所示。

（2）打开“新建交叉引用”对话框，如图9-75所示。

（3）在“新建交叉引用”对话框的“主题级别”中分别输入想要定义为索引内容的单词，然后设置相关选项，如图9-76所示。然后

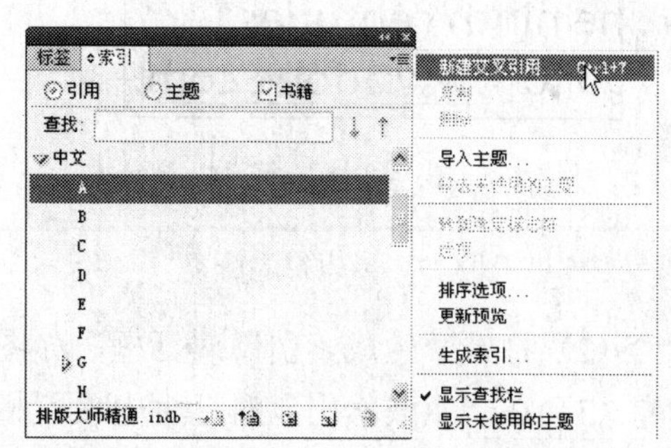

图9-74　“索引”面板

单击“确定”按钮即可创建。

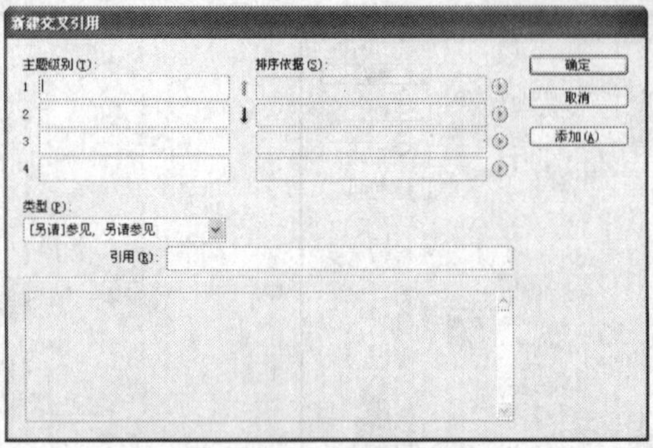

图9-75 “新建交叉引用”对话框

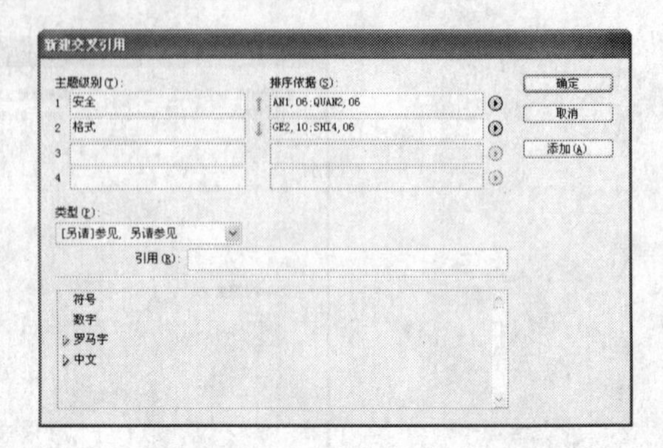

图9-76 “新建交叉引用”对话框

9.6.3 查看标志符

InDesign会在索引条目、XML标签等项目的文本，以及超链接文本和锚点中插入标志符。这些标志符没有宽度，不会影响文本的排版。但可以选择这些标志符，并对其执行剪切、复制或删除操作。InDesign使用标志符的位置，在目录、索引和导出的PDF文件中生成精确的书签或页面引用。可以一次查看所有标志符，也可以只查看超链接或标记文本的标志符，还可以在文章编辑器中查看标志符。标志符分为3种类型，分别是：标记文本、索引标志符和超链接，标志符效果如图9-77所示。

如果想要显示标志符，那么在菜单栏中选择“文字→显示隐含的字符”命令，在视图中显示标志符。

9.6.4 生成索引

在设置好需要的内容后，就可以按照下列操作来生成索引了。

（1）在“索引”面板中单击右上角的按钮，在打开的面板菜单中选择“生成索引”命令，如图9-78所示。

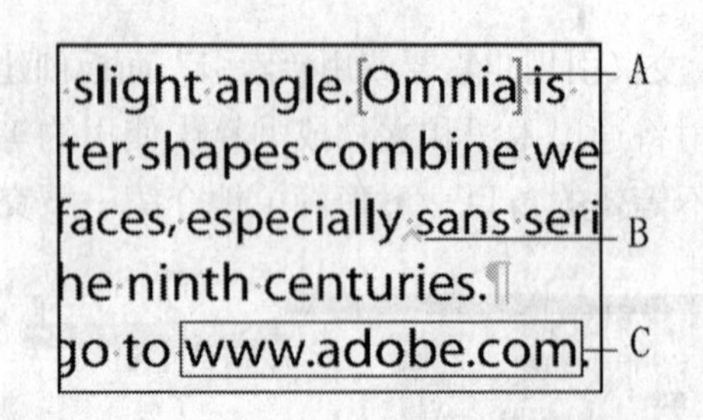

A. 标记文本 B. 索引标志符 C. 超链接

图9-77 标志符的分类

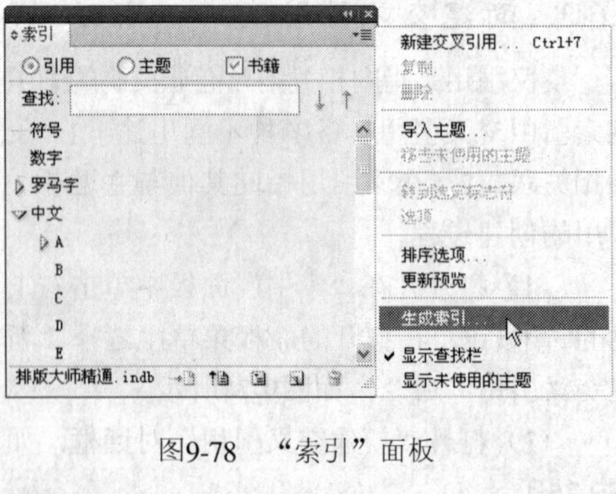

图9-78 “索引”面板

（2）打开“生成索引”对话框，如图9-79所示。

（3）在“生成索引”对话框中设置相关选项，单击“确定”按钮，鼠标箭头变为载文图标，此时在页面中或文本框内单击即可生成索引。

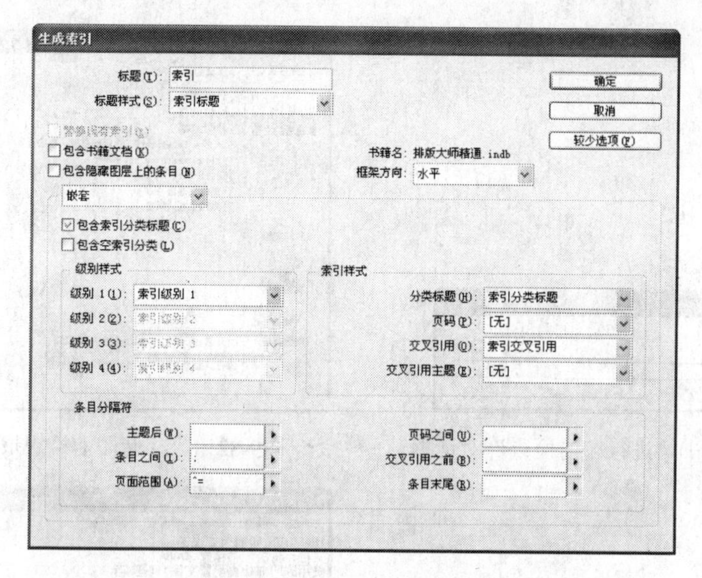

图9-79　“生成索引”对话框

9.7　将书籍导出为PDF文件

书籍制作完成后，还可以将其导出为PDF文件。PDF格式是一种便携文件格式，也是一种通用的文件格式，这种文件格式保留在各种应用程序和平台上创建的字体、图像和版面。另外，这种格式在印刷出版工作流程中非常高效。服务提供商可以查看、编辑、组织和校样所占空间小且可靠的文件，还可用于后处理任务，例如准备检查、陷印、拼版和分色。

9.7.1　导出前检查文档

在将书籍导出为PDF文件前首先检查文档。使用InDesign预检功能可确保图像分辨率和颜色空间正确、字体可用并可嵌入，以及图形的最新更新等。

（1）打开制作好的文件，在“书籍”面板菜单中选择“印前检查‘书籍’”命令，打开“印前检查书籍选项”对话框，在对话框中设置相关的选项，如图9-80所示。

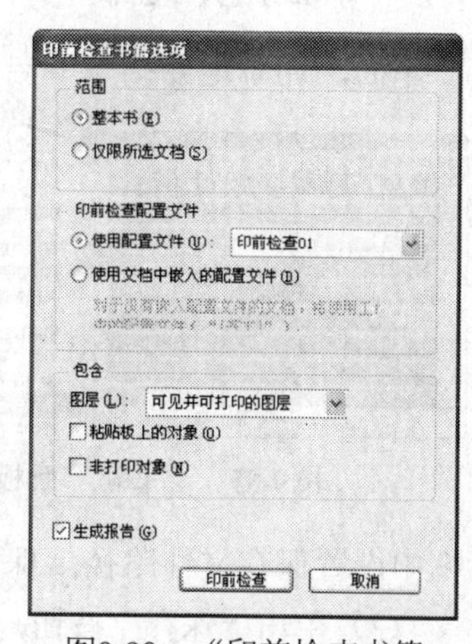

图9-80　“印前检查书籍选项”对话框

（2）单击“印前检查”按钮，打开“正在对书籍进行印前检查”对话框，开始对文档进行印前检查，如图9-81所示。

（3）检查完毕后打开“存储印前检查报告”对话框，存储印前检查报告，如图9-82所示。

（4）单击“保存”按钮，开始分别对书籍文档进行检查，如图9-83所示。

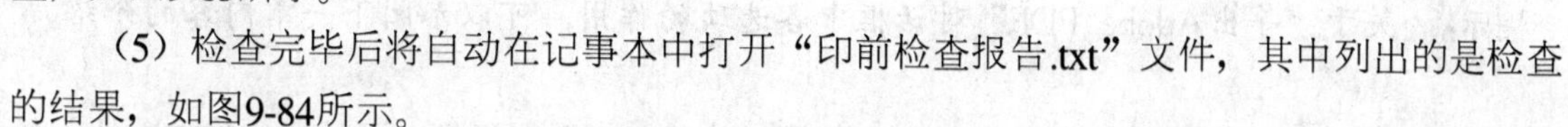

（5）检查完毕后将自动在记事本中打开“印前检查报告.txt”文件，其中列出的是检查的结果，如图9-84所示。

根据“印前检查报告.txt”文件提供的信息对文档进行查看，对显示问题的地方进行修改。修改完成后就可以导出为PDF文档了。

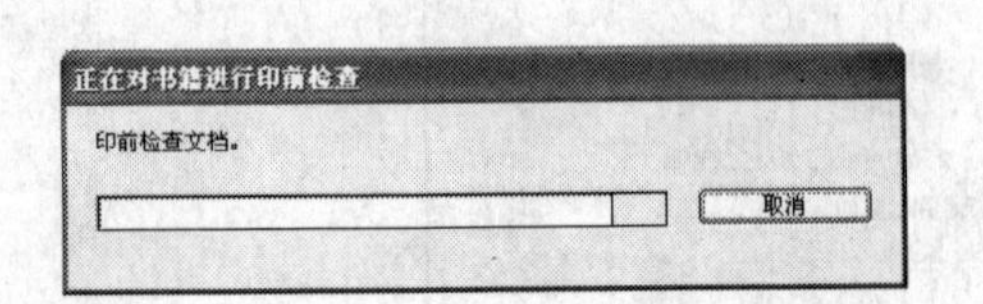

图9-81 “正在对书籍进行印前检查”对话框

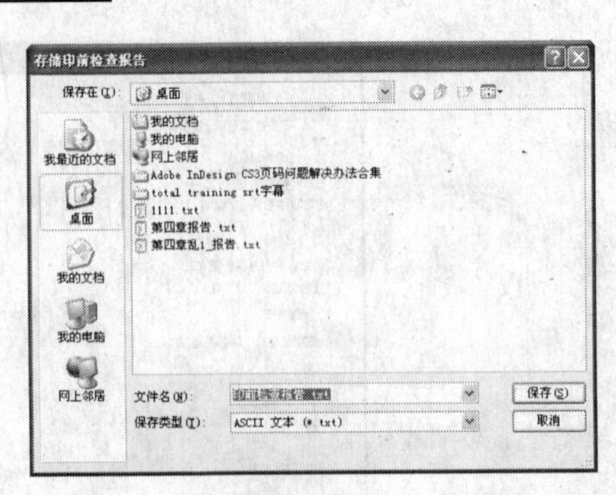

图9-82 “存储印前检查报告”对话框

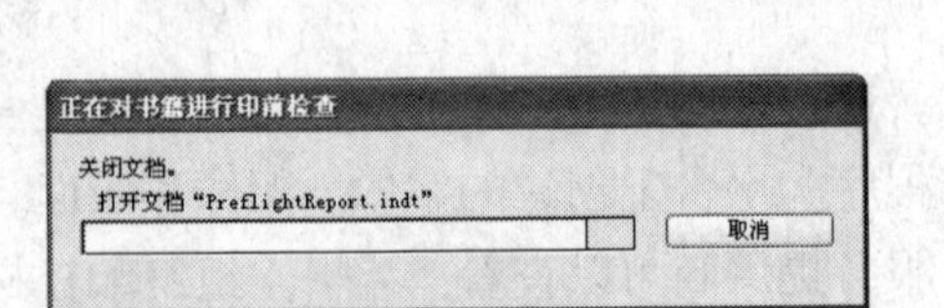

图9-83 “正在对书籍进行印前检查”对话框

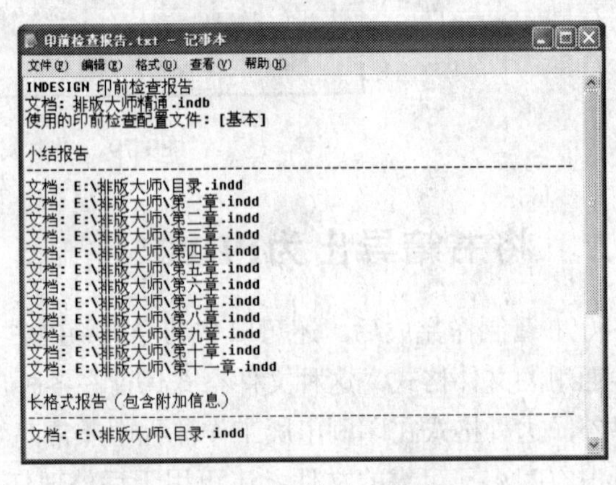

图9-84 印前检查报告

9.7.2 导出PDF文件

下面，简单地介绍一下导出为PDF格式的过程。

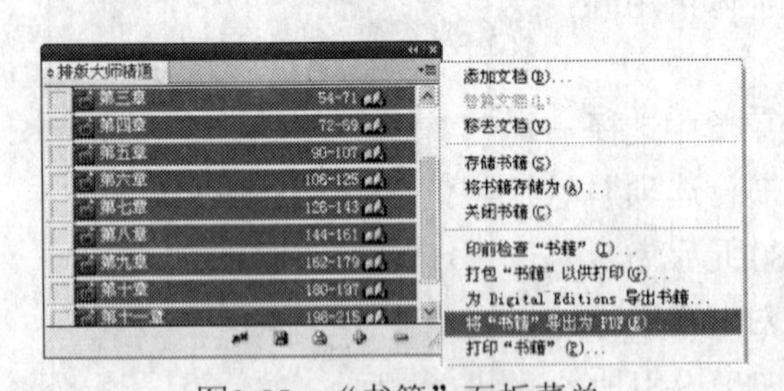

图9-85 “书籍”面板菜单

(1) 在“书籍”面板中，按住Ctrl键选中目录、第一章、第二章、第三章、……、第十一章等书籍文件，单击“书籍”面板中右上角的按钮，在打开的面板菜单中选择“将‘书籍’导出为PDF”命令，如图9-85所示。

(2) 打开“导出”对话框，在该对话框中设置保存文件路径、保存格式和文件名称，如图9-86所示。

(3) 单击“保存”按钮，打开“导出Adobe PDF”对话框，在对话框中设置相关选项，如图9-87所示。

关于“导出Adobe PDF”对话框中各选项的作用，可以参阅下一章内容的介绍。

(4) 设置完成后单击“确定”按钮，打开“生成PDF”对话框，开始导出PDF文件，如图9-88所示。

图9-86 “导出”对话框

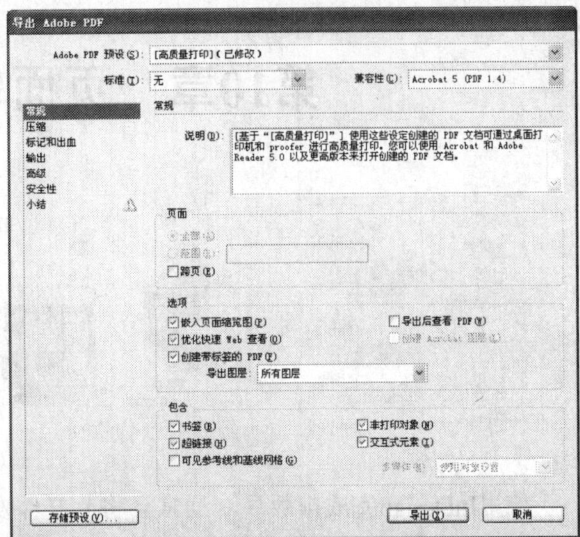

图9-87 “导出Adobe PDF”对话框

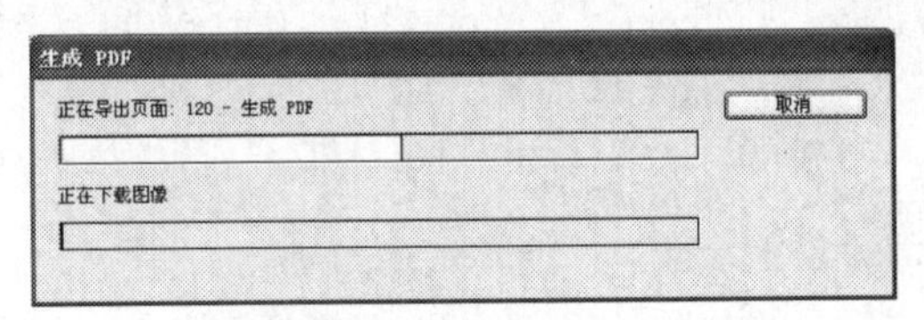

图9-88 “生成PDF”对话框

（5）这样，就将书籍导出为PDF文件了，一本制作精美的PDF书籍将呈现在我们的面前，如图9-89所示。

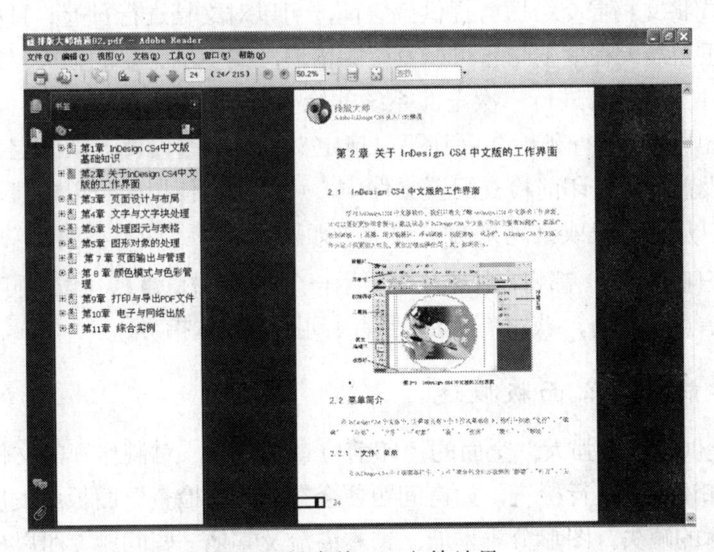

图9-89 导出的PDF文件效果

提示：关于报刊的排版操作实例，可以参阅本书最后一章实例“朝阳早报”头版的介绍。

第10章　页面输出与管理

使用InDesign完成排版后，通常会将此文件发给不同的用户或输出到打印中心进行打印输出。在此之前通常会对出版物的排版文件进行一系列处理，以满足不同形式的出版需求。

本章主要介绍以下内容：

★打印文件的预检

★打印文件的打包

★文件的打印

★打印小册子

10.1　打印文件的预检

打印文档或将文档提交给服务提供商之前，可以对文档进行预检。预检是此过程的行业标准术语。为了在最大程度上防止可能发生的错误，减少不必要的损失，对需要输出文件的字体、链接文件、颜色等进行一次全面系统的检查是非常必要的。

在InDesign中即可进行预检，而且可以自定义印前检查设置，从而定义要检测的内容。这些印前检查设置存储在印前检查配置文件中，可以重复使用。可以创建自己的印前检查配置文件，也可以从打印机或其他来源中载入。如果打开了“印前检查”功能，当InDesign检测到文档中的任何问题时，都将在状态栏中显示一个红圈图标●。可以在打开的“印前检查”面板中查看“信息”部分，获得有关如何解决问题的基本指导。

10.1.1　“印前检查”面板概述

InDesign提供了功能强大、全面的“印前检查”命令，对制作好的文件的字体、链接文件、颜色、打印设置等进行检查，如有问题便会在“印前检查”面板中发出警告。这些问题包括文件或字体的缺失、图形分辨率低、文本溢流及其他一些问题。可以根据显示的信息对发生错误的地方进行修改。

打开已经制作好的InDesign文件，在菜单栏中选择“窗口→输出→印前检查”命令，打开“印前检查”面板，如图10-1所示。

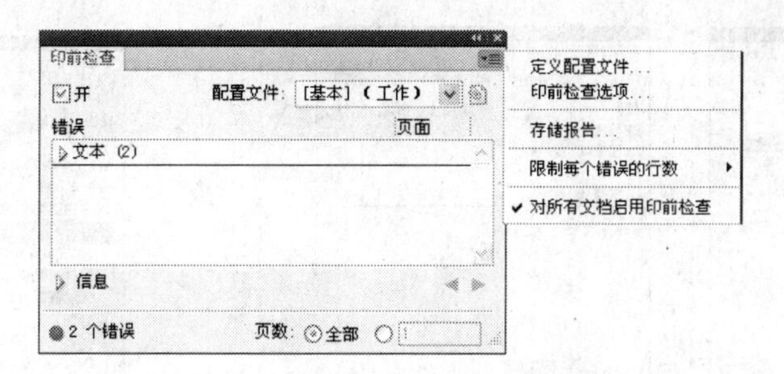

图10-1　菜单命令和“印前检查”面板

10.1.2　定义印前检查配置文件

默认设置下，系统对新文档和转换文档使用“基本（工作）”配置文件。此配置文件将标记文档中缺失的链接、修改的链接、溢流文本和缺失的字体。不能编辑或删除“基本（工作）”配置文件，但可以创建和使用多个配置文件。例如，在处理不同的文档、使用不同的打印方式，以及在不同生产阶段中使用同一个文件的过程中，可以切换到不同的配置文件，以满足不同形式的需求。

下面简单地介绍一下自定义预检项目的操作：

（1）在“印前检查”面板中单击右上角的按钮，在打开的面板菜单中选择“定义配置文件”命令，打开“印前检查配置文件”对话框，如图10-2所示。

（2）在“印前检查配置文件”对话框中单击“新建印前检查配置文件”按钮，在打开的“印前检查配置文件”对话框中，对配置文件的名称和文件预检的链接、颜色、图像和对象、文本，以及文档进行设置，如图10-3所示。

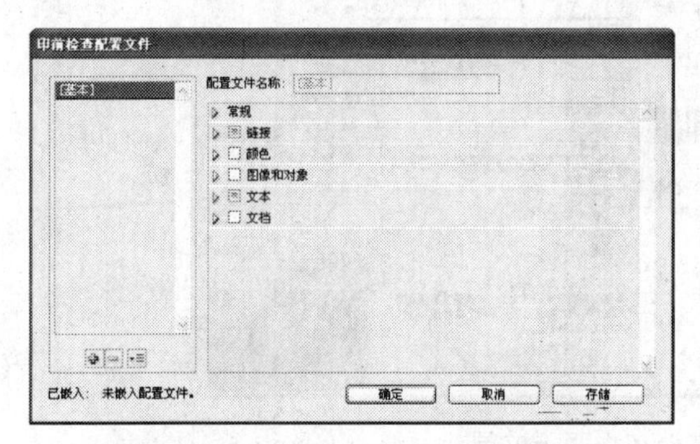

图10-2　“印前检查配置文件”对话框

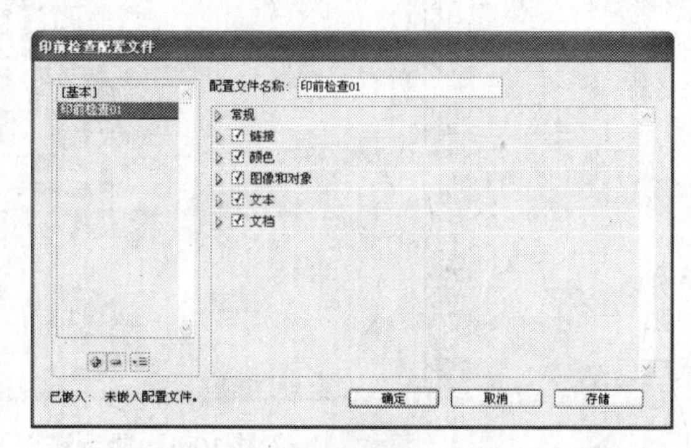

图10-3　“印前检查配置文件”对话框

（3）设置完成后单击“确定”按钮，完成“印前检查配置文件”的设置。还可以单击“存储”按钮保存新设置的“印前检查配置文件”以方便下次使用时调用。

（4）在“印前检查”面板中的“配置文件”下拉选项中选择创建的配置文件，对文档进行印前检查，如图10-4所示。

10.1.3　查看错误信息

在“印前检查”面板中将会列出文档中显示问题的位置，以便对文档进行修改。单击“信息”左侧的箭头可以打开“信息栏”。“信息”栏包括问题描述，并提供了有关解决问题的方式的建议，如图10-5所示。

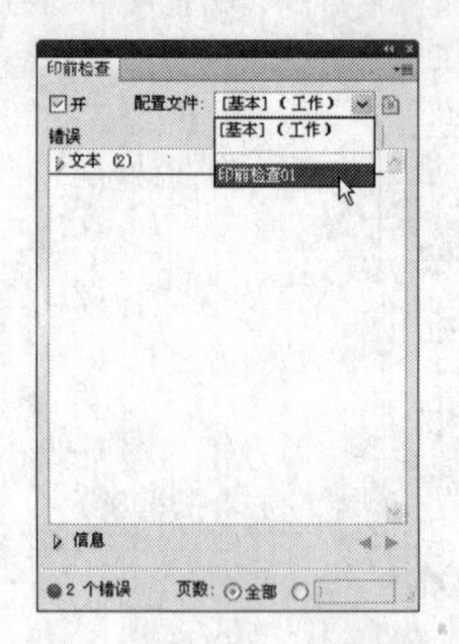

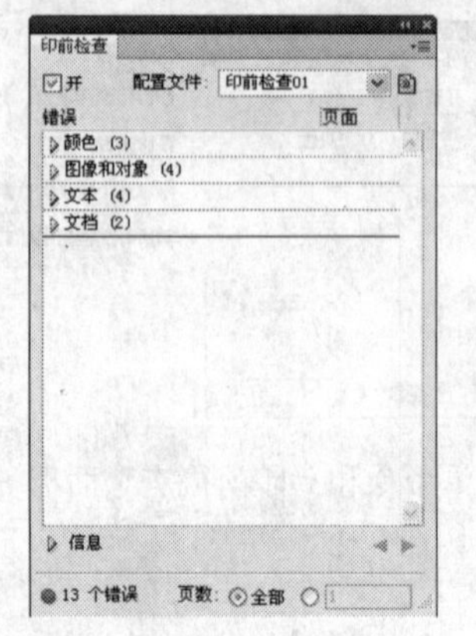

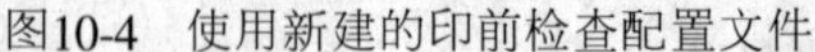

图10-4 使用新建的印前检查配置文件

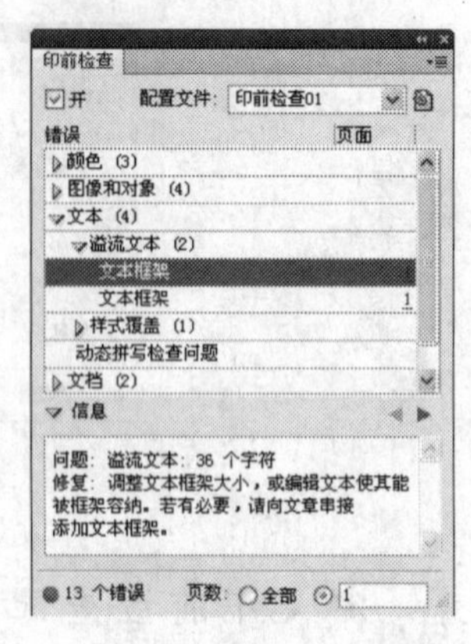

图10-5 “印前检查”面板“信息”栏

10.1.4 处理错误

在“印前检查”面板中双击显示错误的选项，系统将自动跳转到显示问题的页面，并且显示错误的地方将以居中方式显示在页面中以便修改，如图10-6所示。

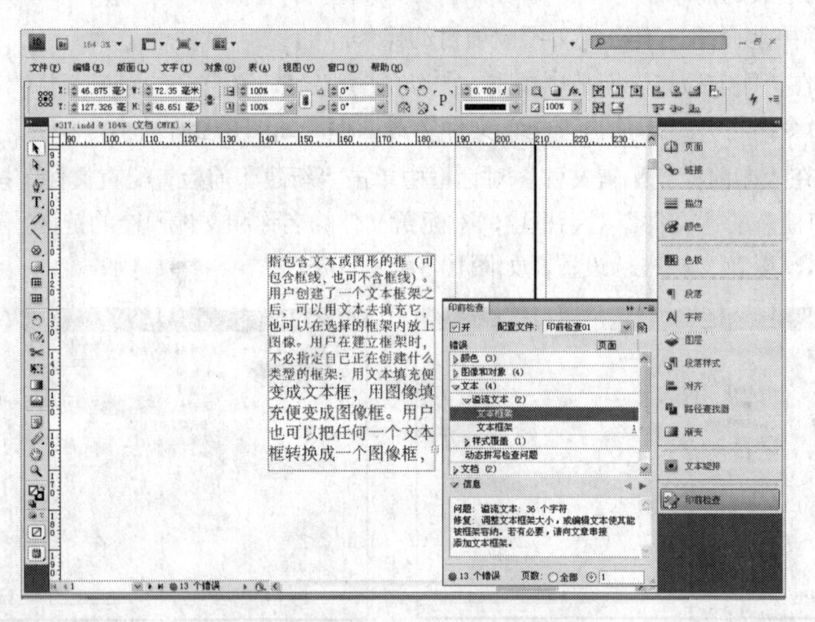

图10-6 显示错误文档在页面上的显示

在“印前检查”面板的底部可以指定页面范围，例如，10-8。而指定范围之外的页面上显示的错误不会显示在“错误”列表中。

10.2 打印文件的打包

为了更好、更方便地进行输出，InDesign提供了功能强大的“打包”命令。“打包”命令既能用于对需要打印的文件进行预检，又能将需要打印的文件中用到的所有字体文件与图形文件复制到指定的文件夹中，还能将当前文件的信息保存为一个文本文件，以方便后续工作者进行查看。

创建的打包文件可以收集在排版过程中使用过的文件，包括字体和链接图形。打包文件时，可创建一个包含InDesign文档（或书籍文件中的文档）、任何必要的字体、链接的图形、文本文件和自定报告的文件夹。该报告包括“打印说明”对话框中的信息，打印文档需要的所有使用的字体、链接和油墨的列表，以及打印设置。

在菜单栏中选择“文件→打包”命令，在页面中打开“打包”对话框，如图10-7所示。设置需要的选项后，单击“打包”按钮即可。

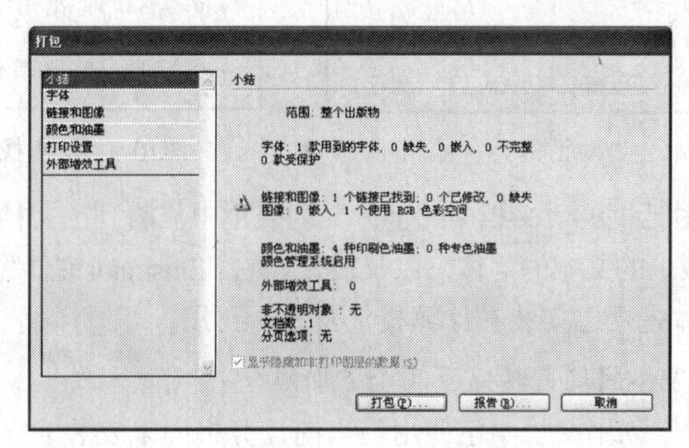

图10-7 “打包”对话框

在该对话框中单击左侧选项栏中的选项，将显示不同的相关信息。下面简单地介绍一下“打包”对话框中的几个选项：

- 小结：小结是“打包”对话框中的默认选项，在“小结”选项中可以了解关于需要打印文件的字体、颜色、打印设置、图形链接等各方面的信息。
- 字体：字体信息包括使用字体、嵌入字体、残缺字体和限制字体等。该信息显示打开文件中所采用的字体总数有无丢失字体、有无嵌入字体、有无不完全字体和限制使用的字体。
- 链接与图形：链接与图形信息包括链接、修改过、缺失的图形，使用RGB色彩空间等。表示文件中有无修改过的图形、有无丢失的图形、有无嵌入的图形，以及有无使用RGB色彩空间的图形。
- 颜色和油墨：包括印刷油墨、专色油墨和CMS等信息。用来说明文件中采用的颜色和油墨是否为4色油墨、有无专色油墨和CMS颜色管理系统的开启状态等。

在“小结”选项栏的下方还有一个“显示隐藏和非打印图层的数据”选项，此选项适用于具有两个或两个以上图层的文档。当该选项未被选中时，文件中隐藏在图层中的对象将被忽略。

10.2.1 字体设置

在“打包”对话框左侧的选项栏中单击“字体”选项，可以查看“字体”的有关信息，如图10-8所示。

其中包含字体的名称、类型、状态等信息。当某种字体被选中时，面板中便会显示该字体的文件名字、字体名称、首次使用的页面等信息。如果要仅查看有问题的字体，可以勾选“仅显示有问题项目”选项。单击面板右下方的“查找字体”按钮，即可打开“查找字体”对话框，如图10-9所示。

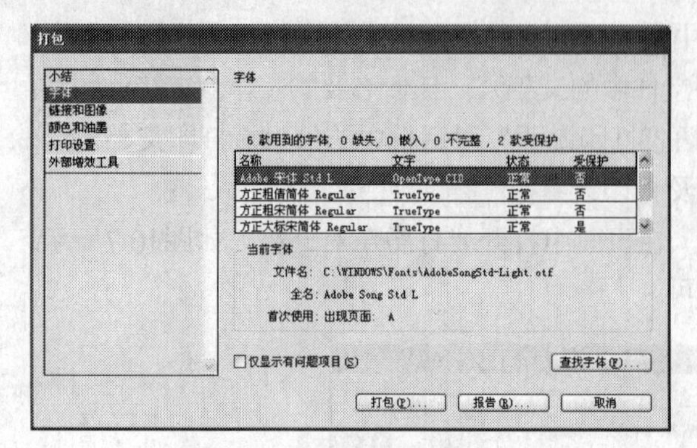

图10-8 “打包”对话框

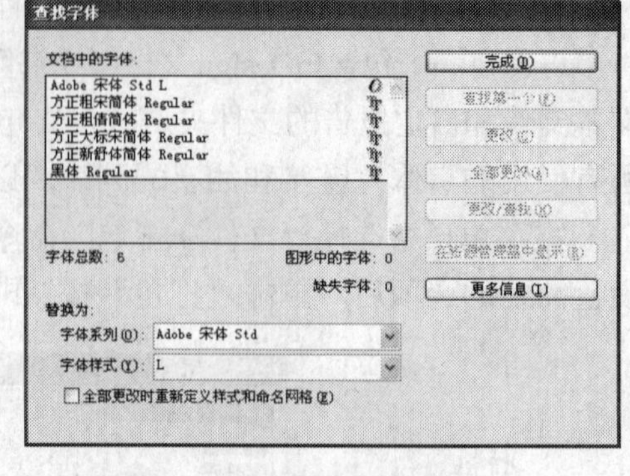

图10-9 “查找字体”对话框

在“查找字体”对话框的“文档中的字体”列表框中，将列出文档中使用的所有字体，包括溢流文本或粘贴板上的文本的字体，以及EPS文件、Illustrator文件和置入的PDF页面中的嵌入字体，并显示字体是否已安装在计算机上及是否可用。

1. 通常会遇到的字体问题包括以下几个方面

（1）“缺失字体”列出文档中已使用但当前计算机尚未安装的字体。

（2）“不完整字体”列出在当前计算机上有屏幕字体但没有对应打印机字体的字体。

（3）“受保护字体”列出由于许可证限制无法嵌入PDF或EPS文件的字体。

2. 字体问题的解决办法

对于显示问题的字体，可以根据字体显示的问题而采取不同的方式来解决。可以执行以下操作之一：

（1）如果显示“缺失字体”问题，那么关闭“预检”对话框，并在计算机上安装相关的字体。

（2）如果显示“不完整字体”问题，那么在“预检”对话框的“字体”区域中单击“查找字体”按钮，搜索并替换文档中使用的字体。

（3）如果显示“保护字体”问题，那么确保文档中使用的字体在计算机或输出设备上已获得许可、安装并激活。

10.2.2 链接和图形

在“打包”对话框左侧的选项栏中单击“链接和图形”选项，右侧将会显示出链接和图形的有关信息，如图10-10所示。

在列出的链接和图形信息中包含了文档中使用的所有链接、嵌入图形和置入的InDesign文件信息，包括来自链接的EPS图形的DCS和OPI链接。对于嵌入到EPS图形中的图形和置入的InDesign文件不作为链接包括在预检报告中。预检程序将显示缺失或已过时的链接和任何RGB图形，这些图形可能不会正确地分色，除非启用颜色管理并正确设置相关选项。

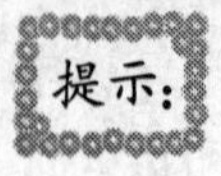

提示：在“打包清单”对话框中无法检测置入的EPS、Illustrator、PDF、FreeHand文件中和置入的INDD文件中嵌入的RGB图形。为获得最佳效果，使用“印前检查”面板验证置入图形的颜色数据，或在这些图形的原始应用程序中进行验证。

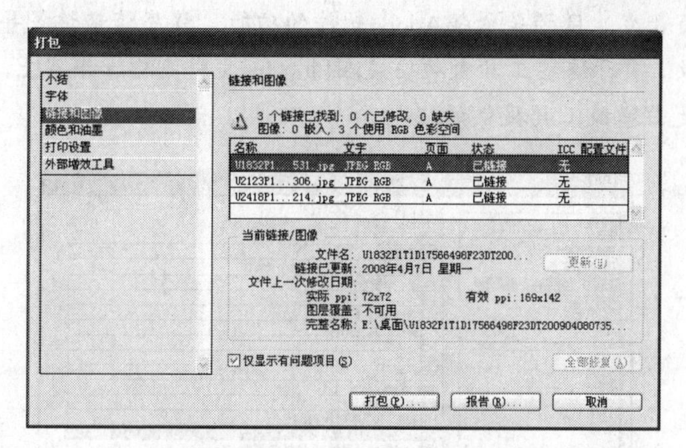

图10-10 “打包”对话框

如果仅查看有问题的图形，那么在“打包”对话框的“链接和图形”选项中选中“仅显示有问题项目”选项。

如果要修复链接，那么选择有问题的图形，并单击“更新”按钮更新图形链接信息，或者单击“重新链接”按钮在磁盘中找到正确的图形文件，并单击“打开”按钮，对图形进行重新链接。

10.2.3 颜色和油墨

在“打包”对话框左侧的选项栏中单击“颜色和油墨”选项，在右侧将显示出颜色和油墨的有关信息，如图10-11所示。显示的信息包括该文件中所用到的颜色名字和类型，还会显示所用的专色油墨和数量，以及颜色管理系统是否启用等信息。

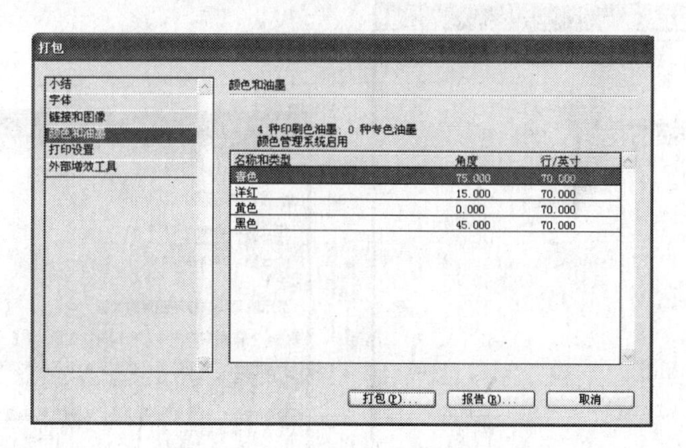

图10-11 “打包”对话框

10.2.4 打印设置

在“打包”对话框左侧的选项栏中单击“打印设置”选项，在右侧将显示文件的打印设置信息，如图10-12所示。显示的信息中包括有关文件打印设置的全部内容，如打印页的范围、打印比例、页面尺寸等。

提示：如果使用了外部增效工具，那么单击“外部增效工具”选项后将显示有关增效工具的信息。外部增效工具是一些软件程序，由Adobe Systems及与Adobe合作的其他软件开发商开发，目的是增强Adobe软件的功能。程序随带许多导入、导出、自动和特效增效工具，这些工具自动安装在Plug-Ins文件夹中。事实上，InDesign中的多数功能都是由增效工具提供的。

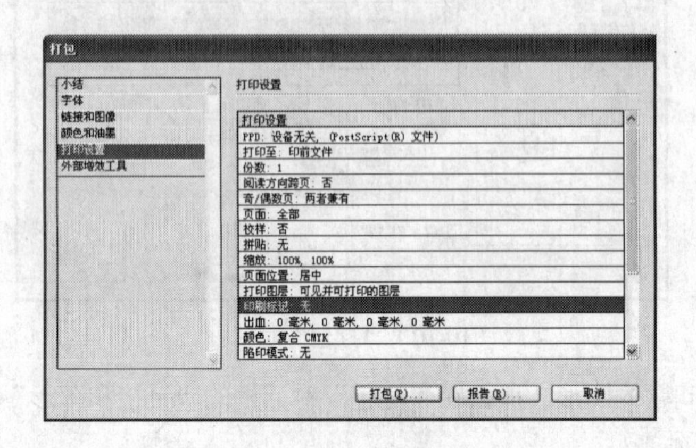

图10-12 “打包”对话框

10.2.5 报告

将文件的打包信息存为一个文本文件，以方便后续工作者进行查看。在“打包”对话框中单击“报告”按钮，打开“存储为”对话框。在该对话框中可以设置存储文件的路径和文件名称，如图10-13所示。

在存储的打包信息中包括出版物的名称、打包时间、创建日期、修改日期等内容，如图10-14所示。

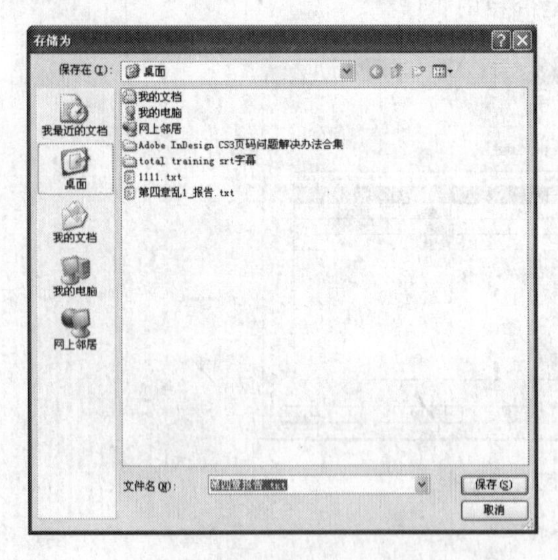

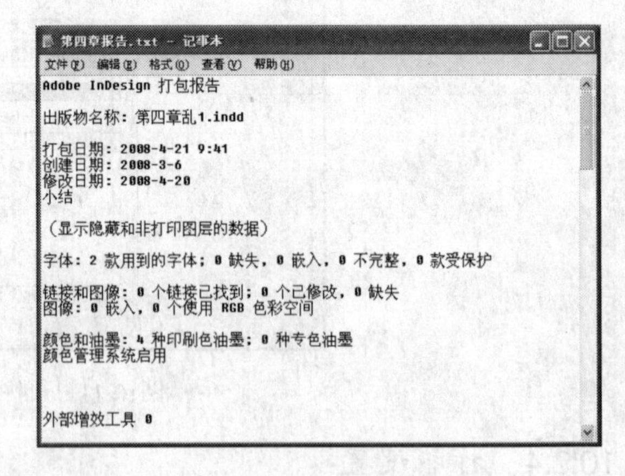

图10-13 “存储为”对话框　　图10-14 存储的打包信息

10.2.6 存储打包文件

下面，简单地介绍一下存储打包文件的操作过程。

（1）在“打包”对话框中单击“打包”按钮，系统将对文件进行第一次预检，预检结束后，打开带有警示信息的对话框，如图10-15所示。

（2）单击“存储”按钮，系统将会打开“打印说明”对话框，在此可以输入文件的名称、联系人、公司、地址、文档信息等。通过此文件用户可以了解打包文件的信息及注意事项等，如图10-16所示。

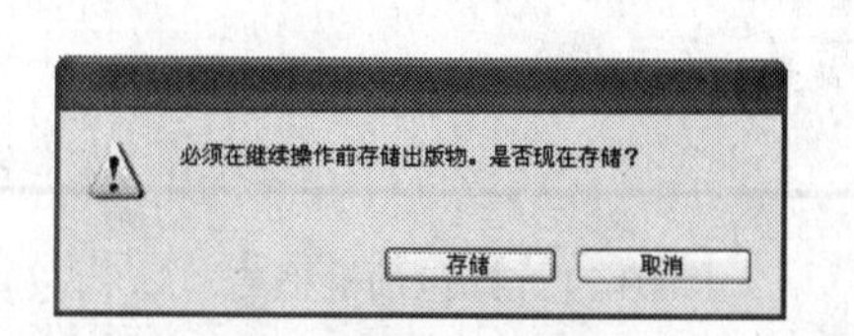

图10-15　警示信息对话框

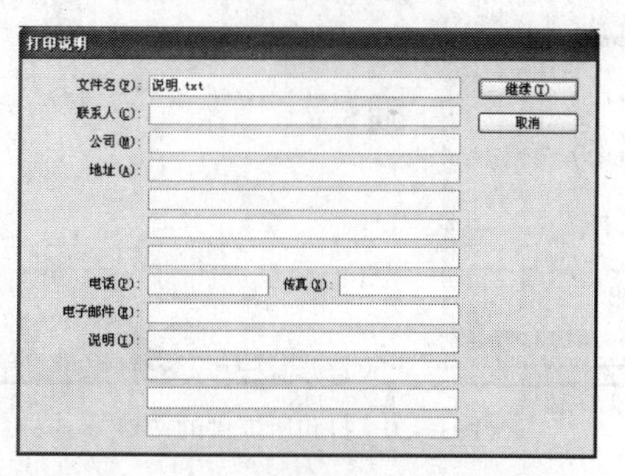

图10-16　“打印说明”对话框

（3）单击“继续”按钮，打开“打包出版物”对话框，在该对话框中可以设置存储文件的名称和存储路径，如图10-17所示。

（4）单击“确定”按钮，打开“警告”对话框，此时可以勾选“不再显示”选项，如果下次对文件进行打包，则系统将不会打开此对话框，如图10-18所示。

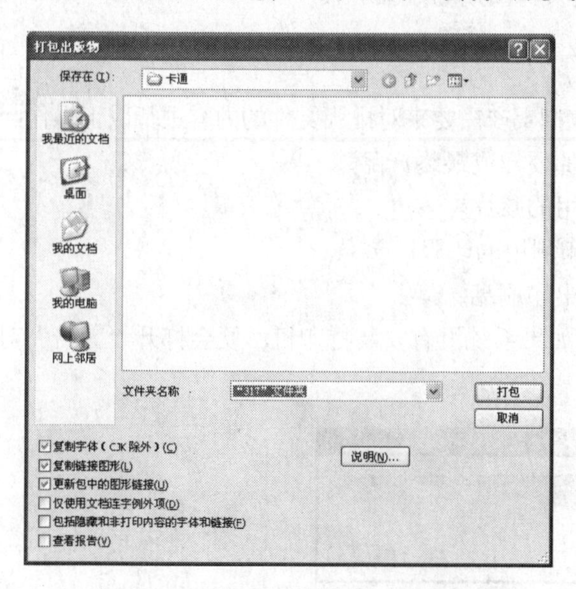

图10-17　“打包出版物”对话框

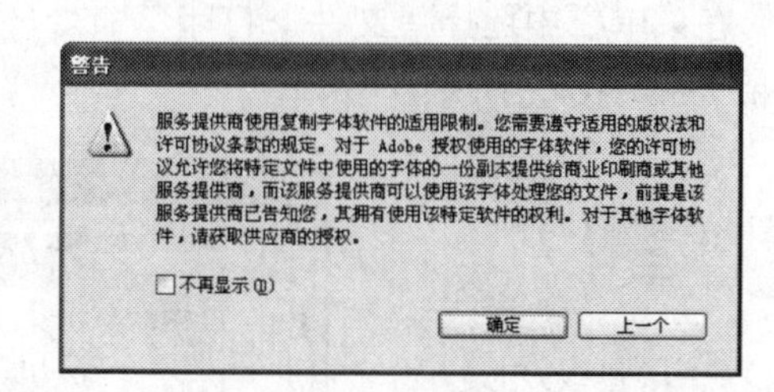

图10-18　“警告”对话框

（5）单击“确定”按钮，系统将对文档进行打包，并显示一个“打包文档”的进度栏对话框，如图10-19所示。

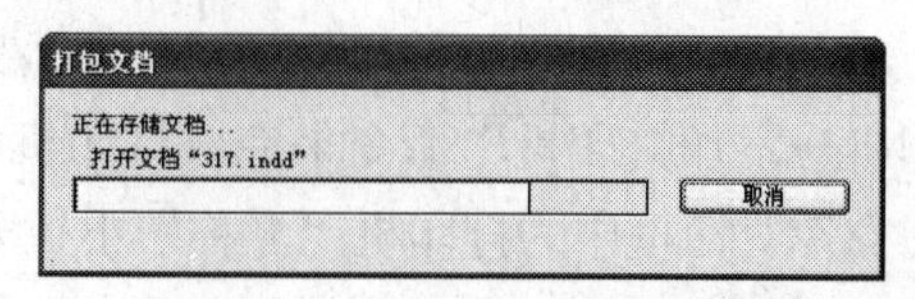

图10-19　“打包文档”对话框

（6）完成打包后，InDesign将创建一个文件夹，并在打包文件夹中创建所有的子文件夹与全部文件，如图10-20所示。

（7）此文件夹中包含一个打包预检报告txt文件，其中包括出版物的名称、打包预检时间、创建日期、修改日期，以及预检报告等内容，如图10-21所示。

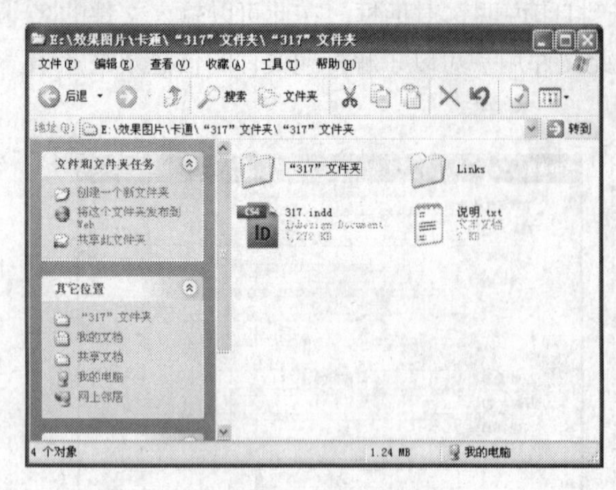

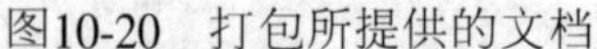
图10-20 打包所提供的文档

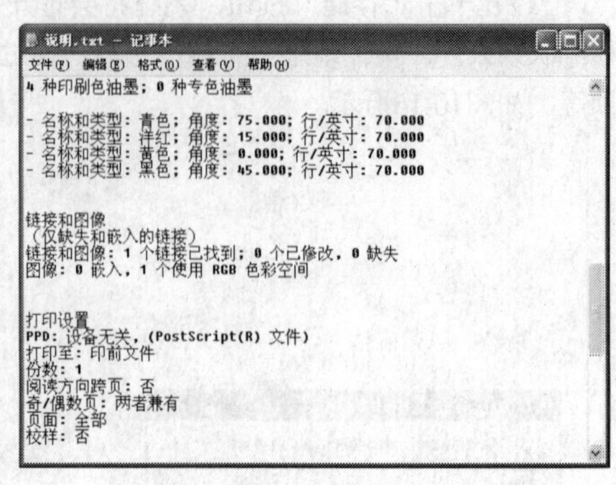

4 种印刷色油墨；0 种专色油墨

- 名称和类型：青色；角度：75.000；行/英寸：70.000
- 名称和类型：洋红；角度：15.000；行/英寸：70.000
- 名称和类型：黄色；角度：0.000；行/英寸：70.000
- 名称和类型：黑色；角度：45.000；行/英寸：70.000

链接和图像
（仅缺失和嵌入的链接）
链接和图像：1 个链接已找到；0 个已修改，0 缺失
图像：0 嵌入，1 个使用 RGB 色彩空间

打印设置
PPD：设备无关，(PostScript(R) 文件)
打印至：印前文件
份数：1
阅读方向跨页：否
奇/偶数页：两者兼有
页面：全部
校样：否

图10-21 打包预检报告

10.3 打印文件

在完成排版后，不管是向外部服务提供商提供彩色的文档，还是仅将文档的快速草图发送到喷墨打印机或激光打印机进行打印，了解一些基本的打印知识可以使打印作业更加顺利地进行，并且有助于确保最终输出文档的效果与预期的效果一致。

10.3.1 打印设置

当使用InDesign排完整个文件后，可以根据生产需要来对排版文件的内容进行以下操作：

（1）采用激光打印机在纸上打印出各种校样或最终产品。

（2）采用激光照排机输出供印刷晒版用的胶片。

（3）采用直接制版机（CTP）输出供印刷用的印版。

（4）通过数字印刷机直接批量地印刷出印刷品。

在菜单栏中选择"文件→打印"命令，如果系统没有安装打印机，便会打开"警告"对话框，如图10-22所示。

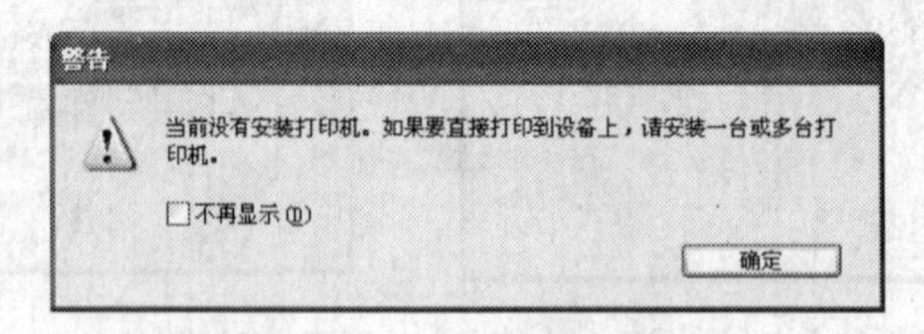

图10-22 "警告"对话框

如果还没有安装打印机驱动程序，则可以在Windows系统中通过选择"开始→设置→打印机→添加打印机"命令来完成打印机的安装。 如果安装了多台打印机，则可以在"打印文件"对话框中的打印机"名称"下拉列表中选择要使用的打印机。注意，如果只安装了一台黑白打印机或者非PostScript打印机，则在InDesign中有一些打印功能将不能使用。

如果已经安装好了打印机及其驱动程序，这时选择"文件→打印"命令，将打开"打印"对话框，在该对话框中可以设置打印机的相关选项，如图10-23所示。

在"常规"选项中可以设置打印所有页面、仅打印偶数或奇数页面、一系列单独的页面或连续的范围。下面，简单地介绍一下“常规”选项栏中的几个常用选项。

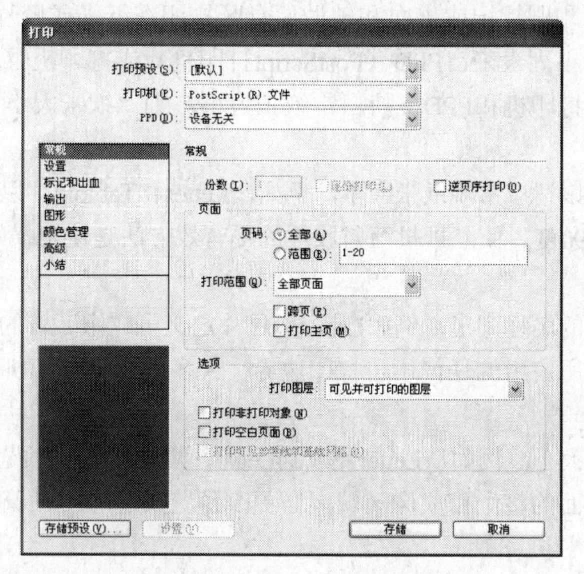

图10-23　“打印”对话框

- 范围：指定当前文档中要打印的页面范围。使用连字符表示连续的页码，使用逗号或空格表示多个页码或打印范围。
- 打印范围：选择“全部页面”选项可打印文档的所有页面。选择“仅偶数页”或“仅奇数页”选项，仅打印指定范围中的那些页面。使用“跨页”或“打印主页”选项时，这些选项不可用。
- 跨页：将页面打印在一起，如同将这些页面装订在一起或打印在同一张纸上。可在每张纸上只打印一个跨页。如果新的页面大于当前选择的纸张大小，则超出纸张范围的页面内容将不能被打印。
- 打印主页：打印所有主页，而不是打印文档页面。选择此选项会导致“范围”选项不可用。

用于打印对象的“选项”栏中包含用于打印仅在屏幕上可见的常规元素，例如网格和参考线的选项。可以从下列选项中进行选择：

- 打印图层：用于指定打印哪些图层。
- 打印非打印对象：打印所有对象，而不考虑选择性防止打印单个对象的设置。
- 打印空白页面：打印指定页面范围中的所有页面，包括没有显示文本或对象的页面。打印分色时，此选项不可用。如果使用“打印小册子”进行复合打印，则使用“打印空白打印机跨页”选项打印添加的空白跨页以填写复合签名。
- 打印可见参考线和基线网格：按照文档中的颜色打印可见的参考线和基线网格。可以使用菜单栏中的“视图→网格和参考线”命令来控制哪些辅助线和网格可见。打印分色时，该选项不可用。

10.3.2　纸张大小和页面大小

在InDesign中区分页面大小和纸张大小是非常重要的。页面大小是指在文档的“页面设置”对话框中定义的页面大小。纸张大小是指纸张、胶片或将在其上打印的印版区域。页面中的内容可以在对应纸张上进行打印。页面内容如果在纸张或胶片上打印，可以对页面大小进行调整，从而保证印刷标记或出血和辅助信息区打印在纸张或胶片上面。

可使用的纸张大小列表来自PPD（PostScript打印机）或打印机驱动程序（非PostScript打印机）。如果选择的打印机和PPD支持自定纸张大小，则“纸张大小”菜单中将会显示“自定”选项。

大多数照排机可以适应常规纸张大小，例如，Letter和Tabloid，以及横置页面方向，让常规纸张在打印时旋转90度。使照排机节省胶片的更有效方法是使用横向页面方向，如图10-24所示。

纸张大小按熟悉的名称列出，例如Letter。尺寸定义可成像区域的范围，即整个纸张大小减去打印机或照排机所占用的任何不可打印边界。大多数激光打印机不能打印到页面的精确边缘。

如果修改了纸张大小，例如从Letter更改到Legal，那么可以在预览窗口中重新缩放文档。预览窗口显示选定页面的整个可成像区域，当更改预览大小时，预览窗口自动重新缩放以显示可成像的区域。

提示：即使对相同的纸张大小（例如Letter），可成像区域也会根据PPD文件的改变而变化，因为不同打印机或照排机对其可成像区域大小的定义不同，如图10-25所示。

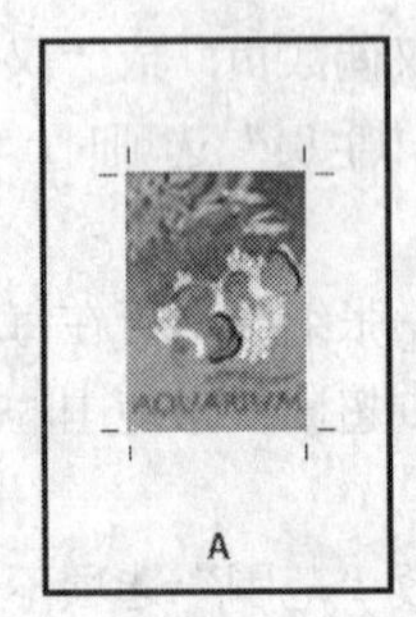

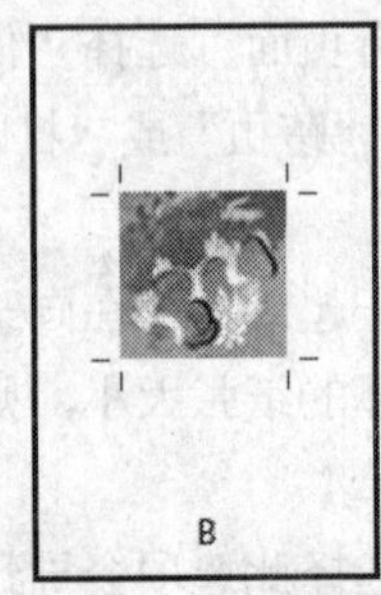

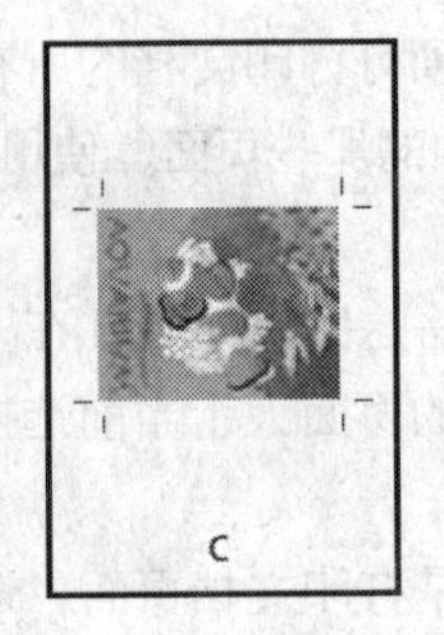

A. Letter（竖向页面方向）
B. 自定页面大小（竖向页面方向）
C. Letter（横向页面方向）

图10-24 照排机的页面大小和页面方向

图10-25 在Letter、Letter.extra或Tabloid纸张上打印letter-size页面的比较

在“打印”对话框左侧选项栏中单击“设置”选项，在对话框右侧可以打开有关修改页面的打印设置选项，如图10-26所示。

在“打印”对话框中的“打印机”选项中选择需要的打印机，然后在“设置”选项区中对需要的选项进行设置。

在“纸张大小”选项中选择打印纸张的大小，确保所选的纸张大小足够大，可以包含文档、出血和辅助信息区（如果包括的话）及任何印刷标记。但是，如果要节约照排机胶片或纸张，则根据文档和必要打印信息选择可容纳的最小纸张大小。

1. 指定页面方向

如果要指定页面方向，那么单击“页面方向”按钮以在媒体上旋转文档，比如纸张或其他可以通过打印机印刷的物体，如图10-27所示。

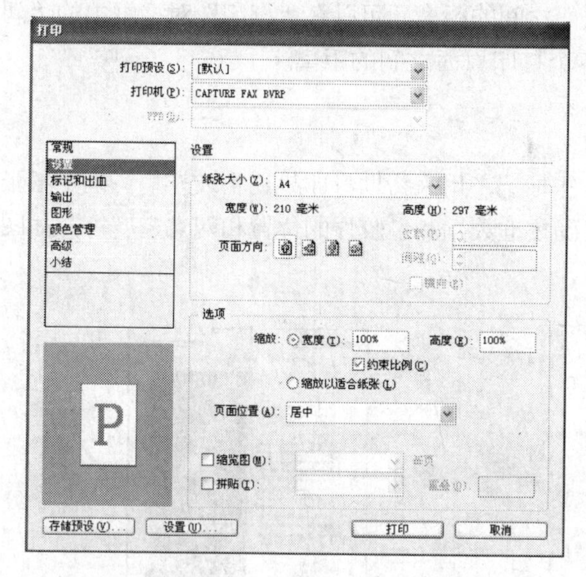

图10-26　“打印”对话框

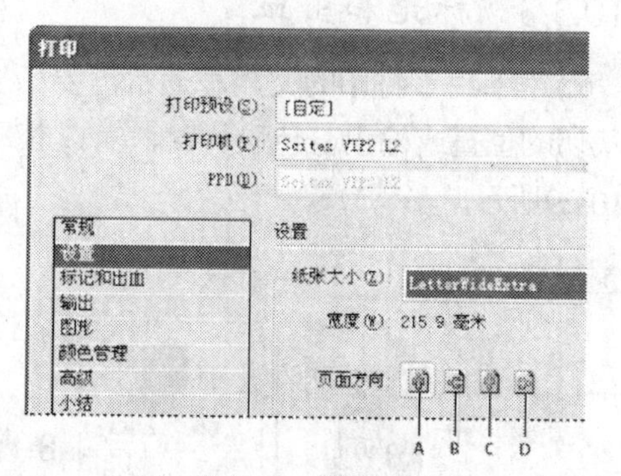

A. 纵向　B. 横向
C. 反向纵向　D. 反向横向

图10-27　页面方向按钮

大多数情况下，无论是打印正常页面还是横向页面，在“页面设置”（选择“文件→页面设置”命令）中指定的页面方向和在“打印”对话框的“设置”选项中指定的输出页面方向应当相同，均为纵向或均为横向。如果正在打印跨页，则可能要选择不同的纸张大小和页面方向，例如，横向，以使跨页的所有页面容纳在一张纸内。如果旋转了跨页视图，那么可能要更改方向才能正确打印跨页。

2. 指定自定纸张大小

如果打印机可使用各种纸张大小进行打印，那么在打印时可以指定自定纸张的大小。如果选择的PPD支持自定纸张大小，则可以使用InDesign的自定选项。指定的最大自定纸张大小取决于照排机的最大可成像区域。

如果要打印PostScript文件，在“打印”对话框中的“打印机”选项中选择“PostScript”，然后选择支持自定纸张大小的PPD。选择“页面大小”菜单中的“自定”选项，则可在打印时指定自定纸张的大小。注意：如果“自定”选项不可用，则表明设置打印机时选择的PPD不支持自定纸张大小。

如果要指定宽度和高度，可以执行以下操作：

在“宽度”和“高度”选项中选择“自动”选项，就可以对InDesign设定文档内容所需的最小纸张大小、出血和标记、辅助信息区及任何印刷标记。如果书籍中的页面大小不同并且是正在连续媒体（例如一卷胶片或感光纸张）上打印，选择“自动”选项非常有用。

如果要指定大于默认的纸张大小，可以在“宽度”和“高度”输入框中输入新的尺寸数值。确保输入的数值要比页面的数值大（如果小于页面值可能会裁切文档）。

如果要更改页面在胶片上的位置，可以修改“位移”值。“位移”值指定可成像区域左侧的间距大小，例如，在“位移”选项中输入“30点”会将页面向右移动30点。

如果要旋转媒体和页面内容，选择“横向”选项并单击“确定”按钮。

如果将“横向”和“位移”一起使用，那么可以节约一定量的胶片或纸张，如图10-28所示的是在InDesign中取消选择和选中“横向”时打印的图形对比效果。

如果要指定在连续媒体上打印时各个页面之间的距离，可以在“打印”对话框中的“间隙”右侧的输入框中输入一个数值来调整各个打印页面之间的距离。

10.3.3 标记和出血

准备用于打印的文档，通常需要添加一些标记，用来帮助打印机在生成样稿、确定纸张裁切的位置或输出分色胶片时，可以获取正确校准数据测量胶片的位置和网点密度等，如图10-29所示。

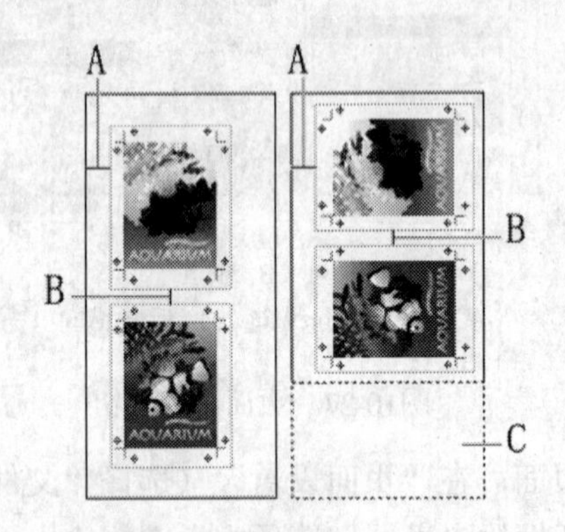

A. 位移值 B. 间隙 C. 节约的胶片

图10-28 取消选择“横向”（左）与选择“横向”（右）的比较

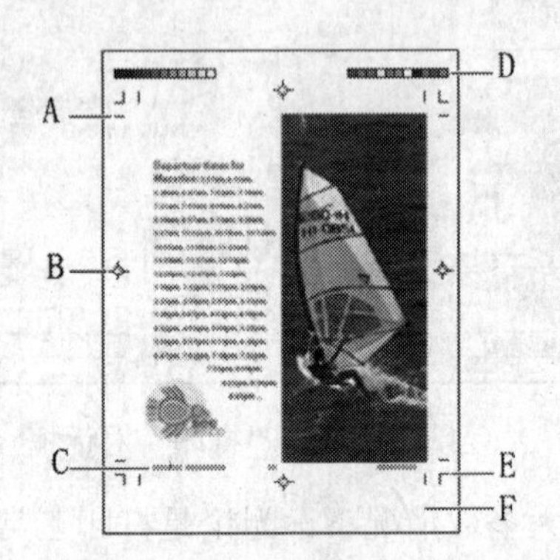

A. 裁切标记 B. 套准标记 C. 页面信息 D. 颜色条 E. 出血标记 F. 辅助信息区

图10-29 印刷标记

对于打印图稿，如果设置了裁切标记并且图稿已经向裁切标记外扩展出适当的出血或辅助信息区，在打印输出时要确保媒体尺寸足够大以容下页面和任何印刷标记、出血或辅助信息区。如果文档不适合媒体，可以通过使用“打印”对话框的“设置”选项中的“页面位置”来控制项目将被剪切的区域。

在“打印”对话框左侧选项中单击“标记和出血”选项，在右侧将显示出对页面的打印标记和出血进行设置的选项，如图10-30所示。

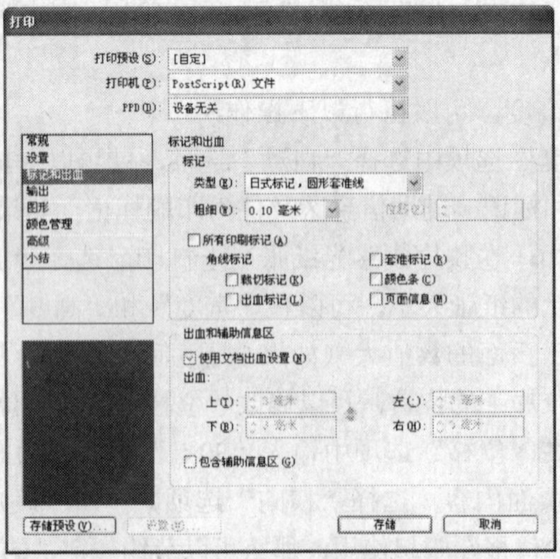

图10-30 “打印”对话框

用于设置“标记和出血”的选项除了“类型”之外，还包括如下选项：

- 裁切标记：添加定义页面裁切位置的水平和垂直的细线。裁切标记也可以将一个分色与另一个分色对齐。
- 出血标记：添加细线，该线定义页面中图形向外扩展区域的大小。
- 套准标记：在页面区域外添加小的“靶心图”以对齐彩色文档中不同的分色。
- 颜色条：添加表示CMYK油墨和灰色色调（以10%递增）的小方块。使用这些标记调整印刷机上的油墨密度。
- 页面信息：在每页纸张或胶片的左下角，用6点的Helvetica打印文件名、页码、当前日期和时间及分色名称。“页面信息”选项要求距水平边缘13毫米。

提示：文字可以选择“日式标记，圆形套准线”、“日式标记，十字套准线”或“默认”，也可以创建自定的印刷标记或使用由其他公司创建的自定标记。

- 粗细：默认设置为0.10毫米。还可以选择0.05毫米、0.07毫米、0.10毫米、0.15毫米、0.20毫米、0.30毫米、0.125点、0.25点和0.50点。
- 位移：指定InDesign打印页面信息或标记距页面边缘的宽度。只有在“文字”中选择“西方标记”时，此选项才可用。

10.3.4　输出设置

在“打印”对话框左侧选项栏中单击“输出”选项，在右侧将打开对页面输出的颜色、油墨等进行相关设置的选项，如图10-31所示。

10.3.5　图形

在“打印”对话框左侧选项栏中单击“图形”选项，在右侧将打开对页面的图形和字体等进行相关设置的选项，如图10-32所示。

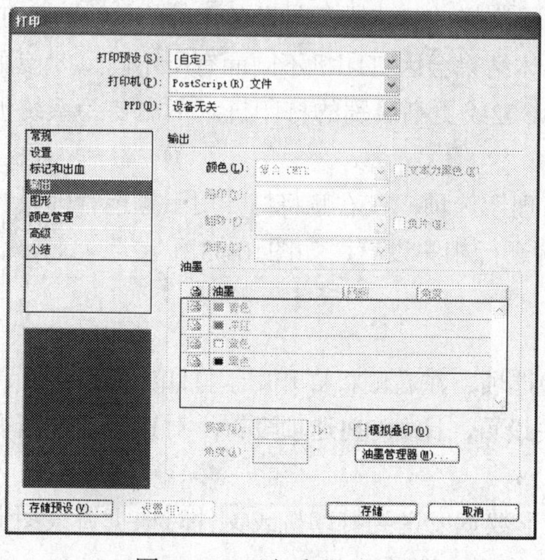

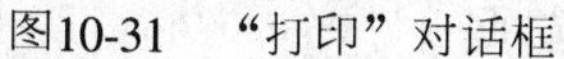
图10-31　“打印”对话框

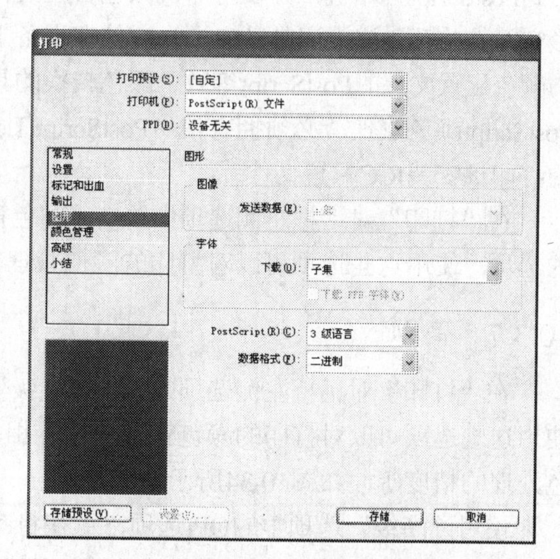

图10-32　“打印”对话框

在“打印”对话框的“图形”选项中可指定输出过程中图形处理的方式。下面，介绍一下其中的几个选项。

- 发送数据：控制置入的位图图形发送到打印机或文件的图形数据量。
- 全部：发送全分辨率数据，适合于任何高分辨率打印或打印高对比度的灰度或彩色图像，如同在具有一种专色的黑白文本中。此选项需要的磁盘空间最大。
- 优化次像素采样：只发送足够的图形数据供输出设备以最高分辨率打印图形，高分辨率打印机将比低分辨率打印机使用更多的数据。当处理高分辨率图形而将校样打印到台式打印机时，选择此选项。

注意：即使选中“优化次像素采样”选项，InDesign也不会对EPS或PDF图形进行次像素采样。

- 代理：发送置入位图图形的屏幕分辨率版本（72dpi），因此可以缩短打印时间。
- 无：打印时，临时删除所有图形，并使用具有交叉线的图形框替代这些图形，这样可以缩短打印时间。图形框架的尺寸与置入图形的尺寸相同，且保留了图形的剪贴路径，以便检查大小和定位。如果设置了禁止打印置入的图形，然后将打印好的文本校样分发给编辑或校样人员进行检查，当尝试分析打印问题的原因时，不打印图形也很有用。

10.3.6 颜色管理

当打印颜色管理文档时，可指定其他颜色管理选项以保证打印机输出的颜色一致。例如，假设文档当前包含的是印前输出制作的配置文件，但是想使用桌面打印机的校样文档颜色。在“打印”对话框中，可以将文档的颜色转换为台式打印机的色彩空间。使用此打印机的配置文件替代当前文档的配置文件。如果选择“校样”色彩空间并针对RGB打印机，InDesign则使用选择的颜色配置文件将颜色数据转换为RGB值。

当输出到PostScript打印机进行打印时，也可以选择使用PostScript颜色管理的选项。在此情况下，InDesign将文档原始色彩空间校准版本中的颜色数据，以及文档的配置文件直接发送到PostScript打印机，并使打印机颜色管理文件将文档转换为打印机色彩空间。打印机的色彩空间作为颜色渲染词典（CRD）存储在设备上，这样才可能进行与设备无关的输出。CRD与颜色配置文件的PostScript等效。颜色转换的具体结果会因打印机不同而有所不同。要使用PostScript颜色管理，必须拥有使用PostScript Leve l2或更高级别的打印机，不需要为系统上的打印机安装ICC配置文件。

在“打印”对话框左侧选项中单击“颜色管理”选项，在右侧将打开用于颜色管理设置的选项，使用这些选项可以对打印的颜色管理等进行相关设置，如图10-33所示。

10.3.7 高级

在“打印”对话框左侧选项中单击“高级”选项，在右侧将打开用于打印的高级选项，使用这些选项可以对打印的颜色管理等进行相关设置，比如OPI选项设置，对透明度和渐变色处理的精度等，如图10-34所示。

使用“高级”选项中的OPI选项，可在将图形数据发送到打印机或文件时根据置入图形的不同类型，有选择地进行忽略。下面介绍其中的两个选项：

- OPI图形替换：选中该项后，InDesign可在输出时用高分辨率图形替换低分辨率EPS代理的图形。如果要使OPI图形替换起作用，EPS文件必须包含将低分辨率代理图形链接到高分辨率图形的OPI注释。InDesign必须可以访问由OPI注释链接的图形。如果高分辨率版本不可用，则InDesign保留OPI链接并在导出文件中包括低分辨率代理。取消选择此选项，可使OPI服务器在以后的工作流程中替换OPI链接的图形。

- 在OPI中忽略：选中该项后，可在将图形数据发送到打印机或文件时有选择地忽略置入的不同类型的图形，比如EPS、PDF和位图图形，或者只保留OPI链接，以后由OPI服务器处理。“在OPI中忽略”选项对嵌入的图形不适用。

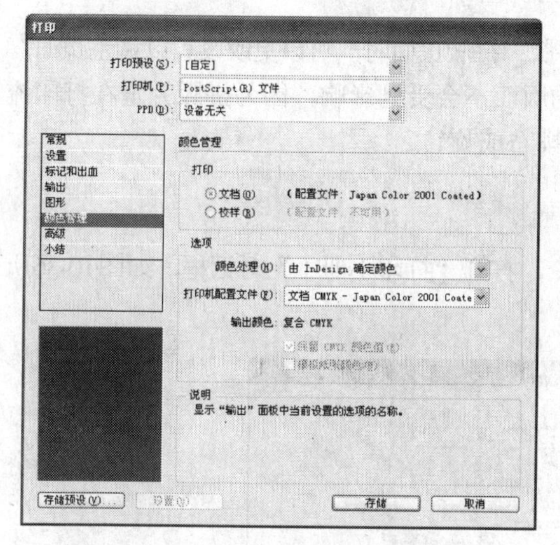

图10-33　“打印”对话框

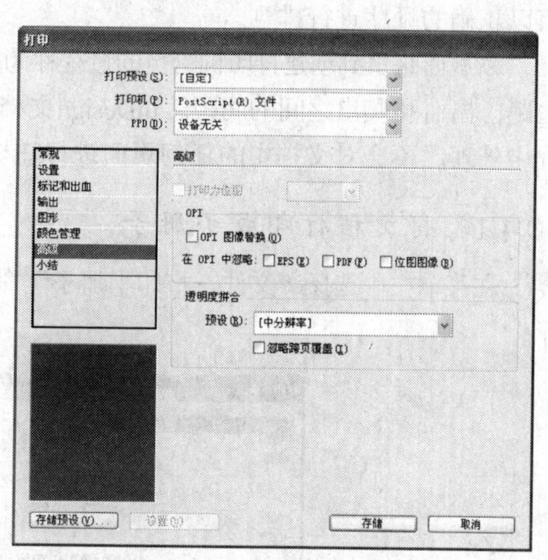

图10-34　“打印”对话框

10.3.8　打印小结

在“打印”对话框左侧选项栏中单击“小结”选项，在右侧将打开与打印设置相关的信息，如图10-35所示。

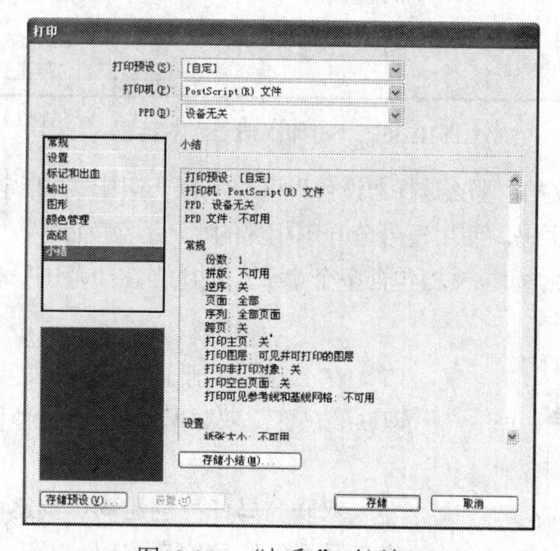

图10-35　“打印”对话框

根据“小结”中所提供的信息可以确定文档的打印设置是否正确。在对话框的底部还有一个“存储小结”按钮，在此可以将小结进行存储，对打印文档起到说明性作用。

10.4 打印小册子

使用InDesign所提供的“打印小册子”功能可以创建打印机跨页以用于专业打印。例如，如果正在编辑一本8页的小册子，则页面按连续顺序显示在版面窗口中。但是，在打印机跨页中，页面2与页面7相邻，这样将两个页面打印在同一张纸上，并对其折叠和拼版时，页面将以正确的顺序进行排列。

从版面跨页到创建打印机跨页的过程称为拼版。拼版页面时，可以更改设置以调整页面、边距、出血和爬出之间的间距。InDesign文档的版面不会受到影响，因为拼版完全在打印流程中处理，不会对文档中的任何页面进行随机排布或旋转。

10.4.1 将文档打印成小册子

在菜单栏中选择“文件→打印小册子”命令，打开“打印小册子”对话框，如图10-36所示。

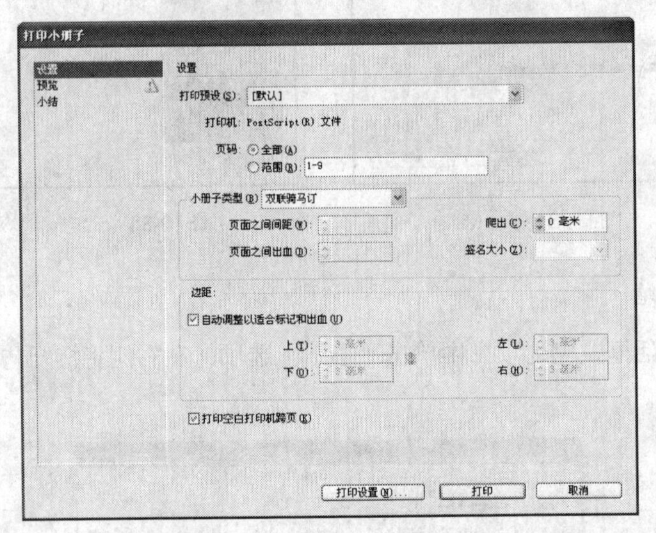

图10-36 “打印小册子”对话框

如果不想拼版整个文档，那么选择“设置”区域中的“范围”并指定拼版中要包括的页面。使用连字符分开连续的页码，使用逗号分开不相邻的页码。例如输入“3-7, 16”将拼版第3页至第7页和第16页。注意：如果文档包含多个章节，则应当在“范围”栏中输入章节页码。

1. 小册子的类型

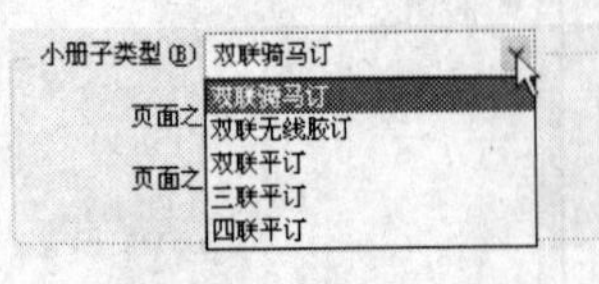

图10-37 小册子类型

在“打印小册子”对话框中可以选择5种拼版类型：双联骑马订、双联无线胶订和3种平订类型，如图10-37所示。

双联骑马订：创建双页及逐页面的计算机跨页。这些跨页适合双面打印、逐份打印、折叠和装订。InDesign根据需要将空白页面添加到完成文档的末尾。选中“双联骑马订”选项时，“页面之间间距”、“页面之间出血“和“签名大小”选项将变得不可用，如图10-38所示。

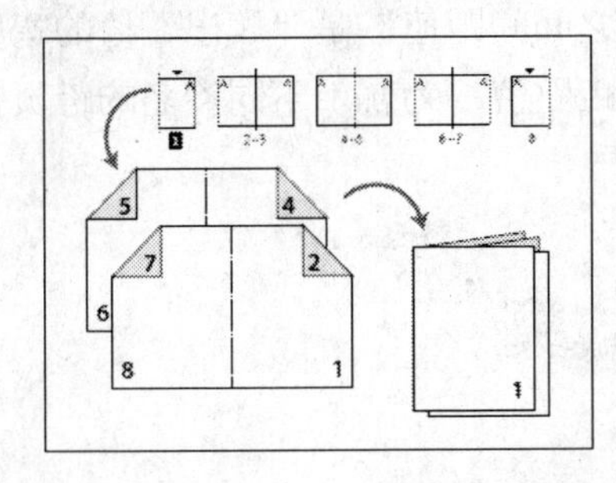

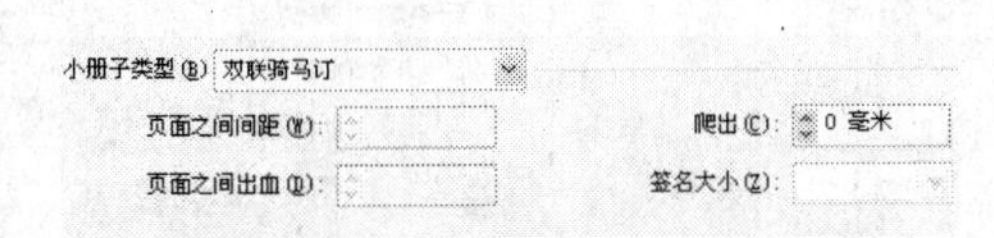

图10-38　双联骑马订

“打印小册子”根据“装订”设置使用页面。如果文档设置为“从右到左装订”，那么“打印小册子”将相应地使用页面。选择“文件→页面设置”命令，打开“页面设置”对话框来查看文档的“装订”设置，如图10-39所示。

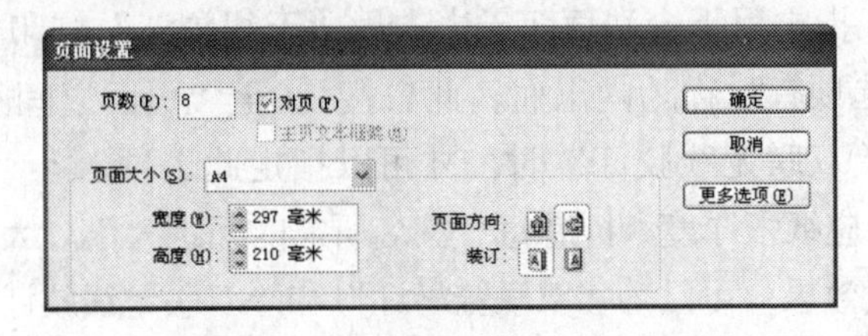

图10-39　“页面设置”对话框

双联无线胶订：创建双页及逐页面的打印机跨页，它们适合指定签名大小。这些打印机跨页适合双面打印、裁切和装订至具有粘合剂的封面。如果要拼版的页面的数量不能被签名大小整除，InDesign则根据需要将空白页面添加到完成文档的后面，如图10-40所示。

平订：创建适合折叠的小册子或小册子的两页、三页或四页面板。选中“平订”选项时，“页面之间出血”、“爬出”和“签名大小”选项将变灰。例如，如果要为传统的六面三折页小册子创建打印机跨页，选择“三联平订”选项，以前只能将三折的页面设置为具有三栏的单个页面，而使用InDesign进行拼版，可以很简单地创建每个面板大小的页面，如图10-41所示。

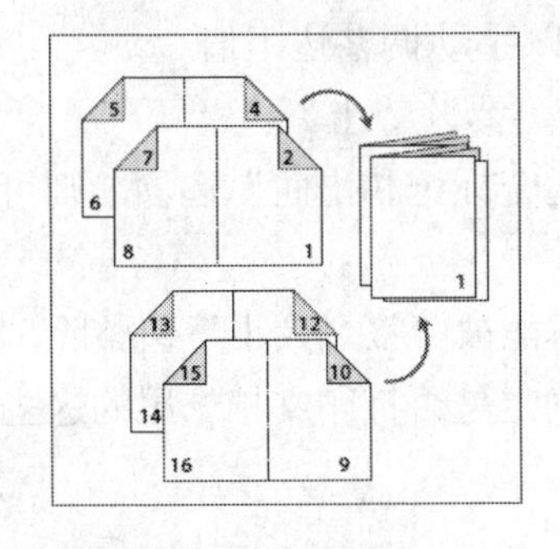

图10-40　双联无线胶订

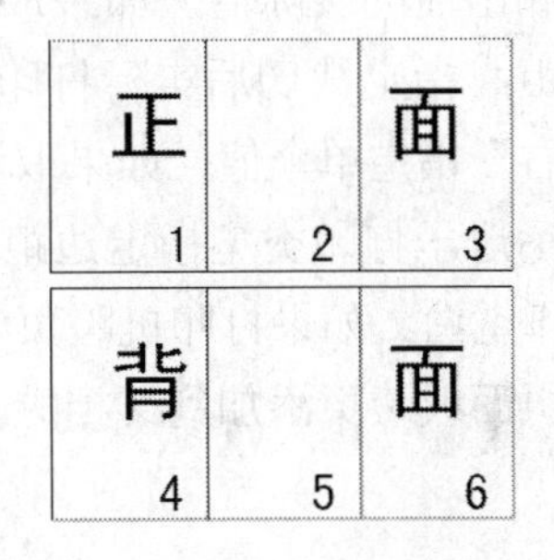

图10-41　三联平订

2. 小册子的间距、出血和边距打印选项设置

在“打印小册子”对话框中还可以对用于小册子打印的间距、出血和边距选项进行设置，如图10-42所示。

- 页面之间间距：指定页面之间的间隙（左侧页面的右边和右侧页面的左边）。可以对除“骑马钉”外的所有小册子类型指定“页面之间间距”值。对于无线胶订文档，如果进行爬移（使用负值），则最小的“页面之间间距值”是“爬出”值的宽度。如果手动创建签名，那么可以输入“页面之间间距”值，为属于不同签名的跨页指定开始爬出值。

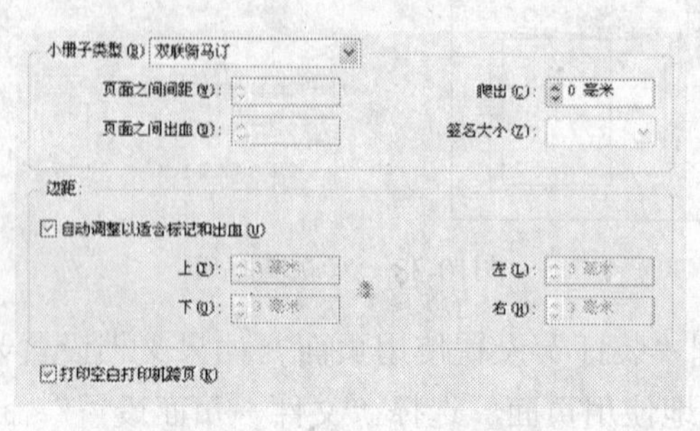

图10-42　“打印小册子”对话框的选项

- 页面之间出血：指定用于允许页面元素占用“无线胶订”打印机跨页样式之间间隙的间距大小，此选项有时称为内出血。此栏接受0至“页面之间间距”值的一半之间的值。只有选中“双联无线胶订”时，才可以指定此选项。
- 爬出：指定为适应纸张厚度和折叠每个签名所需的间距大小。大多数情况下，将要指定负值来创建推入效果。可以为“双联骑马订”和“双联无线胶订”类型指定“爬出”。

提示：爬出指定页面从书脊移动以适应纸张厚度与骑马订和无线胶订文档中的纸张折叠的距离。InDesign将最后一页的“封面”视为最外面的打印机跨页，而将“中插”视为最里面的打印机跨页。术语折手表示两个打印机跨页：折手的正面和折手的背面。爬出增量等于指定的爬出值除以总的折手数减去1。

- 签名大小：指定双联无线胶订文档的每个前面页面的数量。如果要拼版的页面的数量不能被“签名大小”值整除，将根据需要将空白页面添加到文档的末尾。
- 自动调整以适合标记和出血：允许InDesign计算边距以容纳出血和当前设置的其他印刷标记选项。选中此选项时，“边距”下的选项栏将变灰，但它们反映将用于适合标记和出血的实际值。如果取消选择此选项，则可以手动调整边距值。
- 边距：指定裁切后实际打印机跨页四周间距大小。要为“上”、“下”、“左”和“右”指定单个值。如果取消选择“自动调整以适合标记和出血”选项，则可以为所有小册子打印类型指定边距值。
- 打印空白：如果打印机跨页要拼版的页面的数量不能被“签名大小”值整除，则将空白页面或跨页添加到文档的末尾。使用此选项可确定是否打印文档末尾的这些空白跨页。

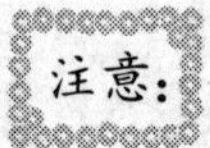

打印文档中的其他空白页面由“打印”对话框中的“打印空白页面”选项控制。

10.4.2　预览

单击“打印小册子”对话框左侧选项栏中的“预览”选项，可以在右侧看到由拼版样式创建的打印机跨页的彩色缩览图。也可以在此查看在“打印”对话框中所指定的印刷标记，如图10-43所示。要翻转打印机跨页可以单击滑块箭头，也可以拖动滑块查看打印机跨页。

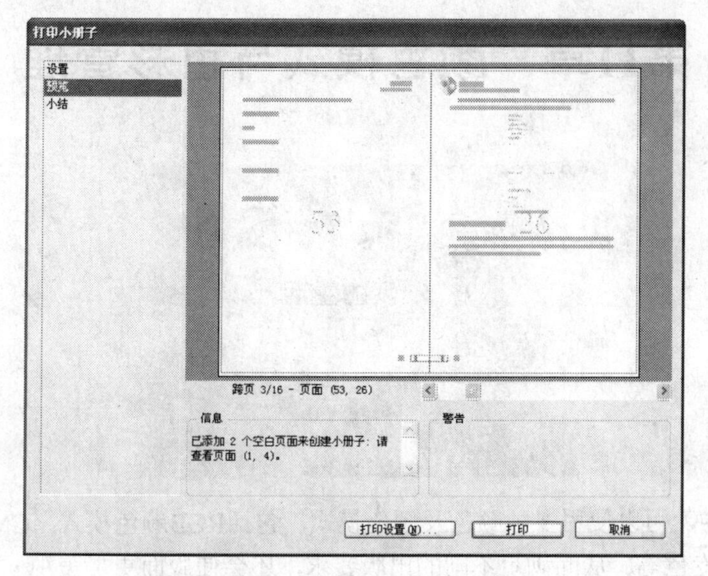

图10-43 “打印小册子”对话框

10.4.3 小结

单击“打印小册子”对话框左侧选项中的“小结”选项，可以查看到当前打印小册子设置的详细信息。任何有冲突的设置都将显示在“小结”的底部，如图10-44所示。

单击“打印设置”按钮并更改“打印”对话框中的设置，具体设置参考本章前面介绍的“打印设置”部分。修改完成后，可以在“预览”中观察已修改设置的效果。满意后可以输出到专业打印机上进行打印输出。

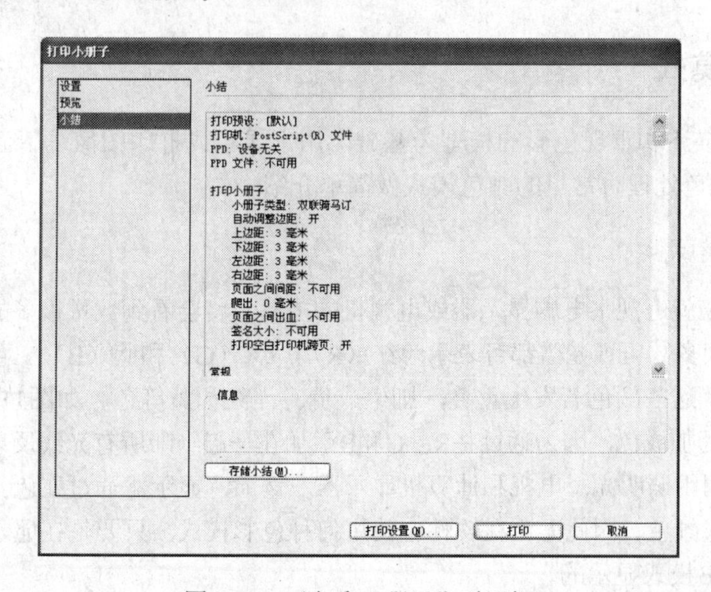

图10-44 “打印小册子”对话框

第11章　颜色模式与色彩管理

在InDesign中，可以使用多种颜色及颜色模式，包括RGB颜色模式、CMYK颜色模式、LAB颜色模式和专色等，从而满足不同的出版要求，还会使版面更加美观。而且在进行输出时，还提供了色彩管理，从而使设计人员在不同的设备之间准确地调整和应用颜色。

本章主要介绍以下内容：

★颜色模式
★专色与印刷色
★使用色板
★应用色调
★色彩管理

11.1　颜色模式

颜色模式以描述和重现色彩的模型为基础，用于显示或打印图像。下面，针对在使用InDesign中有关颜色处理时常见的颜色模式做简单介绍。

11.1.1　RGB模式

如果用放大镜就近观察电脑显示器或电视机的屏幕，将会看到数量极多的红色、绿色和蓝色的小点。绝大多数可视光谱都可表示为红（R）、绿（G）和蓝（B）三色光在不同比例和强度上的混合。这些颜色若发生重叠，则生成青、洋红和黄等色。如图11-1所示。

RGB颜色称为加成色，因为通过将R、G和B添加在一起（即所有光线反射回眼睛）可生成白色。加成色用于照明光、电视和计算机显示器。例如，显示器通过红色、绿色和蓝色荧光粉发射光线生成颜色。因此无论在软件中使用何种色彩模式，只要是在显示器上显示的图像最终都是以RGB模式显示的。

红色、绿色和蓝色又称为三原色光，用英文表示就是R（red）、G（green）和B（blue）。通常情况下，RGB各有256级亮度，用数字表示为0、1、2……255。注意虽然数字最高是255，但0也是数值之一，因此共256级。按照计算，256级的RGB色彩总共能组合出约1678万种色彩，即256×256×256=16777216。通常简称为1600万色或千万色，也称为24位色（2的24次方）。RGB“颜色”面板如图11-2所示。

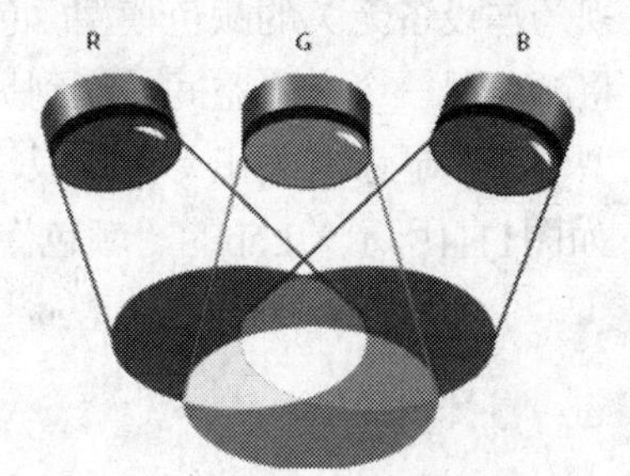

图11-1　三元色叠加效果

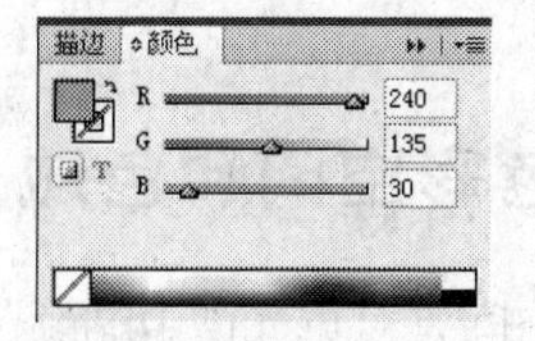

图11-2　RGB“颜色”面板

虽然RGB所表达的颜色范围很广，但是跟实际印刷出来的颜色还是有一定的差异，并且在不同的印刷设备上印刷出的颜色也会发生改变。

11.1.2　CMYK模式

CMYK也称做印刷色彩模式，四种颜色进行混合重现颜色的过程称为四色印刷。它和RGB颜色模式不同，RGB模式是一种发光的色彩模式，就像在一间黑暗的房间内仍然可以看见屏幕上的内容。而CMYK是一种依靠反光的色彩模式，比如在平时看报纸时，是由阳光或灯光照射到报纸上，再反射到我们的眼中，才看到内容，它需要有外部光源。假如没有外部光源，在黑暗房间内是无法阅读报纸的。

在印刷品上看到的图像，比如期刊、杂志、报纸、宣传画等，都是以CMYK模式表现的。和RGB类似，CMYK是三种印刷油墨名称的首字母的组合：青色Cyan、洋红色Magenta、黄色Yellow，而K取的是Black最后一个字母，之所以不取首字母，是为了避免与蓝色（Blue）混淆。从理论上来说，只需要CMY三种油墨就足够了，它们三个加在一起就应该得到黑色。但是由于目前的制造工艺还不能造出高纯度的油墨，CMY相加的结果实际是一种暗红色。因此还需要加入一种专门的黑墨来调和。在“颜色”面板中单击右上角的按钮，在打开的菜单中选择“CMYK”，会看到CMYK是以百分比来选择的，相当于油墨的浓度，如图11-3所示。

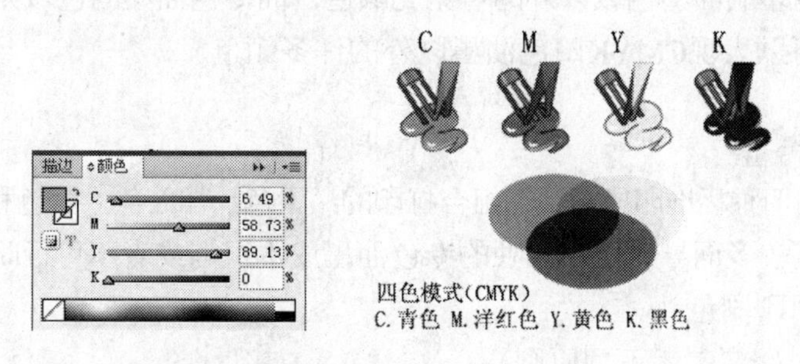

图11-3　“颜色”面板和颜色模式

11.1.3　Lab模式

Lab颜色模型是基于人们对颜色的感觉。它是由专门制定各方面光线标准的组织Commission International Eclairage（CIE）创建的数种颜色模型之一。Lab中的数值描述的是肉眼所

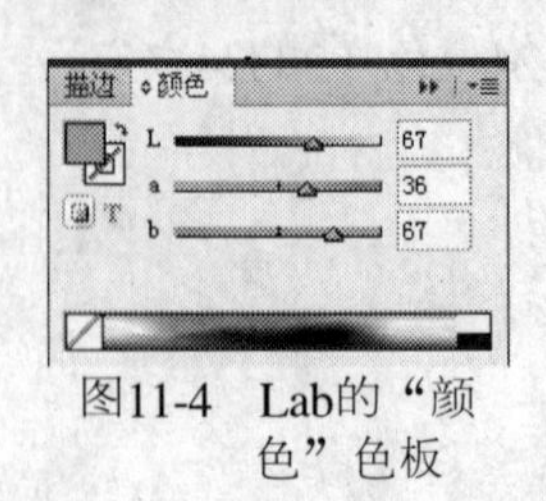

图11-4 Lab的“颜色”色板

能看到的所有颜色。因为Lab描述的是颜色的显示方式，而不是设备（如显示器、桌面打印机或数码相机）生成颜色所需的特定色料的数量，所以Lab被视为与设备无关的颜色模型。色彩管理系统使用Lab作为色标，将颜色从一个色彩空间转换到另一个色彩空间。可以使用Lab模型创建、显示和输出专色色板，但是不能以Lab模式创建文档。如图11-4所示为Lab的“颜色”色板。

11.2 色彩空间和色域

色彩空间是可见光谱中的颜色范围。色彩空间也可以是另一种形式的颜色模型，如Adobe RGB、Apple RGB和sRGB是基于同一个颜色模型的不同色彩空间示例。

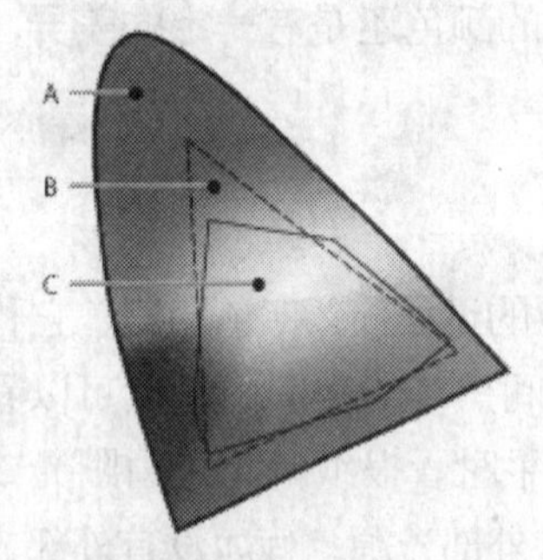

图11-5 A. Lab色彩空间、B. RGB色彩空间、C. CMYK色彩空间

色彩空间包含的颜色范围称为色域。在整个工作流程中用到的各种不同设备（计算机显示器、扫描仪、桌面打印机、印刷机、数码相机）都在不同的色彩空间内运行，它们的色域各不相同。某些颜色位于计算机显示器的色域内，但不在喷墨打印机的色域内。某些颜色位于喷墨打印机的色域内，但不在计算机显示器的色域内。无法在设备上生成的颜色视为超出该设备的色彩空间。也就是说，该颜色超出色域。

在InDesign中使用的几种颜色模型中，Lab具有最宽的色域，它包含RGB和CMYK色域中的所有颜色，如图11-5所示。

11.3 印刷色与专色

印刷色是指CMYK色彩模式，也称为四色模式，四种颜色进行混合重现颜色的过程称为四色印刷。CMYK四色印刷油墨的色域与可见光色域相比有明显不足，不能够在印刷品上印出一些CMYK四色印刷油墨色域以外的可见光颜色，而专色油墨的色域则比CMYK四色印刷油墨色域宽，故可以表现CMYK四色油墨以外的许多颜色。

11.3.1 印刷色

印刷色是使用四种标准印刷油墨的组合打印的：青色、洋红色、黄色和黑色（CMYK）。当作业需要的颜色较多而导致使用单独的专色油墨成本很高或者不可行时，例如，印刷彩色照片时，可以使用印刷色。

指定印刷色时，要参考下列原则：

- 要使高品质印刷文档呈现最佳效果，参考印刷在四色色谱（印刷商可提供）中的 CMYK值来设定颜色。
- 由于印刷色的最终颜色值是它的CMYK值，因此，如果使用RGB（或LAB）在InDesign中指定印刷色，在进行分色打印时，系统会将这些颜色值转换为CMYK值。根据颜色管理设置和文档配置文件的不同，这些转换将会有所不同。

- 除非确信已正确设置了颜色管理系统，并且了解它在颜色预览方面的限制，否则，不要根据显示器上的显示来指定印刷色。
- 因为CMYK的色域比普通显示器的色域小，所以应避免在只供联机查看的文档中使用印刷色。
- 在InDesign中为对象使用色板时，系统会自动将该色板作为全局印刷色进行使用。非全局色板是未命名的颜色，可以在“颜色”面板中对其进行编辑。

11.3.2 专色

专色是一种预先混和的特殊油墨，用于替代印刷油墨或为其提供补充，也就是指采用黄、品红、青、黑墨四色墨以外的其他色油墨来复制原稿颜色的印刷工艺。包装印刷中经常采用专色印刷工艺印刷大面积底色。

专色印刷所调配出的油墨是按照色料的减色法混合原理获得颜色的，其颜色明度较低，饱和度较高。专色块由于墨色均匀所以通常采用实地印刷，并要适当地加大墨量，当版面墨层厚度较大时，墨层厚度的改变对色彩变化的灵敏程度会降低，所以很容易得到墨色均匀、厚实的印刷效果。

专色在印刷时需要使用专门的印版。当指定少量颜色并且颜色准确度很难把握时使用专色。专色油墨能准确地重现印刷色色域以外的颜色。

印刷专色的颜色由混合的油墨和所用的纸张共同决定，而不是由指定的颜色值或色彩管理来决定。当指定专色值时，描述的仅是显示器和彩色打印机的颜色模拟外观（取决于这些设备的色域限制）。

指定专色时，要参考下列原则：

- 要在打印的文档中实现最佳效果，指定支持的颜色匹配系统中的专色。在InDesign中提供了一些颜色匹配系统库。
- 最小化使用的专色数量。创建的每个专色都将为印刷机生成额外的专色印版，从而增加打印成本。如果认为需要四种以上的专色，可以考虑使用印刷色打印文档。
- 如果某个对象包含专色并与另一个包含透明度的对象重叠，在导出为EPS格式时，使用“打印”对话框中的“将专色转换为印刷色”时，或者在Illustrator或InDesign以外的应用程序中创建分色时，可能会生成不希望显示的结果。要获得最佳效果，在打印之前使用“拼合预览”或“分色预览”对拼合透明度的效果进行软校样。此外，在打印或导出之前，还可以使用InDesign中的“油墨管理器”将专色转换为印刷色。
- 可以使用专色印版在印刷色任务区上使用上光色。在这种情况下，印刷任务将总共使用五种油墨，即四种印刷色油墨（C、M、Y、K）和一种专色上光色。

11.4 应用颜色

InDesign可以使用多种方法给创建的对象填充颜色，包括工具箱的填色工具、渐变工具，以及“色板”面板、“颜色”面板和“拾色器”对话框。在给对象应用颜色时，可以指定将颜色应用于对象的描边还是填色。描边作用于对象的边框（即框架），填色作用于对象的内容。将颜色应用于文本框架时，可以指定颜色变化影响文本框架还是框架内的文本。

11.4.1 “颜色”面板

在菜单栏中选择“窗口→颜色”命令打开“颜色”面板，可以在面板中对颜色进行编辑。单击面板右上方的按钮，可以打开面板菜单，如图11-6所示。使用该面板可以为绘制的图形或者文字等对象设置各种颜色。

下图是“颜色”面板中左上角各个按钮的简介，如图11-7所示。其中，“格式影响内容”按钮用于为图形填色，“格式影响文本”按钮用于为文本填色。在选中图形或者文本后，对应的按钮将自动被激活。

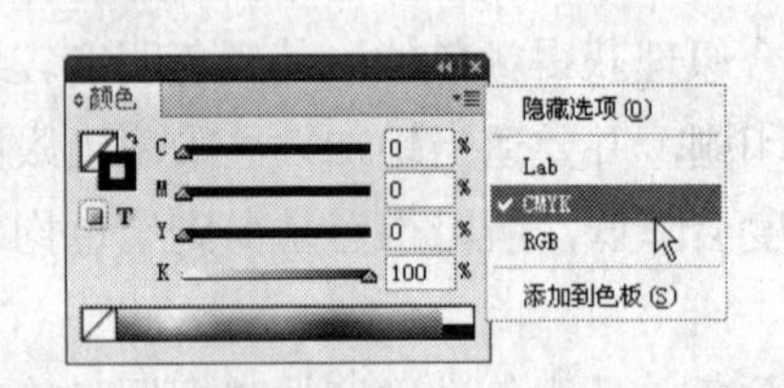

图11-6 “颜色”面板

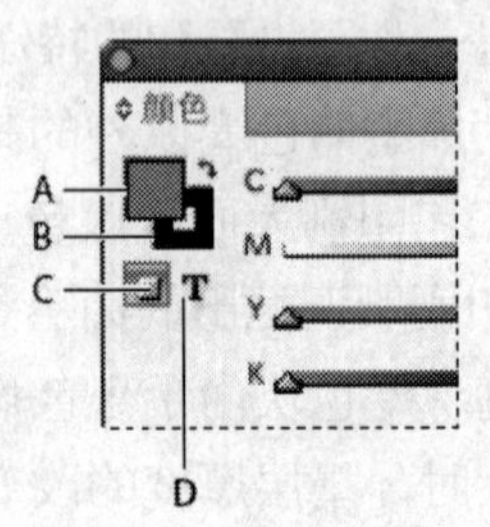

A. “填色”框 B. “描边”框
C. 格式影响内容 D. 格式影响文本

图11-7 按钮简介

在InDesign中，支持三种模式的颜色进行打印，即Lab、CMYK和RGB模式，如图11-8所示。

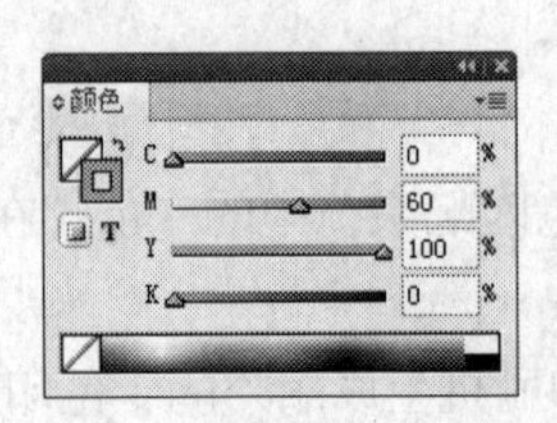

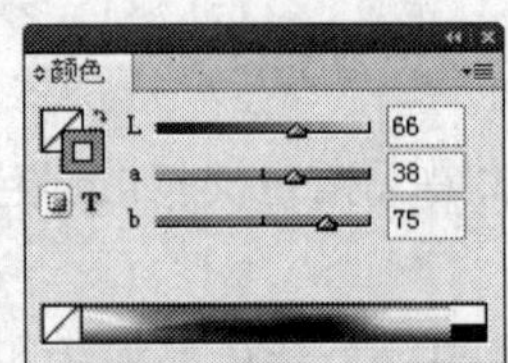

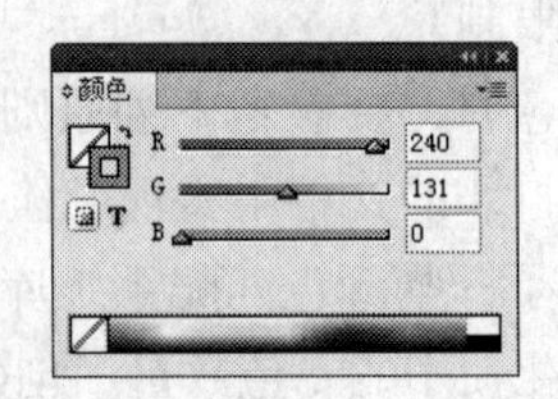

图11-8 三种模式的“颜色”面板

11.4.2 “渐变”面板

在菜单栏中选择“窗口→渐变”命令，打开“渐变”面板，可以在该面板中对渐变颜色进行编辑，如图11-9所示。

在InDesign中，支持两种类型的颜色渐变，在“渐变”面板中单击“类型”右侧的按钮，在下拉菜单中可以选择渐变类型，共两种：分别是线性渐变和径向渐变，如图11-10所示。

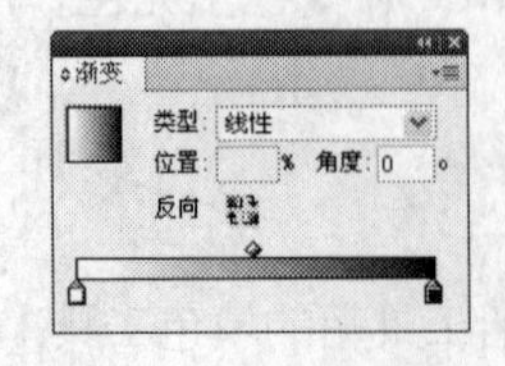

图11-9 “渐变”面板

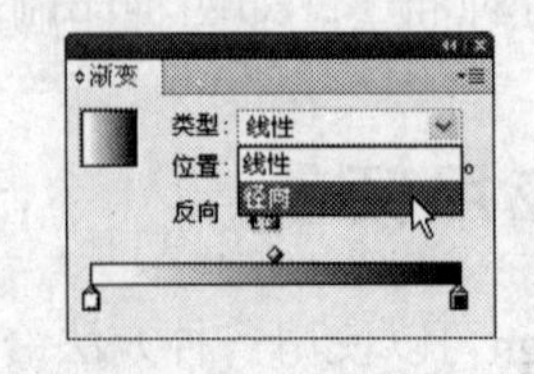

图11-10 共有两种渐变类型

不同类型的渐变效果对比，如图11-11所示。

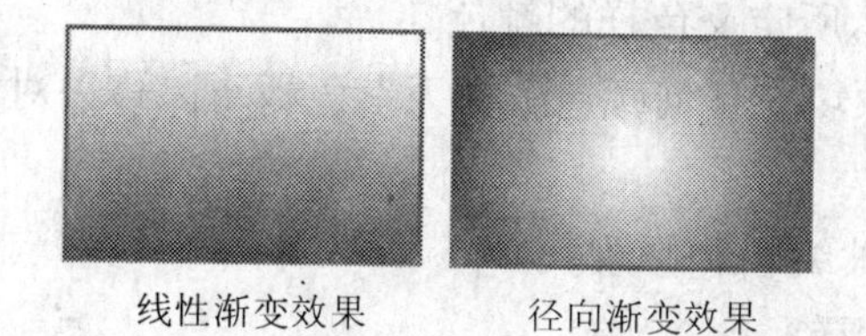

线性渐变效果　　径向渐变效果

图11-11　渐变对比效果

11.4.3　拾色器

双击工具箱中的“填色”按钮或“描边”按钮，即可打开“拾色器”对话框，可以在该对话框中对颜色进行设置或者选择，如图11-12所示。

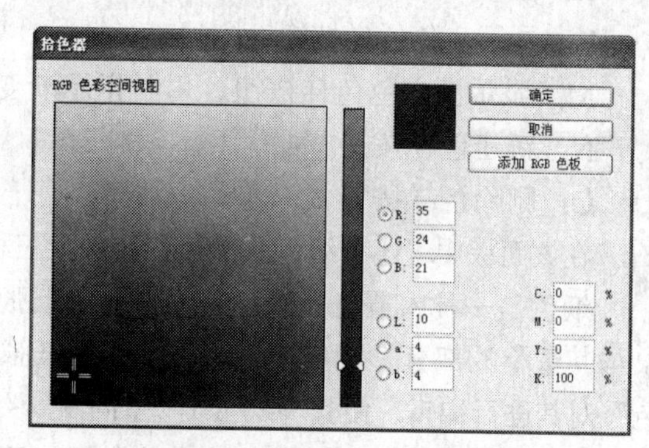

图11-12　“拾色器”对话框

使用“拾色器”对话框可以从色域中选择颜色，或以数字方式指定颜色。可以使用RGB、Lab或CMYK颜色模型来定义颜色。

如果要将该颜色存储为色板，可以根据创建的颜色模式的不同，单击“添加CMYK色板”、“添加RGB色板”或“添加Lab色板”按钮，InDesign将把该颜色添加到“色板”面板中，并使用颜色值作为其名称。

11.5　色板与色调

使用“色板”面板可简化颜色方案的修改过程，而无需定位和调节每个单独的对象，这在对生产的标准化文档中尤为有用。色板能将颜色快速地应用于文字或对象，对色板的任何更改都影响应用该色板的对象，从而使修改颜色方案变得更加容易。“色板”面板中列出了所有定义颜色的名称及种类。下面简单地介绍一下“色板”面板中各部分的名称和作用。

在“色板”面板中可以存储Lab、RGB、CMYK和混合油墨颜色模式，在“色板”面板上的图标标识了专色和印刷色颜色类型。在菜单栏中选择“窗口→色板”命令即可打开“色板”面板，如图11-13所示。

图11-13　“色板”面板

下面，简单地介绍一下该面板中的各个组成部分。

A：填充的框架类型，表示填充颜色时填充于内容还是填充于描边。

B：填充对象，表示填充针对于容器还是文字。

C：色调控制。在此显示色调的百分比，用于指示专色或印刷色的色调，还可以控制色调的淡印百分比。

D：色样名称，显示色样的名称。

E：色样的图标，显示所定义色样的颜色。

F：无，表示不对对象填充任何颜色。“无”色板可以移去对象中的描边或填色。不能编辑或移去此色板。

G：表示此颜色不能被编辑和修改。

H：表示此颜色为套版色。

I：表示此颜色模式为CMYK模式。

J：表示此颜色中不包含专色。

K：显示所有色样。单击此按钮可以在色板中显示所有的实色和渐变色色样。

L：显示实色色样按钮。

M：显示渐变色色样按钮。用于指示渐变是径向还是线性。

N：新建色样按钮。

O：删除色样按钮。

在该面板中，还有纸色、黑色和套版色三种颜色，下面分别简单地介绍一下这三种颜色。

纸色是一种内置色板，用于模拟印刷纸张的颜色。纸色对象后面的对象不会印刷纸色对象与其重叠的部分。相反，将显示所印刷纸张的颜色。可以通过双击“色板”面板中的“纸色”对其进行编辑，使其与纸张类型相匹配。纸色仅用于预览，它不会在复合打印机上打印，也不会通过分色来印刷。不能移去此色板。不要使用“纸色”色板来清除对象中的颜色，而应使用“无”色板。

注意：如果纸张颜色未按所述方式起作用，而在非PostScript打印机上打印，则可以尝试将打印机驱动程序切换为栅格图形模式。

黑色是内置的、使用CMYK颜色模型定义的100%印刷黑色。不能编辑或移去此色板。默认情况下，所有黑色实例都将在下层油墨（包括任意大小的文本字符）上叠印（打印在最上面）。

套版色是使对象可在PostScript打印机的每个分色中进行打印的内置色板。例如，套准标记使用套版色，以便不同的印版在印刷机上精确对齐。不能编辑或移去此色板。还可以将任意颜色库中的颜色添加到“色板”面板中，以将其与文档一起存储。

11.5.1 新建色板

在InDesign中，除了使用现有的“色板”面板之外，还可以根据自己的需要创建新的“色板”面板来满足自己的需要。下面介绍一下创建过程。

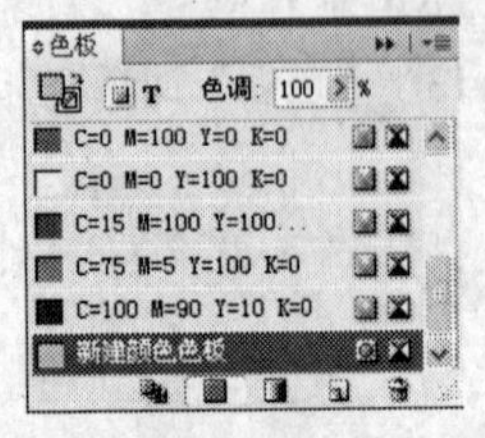

图11-14 “色板”面板

（1）在菜单栏中选择“窗口→色板”命令，打开“色板”面板，如图11-14所示。

（2）单击“色板”面板右上角的按钮，打开面板菜单，选择“新建颜色色板”命令，打开“新建颜色色板”对话框，如图11-15所示。

（3）在“新建颜色色板”对话框中可以设置新建色板名称、颜色类型、颜色模式等。根据需要设置选项，然后单击“确定”按钮即可创建新的“色板”面板。

11.5.2 色调

色调是指颜色经过加网而变为一种较浅的颜色版本。色调是给专色带来不同颜色深浅变化的较经济的方法，不必支付额外专色油墨的费用。色调也是创建较浅印刷色的快速方法，尽管它并未减少四色印刷的成本。与普通颜色一样，最好在“色板”面板中命名和存储色调，以便在文档中轻松编辑该色调的所有实例。如图11-16所示，图中浅色的部分就是使用色调印刷的。

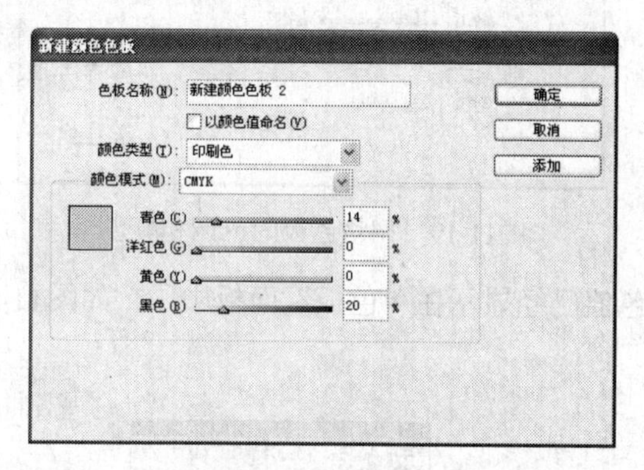

图11-15 “新建颜色色板”对话框

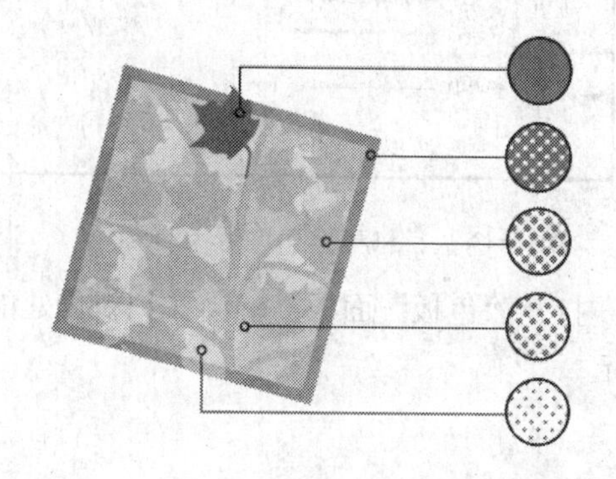

图11-16 色调与专色

专色色调与专色在同一印刷版上印刷。印刷色的色调是每种CMYK印刷色油墨乘以色调百分比所得的乘积，例如，C10 M20 Y40 K10的80%色调将生成C8 M16 Y32 K8。由于颜色和色调将一起更新，因此如果编辑一个色板，则使用该色板中色调的所有对象都将相应进行更新。还可以使用“色板”面板菜单中的“色板选项”命令，编辑已命名色调的基本色板，这将更新任何基于同一色板的其他色调。

如果要调节单个对象的色调，那么可以通过使用“色板”面板或“颜色”面板中的“色调”滑块进行调节。色调范围在0%到100%之间，数字越小，色调越浅。

另外，还可以创建新的色调色板来满足不同的需要，下面简单地介绍一下创建过程。

（1）在“色板”面板中选择一种颜色，单击“色板”面板右上角的按钮，在打开的面板菜单中选择“新建色调色板”命令，如图11-17所示。

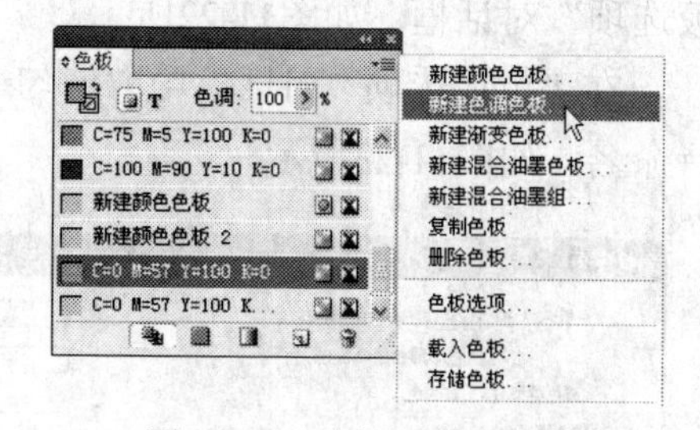

图11-17 “色板”面板菜单

（2）打开“新建色调色板”对话框，如图11-18所示。设置好需要的选项，单击“确定”按钮即可完成创建。

（3）如果想对色调进行编辑，在“色板”面板中双击新建的“色调”名称，打开“色板选项”对话框，在此可以对其颜色和色调进行调整，如图11-19所示。

使用同样的方法还可以创建“新建颜色色板”和“新建渐变色板”，并可以对其进行编辑和修改。

11.5.3 在“颜色”面板中添加色样

在菜单栏中选择“窗口→颜色”命令，打开“颜色”面板。在“颜色”面板中调整颜色值，然后单击面板右上角的按钮，在打开的“面板”菜单中选择“添加到色板”命令，如图11-20所示。

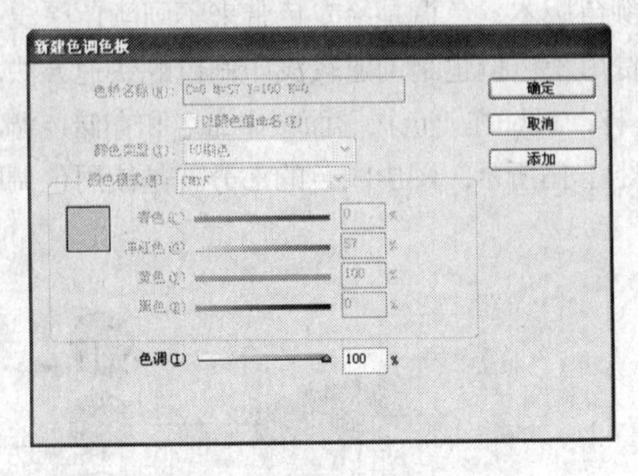

图11-18 “新建色调色板”对话框

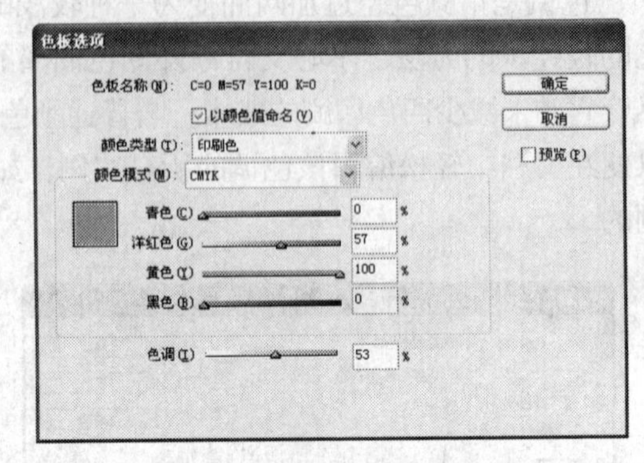

图11-19 调整色板的色调和颜色

打开“色板”面板，就会看到新创建的颜色值已经显示在“色板”面板中了，如图11-21所示。

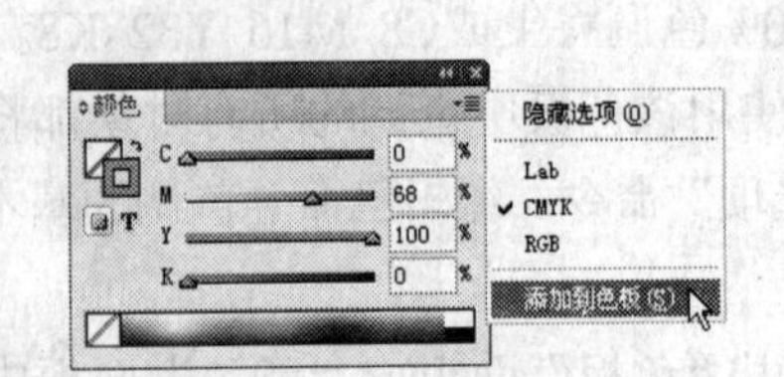

图11-20 “颜色”面板菜单

图11-21 “色板”面板

还可以对新建的色板颜色进行设置。在“色板”面板中双击所选的颜色，便会打开“色板选项”对话框，如图11-22所示。

在“色板选项”对话框中取消勾选“以颜色值命名”选项，还可以对新建的色板颜色进行命名，如图11-23所示。

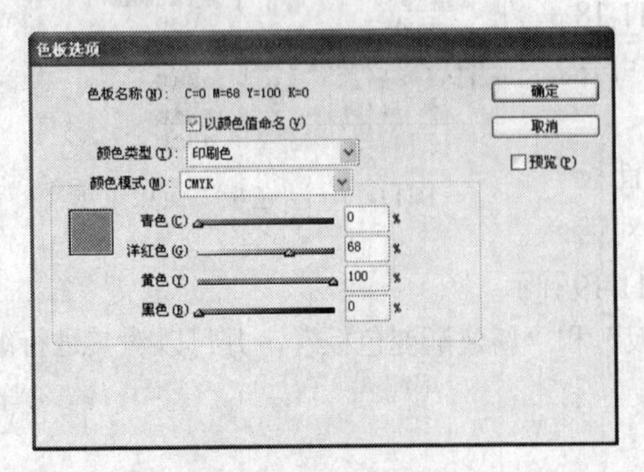

图11-22 “色板选项”对话框

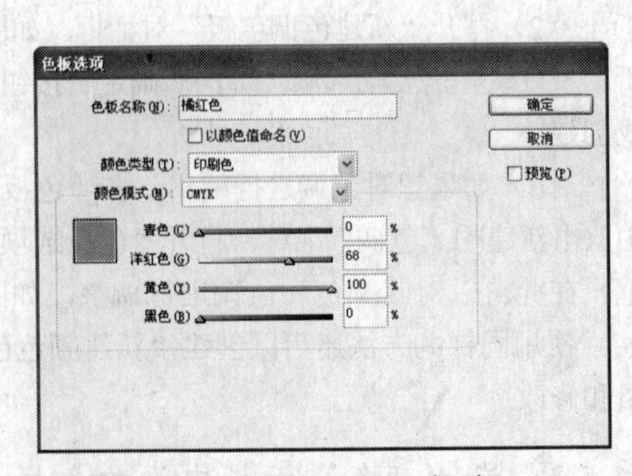

图11-23 “色板选项”对话框

11.5.4　在“渐变”面板中新建渐变色样

还可以在“渐变”面板中新建渐变色样，从而创建需要的渐变颜色，下面介绍一下创建过程。

（1）在菜单栏中选择“窗口→渐变”命令，打开“渐变”面板，如图11-24所示。

（2）将鼠标箭头移动至“渐变”面板的色块上方，然后单击鼠标右键，在打开的菜单中选择“添加到色板”命令，如图11-25所示。

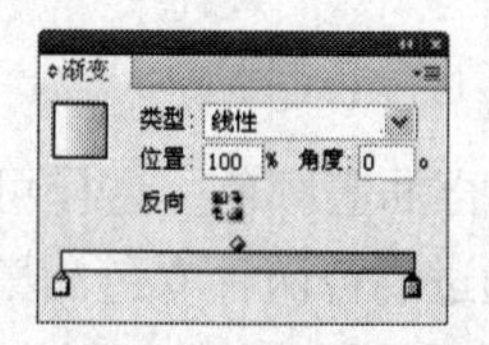

图11-24　“渐变”面板

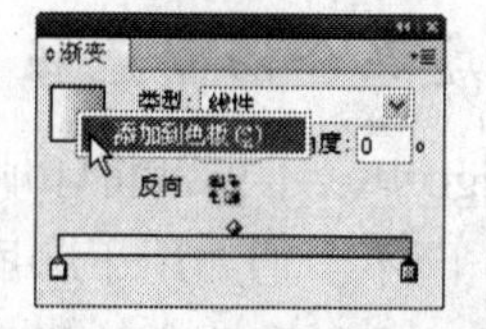

图11-25　“渐变面板”菜单

（3）打开“色板”面板，就会看到新创建的颜色值已经显示在“色板”面板中了，如图11-26所示。

还可以对新建的色板颜色进行设置。在“色板”面板中双击所选的颜色，便会打开“渐变选项”对话框，如图11-27所示。

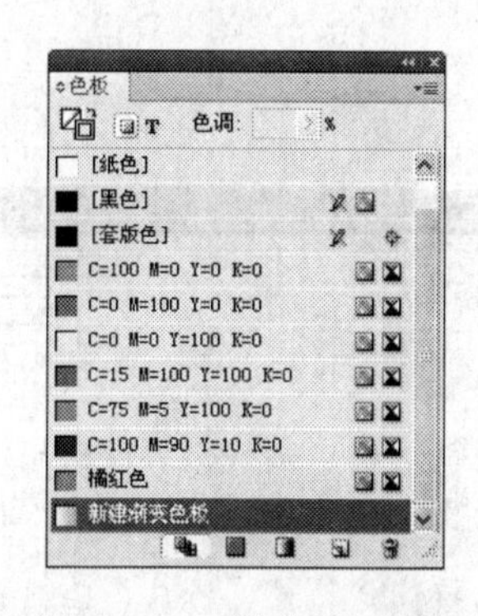

图11-26　“色板”面板

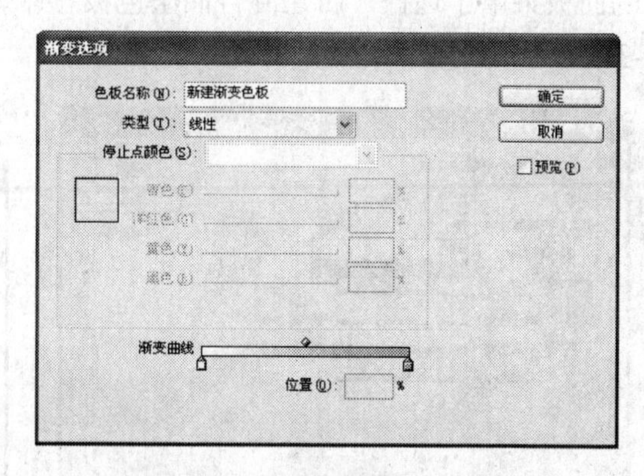

图11-27　“渐变选项”对话框

在面板中取消勾选“以颜色值命名”选项，还可以对新建的色板颜色进行命名，如图11-28所示。

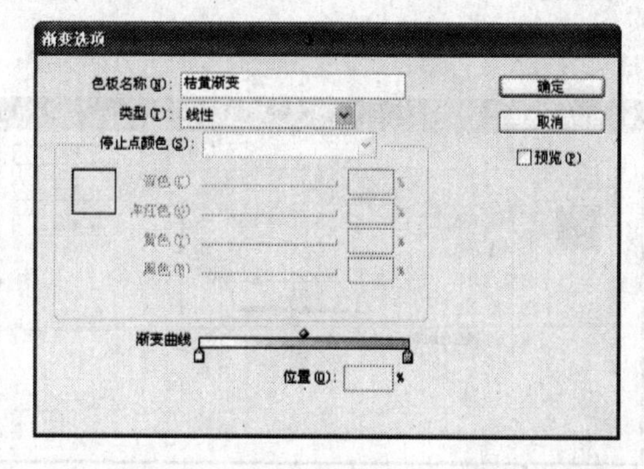

图11-28　“渐变选项”对话框

11.6 混合油墨

在某些情况下，在同一作业中可以混合使用印刷油墨和专色油墨来获得最大数量的印刷颜色。例如，在年度报告的相同页面上，可以使用一种专色油墨来印刷公司徽标的精确颜色，而使用印刷色重现照片。还可以使用一个专色印版，在印刷色作业区域中使用上光色。在这两种情况下，打印作业共使用五种油墨、四种印刷色油墨和一种专色油墨或上光色。

11.6.1 新建混合油墨色板

在InDesign中，还可以将印刷色和专色相混合以创建混合油墨颜色。这样可以增加可用颜色的数量，而不会增加用于印刷文档的分色数量。可以通过混合两种专色油墨或将一种专色油墨与一种或多种印刷色油墨混合来创建新的油墨色板，可以创建单个混合油墨色板，也可以使用混合油墨组一次生成多个色板。下面介绍一下创建混合油墨色板的过程。

（1）混合油墨的创建是基于专色进行的。在“色板”面板中双击所选的颜色，在打开的“色板选项”对话框中设置颜色类型为“专色”，如图11-29所示。

（2）在“色板”面板中选中新创建的专色颜色，然后单击面板右上方的按钮，在打开的面板菜单中选择“新建混合油墨色板”命令，打开“新建混合油墨色板”对话框，如图11-30所示。

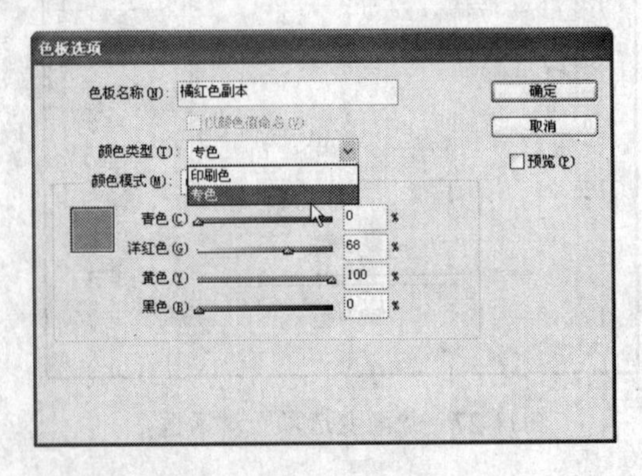

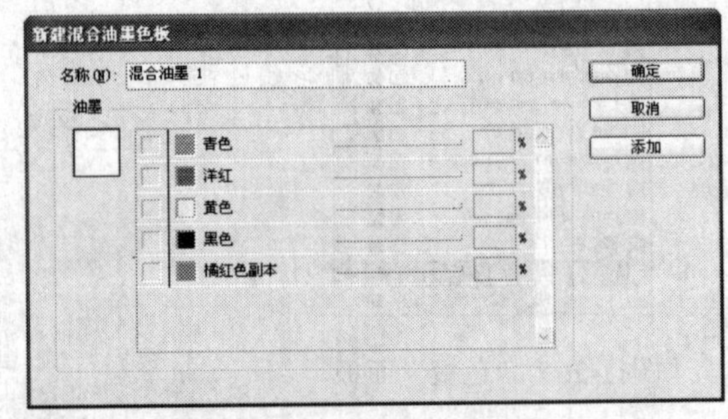

图11-29 “色板选项”对话框　　图11-30 “新建混合油墨色板”对话框

（3）在“新建混合油墨色板”对话框中可以设置混合油墨的名称及颜色的混合比例，如图11-31所示。

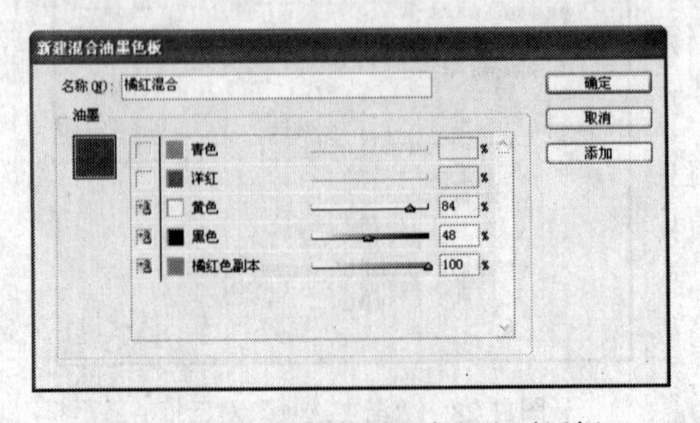

图11-31 “新建混合油墨色板”对话框

（4）设置完成后单击“确定”按钮，打开“色板”面板，就会看到新创建的颜色值已经显示在“色板”面板中了，如图11-32所示。

另外，还可以对新建的色板颜色进行设置。在“色板”面板中双击所选的颜色，便会打开“色板选项”对话框，如图11-33所示。

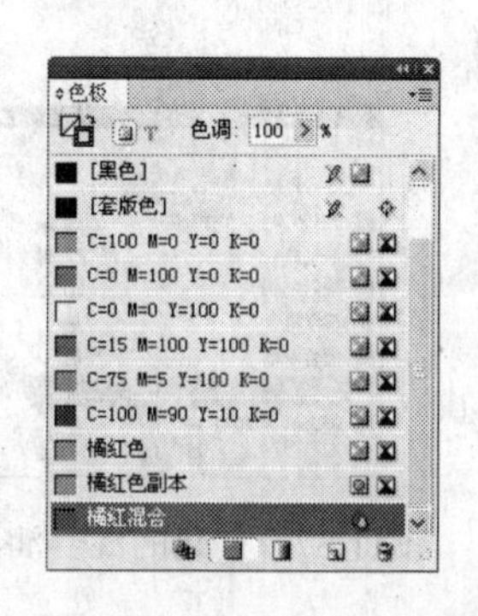

图11-32　创建的混合油墨

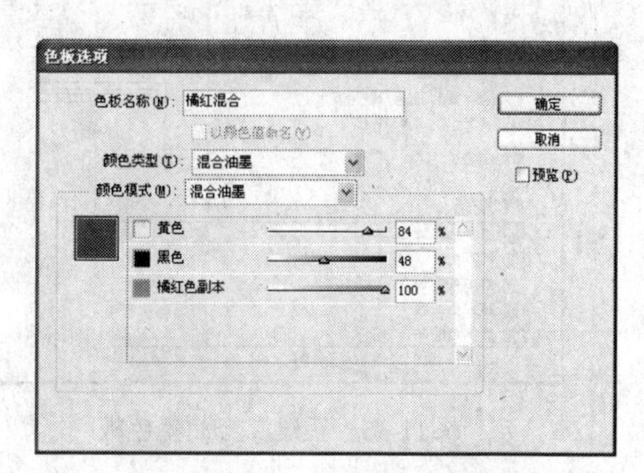

图11-33　“色板选项”对话框

11.6.2　新建混合油墨组

混合油墨可以扩展颜色在双色印刷设计中的表现范围。调整混合油墨组中的组成油墨可以即时更新由混合油墨组衍生的混合油墨，如一个专色跟一个上光色或一个专色跟一个四色。下面介绍一下创建过程。

（1）在“色板”面板中双击所选的颜色，在打开的“色板选项”对话框中设置颜色类型为“专色”，如图11-34所示。

（2）在“色板”面板中选中新创建的专色颜色，单击面板右上方的按钮，在打开的菜单中选择“新建混合油墨组”命令，打开“新建混合油墨组”对话框，如图11-35所示。

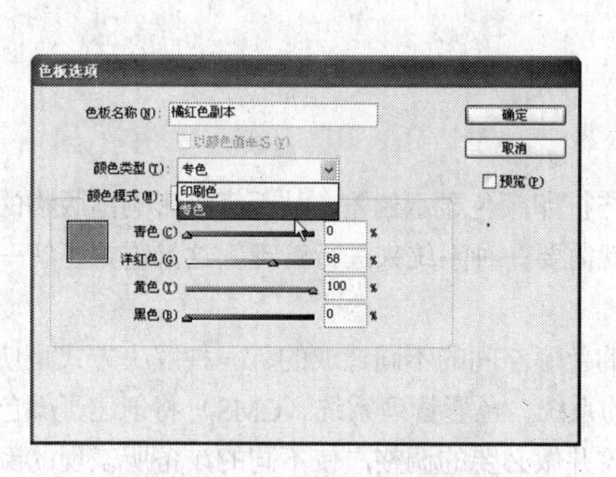

图11-34　“色板选项”对话框

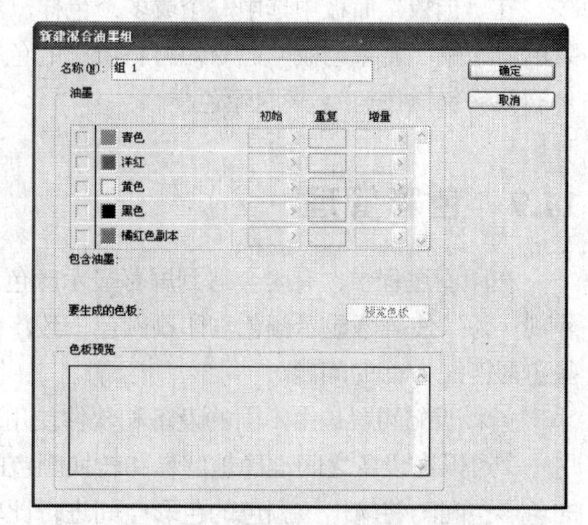

图11-35　“新建混合油墨组”对话框

（3）在“新建混合油墨组”对话框中可以设置混合油墨的名称及颜色的混合比例，如图11-36所示。

（4）设置完成后，单击“确定”按钮，打开“色板”面板，就会看到新创建的颜色值已经显示在“色板”面板中了，如图11-37所示。

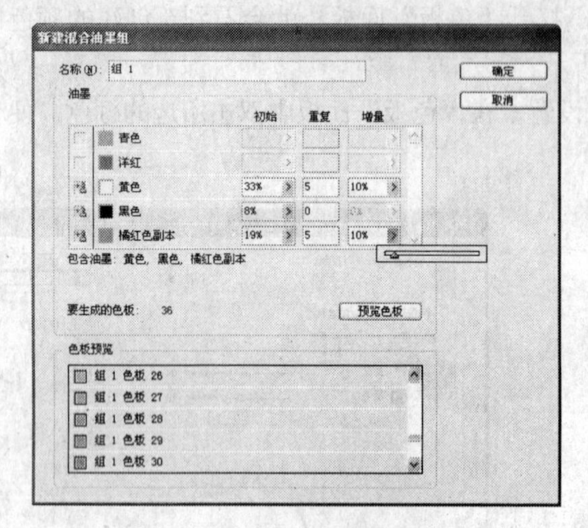

图11-36 新建混合油墨色板

图11-37 创建的混合油墨

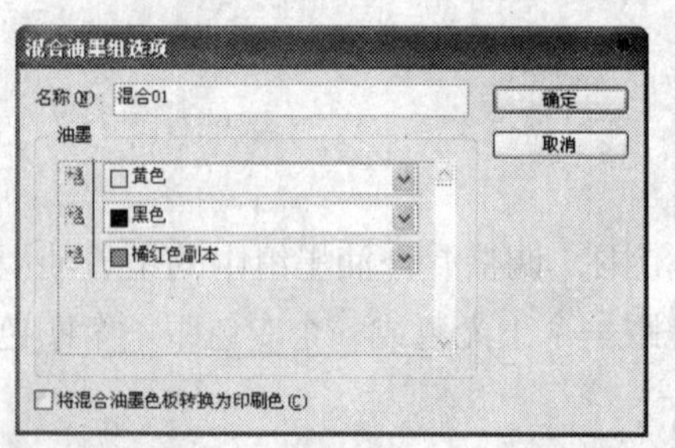

图11-38 “混合油墨组选项”对话框

还可以对新建的色板颜色进行设置。在“色板”面板中双击所选的“混合01”，便会打开“混合油墨组选项”对话框，如图11-38所示。

在该对话框中可以对混合油墨进行设置，修改油墨混合的比例后，将会对混合油墨组的所有子集颜色都有影响。另外，在面板下方还有“将混合油墨色板转换为印刷色”选项。如果勾选此项，混合油墨组将转换为印刷色。

11.6.3 删除色样

在“色板”面板中选中一个或多个色样，然后单击面板右上角的▾≡按钮，在打开的面板菜单中选择“删除色板”命令即可将所选的色样删除。也可以选中色样后直接单击面板右下角的删除色样按钮🗑来删除色样。

11.7 色彩管理

在印刷过程中，有时会遇到屏幕显示颜色与打印颜色显示偏差，从而直接影响出版物的外观。为了使屏幕显示颜色与印刷颜色一致，就需要一种系统来进行管理。这就需要了解一些色彩匹配方面的问题。

色彩匹配问题是由不同的设备和软件使用的色彩空间的不同造成的。一种解决方式是使用一个可以在设备之间准确地解释和转换颜色的系统。色彩管理系统（CMS）将创建了颜色的色彩空间与将输出该颜色的色彩空间进行比较并做必要的调整，使不同的设备所表现的颜色尽可能一致。

色彩管理系统借助颜色配置文件转换颜色。配置文件是对设备的色彩空间的数学描述。例如，扫描仪配置文件告诉色彩管理系统扫描仪“看到”色彩的方式。InDesign的色彩管理系统使用ICC配置文件，这是一种被国际色彩协会（ICC）定义为跨平台标准的格式。

11.7.1 设置颜色管理

在菜单栏中选择“编辑→颜色设置”命令，打开“颜色设置”对话框，如图11-39所示。使用该对话框可以设置颜色。

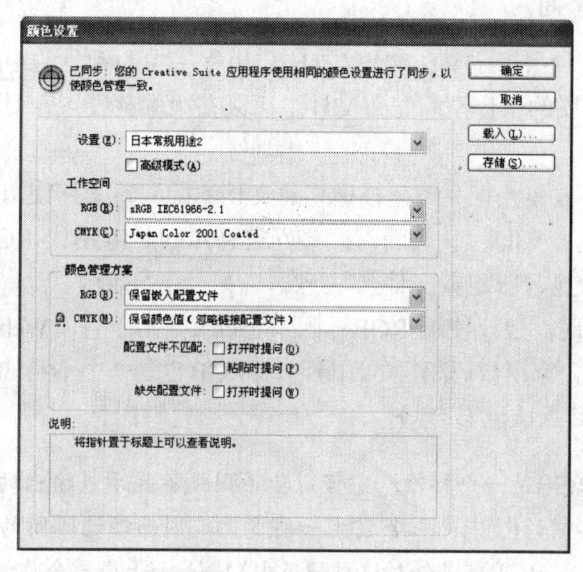

图11-39 “颜色设置”对话框

在“颜色设置”对话框中，可以从“设置”下拉列表中选择自定义颜色配置文件，如图11-40所示。

对于大多数色彩管理工作流程，最好使用Adobe Systems已经测试过的预设颜色设置。只有在色彩管理知识很丰富并且对自己所做的更改非常明确的时候，才建议更改特定选项。

可以手动调整空间来创建自己的自定义设置，在下拉列表中选择“自定”选项可以使用户设置配置中的个别选项，如将CMYK工作空间更改为与打印机或打印服务中心使用的校样系统相匹配的配置文件。还可以存储自定义配置设置以便重复使用。

InDesign提供了一些预定义的颜色管理设置（CSF）文件，也可以打开其他应用程序所定义的CSF文件，如Illustrator、Photoshop的颜色配置文件。在“颜色设置”对话框中单击“载入”按钮，打开“载入颜色设置”对话框，如图11-41所示。

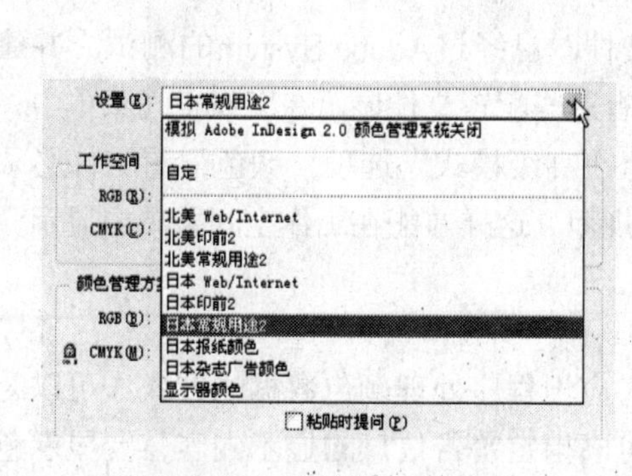

图11-40 “设置”下拉列表

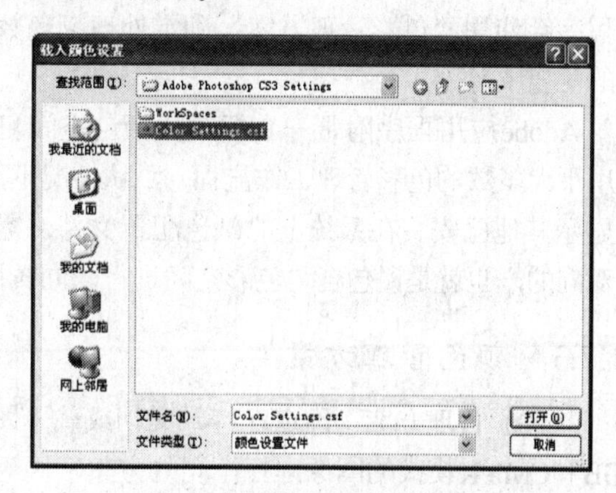

图11-41 “载入颜色设置”对话框

选中想要载入的颜色配置文件（CSF文件），单击“打开”按钮即可将选择的颜色配置文件载入到InDesign中。一般情况下InDesign所提供的颜色配置文件足以处理日常工作中的大部分文档。

11.7.2 颜色工作空间

“工作空间”是一种用于定义和编辑Adobe应用程序中的颜色的中间色彩空间。每个颜色模型都有一个与其关联的工作空间配置文件。可以在“颜色设置”对话框中选择工作空间配置文件。

工作空间配置文件被作为相关颜色模型新建文档的源配置文件使用。工作空间还确定未标记文档颜色的RGB色彩空间。一般而言，最好选择Adobe RGB或sRGB，而不要选择特定设备的配置文件，例如显示器配置文件。

在为Web制作图像时，建议使用sRGB，因为它定义了用于查看Web上图像的标准显示器的色彩空间。在处理来自家用数码相机的图像时，sRGB也是一个不错的选择，因为大多数此类相机都将sRGB用做其默认色彩空间。

提示：简单地说，sRGB是一个标准，它可以使不用设备显示或输出的图像色彩保持统一。不同显示设备间的RGB色彩会发生一些变化，因而经过不同的显示设备后就无法正确地再现色彩。sRGB就是针对这种情况由Microsoft等公司合作开发的，目的是建立一个可以满足计算机和输出设备需求的色彩管理标准，使得输出设备无需经过特别的色彩信息分析，就可以正确地表现出图像中的颜色信息。有了sRGB技术，无论在哪种显示设备上观看图像，都可以确保得到统一的色彩。对于一般家庭用户来说sRGB的作用不是很明显，但如果有打印机等设备的话，最好打开显示器的sRGB功能。

在准备打印文档时，建议使用Adobe RGB，因为Adobe RGB的色域包括一些无法使用sRGB定义的可打印颜色，特别是青色和蓝色。在处理来自专业级数码相机的图像时，Adobe RGB也是一个不错的选择。

CMYK确定应用程序的CMYK色彩空间。CMYK工作空间的Adobe耗材基于标准商业印刷条件，所有CMYK工作空间都与设备有关，这意味着它们基于实际油墨和纸张的组合。

如果打开了一个文档，该文档中嵌入的颜色配置文件与工作空间配置文件不匹配，则应用程序会使用“色彩管理方案”确定处理颜色数据的方式。多数情况下，默认方案为保留嵌入的配置文件。

Adobe应用程序附带一套标准的颜色空间配置文件，已经过Adobe System的测试，并建议用于大多数的色彩管理工作流程。默认情况下，只有这些配置文件显示在工作空间菜单中。要显示其他已安装在系统上的颜色配置文件，需选择“高级模式”选项。颜色配置文件必须是双向的，也就是说包含与色彩空间进行双向转换的规范，这样才能在工作空间菜单中显示。

11.7.3 颜色管理方案

“色彩管理方案”确定在打开文档或载入图像时应用程序处理颜色数据的方式。可以为RGB和CMYK模式的图像选择不同的方案，同时还可以指定警告信息的显示内容。要显示色彩管理方案选项，选择“编辑→颜色设置”命令打开“颜色设置”对话框，如图11-42所示，在对话框中显示色彩管理方案选项。

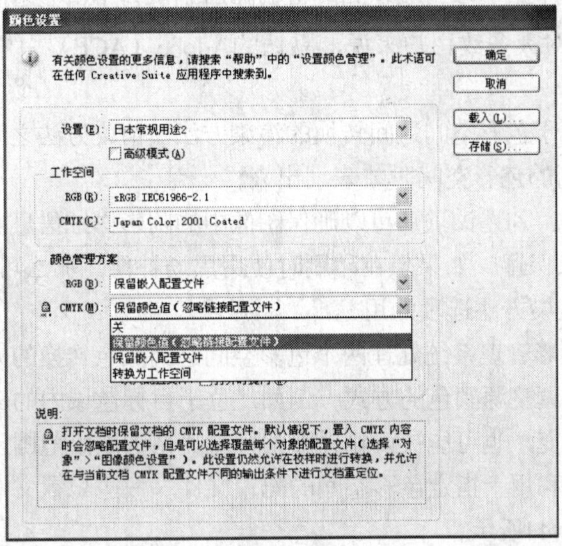

图11-42　“颜色设置”对话框

注意： 要查看方案的说明，选择该方案，然后将鼠标指针放在方案名称上，在对话框底部的说明框内会显示相关的信息。

RGB、CMYK指定在将颜色引入当前工作空间时要遵守的方案。可以从其右侧的下拉列表中选择需要的选项：

- 保留嵌入的配置文件：打开文件时，总是保留嵌入的颜色配置文件。对于大多数工作流程建议使用本选项，因为它提供一致的色彩管理。但是有一种情况例外，就是如果希望保留CMYK颜色值，那么选择“保留颜色值（忽略链接配置文件）”选项。
- 转换到工作空间：在打开文件和载入图像时，将颜色转换到当前工作空间配置文件。如果想让所有的颜色都使用单个配置文件，那么选择本选项。
- 保留颜色值（忽略链接配置文件）：在InDesign和Illustrator中对CMYK可用。在打开文件和载入图像时保留颜色值，但仍然允许使用色彩管理，可以在Adobe应用程序中准确查看颜色。
- 配置文件不匹配，打开时提问：每当打开使用不同于当前工作空间配置文件标记的文档时都显示信息。此选项为提供忽略方案的默认特性的选项之一。如果根据每个具体情况来确保文档的色彩管理是适当的，那么可以选择此选项。
- 缺失配置文件，打开时提问：每当打开未标记的文档时，都显示信息。此选项为提供忽略方案的默认特性选项之一。如果想根据每个具体情况确保文档的色彩管理是适当的，那么可以选择本选项。

11.7.4　颜色转换选项

颜色转换选项可以控制将文档从一个色彩空间移动到另一个色彩空间的时候，应用程序处理文档中颜色的方式。只有在色彩管理知识很丰富并且对自己所做的更改非常明确的时候，才建议更改这些选项。要显示转换选择项，选择“编辑→颜色设置”命令，然后选择“高级模式”选项，将会展开“转换选项”，如图11-43所示。

- 引擎：指定用于将一个色彩空间的色域映射到另一个色彩空间的色域的色彩管理模块（CMM）。对大多数用户来说，默认的Adobe（ACE）引擎即可满足所有的转换需求。
- 方法：指定用于色彩空间之间转换的渲染方法。渲染方法之间的差别只有当打印文档或转换到不同的色彩空间时才表现出来。
- 使用黑场补偿：勾选该项后可以确保图像中的阴影详细信息通过模拟输出设备的完整动态范围得以保留。如果想在印刷时使用黑场补偿，那么可以选择本选项。

下面介绍一下渲染方法选项的用途：

渲染方法确定色彩管理系统处理两个色彩空间之间颜色转换的方式。不同的渲染方法使用不同的规则决定了调整源颜色的方式。例如，位于目标色域内的颜色在转换到更小的目标色域时，可能保持不变，也可能被调整以保留视觉关系的原始范围。选择渲染方案的结果取决于文档的图形内容和用于指定色彩空间的配置文件。一些配置文件为不同的渲染方法生成相同的效果，如图11-44所示。

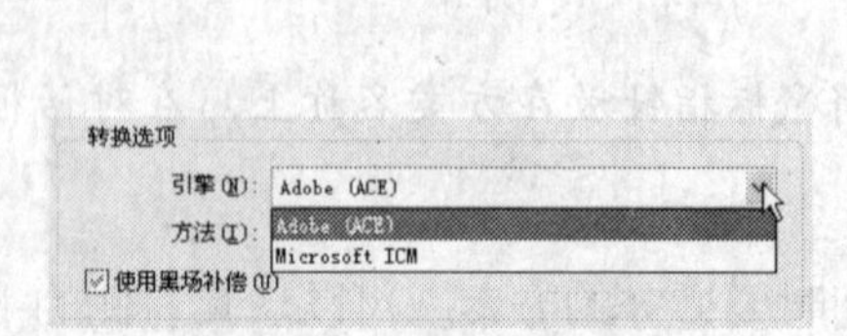

图11-43 “引擎”下拉列表

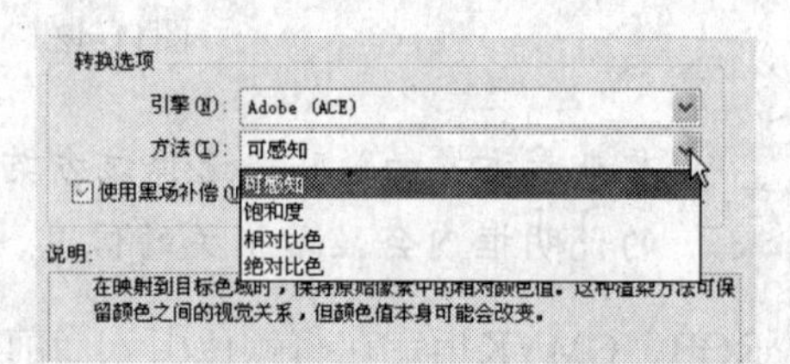

图11-44 “方法”下拉列表

一般而言，对所选的颜色设置最好使用默认渲染方法，此方法已经由Adobe Systems进行测试，并且达到了行业标准。例如，如果为北美或欧洲印刷选择颜色设置，则默认渲染方法为“相对比色”。如果为日本印刷选择颜色设置，则默认渲染方法为“可感知”。在为色彩管理系统、电子校样颜色和打印作品选择颜色转换选项时，可以选择如下渲染方法。

- 可感知：用于保留颜色之间的视觉关系，以使人通过肉眼观察会感觉很自然，尽管颜色值本身可能有改变。本方法适合存在大量超出色域外颜色的摄影图像。
- 饱和度：用于在降低颜色准确性的情况下生成逼真的颜色。这种渲染方法适合商业图形，此时明亮饱和的色彩比颜色之间的确切关系更重要。
- 相对比色：比较源色彩空间与目标色彩空间的最大高光部分并相应地改变所有颜色。超出色域外的颜色会转换为目标色彩空间内可重现的最相似颜色。与“可感知”相比，“相对比色”保留的图像原始颜色更多。这是用于北美和欧洲印刷的标准渲染方法。
- 绝对比色：不改变位于目标色域内的颜色。在色域之外的颜色将被剪切掉。不针对目标白场调整颜色。本方法可以在保留颜色间关系的情况下保持颜色的准确性，适用于模拟特定设备输出的校样。

11.8 灯箱广告的设计与颜色应用

根据前面介绍的色彩方面的知识，下面制作一幅橙汁灯箱广告。制作的橙汁灯箱广告最终效果如图11-45所示。

1. 制作过程

图11-45 最终效果

（1）在菜单栏中选择“文件→新建”命令，打开“新建文档”对话框。在“新建文档”对话框中设置出版物的“页数”为“1”，取消“对页”选项的选中，在“页面大小”列表中选择“页面大小”为“A4”，设置“页面方向”为“横向”，如图11-46所示。

（2）单击“边距和分栏”按钮，打开“新建边距和分栏”对话框。然后设置上、下、左、右边距均为“8毫米”，如图11-47所示。注意，这些数值要根据自己的需要进行设置。

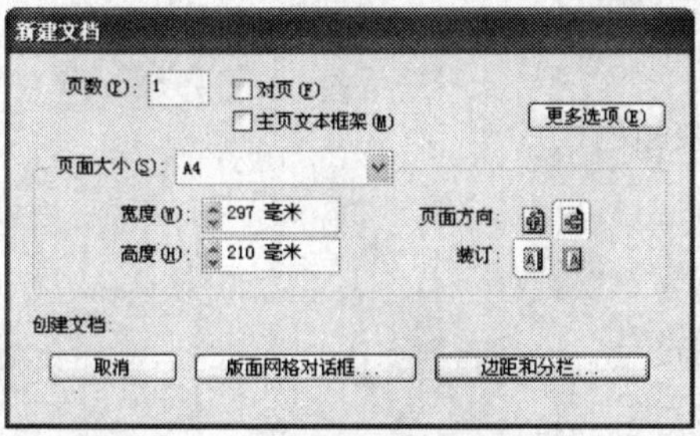

图11-46 “新建文档”对话框

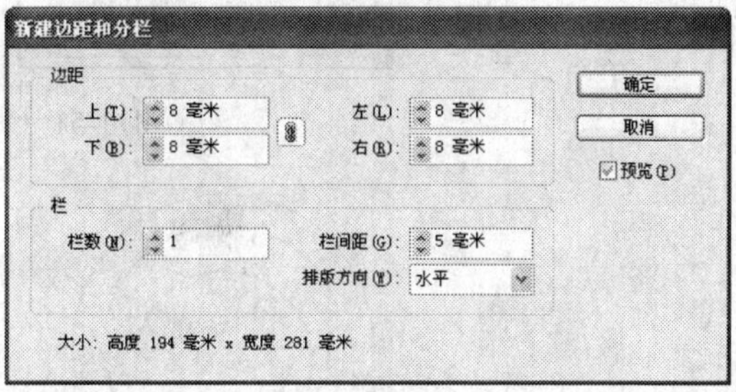

图11-47 “新建边距和分栏”对话框

（3）设置完成后单击“确定”按钮，完成文档设置，如图11-48所示。

（4）使用工具箱中的“矩形工具” 在工作区中绘制一个矩形，如图11-49所示。

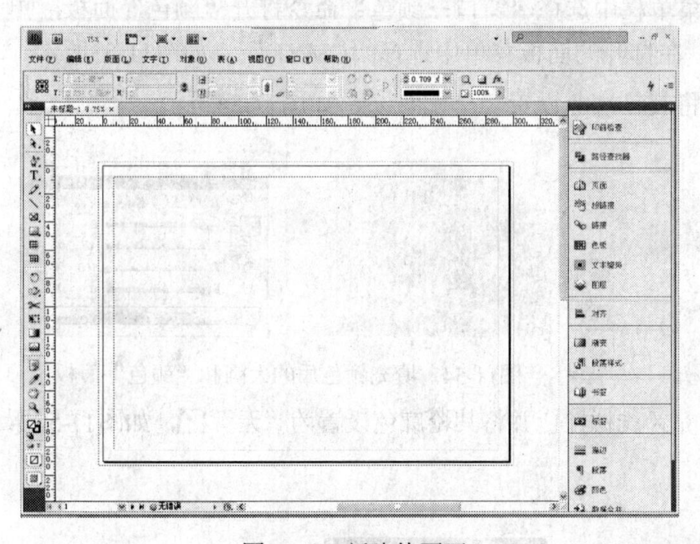
图11-48 新建的页面

图11-49 创建的矩形

（5）选中创建的矩形，在菜单栏中选择“窗口→渐变”命令打开“渐变”面板，在“渐变”面板中设置渐变“类型”为“线性”，设置“角度”为“90°”，如图11-50所示。

（6）更改渐变颜色。在“渐变”面板中将颜色改为由橘黄色到淡黄色再到橘黄色的渐变色，如图11-51所示。

（7）使用工具箱中的“椭圆工具” 创建三个正圆，效果如图11-52所示。

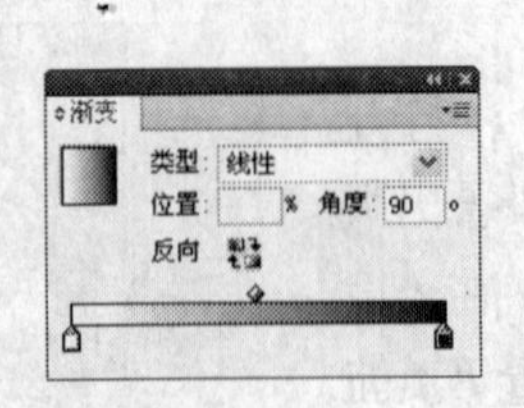

图11-50 “渐变”面板和使用渐变后的效果

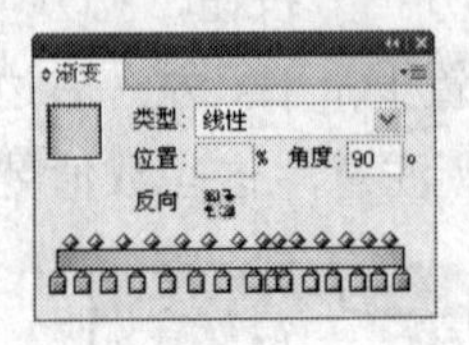

图11-51 调整渐变颜色

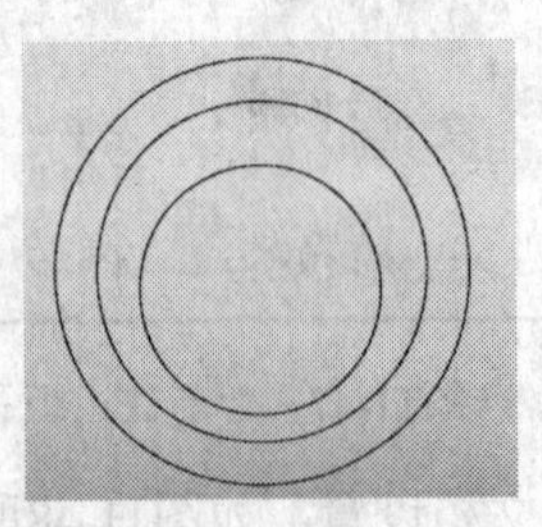
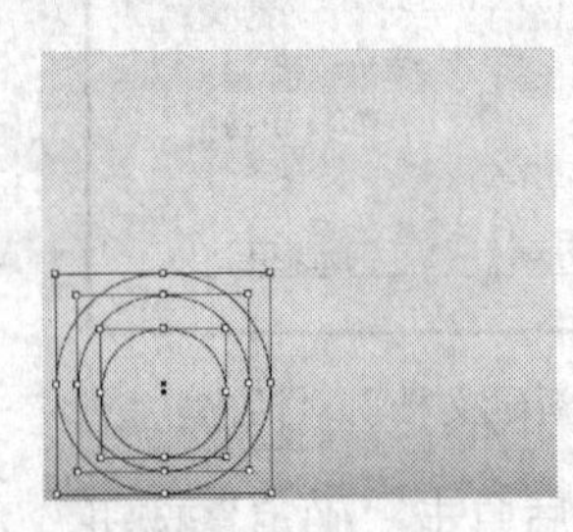

图11-52 创建的三个正圆

（8）选中最底下的大圆，在菜单栏中选择“窗口→颜色”命令打开“颜色”面板，单击“颜色”面板右上方的按钮，在打开的面板菜单中选择“CMYK”，如图11-53所示。

（9）将大圆填充为橘黄色并将其轮廓色设置为“无”，如图11-54所示。

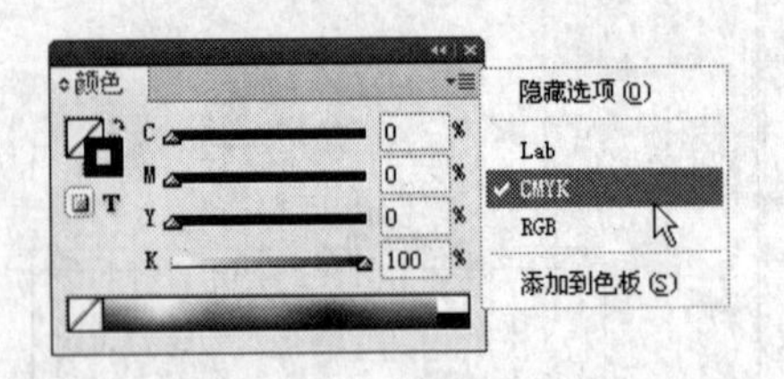

图11-53 “颜色”面板菜单

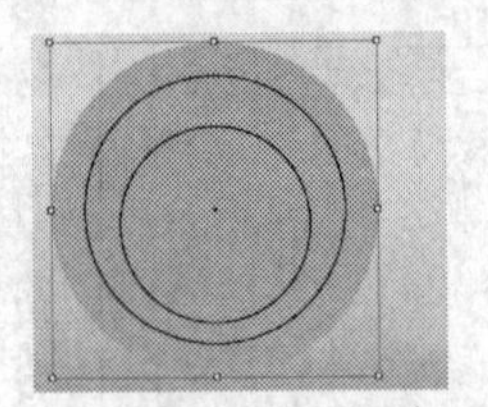
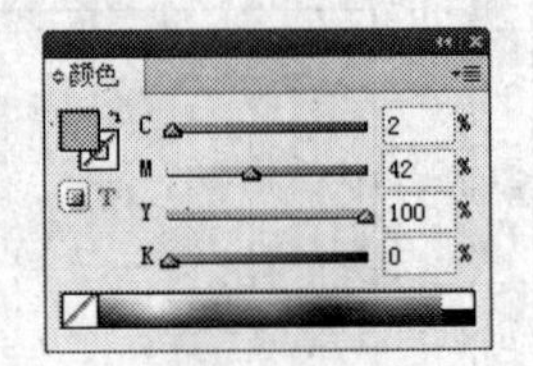

图11-54 填充颜色后的大圆和“颜色”面板

（10）选中中间的圆，将其填充为浅橘红色并将其轮廓色设置为“无”，如图11-55所示。

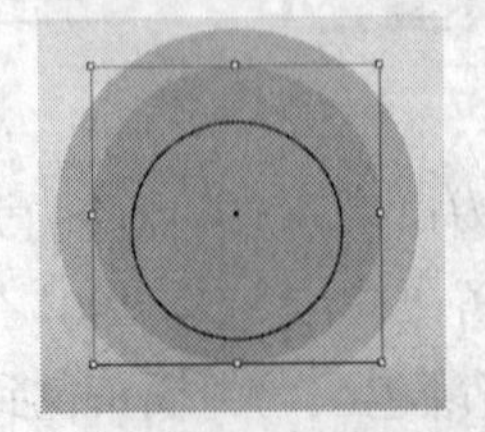
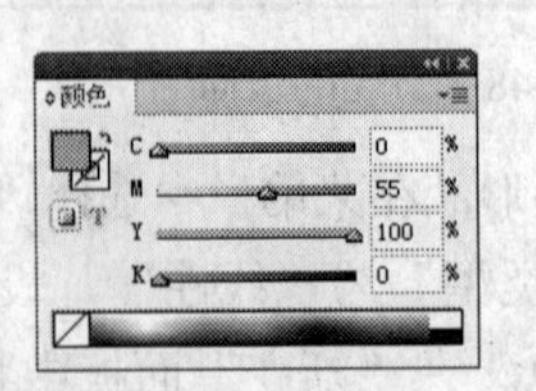

图11-55 填充颜色后的圆和“颜色”面板

（11）选中最上面的小圆，将其填充为橘红色并将其轮廓色设置为“无”，如图11-56所示。

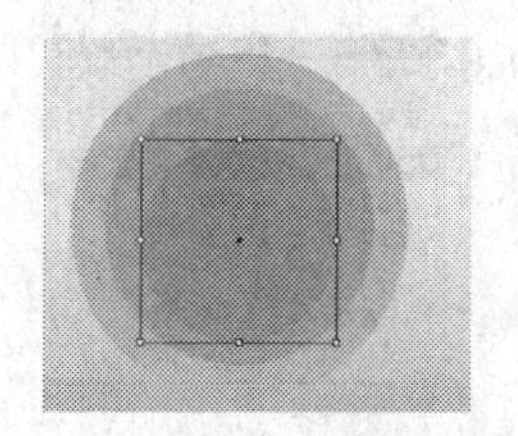
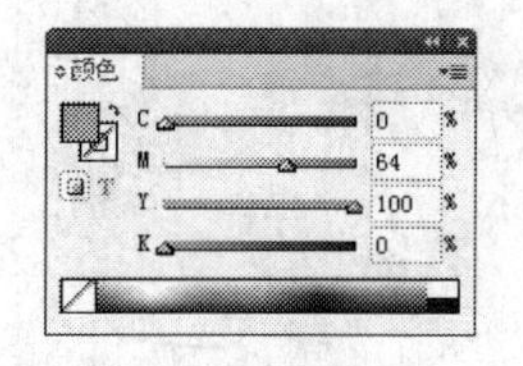

图11-56 填充颜色后的圆和“颜色”面板

（12）选中三个圆，然后在菜单栏选择“对象→编组”命令，将它们进行编组，如图11-57所示。

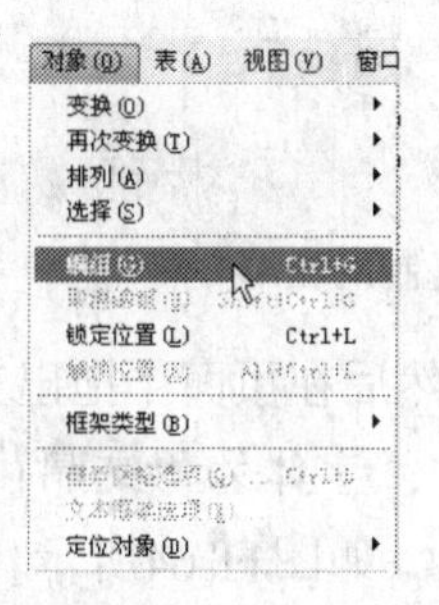

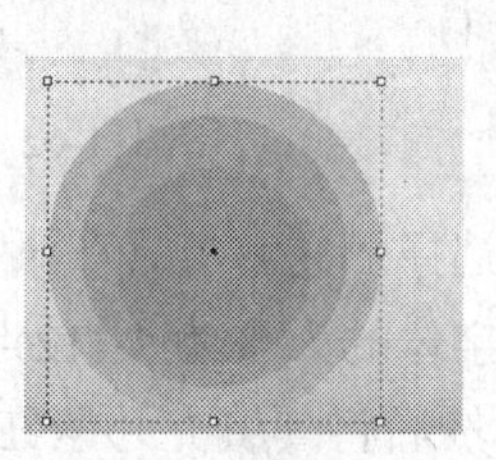

图11-57 菜单命令和编组后的效果

（13）选中编组后的正圆，在菜单栏中选择“窗口→效果”命令打开“效果”面板，在“效果”面板中将其“不透明度”设置为“58%”，如图11-58所示。

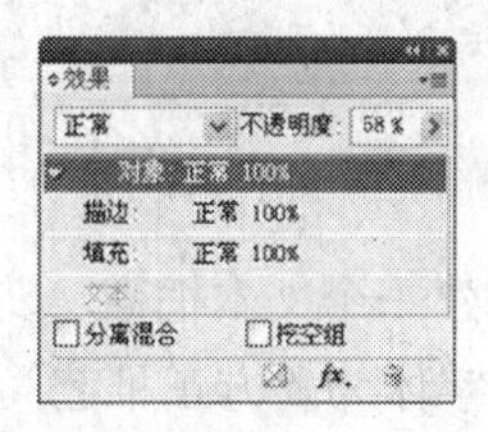

图11-58 “效果”面板和设置不透明度后的效果

（14）使用“选择工具” 选中正圆组，然后将其复制，并调整其大小和位置，如图11-59所示。

（15）使用同样的方法复制其他几组正圆，如图11-60所示。

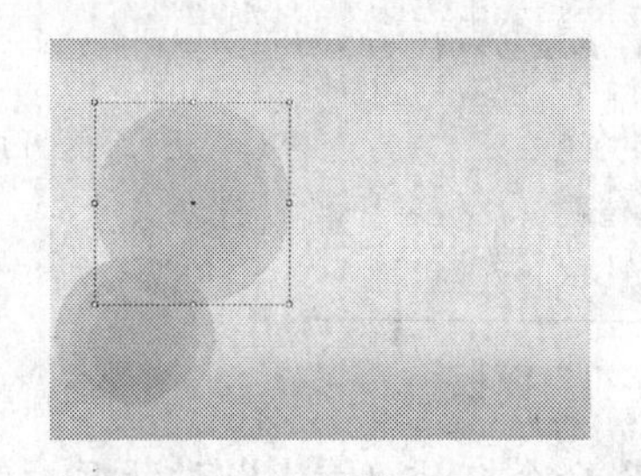

图11-59 复制的正圆组

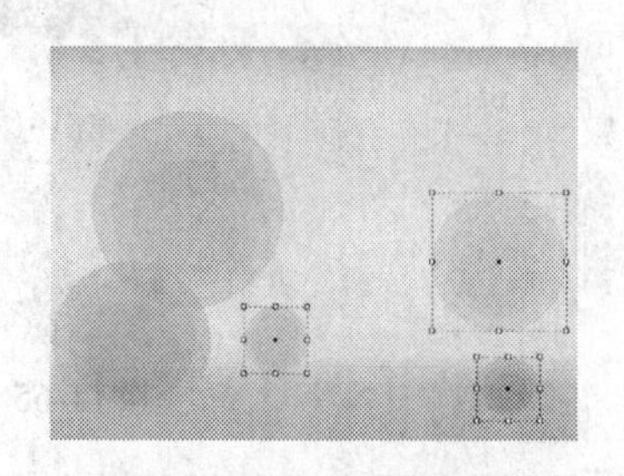

图11-60 复制的几组正圆

（16）绘制云彩。在工具箱中选择“钢笔工具” 绘制成一朵云彩的形状，并将其填充为白色，并在“效果”面板中将其不透明度设置为“64%”，如图11-61所示。

（17）选择绘制的云彩将其复制几份，如图11-62所示。

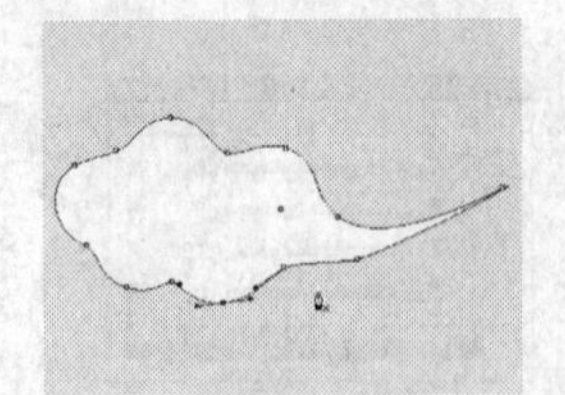

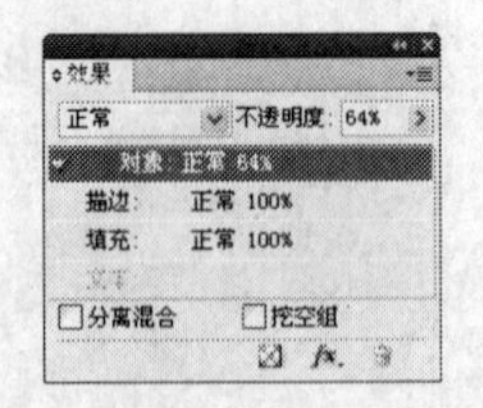

图11-61　绘制的白云和“效果”面板

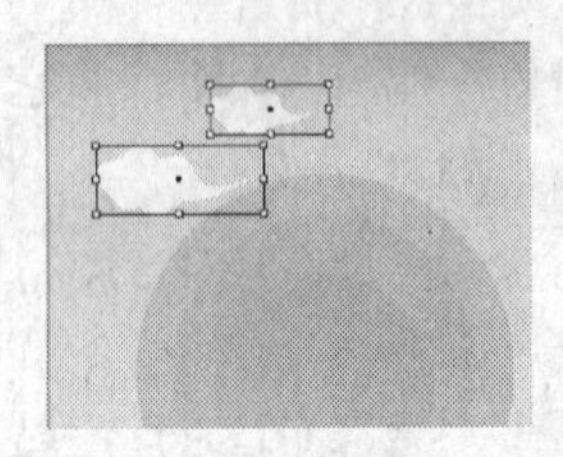

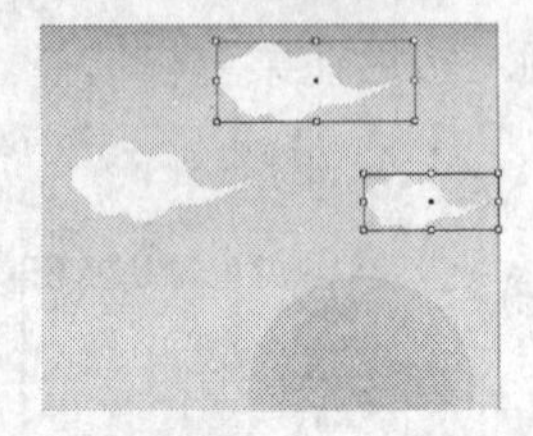

图11-62　复制的云彩

（18）在工具栏中选择“文字工具”T，然后在页面中拖出文本框架并输入文字。然后在“字符”面板中设置字体的大小为“112点”、字体为“文鼎花瓣体”，如图11-63所示。

（19）选中字体，然后将其填充为紫红色，如图11-64所示。

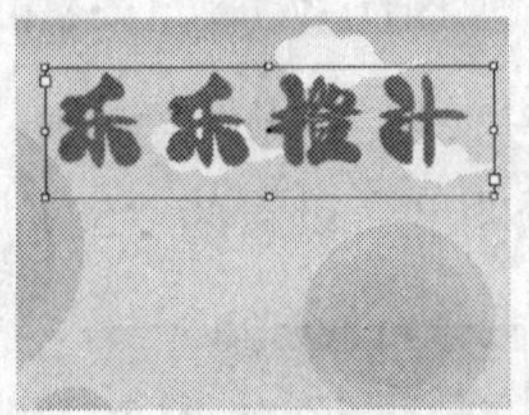

图11-63　输入的汉字

图11-64　填充颜色后的字体

（20）使用“文字工具”T在页面中再创建一个文本框架，在框架中输入文字，在“字符”面板中设置字体的大小为“55点”，设置字体为“方正稚艺简体”，并将字体颜色填充为深绿色，如图11-65所示。

图11-65　输入的文字和“字符”面板

（21）置入图片，在菜单栏中选择“文件→置入”命令打开“置入”对话框，在打开的对话框中选择“杯子.ai”文件，该文件是在Illustrator中创建的（可以在本书的配套资料中找到），如图11-66所示。

提示：如果读者会使用Illustrator，那么也可以使用该软件绘制一个类似的图形。

图11-66 “置入”对话框

（22）单击“确定”按钮，这时鼠标箭头变为置入图片标识形状，使用鼠标左键在页面上拖动绘制矩形框架，同时图片显示在框架中，如图11-67所示。

图11-67 鼠标箭头和拖曳生成的框架

（23）调整置入图片的位置后，使用同样的方法将“花朵.ai”文件置入（该文件也可以在本书的配套资料中找到），如图11-68所示。

（24）将置入的花朵图形复制几份，并分别调整它们的大小和位置，如图11-69所示。

图11-68 导入的花朵图片

图11-69 复制的花朵

（25）至此，就完成了灯箱广告的制作，绘制的最终效果如前图11-45所示。

2. 图形的色彩管理与电子校样

通过色彩管理可以将创建图形的色彩空间与输出该颜色的色彩空间进行比较，并作必要的调整，从而使设计的颜色与设备所表现的颜色尽可能一致。使用电子校样可以直接在电脑显示器上进行印刷校样。下面简单地介绍一下进行色彩管理和电子校样的操作。

（1）在菜单栏中选择“编辑→颜色设置”命令打开“颜色设置”对话框，并在“设置”右侧的下拉列表中选择“自定”选项，其他参数保持默认，如图11-70所示。

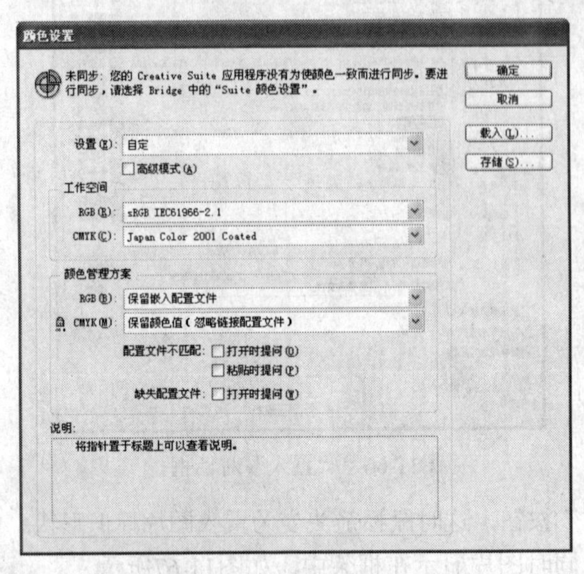

图11-70　“颜色设置”对话框

（2）在“颜色设置”对话框中，将“工作空间”选项区的“RGB”设置为“sRGB IEC 61966-2.1”，“CMYK”设置为“Japan Color 2001 Coated”。在“颜色管理方案”选项区中，将“RGB”设置为“保留嵌入配置文件”，“CMYK”设置为“保留颜色值（忽略链接配置文件）”，设置完成后单击“确定”按钮完成颜色设置。

（3）在菜单栏中选择“视图→校样设置→自定”命令，打开“自定校样条件”对话框，如图11-71所示。

（4）在“自定校样条件”对话框中设置要模拟的颜色为“Japan Web Coated （Ad）”在广告中经常用到此颜色配置文件，勾选“保留CMYK 颜色值”选项，在“显示选项（屏幕）”选项区中选中“模拟黑色油墨”选项，如图11-72所示。

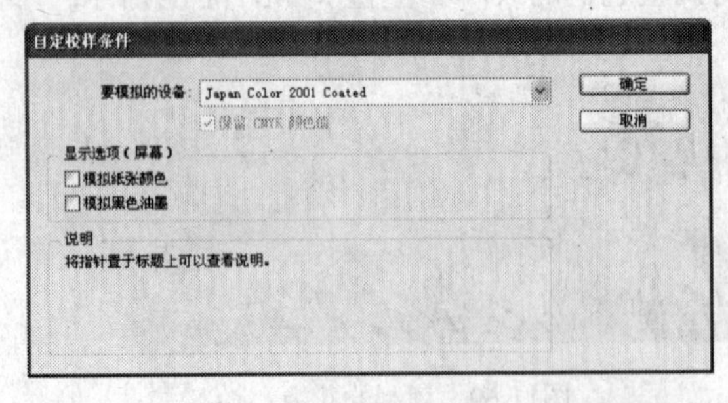

图11-71　“自定校样条件”对话框

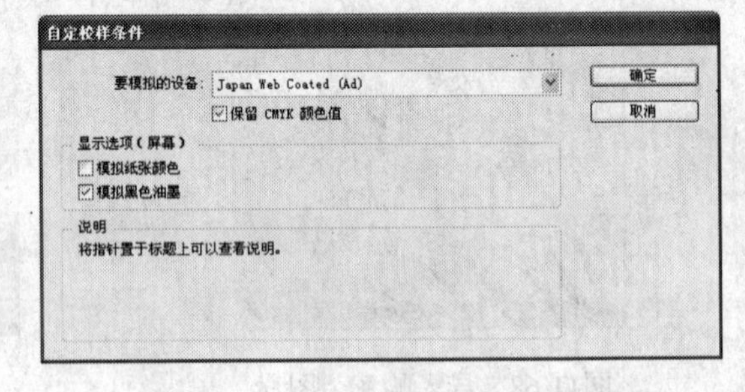

图11-72　“自定校样条件”对话框

（5）设置完成后单击“确定”按钮。另外还可以通过选择“视图→校样颜色”命令来进行电子校样，使用这种方法可以比较原始图形颜色和电子校样后的图像颜色。

（6）这样就完成了“橙汁广告”的色彩管理与电子校样设置，在菜单栏中选择“文件→存储”命令将当前编辑好的文件保存。

第12章　陷印、分色和叠印

在印刷行业中，陷印与分色是经常用到的技术，使用这种技术可以获得更好的印刷效果。在本章中，将介绍一下陷印与分色的相关知识，另外，还将介绍有关叠印的内容。

本章主要介绍以下内容：

★陷印

★分色

★叠印

12.1　陷印

陷印也叫补漏白，又称为扩缩，主要是为了弥补因印刷套印不准而造成两个相邻的不同颜色之间的漏白，如图12-1所示。印刷机在高速旋转的情况下，因机械或操作原因造成的套印误差在所难免。漏白不但影响印刷品的美感，而且容易造成质量问题，与客户发生矛盾，所以在输出前应对陷印及压印设计进行检查。

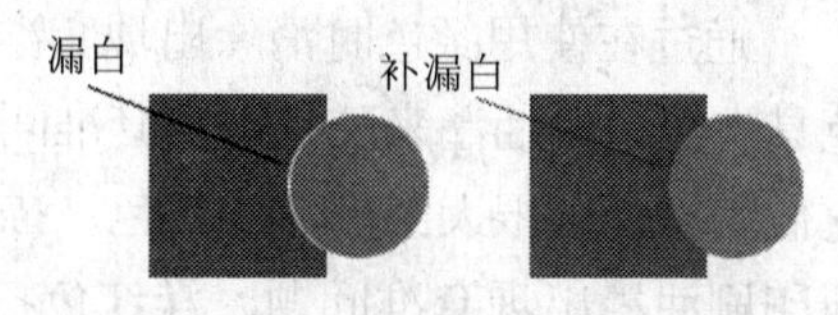

图12-1　漏白效果

陷印的原则是在没有共同色或共同色含量少的颜色间生成共同色的边界。这种办法可有效地避免套印误差出现漏白，在桌面出版系统中的图形设计及排版软件，一般都设有陷印功能。当然，在InDesign中也可以通过使用陷印来补漏白。

12.1.1　陷印文档和书籍

在实际工作中，除了有些文档需要进行陷印外，还有很多书籍，尤其是一些彩印的期刊杂志也需要进行陷印。陷印与油墨密切相关，因此需要了解一下油墨的相关内容。

1. 油墨陷印简介

当胶印印刷文档在同一页上使用多种油墨时，每种油墨必须与它相邻的任何其他油墨套准（精确对齐），以便不同油墨之间的结合处不存在间隙。但是，要保证从印刷机中传出的每张纸上的每个对象都完全套准是不可能的，于是就会出现油墨“未套准”的现象。未套准会导致油墨之间出现不需要的间隙，如图12-2所示。

图12-2 无陷印（左）和有陷印（右）未套准的现象

通过稍微展开一个对象以使它与另一个不同颜色的对象重叠，可以弥补这种未套准缺陷，这一过程称为陷印。默认设置下，当将一种油墨放置到另一种油墨之上时，将挖空（即移去）下面的所有油墨，以避免不需要的颜色混合；而陷印则要求油墨叠印（即将一种油墨印刷在另一种油墨之上），以便至少获得部分重叠。

大部分陷印采用扩展模式，即浅色对象向深色对象扩展。因为两个相邻颜色中较深的颜色决定着对象或文本的可视边缘，所以，稍微将较浅的颜色扩展到较深的颜色中可以保持可视边缘。

2. 陷印方法

一般，可以使用下列方法的任意组合来陷印文档：

- 使用不需要陷印的印刷色。
- 叠印黑色。
- 手动叠印描边或填色。
- 使用InDesign内置陷印或Adobe In-RIP陷印。
- 使用创建导入图形的插图程序中的陷印功能来陷印这些图形。参见介绍这些应用程序的文档。

选择可对使用的颜色输出工作流程形成有效补充的陷印解决方案，如Adobe PostScript或PDF。

通过在使用颜色时消除出现套准问题的可能性，避免进行陷印。可以通过确保相邻印刷色具有共用的油墨来防止出现套准问题。例如，如果指定具有鲜红色填色的深紫色描边，则它们均将包含很大比例的洋红色。描边和填色的共用洋红色将打印为单个区域，这样如果其他印刷油墨出现套准问题，洋红色打印印版则使任何生成的间隙很难被察觉。

3. 自动陷印

在InDesign中，既可以利用其内置的陷印引擎来陷印彩色文档，也可以使用Adobe In-RIP陷印引擎来陷印彩色文档，支持AdobeIn-RIP陷印的PostScript输出设备上提供了Adobe In-RIP陷印引擎。

这两种陷印引擎都可以计算出应对文字和图形的边缘做出多大调整。即使文本或 InDesign对象跨过了几种不同的背景色，这两种陷印引擎也可以将陷印技术应用于单一对象的不同部分。陷印调整是自动完成的，而且可以定义陷印预设来解决特定页面范围的陷印需求。只能在陷印引擎产生的分色上看到陷印效果，在InDesign中的屏幕上是看不到的。

陷印引擎首先检测对比的颜色边缘，然后根据相邻色的中性密度（明暗度）创建陷印，大多数情况下是通过将浅颜色扩展到相邻的深颜色中进行创建的。在“陷印预设”面板中可以指定陷印设置来修改陷印引擎的结果。

4. 陷印位图图像和矢量图形

内置陷印可以将照片等位图图像陷印到文本和图形中。位图图像必须以完全基于像素的文件格式存储，并且这些格式满足商业印刷对颜色的要求。PSD（Photoshop）和TIFF是最适合商业印刷作业的格式。若使用其他格式，则先咨询印前服务提供商。

Adobe In-RIP陷印和内置陷印都可以陷印使用InDesign工具创建的文本和图形，以及置入的矢量PDF文件。不过，内置陷印不能陷印置入的矢量EPS图形。对于在InDesign中创建的文本、路径和框架，如果它们与包含内置陷印不能陷印的置入图形（如矢量EPS图形）的框架重叠，则它们将不会正确陷印。不过，使用Adobe In-RIP陷印可以正确陷印这些对象。对于包含矢量EPS图形的文档，如果调整图形的框架，或许可以对这些文档使用内置陷印。如果置入的EPS图形不是矩形，试着调整框架的形状，让它离图形本身近一些，离其他对象远一些。例如，可以选择“对象→剪切路径”命令，让图形框架与图形贴得更紧一些，如图12-3所示。

图12-3 与置入的EPS图形重叠的InDesign文本和图形不能正确陷印

若要获得很好的陷印效果，需要调整框架的形状，使其不触及其他对象。

5. 陷印文本

Adobe In-RIP陷印引擎和内置陷印引擎都可以将文本字符与其他文本和图形进行陷印（内置陷印要求文本和图形必须由InDesign创建，并且不能包含在导入的图形中）。跨过不同背景色的文本字符可以准确地与所有颜色进行陷印。

Adobe In-RIP陷印可以陷印所有类型的字体。相比之下，内置陷印最好配合Type 1、OpenType和Multiple Master字体使用；使用TrueType字体可能导致陷印不一致。如果文档必须使用TrueType字体，而又想使用内置陷印，则应考虑将所有TrueType文本转换为轮廓，方法是先选定此文本，选择“文字→创建轮廓”命令，将该文本变为可以正确陷印的InDesign对象。文本转换为轮廓后就无法再对其进行编辑了。

12.1.2 陷印预设

在InDesign中，陷印可以进行预设，从而满足不同的印刷需求。使用“陷印预设”面板进行预设。

1. “陷印预设”面板概述

陷印预设是陷印设置的集合，可将这些设置应用于文档中的一页或一个页面范围。使用“陷印预设”面板就可以输入陷印设置和存储陷印预设。可以将陷印预设应用于当前文档的任意或所有页面，或者从另一个InDesign文档中导入预设。如果没有对陷印页面范围应用陷印预设，那么该页面范围将使用默认陷印预设。一般，使用默认的陷印预设即可。

如果“陷印预设”面板没有打开，在菜单栏中选择“窗口→输出→陷印预设”命令，打开“陷印预设”面板，单击面板右上角的▾≡按钮，则可以打开该面板菜单，如图12-4所示。

2. 创建或修改陷印预设

使用“陷印预设”面板，既可以创建新的陷印预设，也可以修改陷印预设。下面简单地介绍一下。

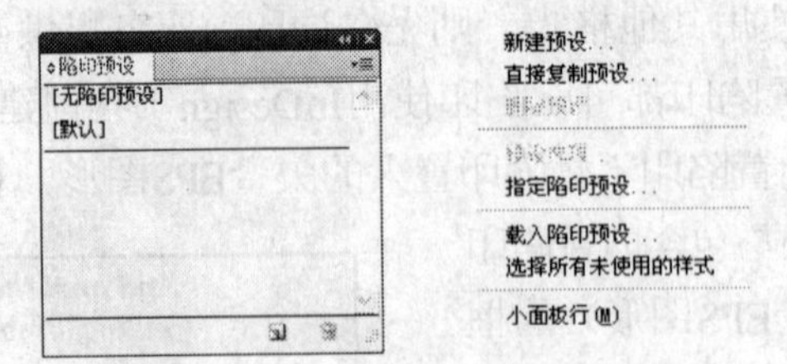

图12-4“陷印预设”面板和面板菜单

在“陷印预设”面板中，单击面板右上角的按钮，在打开的菜单中选择“新建预设”命令， 打开“新建陷印预设”对话框，如图12-5所示。在该对话框中根据需要设置好选项，然后单击“确定“按钮即可创建新的样式。

提示：单击“陷印预设”面板底部的“创建新陷印预设”按钮可以在默认陷印预设设置的基础上创建一个预设。

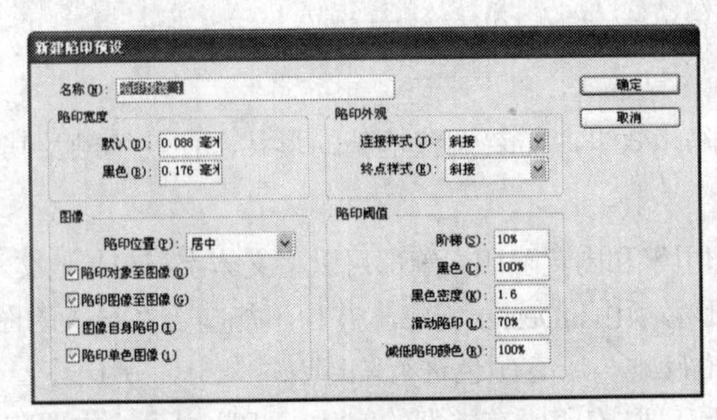

图12-5 “新建陷印预设”对话框

下面简单地介绍一下该对话框中的一些选项。

- 名称：输入预设的名称。不能更改默认陷印预设的名称。
- 陷印宽度：陷印宽度指定油墨重叠量的值。陷印宽度指陷印间的重叠程度。不同的纸张特性、网线数和印刷条件要求不同的陷印宽度。如果要确定每个作业适合的陷印宽度，则需要咨询商业印刷商。其中，使用“默认”选项可以以点为单位指定与单色黑有关的颜色以外的颜色的陷印宽度。使用“黑色”选项则可以指定油墨扩展到单色黑的距离，或者叫“阻碍量”，即陷印多色黑时黑色边缘与下层油墨之间的距离。
- 陷印外观：陷印外观指定用于控制陷印形状的选项。使用“连接样式”可以控制两个陷印段的节点形状。有“斜角”、“圆角”和“斜面”3个选项，如图12-6所示。默认设置为“斜角”，它与早期的陷印结果相匹配，以保持与以前版本的Adobe陷印引擎相兼容。

使用“终点样式”选项可以控制三向陷印的交叉点位置，注意：也有人将终点样式称为端点样式。“斜角”（默认）会改变陷印端点的形状，使其不与交叉对象重合。“重叠”会影响由最浅的中性色密度对象与两个或两个以上深色对象交叉生成的陷印外形。最浅颜色陷印的端点会与三个对象的交叉点重叠，如图12-7所示。

- 图像：图像指定如何陷印导入的位图图像的设置。
- 陷印阈值：通过输入值来指定执行陷印的条件。许多不确定因素都会影响需要在这里输入的值。

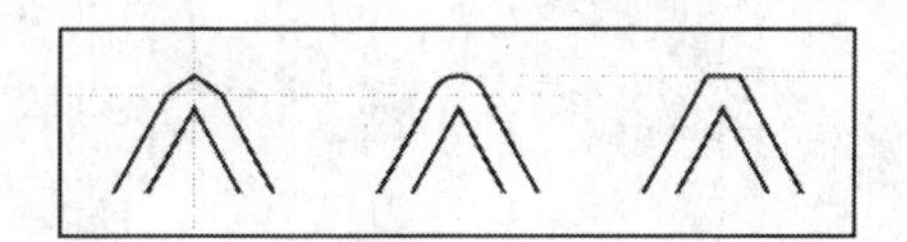

图12-6　从左到右依次是：斜角、圆角、斜面

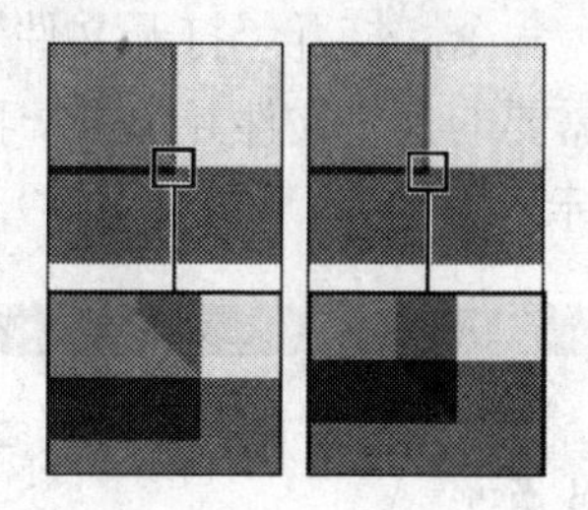

图12-7　陷印终点：斜接（左）和重叠（右）

3. 管理陷印预设

还可以在“陷印预设”面板中对陷印预设进行复制、删除、导入和自定陷印预设。下面简单地介绍一下。

复制陷印预设

在“陷印预设”面板中，选择一个预设，单击面板右上角的按钮，在打开的菜单中选择“直接复制预设”命令，如图12-8所示。

打开“直接复制陷印预设”对话框，如图12-9所示。

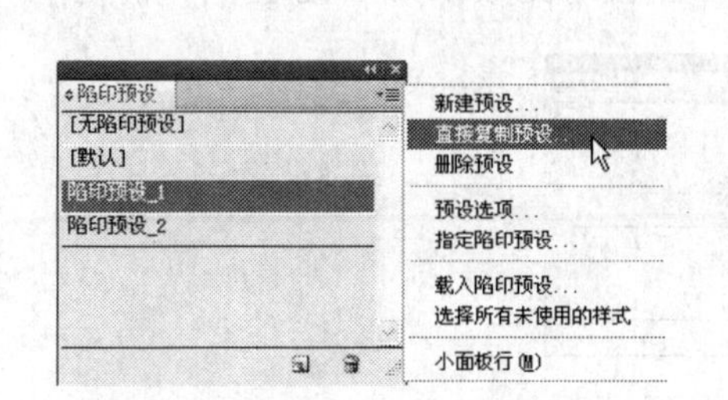

图12-8　“陷印预设”面板菜单

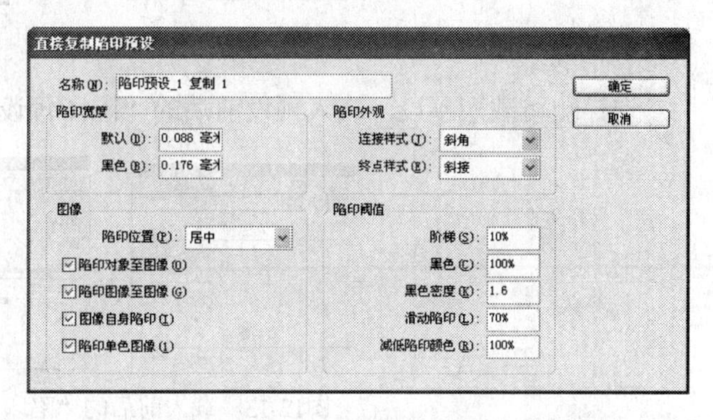

图12-9　“直接复制陷印预设”对话框

在“直接复制陷印预设”对话框中设置相关的选项后，单击“确定”按钮便可以复制预设。另外，还可以选择一个预设，然后将其拖到面板底部的“创建新陷印预设”按钮上，也可以打开“直接复制陷印预设”对话框进行复制。

删除陷印预设

在“陷印预设”面板中，选中要删除的预设，然后单击“删除”按钮，打开“Adobe InDesign”警示对话框，单击“是”按钮便可以将选中的“陷印预设”删除，如图12-10所示。

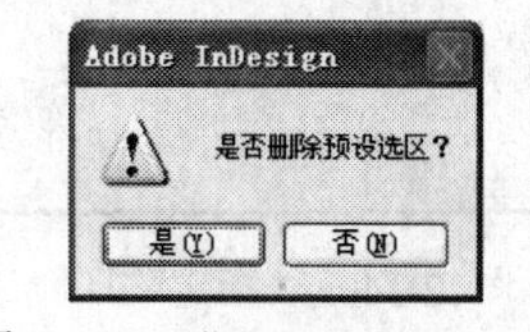

图12-10　“Adobe InDesign”警示对话框

也可以在“陷印预设”面板中，选中要删除的预设，然后选择面板菜单中的“删除预设”命令删除预设。

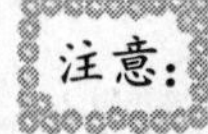

注意：不能删除两个内置的预设：默认和无陷印预设。

从另一个InDesign文档导入预设

如果要从另一个文档中导入预设，那么在“陷印预设”面板中选择面板菜单中的“载入陷印预设”命令，打开“打开文件”对话框，如图12-11所示。

选择需要的预设文件并单击“打开”按钮，将打开“正在载入预设”进度条对话框，如图12-12所示。

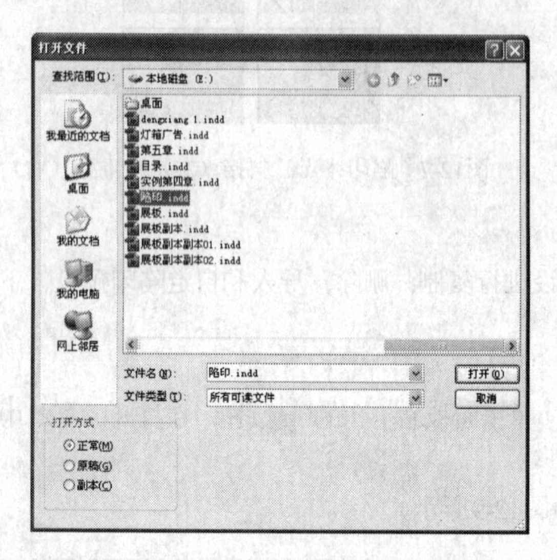

图12-11 “打开文件”对话框

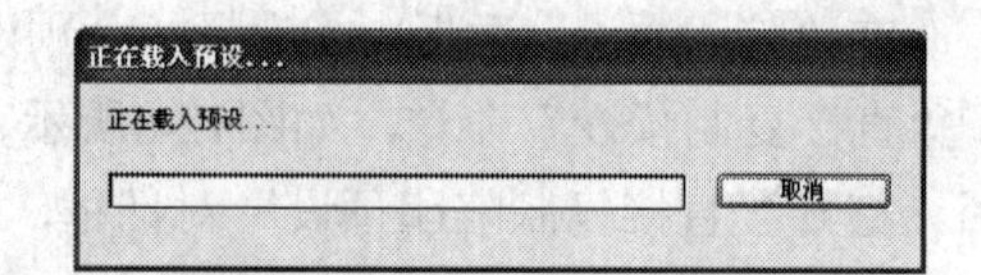

图12-12 载入预设的进度条

这样即可载入预设，载入预设前后的“陷印预设”面板对比效果如图12-13所示。

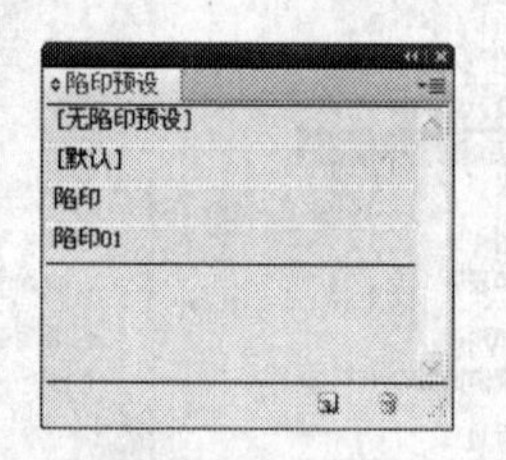

图12-13 载入前后的“陷印预设”面板

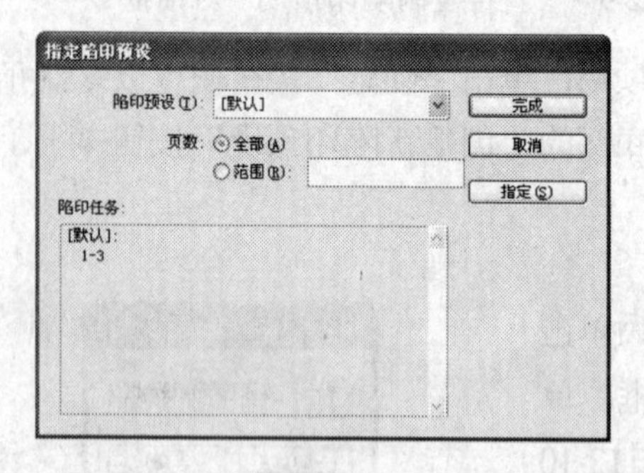

图12-14 “指定陷印预设”对话框

指定陷印预设到页面

在打印前可以将陷印预设指定给文档或文档中的页面范围。对没有相邻颜色的页面停用陷印，从而加快这些页面的打印速度。

（1）在“陷印预设”面板中单击面板右上角的按钮，在打开的菜单中选择“指定陷印预设”命令，打开“指定陷印预设”对话框，如图12-14所示。

在该对话框中的“陷印预设”下拉列表中选择相应的陷印预设，如图12-15所示。使用“页数”选项可以指定所选的“陷印预设”要应用的页面范围。使用“范围”选项可以指定页面范围。

（2）选择要应用陷印预设的页面后，单击“指定”按钮，再单击“完成”按钮，便可以将陷印预设指定给相应的页面。

如果单击“完成”按钮而未单击“指定”按钮，则该对话框会关闭，而不对陷印任务做任何更改，以前使用“指定”按钮指定的陷印任务保持不变。

（3）要禁用陷印页面范围，在面板菜单中选择“指定陷印预设”命令，输入页面范围，然后在“陷印预设”菜单中选择“无陷印预设”命令。单击“指定”按钮，再单击“完成”按钮即可。

设置滑动陷印

当纸张高速通过印版时，会发生横向滑动或拉伸，而且纸张吸收了润版液和油墨后尺寸还会改变，引起不同程度的变形。但是通过设置滑动陷印可以避免这种问题的发生。

选择面板菜单中的“新建预设”来创建一个预设，或者双击一个预设进行编辑。在打开的“新建陷印预设”对话框的“陷印阈值”栏中，为“滑动陷印”输入一个0%到100%之间的百分比，或者使用默认值70%，如图12-16所示。该值为0%时，所有陷印的位置均默认为中心线；该值为100%时，滑动陷印被关闭，强制一种颜色完全扩展到另一种颜色中，而不论相邻颜色的中性密度的关系如何。

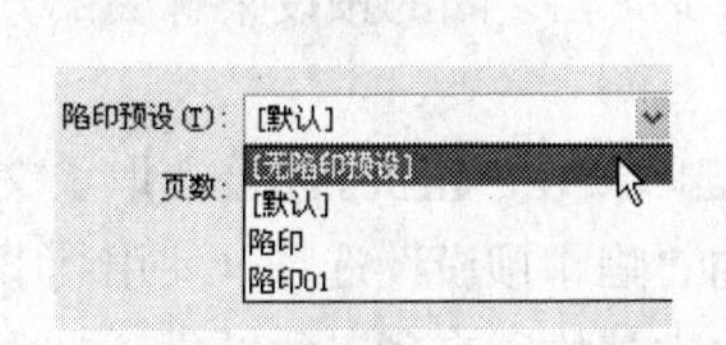

图12-15 “陷印预设”下拉选项

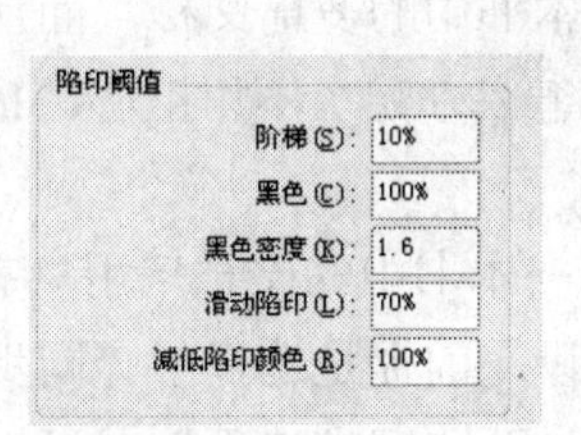

图12-16 设置滑动陷印的值

12.1.3 关于陷印黑色

当创建或编辑预设时，针对黑色输入的值决定单色黑和多色黑的状况。“多色黑”是使用“支持网点”的一种黑色，即添加某个百分比的一种或多种印刷油墨来使黑色变得更黑。

在必须补偿极端网点增大（使用低等纸张时会出现此情况）时，“黑色”设置很有用。这些情况会导致百分比低于100%的黑色区域打印为实底区域。通过降低单色黑或复色黑的网点百分比，并降低阈值部分的“黑色”设置值，使其不再为默认的100%，由此来补偿网点增大，同时确保陷印引擎将合适的陷印宽度和位置应用于黑色对象。

当一种颜色达到阈值所设的“黑色”值时，“黑色”陷印宽度值将应用于所有相邻颜色，而“让空陷印”则应用于使用“黑色”陷印宽度值的复色黑区域。

如果支持色一直扩展到黑色区域的边缘，则任何套不准的情况都将导致支持色的边缘变为可见，从而产生不需要的光晕或使对象边缘扭曲。陷印引擎对多色黑使用让空或阻碍处理，使支持色与前景中反白或浅色元素的边缘保持指定距离，以便浅色元素保持边缘清晰。可以通过指定“黑色”陷印宽度值来控制支持色与黑色区域边缘的距离。

注意：如果陷印的元素是一个细元素（如图形周围的黑线条），则陷印引擎将覆盖“黑色”陷印宽度设置并将陷印限制为细元素宽度的一半。

1. 设置与黑色邻接颜色的陷印宽度

对于使用黑色的陷印，也可以设置与黑色邻接的颜色的陷印宽度。下面简单地介绍一下设置陷印宽度的操作。

（1）选择“陷印预设”面板菜单中的“新建预设”命令创建一个预设，或者双击一个预设进行编辑，打开“新建陷印预设”对话框，如图12-17所示。

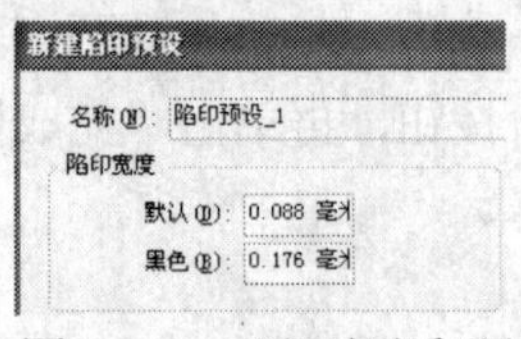

图12-17 “新建陷印预设”对话框

（2）在“陷印宽度”栏的“黑色”输入框中输入一个值作为想让其他颜色扩展到黑色中的距离，或者作为想让黑色下面的支持色被收缩的距离。通常，“黑色”陷印宽度设置为默认陷印宽度值的1.5到2倍。

（3）对于“黑色”和“黑色密度”选项也要设置相应的值。

注意：如果要使用黑色陷印功能，那么颜色区域必须使用中性密度大于或等于黑色密度的油墨，并且该油墨的百分比必须大于或等于黑色的值。

2. 打印陷印预设有冲突的书籍

可以将一个陷印预设应用于一个输出页面（如某个页面）。这通常不成问题。但是，如果打印一本书中的多篇文档，而且每篇文档或每页的陷印预设都不同，这样会造成一定的冲突，那该怎么办呢？不用担心，InDesign可以通过同步文档之间的预设来解决部分陷印预设冲突。

如果一本书中的文档采用具有相同名称的不同陷印预设，InDesign会选取主文档中使用的陷印预设，前提是选择了“同步选项”对话框中的“陷印预设”选项（使用“书籍”面板菜单命令打开“同步选项”对话框）。同步功能使主文档的所有预设能够供该书中的其他文档使用，但并不会将其指定给这些文档。因此必须在每篇文档中分别指定陷印预设，或者使用“默认”陷印预设。这些预设位于文档的“指定陷印预设”对话框的“陷印预设”菜单中。

注意：如果跨页中的页面应用了不同的陷印预设，InDesign会遵循每一个陷印预设。

3. 调整油墨的中性密度值

通过调整所选陷印引擎使用的油墨中性密度（ND）值可以确定陷印精确位置。印刷色油墨的默认ND值基于印刷色油墨色标的中性密度读数，这些色标因世界各地的行业标准而异，语言版本决定它所遵循的标准。例如，美国英语版和加拿大英语版ND值遵循GATF颁布的SWOP中规定的实底油墨密度值。可以调整印刷色油墨的中性密度，以符合世界其他地方的印刷行业标准。

陷印引擎从专色的CMYK等效值中派生该专色的ND值。对于大多数专色，其CMYK等效值的ND值已足够准确，可以创建正确的陷印。对于那些不能使用印刷色油墨简单模拟的专色油墨，例如金属油墨和光油，可能需要调整其ND值，以便陷印引擎可以正确陷印它们。通过输入新值，可以确保明显较暗或较亮的油墨通过陷印引擎能够以该方式识别，随后会自动应用适当的陷印位置。

可以询问商业印刷商来了解给定油墨的中性密度值。确定油墨ND值的最准确方法是使用商用密度计来测量油墨的色标。读取该油墨的“V”（即视觉）密度（不要使用印刷滤镜）。如果该值与默认设置不同，在ND文本框中输入新值。

注意：更改专色的中性密度只会影响该颜色的陷印方式，而不会更改该颜色在文档中的外观。

4. 调整ND值时应遵循下列原则

- 金属和不透明油墨：金属油墨通常比它们的CMYK等效值暗，而不透明油墨会遮盖下层的油墨。通常，应将金属油墨和不透明专色的ND值设置为远高于其默认值，以确保这些专色不会扩展。
- 蜡笔油墨：这些油墨通常比它们的印刷等效值亮。可能需要将这些油墨的ND值设置为低于它们的默认值，以确保它们扩展到相邻的较暗颜色中。
- 其他专色油墨：有些专色（例如青绿色或氖橘色）明显比它们的CMYK等效值暗或亮。可以通过将实际专色油墨的打印色板与其CMYK等效值的打印色板进行比较来确定是否属于这种情况。可以根据需要将专色油墨的ND值调高或调低。

5. 自定针对特殊油墨的陷印

使用某些油墨时会涉及到一些特殊的陷印事项。例如，在文档中使用光油，则不希望让光油影响陷印。但是，如果使用完全不透明的油墨来叠印某些区域，则无需为下层项目创建陷印。油墨选项就适用于这种情况。通常，最好不要更改默认设置，除非印前服务提供商建议这么做。

注意：文档中使用的特制油墨和光油可能是通过混合两种专色油墨，或通过将一种专色油墨与一种或多种印刷油墨混合进行创建的。

（1）在“色板”面板中单击右上角的▾≡按钮。在打开的菜单中选择“油墨管理器”选项，打开“油墨管理器“对话框，选择一种需要特殊处理的油墨，如图12-18所示。

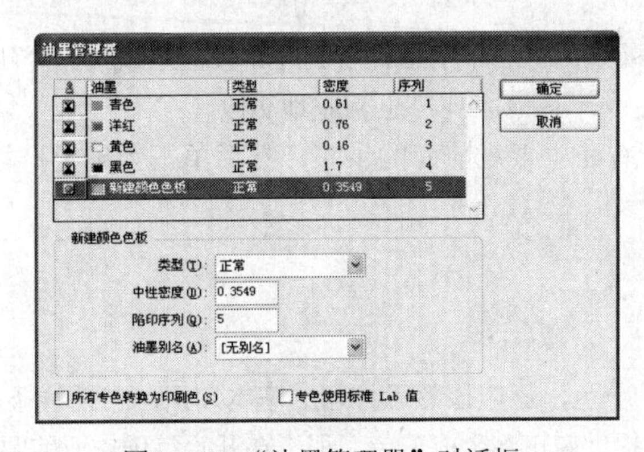

图12-18　“油墨管理器”对话框

（2）在“类型”右侧的下拉列表中选择下列选项之一，然后单击“确定”按钮。

- 正常：用于传统的印刷色油墨和大多数专色油墨。
- 透明：对于鲜亮的油墨选择“透明”以确保陷印下层项目。可将该选项用于光油和代表模切线的油墨。
- 不透明：使用深色不透明油墨以防止陷印下层颜色，但允许沿着油墨边缘陷印。可将该选项用于金属油墨。
- 不透明忽略：使用深色的不透明油墨以防止陷印下层颜色，以及防止沿着油墨边缘陷印。可将该选项用于会与其他油墨产生不适当的交叉的油墨（如金属油墨和光油）。

12.1.4 调整陷印顺序

陷印顺序也称为“陷印序列”，与油墨在印刷机上的印刷顺序相同，但与输出设备上产生分色的顺序不同。当使用多种不透明颜色（如金属油墨）进行打印时，陷印序列尤其重要。序列号较低的不透明油墨扩展到序列号较高的不透明油墨下。使用这种处理可以防止最后应用的油墨扩展，并且仍然可以产生很好的陷印效果。注意在更改默认陷印序列之前，一定要咨询印前服务提供商。

下面，简单地介绍一下调整陷印顺序的操作：

（1）打开“油墨管理器”对话框。当前陷印序列显示在油墨列表的“序列”栏中，如图12-19所示。

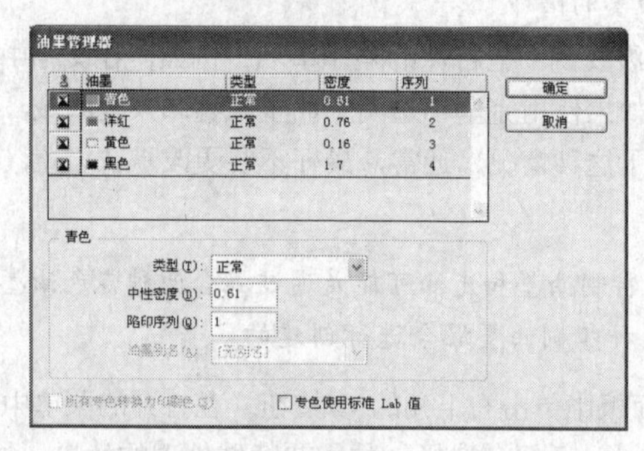

图12-19 “油墨管理器”对话框

（2）选择一种油墨，在“陷印序列”右侧的输入框中输入一个新数值，然后按Tab键。所选油墨的序列号会更改，其他序列号也相应地更改。

（3）对所需的所有油墨重复前面的步骤，然后单击“确定”按钮即可更改“陷印序列”。

12.2 分色

为了生成高品质的分色，还应该熟悉打印的基本知识，包括线条网屏、分辨率、印刷色和专色。如果打印服务提供商正在生成分色，那么在开始每项作业前要密切配合他们的工作。

12.2.1 创建分色

在输出过程中打印机要复制颜色和连续的色调图像，打印机通常将图稿分成四个印版：图像的青色（C）、黄色（Y）、洋红（M）和黑色（K）各一个印版。当使用适当油墨打印并相互对齐后，这些颜色组合起来重现出原始图稿。将图像分成两种或多种颜色的过程称为颜色分色，从中创建印版的胶片称为分色版。如图12-20所示。

四色印刷中的菲林就是创建印版时的胶片，也就是分色版，和平时拍摄黑白照片、X光时拿到的底片、X光片差不多，只不过菲林是挂了网的，也就是底片X光片是连续影调，菲林的影调是由不同大小的点组成的。印刷用的菲林大多有CMYK四张（专色：每一色一张），也就是在Photoshop中CMYK各通道中所看到的影调，如图12-21所示。

图12-20 复合效果（左图）和分色（右图）

图12-21 菲林图片

12.2.2 分色工作流程

InDesign支持两种常见的PostScript工作流程，一种是在主机（使用InDesign和打印机驱动程序的系统）或在输出设备的RIP（栅格图像处理器）上进行分色，另一种是选择PDF工作流程。

下面简单地介绍一下为文档进行分色的操作：

（1）校正图稿中的任何颜色问题。

（2）设置叠印选项。

（3）创建陷印说明以补偿印刷上的套准问题。

（4）在屏幕上预览分色。

（5）选择“文件→打印”命令打开“打印”对话框，如图12-22所示。

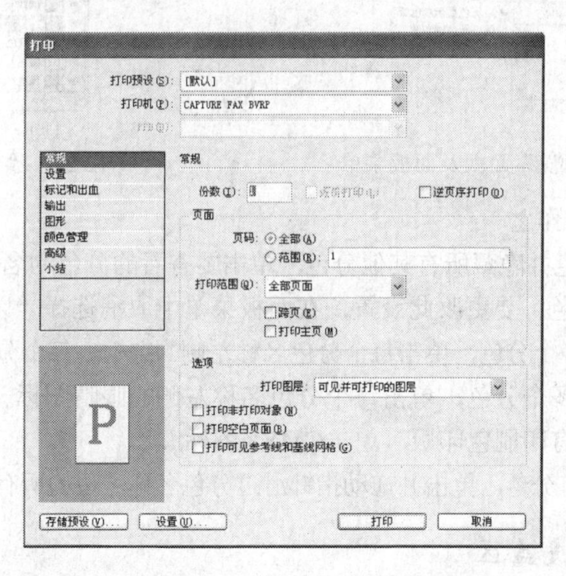

图12-22 “打印”对话框

（6）如果已创建具有正确分色设置的打印机预设，在“打印”对话框顶部的“打印预设”菜单中选择该预设。

（7）在“打印机”下拉列表中可以选择打印机或PostScript文件。

（8）如果要打印到PostScript文件，选择输出分色的设备PPD。

（9）要查看或更改现有的打印选项，在“打印”对话框的左侧单击其名称。

（10）将文档递交给服务提供商之前，校样分色。

（11）打印或存储分色。

12.2.3 预览分色

在InDesign中，可以使用“分色预览”面板预览分色、油墨覆盖范围限制和叠印。在显示器上预览分色可以检查的内容包括：清漆和其他涂层、复色黑、油墨覆盖区和叠印。

注意：当输出到复合打印设备时，还可以查看叠印效果。这对校样分色很有用。

在显示器上预览分色有助于在不打印分色的情况下检测出潜在的问题，它不允许预览陷印、药膜选项、印刷标记、半调网屏和分辨率。也可以使用商业打印机验证这些使用完整或叠加校样的设置。

注意：在屏幕预览中不包括隐藏图层上的对象。

（1）在菜单栏中选择“窗口→输出→分色预览”命令打开“分色预览”面板，如图12-23所示。

（2）在“分色预览”面板中，单击“视图”右侧的下拉按钮，从打开的列表中选择“分色”，如图12-24所示。

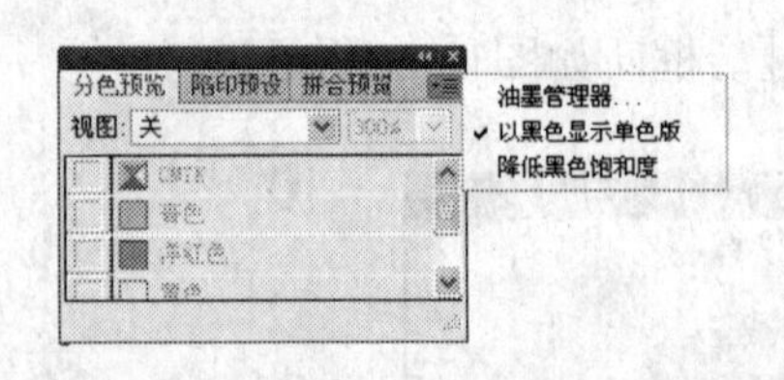

图12-23 “分色预览”面板及面板菜单

图12-24 “分色预览”面板

（3）执行以下操作之一：

- 要查看单个分色并隐藏所有其他分色，单击要查看的分色的名称。默认设置下，覆盖区域显示为黑色。要更改此设置，在面板菜单中取消选择“以黑色显示单色版”。
- 要查看一个或多个分色，单击每个分色名称左侧的空框。每个分色显示为指定的颜色。
- 要隐藏一个或多个分色，单击每个分色名称左侧的眼睛图标。
- 要同时查看所有印刷色印版，单击CMYK图标。
- 要同时查看所有分色，单击并拖动指针滑过分色名称旁边的所有眼睛图标（或空框）。

12.2.4 预览油墨覆盖区

在“分色预览”面板的视图下拉菜单中选择“油墨限制”选项。在“视图”菜单旁边显示的框中输入最大油墨覆盖范围的值，可以根据商业打印机的说明来获得的正确值，如图12-25所示。

在文档预览中验证油墨覆盖区域。超过油墨覆盖范围限制的区域将以红色阴影显示，红色越深表示超过油墨覆盖范围限制越多，所有其他区域以灰色显示，如图12-26所示。

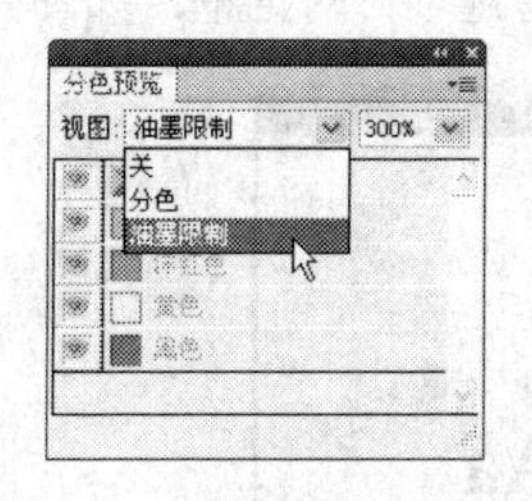

图12-25 “分色预览”面板

图12-26 油墨限制预览视图

如果要查看特定区域的油墨覆盖范围，那么将指针置于文档窗口中此区域的上方。油墨覆盖范围百分比显示在面板中每个油墨名称的旁边。

通过将一些专色转换为印刷色可以调整油墨覆盖范围。要调整置入图形中的油墨覆盖范围，在其源应用程序中编辑此图形。

提示：如果要返回正常视图，那么打开“分色预览”面板，在“视图”下拉列表中选择“关”选项即可。

12.3 叠印

如果没有使用“透明度”面板更改图稿的透明度，那么图稿中的填色和描边将显示为不透明，因为顶层颜色会挖空（或切掉）下面重叠的区域。不过，可以使用InDesign“属性”面板中的“叠印”选项防止挖空。设置叠印选项后，可以在屏幕上预览叠印效果，如图12-27所示。

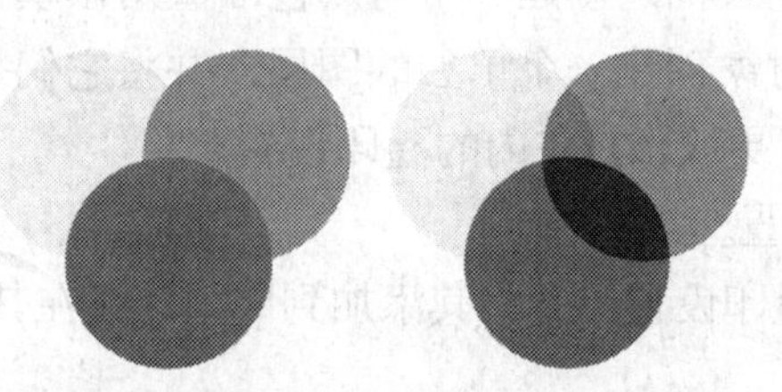

图12-27 无叠印的三个重叠圆圈（左）与有叠印的三个重叠圆圈（右）的比较

InDesign也具有叠印模拟，这对于在复合打印设备上模拟叠印专色油墨和印刷油墨的效果很有用。默认设置下，对应用于文本或原始InDesign对象的黑色油墨进行叠印，可以防止位于彩色区域上的小型黑色字符或具有黑边轮廓的彩色区域出现套准问题，也可以使用“首选项”对话框中的“黑色外观”选项更改黑色油墨的设置。

12.3.1 更改黑色叠印设置

如果要在InDesign中挖空黑色对象，必须阻止黑色色板进行叠印。黑色色板与大多数颜色色板不同，大多数颜色色板在默认设置下会挖空对象，而黑色色板在默认设置下则是叠印对象，这些对象包括所有的黑色描边、填色和文本字符。100%印刷黑色在“色板”面板中显示为“黑色”。通过在“首选项”中取消选择叠印的默认设置，或者通过复制默认黑色色板并将所复制的色板应用于挖空的颜色对象，可以挖空黑色对象。如果在“首选项”对话框中禁用叠印设置，那么会挖空（删除下面的油墨）“黑色”的所有实例。

（1）选择“编辑→首选项→黑色外观”命令，打开“首选项”对话框，如图12-28所示。

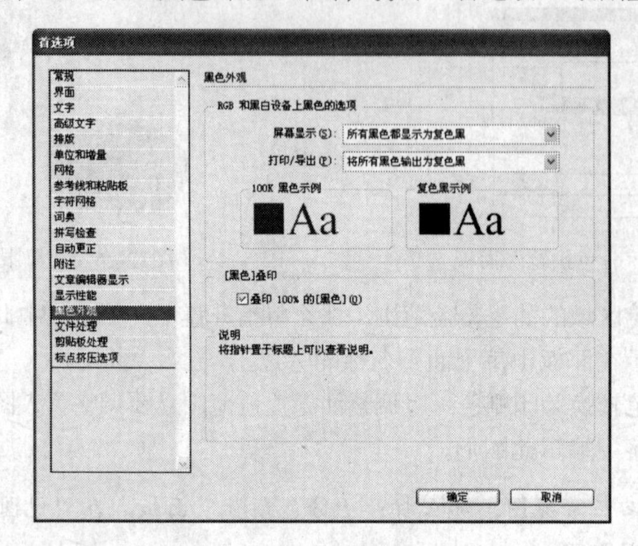

图12-28 “首选项”对话框

（2）在“首选项”对话框中，选择或取消选中“叠印100%的[黑色]”选项。

“叠印100%[黑色]”选项不会影响黑色的色调、未命名黑色或由于透明度设置或样式而显示为黑色的对象，它仅影响使用黑色色板着色的对象或文本。

设计工作流程可能需要将某一特定颜色设置为叠印，例如，希望以特定颜色打印出版物中的所有文本。可以考虑选用以下方法：

- 使用匹配的叠印填色或描边创建一个将专色油墨用做填色或描边的对象样式。
- 为包含专色的那些对象创建一个单独的图层，并将它们指定为黑色。
- 创建一个复合PDF并更改该PDF内的叠印设置。
- 在RIP中指定叠印设置。
- 对图像或对象应用叠印设置，并将其添加到库中，或在其原始应用程序中编辑置入的文件。

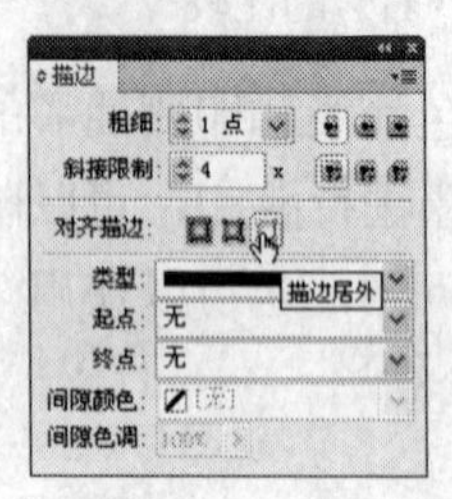

图12-29 “描边”面板

如果对100%黑色描边或填色使用“叠印填充”选项，黑色油墨可能有些透明，从而映现出下面的油墨颜色。要消除露底问题，需要使用四色（复色）黑色替代100%的黑色。有关添加到黑色的确切颜色百分比的信息，可以向服务提供商咨询。

当使用描边陷印对象（非文本字符）时，调整描边的对齐方式以便描边位于此路径或对象外，而不是位于此路径的内部或居中，如图12-29所示。

当使用描边陷印两种专色或一种专色与一种印刷色时，通常将较亮的颜色应用到描边，并叠印描边。

12.3.2 叠印描边或填色

使用“属性”面板可以叠印任一选定路径的描边或填色。叠印的描边或填色不需要陷印，因为叠印会覆盖相邻颜色之间所有可能的间隙。也可以叠印描边以模拟陷印，通过叠印手动计算作为两种相邻颜色正确组合的颜色。下面简单地介绍一下操作过程。

（1）使用“选择工具”或“直接选择工具”选择一个或多个路径，或者使用“文字工具”选择文本字符。要使叠印粘贴到框架内路径的描边，必须首先使用“直接选择工具”选择嵌套的（内部）路径，如图12-30所示。

（2）在菜单栏中选择“窗口→属性”命令，打开“属性”面板，如图12-31所示。

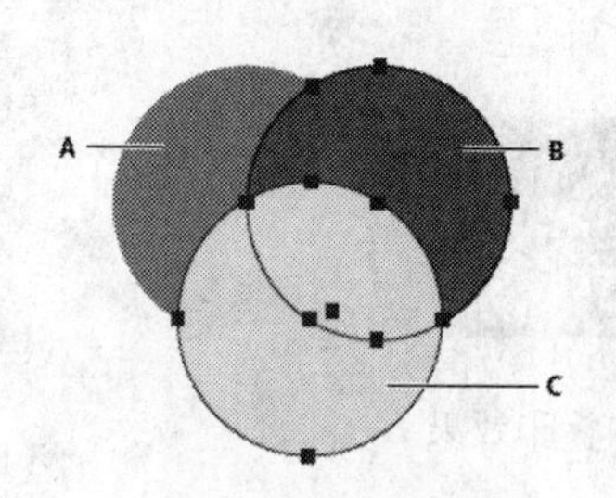

A. 青色（底层）
B. 洋红色（中间层）
C. 黄色（顶层）

图12-30　叠印填色和描边

图12-31　“属性”面板

（3）在“属性”面板中，执行以下操作之一：

- 要叠印选定对象的填色或叠印未描边的文字，在“属性”面板中选择“叠印填充”选项。
- 要叠印选定对象的描边，在“属性”面板中选择“叠印描边”选项。
- 要叠印应用到虚线、点线或图形线中的空格的颜色，在“属性”面板中选择“叠印间隙”选项。

1. 叠印段落线

（1）确保存在用于叠印颜色的色板。

（2）使用“文字工具”在段落文字中单击以放置插入点。

（3）在“段落”面板中，选择“段落”面板菜单中的“段落线”命令。

（4）在打开的对话框中，选择要叠印的段落线。

（5）选择下列选项之一，然后单击“确定”按钮即可。

- 如果要叠印段落线的描边，选择“叠印描边”项。
- 如果要叠印应用到虚线、点线或图形线中的空格的颜色，选中“叠印间隙”选项。

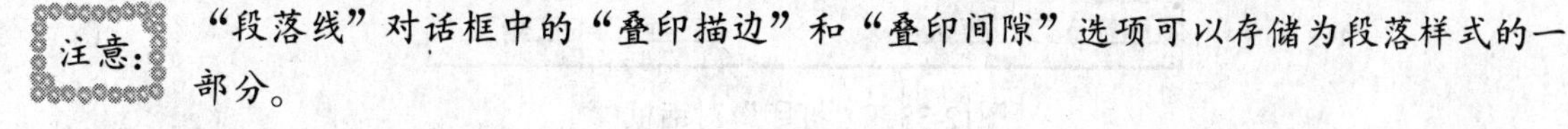

注意：“段落线”对话框中的“叠印描边”和“叠印间隙”选项可以存储为段落样式的一部分。

2. 在脚注上叠印段落线

在InDesign中，可以自动插入段落线以便从文档正文中分隔脚注，也可以选择叠印段落线。

（1）确保存在用于叠印颜色的色板。

（2）选择“文字→文档脚注选项”命令。

（3）在打开的“脚注选项”对话框中，单击“版面”选项卡。

（4）选择“叠印描边”，并单击“确定”按钮即可。

12.3.3 使用“分色预览”面板预览颜色将如何叠印

在菜单栏中选择“窗口→输出→分色预览”命令打开“分色预览”面板，在“视图”下拉选项中选择“分色”，使用“分色预览”面板预览颜色叠印的效果如图12-32所示。

图12-32 “分色预览”面板和叠印效果

12.3.4 模拟专色油墨的叠印

叠印模拟对于模拟不同中性密度（例如，红色和蓝色）专色油墨叠印的效果很有用。当使用叠印模拟打印到复合输出设备时，可以查看生成的颜色是否是要叠印或挖空的颜色。

（1）在菜单栏中选择“文件→打印”命令，打开“打印”对话框，在对话框的“输出”栏中，从“颜色”下拉列表中选择需要的复合选项，如图12-33所示。注意：不能在选中“复合保持不变”选项时模拟叠印。

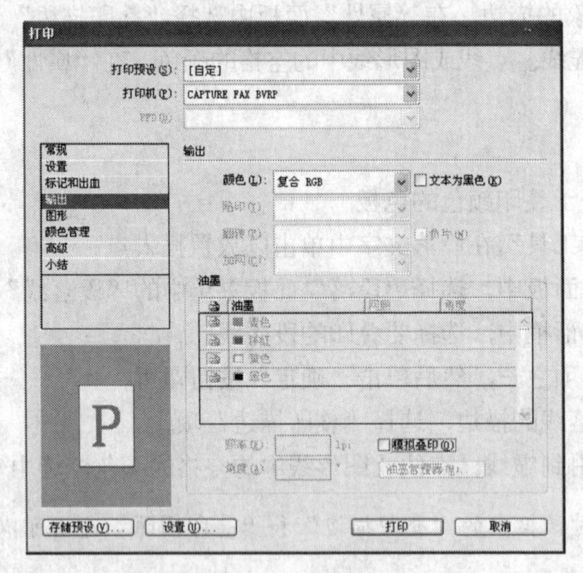

图12-33 “打印”对话框

（2）勾选“模拟叠印”选项。设置完成后，单击“打印”按钮即可。

12.4 油墨、分色和半调网频

作为一名技术全面的排版人员，还需要了解有关油墨、分色和网屏的有关内容。通常使用“油墨管理器”对话框来了解油墨的有关信息。

12.4.1 油墨管理器

油墨管理器就是“油墨管理器”对话框，在输出时它对所有油墨提供控制。使用“油墨管理器”对话框进行的更改会影响输出，但不影响颜色在文档中定义的方式。该对话框中的选项对印刷服务提供商特别有用。例如，如果印刷作业包含专色，服务提供商可以打开文档并将专色转换为等效的CMYK印刷色。如果文档包含两种相类似的专色，仅当需要一种时，或如果相同的专色有两个不同的名称，服务提供商可以将它们映射为两个或一个别名。

在陷印工作流程中，使用“油墨管理器”对话框可以设置油墨密度来控制陷印发生的条件，以及正确的油墨数量和色序。

通常，在“分色预览”面板中单击面板右上角的按钮，在打开的菜单中选择“油墨管理器”命令即可打开“油墨管理器”对话框，如图12-34所示。

12.4.2 将专色分色为印刷色

使用“油墨管理器”对话框可以将专色转换为印刷色。将专色转换为印刷等效色时，它们被打印到分色版上，而不是单独印版上。如果意外地将专色添加到印刷色文档或者文档包含太多的专色而无法打印，那么就可以通过转换专色来解决这一问题。

（1）打开“油墨管理器”对话框，在对话框中选择一种专色，如图12-35所示。

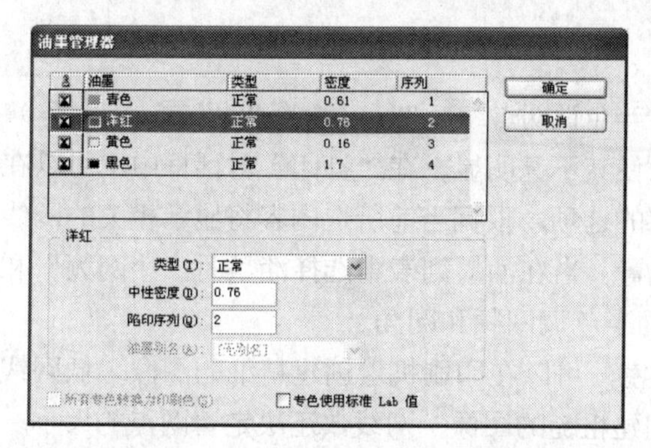

图12-34 “油墨管理器”对话框

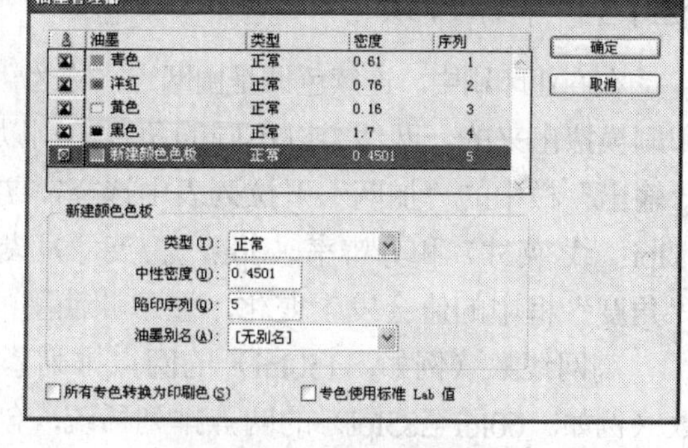

图12-35 “油墨管理器”对话框

- 如果要分色单个专色，单击此专色或被替代的专色左边的油墨类型图标，这时印刷色图标显示为。要将此颜色改回为专色，再次单击该图标。
- 如果要分色所有专色，勾选面板下方的“所有专色转换为印刷色”选项，专色左侧的图标会更改为印刷色图标。要还原专色，取消勾选“所有专色转换为印刷色”选项即可。

注意：若选择“所有专色转换为印刷色”选项，将删除“油墨管理器”中设置的所有油墨别名，同时可能还会影响文档中的叠印和陷印设置。

（2）如果要让专色使用Lab值而非CMYK定义，那么选择“专色使用标准Lab值”选项。

1. 为专色创建油墨别名

通过创建别名，可以将专色映射到其他的专色或印刷色中。如果文档包含两种相似的专色但只需要其中的一种，或者文档包含太多的专色，那么最好使用别名。可以在打印输出中查看油墨替代的效果，如果打开了“叠印预览”模式，那么可以在屏幕上看到效果。

打开“油墨管理器”对话框，在该对话框中选择要设置别名的专色油墨，然后在“油墨别名”下拉列表中选择需要的选项即可，油墨类型图标和油墨描述会同时更改。

2. 使用Lab值显示或输出专色

一些预定义的专色（例如，TOYO、PANTONE、DIC和HKS库中的颜色）是使用Lab值定义的。为保证与以前版本的InDesign兼容，这些库中的颜色也包括CMYK定义。当与正确的设备配置文件配合使用时，Lab值可以在所有设备上生成最准确的输出。如果颜色管理对项目很重要，那么可能更希望使用专色的Lab值显示、导出和打印专色。使用“油墨管理器”对话框中的“专色使用标准Lab值”选项可以控制InDesign用于这些预定义专色的颜色模式：Lab或CMYK。对于Lab值，选择“专色使用标准Lab值”选项。对于CMYK值，取消选择“专色使用标准Lab值”选项。如果希望输出与以前版本的InDesign匹配，那么应当使用CMYK等效值。

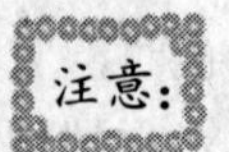

为提高屏幕精确度，InDesign在启用“叠印预览”时会自动使用Lab值。如果在“打印”或“导出Adobe PDF”对话框的“输出”栏中选中“模拟叠印”选项，那么它在打印或导出时也会使用Lab值。

12.4.3 半调网频

在商业印刷中，连续色调是由网点（称为“半色调网点”）按行（称为“线”或“网线”）印刷模拟出来的，网线会以不同的角度印刷以使其不甚明显。在“打印”对话框中，可以在“输出”栏中的“加网”下拉列表中选择需要的选项，根据当前所选内容将显示相关的网线（lpi：线/英寸）和分辨率（dpi：点/英寸）设置。当在油墨列表中选择油墨时，“网频”和“角度”框中的值会发生变化，显示此油墨的半色调网频和网角。

高网线数（例如，150lpi）的网点排列紧密，可以在印刷机上创建精细的图像。低网线数（例如，60lpi至85lpi）的网点排列稀疏，创建粗糙的图像。网线数还决定着网点的大小。高网线数使用较小的网点，低网线数使用较大的网点。选择网线数最重要的因素是作业将使用的印刷机类型。向服务提供商咨询获得其印刷机使用的最佳网线数，并进行相应的选择。如图12-36所示为不同网线数的对比效果。

A. 65lpi：较低的线数用于印刷新闻快讯和商店赠券　B. 85lpi：中等的线数用于普通报纸
C. 133lpi：较高的线数用于印刷四色杂志　D. 177lpi：很高的线数用于印刷年鉴和艺术书刊中的图像

图12-36　不同网线数的对比效果

高分辨率图像照排机的PPD文件提供了较宽范围的可用网频，适应各种照排机的分辨率。低分辨率打印机的PPD文件通常只有较少的网线数可供选择，其相对粗糙的网线数通常在53 lpi和85lpi之间。但是，相对粗糙的网屏会在低分辨率打印机上生成最佳的效果。例如，当使用低分辨率打印机进行最终输出时，使用较精细的100lpi网屏实际上会降低图像的品质。

如果要指定半调网频和分辨率，那么打开“z打印”对话框，并单击“输出”部分，然后选择下列选项之一：

· 要选择预设网频和打印机分辨率的组合之一，在“加网”下拉列表中选择一个选项。
· 要指定自定半调网频，选择要自定的印版，然后在“频率”文本框中输入lpi值，在“角度”文本框中输入网角值。

注意：在创建半调网屏之前，最好向服务提供商咨询以获得正确的首选频率和角度。同时，注意某些输出设备会覆盖默认的频率和角度。

第13章　电子与网络出版

InDesign作为跨媒体出版的领航者，不仅可以将文件输出为PDF格式，还可以很方便地制作超链接、书签、按钮等交互对象，也可以插入影片与声音。InDesign全面支持XML，对文本、图形或表格添加XML标签，并且在结构窗口中可以对标签对象进行组织，从而形成强大的电子出版和网络出版的制作功能，以便制作出令人满意的电子出版物和网络出版物。

本章主要介绍以下内容：

★创建超链接

★使用书签

★影片与声音文件

★导出PDF

★导出XML

13.1　超链接

在InDesign中可以创建超链接，将文档导出为PDF或SWF后，当单击某个链接后即可跳转到同一文档的其他位置、其他文档或网站上。InDesign支持三种类型的超链接目标。

（1）文本锚点：在出版物中的任何选定的文本或插入点的位置。

（2）文档页面：在创建页面目标时，可以指定要跳转页面的位置和跳转页面的缩放设置。

（3）URL目标：在Internet中的资源，如Web页面、影片或PDF位置。目标必须是有效的URL地址。

13.1.1　创建超链接

单击在InDesign中创建的超链接，可以打开PDF文档或进入到PDF文档中的某一页面，还可以打开其他的URL。它由两部分构成：一个是源，一个是目标。其中，“源”可以是超链接文本、超链接文本框架或超链接图形框架。“目标”可以是超链接跳转到达的URL、文件、电子邮件地址、页面文本锚点或共享目标。一个源只能跳转到达一个目标，但可有任意数目的源跳转到达同一个目标。

下面介绍一下创建超链接的操作。

（1）在菜单栏中选择“文件→打开”命令，打开本书配套资料中的“美丽中国.indd”文档，如图13-1所示。

（2）使用“文字工具” T.选择将要作为超链接的文本，如图13-2所示。

美丽中国
www.china.com
一个有5000年悠久历史的东方文明古国。独具特色的传统文化、丰富多彩的民族习俗以及美直吸引着世界的目光。

图13-1　打开的文档

美丽中国
www.china.com
个有5000年悠久历史的东方文明古国。独具特色的传统文化、丰富多彩的民族习俗以及美丽的吸引着世界的目光。

图13-2　选中文本

（3）在菜单栏中选择“窗口→交互→超链接”命令打开“超链接”面板，如图13-3所示。

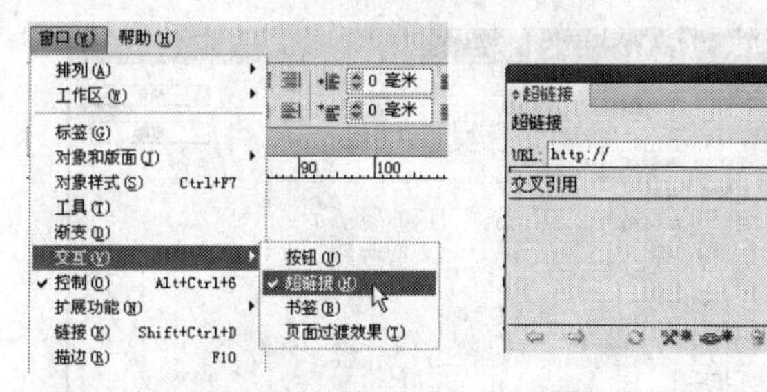

图13-3　菜单栏和“超链接”面板

（4）首先创建超链接目标。在“超链接”面板中单击右上角上的 ▾≡ 按钮，在打开面板菜单中选择“新建超链接目标”命令，如图13-4所示。

（5）打开“新建超链接目标”对话框，如图13-5所示。

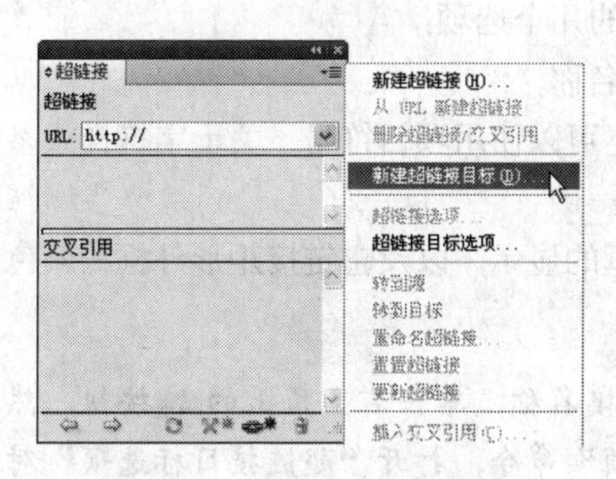

图13-4　“超链接”面板菜单　　　　图13-5　“新建超链接目标”对话框

（6）在“新建超链接目标”对话框中的“类型”下拉选项中选择“URL”，然后设置新建超链接目标的“名称”和“URL”地址，如图13-6所示。

（7）设置完成后单击“确定”按钮，完成超链接的创建。回到“超链接”面板中的“URL”选项中，选择前面设置的“链接1”，如图13-7所示。

13.1.2　编辑超链接

对于创建好的超链接目标还可以进行编辑和修改，从而使创建的超链接满足不同页面的需求。

图13-6 “新建超链接”对话框

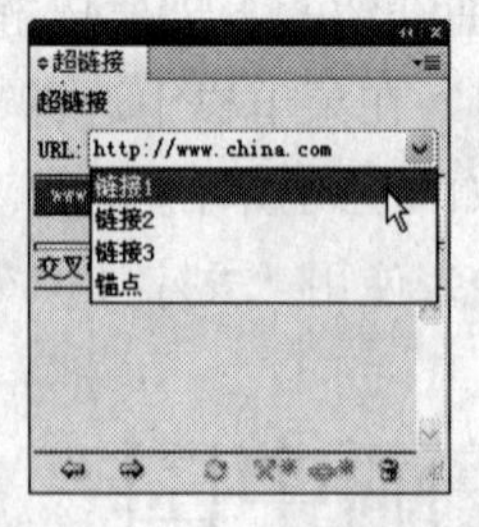

图13-7 选择URL目标

1. 编辑超链接

另外，还可以对设定好的超链接目标、样式和外观进行设置。在“超链接”面板中单击右上角上的按钮，在打开的“超链接”面板菜单中选择“编辑超链接”命令，打开“编辑超链接”对话框，如图13-8所示。设置完成后单击“确定”按钮即可完成编辑超链接。

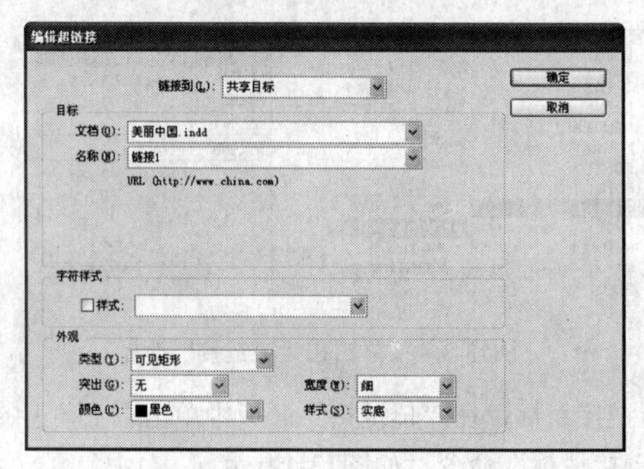

图13-8 “编辑超链接”对话框

下面简单地介绍一下“编辑超链接”对话框中的几个选项：

- 目标：在此可以选择需要修改的文档或链接名称。
- 字符样式：可以设定选定文字的字符样式，还可以使用项目符号。关于字符样式参考前面章节中的介绍。
- 外观：在此可以设定新建超链接的外观矩形框的显示，以及超链接矩形外框的颜色、宽度和样式等。

在“超链接”面板中选中需要编辑的超链接名称，单击右上角上的按钮，然后在打开的面板菜单中选择“超链接目标选项”命令，打开“超链接目标选项”对话框，如图13-9所示。在“超链接目标选项”对话框中单击“编辑”按钮，可以对链接目标进行编辑。

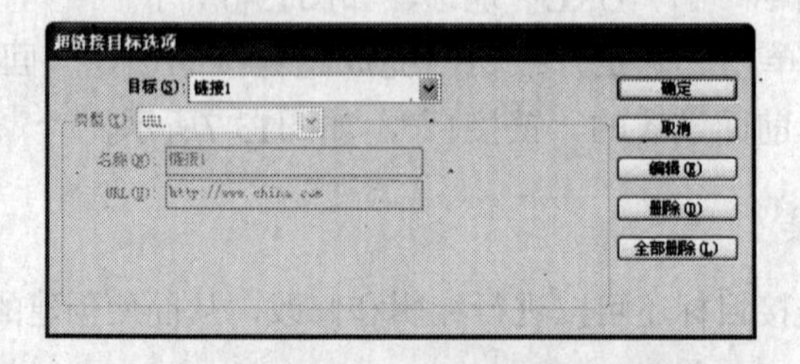

图13-9 “超链接目标选项”对话框

2. 删除超链接

不需要时，也可以删除超链接，在“超链接目标选项”对话框中单击“删除”按钮即可，如图13-10所示。

另外，还可以在“超链接”面板中选中想要删除的超链接，然后单击面板右下角的按钮，则会打开带有警示信息的对话框，提示用户是否确定删除，如图13-11所示。单击“是”按钮删除该超链接。如果在删除的同时按住Alt键则可以直接删除而不打开带有警示信息的对话框。

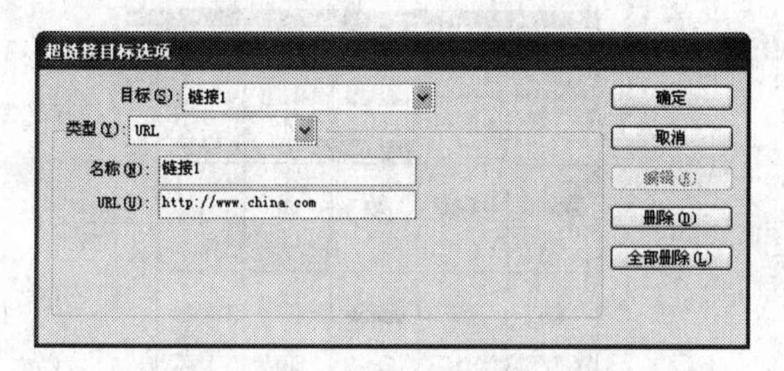

图13-10 “编辑超链接选项”对话框

图13-11 警告信息对话框

13.2 交互式按钮

在InDesign中可以创建交互式按钮，使用该按钮可以浏览导出文档的跨页，也可以将图形或文本框定义为按钮，并且可以定义按钮的外观和翻转效果等。比如在导出PDF或SWF文件时可以创建一个跳转到其他页面或打开网站的按钮。

13.2.1 从对象转换按钮

从对象转换按钮也就是将选择的对象，比如图形、符号和文本等，转换为按钮。下面介绍一下转换操作过程。

（1）使用“选择工具”选中要转换的图像，如图13-12所示。也可以使用“文字工具” T. 为按钮添加文本，例如“上一页”或“下一页”等。

图13-12 选中图形

（2）在菜单栏中选择“对象→交互→转换为按钮”命令即可将图形转换为按钮，如图13-13所示。

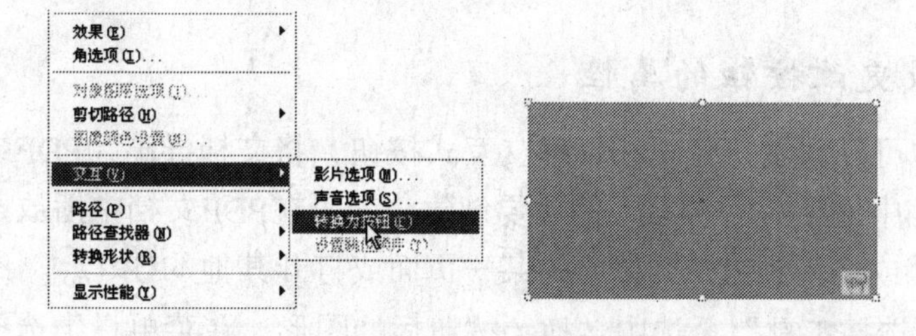

图13-13 菜单命令栏和转换后的效果

注意：不能将影片、声音或海报转换为按钮。

13.2.2　示例按钮

在“示例按钮”面板中有一些预先创建的按钮，这些按钮就是示例按钮，可以将这些按钮拖到文档中。这些示例按钮包括渐变、羽化和投影等效果。

（1）在菜单栏中选择“窗口→交互→按钮”命令，打开“按钮”面板，如图13-14所示。

（2）在“按钮”面板中单击右上角的按钮，在打开的面板菜单中选择“示例按钮”命令，打开“示例按钮”面板，如图13-15所示。

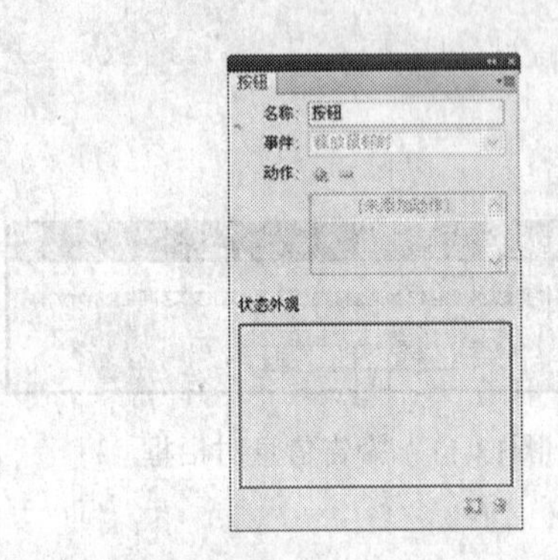

图13-14　“按钮”面板

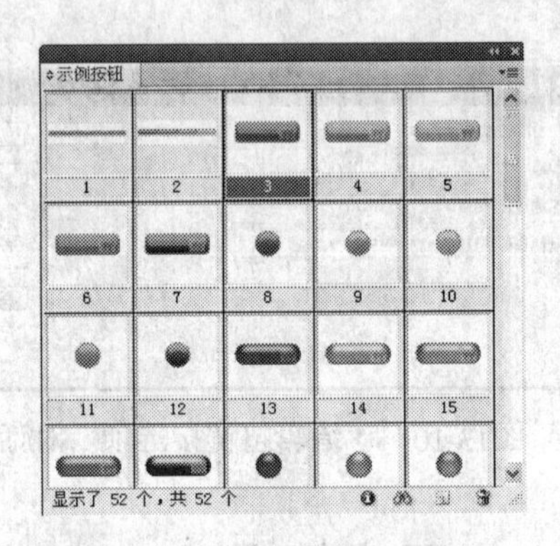

图13-15　“示例按钮”面板

（3）使用“选择工具”在“示例按钮”面板中选中想要使用的按钮，按住鼠标左键将其从“示例按钮”面板拖动到页面中即可，如图13-16所示。

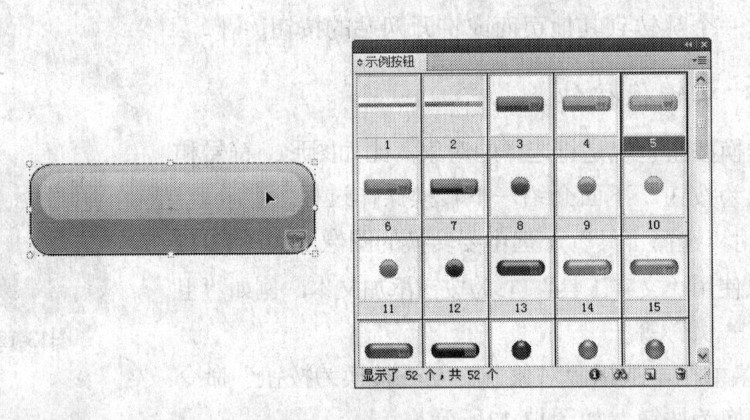

图13-16　示例按钮

13.2.3　设置或更改按钮的属性

在InDesign中可以创建、编辑和管理交互式按钮。将文档导出为PDF或SWF时，这些交互动作在PDF文档中处于活动状态。例如要创建一个可在PDF文档中播放声音的按钮，那么可以打开PDF文档或进入到PDF文档中的某一页面或打开其他的URL。

（1）使用“选择工具”选中转换为按钮后的图形，在菜单栏中选择“窗口→交互→按钮”命令，打开“按钮”面板，如图13-17所示。

（2）为按钮添加动作。在“按钮”面板中单击“动作”旁边的“为所选事件添加新动作”按钮，如图13-18所示。

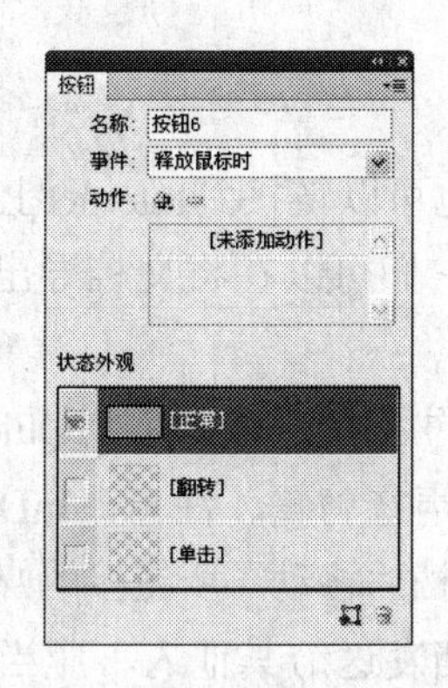

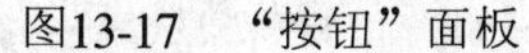

图13-17 “按钮”面板

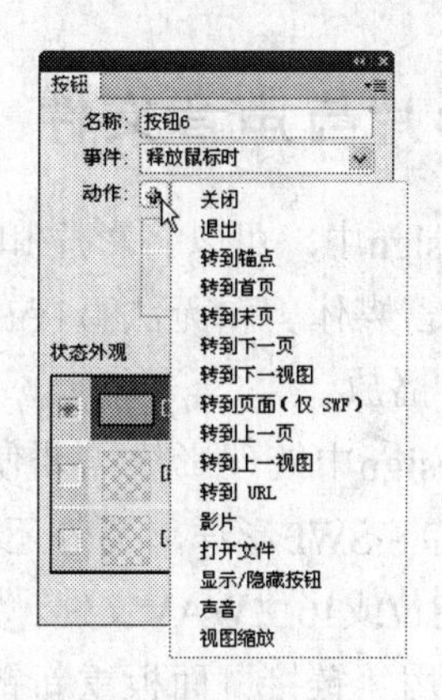

图13-18 为所选事件添加新动作

（3）在打开的面板菜单中选择“声音”命令，在声音右侧的下拉选项中选择“音乐”文件。可以在“选项”中设置动作的类型，如图13-19所示。

（4）另外，还可以为同一事件指定多个动作，例如，可以创建一个播放影片并将视图缩放为“实际大小”的动作。

尽管PDF导出文件支持大多数动作，但SWF文件仅支持少数几个动作。常见的动作包括：关闭、退出、转至下一视图、转至上一视图、影片、打开文件、声音和视图缩放等，这些动作在SWF文件中无效。

13.2.4 将按钮转换为对象

在InDesign中，不仅可以将对象转换为按钮，还可以将按钮转换为对象，操作非常简单，下面简单地介绍一下操作过程。

（1）使用“选择工具”选中将要转换为对象的按钮。

（2）在菜单栏中选择“对象→交互→转换为对象”命令，将按钮转换为对象，如图13-20所示。

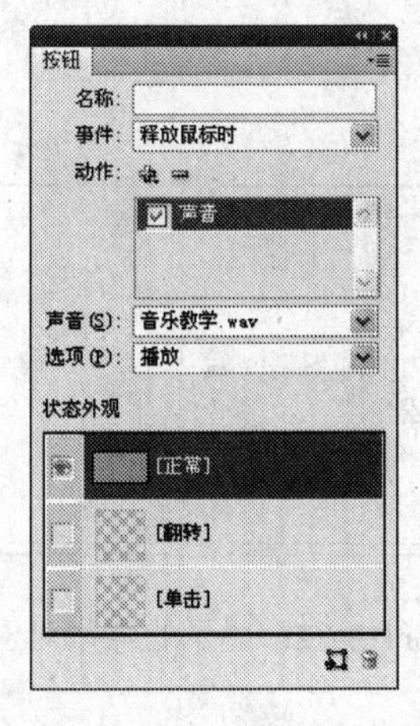

图13-19 为所选事件添加动作

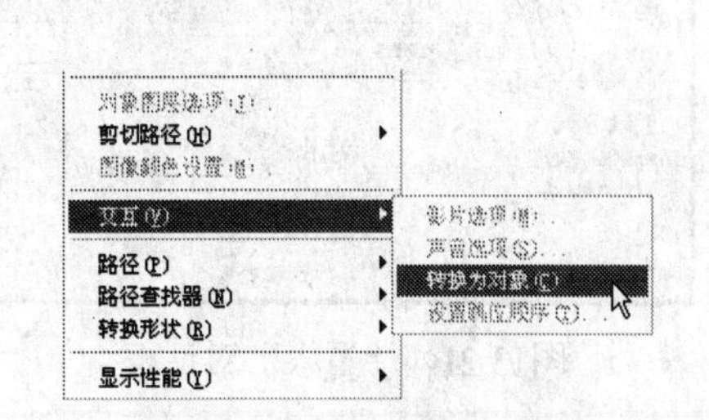

图13-20 菜单命令

（3）将按钮转换为对象后，按钮作为对象仍然保留在页面中，只是不再包含任何交互式按钮的属性。此外还将删除与该按钮相关联的所有内容。

13.3 影片与声音文件

在InDesign中，可以将影片和声音剪辑添加到文档中，也可以链接到Internet上的流式视频文件。尽管媒体剪辑无法直接在InDesign页面中播放，但它们可以在将文档导出为PDF或XML后进行播放。

在InDesign中处理影片需要使用QuickTime 6.0或更高的版本。可以添加QuickTime、AVI、MPEG和SWF影片，另外还可以添加WAV、AIF和AU声音剪辑。注意，InDesign仅支持未压缩的8位或16位WAV文件。如果在将媒体剪辑添加到文档后移动了所链接的媒体剪辑，那么需要使用“链接”面板重新链接它。如果将InDesign文档发送给其他人，应当将文档中添加的任何媒体文件一起发送。

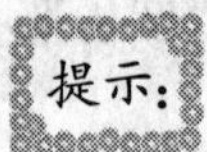

对于要在PDF文档中查看媒体的其他用户，必须安装Acrobat 6.x或更高的版本来播放MPEG和SWF影片，或者安装Acrobat 5.0或更高的版本才能播放QuickTime和AVI影片。

13.3.1 添加影片与声音文件

在文档中不仅可以添加影片文件，还可以添加声音文件。下面简单地介绍一下添加的操作过程。

（1）选择“文件→置入”命令打开“置入”对话框，然后在打开的对话框中选中将要导入的影片文件，如图13-21所示。

（2）单击“打开”按钮，这时鼠标箭头变为，在页面上拖动鼠标绘制一个矩形框，这时框架中将显示一个媒体对象，如图13-22所示。

图13-21 “置入”对话框

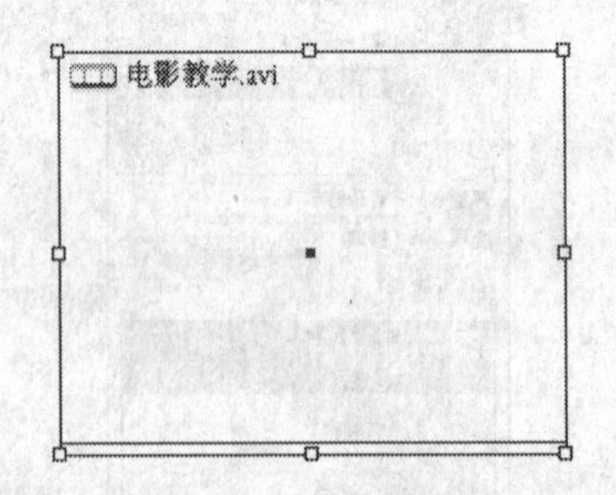

图13-22 显示的媒体对象

13.3.2 设置影片选项

激活“选择工具”，双击影片播放区域来编辑影片选项，也可以通过选择影片对象并选择“对象→交互→影片选项”命令，打开“影片选项”对话框。在该对话框中可以对其进行编辑，如图13-23所示。设置完成后单击“确定”按钮即可。

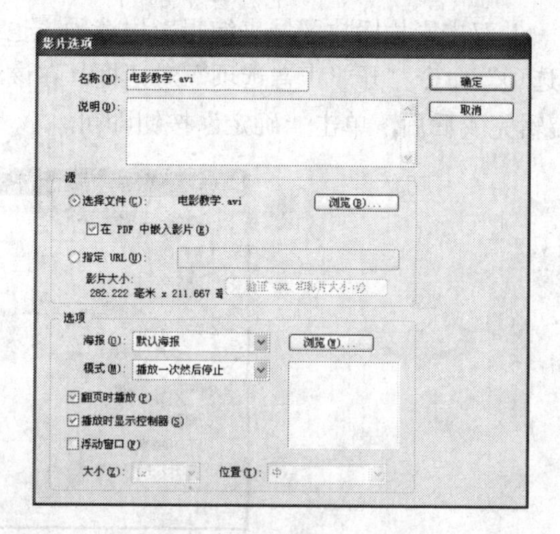

图13-23 “影片选项”对话框

下面简单地介绍一下“影片选项”对话框中的几个选项：

- 说明：在右侧的输入框中可以输入一段说明文字。如果影片无法在Acrobat中播放，即显示该说明。该说明还可以充当视力不佳用户的替换文本。
- 源：如果要指定其他影片剪辑，单击“选择文件”旁边的“浏览”按钮打开“选择影片”对话框选择文件。
- 在PDF中嵌入影片：嵌入媒体文件虽然会增加PDF文档的文件大小，但却省去了必须复制媒体文件以供他人使用的麻烦。嵌入的影片要求使用Acrobat 6.0及更高的版本或Adobe Reader 6.0及更高的版本进行播放。如果选中“指定URL”选项则此选项不可用。可以通过链接或嵌入所有媒体文件来覆盖此设置，也可以将这些设置用于每个对象。
- 指定URL：如果要播放来自网站的流式视频，选择此项，然后输入或粘贴URL。若单击“验证URL和影片大小”按钮，则可以验证URL是否有效。
- 海报：指定要在声音播放区域中显示的图形，如标准、默认海报等，还可以选取一幅图形作为显示的海报。
- 模式：决定影片是播放一次即关闭（如果在浮动窗口中播放）、播放一次但保持打开状态，还是连续循环播放。
- 翻页时播放：勾选此选项后，当翻到影片所在的PDF文档页面时播放影片。
- 播放时显示控制器：勾选后使用户可以随时暂停、开始和停止影片。
- 浮动窗口：若勾选此选项则可以在单独的窗口中播放影片，并可以指定该窗口在页面上的显示位置。

注意：如果影片的中心点显示在页面外部，则影片不会导出为PDF。

13.3.3 设置声音选项

还可以根据需要设置声音的选项。选择“文件→置入”命令，在打开的对话框中选中将要导入的声音文件。单击“打开”按钮，这时鼠标箭头变为，在页面上拖动鼠标绘制一个矩形框，这时框架中将显示一个媒体对象，如图13-24所示。

使用“选择工具”并双击影片播放区域来编辑影片选项，也可通过选择影片对象并选择“对象→交互→声音选项”命令打开“声音选项”对话框，在该对话框中可以对其进行编辑，如图13-25所示。编辑完成后后，单击“确定”按钮即可。

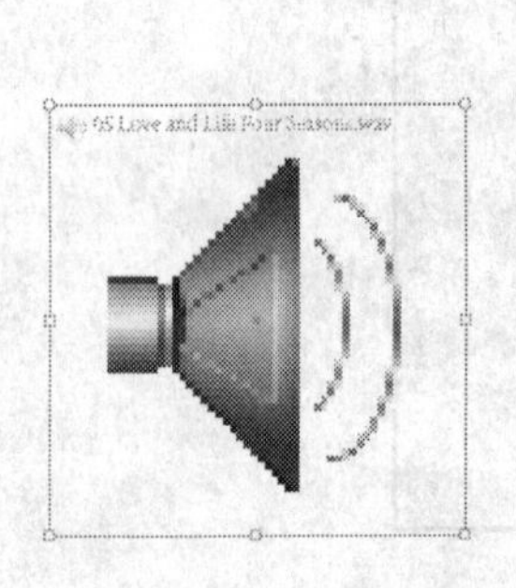

图13-24 显示的声音对象

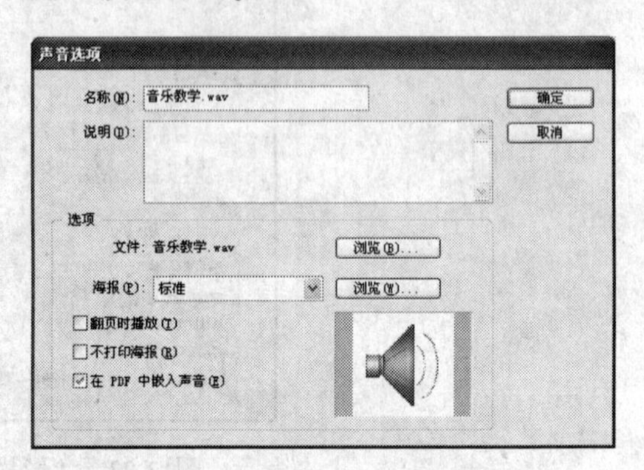

图13-25 “声音选项”对话框

下面简单地介绍一下“声音选项”对话框中的选项：

- 说明：在右侧的输入框中可以输入一段说明文字，如果声音文件无法在Acrobat中播放，即显示该说明。该说明还可以充当视力不佳用户的替换文本。
- 选项：如果要指定其他声音文件，单击“选项”旁边的“浏览”按钮打开“选择声音”对话框，选择其他的文件。
- 海报：指定要在声音播放区域中显示的图形，如标准、默认海报等，还可以选取一幅图形作为显示的海报。
- 不打印海报：若勾选此选项，在打印过程中将不打印海报。
- 在PDF中嵌入声音：勾选该选项后可在PDF中嵌入声音，嵌入的媒体文件将增加PDF文件的大小，但省去了必须复制媒体文件使用的麻烦。

13.4 使用书签

书签是一种包含代表性文本的链接，通过它可以更方便地对PDF的文档进行阅读。在InDesign文档中创建的书签显示在Acrobat或Adobe Reader窗口左侧的“书签”选项卡中。每个书签都能跳转到文档中的某一页面、文本或图形。

在导出PDF文件时，生成的目录中的条目会自动添加到“书签”面板中。此外，可以使用“书签”面板自定义书签内容，以吸引读者的注意力或使读者更加容易地查找需要的内容，如图13-26所示。

13.4.1 创建书签

可以根据下列步骤创建书签：

（1）在工具箱中选择“窗口→书签”命令打开“书签”面板，如图13-27所示。

（2）使用工具箱中的“文字工具” T.选择将要定义为书签的文本，如图13-28所示，也可以使用“选择工具”选取图形或文本框架。

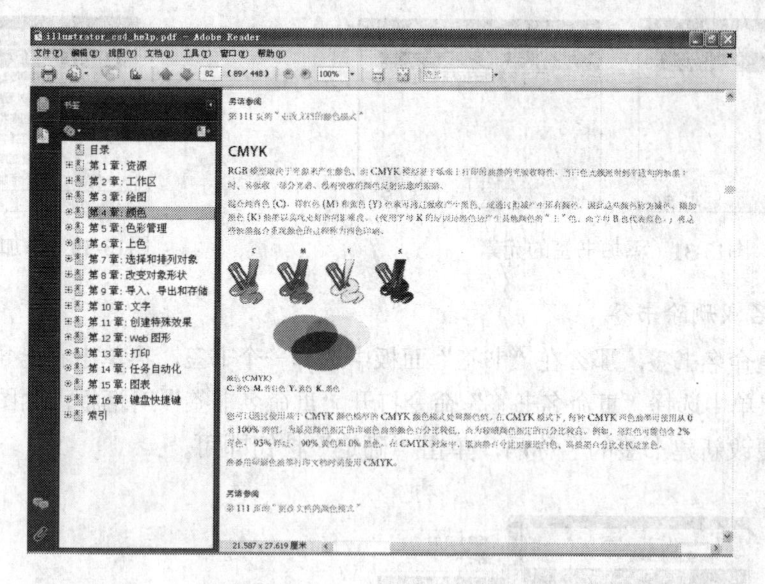

图13-26　使用书签进行阅读

图13-27　“书签”面板

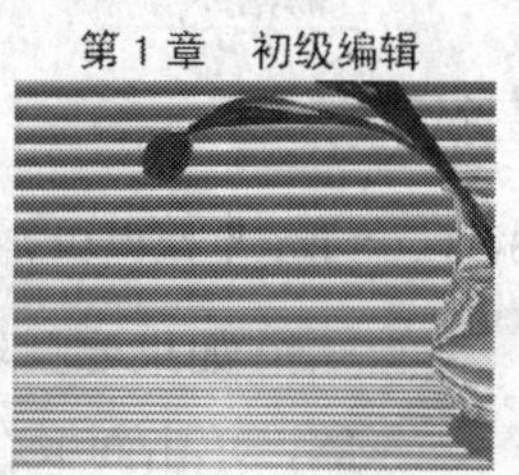

图13-28　使用“文字工具”选择文字

（3）在“书签”面板中单击右上角的 按钮，在打开的面板菜单中选择“新建书签”命令或者单击面板下方的“创建新书签”按钮 创建新的书签。如图13-29所示。

（4）还可以为创建的书签添加子元素。使用“文字工具” T.选择将要定义为书签的文本，如图13-30所示。

图13-29　“书签”面板

● 编辑链接片段
● 剪切、拷贝、粘贴片段
● 处理多片段

1.1 了解不同类型的片段

在 Final Cut Pro 中，有多种类型的片
其独特的图标而与其他片段明显不同。但
置而产生不同的行为（如浏览器片段与序
下面介绍可以在 Final Cut Pro 中处理的

图13-30　使用“文字工具”选择文本

（5）在“书签”面板中，选中将要添加子元素的书签名称，然后单击面板底部的“创建新书签”按钮 ，如图13-31所示。

（6）使用同样的方法可以添加其他的书签，如图13-32所示。

13.4.2　编辑书签

书签制作完成后，还可以对其进行编辑和管理。使用“书签”面板可以对书签项目重命名、删除和排列书签。

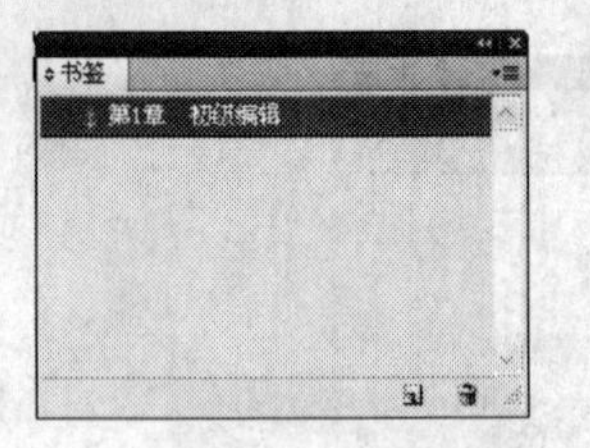

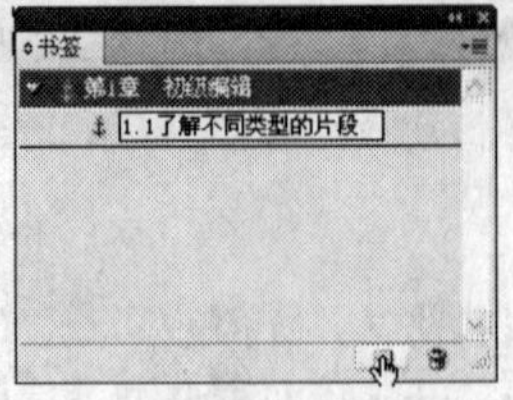

图13-31 添加书签的元素

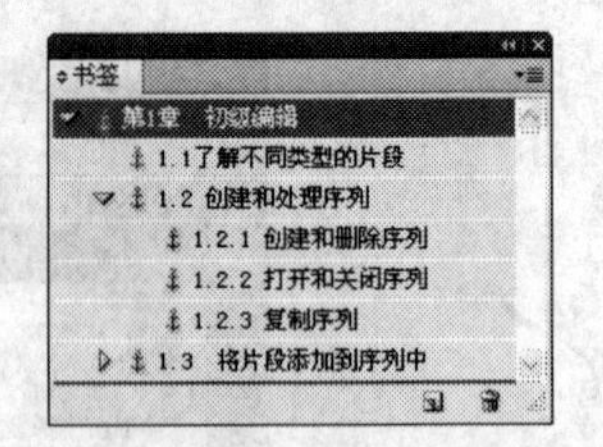

图13-32 添加其他的书签

1. 重命名或删除书签

如果要重命名书签，那么在“书签”面板中选择一个书签，再单击右上角的按钮，在打开的面板菜单中选择“重命名书签”命令打开“重命名书签”对话框，如图13-33所示。在该对话框中更改新建书签的名称后，单击“确定”按钮即可。

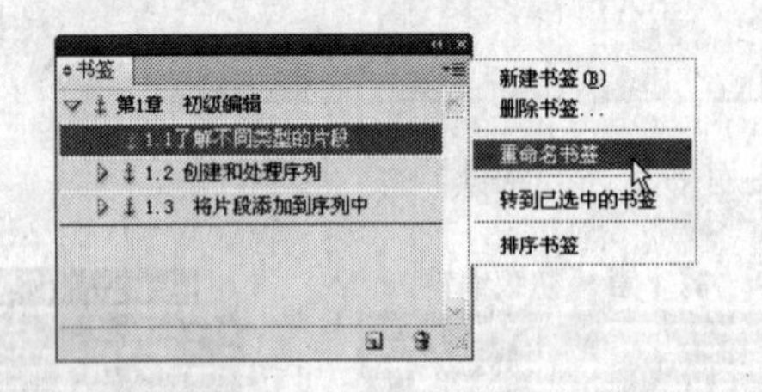

图13-33 “书签”面板和“重命名书签”对话框

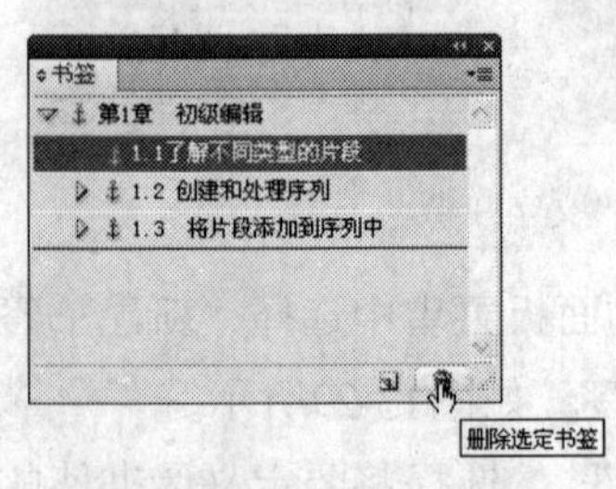

图13-34 “书签”面板

如果要删除书签，那么在“书签”面板中选中一个书签，单击面板右上角的按钮，然后在打开的面板菜单中选择“删除书签”命令或者单击面板下方的“删除选定书签”按钮都可以将选定的书签删除，如图13-34所示。

2. 排列、编组和排序书签

在“书签”面板中可以排列书签的顺序和书签之间嵌套的关系。在面板中嵌套可以创建父级或子级关系。可以根据需要展开或折叠此层次结构列表。更改书签的顺序或嵌套顺序并不影响实际文档的外观。

更改书签顺序时，可以执行下列操作之一：

（1）单击创建的书签图标旁边的三角形按钮即可显示或隐藏它所包含的任何子级书签，如图13-35所示。

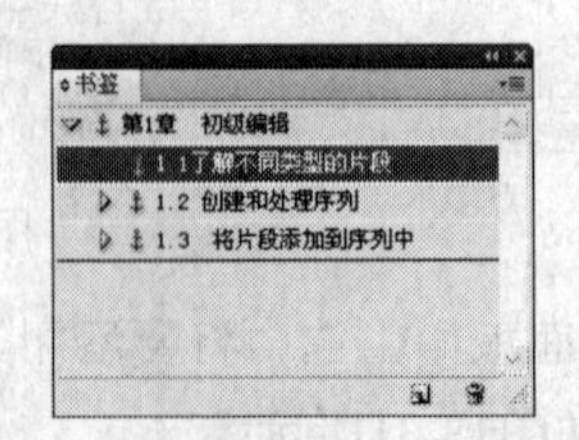

图13-35 展开“书签”对象子集

（2）将书签嵌套在其他书签下：选择要嵌套的书签或书签范围，然后将图标拖动到父级书签上释放书签，拖动的书签将嵌套在父级书签下，但实际页面仍保留在文档的原始位置，如图13-36所示。

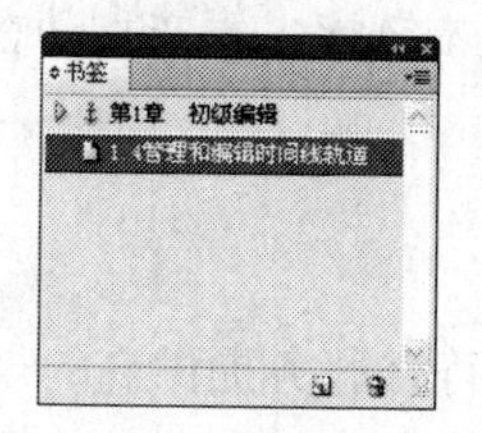

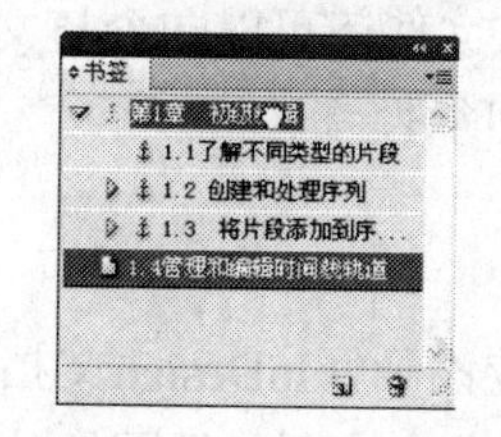

图13-36 选择并拖动书签进行合并

（3）更改书签的顺序：选择一个书签并将其拖动到一个新位置。这时将显示一个黑色条，指示书签将放置到的位置，释放书签即可，如图13-37所示。

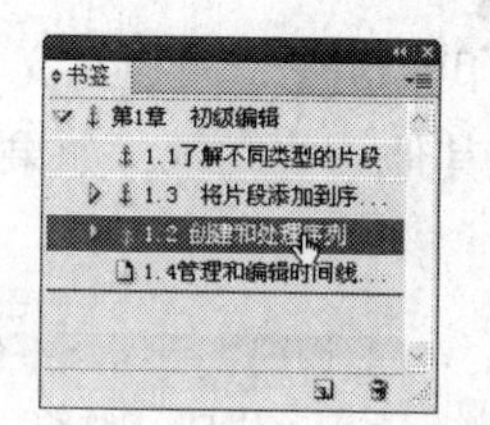

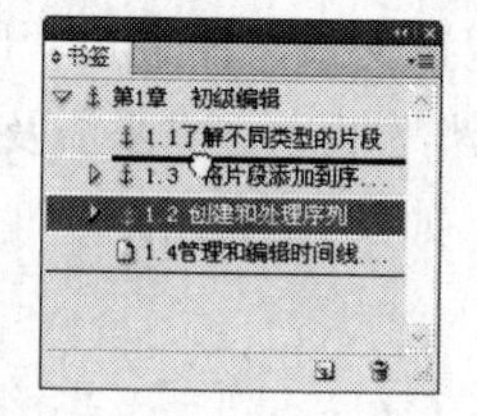

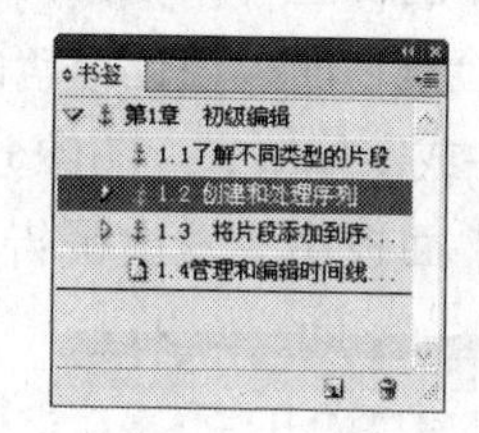

图13-37 调整书签之间的顺序

（4）将书签移动到嵌套位置的外部：选择要移动的书签或书签范围，将图标拖动到父级书签的左下方，将显示一个黑色条，指示书签将移动到的位置，释放书签即可。

（5）书签创建完成后还可以将文档导出为PDF格式。创建的书签也会显示在PDF文件中。

13.5 PDF简介

PDF（便携文档格式）文件是一种优秀的电子文件格式，在InDesign中可以很容易地将文件输出为PDF格式。PDF由Adobe公司开发，已成为全世界各种标准组织用来进行更加安全可靠的电子文档分发和交换的出版规范。PDF已经被各企业、政府机构和教育工作者广为使用，用于简化文档交换、提高生产率、节省纸张的流程。

PDF文件具有以下优点：

（1）灵活性：使用PDF文档无需担心兼容性问题。PDF保留了文档原有的格式、颜色、字体和图像，所有共享者均可以看到信息原貌。PDF文件不管是在Windows、Unix还是在苹果公司的Mac OS操作系统中都是通用的。这一特点使它成为在Internet上进行电子文档发行和数字化信息传播的理想文档格式。越来越多的电子图书、产品说明、公司文告、网络资料和电子邮件开始使用PDF格式文件。PDF格式文件目前已成为数字化信息上的一个工业标准。

（2）高效：InDesign加快了整个PDF文档的创建过程。可以快速地创建和分发PDF文件，为了便于与客户进行意见交流并使其接收作品，所有审阅者都可以阅读和电子分发PDF文件。PDF在任何媒体上出版信息的高效性，取代了繁重、费时的纸质工作流程。

（3）可访问性：能通过打印形式在Web、公共服务器、电子邮件或CD-ROM上共享PDF文件，所有同事、伙伴和客户均可以访问到相同的信息。Adobe公司设计PDF文件格式的目的是支持跨平台上的、多媒体集成的信息出版和发布，尤其是提供对网络信息发布的支持，因此PDF具有许多其他电子文档格式无法相比的优点。

（4）可靠性：PDF文件格式可以将文字、字型、格式、颜色及独立于设备和分辨率的图形图像等封装在一个文件中。该格式文件还可以包含超文本链接、声音和动态影像等电子信息，支持特长文件，集成度和安全可靠性都较高。

13.5.1 导出前检查文档

为服务提供商创建PDF之前，应该确保InDesign文档符合服务提供商的规范。在导出前检查文档，可以使用InDesign预检功能，从而确保图像分辨率和颜色空间正确、字体可用并可嵌入，以及置入图形已更新等。

如果要检查文件，那么打开制作好的文件，并在菜单栏中选择“窗口→输出→印前检查”命令，打开“印前检查”面板，如图13-38所示。

在“印前检查”面板中选择“配置文件”，通过“印前检查”面板对文档进行检查。这些问题包括文件或字体缺失、图像分辨率低、文本溢流及其他一些问题。如果遇到这类问题，在“印前检查”面板中会发出警告，如图13-39所示。

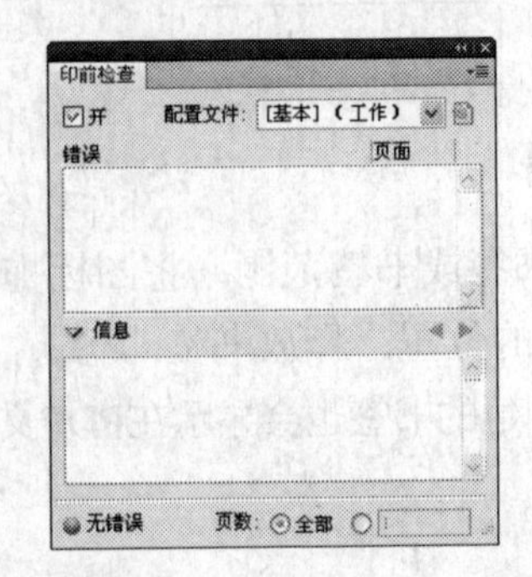

图13-38 “印前检查”面板

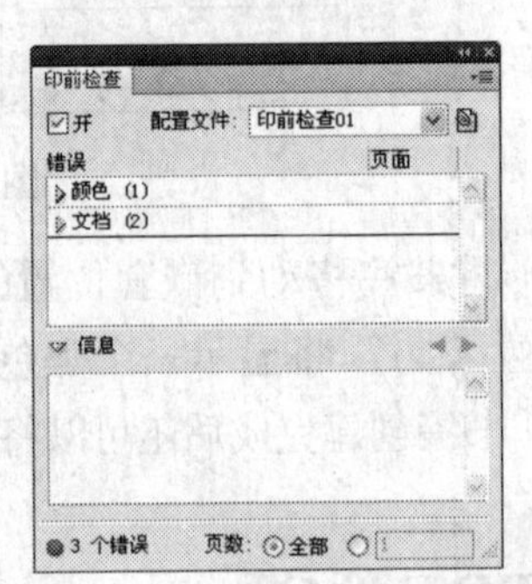

图13-39 “印前检查”面板

根据“印前检查”面板提供的信息对文档进行修改，修改完成后，就可以将文档导出为PDF文档。

13.5.2 设置PDF选项

可以通过设置PDF的不同选项来满足不同的出版要求。打开想要导出的文件，在菜单栏中选择“文件→导出”命令，打开“导出”对话框，在“导出”对话框中设置文件的保存路径，在保存类型中选择文件类型为PDF格式，如图13-40所示。

图13-40 “导出”对话框

在“导出”对话框中单击“保存”按钮后打开“导出Adobe PDF”对话框，如图13-41所示。

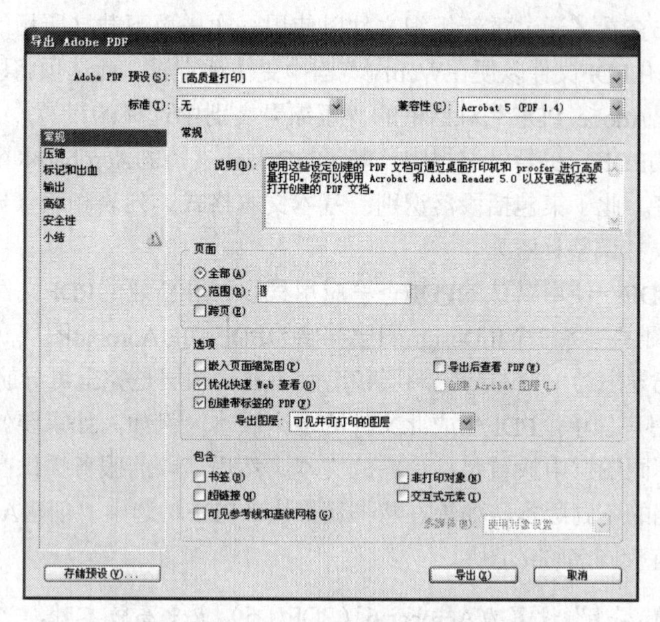

图13-41 “导出Adobe PDF”对话框

在“导出Adobe PDF”对话框中包含很多选项，通过这些选项可以对将要导出的PDF文件进行设置。在导出前查看PDF导出设置，然后根据需要调整这些设置。

下面，简单地介绍一下不同选项栏中的选项。

1. 常规

在“常规”选项中可以设定基本的文件选项。在此可以设定输出PDF文件的页面的范围等基本设置。

标准：指定文件的PDF/X格式。在此可以设置指定文件的格式。PDF/X标准是由国际标准化组织（ISO）制定的。PDF/X标准适用于图形内容交换。在PDF转换过程中，将对照指定标准检查要处理的文件。如果PDF不符合选定的ISO标准，则会显示一条消息，要求选择是取消转换还是继续创建不符合标准的文件。应用最广泛的打印发布工作流程标准是PDF/X格式，例如PDF/X-1a和PDF/X-3。

兼容性：指定文件的PDF版本。在此可以设置不同的输出版本类型。在创建PDF文件时，需要确定使用哪个PDF版本。另存为PDF或编辑PDF预设时，可通过切换到不同的预设或选择兼容性选项来改变PDF版本。一般来说，除非指定需要向下兼容，否则使用最新的版本。最新的版本包括所有最新的特性和功能。但是，如果要创建将在较大范围内分发的文档，考虑选取Acrobat 5（PDF 1.3）或Acrobat 6（PDF 1.4），以确保所有用户都能查看和打印文档。

说明：显示选定预设的说明，并提供编辑说明所需的位置。可以从剪贴板粘贴说明，全部导出当前文档或书籍中的所有页面。

范围：指定当前文档中要导出为PDF的页面的范围。可以使用连字符输入导出范围，如（3～12），也可以使用逗号分隔多个页面或范围，如（1，3，5，7，9）。

跨页：集中导出页面，如同将其打印在单张纸上。勿选择“跨页”用于商业打印，否则有可能导致这些页面不可用。

嵌入页面缩览图：为每个导出页面创建缩览图或为每个跨页创建一个缩览图。缩览图显示在InDesign的“打开”或“置入”对话框中，添加缩览图会增加PDF文件的大小。

优化快速Web查看：通过重新组织文件以使用一次一页下载（所用的字节），减小PDF文件的大小，并优化PDF文件以便在Web浏览器中更快地查看。此选项将压缩文本和线状图，而不考虑在“导出Adobe PDF”对话框的“压缩”类别中选择的设置。

创建带标签的PDF：在导出过程中，基于InDesign支持的Acrobat标签的子集自动为文章中的元素添加标签。此子集包括段落识别、基本文本格式、列表和表（导出为PDF之前，还可以在文档中插入并调整标签）。

导出后查看PDF：使用默认的PDF查看应用程序打开新建的PDF文件。

创建Acrobat图层：将每个InDesign图层存储为PDF中的Acrobat图层。此外，还会将所包含的任何印刷标记导出为单独的标记图层和出血图层。图层是完全可导航的，这允许Acrobat 6.0和更高版本的用户从单个PDF生成此文件的多个版本。例如，如果要使用多种语言来发布文档，则可以在不同图层中放置每种语言的文本。然后，印前服务提供商可以显示和隐藏图层，以生成该文档的不同版本。如果在将书籍导出为PDF时选中“创建Acrobat图层”选项，则会默认合并具有相同名称的图层。

注意：仅当“兼容性”设置为Acrobat 6（PDF 1.5）或更高版本时，“创建Acrobat图层”选项才可用。

导出图层：用于确定是否在PDF中包含可见图层和非打印图层。可以使用“图层选项”设置决定是否将每个图层隐藏或设置为非打印图层。导出为PDF时，选择是导出“所有图层”（包括隐藏和非打印图层）、“可见图层”（包括非打印图层）还是“可见并可打印的图层”。

书签：创建目录条目的书签，保留目录级别。根据“书签”面板中指定的信息创建书签。

超链接：创建InDesign超链接、目录条目和索引条目的PDF超链接批注。

可见参考线和基线网格：导出文档中当前可见的边距参考线、标尺参考线、栏参考线和基线网格。网格和参考线以文档中使用的相同颜色导出。

非打印对象导出在“属性”面板中对其应用了“非打印”选项的对象。

交互式元素：导出所有影片、声音和按钮（Acrobat 4.0和5.0可以嵌入声音并链接影片。Acrobat 6.0和更高的版本支持影片和声音的链接和嵌入）。

多媒体：是指能够指定嵌入或链接影片和声音的方式。

- 使用对象设置：根据“声音选项”和“影片选项”对话框中的设置嵌入影片和声音。
- 链接全部：链接放置在此文档中的声音和影片剪辑。如果选择不在PDF文件中嵌入媒体剪辑，确保将媒体剪辑放置在与PDF相同的文件夹中。
- 嵌入全部：嵌入所有影片和声音，不考虑各个对象上的嵌入设置。

2. 压缩

将文档导出为PDF时，可以压缩文本和线状图，并对位图图像进行压缩和缩减像素采样。根据选择的设置，压缩和缩减像素采样可以明显减小PDF文件的大小，而不会影响细节和精度。在“导出PDF”对话框左侧的选项栏中选择“压缩”选项，使用打开的选项可以指定图稿是否要进行压缩和缩减像素采样，如图13-42所示。

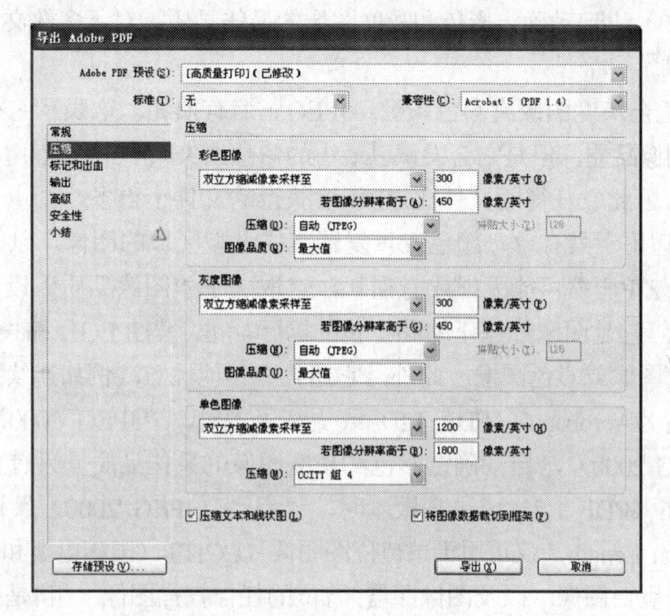

图13-42　“导出Adobe PDF”对话框

在“导出Adobe PDF”对话框中的“压缩”选项分为三个部分。每一部分提供了下列3个选项，用于对页面中的彩色对象、灰度对象或单色图像进行压缩和重新采样。

图像的采样

在图像的采样下拉列表中有“不缩减像素采样”、“平均缩减像素采样至”、“次像素采样至”和“双立方缩减像素采样至”选项，用来控制生成PDF过程中图像压缩的采样方式，如图13-43所示。

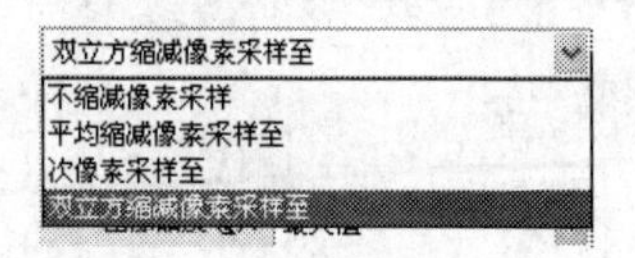

图13-43　图像采样下拉列表

- 不缩减采样：指不减少图像中的像素数量，使用不缩减像素采样将不允许对图像进行任何程度的压缩。
- 平均缩减像素采样至：计算样本区域中的像素平均数，并使用指定分辨率的平均像素颜色替换整个区域。
- 次像素采样至：选择样本区域中心的像素，并使用此像素颜色替换整个区域。与缩减像素采样相比，次像素采样会显著缩短转换时间，但会导致图像不太平滑和连续。
- 双立方缩减像素采样至：使用加权平均数确定像素颜色，这种方法产生的效果通常比平均缩减像素采样的方法产生的效果更好。双立方缩减像素采样是速度最慢但最精确的方法，并可产生最平滑的色调渐变的压缩类型。

压缩方式

InDesign提供了两组不同的压缩方式，如图13-44所示。

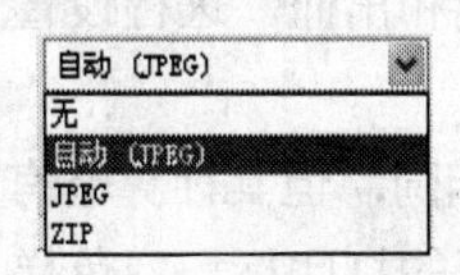

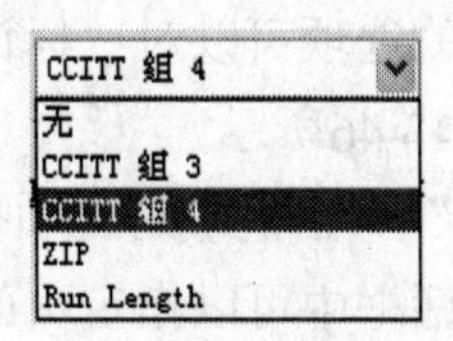

图13-44　两种不同的压缩方式

- 自动（JPEG），自动确定彩色和灰度图像的最佳品质。对于多数文件，此选项会生成满意的结果。
- JPEG，它适合灰度图像或彩色图像。JPEG压缩有损耗，这表示它将删除图像数据并可能降低图像品质，但是它会尝试以最小的信息损失减小文件大小。由于JPEG压缩会删除数据，因此它获得的文件比ZIP压缩获得的文件小得多。
- ZIP，非常适用于具有单一颜色或重复图案的大型区域的图像，以及包含重复图案的黑白图像。ZIP压缩可能无损或有损耗，这取决于"图像品质"设置。
- JPEG 2000，它是图像数据压缩和打包的国际标准。与JPEG压缩一样，JPEG 2000压缩适合灰度图像或彩色图像。此外，它还具有其他优点，例如连续显示。只有在"兼容性"设置为Acrobat 6（PDF 1.5）或更高版本时，"JPEG 2000"选项才可用。
- 自动（JPEG 2000），自动确定彩色和灰度图像的最佳品质。只有在"兼容性"设置为Acrobat 6（PDF 1.5）或更高版本时，"自动（JPEG 2000）"选项才可用。
- CCITT和Run Length，仅可用于单色位图图像。CCITT（国际电报和电话咨询委员会）压缩适用于黑白图像，以及图像深度为1位的任何扫描图像。组4是通用的方法，对于多数单色图像可以生成较好的压缩。组3由多数传真机使用，每次可以压缩一行单色位图。Run Length压缩对于包含大面积纯黑或纯白区域的图像可以产生最佳的压缩效果。

在InDesign中着色的灰度图像取决于"彩色图像"的压缩设置，即使用专色着色的灰度图像，在压缩的时候也使用灰度的压缩设置。

图像品质

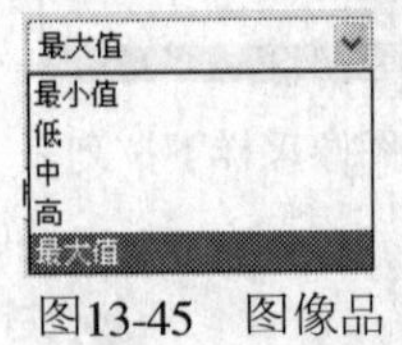

图13-45　图像品质选项

InDesign提供了不同的图像品质设置，如图13-45所示。

图像的品质决定其应用的压缩量。对于JPEG压缩或JPEG 2000压缩，可以选择"最小值"、"低"、"中"、"高"或"最大值"品质。对于ZIP压缩，仅可以使用8位。因为InDesign使用无损的ZIP方法，所以不会删除数据以缩小文件大小，因而不会影响图像品质。

压缩文本和线状图将纯平压缩（类似于图像的ZIP压缩）应用到文档中的所有文本和线状图，而不损失细节或品质。

裁切图像数据至边框：是指仅导出位于框架内可视区域内的图像数据，可能会缩小文件的大小。如果后续处理器需要页面以外的其他信息（例如，对图像进行重新定位或出血），则不要选择此选项。

3. 标记和出血

出血是图稿位于页面、裁切标记或修剪标记以外的部分。在导出PDF时可以指定页面的出血范围，还可以向文件添加各种印刷标记。在"导出PDF"对话框左侧的选项栏中选择"标记和出血"选项，使用打开的选项可以对"标记和出血"进行设置。在此指定印刷标记和出血，以及辅助信息区，如图13-46所示。

尽管这些选项与"打印"对话框中的选项相同，但其计算略有不同，因为PDF不会输出为已知的页面大小。在该对话框中可以指定页面的打印标记、色样、页面信息，以及出血标志等。

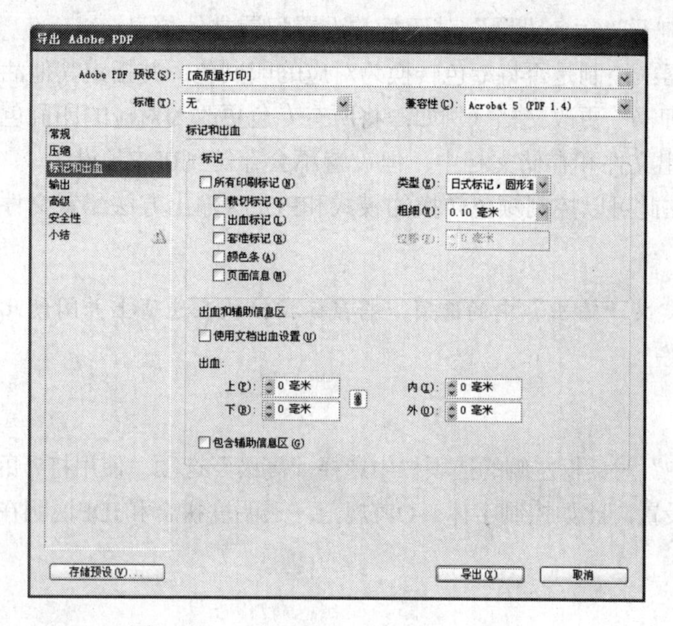

图13-46　“导出Adobe PDF”对话框

4. 输出

在“导出PDF”对话框左侧的选项栏中选择“输出”选项，使用打开的选项可以对“输出”进行设置。根据颜色管理的开关状态、是否使用颜色配置文件为文档添加标签，以及选择的PDF标准，“输出”选项间的交互将会发生更改，如图13-47所示。

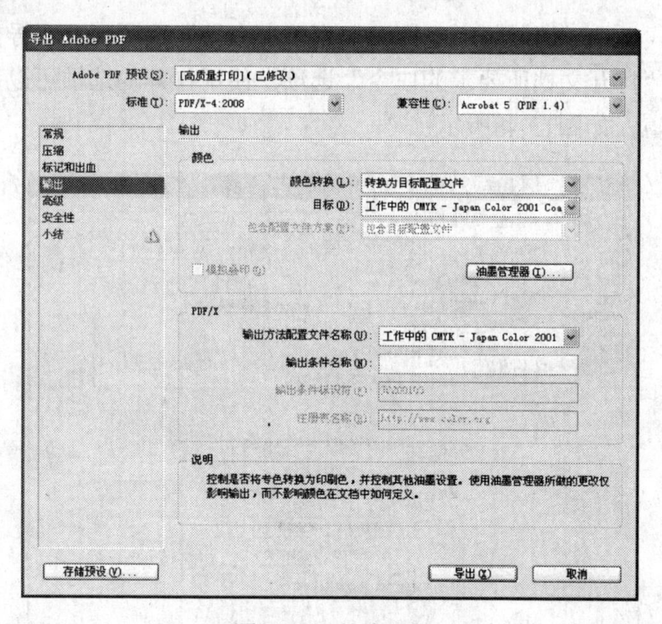

图13-47　输出设置

下面，简单地介绍一下其中的几个选项：

- 颜色转换：指定在PDF文件中表示颜色信息的方式。在颜色转换过程中，将保留所有专色信息，只有对应的印刷色转换到指定颜色空间。
- 包含所有配置文件方案：创建颜色管理文档。如果使用PDF文件的应用程序或输出设备需要将颜色转换到另一颜色空间，则它使用配置文件中的嵌入颜色空间。选择此选项之前，打开“颜色设置”对话框并设置配置文件信息。

- 油墨管理器：控制是否将专色转换为对应的印刷色，并指定其他油墨设置。如果使用“油墨管理器”更改文档（例如，将所有专色更改为对应的印刷色），则这些更改将反映在导出文件和存储文档中，但设置不会存储到PDF预设中。
- PDF/X：在此可以控制颜色转换的模式和PDF/X输出方法配置文件在PDF文件中的存储方式。

注意：要快速定义“输出”中的选项，将鼠标指针放在选项上并阅读此对话框底部的“说明”文字。

5. 高级

在“导出PDF”对话框左侧的选项栏中选择“高级”选项，使用打开的选项对导出的PDF格式进行特定的设置，比如控制字体、OPI规范、透明度拼合和JDF说明在PDF文件中的存储方式等。

6. 安全性

导出为PDF时，还可以添加密码保护和安全性限制，不仅限制可打开文件的用户，而且限制打开PDF文档的用户对文档进行复制、提取内容、打印文档等操作。

PDF文件可能要求使用口令才能打开文档或更改安全性设置（许可口令）。来自RSA Corporation的RC4安全性方法使用口令来保护PDF文件。根据“兼容性”设置的不同，加密级别也不同。

在导出PDF格式文件时可以将安全性添加到“安全性”选项。在“导出PDF”对话框左侧的选项栏中选择“打开文档所要求的口令”选项，使用打开的选项可以对导出的“PDF”文件进行安全性设置，如图13-48所示。

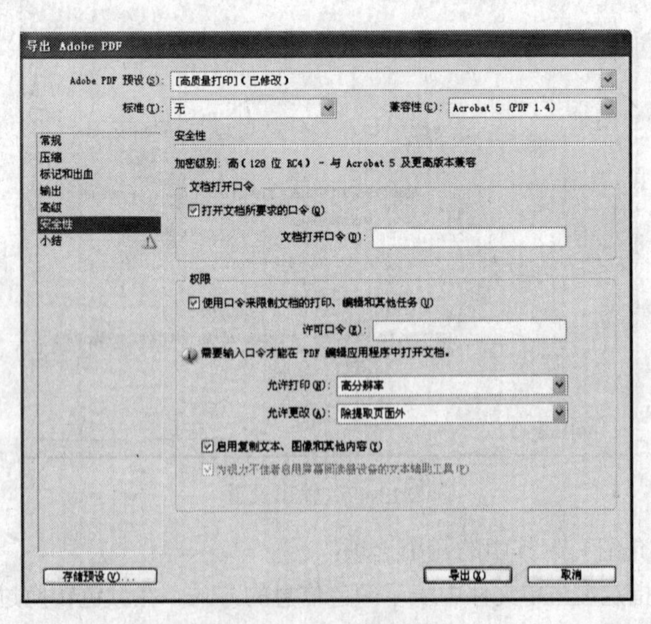

图13-48　安全性设置

当创建PDF或应用口令保护PDF时，可以选择以下选项。根据“兼容性”设置的不同，这些选项也会相应地改变。

兼容性：用于打开受口令保护的文档的加密类型。“Acrobat 4（PDF 1.3）”选项使用低加密级别（40位RC4），其他选项使用高加密级别（128位RC4或AES）。

注意： 使用较低版本Acrobat的用户不能打开具有较高兼容性设置的PDF文档。例如，如果选择“Acrobat 7（PDF 1.6）”选项，则无法在Acrobat 6.0或早期的版本中打开文档。

文档打开口令：选择此选项以要求用户输入打开文档的口令来查看PDF文件。

注意： 如果忘记口令，将无法从此文档恢复。最好将口令存储在单独的安全位置，以防忘记。

权限：在此设置使用口令来限制文档的打印、编辑和其他任务来限制访问PDF文件。如果在Acrobat中打开文件，则用户可以查看此文件，但必须输入指定的“许可口令”，才能更改文件的“安全性”和“许可”设置。如果要在Illustrator、Photoshop或InDesign中打开文件，则必须输入许可口令，因为在这些应用程序中无法以“仅限查看”的模式打开文件。

许可口令：在右侧的输入框中更改许可设置的口令。指定用户必须输入口令后才可以对PDF文件进行打印或编辑。

允许打印：在此可以设置用户是否可以打印该PDF文档或打印文档质量的级别，如图13-49所示。

- 无：不允许用户打印此文档。
- 低分辨率（150dpi）：使用户能够使用不高于150dpi的分辨率打印。打印速度可能较慢，因为每个页面都作为位图图像进行打印。只有在“兼容性”选项设置为Acrobat 5（PDF 1.4）或更高版本时，此选项才可用。
- 高分辨率：允许用户以任何分辨率进行打印，能将高品质矢量输出至PostScript及其他支持高级高品质打印功能的打印机。

允许更改：定义允许在PDF文档中执行的编辑操作，如图13-50所示。

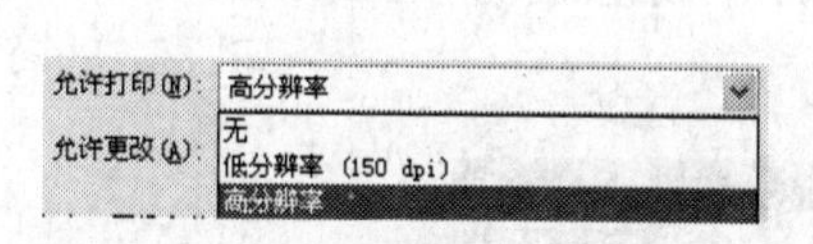

图13-49　“允许打印”下拉选项

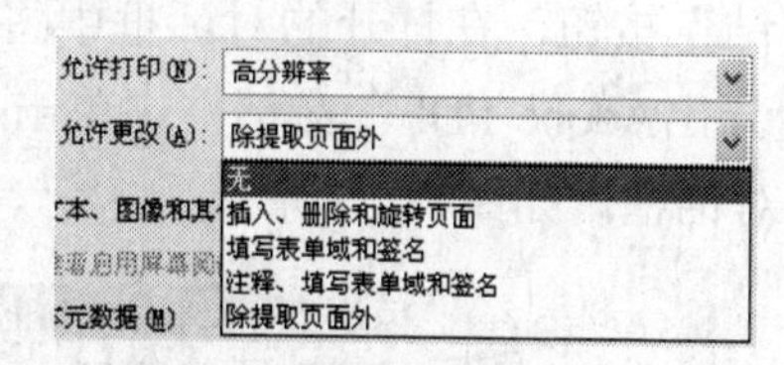

图13-50　“允许更改”下拉选项

- 除提取页面外：除提取页面外允许用户编辑文档、创建并填写表单域，以及添加注释和数字签名。
- 无：不允许用户对文档进行“允许更改”选项中所列的任何更改，比如不允许用户在文档中填写表单域和添加注释等操作。
- 插入、删除和旋转页面：可以在PDF文档页面中插入、删除和旋转页面，以及创建书签和缩览图。此选项仅可用于高加密级别（128位RC4或AES）。
- 填写表单域和签名：可以在PDF文档页面中填写表单并添加数字签名，但不允许用户添加注释或创建表单域。此选项仅可用于高加密级别（128位RC4或AES）。
- 注释、填写表单域和签名：可以在PDF文档页面中添加注释和数字签名，并填写表单。此选项不允许用户移动页面对象或创建表单域。

- 页面布局、填写表单域和签名：可以在PDF文档页面中插入、旋转或删除页面并创建书签或缩览图图像、填写表单，以及添加数字签名。但是不允许用户创建表单域。此选项仅可用于低加密级别（40位RC4）。

7. 小结

在“导出PDF”对话框左侧的选项栏中选择“小结”选项，在该对话框右侧显示小结信息，如图13-51所示。

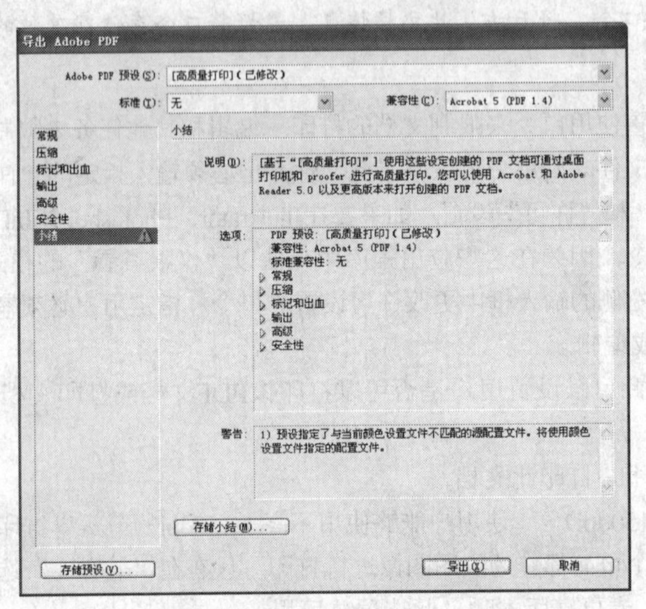

图13-51 小结信息

在“导出Adobe PDF”对话框中显示当前PDF设置的小结信息。可以单击“选项”栏中的选项，例如“常规”，单击旁边的箭头查看各个设置。要将小结存储为.txt文本文件，单击“存储小结”按钮，在打开的对话框中将小结文件进行保存。

在“导出Adobe PDF”对话框中单击“导出”按钮，系统将导出PDF文件，并显示“生成PDF”对话框，如图13-52所示。

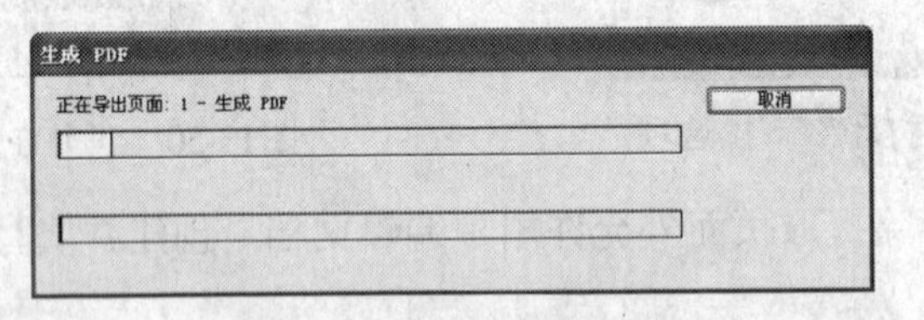

图13-52 “生成PDF”对话框

关于制作PDF的操作实例，可以参阅“第9章 书籍的排版与管理”内容的介绍。

13.5.3 PDF预设

PDF预设是一组影响创建PDF处理的设置选项。这些设置选项的主要作用是平衡文件大小和品质，具体取决于使用PDF文件的方式。可以在Adobe Creative Suite组件间共享大多数预设，其中包括InDesign、Illustrator、Photoshop和Acrobat。也可以针对特有的输出要求创建和共享自定义预设。

使用“Adobe PDF预设”对话框设置这些预设选项。在菜单栏中选择“文件→Adobe PDF预设→定义”命令，打开“Adobe PDF预设”对话框，如图13-53所示。

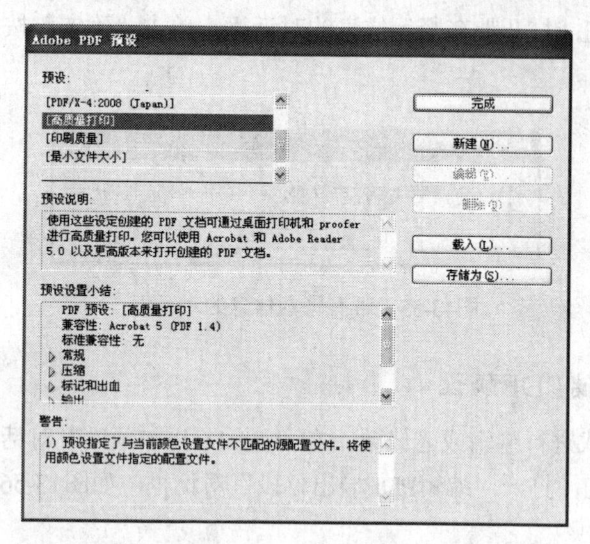

图13-53 “Adobe PDF预设”对话框

在左侧的样式名称中选择已有的样式，在“PDF预设”对话框中的“预设说明”和“预设小结”中可以查看到PDF预设的具体信息。在该对话框中不可以对系统自带的样式进行编辑、修改、删除等操作，但是可以新建一个样式或从别的文件中载入样式。

13.5.4 新建和删除PDF导出预设

导出预设是用于在导出PDF时的一些设置选项。如果要新建导出预设，那么在“新建PDF导出预设”对话框中单击“新建”按钮，打开“新建PDF导出预设”对话框，如图13-54所示。

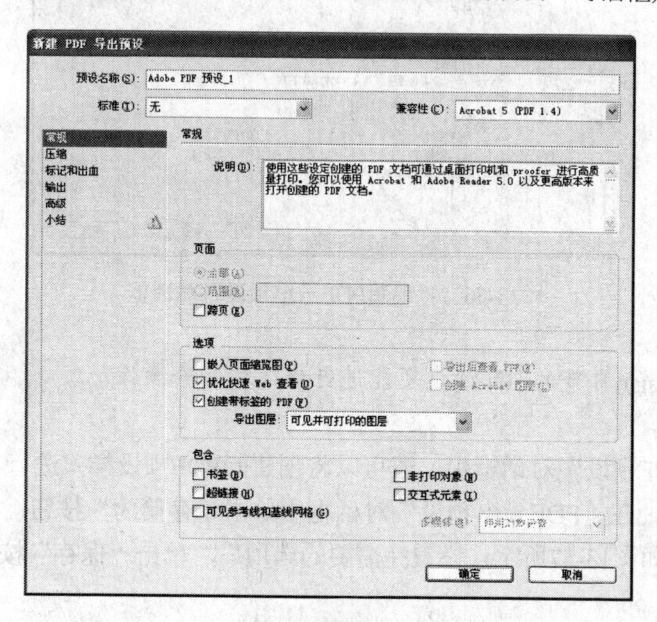

图13-54 “新建PDF导出预设”对话框

其中各个选项和导出PDF预设的选项一样，可以参考前面内容的介绍，设置完成后单击“确定”按钮完成新建PDF预设的创建。

如果想删除某个PDF预设，在“Adobe PDF预设”对话框中选中该样式，然后在该对话框中单击“删除”按钮，打开带有警示信息的对话框，单击“确定”按钮即可删除样式，如图13-55所示。

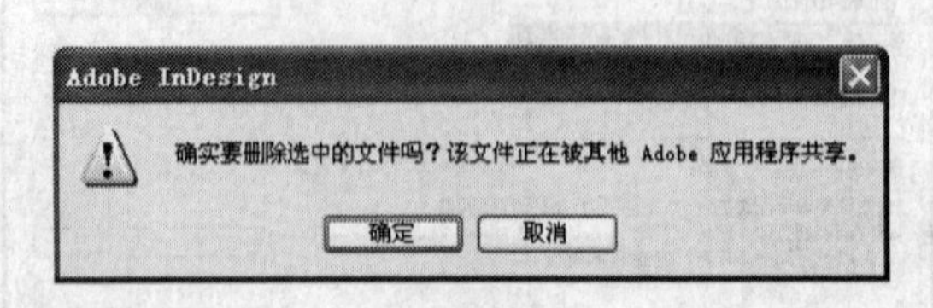

图13-55　带有警示信息的对话框

13.5.5　编辑和存储PDF预设

如果对创建的样式进行编辑或者修改，在“Adobe PDF预设”对话框中选中创建的新样式，单击“编辑”按钮，打开“编辑PDF导出预设”对话框，如图13-56所示。设置完成后单击“确定”按钮即可。

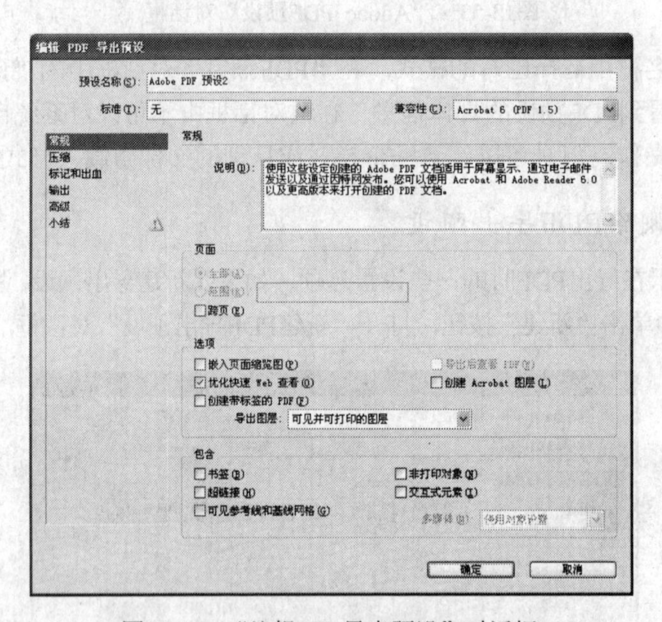

图13-56　“编辑PDF导出预设”对话框

对于InDesign自带的PDF预设不能进行修改和删除操作。

在“Adobe PDF预设”对话框中，还可以将创建的PDF预设样式进行存储，以便在以后的工作中继续使用。在“PDF导出预设”对话框中单击“存储为”按钮，打开“存储PDF导出预设”对话框，如图13-57所示。设置完需要的选项后，单击“保存”按钮存储新建的PDF导出预设。

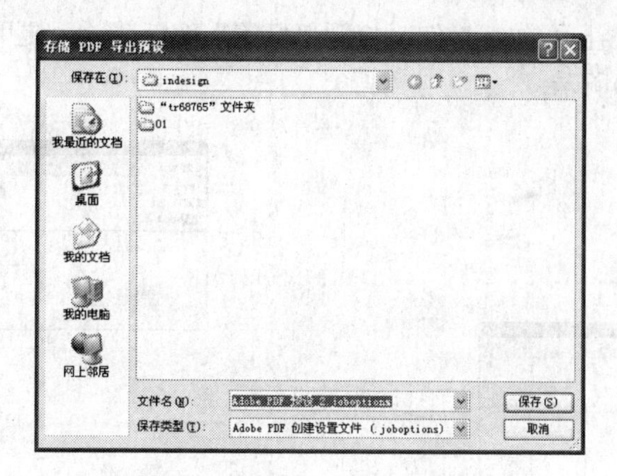

图13-57 “存储PDF导出预设”对话框

13.6 使用XML

XML是一种可扩展的语言，使用XML可以重新使用文件中的数据或者自动使用某个文件中的数据替换另一个文件中的数据。XML使用标签来描述文件的各个部分，例如，标题或者文章。这些标签对数据进行标记，以便可以将其存储在XML文件中并在导出到其他文件时进行相应的处理。可以将XML视为一种数据翻译机制。XML标签对文件中的文本和其他内容添加了标签，以便应用程序可以识别和显示数据。

每个人都可以创建自己的XML标签，对需要重新使用的每一种信息类型创建一个标签。XML标签不包含如何显示数据，以及如何为其设置格式的信息。XML标签仅用于标识内容。例如，在InDesign中，可以创建一个标题，并将其指定给文档中所有的一级标题。在将文档存储为XML文件之后，即可导入标题内容，并由可读取XML的任何应用程序用做Web页、打印目录、目录、价格表或数据库表等。

InDesign是可以生成和使用XML的众多应用程序之一。在InDesign文件中为内容添加标签后，可以将文件存储和导出为XML，以便能在其他InDesign文件或应用程序中重新使用。同样，可以将XML文件导入到InDesign中并使InDesign以需要的方式显示XML数据和设置其格式。

XML最大的用处就是存储数据，因此可以说，XML就是纯文本型数据库，可以跨平台、跨系统的使用。一个好的XML文件可以作为各种软件、Web页面和程序的数据库。与HTML的区别在于：HTML的用处是显示数据，而XML的用处是存储数据并供软件和页面使用，用记事本和浏览器都可以打开它。

13.6.1 新建XML元素

在InDesign中，可以使用“标签”面板来创建新的XML元素，而且可以对其进行编辑和删除等操作。

（1）“标签”面板列出了出版物中每个元素的标签，使用“标签”面板可以创建、编辑、删除或重命名标签。在菜单栏中选择“窗口→标签”命令，打开“标签”面板，如图13-58所示。

（2）单击标签右上角的 按钮，打开“标签”面板菜单，使用该菜单中的命令对标签进行编辑，如图13-59所示。

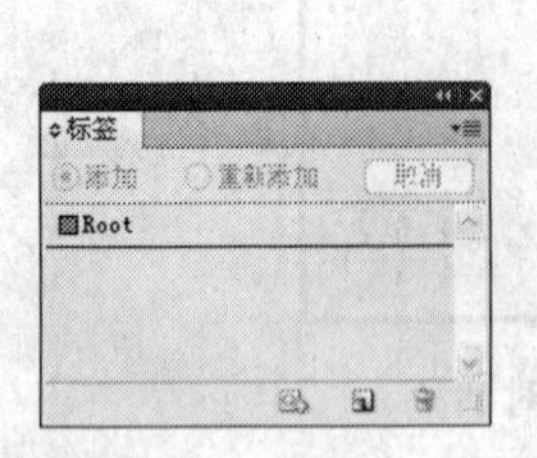

图13-58 “标签”面板

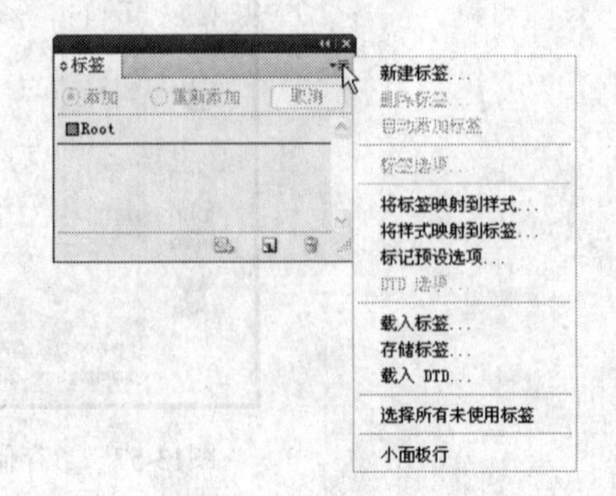

图13-59 “标签”面板菜单栏

（3）在菜单栏中选择“新建标签”命令，打开“新建标签”对话框，如图13-60所示。在该对话框中可以设置新建标签的名称和颜色。

注意： 标签名称中不能包含空格或制表符号，如果输入的标签名称包含制表符或空格将会打开带有警告信息的对话框，如图13-61所示。

图13-60 “新建标签”对话框

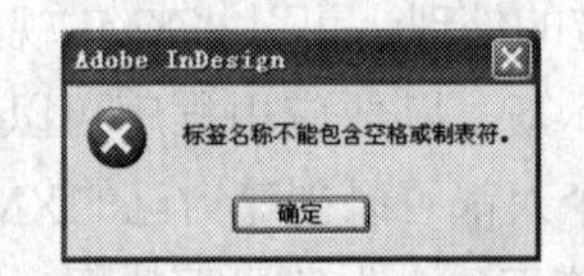

图13-61 带有警告信息的对话框

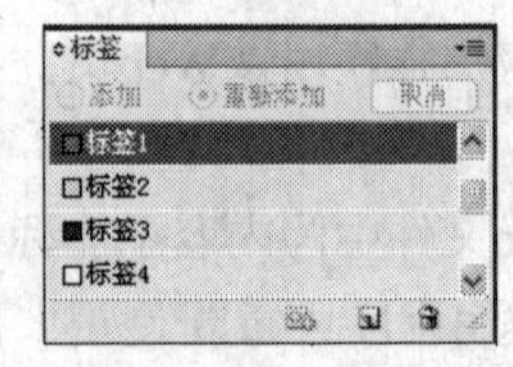

图13-62 新建的标签

（4）可以创建多个标签，在“标签”面板中创建多个标签后，它们以不同的颜色和名称显示，效果如图13-62所示。

13.6.2 为文本框中的文本添加标签

如果为文本框中的文本添加标签，那么按下列操作进行添加。

（1）使用“文字工具” T.选择文本，然后在“标签”面板中单击需要使用的标签，就可以将标签应用于选择文本。

（2）也可以在面板中单击右上角的 按钮，然后在打开的面板菜单中选择“自动添加标签”命令添加标签。

13.6.3 将样式映射到标签

可以根据下列操作将样式映射到标签。

（1）如果已经为段落与字符设置了样式，可以将这些样式映射到XML标签。单击“标签”面板右上角的 按钮，在打开的面板菜单中选择“将样式映射到标签”命令，打开“将标签映射到样式”对话框，如图13-63所示。

（2）在“将标签映射到样式”对话框中单击选择“未映射”选项，如图13-64所示。

（3）在“样式”选项栏中选择需要映射的样式名称，如图13-65所示。

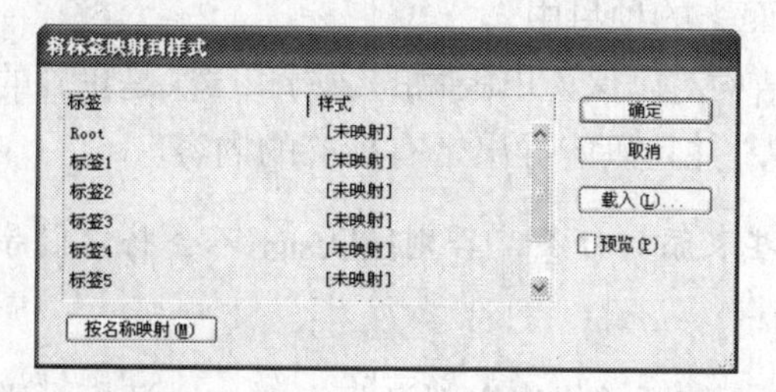

图13-63 “将标签映射到样式”对话框

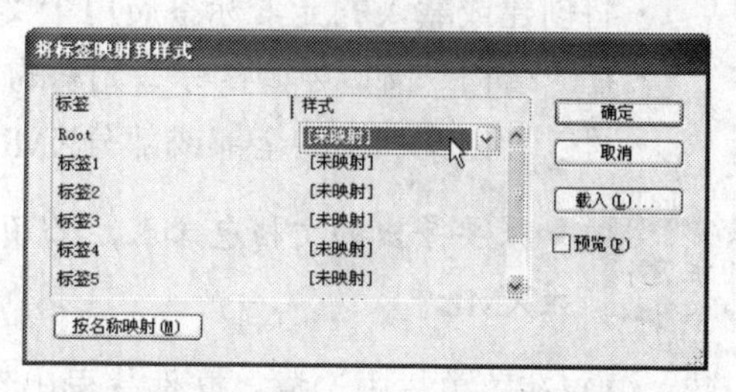

图13-64 “将标签映射到样式”对话框

（4）分别对样式进行映射。如图13-66所示。

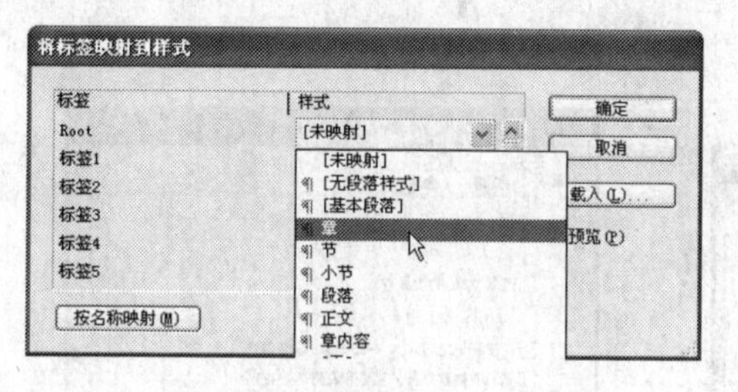

图13-65 映射“样式”选项

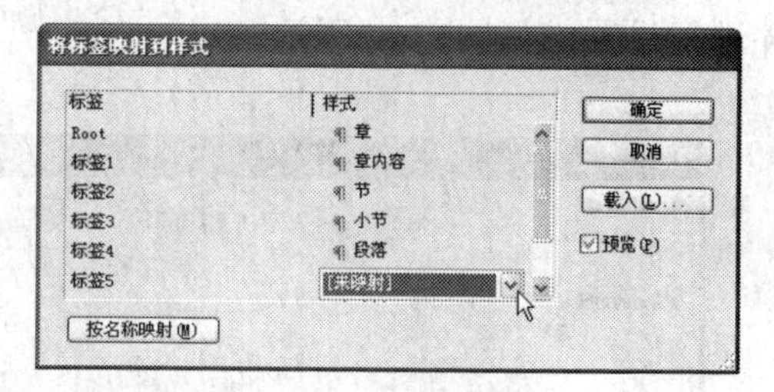

图13-66 “将标签映射到样式”对话框

（5）编辑完成后单击“确定”按钮，这样就将样式映射到了标签。

13.6.4 标签在视图中的显示

在InDesign中可以控制标签在视图中的显示与隐藏。在菜单栏中选择“视图→结构→显示结构”命令，在视图中将显示文本结构。通常，使用彩色括号显示添加标签的框架，标签颜色决定框架或括号的颜色。如图13-67所示。

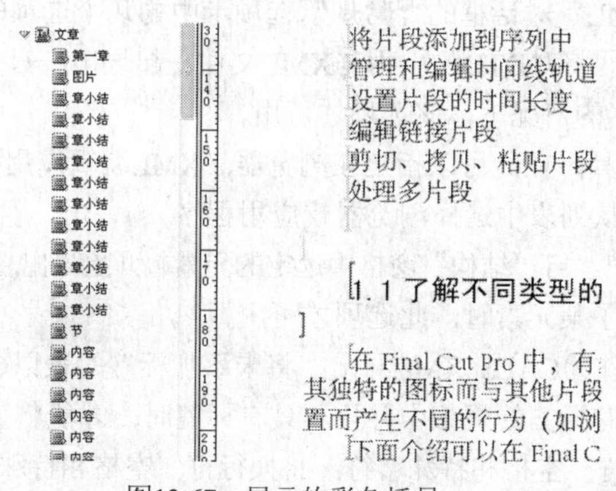

图13-67 显示的彩色括号

在菜单栏中选择“视图→结构→显示框架标记”命令，就会在视图中显示框架标记。在菜单栏中选择“视图→结构→隐藏标签标志符”命令，就会在视图中隐藏标签标志符。

13.6.5 导出为XML元素

为出版物页面项目添加标签后，就可以将其导出为XML了。在将内容从InDesign文档导出为XML之前，需要执行以下操作：

- 创建或载入元素标签。

- 将创建或载入的元素标签应用于文档页面上的项目中。
- 在“结构”窗口中调整标签元素的层次结构，以保证出版物的结构和层次是正确的。
- 可以导出文档中的全部或部分XML内容，并且只能导出带有标签的内容。

注意：如果要导出的文档包含表，必须为这些表添加标签，否则InDesign不会将它们导出至XML中。

（1）在菜单栏中选择“文件→导出”命令，打开“导出”对话框，在该对话框中设置导出的文件格式为.XML，如图13-68所示。

（2）单击“保存”按钮后打开“导出 XML”对话框，在“常规”选项中对导出的文件进行设置，如图13-69所示。

图13-68 “导出”对话框

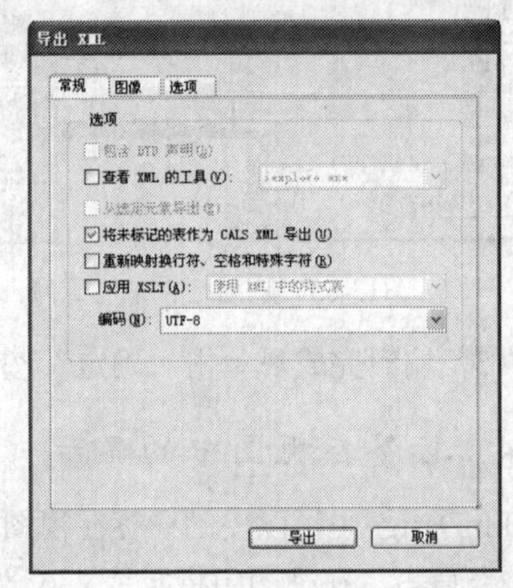

图13-69 “导出XML”对话框

下面是“导出XML”对话框的“常规”选项卡中的几个选项的介绍：

- 包含DTD声明：将对DTD的引用与XML文件一起导出。只有在“结构”窗格中存在DOCTYPE元素的情况下，该选项才可用。
- 查看XML的工具：在此可以指定在浏览器、XML编辑应用程序或文本编辑器中打开导出的文件，从列表中选择浏览器或应用程序。
- 从选定元素导出：自“结构”窗格中选定的元素起开始导出。仅在选择“文件→导出”命令之前选定了某元素时，此选项才可用。
- 将未标记的表作为CALS XML导出：将未添加标签的表以CALS XML格式导出。只有当表位于带有标签的框架中并且不具有标签时，才能将表导出。
- 重新映射换行符、空格和特殊字符：将换行符、空格和特殊字符作为十进制字符实体而非直接导出字符。
- 应用XSLT：应用样式表以定义从导出的XML向其他格式的变换。在菜单栏中选择“浏览”以便从文件系统中选择一个XSLT文件。如果XML树或HTML经过修改，并且在导出时XML中引用了“应用XSLT”选项，那么选择“使用XML中的样式表”选项就可以使用XSLT变换指令。
- 编码：从“编码”菜单中选择编码类型，比如UTF-8、UTF-16或Shift-JIS。

（3）如果导出的XML文档中包含图像，在“导出XML”面板中单击“图像”选项卡，对导出的XML的图像进行设置，如图13-70所示。设置完成后单击“导出”按钮，导出XML与相关文件。

下面是“导出XML”对话框的“图像”选项卡中的几个选项的介绍。

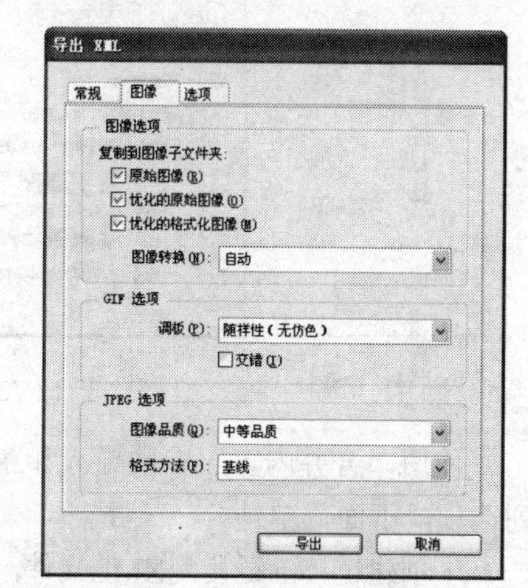

图13-70 “导出XML”对话框

- 原始图像：选择该项后，将原始图像文件的副本置入Images子文件夹中。
- 优化的原始图像：选择该项后，优化并压缩原始图像文件，然后将文件副本置于Images子文件夹中。
- 优化的格式化图像：选择该项后，优化包含所使用变换，比如旋转或缩放的原始图像文件，然后将文件置于Images子文件夹中。例如，如果文档包含两幅图像，一幅已裁切、一幅未裁切，那么只有已裁切图像会被优化并复制到Images子文件夹中。

如果在面板中将字符样式或段落样式中设置的拼音导出到XML中，单击“图像”选项，然后勾选“将拼音导出为XML”选项。

虽然使用InDesign可将字符样式或段落样式中设置的拼音导出到XML中，但是这仅限于符合W3C标准拼音定义的XML文件拼音代码。而且，如果XML代码中的行间距设置为0，则无法添加拼音。所有拼音都将使用标准拼音属性的默认设置导入。通过将指定的拼音映射到段落样式或字符样式，这些实例便可通过映射到段落样式或字符样式而起作用。

13.6.6 导入并应用XML元素

按下列操作步骤导入并应用XML元素。

（1）在菜单栏中选择“文件→导入XML”命令，打开“导入XML”对话框，如图13-71所示。

（2）在“导入XML”对话框中单击“打开”按钮，打开“XML导入选项”对话框，在该对话框中设置相关的导入选项后单击“确定”按钮即可导入文档，如图13-72所示。

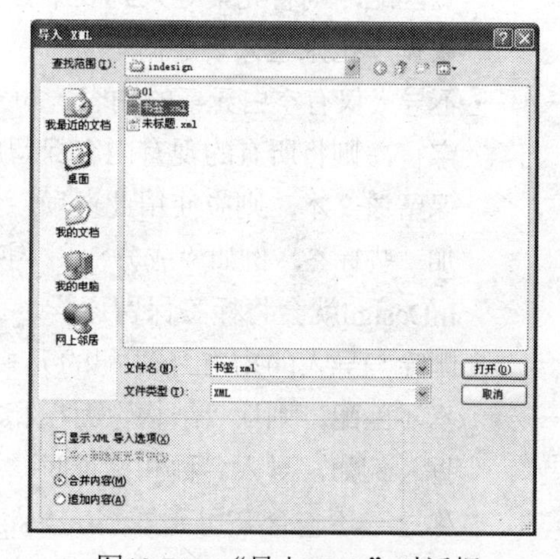

图13-71 “导入XML”对话框

在“模式”下拉选项中包含两种模式：合并内容和追加内容。可以采用这两种模式导入XML。选择何种模式取决于工作流程或者希望以何种方式来处理文档中的现有内容，以及是否需要使用高级选项来处理导入的数据。

在选用追加模式导入内容时，文档的现有结构和内容仍会保留不变，新的XML内容则以元素的形式置于“结构”窗口底部。在选用合并模式导入内容时，InDesign将传入的XML与文档中已有元素的结构和名称进行对比，如果元素匹配，导入的数据将替换现有文档内容，并且将合并到版面中带有正确标签的框架（或占位符）中。

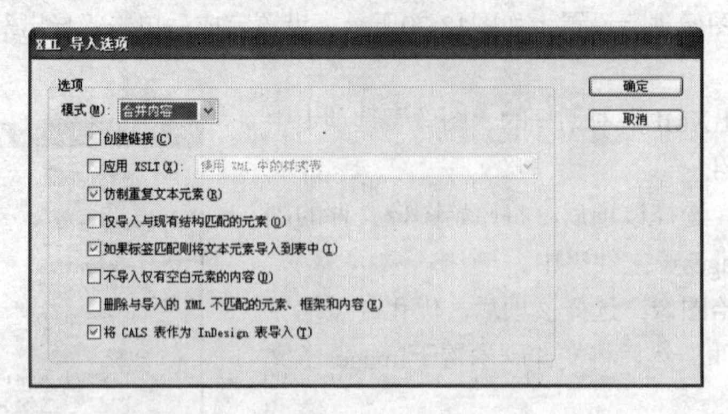

图13-72 “XML导入选项”对话框

使用“合并内容”选项导入和置入XML数据时，在“XML导入选项”对话框中包含下列选项，下面简单地介绍一下。

- 创建链接：链接到XML文件，以便在XML文件发生更新的情况下更新InDesign文档中的XML数据。
- 应用XSLT：应用样式表，定义所导入XML的转换。选择“浏览”项，从文件系统中选择一个。“使用XML中的样式表”是默认选项，将导致InDesign使用一条XSLT处理指令转换XML数据，前提是在XML文件中存在该指令。
- 仿制重复文本元素：为重复内容复制带标签的占位符文本所使用的格式。创建一个格式实例，例如，一个地址，然后自动重复使用其版面并创建其他实例。
- 仅导入与现有结构匹配的元素：筛选导入的XML内容，只有在所导入XML文件中的元素与文档中的元素相匹配时才将其导入。
- 如果标签匹配则将文本元素导入到表中：如果标签与占位符表及其单元格所使用的标签匹配，则将元素导入到表中。例如，在生成价目表或存货清单时，可使用此选项将数据库记录置入表中。
- 不导入仅有空白元素的内容：如果匹配的XML内容仅包含空白，例如回车符或制表符字符，则将所有的现有内容保留原样。如果占位符框中的元素间包括文本，并且希望保留该文本，则应使用此选项。例如，对由数据库生成的配方进行排版时，可能会添加一些标签，例如“成分”和“说明”。只要容纳每个“配方”的父元素仅包含空白，InDesign就会将标签保留原样。
- 删除与导入的XML不匹配的元素、框架和内容：如果元素与导入的XML文件中的元素不匹配，则从“结构”面板和文档版面中将其删除。使用此选项可筛选文档中的数据。例如，导入名称和地址时，某个元素的占位符文本中可能包含公司名称。如果名称之一不包含公司元素，InDesign就会删除包含该占位符文本的元素。
- 将CALS表导入为InDesign表：将XML文件中的所有CALS表导入为InDesign表。

导入XML时，InDesign不会创建新框架或新页面。在导入XML数据后，导入的内容在“结构”窗口中显示为元素。导入XML内容后，接下来就是将其置入到文档中。可以手动或自动置入内容，也可以使用脚本置入内容。所选择的方法取决于要导入的内容、文档的排版，以及工作流程。

第14章　综 合 实 例

本章内容主要结合实例，通过使用InDesign中的各种工具生成各种复杂页面的效果，来对InDesign有一个深刻的认识，从而掌握版面排版的基本流程。在本章内容中将介绍三个实际应用的实例。

本章主要介绍以下内容：

★书籍装帧设计

★宣传彩页的设计

★报纸排版

14.1　书籍装帧设计

在本实例中将制作一本书的封皮，包括封面、封底和书脊。主要练习运用在本书前面介绍的工具和菜单命令等来了解InDesign中一些工具的实际应用，制作的书籍装帧的最终效果如图14-1所示。

图14-1　最终的效果

（1）新建文档。执行“文件→新建→文档”菜单命令或直接按Ctrl+N组合键，打开“新建文档”对话框。将“页面大小”选项设置为440毫米×297毫米，将“页面方向”选项设置为“横向”，其他选项设置不变，如图14-2所示。

（2）单击“边距和分栏”按钮，打开“新建边距和分栏”对话框。将“边距”选项设置为“3毫米”，其他选项设置不变，如图14-3所示。

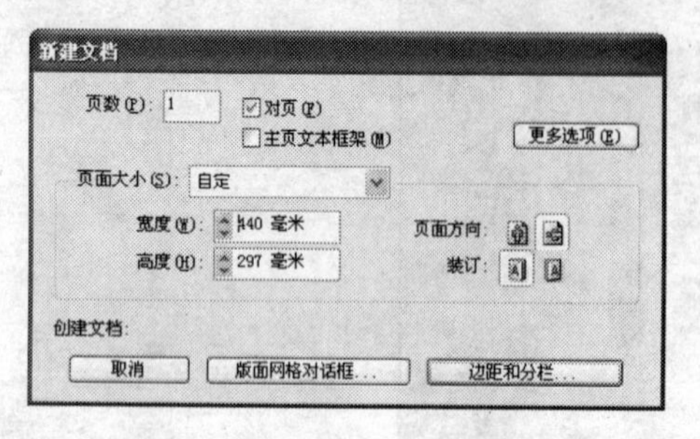

图14-2 “新建文档”对话框

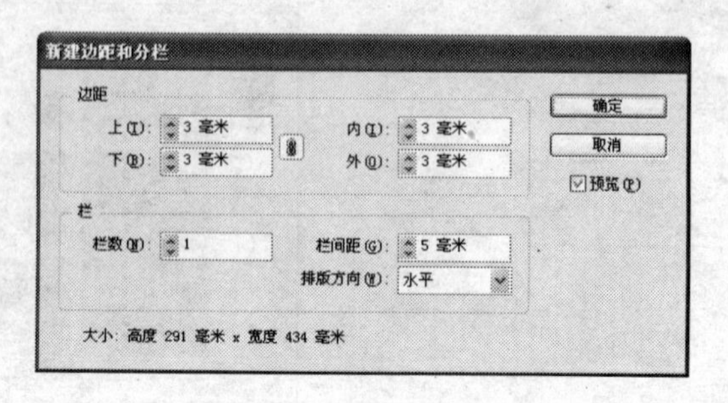

图14-3 “新建边距和分栏”对话框

（3）单击“新建边距和分栏”对话框右上角的“确定”按钮，关闭“新建边距和分栏”对话框。生成的文档效果如图14-4所示。

（4）创建参考线。从标尺线上分别拉两条参考线到页面上，参考线的位置分别为纵向210和230，如图14-5所示。

图14-4 新建的文档

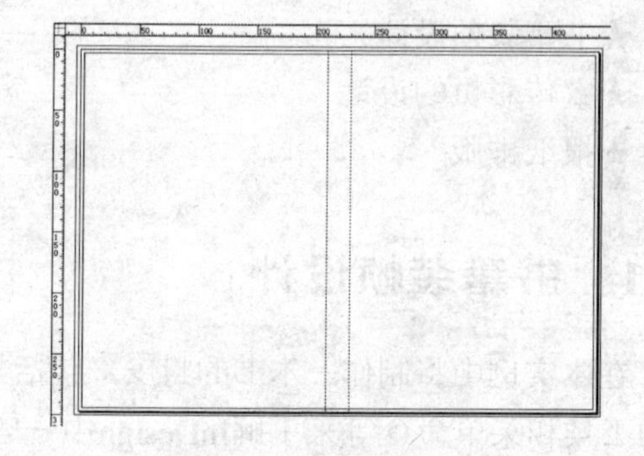
图14-5 绘制的参考线

（5）制作封皮的底色。执行“窗口→图层”菜单命令，打开“图层”面板，单击“创建新图层”按钮，新建一个图层“图层2”。单击右键，选择“图层2的图层选项…”，打开“图层选项”对话框，将“名称”选项更改为“图形”，如图14-6所示。

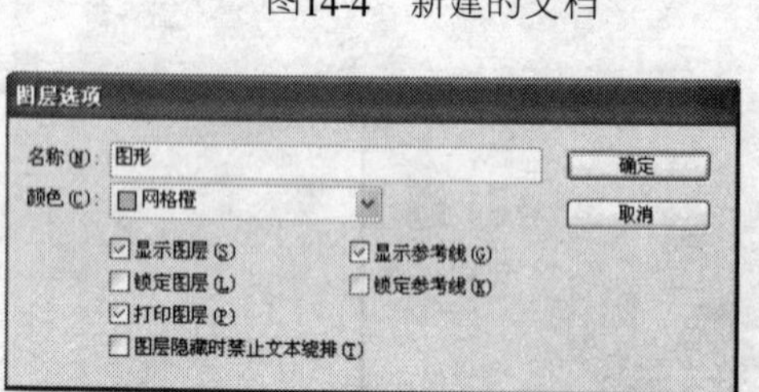

图14-6 “图层选项”对话框

（6）选择“图形”图层，然后选择工具箱中的“矩形工具”，创建一个矩形。再选择工具箱中的“填色工具”，双击“前景色”，打开“拾色器”对话框，将“前景色”设置为CMYK（0，30，90，0），如图14-7所示。

（7）制作底色上的文字。选择工具箱中的“文字工具”T.，在矩形内拖曳鼠标，生成文本框，输入“DAOYOUJICHU”，将“字体”设置为“楷体－GB2312”，将“字号”设置为“150点”，并填充颜色，颜色值为CMYK（10，0，85，0），如图14-8所示。

图14-7 基本底色

图14-8 输入的文字

（8）执行“窗口→描边”菜单命令，打开“描边”面板，将“粗细”选项设置为“2点”。选择工具箱中的“填色工具”，双击背景色，打开“拾色器”对话框，将“背景色”设置为CMYK（0，0，0，0），具体选项设置如图14-9所示。

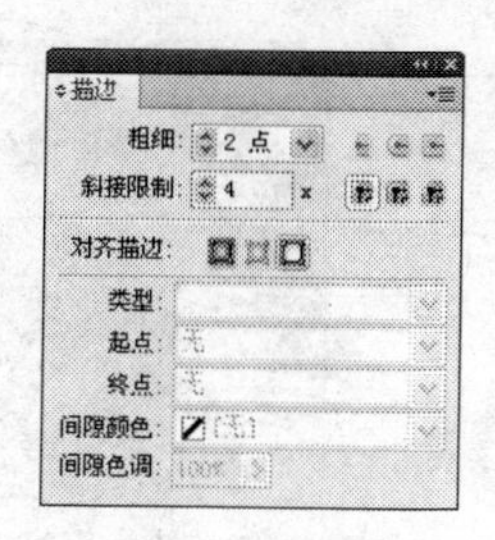

图14-9 “描边”窗口与描边后的效果

（9）选择工具箱中的“旋转工具”，然后选择刚刚输入的文字，在“控制调板”中的“旋转角度”输入框内输入“－38°”，并调整好其角度，如图14-10所示。

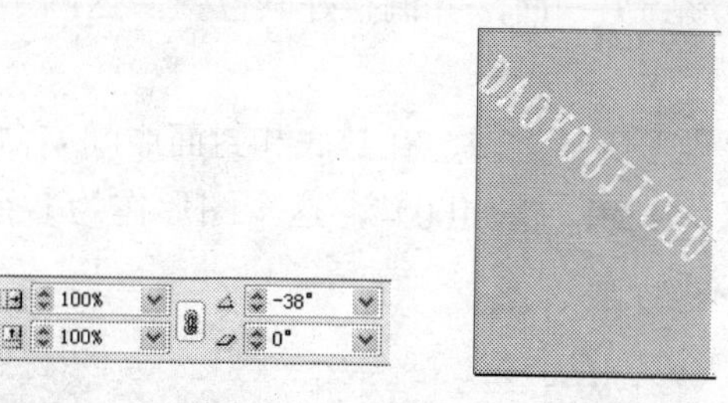

图14-10 “控制调板”与输入的“DAOYOUJICHU”

（10）选择文本框的内容，按住Alt键拖曳鼠标两次，复制两个文本，并调整好其位置，如图14-11所示。

图14-11 复制的文本框位置

（11）选择三个文本框，执行“对象→编组”菜单命令，或直接按Ctrl+G组合键，将三个文本框进行编组。

（12）选择组，单击右键，选择“效果→透明度”命令，打开“效果”对话框，将“透明度”选项设置为“50%”，其他选项设置不变，如图14-12所示。

（13）单击“效果”对话框右上角的“确定”按钮，以关闭该对话框，如图14-13所示。

（14）选择组，执行“编辑→复制”菜单命令，或直接按Ctrl+C组合键。然后选择图形，执行“编辑→贴入内部”菜单命令，或直接按Alt+Ctrl+V组合键进行复制，如图14-14所示。

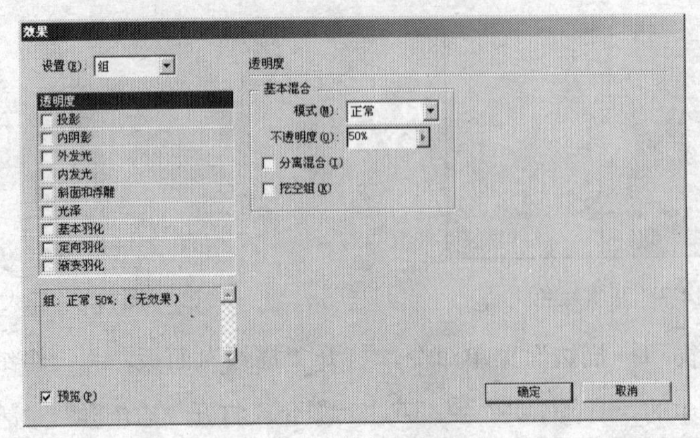

图14-12 “效果”对话框

图14-13 更改透明度的效果

图14-14 执行“贴入内部”菜单命令的效果

（15）选择工具箱中的“选择工具”，或直接按快捷键V，然后选择矩形，按住Alt键拖曳鼠标，复制刚刚填充的矩形到另一面，并调整好其位置，这两个图形作为封底和封面，如图14-15所示。

（16）选择工具箱中的“矩形工具”，在封底和封面中间空白处创建一个矩形，并为其填充颜色，颜色值为CMYK（0，0，0，100），这个图形作为书脊，如图14-16所示。

图14-15 封底和封面

图14-16 制作的书脊

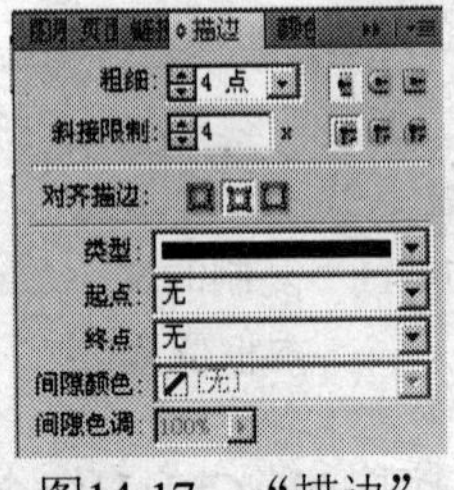

图14-17 “描边”面板

（17）给书脊描边。选择矩形框，执行“窗口→描边”菜单命令，打开“描边”面板，将“粗细”选项设置为“4点”，将“对其描边”选项设置为“描边居内”，其他选项设置不变，如图14-17所示。

（18）选择工具箱中的“填色工具”，双击背景色，打开“拾色器”对话框，将背景色设置为CMYK（0，0，0，0），效果如图14-18所示。

（19）执行标题栏中的“屏幕模式→预览”命令，预览其效果，我们可以看到书封的基本色调，如图14-19所示。

（20）制作封面。执行“文件→置入”菜单命令，或直接按Ctrl+D组合键，在封面置入一张封面图片并调整好其位置。因为是导游类书籍，所以最好选择一幅名胜古迹类的图片，这里我们置入的是一张万里长城的图片，如图14-20所示。

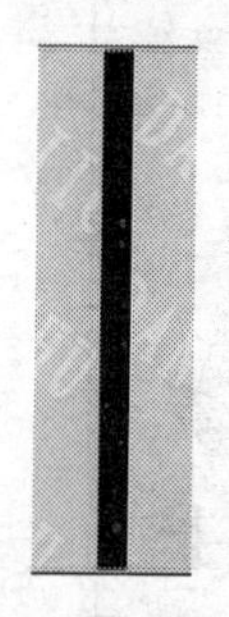

图14-18 书脊描边后的效果

图14-19 书封底色的设计

图14-20 置入的图片

提示：在置入图片时，一定要考虑图片的分辨率，一般分辨率都在300线（像素/英寸），否则打印或者印刷的效果发虚。

（21）选择工具箱中的“矩形工具”，在封面上创建一个矩形。然后选择工具箱中的“添加锚点工具”添加一个锚点，选中锚点后拖曳方向点调节曲线段的弧度，如图14-21所示。

（22）选择工具箱中的“填色工具”，单击前景色，然后选择工具箱中的“吸管工具”，单击封底，刚刚绘制的图形颜色被填充为封底颜色，如图14-22所示。

图14-21 调整后的图形

图14-22 调节的曲线段弧度

（23）选择“DAOYOUJICHU”文字，执行“编辑→复制”菜单命令。然后选择刚刚绘制的图形，执行“编辑→贴入内部”菜单命令，将文字贴入到图形中，并调整好其位置，如图14-23所示。

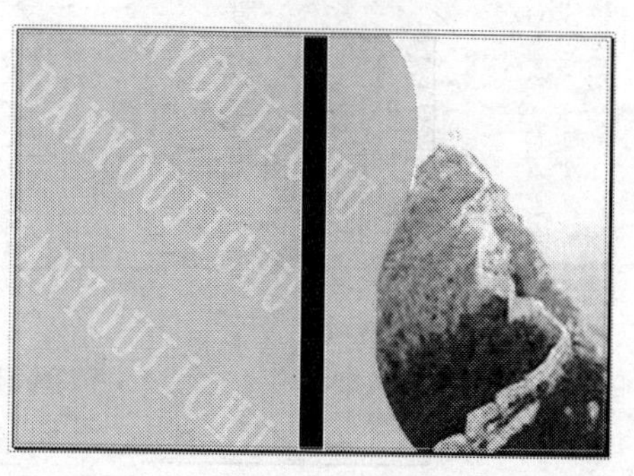

图14-23 贴入的文字

（24）制作封面的装饰条。选择工具箱中的“矩形工具”，在封面创建一个矩形。然后选择工具箱中的“添加锚点工具”，在图形两边各加一个锚点，选中锚点后拖曳方向点调节曲线段的弧度，并为其填充颜色，颜色值为CMYK（5，10，50，0），如图14-24所示。

（25）选择工具箱中的“文字工具”T，在封面上绘制文本框，分别输入“导游基础”和“王蒙　编著”，并将它们的“字体”、“字号”及“字符间距”调整好，并调整好文字在封面的位置，如图14-25所示。

图14-24　绘制的弯曲图形

图14-25　文字的位置

（26）制作封底。执行“文件→置入”菜单命令，在封底置入一张图片，并调整好其位置，如图14-26所示。

（27）执行“文件→置入”菜单命令，在封底置入一些介绍性文字。将“字体”设置为“宋体”，将“字号”设置为“18点”，并调整好其位置，如图14-27所示。

图14-26　置入的图片

图14-27　置入的封底文字

（28）置入条形码。执行“文件→置入”菜单命令，置入条形码图片，并调整好其位置，如图14-28所示。

（29）制作书脊。选择工具箱中的“矩形工具”，在书脊的上下位置分别创建矩形，并为其填充颜色，颜色值为CMYK（5，0，30，　0），如图14-29所示。

图14-28　条形码的整体效果

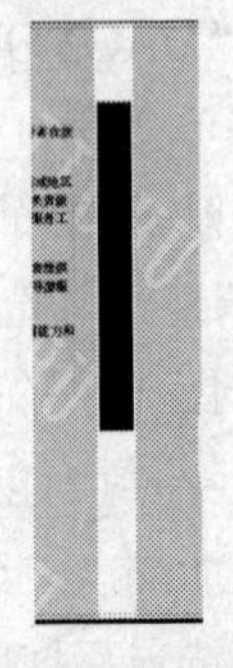

图14-29 书脊上的矩形

（30）选择工具箱中的“文字工具”T，在书脊上绘制文本框，输入“导游基础”和“友谊出版社”，将“字体”、“字号”及“字符间距”调整好，并调整好在书脊的位置，如图14-30所示。

（31）绘制出版社标志。选择工具箱中的“钢笔工具”，绘制开放路径，调整形状，如图14-31所示。

图14-30 书脊上的文字

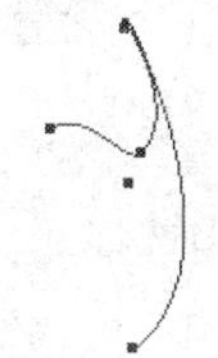

图14-31 绘制的路径

（32）执行“窗口→描边”菜单命令，打开“描边”面板，将“粗细”选项设置为“4点”。选择工具箱中的“填色工具”，单击背景色，然后选择工具箱中的“吸管工具”，单击封底，刚刚绘制的开放路径的描边颜色为封皮颜色，如图14-32所示。

（33）书籍装帧设计基本完成，选择标题栏中的“屏幕模式→预览”命令，预览其效果，如图14-33所示。

图14-32 书脊上绘制的出版社标志

图14-33 设计好的书封

（34）如果对制作的效果不是很满意，那么继续进行调整。如果满意，那么将设计好的书籍装帧保存起来就可以了。

14.2 展销会宣传彩页

在现实生活中，经常会看到形式各样的宣传彩页，这是一种很重要的宣传媒介。宣传彩页在宣传和促进产品销售中都有不可忽视的作用。在本例中，将使用InDesign制作一张宣传彩页，最终效果如图14-34所示。

首先，要设置宣传页页面的大小，在设置这种页面时，一定要详细咨询有关部门和人员，以便确定各种正确的数据。设置好页面后，添加文字和图形就可以了。

图14-34 最终效果

（1）在菜单栏中选择“文件→新建”命令，打开“新建文档”对话框。在“新建文档”对话框中设置出版物的“页数”为“1”，取消“对页”选项，设置“页面大小”为“自定”，页面“宽度”为“550”，“高度”为“390”，并设置“页面方向”为“横向”，如图14-35所示。

提示：对于多页类型的宣传彩页，可以考虑使用主页来进行制作。

（2）单击“边距和分栏”按钮，打开“新建边距和分栏”对话框。在对话框中设置上、下、左、右边距为“20毫米”，如图14-36所示。

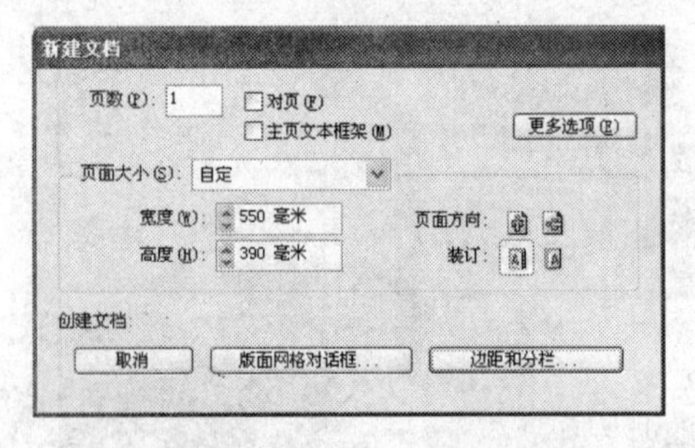

图14-35 “新建文档”对话框

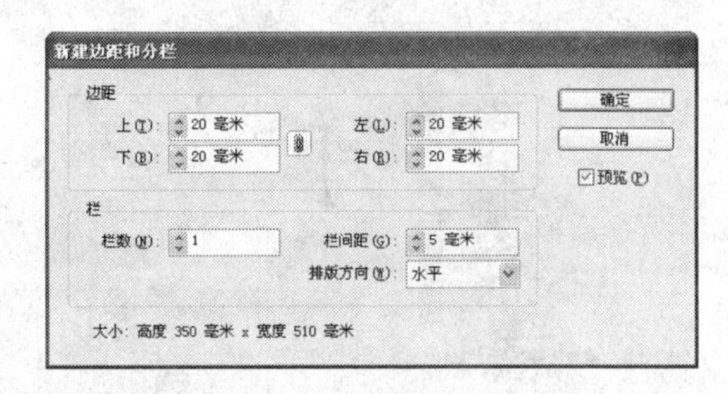

图14-36 “新建边距和分栏”对话框

（3）单击“确定”按钮，完成新建文档页面，效果如图14-37所示。

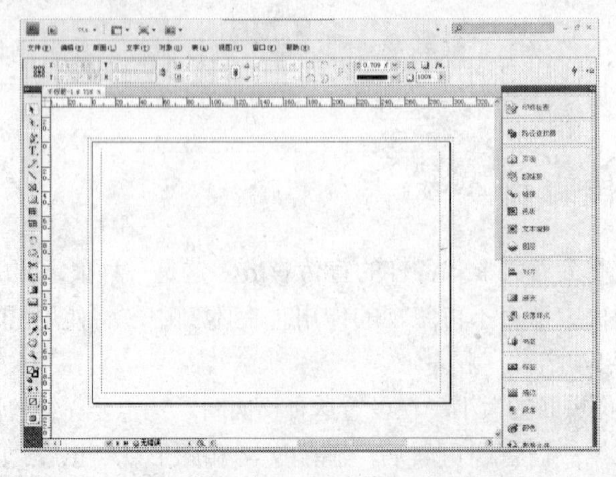

图14-37 新建的页面

（4）在“图层”面板中，单击“创建新图层”按钮，创建一个新的图层，并命名为“文字”。使用同样的方法创建“图形”层，如图14-38所示。

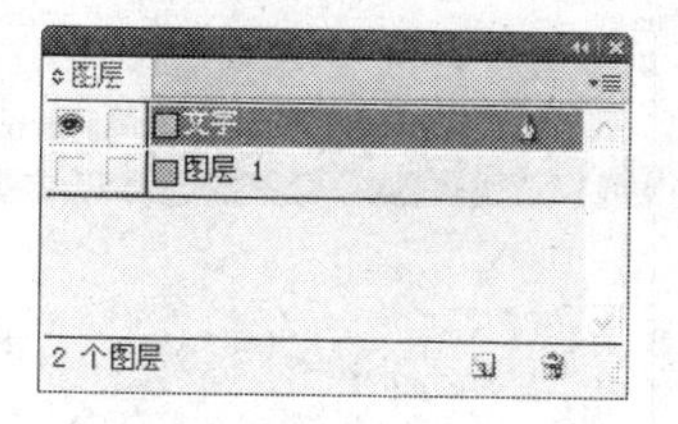

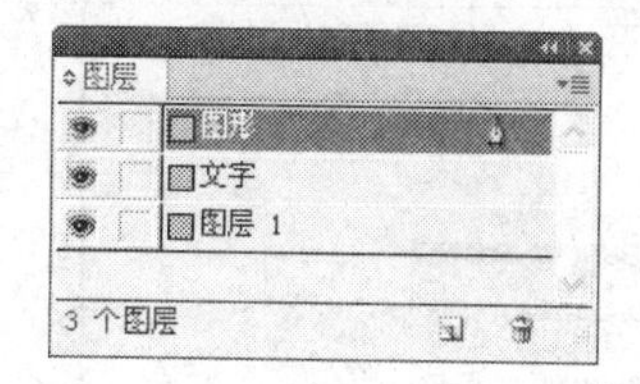

图14-38　“图层”面板

提示：创建图层是为了方便编辑和管理，当然也可以不用新建图层来创建这种简单的宣传彩页。

（5）激活“文字”图层。使用“文字工具”T.在页面中创建一个文本框，并输入“2009济南天桥会展中心国际服装展销会”，然后在菜单栏中选择“文字→字符”命令打开“字符”面板，在面板中设置字体类型和字体大小，如图14-39所示。

（6）设置字体颜色，选中输入的文字，在菜单栏中选择“窗口→颜色”命令打开“颜色”面板，在“颜色”面板中将字体颜色填充为红色，如图14-40所示。

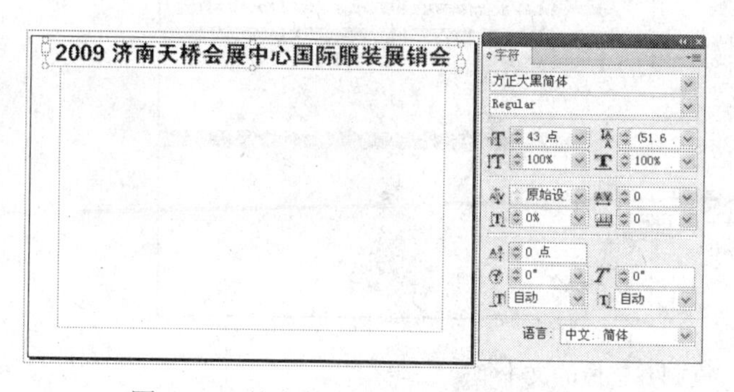

图14-39　输入的文字和“字符”面板

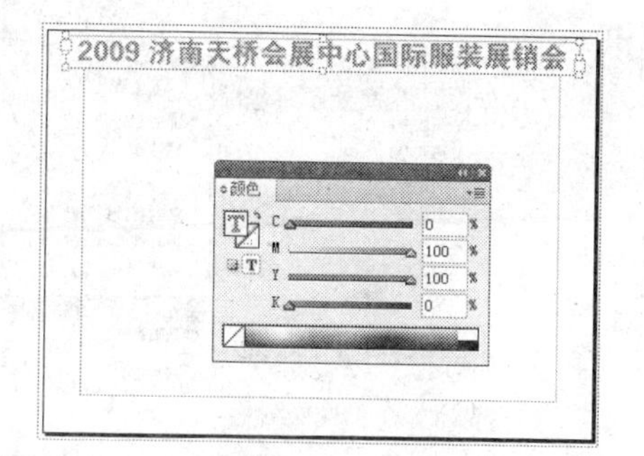

图14-40　设置字体颜色

（7）使用“文字工具”T.在页面中创建一个文本框，并输入文字，然后在“字符”面板中设置字体类型和字体大小，如图14-41所示。

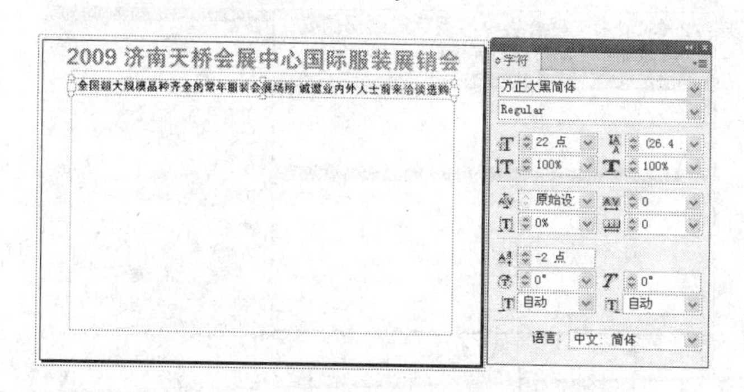

图14-41　输入的文字和“字符”面板

（8）设置字体颜色，选中输入的文字，在菜单栏中选择“窗口→颜色”命令打开“颜色”面板，在“颜色”面板中将字体颜色填充为橘红色，如图14-42所示。

（9）使用“文字工具” T 在页面中创建一个文本框，然后将其填充颜色设置为由深红色到白色的渐变，如图14-43所示。

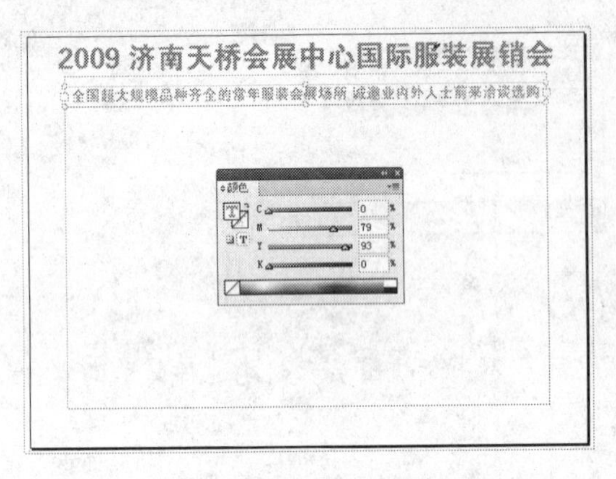

图14-42 为文字填充颜色

图14-43 创建的文本框

（10）选中创建的文本框并复制一个。在菜单栏中选择“对象→变换→水平翻转”命令，将其水平翻转，然后调整翻转后的文本框位置，如图14-44所示。

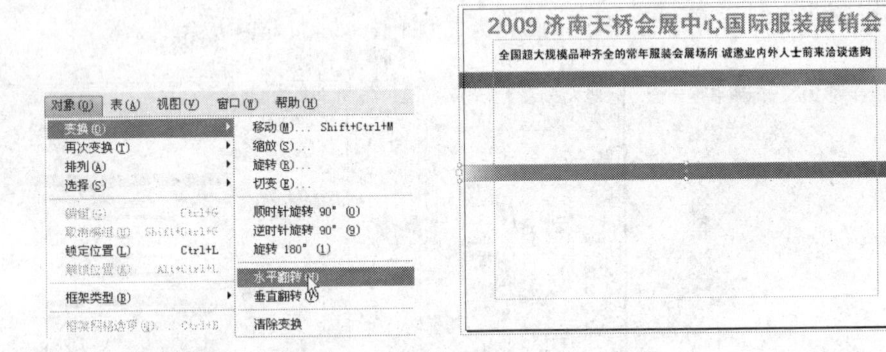

图14-44 复制并镜像的文本框

（11）输入文字，在菜单栏中选择“文字→字符”命令，打开“字符”面板，在面板中设置字体类型和字体大小。然后在“颜色”面板中将字体颜色设置为白色。如图14-45所示。

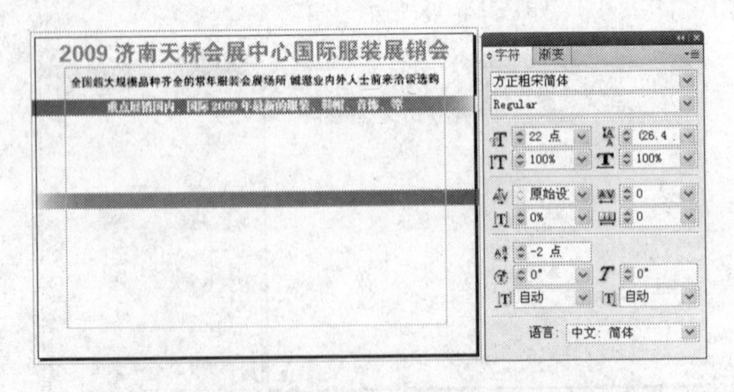

图14-45 输入的文字和“字符”面板

（12）使用同样的方法输入另外一组文字，如图14-46所示。

（13）在“图层”面板中激活“图形”图层。使用工具箱中的“矩形框架工具” 在页面中创建一个矩形框架，如图14-47所示。

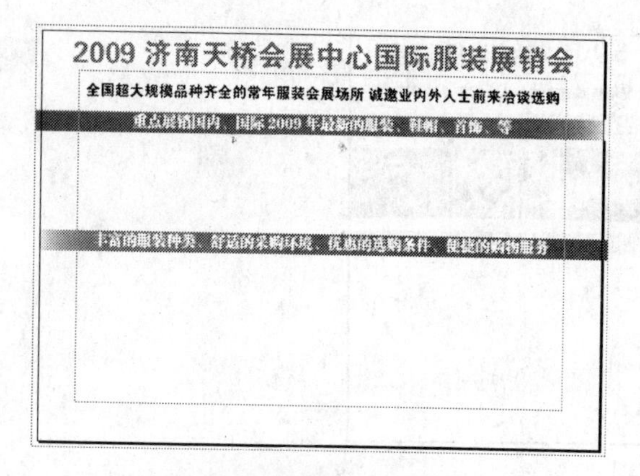

图14-46 输入的文字

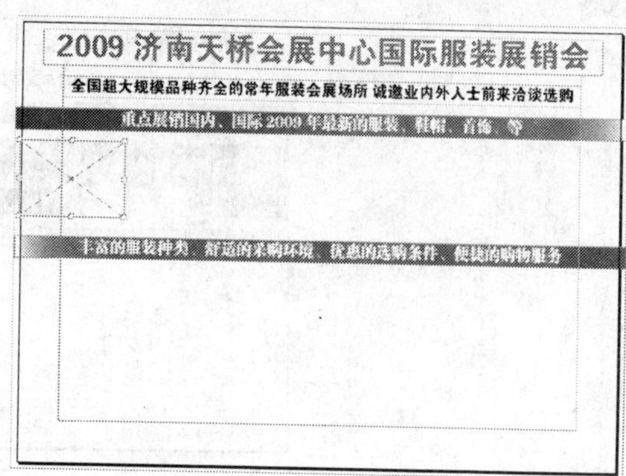

图14-47 创建的矩形框架

（14）置入图形。选中创建的矩形框架，在菜单栏中选择“文件→置入”命令，打开“置入”对话框，在对话框中选择想要置入的图形，如图14-48所示。

（15）单击“确定”按钮置入图形，如图14-49所示。

图14-48 “置入”对话框

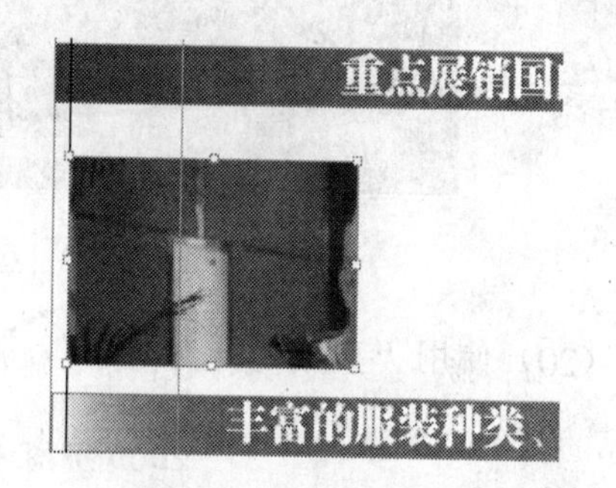

图14-49 置入的图形

（16）置入的图形并不符合框架的大小。选中图形框架，在菜单栏中选择“对象→适合→使内容适合框架”命令，如图14-50所示。

（17）调整后的图形效果如图14-51所示。

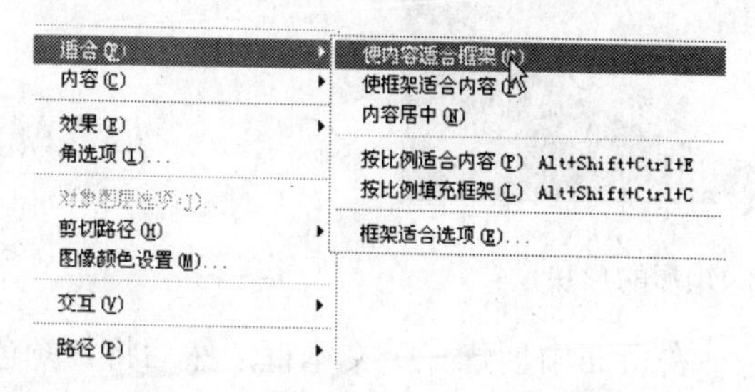

图14-50 菜单命令

图14-51 调整后的图形效果

（18）使用同样的方法置入其他的图形，如图14-52所示。

图14-52　置入的图形

（19）使用工具箱中的“矩形工具”在页面中创建一个矩形，并填充为红色，如图14-53所示。

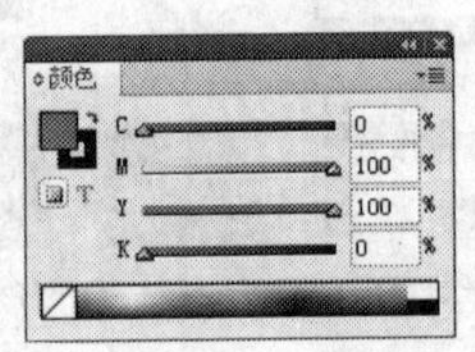

图14-53　创建的矩形和“颜色”面板

（20）使用“直接选择工具”调整创建的矩形的形状，如图14-54所示。

图14-54　调整后的矩形的形状

（21）激活“文字”层，使用“文字工具”在页面中创建一个文本框，然后将其颜色填充为红色，如图14-55所示。

（22）输入文字，在“字符”面板中设置字体类型和字体大小。然后在“颜色”面板中将字体颜色填充为白色，如图14-56所示。

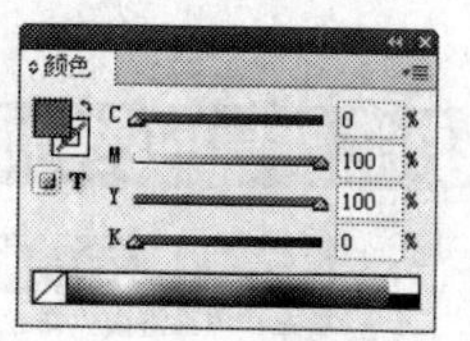

图14-55 创建的文本框和“颜色”面板

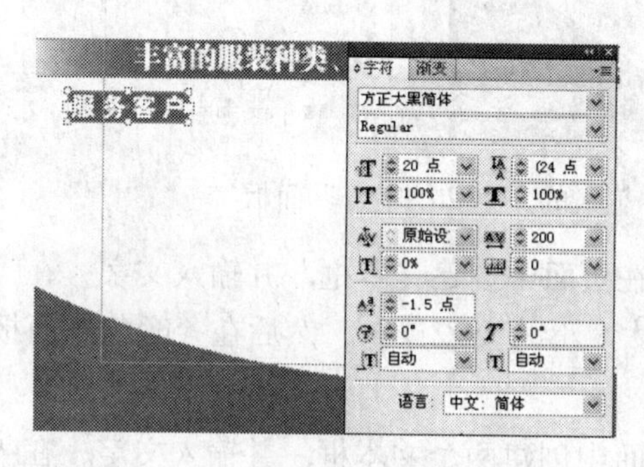

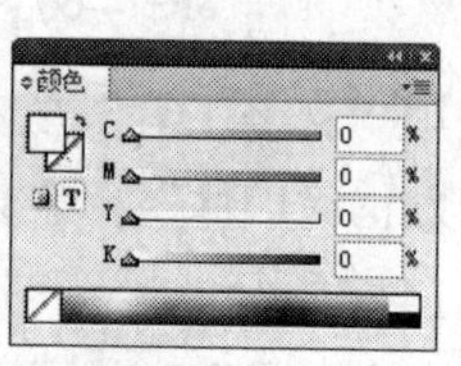

图14-56 输入的文字和“颜色”面板

（23）使用“文字工具” T. 在页面中创建一个文本框，并输入文字。在“字符”面板中设置字体类型为“方正楷体”、字体大小为“18pt”。然后在“颜色”面板中将字体颜色填充为红色，效果如图14-57所示。

（24）使用同样的方法，制作出另外一组文字，如图14-58所示。

图14-57 输入的文字

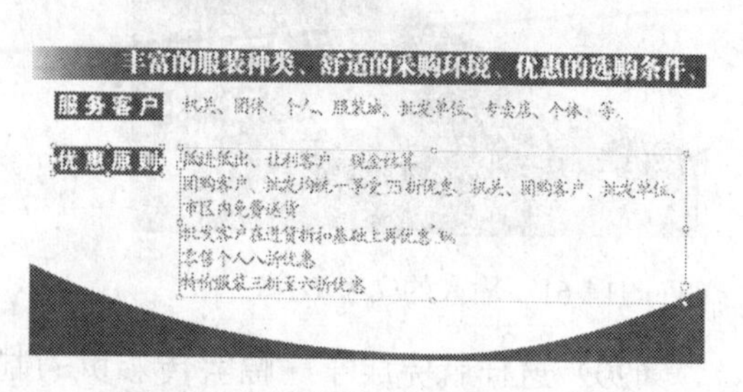

图14-58 创建的另外一组文字

（25）使用“文字工具” T. 在页面中创建文本框，将其填充为红色，并输入文字。在“字符”面板中设置字体类型和字体大小。然后在“颜色”面板中将字体颜色填充为白色。如图14-59所示。

图14-59 创建的文本框和“字符”面板

（26）使用“文字工具” T.在页面中创建一个文本框，然后输入文字。在“字符”面板中设置字体类型和字体大小。然后在“颜色”面板中将字体颜色填充为黑色。如图14-60所示。

图14-60　输入的文字和“字符”面板

（27）继续使用“文字工具” T.在页面中创建文本框，并输入文字。在“字符”面板中设置字体类型为“方正琥珀体”、字体大小为“22点”。然后在“颜色”面板中将字体颜色填充为白色。如图14-61所示。

（28）使用“文字工具” T.在页面中创建两个文本框，并输入文字。在“字符”面板中设置字体为“黑体”、字体大小为“16点”。然后在“颜色”面板中将字体颜色填充为白色。如图14-62所示。

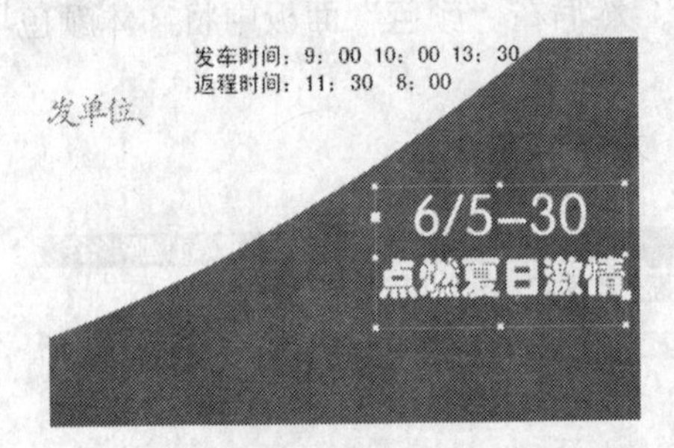

图14-61　输入的文字效果

图14-62　输入的文字

（29）这样就完成了一幅宣传彩页的制作，最后保存该文件。

14.3　“朝阳早报”头版

报纸是新闻出版业中内容最丰富、报道最实时、读者最广泛的一种大众传播媒介。在纸质媒体中占有首要位置。报纸版面的排版始终是报业工作的关键性环节。报纸在经济、政治、文化等综合因素的制约下，版面从最少四版到数十版不等，并且按第一版、第二版、第三版、第四版……的版序进行排列。下面介绍一下“朝阳早报”头版的排版，最终效果如图14-63所示。

14.3.1　新建页面

在设置报纸页面的大小之前，一定要详细咨询有关部门和人员，以便确定各种正确的数据。

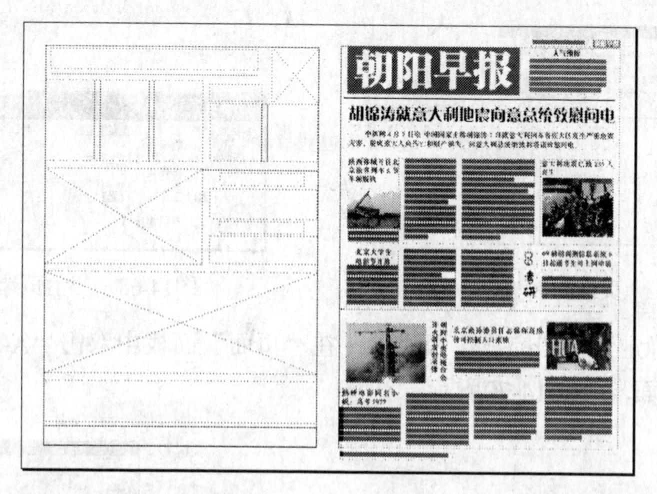
朝阳早报

胡锦涛就意大利地震向总统致慰问电

图14-63 某报刊头版

（1）在菜单栏中选择“文件→新建”命令，打开“新建文档”对话框。在“新建文档”对话框中设置出版物的“页数”为“1”，取消“对页”选项，在页面大小中设置页面的“宽度”为“550毫米”，页面的“高度”为“390毫米”，将“页面方向”设置为“横向”，如图14-64所示。

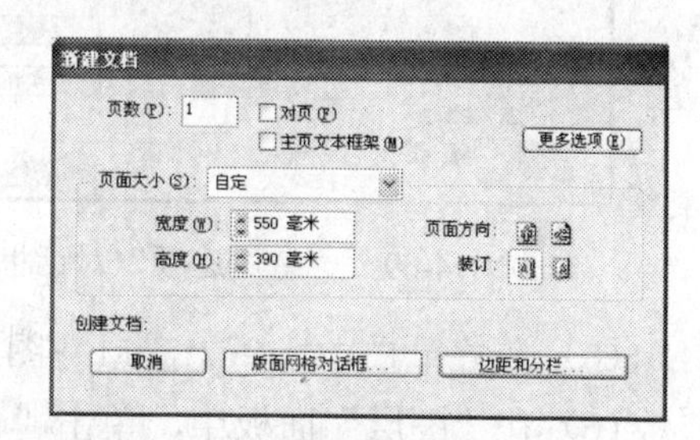

图14-64 “新建文档”对话框

注意：报纸的高度、宽度、边距和分栏等的数值要根据不同报纸的实际要求来设置。

（2）单击“边距和分栏”按钮，打开“新建边距和分栏”对话框。在其中设置上、下、左、右边距为“20毫米”，如图14-65所示。

（3）设置完成后单击“确定”按钮，生成的主页面效果如图14-66所示。

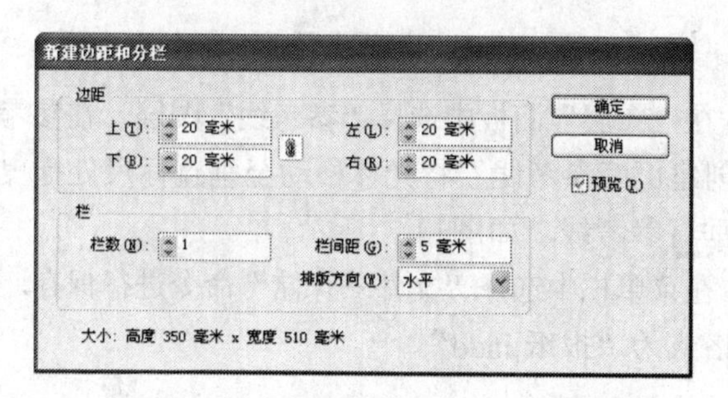

图14-65 “新建边距和分栏”对话框

图14-66 新建的页面

14.3.2 主页设置

（1）在菜单栏中选择“窗口→页面”命令，打开“页面”面板，如图14-67所示。

（2）在“页面”面板中选择“A-主页”，单击面板右上方的按钮，在打开的面板菜单中选择“A主页的主页选项”命令，打开“主页选项”对话框，如图14-68所示。

（3）在“主页选项”对话框中修改“名称”为“头版”，如图14-69所示。

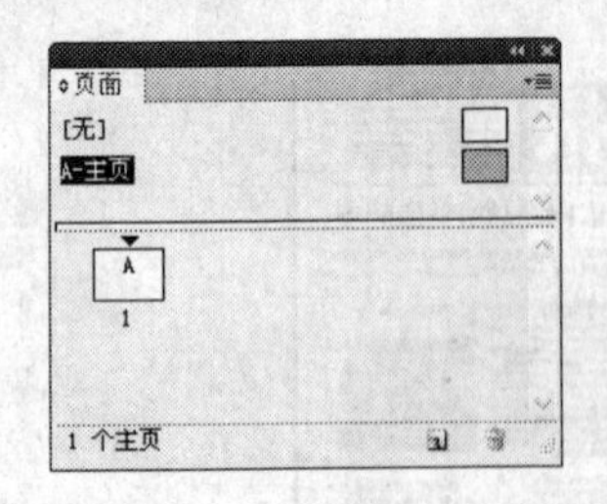

图14-67 “页面”面板

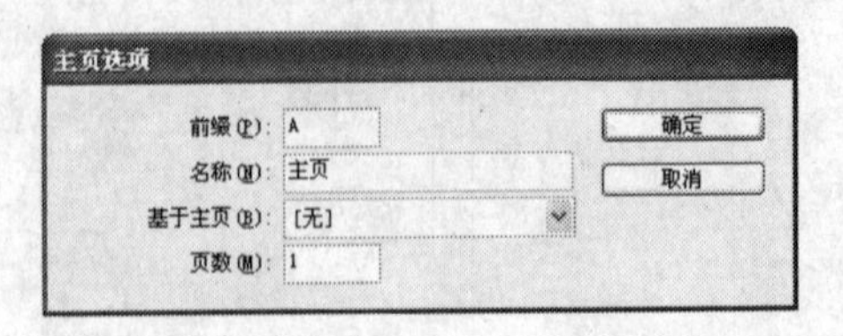

图14-68 “主页选项”对话框

（4）单击“确定”按钮完成主页设置。在“页面”面板中双击“A-头版”，将页面切换至“A-头版”页面，如图14-70所示。

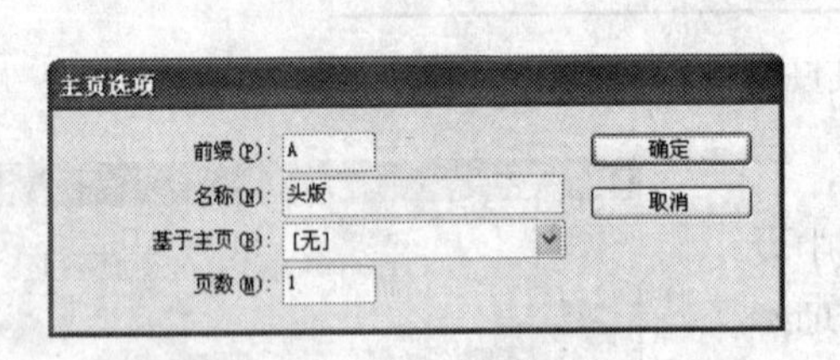

图14-69 “主页选项”对话框

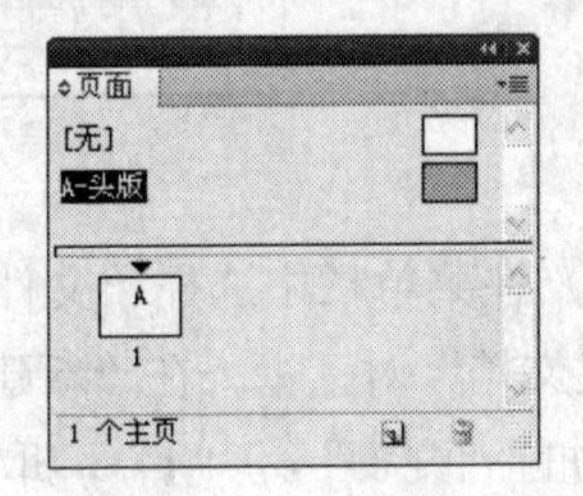

图14-70 “页面”面板

（5）在菜单栏中选择“窗口→图层”命令，打开“图层”面板，如图14-71所示。

（6）在“图层”面板中，单击“创建新图层”按钮，创建一个新的图层，并命名为“参考线”。使用同样的方法创建“图形”层、“文字”层和“标题”层，如图14-72所示。

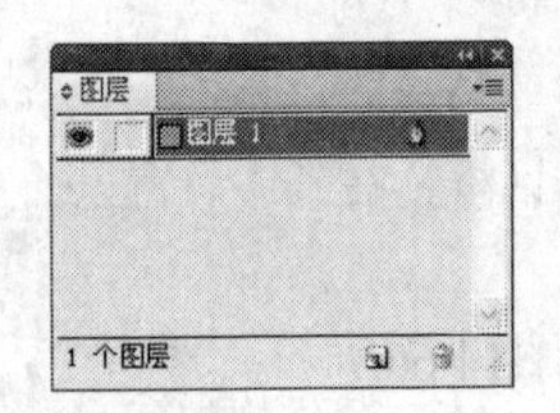

图14-71 “图层”面板

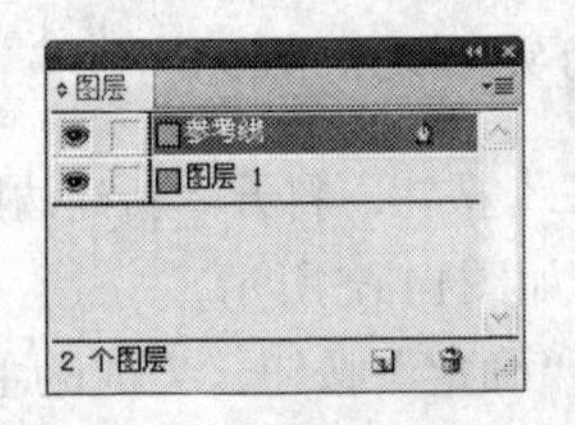

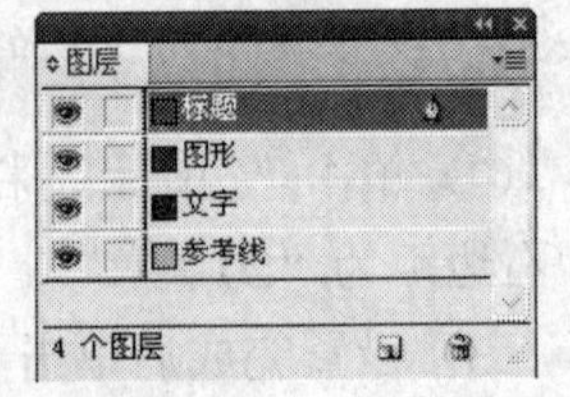

图14-72 “图层”面板

图14-73 创建的参考线

（7）在“图层”面板中选择“参考线”图层，在参考线图层中创建页面参考线。将光标移动至垂直标尺处拖曳出所需的垂直参考线，如图14-73所示。

（8）在菜单栏中选择“文件→存储”命令进行保存，设置保存格式为“报纸.indd”。

提示： 如果有现成的模板，也可以使用模板来为报纸排版。

14.3.3 首页版式制作

（1）在“图层”面板中激活“文字”层。在工具箱中选择“文字工具” T 在页面中创建一个文本框，然后在“颜色”面板中将文本框填充为深红色，如图14-74所示。

（2）使用“文字工具” T 在创建的文本框内输入文字，在菜单栏中选择“文字→字符”命令打开“字符”面板，在面板中设置字体类型的大小，然后在“颜色”面板中将字体颜色填充为白色，如图14-75所示。

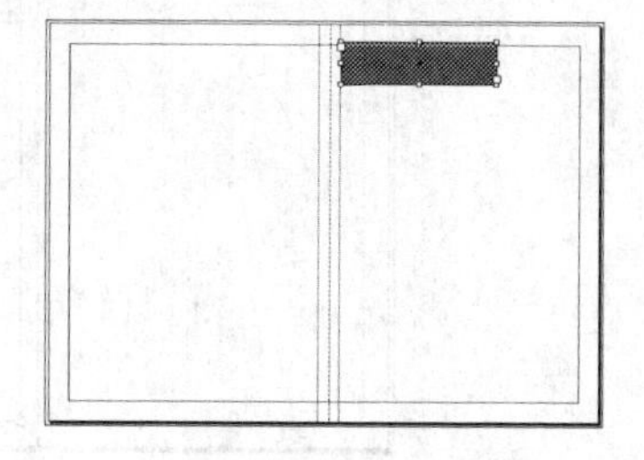

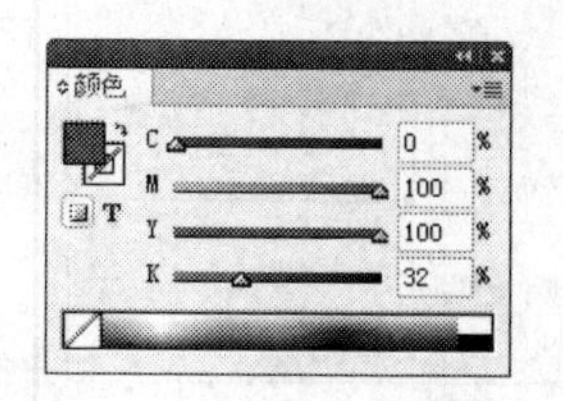

图14-74　创建的文本框和“颜色”面板

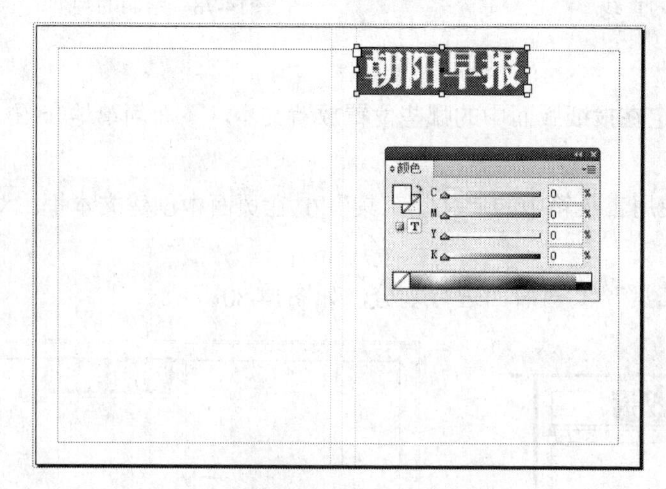

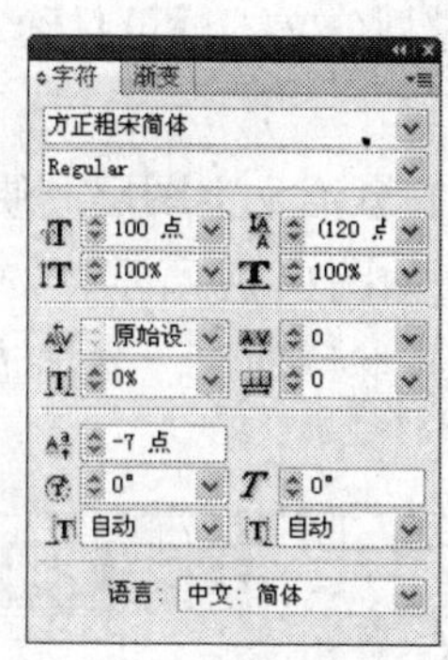

图14-75　输入的文字和“字符”面板

（3）使用工具箱中的“直线工具”在页面中绘制一条水平直线。然后在“描边”面板中设置描边“粗细”为“2.5点”，如图14-76所示。

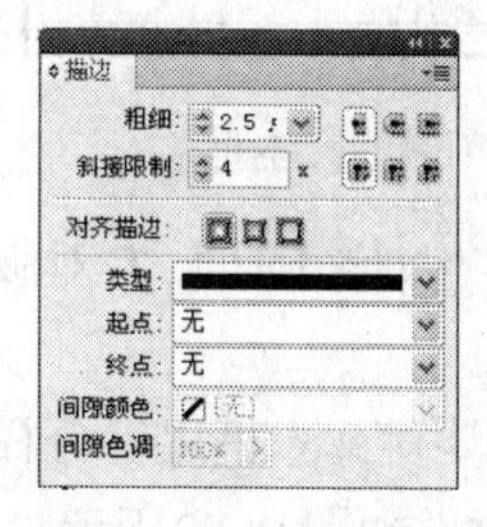

图14-76　绘制的直线和“描边”面板

（4）使用“直线工具”再绘制一条直线。然后在“描边”面板中设置描边“粗细”为“2点”，效果如图14-77所示。

（5）使用工具箱中的“矩形工具”在页面中绘制一个矩形。然后在“描边”面板中设置描边“粗细”为“2pt”，效果如图14-78所示。

14.3.4　划分版面

设置好版面以后，将根据编辑或美工所提供的设计稿进行版面的划分。设计版面上标明了文字、广告、图形等素材所在位置以及所占用的版面大小。排版人员只需采用InDesign的文本框绘出文章或标题所占用的位置和大小、用占位符绘出图形所占的位置和大小来划分版面。

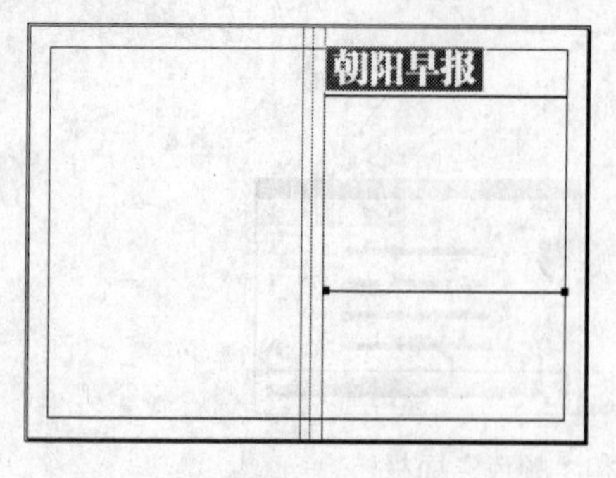

图14-77　绘制的直线

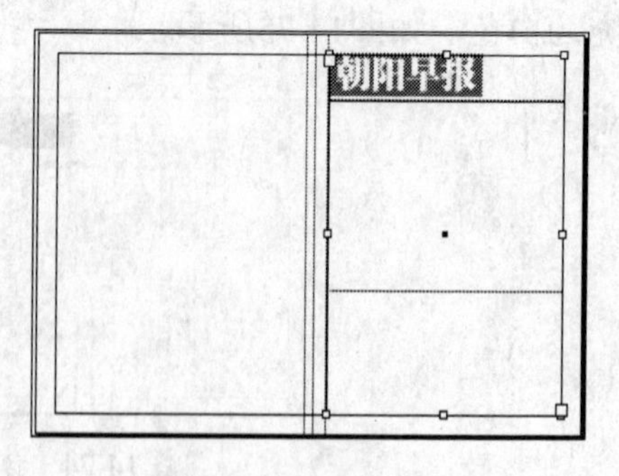

图14-78　绘制的矩形

1. 划分文本框

通过划分文本框可以确定在报纸版面中的哪些位置放置文本，下面简单地介绍一下划分过程。

（1）激活文字图层，使用工具箱中的“文字工具” T.在页面中创建文本框，对版面进行划分，如图14-79所示。

（2）继续使用“文字工具” T.对版面进行划分，如图14-80所示。

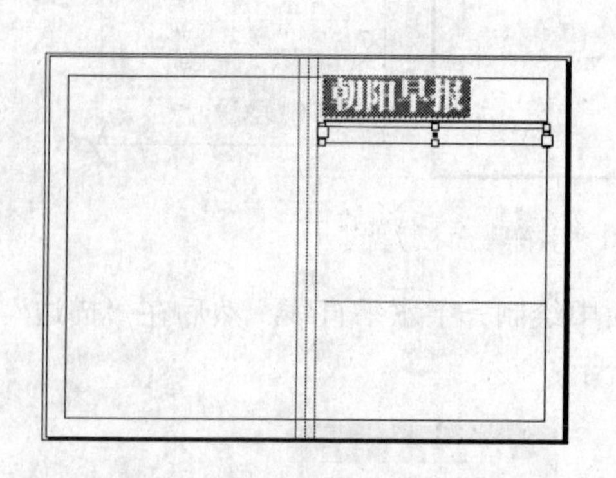

图14-79　创建的文本框

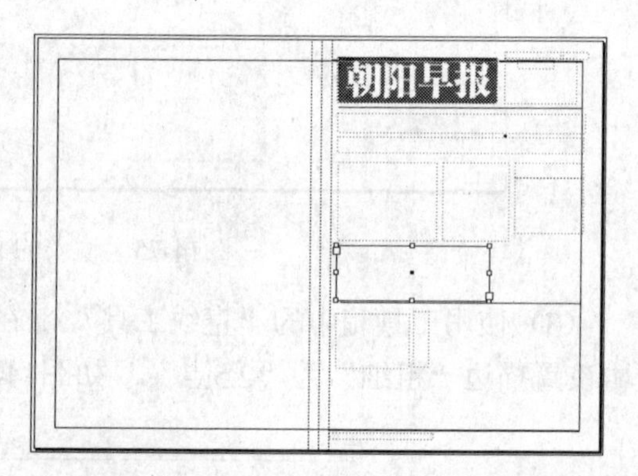

图14-80　使用“文字工具”对版面进行划分

（3）继续使用“文字工具” T.对版面进行划分，直至完成对整个版面的划分，如图14-81所示。

（4）有时，需要对文本框进行分栏，这样是为了达到版面的美观和视觉上的统一。选中需要分栏的文本框，如图14-82所示。

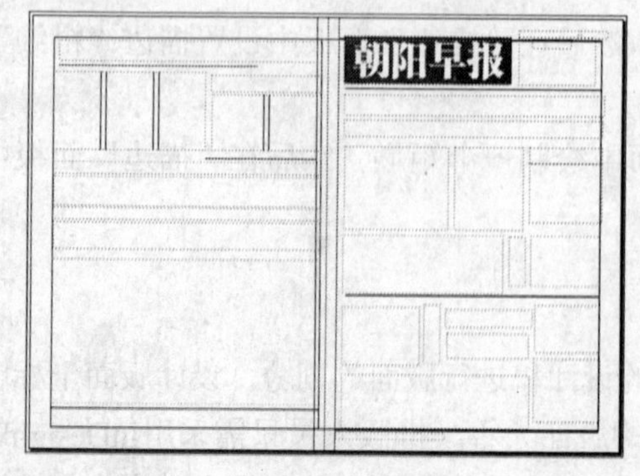

图14-81　使用“文字工具”对版面进行划分

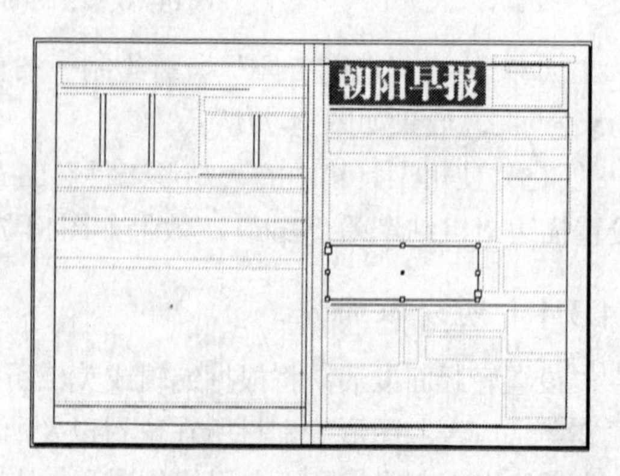

图14-82　选中的文本框

（5）在菜单栏中选择“对象→文本框架选项”命令，打开“文本框架选项”对话框，在对话框中设置“栏数”为“3”，如图14-83所示。

（6）设置完成后单击“确定”按钮，分栏效果如图14-84所示。

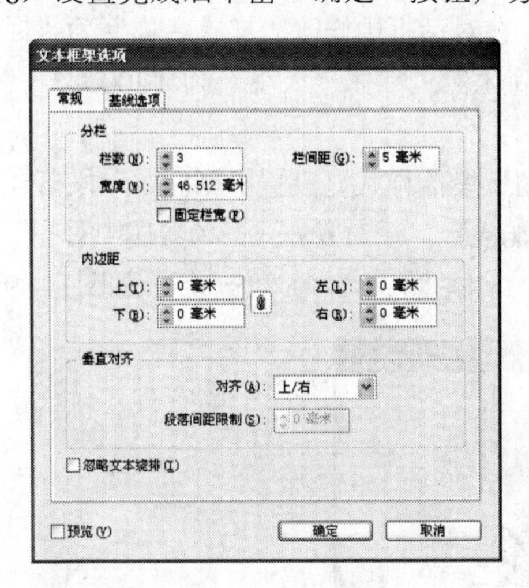

图14-83　“文本框架选项”对话框

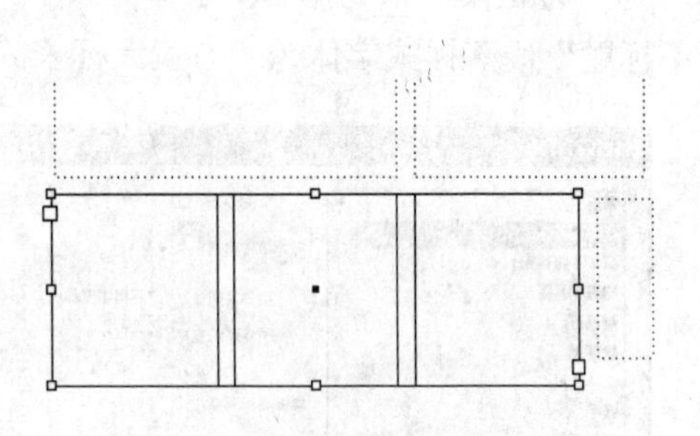

图14-84　设置分栏后的效果

提示：分栏后，可以将一篇文章分排为需要的栏数。下面是一种带有分栏的报纸效果，如图14-85所示。

图14-85　报纸中的分栏效果

2. 划分图形框

通过划分图形框可以确定在报纸版面中的哪些位置放置图片或者图形，下面简单地介绍一下划分过程。

（1）在“图层”面板中选择“图形”图层，使用工具箱中的“矩形框架工具”⊠创建矩形框架，如图14-86所示。

（2）使用“矩形框架工具”⊠创建出其他的矩形框架，如图14-87所示。

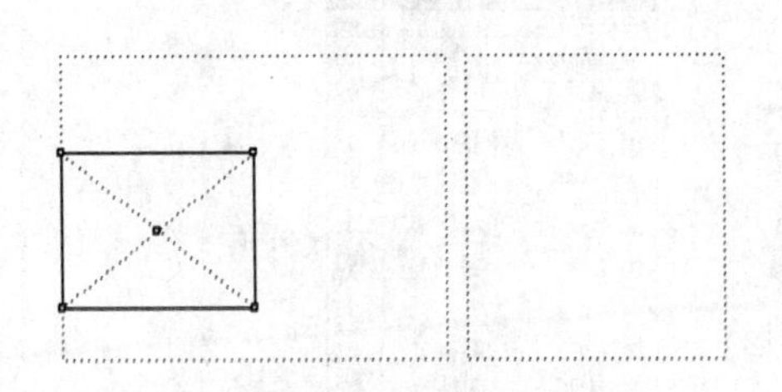

图14-86　创建的矩形框架

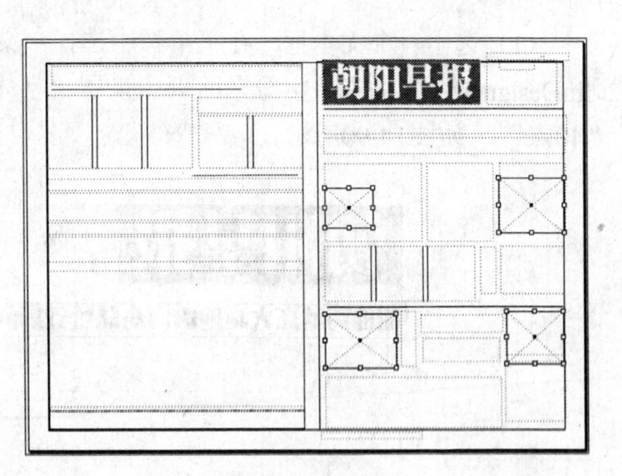

图14-87　创建的矩形框架

14.3.5 创建段落样式

为了达到报纸版面文字大小的统一，对文字应用段落样式。在菜单栏中选择“文字→段落样式”命令，打开“新建段落样式”对话框，在对话框中修改“样式名称”为“标题”，设置“标题”段落“字体样式”为“方正粗倩简体”、字体“大小”为“100点”，“对齐方式”为“居中对齐”，如图14-88所示。

使用同样的方法创建“副标题”及“小标题”段落样式。设置“副标题”段落样式“字体”为“方正大标宋简体”、字体“大小”为“40点”、“对齐方式”为“居中对齐”。设置“小标题”段落样式字体为“方正大标宋简体”、字体“大小”为“18点”。如图14-89所示。

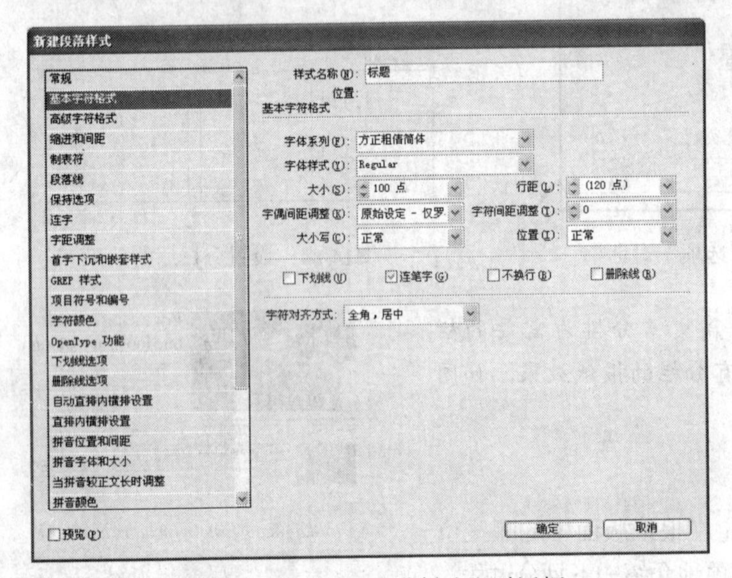

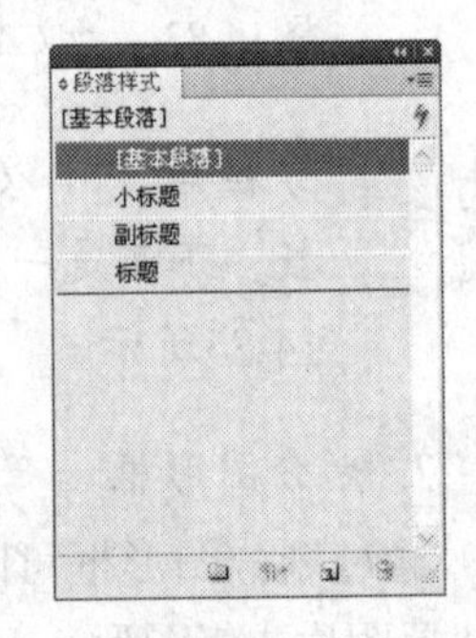

图14-88 “新建段落样式”对话框　　　　图14-89 “段落样式”面板

14.3.6 置入文字

在前面，已经在报纸版面中划分好了文本框，下面就可以向图文框中添加已经写好的文字了。

（1）选中一个文本框，在菜单栏中选择“文件→置入”命令将要置入的Word文件置入到InDesign中，然后在“字符”面板中设置“字体”为“方正粗倩简体”、字体“大小”为“40点”，如图14-90所示。

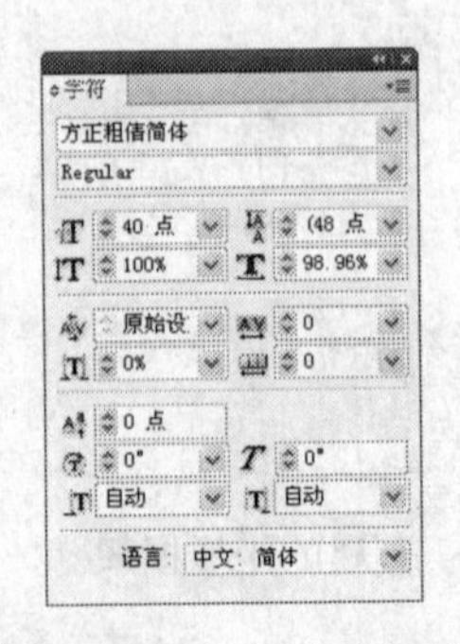

图14-90 置入的文字和“字符”面板

（2）选中一个文本框，在菜单栏中选择“文件→置入”命令，置入文字（也可以在Word文件中复制文字然后在InDesign中进行粘贴），然后在“字符”面板中设置“字体”为“方正大标宋简体”、字体“大小”为“18点”，如图14-91所示。

图14-91 置入的文字和“字符”面板

（3）选中一个文本框，在菜单栏中选择“文件→置入”命令将要置入的Word文件置入到InDesign中，然后选择文本框，在“段落样式”面板中单击“基本段落”，为文本框应用段落样式，如图14-92所示。

图14-92 置入的文字和“段落样式”面板

（4）也可以使用复制的方法置入文字。选中一个文本框，在Word文件中复制文字，然后粘贴到InDesign中。选中文本框，在“段落样式”面板中单击“小标题”为文本框应用段落样式，如图14-93所示。

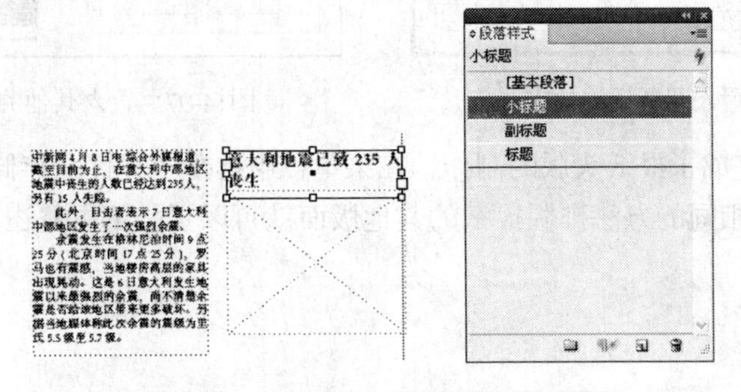

图14-93 文本框和“段落样式”面板

14.3.7 置入图形

在前面，已经在报纸版面中划分好了图形框，下面就可以向图形框中添加已经制作好的图形了。

（1）使用“选择工具” 选中一个矩形框架，然后在菜单栏中选择“文件→置入”命令，打开“置入”对话框，如图14-94所示。

（2）在对话框中选中想要置入的图形，然后单击“确定”按钮置入图形，如图14-95所示。

置入
查找范围(I): 桌面
我最近的文档
桌面
我的文档
我的电脑
网上邻居
P1030847.sized.jpg
rad93B76.jpg
retirel.jpg
文件名(N):
文件类型(T): 可导入文件
打开(O)
取消
显示导入选项(S)
应用网格格式(A)
替换所选项目(M)
预览(P)

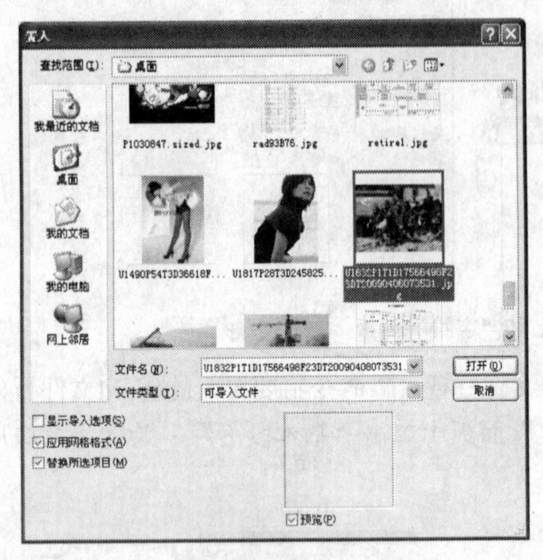

图14-94 “置入”对话框

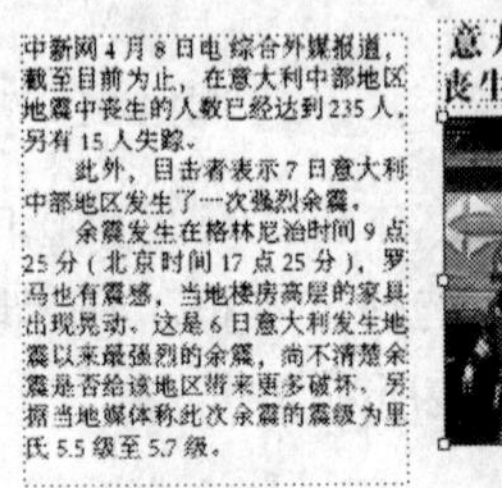

中新网4月8日电 综合外媒报道，截至目前为止，在意大利中部地区地震中丧生的人数已经达到235人，另有15人失踪。
此外，目击者表示7日意大利中部地区发生了一次强烈余震。
余震发生在格林尼治时间9点25分（北京时间17点25分），罗马也有震感，当地楼房高层的家具出现晃动，这是6日意大利发生地震以来最强烈的余震，尚不清楚余震是否给该地区带来更多破坏，另据当地媒体称此次余震的震级为里氏5.5级至5.7级。
意大利地震已致235人丧生

图14-95 置入的图形

（3）置入图形后的版面效果如图14-96所示。

（4）使用同样的方法将其他的文字和图形置入版面中，效果如图14-97所示。

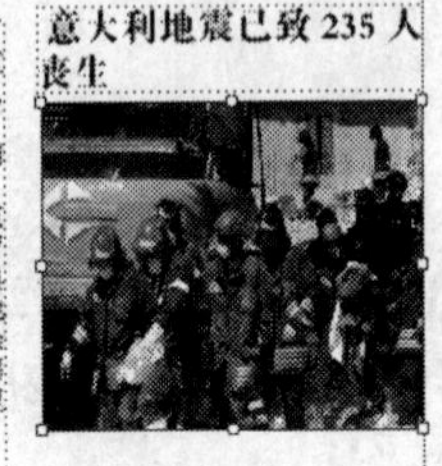

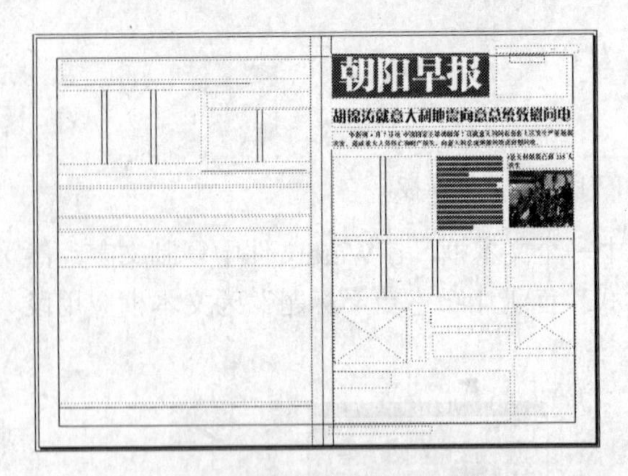

朝阳早报
胡锦涛就意大利地震向意总统致慰问电

图14-96 置入图形后的效果

朝阳早报
胡锦涛就意大利地震向意总统致慰问电

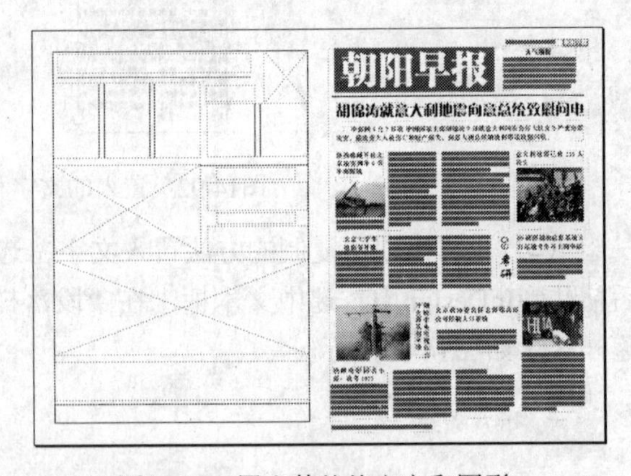

图14-97 置入其他的文字和图形

（5）这样就完成了报纸头版的制作。在菜单栏中选择“文件→存储”命令保存制作好的文档。然后使用相同的方法排版报纸的其他版面就可以了，不再赘述。

附录A 常用键盘快捷键

为了提高工作效率，读者最好能够掌握InDesign中的这些常用快捷键。为了便于读者记忆，在本书中对这些快捷键进行了分类，分为工具箱中的工具、文件操作、编辑操作、视图操作和文字处理。

1. 工具箱中的工具

选择工具【V】
直接选取工具【A】
位置工具 【Shift】+【A】
切换选择工具和直接选取工具 【Ctrl】+【Tab】
钢笔工具 【P】
添加锚点工具 【=】
删除锚点工具 【-】
转换方向点工具 【Shift】+【C】
文字工具 【T】
路径文字工具 【Shift】+【T】
钢笔工具 【N】
直线工具 【\】
矩形框架工具【F】
矩形工具【M】
椭圆工具【L】
旋转工具 【R】
缩放工具 【S】
切变工具 【O】
自由变形工具 【E】
吸管工具 【I】
度量工具 【K】
渐变工具 【G】
按钮工具 【B】
剪刀工具 【C】
抓手工具 【H】
缩放工具 【Z】
切换填色和描边 【X】
互换填色和描边 【Shift】+【X】
应用颜色 【，】
应用渐变 【。】
框架网格工具（水平） 【Y】
框架网格工具（垂直） 【Q】
渐变羽化工具 【Shift】+【G】

2. 文件操作

新建文档 【Ctrl】+【N】
打开文件 【Ctrl】+【O】
打开“置入”对话框 【Ctrl】+【D】
关闭当前文档 【Ctrl】+【W】
存储文件 【Ctrl】+【S】
存储为... 【Ctrl】+【Shift】+【S】
存储副本 【Ctrl】+【Alt】+【S】
页面设置 【Ctrl】+【Alt】+【P】
导出 【Ctrl】+【E】
打印 【Ctrl】+【P】
打开“首选项”对话框 【Ctrl】+【K】
打开“转到页面”对话框 【Ctrl】+【J】
打开“新建交叉引用”对话框 【Ctrl】+【7】
查找/更改 【Ctrl】+【F】
打开“页面”面板 【F12】
打开“框架网格”对话框 【Ctrl】+【B】

3. 编辑操作

还原前面的操作(步数可在预置中) 【Ctrl】+【Z】
还原后面的操作 【Ctrl】+【Shift】+【Z】
将选取的内容剪切放到剪贴板 【Ctrl】+【X】
将选取的内容拷贝放到剪贴板 【Ctrl】+【C】
将剪贴板的内容粘到当前页面中 【Ctrl】+【V】
删除所选对象 【DEL】
选取全部对象 【Ctrl】+【A】
取消选择 【Ctrl】+【Shift】+【A】
发送到最前面 【Ctrl】+【Shift】+【]】
向前发送 【Ctrl】+【]】
发送到最后面 【Ctrl】+【Shift】+【[】
向后发送 【Ctrl】+【[】
群组所选物体 【Ctrl】+【G】
取消所选物体的群组 【Ctrl】+【Shift】+【G】
锁定位置 【Ctrl】+【L】
解锁位置 【Ctrl】+【Alt】+【L】

4. 视图操作

放大视图 【Ctrl】+【+】
缩小视图 【Ctrl】+【-】
放大到页面大小 【Ctrl】+【0】
实际像素显示 【Ctrl】+【1】
显示框架边缘 【Ctrl】+【H】
显示/隐藏标尺 【Ctrl】+【R】
显示/隐藏参考线 【Ctrl】+【;】
显示文档网格 【Ctrl】+【”】
靠齐网格 【Ctrl】+【Shift】+【”】
显示/隐藏基线网格 【Ctrl】+【Alt】+【”】
显示/隐藏“字符”面板 【Ctrl】+【T】
显示/隐藏“段落”面板 【Ctrl】+【M】
显示/隐藏“制表符”面板 【Ctrl】+【Shift】+【T】
显示/隐藏“色板”面板 【F5】
显示/隐藏“颜色”面板 【F6】
打开“拼写检查”对话框 【Ctrl】+【I】
显示/隐藏“图层”面板 【F7】
显示/隐藏“信息”面板 【F8】
显示/隐藏“描边”面板 【F10】
显示/隐藏“段落样式”面板 【F11】
显示/隐藏所有命令面板 【TAB】
显示或隐藏工具箱以外的所有面板 【Shift】+【TAB】
打开文档窗口之间的切换 【Ctrl】+【~】

5. 文字处理

文字左对齐【Ctrl】+【Shift】+【L】
文字居中对齐 【Ctrl】+【Shift】+【C】
文字右对齐【Ctrl】+【Shift】+【R】
插入一个软回车 【Shift】+【回车】
左/右选择1个字符 【Shift】+【←】/【→】
下/上选择1行 【Shift】+【↑】/【↓】
选择所有字符 【Ctrl】+【A】
选择从插入点到鼠标单击点的字符 【Shift】加单击
左/右移动1个字符 【←】/【→】
下/上移动1行 【↑】/【↓】
左/右移动1个字 【Ctrl】+【←】/【→】
将所选文本的文字大小减小2点像素 【Ctrl】+【Shift】+【<】
将所选文本的文字大小增大2点像素 【Ctrl】+【Shift】+【>】
将所选文本的文字大小减小10点像素 【Ctrl】+【Alt】+【Shift】+【<】
将所选文本的文字大小增大10点像素 【Ctrl】+【Alt】+【Shift】+【>】
将行距减小2点像素 【Alt】+【↓】
将行距增大2点像素 【Alt】+【↑】
将基线位移减小2点像素 【Shift】+【Alt】+【↓】
将基线位移增加2点像素 【Shift】+【Alt】+【↑】
将字距微调或字距调整减小20/1000em 【Alt】+【←】
将字距微调或字距调整增加20/1000em【Alt】+【→】
将字距微调或字距调整减小100/1000em 【Ctrl】+【Alt】+【←】
将字距微调或字距调整增加100/1000em 【Ctrl】+【Alt】+【→】
光标移到最前面 【HOME】
光标移到最后面 【END】
选择到最前面 【Shift】+【HOME】
选择到最后面 【Shift】+【END】